电子工程技术丛书

印制电路板（PCB）设计技术与实践

（第4版）

黄智伟　编著

电子工业出版社

Publishing House of Electronics Industry

北京·BEIJING

内 容 简 介

本书内容丰富，叙述详尽清晰，图文并茂，通过大量的资料和设计实例说明了 PCB 设计中的一些技巧和方法，以及应该注意的问题，具有工程性好、实用性强的特点。本书共 15 章，分别介绍了印制电路板（PCB）上焊盘、过孔、叠层、走线、接地、去耦合、电源电路、时钟电路、模拟电路、高速数字电路、模数混合电路、射频电路等 PCB 设计的基础知识、设计要求、设计方法和设计实例，以及 PCB 热设计、PCB 的可制造性与可测试性设计、PCB 的 ESD 防护设计等内容。

本书可作为工程技术人员进行电子产品 PCB 设计的参考书，也可作为本科院校和高职高专电子信息工程、通信工程、自动化、电气、计算机应用等专业学习 PCB 设计的教材，还可作为全国大学生电子设计竞赛的培训教材。

图书在版编目（CIP）数据

印制电路板（PCB）设计技术与实践 / 黄智伟编著.
4 版. --北京：电子工业出版社，2024.6.--（电子
工程技术丛书）. --ISBN 978-7-121-48112-3

Ⅰ. TN41

中国国家版本馆 CIP 数据核字第 2024UN5697 号

责任编辑：刘海艳
印　　刷：三河市华成印务有限公司
装　　订：三河市华成印务有限公司
出版发行：电子工业出版社
　　　　　北京市海淀区万寿路 173 信箱　邮编　100036
开　　本：787×1092　1/16　印张：42.75　字数：1121.76 千字
版　　次：2009 年 8 月第 1 版
　　　　　2024 年 6 月第 4 版
印　　次：2024 年 6 月第 1 次印刷
定　　价：169.00 元

凡所购买电子工业出版社图书有缺损问题，请向购买书店调换。若书店售缺，请与本社发行部联系，联系及邮购电话：(010) 88254888，88258888。

质量投诉请发邮件至 zlts@phei.com.cn，盗版侵权举报请发邮件至 dbqq@phei.com.cn。

本书咨询联系方式：lhy@phei.com.cn。

本书是《印制电路板（PCB）设计技术与实践》的第 4 版。《印制电路板（PCB）设计技术与实践》从 2009 年出版以来已经多次印刷，是学习 PCB 设计技术的重要书籍之一。随着 PCB 设计技术的发展，一些新的 PCB 设计技术和设计要求不断出现。为了满足读者的需要，笔者对第 3 版进行了修订，删除了过时的、重叠的内容，补充和增加了 EBG 等新的 PCB 设计技术，以及高速数字接口、模数混合电路、射频电路的 PCB 设计及其实例等内容。

PCB 设计是电子产品设计中不可缺少的重要环节。随着电子技术的飞速发展，集成电路的规模越来越大，体积越来越小，开关速度越来越快，工作频率越来越高，PCB 的安装密度越来越高，层数越来越多，使 PCB 上的电磁兼容性、信号完整性及电源完整性等问题相互紧密地交织在一起。对一个正在从事 PCB 设计的工程师而言，在进行 PCB 设计时，需要考虑的问题越来越多，要实现一个能够满足设计要求的 PCB 变得越来越难，不仅需要理论知识的支持，更需要工程实践经验的积累。

本书是为从事电子产品设计的工程技术人员编写的一本介绍 PCB 设计基础知识、设计要求与设计方法的参考书。本书没有大量的理论介绍和公式推导，而是从电子产品设计要求出发，通过大量的 PCB 设计实例，图文并茂地说明 PCB 设计中的一些技巧和方法，以及应该注意的问题，具有很好的工程性和实用性。

本书共分 15 章。第 1 章是焊盘的设计，介绍了元器件在 PCB 上的安装形式，焊盘、基准点设计的一些基本要求，以及通孔插装元器件、SMT 元器件、DIP 封装器件、BGA 封装器件、UCSP 封装器件、PoP 封装器件、Direct FET 封装器件的焊盘设计。第 2 章是过孔，介绍了过孔模型，过孔焊盘与孔径的尺寸，过孔与焊盘图形的关系，微过孔、背钻的设计。第 3 章是 PCB 叠层设计，介绍了 PCB 叠层设计的一般原则，多层板工艺，多层板设计，利用 PCB 分层堆叠抑制 EMI 辐射，PCB 电源平面和接地平面设计，利用 EBG 结构抑制 PCB 电源平面和接地平面的 SSN 噪声。第 4 章是走线，介绍了寄生天线的电磁辐射干扰，PCB 上走线间的串扰，PCB 传输线的拓扑结构，低电压差分信号（LVDS）的布线，以及 PCB 布线的一般原则及工艺要求。第 5 章是接地，介绍了地线的定义，地线阻抗引起的干扰，地环路引起的干扰，接地的分类，接地的方式，接地系统的设计原则，以及地线 PCB 布局的一些技巧。第 6 章是去耦合，介绍了去耦滤波器电路的结构与特性，R、L、C 元件的射频特性，去耦电容器的 PCB 布局设计，PDN 中的去耦电容器，去耦电容器的容量计算，片状三端子电容器的 PCB 布局设计，X2Y 电容器的 PCB 布局设计，铁氧体磁珠的 PCB 布局设计，小型电源平面"岛"供电技术，掩埋式电容技术，以及可藏在 PCB 基板内的电容器。第 7 章是电源电路的 PCB 设计，介绍了开关型调节器 PCB 布局的基本原则，DC-DC 转换器的 PCB 布局设计指南，开关电源的 PCB 设计。第 8 章是时钟电路的 PCB 设计，介绍了时钟电路 PCB 设计的基础，时钟电路布线、时钟分配网络、延时的调整、时钟源的电源滤波等时钟电路 PCB 的设计技巧。第 9 章是模拟电路的 PCB 设计，介绍了模拟电路 PCB 设计的基础，不同封装形式的运算放大器、蜂窝电话音频放大器、D 类功率放大器等模拟电路的 PCB 设计，消除热电压影响的 PCB 设计。第 10 章是高速数字电路的 PCB 设计，介绍了高速数字电路 PCB 设计的基础，Altera 的 MAX Ⅱ系列 CPLD 和 Xilinx Virtex-5 系列 PCB 设计实例，微控制器电路 PCB 设计，高速接口信号的 PCB 设计，刚柔电路板的互连设计，以及基于 PCB 的芯片间无线互连设计。第 11 章是模数混合电路的 PCB 设计，介绍了模数混合电路的 PCB 分区，模数混合电路的接地设计，ADC 驱动器电路的 PCB 设计，ADC 的 PCB 设计，DAC 的 PCB 设计，12 位称重系统的 PCB 设计，传感器模拟前端（AFE）的 PCB 设计，电容触摸传感器 PCB 设计，PCB 电流传感器设计，以及模数混合系统的电源电路 PCB 设计。第 12 章是射频电路的 PCB 设计，介绍了射频电路 PCB 设计的基础，射频接地、隔离、走线等射频电路 PCB 的设计技巧，射频小信号放大器 PCB 设计，射频功率放大器 PCB 设计，混频器 PCB 设计，平行耦合微带线定向耦合器 PCB 设计，功率分配器 PCB 设计，宽带 90°巴伦 PCB 设计，滤波器 PCB 设计，PCB 天线设计实例，加载 EBG 结构的微带天线设计，射频系统的电源电路 PCB 设计，以及毫米波雷达 RF PCB 设计。第 13 章是 PCB 热设计，介绍了 PCB 热设计的基础，PCB 热设计的选材、布局、布线和叠层的基本原则，PCB 热设计实例，器件的热特性与 PCB 热设计。第 14 章是 PCB 的可制造性与可测试性设计，介绍了 PCB 可制造性设计的基本概念、设计管理、设计控制、设计检查和评审检查清单实例，以及 PCB 可测试性设计的基本概念、可测试性检查、可测性设计的基本要求。第 15 章是 PCB 的 ESD 防护设计，介绍了 PCB 的 ESD 防护设计基础，常见的 ESD 问题与改进措施，PCB 的 ESD 防护设计方法。

需要说明的是，由于本书重点介绍 PCB 设计技术，在业内，数据大量采用英制长度单位，因此这里先给出主要的转换公式：1in（英寸）＝25.4mm（毫米），1mil（千分之一英寸）＝0.0254mm（毫米）。本书中的部分数据有时直接采用英制单位标注。

本书在编写过程中，参考了大量的国内外著作和资料，得到了许多专家和学者的大力支持，听取了多方面的意见和建议。潘礼工程师对本书的内容及组织提出了宝贵的建议，戴焕昌绘制了书中的大部分插图，在此一并表示衷心的感谢。

由于作者水平有限，不足之处在所难免，敬请各位读者批评指正。

黄智伟　于海南

2024 年 4 月

目　录

印制电路板（PCB）设计技术与实践（第4版）

10.6.2 25Ω-50Ω 软硬板互连 ·· 417
10.7 基于 PCB 的芯片间无线互连设计 ··· 419
  10.7.1 芯片-PCB 无线互连结构 ·· 419
  10.7.2 金属膜-金属膜的芯片-PCB 无线互连结构 ··························· 420
  10.7.3 金属膜-吸波层的芯片-PCB 无线互连结构 ··························· 421
  10.7.4 吸波层-吸波层的芯片-PCB 无线互连结构 ··························· 422

第 11 章 模数混合电路的 PCB 设计 ··· 424
  11.1 模数混合电路的 PCB 分区 ··· 424
    11.1.1 PCB 按功能分区 ··· 424
    11.1.2 分割的隔离与互连 ·· 425
  11.2 模数混合电路的接地设计 ·· 426
    11.2.1 模拟地（AGND）和数字地（DGND）的连接 ························· 426
    11.2.2 模拟地和数字地分割 ·· 430
    11.2.3 采用统一接地平面形式 ··· 432
    11.2.4 数字电源平面和模拟电源平面的分割 ·································· 433
    11.2.5 最小化电源线和接地线的环路面积 ···································· 434
    11.2.6 模数混合电路的电源和接地布局实例 ································· 436
    11.2.7 多卡混合信号系统的接地 ·· 438
  11.3 ADC 驱动器电路的 PCB 设计 ·· 442
    11.3.1 高速差分 ADC 驱动器的 PCB 设计 ···································· 442
    11.3.2 差分 ADC 驱动器裸露焊盘的 PCB 设计 ······························ 443
    11.3.3 低失真高速差分 ADC 驱动电路的 PCB 设计实例 ···················· 444
  11.4 ADC 的 PCB 设计 ··· 448
    11.4.1 ADC 接地对系统性能的影响 ··· 448
    11.4.2 ADC 参考路径的 PCB 布局布线 ·· 450
    11.4.3 16 位 SAR ADC 的 PCB 设计 ··· 451
    11.4.4 24 位Δ-Σ ADC 的 PCB 设计 ·· 456
  11.5 DAC 的 PCB 设计 ··· 460
    11.5.1 一个 16 位 DAC 电路 ··· 460
    11.5.2 有问题的 PCB 布线设计 ·· 461
    11.5.3 改进的 PCB 布线设计 ·· 462
  11.6 12 位称重系统的 PCB 设计 ··· 463
    11.6.1 12 位称重系统电路 ··· 463
    11.6.2 没有采用接地平面的 PCB 设计 ··· 464
    11.6.3 采用接地平面的 PCB 设计 ·· 465
    11.6.4 增加抗混叠滤波器 ·· 465
  11.7 传感器模拟前端（AFE）的 PCB 设计 ··· 466
  11.8 电容触摸传感器 PCB 设计 ·· 472
    11.8.1 电容触摸传感器 PCB 触摸电极设计 ···································· 472

XIV

第 1 章

焊盘的设计

1.1 元器件在 PCB 上的安装形式

1.1.1 元器件的单面安装形式

元器件在 PCB（印制电路板）上的单面安装形式[1]如图 1-1 所示。

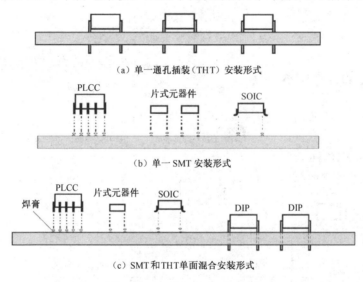

（a）单一通孔插装（THT）安装形式

（b）单一 SMT 安装形式

（c）SMT 和 THT 单面混合安装形式

图 1-1　元器件在 PCB 上的单面安装形式

1.1.2 元器件的双面安装形式

元器件在 PCB 上的双面安装形式如图 1-2 所示。

注意：不推荐采用双面通孔插装安装形式。

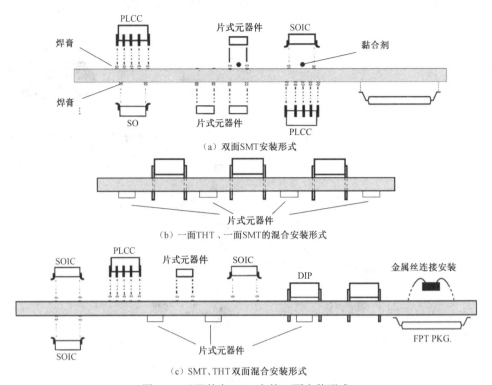

（a）双面SMT安装形式

（b）一面THT、一面SMT的混合安装形式

（c）SMT、THT双面混合安装形式

图 1-2　元器件在 PCB 上的双面安装形式

1.1.3　元器件之间的间距

（1）推荐的元器件之间的最小距离

考虑到焊接、检查、测试、安装的需要，元器件之间的间距不能太小。推荐的元器件之间的最小间距如图 1-3 所示。

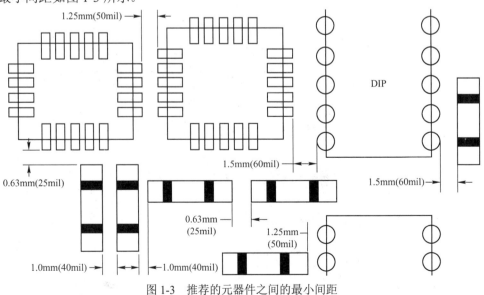

图 1-3　推荐的元器件之间的最小间距

元器件之间的间距建议按照以下原则进行设计。

① PLCC、QFP、SOP 各自之间和相互之间的间距不小于 2.5mm（100mil）。

② PLCC、QFP、SOP 与 Chip、SOT 之间的间距不小于 1.5mm（60mil）。

③ Chip、SOT 相互之间再流焊焊面的间距不小于 0.3mm（12mil），波峰焊面的间隙不小于 0.8mm（32mil）。

④ BGA 封装与其他元器件的间距不小于 5mm（200mil）。为了保证可维修性，BGA 器件周围需留有 3mm 禁布区，最佳为 5mm 禁布区。一般情况下 BGA 器件不允许放置在背面。当背面有 BGA 器件时，不能在正面 BGA 器件 5mm 禁布区的投影范围内布元器件。如果不考虑返修，其值可以小至 2mm。

⑤ PLCC 表面贴转接插座与其他元器件的间距不小于 3mm（120mil）。

⑥ 压接插座周围 5mm 范围内，为保证压接模具的支撑及操作空间，在合理的工艺流程下，应保证在正面不允许有超过压接件高度的元器件，在背面不允许有元器件或焊点。

⑦ 表面贴片连接器的间距应该确保能够检查和返修。一般连接器引线侧应该留有比连接器高度大的空间。

⑧ 元器件到喷锡铜带（屏蔽罩焊接用）的间距应大于 2mm（80mil）。

⑨ 元器件到拼板分离边的间距应大于 1mm（40mil）。

⑩ 如果背面（焊接面）上贴片元器件很多、很密、很小，而插件焊点又不多，建议使插件引脚离开贴片元器件焊盘 5mm 以上，以便可以采用掩模夹具进行局部波峰焊。

（2）考虑波峰焊工艺的 SMT 元器件距离要求

① 相同封装形式的元器件布局与间距。相同封装形式的元器件布局与间距示意图如图 1-4 所示，封装形式与间距如表 1-1 所示。

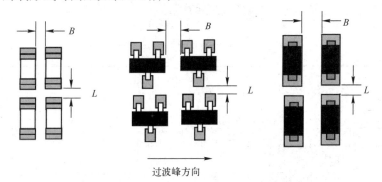

图 1-4　相同封装类型元器件的布局与间距示意图

表 1-1　相同封装形式元器件的间距

封 装 形 式	焊盘间距 L（mm/mil）		元器件本体间距 B（mm/mil）	
	最小间距	推荐间距	最小间距	推荐间距
0603	0.76/30	1.27/50	0.76/30	1.27/50
0805	0.89/35	1.27/50	0.89/35	1.27/50
1206	1.02/40	1.27/50	1.02/40	1.27/50
1206 尺寸以上的封装	1.02/40	1.27/50	1.02/40	1.27/50

续表

封 装 形 式	焊盘间距 L（mm/mil）		元器件本体间距 B（mm/mil）	
	最小间距	推荐间距	最小间距	推荐间距
SOT	1.02/40	1.27/50	1.02/40	1.27/50
钽电容 3216、3528	1.02/40	1.27/50	1.02/40	1.27/50
钽电容 6032、7343	1.27/50	1.52/60	2.03/80	2.54/100
SOP	1.27/50	1.52/60	—	—

② 不同封装形式元器件的布局与间距。不同封装形式元器件的布局与间距示意图如图 1-5 所示，封装形式与间距如表 1-2 所示。

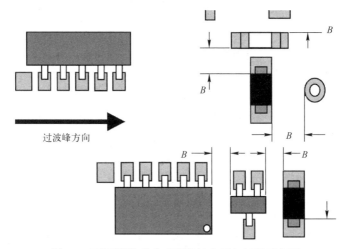

图 1-5　不同封装形式元器件的布局与间距示意图

表 1-2　不同封装形式元器件的间距　　　　　　　　　（单位：mm）

封装形式	0603	0805	1206	1206 尺寸以上的封装	SOT	钽电容	钽电容	SOIC	通孔插装
0603		1.27	1.27	1.27	1.52	1.52	2.54	2.54	1.27
0805	1.27		1.27	1.27	1.52	1.52	2.54	2.54	1.27
1206	1.27	1.27		1.27	1.52	1.52	2.54	2.54	1.27
1206 尺寸以上的封装	1.27	1.27	1.27		1.52	1.52	2.54	2.54	1.27
SOT	1.52	1.52	1.52	1.52		1.52	2.54	2.54	1.27
钽电容 3216、3528	1.52	1.52	1.52	1.52	1.52		2.54	2.54	1.27
钽电容 6032、7343	2.54	2.54	2.54	2.54	2.54	2.54		2.54	1.27
SOIC	2.54	2.54	2.54	2.54	2.54	2.54	2.54		1.27
通孔插装	1.27	1.27	1.27	1.27	1.27	1.27	1.27	1.27	

注：表中尺寸为元器件本体之间的间距。

1.1.4　元器件的布局形式

波峰焊焊接面上贴片元器件的布局有以下一些特殊要求。

1. 允许布设元器件的种类

1608（0603）封装尺寸以上贴片电阻、贴片电容（不含立式铝电解电容）、SOT、SOP［引线中心距大于或等于 1mm（40mil）且高度小于 6mm］。

2. 放置位置与方向

采用波峰焊焊接贴片元器件时，常常因前面的元器件挡住后面的元器件而产生漏焊现象，即通常所说的遮蔽效应。因此，必须将元器件引线垂直于波峰焊焊接时 PCB 的传送方向，即按照如图 1-6 所示的正确布局方式进行元器件的布局，且每相邻两个元器件必须满足一定的间距要求（见图 1-7），否则将产生严重的漏焊现象。

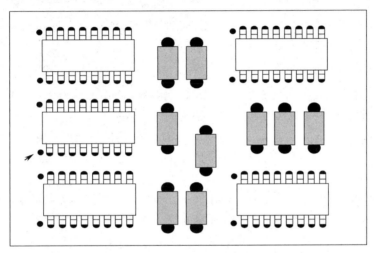

（a）推荐的元器件布局形式

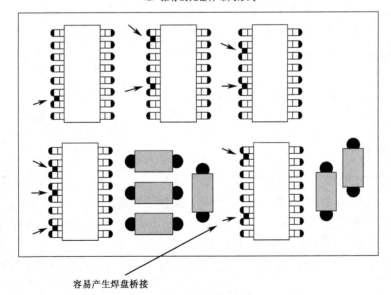

容易产生焊盘桥接

（b）不推荐的元器件布局形式

图 1-6 波峰焊元器件的布局形式

3．间距要求

波峰焊时，两个大小不同的元器件或错开排列的元器件，它们之间的间距应符合如图 1-7 所示的尺寸要求，否则易产生漏焊或桥连。

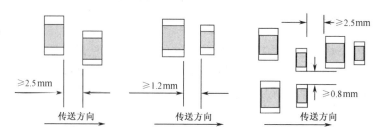

图 1-7　间距和相对位置要求

4．焊盘要求

波峰焊时，对于 0805、0603、SOT、SOP、钽电容，在焊盘设计上应该按照以下工艺要求做一些修改，这样有利于减少类似漏焊、桥连的一些焊接缺陷。

① 对于 0805、0603 元器件，应按照相关的 SMT 元器件封装尺寸要求进行设计。

② SOT、钽电容的焊盘应比正常设计的焊盘向外扩展 0.3mm（12mil），以免产生漏焊缺陷，如图 1-8（a）所示。

③ 对于 SOP，如果方便的话，应该在每个元器件一排引线的前后设计一个工艺焊盘，其宽度一般比元器件的焊盘稍宽一些，用于防止产生桥连缺陷，如图 1-8（b）所示。

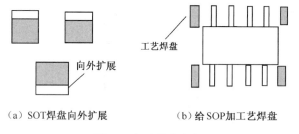

（a）SOT焊盘向外扩展　　　　（b）给SOP加工艺焊盘

图 1-8　焊盘优化实例

5．其他要求

① 由于目前通孔插装元器件的封装尺寸不是很标准，各元器件厂家产品差别很大，所以设计时一定要留有足够的空间位置，以适应多家供货的情况。

② 在 PCB 上轴向插装较长、较高的元器件时，应该考虑卧式安装，留出卧放空间。卧放时注意元器件孔位，正确的位置如图 1-9 所示。

③ 对于金属壳体的元器件，特别注意不要将其与别的元器件或印制导线相碰，要留有足够的空间位置。

④ 质量较大的元器件，应该布放在靠近 PCB 支撑点或边的地方，以减少 PCB 的翘曲。特别是当 PCB 上有 BGA 器件等不能通过引脚释放变形应力的元器件时，必须注意这一点。

⑤ 大功率的元器件、散热器周围，不应该布放热敏元器件，要留有足够的距离。

⑥ 拼板连接处，最好不要布放元器件，以免分板时损伤元器件。

⑦ 对需要用胶加固的元器件，如较大的电容器、质量较大的磁环等，要留有注胶地方。

⑧ 对有结构尺寸要求的单板，如插箱安装的单板，其元器件的高度应该保证距相邻板6mm 以上空间，如图 1-10 所示。

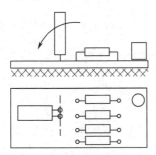

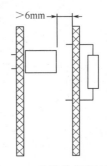

图 1-9　比周围元器件高的元器件应该卧倒　　　图 1-10　元器件高度的限制

⑨ 焊接面上所布高度超过 6mm 的元器件（波峰焊后补焊的通孔插装元器件）应尽量集中布置，以减少测试针床制造的复杂性。

⑩ 各类螺钉孔的禁布区范围要求。

本体范围内有安装孔的螺钉，如插座的铆钉孔、螺钉安装孔等，为了保证电气绝缘性，也应在元件库中将禁布区标识清楚。各种规格螺钉的禁布区范围如表1-3所示。

> **注意**：表 1-3 给出的禁布区范围只适用于保证电气绝缘的安装空间，未考虑安规距离，而且只适用于圆孔。

表 1-3　各种规格螺钉的禁布区范围

连接种类	型　　号	规　　格	安装孔（mm）	禁布区（mm）
螺钉连接	GB 9074.4—88 组合螺钉	M2	2.4 ± 0.1	$\phi7.1$
		M2.5	2.9 ± 0.1	$\phi7.6$
		M3	3.4 ± 0.1	$\phi8.6$
		M4	4.5 ± 0.1	$\phi10.6$
		M5	5.5 ± 0.1	$\phi12$
铆钉连接	苏拔型快速铆钉 Chobert	4	$4.1_{-0.2}^{0}$	$\phi7.6$
	连接器快速铆钉 Avtronuic	1189-2812	$2.8_{-0.2}^{0}$	$\phi6$
		1189-2512	$2.5_{-0.2}^{0}$	$\phi6$
自攻螺钉连接	GB 9074.18—88 十字盘头自攻螺钉	ST2.2*	2.4 ± 0.1	$\phi7.6$
		ST2.9	3.1 ± 0.1	$\phi7.6$
		ST3.5	3.7 ± 0.1	$\phi9.6$
		ST4.2	4.5 ± 0.1	$\phi10.6$
		ST4.8	5.1 ± 0.1	$\phi12$
		ST2.6*	2.8 ± 0.1	$\phi7.6$

1.1.5　测试探针触点/通孔尺寸

测试探针触点/通孔尺寸如图 1-11 所示。

1.0mm（40mil）　　　0.9mm（36mil）

（a）圆形　　　　　（b）正方形

图 1-11　测试探针触点/通孔尺寸

测试/通孔探针触点与元器件应保持一定空间，如图 1-12 所示。

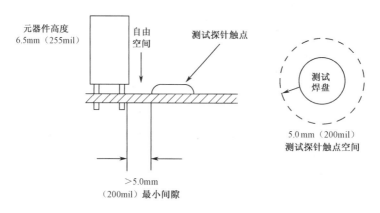

图 1-12　测试探针触点与元器件应保持一定空间

1.1.6　基准点（Mark）

1．基准点的作用及类型

PCB 上的基准点（Mark）是 PCB 应用于自动贴片机上的位置识别点。基准点为装配工艺中的所有步骤提供共同的可测量点，保证了装配使用的每个设备能精确地定位电路图形。基准点对 SMT 生产至关重要，其选用直接影响自动贴片机的贴片效率。一般基准点的选用与自动贴片机的机型有关。

2．基准点的设计规范

（1）基准点的形状

一个完整的基准点包括标记（或特征点）和空旷区，形状如图 1-13 所示。基准点标记为一个实心圆，优选形状为直径为 1mm（±0.2mm）的实心圆，材料为裸铜（可以由清澈的防氧化涂层保护）、镀锡或镀镍，需注意平整度，边缘光滑、齐整，颜色与周围的背景色有明显区别。为了保证印刷设备和贴片设备的识别效果，基准点空旷区应无其他走线、丝印、焊盘或 Wait-Cut 等。

（2）基准点的位置

如图 1-14 所示，基准点位于电路板或组合板上的对角线相对位置，而且尽可能地距离分开，最好分布在最长对角线位置上。

注意：PCB 上所有基准点只有满足在同一对角线上，而且成对出现的两个基准点，方才有效。因此，基准点都必须成对出现，才能使用。

根据 SMT 设备的要求，每块 PCB 内必须至少有一对符合设计要求的可供识别的基准点，可考虑单板基准点（单板和拼板时，板内基准点位置如图 1-14 所示）。拼板基准点或组合基准点只起辅助定位的作用。

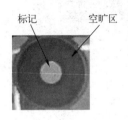

图 1-13　基准点的形状

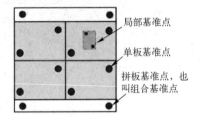

图 1-14　基准点的位置

（3）基准点的尺寸

基准点标记的最小直径为 1.0mm，最大直径为 3.0mm。基准点标记在同一块印制板上尺寸变化不能超过 25μm。

注意：同一板号 PCB 上所有基准点的大小必须一致（包括不同厂家生产的同一板号的 PCB）。

建议 RD-layout 将所有基准点标记直径统一为 1.0mm。

（4）基准点距离 PCB 边缘的距离

基准点距离 PCB 边缘必须大于或等于 5.0mm（机器夹 PCB 的最小间距要求），而且必须在 PCB 内而非在板边，并满足最小的基准点空旷度要求。

注意：所指距离为基准点边缘距板边距离大于或等于 3.0mm，而非基准点中心。

（5）空旷度要求

在基准点标记周围，必须有一块没有其他电路特征或标记的空旷区。空旷区圆半径 $r \geqslant 2R$，R 为基准点半径，r 达到 $3R$ 时，机器识别效果更好。另外，还应增加基准点与环境的颜色反差。r 内不允许有任何字符（覆铜或丝印等）。

（6）材料

基准点标记可以是裸铜、清澈的防氧化涂层保护的裸铜、镀镍、镀锡或焊锡涂层。如果使用阻焊，不应该覆盖基准点或其空旷区。

（7）平整度

基准点标记的表面平整度应该在 15μm（0.0006in）之内。

（8）对比度

当基准点标记与印制板的基质材料之间出现高对比度时可达到最佳的性能。要求所有基准点的内层背景必须相同。

3．一个基准点焊盘和阻焊设计实例

一个基准点焊盘和阻焊设计实例如图1-15所示。阻焊形状为和基准点同心的圆形，大小为基准点直径的两倍，如d=40mil、D=80mil。在直径为80mil的边缘处要求有一圆形的铜线作保护圈，金属保护圈的外径D_1为110mil，内径d_1为90mil，线宽为10mil。由于空间太小，单元基准点可以不加金属保护圈。

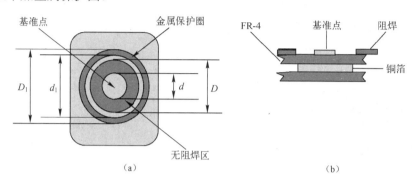

图 1-15　基准点焊盘和阻焊设计实例

对于多层板，建议在基准点内层铺铜，以提高识别对比度。对铝基板、厚铜箔（铜箔厚度≥30oz）的情况，基准点有所不同。例如，基准点的设置是，在直径为 80mil 的铜箔上，开直径为 40mil 的阻焊窗。

注：在 PCB 设计加工中，常用 oz（盎司）作为铜箔的厚度单位。1oz 铜厚度定义为 1in^2 面积内铜箔的质量，对应的物理厚度为 $35\mu m$。

4．常见的不良基准点设计

（1）基准点大小和形状不良

例如：PCB 上所有基准点标记的直径小于 1.00mm，而且形状不规则；基准点的组成不完整，没有空旷区，只有标记点；基准点被 V-cut 所切；空旷区被字符或者电路特征遮盖（见图 1-16）。这些都会造成 SMT 机器无法识别基准点。

图 1-16　不良基准点示例

（2）基准点位置偏差

例如：PCB 内无基准点，板边基准点位置不对称；拼板中的子板内无基准点，拼板尺寸有误差，贴装后元器件坐标整体偏移。这些都会造成 SMT 作业困难。

1.2　焊盘设计的一些基本要求

1.2.1　焊盘类型

在 PCB 上，所有元器件的电气连接都是通过焊盘实现的。焊盘是 PCB 设计中最重要的基本单元。根据不同的元器件和焊接工艺，PCB 中的焊盘可以分为非过孔焊盘和过孔焊盘两类。非过孔焊盘主要用于表面贴装元器件的焊接，过孔焊盘主要用于通孔插装元器件的焊接。

焊盘形状的选择与元器件的形状、大小、布局情况、受热情况和受力方向等因素有关，设计人员需要根据情况综合考虑后进行选择。大多数 PCB 设计工具可以为设计人员提供圆形（Round）焊盘、矩形（Rectangle）焊盘和八角形（Octagonal）焊盘等不同类型的焊盘[2]。

1. 圆形焊盘

在 PCB 中，圆形焊盘是最常用的一种焊盘。对于过孔焊盘来说，圆形焊盘的主要尺寸是孔径尺寸和焊盘尺寸，焊盘尺寸与孔径尺寸存在一个比例关系，如焊盘尺寸一般是孔径尺寸的两倍。非过孔型圆形焊盘主要用作测试焊盘、定位焊盘和基准焊盘等，其主要的尺寸是焊盘尺寸。

2. 矩形焊盘

矩形焊盘包括方形焊盘和矩形焊盘两大类。方形焊盘主要用来标识 PCB 上用于安装元器件的第 1 个引脚。矩形焊盘主要用作表面贴装元器件的引脚焊盘。焊盘尺寸与所对应的元器件引脚尺寸有关，不同元器件的焊盘尺寸不同。

为了避免元器件再流焊后出现偏位、立碑现象，对于 0805 尺寸及 0805 尺寸以下的片式元器件，再流焊时两端焊盘应保证散热对称性，焊盘与印制导线的连接部宽度应控制在 0.3mm 以内（对于不对称焊盘）。

一些元器件焊盘的具体尺寸请参考 1.3 节的内容。

3. 八角形焊盘

八角形焊盘在 PCB 中应用得相对较少，它主要是为了同时满足 PCB 的布线及焊盘的焊接性能等要求而设定的。

4. 异形焊盘

在 PCB 的设计过程中，设计人员还可以根据设计的具体要求，采用一些特殊形状的焊盘。例如，对于一些发热量较大、受力较大和电流较大等的焊盘，可以将其设计成泪滴状。如图 1-17 所示，为了保证透锡良好，在大面积铜箔上的元器件的焊盘要求用隔热带与焊盘相连。注意：对于需流过 5A 以上大电

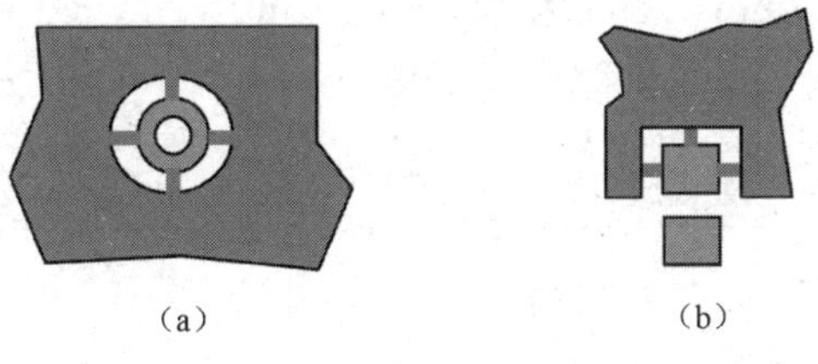

（a）　　　　　　　　（b）

图 1-17　焊盘与铜箔间以"米"字形或"十"字形连接

流的焊盘不能采用隔热焊盘。

1.2.2 焊盘尺寸

焊盘尺寸对 SMT 产品的可制造性和寿命有很大的影响。影响焊盘尺寸的因素很多，设计焊盘尺寸时应该考虑元器件尺寸的范围和公差、焊点大小的需要、基板的精度、稳定性和工艺能力（如定位和贴片精度等）。焊盘的尺寸具体由元器件的外形和尺寸、基板种类和质量、组装设备能力、所采用的工艺种类和能力，以及要求的品质水平或标准等因素决定。

设计的焊盘尺寸，包括焊盘本身的尺寸、阻焊剂或阻焊层框的尺寸，设计时需要考虑元器件占地范围、元器件下的布线和点胶（在波峰焊工艺中）用的虚设焊盘或布线等工艺要求。

由于目前在设计焊盘尺寸时，还不能找出具体和有效的综合数学公式，故用户还必须配合计算和试验来优化本身的规范，而不能简单采用他人的规范或计算得出的结果。用户应建立自己的设计档案，制定一套适合自己的实际情况的尺寸规范。

用户在设计焊盘时需要了解多方面的资料，包括以下几部分。

① 元器件的封装和热特性虽然有国际规范，但不同国家、不同地区及不同厂商的规范在某些方面相差很大。因此，必须在元器件的选择范围内进行限制或把设计规范分成等级。

② 需要对 PCB 基板的质量（如尺寸稳定性和温度稳定性）、材料、油印的工艺能力和相对的供应商有详细了解，需要整理和建立自己的基板规范。

③ 需要了解产品制造工艺和设备能力，如基板处理的尺寸范围、贴片精度、丝印精度、点胶工艺等。了解这方面的情况对焊盘的设计会有很大的帮助。

1.3 通孔插装元器件的焊盘设计

1.3.1 通孔插装元器件的孔径

通孔插装元器件孔径的设计主要依据引线直径、引线成型情况及波峰焊工艺而定。在考虑工艺要求的基础上，应尽量选用标准的孔径尺寸。

1. 标准孔径尺寸

推荐的标准孔径尺寸为 0.25mm（10mil）、0.4mm（16mil）、0.5mm（20mil）、0.6mm（24mil）、0.7mm（28mil）、0.8mm（32mil）、0.9mm（36mil）、1.0mm（40mil）、1.3mm（51mil）、1.6mm（63mil）和 2.0mm（79mil）。

> **注意**：孔径为 0.25～0.6mm 的孔一般用作导通孔。

2. 金属化孔

对于金属化孔，使用圆形引线时，孔径通常比引线直径大 0.2～0.6mm（8～24mil），具体尺寸视板厚而定。一般厚板选大值，薄板选小值。

对于板厚在 1.6～2mm（63～79mil）的板，孔径通常比引线直径大 0.2～0.4mm（8～16mil）

即可。对于引线直径大于或等于 0.8mm（32mil），板厚在 2mm 以上的安装孔，间隙应适当大点，孔径通常比引线直径大 0.4～0.6mm。在同一块电路板上，孔径的尺寸规格应当少一些。要尽可能避免采用异形孔，以便降低加工成本。

1.3.2 焊盘形式与尺寸

焊盘外径的设计主要依据布线密度、安装孔径和金属化状态而定。对于金属化孔的孔径小于或等于 1mm 的 PCB，连接盘外径一般为元器件孔径加 0.45～0.6mm（18～24mil），具体依布线密度而定。在其他情况下，焊盘外径按孔径的 1.5～2 倍设计，但要满足最小连接盘环宽大于或等于 0.225mm（9mil）的要求。

从焊接的工艺性考虑，可以将通孔插装元器件的焊盘分为如下几类。

1．轴向引线元器件焊盘

轴向引线元器件焊盘如图 1-18 所示，焊盘分散，且如果布线密度许可，焊盘环宽可以较大。一般焊盘环宽取 0.3mm（12mil）。

2．径向引线元器件焊盘

径向引线元器件焊盘如图 1-19 所示，一般情况下，焊盘环宽取 0.25mm（10mil）。

图 1-18 轴向引线元器件焊盘　　　　　　图 1-19 径向引线元器件焊盘

3．单排焊盘

单排焊盘如图 1-20 所示，DIP、单排插属于此类焊盘，由于是单排形式，故焊接时工艺性较好。一般焊盘环宽取 0.25mm（10mil）。

4．矩阵焊盘

矩阵焊盘如图 1-21 所示，连接器的焊盘多属于此情况，有的为两排或多排。对此类焊盘的设计要根据引脚截面形状确定。对于扁形引脚，焊盘环宽可以大一些；对于方形引脚，焊盘环宽就要小一些。一般焊盘环宽取 0.25mm（10mil）。

图 1-20 单排焊盘　　　　　　图 1-21 矩阵焊盘

1.3.3 跨距

PCB 上元器件安装跨距主要依据元器件的封装尺寸、安装方式和元器件在 PCB 上的布局而定。

1．轴向引线元器件

对于引线直径在 0.8mm 以下的轴向引线元器件，安装孔距应选取比封装体长度长 4mm 以上的标准孔距。

对于引线直径在 0.8mm 及以上的轴向引线元器件，安装孔距应选取比封装体长度长 6mm 以上的标准孔距。

标准安装孔距建议使用公制系列，即 2.0mm、2.5mm、3.5mm、5.0mm、7.5mm、10.0mm、12.5mm、15.0mm、17.5mm、20.0mm、22.5mm 和 25.0mm。为实现短插工艺，优先选用 2.5mm、5mm、10mm 的孔距。

2．径向引线元器件

对于径向引线元器件，应选取与元器件引线间距一致的安装孔距。

1.3.4 常用通孔插装元器件的安装孔径和焊盘尺寸

对于板厚为 1.6～2mm 的 PCB，常用通孔插装元器件的安装孔径和焊盘尺寸如表 1-4 所示。背板常用 2mm 连接器压接孔和焊盘如表 1-5 所示。

表 1-4 常用通孔插装元器件的安装孔径和焊盘尺寸　　　　　　单位：mm（mil）

项　　目	元器件引脚类型	孔　　径	焊　　盘	跨距或间距	实　　例
轴向引线	$\phi 0.45\sim 0.55$	$\phi 0.8$（32）	$\phi 1.40$（56）	10.0	各类电阻器，跨距根据元器件体长度尺寸加 3～4mm 的余量，选接近的标准跨距值
	$\phi 0.8$	$\phi 1.0$（40）	$\phi 1.60$（64）	（400）	
径向引线	$\phi 0.45\sim 0.55$	$\phi 0.8$（32）	$\phi 1.40$（56）	2.54/5	各类电容器，按照元器件引脚间距值选取对应的标准跨距值
	$\phi 0.8$	$\phi 1.0$（40）	$\phi 1.60$（64）	（100/200）	
单排方形引线	0.64×0.64	$\phi 1.0$（40）	$\phi 1.5$（60）	2.54（100）	单排插头
	0.5×0.5	$\phi 0.8$（32）	$\phi 1.3$（52）	2（80）	
单排扁形引线	0.45×0.2	$\phi 0.7$（28）	$\phi 1.3$（52）	2.54（100）	DIP
	0.5×0.2	$\phi 0.7$（28）	$\phi 1.3$（52）	2.54（100）	DIP 转接插座/DIP
	0.6×0.2	$\phi 0.8$（32）	$\phi 1.4$（56）	2.54（100）	DIP 转接插座/DIP
2.54mm 矩阵布局方形引线（焊接型）0.6×0.6		$\phi 1.0$（40）	$\phi 1.5$（60）	2.54×2.54（100）×（100）	96 芯 DIN 型单板用插头
2.54mm 矩阵布局扁形引线（焊接型）0.6×0.25		$\phi 1.0$（40）	$\phi 1.5$（60）	2.54×2.54（100）×（100）	96 芯 DIN 型单板用插座

表 1-5 背板常用 2mm 连接器压接孔和焊盘　　　　　　单位：mm（mil）

方形引线截面尺寸	压接孔尺寸	最小焊盘外径	针　间　距	适　用　元　件
0.6×0.6/0.64×0.64	$\phi 1.0\pm 0.05$（40±2）	$\geqslant \phi 1.4$（56）	2.54×2.54	96 芯 DIN 型插头
0.5×0.5	$\phi 0.7\pm 0.05$（28±2）	$\geqslant \phi 1.2$（48）	2×2	2mm-1 系列插头（板内）
0.4×0.4	$\phi 0.6\pm 0.05$（24±2）	$\geqslant \phi 1.0$（40）	2×2	2mm-2 系列插头（板外）

注：2mm 连接器压接孔应以说明书为准，本表仅供参考。

1.4　SMT 元器件的焊盘设计[1]

1.4.1　片式电阻、片式电容、片式电感的焊盘设计

1. 片式电阻的焊盘设计

片式电阻焊盘布局图和一些布局实例如图 1-22 所示。

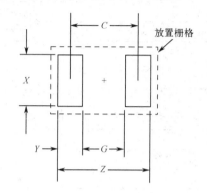

（a）片式电阻焊盘布局图

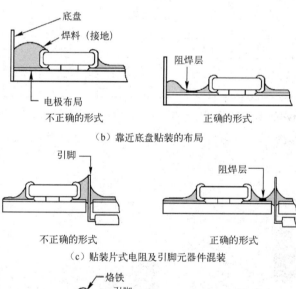

（b）靠近底盘贴装的布局

（c）贴装片式电阻及引脚元器件混装

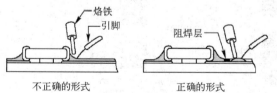

（d）在片式电阻之后贴装引脚元器件

图 1-22　片式电阻焊盘布局图和一些布局实例

不同元件标识的片式电阻焊盘尺寸如表 1-6 所示。

表1-6　不同元件标识片式电阻的焊盘尺寸　　　　　　　　单位：mm

元 件 标 识	Z	G	X	Y	C	放置栅格
1005 [0402]	2.20	0.40	0.70	0.90	1.30	2×6
1608 [0603]	2.80	0.60	1.00	1.10	1.70	4×6
2012 [0805]	3.20	0.60	1.50	1.30	1.90	4×8
3216 [1206]	4.40	1.20	1.80	1.60	2.80	4×10
3225 [1210]	4.40	1.20	2.70	1.60	2.80	6×10
5025 [2010]	6.20	2.60	2.70	1.80	4.40	6×14
6332 [2512]	7.40	3.80	3.20	1.80	5.60	8×16

2. 片式电容的焊盘设计

片式电容焊盘布局图也如图 1-22 所示。不同元件标识片式电容的焊盘尺寸如表 1-7 所示。

表1-7　不同元件标识片式电容的焊盘尺寸　　　　　　　　单位：mm

元 件 标 识	Z	G	X	Y	C	放置栅格
1005 [0402]	2.20	0.40	0.70	0.90	1.30	2×6
1310 [0504]	2.40	0.40	1.30	1.00	1.40	4×6
1608 [0603]	2.80	0.60	1.00	1.10	1.70	4×6
2012 [0805]	3.20	0.60	1.50	1.30	1.90	4×8
3216 [1206]	4.40	1.20	1.80	1.60	2.80	4×10
3225 [1210]	4.40	1.20	2.70	1.60	2.80	6×10
4532 [1812]	5.80	2.00	3.40	1.90	3.90	8×12
4564 [1825]	5.80	2.00	6.80	1.90	3.90	14×12

某厂商推荐的 0402 陶瓷电容焊盘和过孔设计实例[3]如图 1-23 所示。

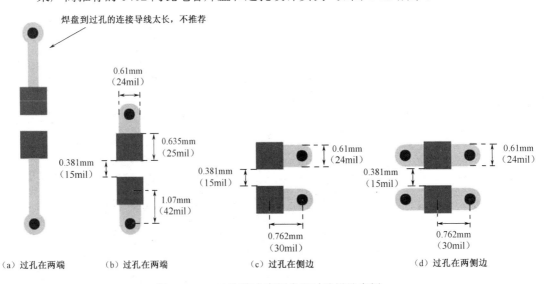

（a）过孔在两端　　　（b）过孔在两端　　　（c）过孔在侧边　　　（d）过孔在两侧边

图 1-23　0402 陶瓷电容焊盘和过孔设计实例

附加到电容安装焊盘和过孔的电感如图 1-24 所示，注意铜厚为 1oz，FR-4 介电常数为

4.50，损耗系数为 0.025。

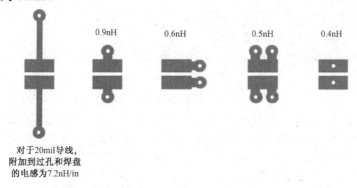

图 1-24　附加到电容安装焊盘和过孔的电感

3. 片式钽电容的焊盘设计

片式钽电容焊盘布局图也如图 1-22 所示。不同元件标识片式钽电容的焊盘尺寸如表 1-8 所示。

表 1-8　不同元件标识片式钽电容的焊盘尺寸　　　　单位：mm

元 件 标 识	Z	G	X	Y	C	放 置 栅 格
3216	4.80	0.80	1.20	2.00	2.80	6×12
3528	5.00	1.00	2.20	2.00	3.00	8×12
6032	7.60	2.40	2.20	2.60	5.00	8×18
7343	9.00	3.80	2.40	2.60	6.40	10×20

4. 片式电感的焊盘设计

片式电感焊盘布局图也如图 1-22 所示。不同元件标识片式电感的焊盘尺寸如表 1-9 所示。

表 1-9　不同元件标识片式电感的焊盘尺寸　　　　单位：mm

元 件 标 识	Z	G	X	C	Y	放 置 栅 格
2012 片式	3.00	1.00	1.00	2.00	1.00	4×8
3216 片式	4.20	1.80	1.60	3.00	1.20	6×10
4516 片式	5.80	2.60	1.00	4.20	1.60	4×12
2825 精密线绕式	3.80	1.00	2.40	2.40	1.40	6×10
3225 精密线绕式	4.60	1.00	2.00	2.80	1.80	6×10
4532 精密线绕式	5.80	2.20	3.60	4.00	1.80	8×14
5038 精密线绕式	5.80	3.00	2.80	4.40	1.40	8×14
3225/3230 模块	4.40	1.20	2.20	2.80	1.60	6×10
4035 模块	5.40	1.00	1.40	3.20	2.20	8×12
4532 模块	5.80	1.80	2.40	3.80	2.00	8×14
5650 模块	6.80	3.20	4.00	5.00	1.80	12×16
8530 模块	9.80	5.00	1.40	7.40	2.40	8×22

5. 0201 片式元件的焊盘设计

0201 片式元件是超小型元件，其元件间距已经挑战 0.12mm 和 0.08mm。在 PCB 制造、印制钢板制作、印刷锡膏、焊盘设计、设备及其工艺参数设置等环节上的任何一个细小的失误，都会造成0201片式元件的焊接缺陷。

（1）推荐的0201片式元件焊盘形式

推荐的0201片式元件焊盘形式为矩形焊盘形式和半圆形焊盘形式[4]。矩形焊盘（又称H形焊盘）形式及尺寸如图1-25所示。半圆形焊盘（又称U形焊盘）形式及尺寸如图1-26所示。在H形焊盘和U形焊盘结构中，尺寸d、b通常设定为10mil，小于此值将会出现锡球增多的现象，若大于10mil则会导致"飞片"缺陷。如图1-27所示的栓形焊盘可以减少锡球的数量，但会因锡膏的漏印量不够而导致焊接缺陷，因此不推荐使用。

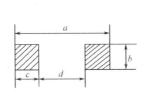

序号	a	b	c	d
1	0.6	0.3	0.15	0.3
2	0.6	0.35	0.15	0.3
3	0.7	0.3	0.2	0.3
4	0.7	0.35	0.2	0.3
5	0.8	0.3	0.25	0.3
6	0.8	0.35	0.25	0.3

图1-25　矩形焊盘形式及尺寸（单位：mm）

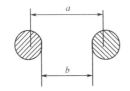

a	b
0.4	0.3
0.5	0.3

图1-26　半圆形焊盘形式及尺寸（单位：mm）

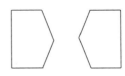

图1-27　栓形焊盘

（2）焊盘的阻焊

焊盘结构有SMD（Solder Mask Defined，阻焊层限定）焊盘和NSMD（Non-Solder Mask Defined，非阻焊层限定）焊盘两种形式。SMD焊盘的阻焊层覆盖在焊盘边缘上，这有助于提高锡膏的漏印量，但会引发再流焊后锡球增多的缺陷，因此不主张采用。由于NSMD焊盘的阻焊层覆盖在焊盘之外，故推荐采用NSMD结构的焊盘。

（3）PCB基板

通常PCB基板选用的是FR-4，但使用0201片式元件的PCB基板（如手机主板）应选用FR-5。FR-4与FR-5的综合性能比较如表1-10所示。为保持PCB的刚性，建议采用矩形结构。非图形部分仍应保持铜皮层，以利于提高PCB的刚性。

表1-10　FR-4与FR-5的综合性能比较

性　　能		FR-4	FR-5
玻璃化转变温度 T_g		120～130℃	160～170℃
热膨胀系数 CTE（×10^{-6}/℃）	X方向	13	10
	Y方向	16	12
吸水率		0.05%～0.07%	0.04%～0.06%

1.4.2　金属电极元器件的焊盘设计

金属电极元器件的焊盘布局图如图1-28所示。

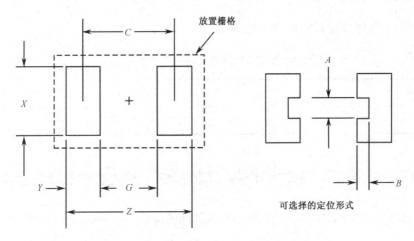

图 1-28 金属电极元器件的焊盘布局图

不同元器件标识金属电极元器件的焊盘尺寸如表 1-11 所示。

表 1-11 不同元器件标识金属电极元器件的焊盘尺寸 单位：mm

元器件标识	Z	G	X	Y	C	A	B	放 置 栅 格
SOD-80/MLL-34	4.80	2.00	1.80	1.40	3.40	0.50	0.50	6×12
SOD-87/MLL-41	6.30	3.40	2.60	1.45	4.85	0.50	0.50	6×14
2012 [0805]	3.20	0.60	1.60	1.30	1.90	0.50	0.35	4×8
3216 [1206]	4.40	1.20	2.00	1.60	2.80	0.50	0.55	6×10
3516 [1406]	4.80	2.00	1.80	1.40	3.40	0.50	0.55	6×12
5923 [2309]	7.20	4.20	2.60	1.50	5.70	0.50	0.65	6×18

▶ 1.4.3 SOT 23 封装器件的焊盘设计

SOT 23 封装器件的焊盘布局图如图 1-29 所示。

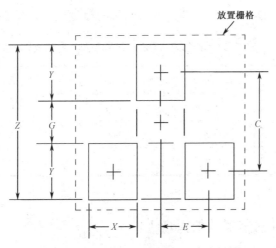

图 1-29 SOT 23 封装器件的焊盘布局图

SOT 封装器件的焊盘尺寸如表 1-12 所示。

表 1-12   SOT 23 封装器件的焊盘尺寸   单位：mm

器 件 标 识	Z	G	X	Y	C	E	放 置 栅 格
SOT 23	3.60	0.80	1.00	1.40	2.20	0.95	8×8

1.4.4 SOT-5 DCK/SOT-5 DBV（5/6 引脚）封装器件的焊盘设计

SOT-5 DCK/ SOT-5 DBV（5/6 引脚）封装器件的焊盘布局图如图 1-30 所示。

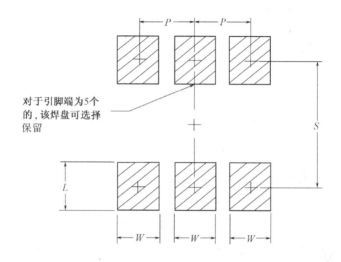

图 1-30   SOT-5 DCK/SOT-5 DBV（5/6 引脚）封装器件的焊盘布局图

SOT-5 DCK/ SOT-5 DBV（5/6 引脚）封装器件的焊盘尺寸如表 1-13 所示。

表 1-13   SOT-5 DCK/SOT-5 DBV（5/6 引脚）封装器件的焊盘尺寸

引　　脚	封 装 代 码	P（mm）	S（mm）	W（mm）	L（mm）
5	DCK	0.65	1.90	0.40	0.80
5	DBV	0.95	2.60	0.70	1.00
6	DBV	0.95	2.60	0.70	1.00

1.4.5 SOT 89 封装器件的焊盘设计

SOT 89 封装器件的焊盘布局图如图 1-31 所示。

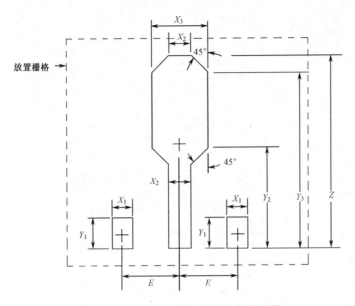

图 1-31　SOT 89 封装器件的焊盘布局图

SOT 89 封装器件的焊盘尺寸如表 1-14 所示。

表 1-14　SOT 89 封装器件的焊盘尺寸　　　　　　　单位：mm

器件标识	Z	Y_1	X_1	X_2		X_3		Y_2	Y_3	E	放置栅格
				最小值	最大值	最小值	最大值				
SOT 89	5.40	1.40	0.80	0.80	1.00	1.80	2.00	2.40	4.60	1.50	12×10

1.4.6　SOD 123 封装器件的焊盘设计

SOD 123 封装器件的焊盘布局图如图 1-22 所示。不同器件标识 SOD 123 封装器件的焊盘尺寸如表 1-15 所示。

表 1-15　不同器件标识 SOD 123 封装器件的焊盘尺寸　　　　　　单位：mm

器件标识	Z	G	X	Y	C	放置栅格
SOD 123	5.00	1.80	0.80	1.60	3.40	4×12
SMB	6.80	2.00	2.40	2.40	4.40	8×16

1.4.7　SOT 143 封装器件的焊盘设计

SOT 143 封装器件的焊盘布局图如图 1-32 所示。

SOT 143 封装器件的焊盘尺寸如表 1-16 所示。

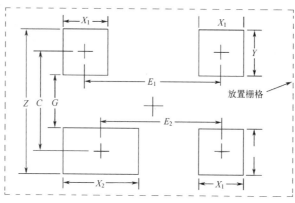

图 1-32　SOT 143 封装器件的焊盘布局图

表 1-16　SOT 143 封装器件的焊盘尺寸　　　　　　　　　单位：mm

器 件 标 识	Z	G	X_1	X_2		C	E_1	E_2	Y	放置栅格
				最小值	最大值					
SOT 143	3.60	0.80	1.00	1.00	1.20	2.20	1.90	1.70	1.40	8×8

▶ 1.4.8　SOIC 封装器件的焊盘设计

SOIC 封装器件的焊盘布局图如图 1-33 所示。

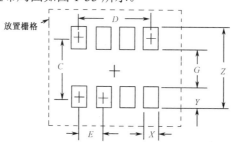

图 1-33　SOIC 封装器件的焊盘布局图

不同器件标识 SOIC 封装器件的焊盘尺寸如表 1-17 所示。

表 1-17　不同器件标识 SOIC 封装器件的焊盘尺寸　　　　　　　单位：mm

器 件 标 识	Z	G	X	Y	C	D	E	放 置 栅 格
S08	7.40	3.00	0.60	2.20	5.20	3.81	1.27	16×12
S08W	11.40	7.00	0.60	2.20	9.20	3.81	1.27	24×12
S014	7.40	3.00	0.60	2.20	5.20	7.62	1.27	16×20
S014W	11.40	7.00	0.60	2.20	9.20	7.62	1.27	24×20
S016	7.40	3.00	0.60	2.20	5.20	8.89	1.27	16×22
S016W	11.40	7.00	0.60	2.20	9.20	8.89	1.27	24×22
S020W	11.40	7.00	0.60	2.20	9.20	11.43	1.27	24×28
S024W	11.40	7.00	0.60	2.20	9.20	13.97	1.27	24×32
S024×	13.00	8.60	0.60	2.20	10.80	13.97	1.27	28×32
S028W	11.40	7.00	0.60	2.20	9.20	16.51	1.27	24×38
S028×	13.00	8.60	0.60	2.20	10.80	16.51	1.27	28×38
S032W	11.40	7.00	0.60	2.20	9.20	19.05	1.27	24×44
S032×	13.00	8.60	0.60	2.20	10.80	19.05	1.27	28×44
S036W	11.40	7.00	0.60	2.20	9.20	21.59	1.27	24×48
S036×	13.00	8.60	0.60	2.20	10.80	21.59	1.27	28×48

▶ 1.4.9　SSOIC 封装器件的焊盘设计

SSOIC 封装器件的焊盘布局图也如图 1-33 所示。不同器件标识的 SSOIC 封装器件的焊盘尺寸如表 1-18 所示。

表 1-18　不同器件标识的 SSOIC 封装器件的焊盘尺寸　　　单位：mm

器 件 标 识	Z	G	X	Y	C	D	E	放 置 栅 格
SS048	11.60	7.20	0.40	2.20	9.40	14.61	0.64	24×34
SS056	11.60	7.20	0.40	2.20	9.40	17.15	0.64	24×38
S064	15.40	11.40	0.50	2.00	13.40	24.80	0.80	32×54

▶ 1.4.10　SOP 封装器件的焊盘设计

SOP 封装器件的焊盘布局图也如图 1-33 所示。不同器件标识 SOP 封装器件的焊盘尺寸如表 1-19 所示。

表 1-19　不同器件标识 SOP 封装器件的焊盘尺寸　　　单位：mm

器 件 标 识	Z	G	X	Y	C	D	E	放 置 栅 格
SOP 6	7.40	3.00	0.60	2.20	5.20	2.54	1.27	16×14
SOP 8	7.40	3.00	0.60	2.20	5.20	3.81	1.27	16×14
SOP 10	7.40	3.00	0.60	2.20	5.20	5.08	1.27	16×18
SOP 12	7.40	3.00	0.60	2.20	5.20	6.35	1.27	16×18
SOP 14	7.40	3.00	0.60	2.20	5.20	7.62	1.27	16×24
SOP 16	9.40	5.00	0.60	2.20	7.20	8.89	1.27	20×24
SOP 18	9.40	5.00	0.60	2.20	7.20	10.16	1.27	20×28
SOP 20	9.40	5.00	0.60	2.20	7.20	11.43	1.27	20×28
SOP 22	11.20	6.80	0.60	2.20	9.00	13.97	1.27	24×34
SOP 24	11.20	6.80	0.60	2.20	9.00	13.97	1.27	24×34
SOP 28	13.20	8.80	0.60	2.20	11.00	16.51	1.27	28×40
SOP 30	13.20	8.80	0.60	2.20	11.00	17.78	1.27	28×44
SOP 32	15.00	10.60	0.60	2.20	12.80	19.05	1.27	32×44
SOP 36	15.00	10.60	0.60	2.20	12.80	21.59	1.27	32×50
SOP 40	17.00	12.60	0.60	2.20	14.80	24.13	1.27	36×56
SOP 42	17.00	12.60	0.60	2.20	14.80	25.40	1.27	36×56

▶ 1.4.11　TSOP 封装器件的焊盘设计

TSOP 封装器件的焊盘布局图也如图 1-33 所示。不同器件标识 TSOP 封装器件的焊盘尺寸如表 1-20 所示。

表 1-20　不同器件标识 TSOP 封装器件的焊盘尺寸　　　　　　　　　单位：mm

器 件 标 识	Z	G	X	Y	C	D	E	引脚数	放 置 栅 格
TSOP 6×14	14.80	11.60	0.40	1.60	13.20	4.55	0.65	16	14×32
TSOP 6×16	16.80	13.60	0.30	1.60	15.20	5.50	0.50	24	14×36
TSOP 6×18	18.80	15.60	0.25	1.60	17.20	5.20	0.40	28	14×40
TSOP 6×20	20.80	17.60	0.17	1.60	19.20	5.10	0.30	36	14×44
TSOP 8×14	14.80	11.60	0.40	1.60	13.20	7.15	0.65	24	18×32
TSOP 8×16	16.80	13.60	0.30	1.60	15.20	7.50	0.50	32	18×36
TSOP 8×18	18.80	15.60	0.25	1.60	17.20	7.60	0.40	40	18×40
TSOP 8×20	20.80	17.60	0.17	1.60	19.20	7.50	0.30	52	18×44
TSOP 10×14	14.80	11.60	0.40	1.60	13.20	8.45	0.65	28	22×32
TSOP 10×16	16.80	13.60	0.30	1.60	15.20	9.50	0.50	40	22×36
TSOP 10×18	18.80	15.60	0.25	1.60	17.20	9.20	0.40	48	22×40
TSOP 10×20	20.80	17.60	0.17	1.60	19.20	9.30	0.30	64	22×44
TSOP 12×14	14.80	11.60	0.40	1.60	13.20	11.05	0.65	36	26×32
TSOP 12×16	16.80	13.60	0.30	1.60	15.20	11.50	0.50	48	26×36
TSOP 12×18	18.80	15.60	0.25	1.60	17.20	11.60	0.40	60	26×40
TSOP 12×20	20.80	17.60	0.17	1.60	19.20	11.10	0.30	76	26×44

▶ 1.4.12　CFP 封装器件的焊盘设计

CFP 封装器件的焊盘布局图也如图 1-33 所示。不同器件标识 CFP 封装器件的焊盘尺寸如表 1-21 所示。

表 1-21　不同器件标识 CFP 封装器件的焊盘尺寸　　　　　　　　　单位：mm

器 件 标 识	引脚数	Z	G	X	Y	C	D	E	放 置 栅 格
MO-003	10	10.20	6.00	0.65	2.20	8.0	5.08	1.27	22×16
MO-003	14	10.20	6.00	0.65	2.20	8.0	7.62	1.27	22×22
MO-004	10	12.20	8.00	0.65	2.20	10.0	5.08	1.27	26×16
MO-004	14	12.20	8.00	0.65	2.20	10.0	7.62	1.27	26×22
MO-004	16	12.20	8.00	0.65	2.20	10.0	8.89	1.27	26×24
MO-018	20	12.20	8.00	0.65	2.20	10.0	11.43	1.27	26×28
MO-019	24	16.20	12.00	0.65	2.20	14.0	13.97	1.27	34×34
MO-019	28	16.20	12.00	0.65	2.20	14.0	16.51	1.27	34×38
MO-020	36	18.20	14.00	0.65	2.20	16.0	21.59	1.27	38×48
MO-020	40	18.20	14.00	0.65	2.20	16.0	24.13	1.27	38×54
MO-021	16	21.20	17.00	0.65	2.20	19.0	8.89	1.27	44×24
MO-021	24	21.20	17.00	0.65	2.20	19.0	13.97	1.27	44×34
MO-021	36	21.20	17.00	0.65	2.20	19.0	21.59	1.27	44×48
MO-022	20	23.20	19.00	0.65	2.20	21.0	11.43	1.27	48×28
MO-022	42	23.20	19.00	0.65	2.20	21.0	25.40	1.27	48×56
MO-023	36	28.20	24.00	0.65	2.20	26.0	21.59	1.27	58×48
MO-023	50	28.20	24.00	0.65	2.20	26.0	30.48	1.27	58×66

1.4.13　SOJ 封装器件的焊盘设计

SOJ 封装器件的焊盘布局图也如图 1-33 所示。不同器件标识 SOJ 封装器件的焊盘尺寸如表 1-22 所示。

> **注意**：引脚端相同、标识不同 SOJ 封装器件的 Z、G、C 等尺寸各有不同，如表 1-23 所示（引脚端为 20）。

表 1-22　不同器件标识 SOJ 封装器件的焊盘尺寸　　　　　单位：mm

器 件 标 识	Z	G	X	Y	C	D	E	放 置 栅 格
SOJ 14/300	9.40	5.00	0.60	2.20	7.20	7.62	1.27	20×22
SOJ 16/300	9.40	5.00	0.60	2.20	7.20	8.89	1.27	20×24
SOJ 18/300	9.40	5.00	0.60	2.20	7.20	10.16	1.27	20×26
SOJ 20/300	9.40	5.00	0.60	2.20	7.20	11.43	1.27	20×28
SOJ 22/300	9.40	5.00	0.60	2.20	7.20	12.70	1.27	20×32
SOJ 24/300	9.40	5.00	0.60	2.20	7.20	13.97	1.27	20×34
SOJ 26/300	9.40	5.00	0.60	2.20	7.20	15.24	1.27	20×36
SOJ 28/300	9.40	5.00	0.60	2.20	7.20	16.51	1.27	20×38

表 1-23　引脚端相同标识不同 SOJ 封装器件的 Z、G、C 等尺寸　　　　　单位：mm

器 件 标 识	Z	G	X	Y	C	D	E	放 置 栅 格
SOJ 20/300	9.40	5.00	0.60	2.20	7.20	11.43	1.27	20×28
SOJ 20/350	10.60	6.20	0.60	2.20	8.40	11.43	1.27	24×28
SOJ 20/400	11.80	7.40	0.60	2.20	9.60	11.43	1.27	26×28
SOJ 20/450	13.20	8.80	0.60	2.20	11.00	11.43	1.27	28×28

1.4.14　PQFP 封装器件的焊盘设计

PQFP 封装器件的焊盘布局图如图 1-34 所示。

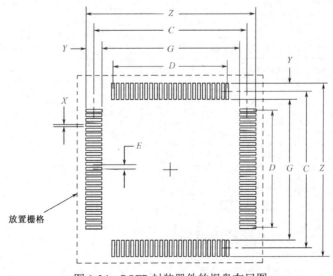

图 1-34　PQFP 封装器件的焊盘布局图

不同器件标识的 PQFP 封装器件的焊盘尺寸如表 1-24 所示。

表1-24　不同器件标识PQFP封装器件的焊盘尺寸　　　　　　　单位：mm

器 件 标 识	Z	G	X	Y	C	D	E	放 置 栅 格
PQFP 84	20.60	17.00	0.35	1.80	18.80	12.70	0.63	44×44
PQFP 100	23.20	19.60	0.35	1.80	21.40	15.24	0.63	50×50
PQFP 132	28.20	24.60	0.35	1.80	26.40	20.32	0.63	58×58
PQFP 164	33.40	29.80	0.35	1.80	31.60	25.40	0.63	68×68
PQFP 196	38.40	34.80	0.35	1.80	36.60	30.48	0.63	80×80
PQFP 244	42.80	39.20	0.35	1.80	41.00	38.10	0.63	88×88

▶ 1.4.15　SQFP 封装器件的焊盘设计

SQFP 封装器件的焊盘布局图也如图 1-34 所示。部分不同器件标识 SQFP 封装器件的焊盘尺寸如表 1-25 所示。

表1-25　部分不同器件标识 SQFP 封装器件的焊盘尺寸　　　　　单位：mm

器 件 标 识	Z	G	X	Y	C	D	E	放 置 栅 格
SQFP 5×5-24	7.80	4.60	0.30	1.60	6.20	2.50	0.50	18×18
SQFP 5×5-32	7.80	4.60	0.30	1.60	6.20	3.50	0.50	18×18
SQFP 5×5-40	7.80	4.60	0.25	1.60	6.20	3.60	0.40	18×18
SQFP 5×5-48	7.80	4.60	0.17	1.60	6.20	3.30	0.30	18×18
SQFP 5×5-56	7.80	4.60	0.17	1.60	6.20	3.90	0.30	18×18
SQFP 6×6-32	8.80	5.60	0.30	1.60	7.20	3.50	0.50	20×20
SQFP 6×6-40	8.80	5.60	0.30	1.60	7.20	4.50	0.50	20×20
SQFP 6×6-48	8.80	5.60	0.25	1.60	7.20	4.40	0.40	20×20
SQFP 6×6-56	8.80	5.60	0.17	1.60	7.20	3.90	0.30	20×20
SQFP 6×6-64	8.80	5.60	0.17	1.60	7.20	4.50	0.30	20×20
SQFP 7×7-40	9.80	6.60	0.30	1.60	8.20	4.50	0.50	22×22
SQFP 7×7-48	9.80	6.60	0.30	1.60	8.20	5.50	0.50	22×22
SQFP 7×7-56	9.80	6.60	0.25	1.60	8.20	5.20	0.40	22×22
SQFP 7×7-64	9.80	6.60	0.25	1.60	8.20	6.00	0.40	22×22
SQFP 7×7-72	9.80	6.60	0.17	1.60	8.20	5.10	0.30	22×22
SQFP 7×7-80	9.80	6.60	0.17	1.60	8.20	5.70	0.30	22×22

▶ 1.4.16　CQFP 封装器件的焊盘设计

CQFP 封装器件的焊盘布局图也如图 1-34 所示。不同器件标识 CQFP 封装器件的焊盘尺寸如表 1-26 所示。

表 1-26　不同器件标识 CQFP 封装器件的焊盘尺寸　　　　　　单位：mm

器 件 标 识	Z	G	X	Y	C	D	E	放 置 栅 格
CQFP-28	15.80	10.60	0.65	2.60	13.20	7.62	1.27	34×34
CQFP-36	18.60	13.80	0.65	2.40	16.20	10.16	1.27	40×40
CQFP-44	21.00	16.20	0.65	2.40	18.60	12.70	1.27	44×44
CQFP-52	23.60	18.80	0.65	2.40	21.20	15.24	1.27	50×50
CQFP-68	28.60	23.80	0.65	2.40	26.20	20.32	1.27	62×62
CQFP-84	33.80	29.00	0.65	2.40	31.40	25.40	1.27	70×70
CQFP-100	38.80	34.00	0.65	2.40	36.40	30.48	1.27	80×80
CQFP-120	32.40	28.00	0.50	2.20	30.20	23.20	0.80	68×68
CQFP-128	32.40	28.00	0.50	2.20	30.20	24.80	0.80	68×68
CQFP-132	28.60	24.20	0.40	2.20	26.40	20.32	0.64	60×60
CQFP-144	32.40	28.00	0.50	2.20	30.20	24.80	0.80	68×68
CQFP-148	35.20	30.00	0.35	2.60	32.60	22.86	0.64	72×72
CQFP-160	32.40	28.00	0.50	2.20	30.20	24.80	0.80	68×68
CQFP-164	35.20	30.00	0.35	2.60	32.60	25.40	0.64	72×72
CQFP-196	37.20	32.00	0.35	2.60	34.60	30.48	0.64	76×76

▶ 1.4.17　PLCC（方形）封装器件的焊盘设计

PLCC（方形）封装器件的焊盘布局图也如图 1-34 所示。不同器件标识 PLCC 封装器件的焊盘尺寸如表 1-27 所示。

表 1-27　不同器件标识 PLCC 封装器件的焊盘尺寸　　　　　　单位：mm

器 件 标 识	Z	G	X	Y	C	D	E	放 置 栅 格
PLCC-20	10.80	6.40	0.60	2.20	8.60	5.08	1.27	24×24
PLCC-28	13.40	9.00	0.60	2.20	11.20	7.62	1.27	30×30
PLCC-44	18.40	14.00	0.60	2.20	16.20	12.70	1.27	40×40
PLCC-52	21.00	16.60	0.60	2.20	18.80	15.24	1.27	44×44
PLCC-68	26.00	21.60	0.60	2.20	23.80	20.32	1.27	54×54
PLCC-84	31.20	26.80	0.60	2.20	29.00	25.40	1.27	66×66
PLCC-100	36.20	31.80	0.60	2.20	34.00	30.48	1.27	76×76
PLCC-124	43.80	39.40	0.60	2.20	41.60	38.10	1.27	90×90

▶ 1.4.18　QSOP（SBQ）封装器件的焊盘设计

QSOP（SBQ）封装器件的焊盘布局图如图 1-35 所示。

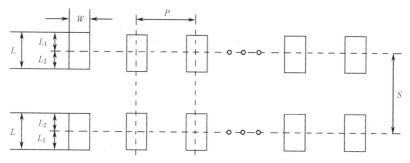

图 1-35　QSOP（SBQ）封装器件的焊盘布局图

不同引脚封装形式 QSOP（SBQ）封装器件的焊盘尺寸如表 1-28 所示。

表 1-28　不同引脚封装形式 QSOP（SBQ）器件的焊盘尺寸　　　　单位：mm

引　脚	P	S	W	L	L_1	L_2
16	0.635	5.72	0.27	1.52	0.34	1.18
20	0.635	5.72	0.27	1.52	0.34	1.18
24	0.635	5.72	0.27	1.52	0.34	1.18

▶ 1.4.19　QFG 32/48 封装器件的焊盘设计

QFG 32/48 封装器件的焊盘布局图如图 1-36 所示。

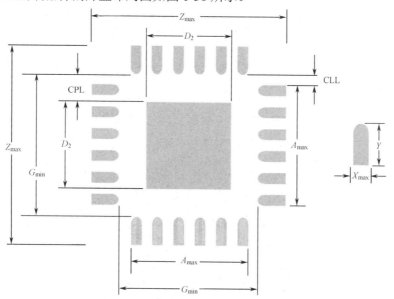

图 1-36　QFG 32/48 封装器件的焊盘布局图

QFG 32/48 封装器件的焊盘尺寸如表 1-29 所示。

表 1-29　QFG 32/48 封装器件的焊盘尺寸　　　　单位：mm

封　　装	主体尺寸	X_{max}	Y	A_{max}	G_{min}	Z_{max}	D_2	CLL	CPL
QFG 32	5×5	0.28	0.69	3.78	3.93	5.31	3.63	0.10	0.15
QFG 48	7×7	0.28	0.69	5.78	5.93	7.31	5.63	0.10	0.15

1.4.20　设计 SMT 焊盘应注意的一些问题

为了确保 SMT 焊接质量，在设计 SMT 印制板时，除印制板应留出 3～8mm 的工艺边，按有关规范设计好各种元器件的焊盘图形和尺寸，布排好元器件的位向和相邻元器件之间的距离等以外，还应特别注意以下几点[4-8]。

（1）在印制板上，凡位于阻焊层下面的导电图形（如互连线、接地线、互导孔盘等）和需要留用的铜箔之处，均应为裸铜箔，即绝不允许涂镀熔点低于焊接温度的金属涂层，如锡铅合金等，以避免引发位于涂镀层处的阻焊层破裂或起皱，以保证焊接和外观质量。

（2）查选或调用焊盘图形尺寸资料时，应与所选用的元器件的封装外形、焊端、引脚等与焊接有关的尺寸相匹配。必须克服不加分析或对照就随意抄用或调用所见到的资料或软件库中焊盘图形尺寸的不良习惯。另外，设计、查选或调用焊盘图形尺寸时，还应明确元器件封装形式的焊接尺寸要求。

（3）表面贴装元器件的焊接可靠性主要取决于焊盘的长度而不是宽度。

① 如图 1-37 所示，焊盘的长度 B 等于焊端（或引脚）的长度 T，加上焊端（或引脚）内侧（焊盘）的延伸长度 b_1，再加上焊端（或引脚）外侧（焊盘）的延伸长度 b_2，即 $B=T+b_1+b_2$。b_1 的长度（为 0.05～0.6mm）不仅有利于焊料熔融时能形成良好的弯月形轮廓的焊点，还可以避免焊料产生桥接现象，以及兼顾元器件的贴装偏差。b_2 的长度（为 0.25～1.5mm）可以保证能够形成最佳的弯月形轮廓的焊点。对于 SOIC、QFP 等器件，还应兼顾焊盘抗剥离的能力。

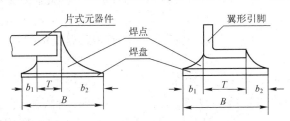

图 1-37　理想的优质焊点形状及其焊盘

② 焊盘的宽度应等于或稍大（或稍小）于焊端（或引脚）的宽度。常见贴装元器件焊盘计算简式：

$$焊盘长度 B = T + b_1 + b_2 \tag{1-1}$$

$$焊盘内侧间距 G = L - 2T - 2b_1 \tag{1-2}$$

$$焊盘宽度 A = W + K \tag{1-3}$$

$$焊盘外侧间距 D = G + 2B \tag{1-4}$$

式中，T 为元器件焊端长度（或元器件引脚长度）；b_1 为焊端（或引脚）内侧延伸长度；b_2 为焊端（或引脚）外侧延伸长度；L 为元器件长度（或器件引脚外侧之间的距离）；W 为元器件宽度（或器件引脚宽度）；H 为元器件厚度（或器件引脚厚度）；K 为焊盘宽度修正量。

对于矩形片式电阻、电容，b_1=0.05mm、0.10mm、0.15mm、0.20mm、0.30mm，元件长度越短者，所取的值应越小；b_2=0.25mm、0.35mm、0.50mm、0.60mm、0.90mm、1.00mm，元件厚度越薄者，所取的值应越小；K=0mm、±0.10mm、0.20mm，元件宽度越窄，所取的值应越小。

对于翼形引脚的 SOIC、QFP 器件：b_1=0.30mm、0.40mm、0.50mm、0.60mm，器件外形小或相邻引脚中心距小，所取的值应小些；b_2=0.30mm、0.40mm、0.80mm、1.00mm、1.50mm，器件外形大，所取的值应大些；K=0mm、0.03mm、0.10mm、0.20mm、0.30mm，相邻引脚间距中心距小，所取的值应小些；B=1.50～3mm，一般约为 2mm，若外侧空间允许可尽量长些。

（4）焊盘内及其边缘不允许有通孔（通孔与焊盘两者边缘之间的距离应大于 0.6mm）。如通孔盘与焊盘互连，可用宽度小于焊盘宽度 1/2 的连线，如 0.3～0.4mm 加以互连，以避免因焊料流失或热隔离差而引发各种焊接缺陷。

（5）用于焊接和测试的焊盘内不允许印有字符或图形等标志符号。标志符号与焊盘边缘的距离应大于 0.5mm，以免印料浸染焊盘，引发焊接缺陷或影响检测的正确性。

（6）焊盘之间、焊盘与通孔盘之间，以及焊盘与宽度大于焊盘宽度的互连线或大面积接地或屏蔽的铜箔之间的连接，应有一段热隔离引线，其线宽度应等于或小于焊盘宽度的二分之一（以其中较小的焊盘为准，一般宽度为 0.2～0.4mm，而长度应大于 0.6mm）。若用阻焊层加以遮隔，引线宽度可以等于焊盘宽度（如与大面积接地或屏蔽铜箔之间的连线）。

（7）对于同一个元器件，凡是对称使用的焊盘（如片式电阻、片式电容、SOIC、QFP等），设计时应严格保持其全面的对称性：焊盘图形的形状与尺寸完全一致（使焊料熔融时，所形成的焊接面积相等），以及图形的形状所处的位置应完全对称（包括从焊盘引出的互连线的位置；若用阻焊层遮隔，则互连线可以随意），以保证焊料熔融时，作用于元器件上所有焊点的表面张力能保持平衡（其合力为零），以利于形成理想的优质焊点。

（8）对于无外引脚的元器件（如片式电阻、片式电容、可调电位器、可调电容等），焊盘之间不允许有通孔（元器件体下面不得有通孔，若用阻焊层堵死者可以除外），以保证清洗质量。

（9）对于多引脚的元器件（如 SOIC、QFP 等），引脚焊盘之间的短接处不允许直通，应由焊盘加引出互连线之后再短接（若用阻焊层加以遮隔可以除外），以免产生位移或焊接后被误认为发生了桥接。另外，还应尽量避免在焊盘之间穿越互连线（特别是细间距的引脚器件）。凡穿越相邻焊盘之间的互连线，必须用阻焊层对其加以遮隔。

（10）对于多引脚的元器件，特别是间距为 0.65mm 及其以下的，应在焊盘图形上或其附近增设裸铜基准标志（例如，在焊盘图形的对角线上，增设两个对称的裸铜的光学定位标志），以供精确贴片时用于光学校准。

（11）当采用波峰焊工艺时，插引脚的焊盘上通孔的孔径，一般应比引脚线径大 0.05～0.3mm。焊盘的直径应不大于孔径的 3 倍。另外，对于 QFP 等器件的焊盘图形，可增设能对熔融焊料起拉拖作用的工艺性辅助焊盘，以避免或减少桥接现象的发生。

（12）焊接表面贴装元器件的焊盘（焊点处），绝不允许兼作检测点。为了避免损坏元器件，必须另外设计专用的测试焊盘，以保证焊装检测和生产调试的正常进行。

（13）测试焊盘应尽量安排在 PCB 的同一面上。这样不仅便于检测，更重要的是极大地降低了检测成本（自动化检测更是如此）。另外，测试焊盘应涂镀锡铅合金，其大小、间距和布局应与测试设备的有关要求相匹配。

（14）若给出的元器件尺寸是最大值与最小值时，可按平均值作为焊盘设计的基准。

（15）用计算机进行设计时，为了保证达到要求的精度，所选用的网格单位的尺寸必须与精度匹配；为了作图方便，应尽可能使各图形均落在网格点上。对于多引脚和细间距的元器件（如 QFP），绘制焊盘的中心间距时，不仅网格单位尺寸必须选用 0.0254mm，且坐标原点应始终设定在第 1 引脚处。总之，对于多引脚细间距的元器件，焊盘设计的总体累计误差必须控制在±0.0127mm 以内。

（16）所设计的各类焊盘应与其载体 PCB 一起，经试焊合格和检测合格之后，方可正式用于生产。对于大批量生产，则更应如此。

1.5　DIP 封装器件的焊盘设计

DIP 封装器件的焊盘布局图如图 1-38 所示。

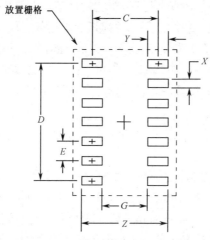

图 1-38　DIP 封装器件的焊盘布局图

不同器件标识 DIP 封装器件的焊盘尺寸如表 1-30 所示。

表 1-30　不同器件标识 DIP 封装器件的焊盘尺寸　　　　　单位：mm

器 件 标 识	Z	G	X	Y	C	D	E	放 置 栅 格
DIP 8	9.80	5.40	1.20	2.20	7.60	7.62	2.54	22×24
DIP 14	9.80	5.40	1.20	2.20	7.60	15.24	2.54	22×42
DIP 16	9.80	5.40	1.20	2.20	7.60	17.78	2.54	22×44
DIP 18	9.80	5.40	1.20	2.20	7.60	20.32	2.54	22×48
DIP 20	9.80	5.40	1.20	2.20	7.60	22.86	2.54	22×56
DIP 22L	12.40	8.00	1.20	2.20	10.20	25.40	2.54	26×58
DIP 24	9.80	5.40	1.20	2.20	7.60	27.94	2.54	38×66
DIP 24L	12.40	8.00	1.20	2.20	10.20	27.94	2.54	26×64
DIP 24X	17.40	13.00	1.20	2.20	15.20	27.94	2.54	36×68
DIP 28	9.80	5.40	1.20	2.20	7.60	33.02	2.54	22×74
DIP 28X	17.40	13.00	1.20	2.20	15.20	33.02	2.54	36×84
DIP 40X	17.40	13.00	1.20	2.20	15.20	48.26	2.54	36×110
DIP 48X	17.40	13.00	1.20	2.20	15.20	58.42	2.54	36×130

1.6　BGA 封装器件的焊盘设计

1.6.1　BGA 封装简介

在球栅阵列（BGA）封装中，I/O 互连位于器件内部，基片底部焊球矩阵替代了封装四周的引线，大大提高了引脚数量和电路板面积比。器件直接焊接在 PCB 上，采用的装配工艺实际上与系统设计人员习惯使用的标准表面贴装技术相同。

另外，BGA 封装还具有以下优势。

① 引脚不容易受到损伤：BGA 引脚是结实的焊球，在操作过程中不容易受到损伤。

② 单位面积上的引脚数量增加：焊球更靠近封装边缘，倒装焊 BGA 的引脚间距可减小到 1.0mm，micro-BGA 封装的引脚间距可减小到 0.8mm，从而增加了引脚数量。

③ 更低廉的表面贴装设备：在装配过程中，BGA 封装能够承受微小的器件错位，因此可以采用价格较低的表面贴装设备。器件之所以能够微小错位，是因为 BGA 封装在再流焊过程中可以自对齐。

④ 更小的触点：BGA 封装一般要比 QFP 封装小 20%～50%，更适用于要求高性能和小触点的应用场合。

⑤ 集成电路速率优势：BGA 封装在其结构中采用了接地平面、接地环路（也称地环路）和电源环路，能够在微波频率范围内很好地工作，具有较好的电气性能。

⑥ 改善了散热性能：管芯位于 BGA 封装的中心，而大部分 GND 和 V_{CC} 引脚位于封装中心，因此 GND 和 V_{CC} 引脚位于管芯下面，使得器件产生的热量可以通过 GND 和 V_{CC} 引脚散到周围环境中去（GND 和 V_{CC} 引脚可以用作热沉）。

例如，Altera 为高密度 PLD 用户开发了一种高密度 BGA，其占用的电路板面积不到标准 BGA 封装的一半。

在进行高密度 BGA 封装的 PCB 设计布局时，应考虑以下因素：表面焊盘尺寸、过孔焊盘布板和尺寸、信号线间隙和走线宽度，以及 PCB 的层数。

在高密度 BGA 封装的 PCB 设计布局时，需要使用跳出布线技术。跳出布线是指将信号从封装中引至 PCB 上另一单元的方法。采用 BGA 封装之后，I/O 数量增加，使得多层 PCB 成为跳出布线的业界标准方法，此时信号可以通过各 PCB 层引至 PCB 上的其他单元。

在进行高密度 BGA 封装的 PCB 设计布局时，需要使用过孔技术。PCB 上常用的三类过孔形式是贯通孔、盲孔、埋孔。

目前，BGA 封装种类有 PBGA（塑封 BGA）、CBGA（陶瓷封装 BGA）、CCBGA（陶瓷封装柱形焊球 BGA）、TBGA（带状 BGA）、SBGA（超 BGA）、MBGA（金属 BGA）、μBGA（细间距 BGA，间距为 20mil）、FPBGA（NEC 细间距 BGA，间距为 20mil）等。BGA 焊球排列矩阵种类有全矩阵 BGA（布满焊球）、周边排列 BGA（焊球沿周边排列，中间部位空着）、线性排列焊球的矩阵 BGA、交错排列焊球的 BGA、长方形 BGA。

1.6.2　BGA 表面焊盘的布局和尺寸

表面焊盘是 BGA 焊球与 PCB 接触的部分。这些焊盘的尺寸会影响过孔和跳出布线的可用空间。一般而言，用于表面贴装元器件的焊盘结构有阻焊层限定（Solder Mask Defined，SMD）和非阻焊层限定（Non-Solder Mask Defined，NSMD）两种形式。非阻焊层限定也称铜限定，其金属焊盘的尺寸小于阻焊层开口的尺寸。在表层布线电路板的 NSMD 焊盘上，印制电路导线的一部分将会受到焊锡的浸润。阻焊层限定焊盘的阻焊层开口的尺寸小于金属焊盘的尺寸。电路板设计者需要定义形状代码、位置和焊盘的额定尺寸；焊盘开口的实际尺寸是由阻焊层制作者控制的。阻焊层一般为可成像液体感光胶（LPI）。这两种表面焊盘的主要区别是走线和间隙大小，能够使用的过孔类型，以及再流焊后焊球的形状等。NSMD 和 SMD 焊盘侧视图如图 1-39 所示。NSMD 和 SMD 焊点侧视图如图 1-40 所示。

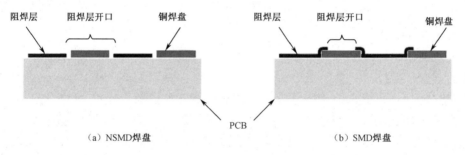

图 1-39　NSMD 和 SMD 焊盘侧视图

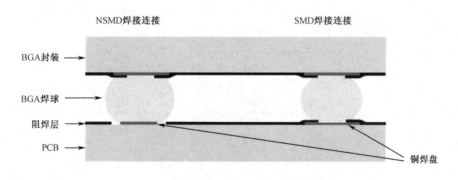

图 1-40　NSMD 和 SMD 焊点侧视图

1．非阻焊层限定焊盘

对于 NSMD 焊盘，阻焊层开口的尺寸要比铜焊盘的尺寸大。因此，表面焊盘的铜表面完全裸露，与 BGA 焊球接触的面积更大。Altera 等公司均建议在大多数情况下使用 NSMD 焊盘，因为这种方式更灵活，产生的应力点更少，焊盘之间的走线空间更大[9-10]。

2．阻焊层限定焊盘

SMD 焊盘的阻焊层与表面焊盘铜表面部分重叠。这种重叠使铜焊盘和 PCB 环氧树脂/玻璃层之间结合得更紧密，能够承受更大的弯曲，经受更严格的加热循环测试，但是减小了 BGA 焊球与铜表面接触的面积。

穿线是过孔焊盘和表面焊盘之间的电气直连部分。过孔、过孔焊盘、表面焊盘和连接线之间的连接关系如图 1-41 所示。

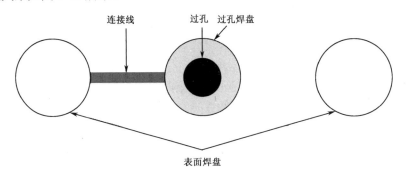

图 1-41　过孔、过孔焊盘、表面焊盘和连接线之间的连接关系

Altera 公司进行了大量的建模仿真和试验研究，结果表明，焊点应力均衡的焊盘设计具有最好的焊点可靠性。由于 BGA 焊盘是阻焊层限定的，如果 PCB 上采用了 SMD 焊盘，则表面焊盘的尺寸应该与 BGA 焊盘一样，这样才能在焊点上实现应力均衡。如果 PCB 上采用了非阻焊层限定焊盘，则表面焊盘应比 BGA 焊盘小约 15%，以达到焊点的应力均衡。

PCB 上的最佳接触焊盘设计，可以延长焊点的使用寿命。BGA 焊盘尺寸如图 1-42 所示，建议的 SMD 和 NSMD 焊盘尺寸如表 1-31 所示。高密度板布板应使用 NSMD 焊盘，这是因为采用较小的焊盘尺寸后，过孔和走线之间的间隙会更大一些。

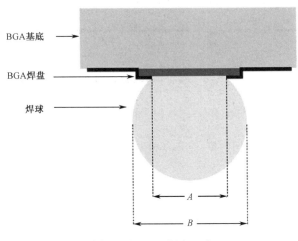

图 1-42　BGA 焊盘尺寸

表 1-31　建议的 SMD 和 NSMD 焊盘尺寸　　　　　　　单位：mm

不同焊盘间距的 BGA	焊盘开口（*A*）	焊球直径（*B*）	建议的 SMD 焊盘尺寸	建议的 NSMD 焊盘尺寸
1.27mm 塑料球栅阵列（PBGA）	0.60	0.75	0.60	0.51
1.27mm 超球栅阵列（SBGA）	0.60	0.75	0.60	0.51
1.27mm 带状球栅阵列（TBGA）	0.60	0.75	0.60	0.51
1.27mm（倒装焊）	0.65	0.75	0.65	0.55
1.00mm（线合）	0.45	0.63	0.45	0.38
1.00mm（倒装焊）	0.55	0.63	0.55	0.47
1.00mm（倒装焊）APEX20KE	0.60	0.65	0.60	0.51
0.80mm μBGA（BT 基底）	0.4	0.55	0.4	0.34
0.80mm μBGA（EPC16U88）	0.4	0.45	0.4	0.34
0.50mm MBGA	0.3	0.3	0.27	0.26

1.00mm 倒装焊 BGA 使用 NSMD 焊盘时，过孔和跳出布线之间的间隙如图 1-43 所示。

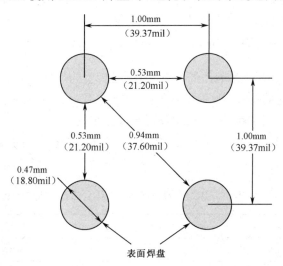

图 1-43　1.00mm 倒装焊 BGA NSMD 焊盘的过孔和跳出布线之间的间隙

1.6.3　BGA 过孔焊盘的布局和尺寸

过孔焊盘的布局和尺寸会影响跳出布线间隙。总体而言，可以采用与表面焊盘平行或与表面焊盘成对角关系两种方式安排过孔焊盘。

1.00mm 倒装焊 BGA NSMD 焊盘的平行（In Line）和对角（Diagonally）布局方式如图 1-44 所示。

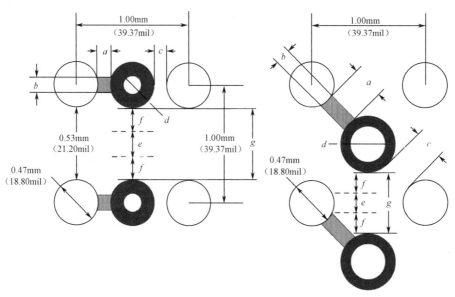

（a）平行布局方式　　　　　　　　　　　　（b）对角布局方式　　　　　　扫码看彩图

a—连线长度；*b*—连线宽度；*c*—过孔焊盘和表面焊盘的最小间隙；*d*—过孔焊盘直径；*e*—导线宽度；
f—间隙宽度；*g*—焊盘之间的间隙；白色—表面焊盘；黑色—过孔焊盘；灰色—过孔；蓝色—连线

图 1-44　1.00mm 倒装焊 BGA NSMD 焊盘的过孔焊盘布局方式

　　平行或对角布局过孔焊盘和表面焊盘是基于过孔焊盘的尺寸、穿线长度、过孔焊盘和表面焊盘之间的间隙来考虑的。设计时可以利用图 1-44 和表 1-32 列出的信息来帮助 PCB 布板。表 1-32 列出了 1.00mm 倒装焊 BGA NSMD 焊盘过孔布板的计算公式。表 1-32 说明对于表面焊盘，对角布局要比平行布局能够采用更大的过孔焊盘。过孔焊盘的尺寸还会影响 PCB 上的走线数量。

表 1-32　1.00mm 倒装焊 BGA NSMD 焊盘过孔布板的计算公式

布 板 形 式	计 算 公 式
平行布局	$a+c+d \leqslant 0.53mm$
对角布局	$a+c+d \leqslant 0.94mm$

　　图 1-45 显示了 1.00mm 倒装焊 BGA 的典型和最佳过孔焊盘布局。在图 1-45 中，黑色部分表示的是通孔，浅色部分表示的是通孔焊盘，深色部分表示的是导线，白色部分表示的是间隙。典型布局的过孔焊盘尺寸为 0.66mm，过孔尺寸为 0.254mm，内部间隙和走线为 0.102mm。采用这种布局时，过孔之间只能安排一条走线。如果需要更多的走线，必须减小过孔焊盘尺寸或缩小走线尺寸及走线间隙。最佳布局的过孔焊盘尺寸为 0.508mm，焊盘尺寸为 0.203mm，内部间隙和走线宽度为 0.076mm。这种布局在过孔两条走线之间留有足够的间隙。

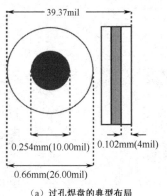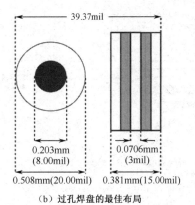

（a）过孔焊盘的典型布局　　　　　　　（b）过孔焊盘的最佳布局

扫码看彩图

图 1-45　1.00mm 倒装焊 BGA 的典型和最佳过孔焊盘布局

一些 PCB 供应商采用的典型和最佳布局规格如表 1-33 所示。关于钻孔尺寸、过孔尺寸、间隙和走线尺寸，以及过孔焊盘尺寸的详细信息，请直接联系相关的 PCB 供应商。

表 1-33　一些 PCB 供应商采用的典型和最佳布局规格

规　　格	典型（mm）	最佳（mm）（PCB 厚度>1.5mm 时）	最佳（mm）（PCB 厚度≤1.5mm 时）
走线和间隙宽度	0.1/0.1	0.076/0.076	0.076/0.076
钻孔直径	0.305	0.254	0.15
最终完成的过孔直径	0.254	0.203	0.1
过孔焊盘	0.66	0.508	0.275
纵横比	7∶1	10∶1	10∶1

1.6.4　BGA 走线间隙和走线宽度

能否进行跳出布线取决于走线宽度及走线（走线包括 BGA 的信号线、电源线、地线等）之间的最小间隙宽度。布线的最小区域是使走线能够通过的最小区域（两个过孔之间的距离），用 g 表示，采用下式计算：

$$g = BGA\ 间距 - d$$

式中，d 为过孔焊盘直径。

能够穿过这一区域的走线数量基于允许的走线宽度和间隙宽度。可以使用表 1-34 来确定能够通过 g 的走线数量。

表 1-34　走线数量

走 线 数 量	公　　式
1	$g \geq 2 \times$ 间隙宽度 + 走线宽度
2	$g \geq 3 \times$ 间隙宽度 + $2 \times$ 走线宽度
3	$g \geq 5 \times$ 间隙宽度 + $3 \times$ 走线宽度

通过减小走线宽度和间隙宽度，可以在两个过孔之间布更多的走线。增加走线数量可以减少 PCB 的层数，降低总成本。1.00mm 倒装焊 BGA 双线和单线跳出布线如图 1-46 所示，图中的浅色部分表示的是通孔焊盘，深色部分表示的是走线，白色部分表示的是间隙。

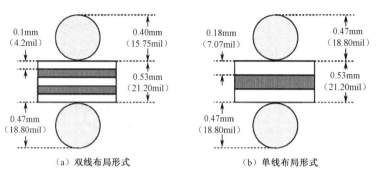

扫码看彩图

（a）双线布局形式　　　　（b）单线布局形式

图 1-46　1.00mm 倒装焊 BGA 双线和单线跳出布线

1.6.5　BGA 的 PCB 层数

总体上，信号走线所需的 PCB 层数与过孔之间的走线数量成反比（走线越多，需要的 PCB 层数就越少）。可以根据走线和间隙尺寸、过孔焊盘之间的走线数量、采用的焊盘类型等参数来估算 PCB 需要的层数。

使用较少的 I/O 引脚可以减少板层数量，所选择的过孔类型也有助于减少板层数量。一个 1.00mm 倒装焊 BGA 的 PCB 布板实例如图 1-47 所示，可以了解过孔类型是怎样影响 PCB 层数的。图 1-47 中的盲孔布板只需要两层 PCB。来自前两个焊球的信号直接穿过第 1 层。第 3 个和第 4 个焊球的信号可以通过过孔到达第 2 层。第 5 个焊球的信号通过第 3 和第 4 个焊球过孔下面到达第 2 层。因此，只需要两层 PCB 即可。作为对比，图 1-47 中的贯通孔需要 3 层 PCB，这是因为信号不能在贯通孔下面通过。第 3 和第 4 个焊球的信号仍然可以通过过孔到达第 2 层，但是第 5 个焊球的信号必须通过一个过孔到达第 3 层。在这一例子中，使用盲孔而不是贯通孔的方法节省了一层 PCB。

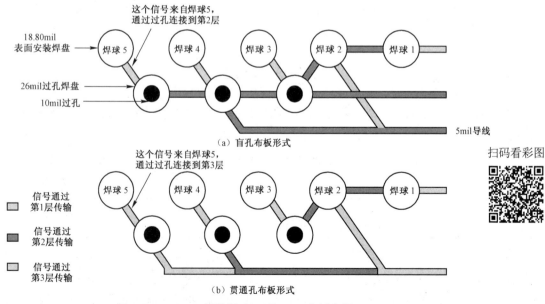

扫码看彩图

图 1-47　1.00mm 倒装焊 BGA 的 PCB 布板实例

1.6.6　μBGA 封装的布线方式和过孔

μBGA 封装是结合 Flex Circuit 技术和 SMT 贴片技术的封装技术。

1．μBGA 的布线方式

μBGA 采用的布线方式如图 1-48 所示，图中的焊盘尺寸为 0.3～0.36mm，线宽为 0.127mm，线距为 0.16mm，过孔直径为 0.25mm，过孔焊盘直径为 0.51mm。

2．μBGA 的金属过孔

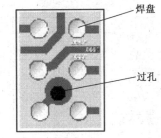

如果采用多层 PCB，则金属过孔的作用是在多层之间布线。如果采用铜限制焊盘（Copper Defined Land Pad）设计的电路板，对于 0.75mm 间距的μBGA，可采用 0.51mm（0.020in）直径的金属过孔焊盘、0.25mm（0.010in）直径的过孔。因此，采用通常的 PCB 制造技术，可在过孔焊盘和焊点盘之间获得 0.127mm（0.005in）的间距。

图 1-48　μBGA 采用的布线方式

采用阻焊限制焊盘（Solder Mask Defined Land Pad）设计的电路板，如果过孔焊盘和焊点盘之间的间距为 0.1mm（0.004in），则会因为这样的间距接近 PCB 制造技术的极限而使成本提高。

3．μBGA 的 PCB 设计要点

① 过孔焊盘直径必须比过孔直径大 10mil（金属过孔直径为 10mil，则过孔焊盘直径为 20mil）。

② 对于大多数的 PCB 制造厂商，最小的金属过孔直径为 10mil。

1.6.7　Xilinx 公司推荐的 BGA、CSP 和 CCGA 封装的 PCB 焊盘设计规则

Xilinx 公司推荐的 BGA、CSP 和 CCGA 封装的 PCB 焊盘设计规则[10]如图 1-49 所示，PCB 焊盘尺寸如表 1-35～表 1-37 所示。对于 Xilinx BGA 封装的芯片，建议采用 NSMD 焊盘。

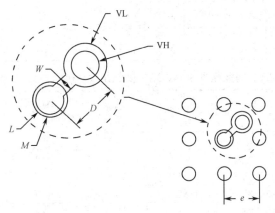

图 1-49　Xilinx 公司推荐的 BGA、CSP 和 CCGA 封装的焊盘设计规则

一个采用 Xilinx 27mm×27mm、1.0mm 细间距 BGA 封装的设计实例如图 1-50 所示。

表 1-35　Xilinx 公司推荐的 BGA、CSP 和 CCGA 封装的 PCB 焊盘尺寸 1　　单位：mm

焊盘尺寸	FT256 FTG256	FG256 FGG25 FG320 FGG320 FG324 FGG324	FG400 FGG400 FG456 FGG456 FG676 FGG676 FG484	FG680 FGG680	FG860 FGG860	FG900 FGG900	FG1156 FGG1156	FF668 FFG668 FF672 FFG672 FF896 FFG896	FF1148 FFG1148 FF1152 FFG1152 FF1696 FFG1696	FF1513 FFG1513 FF1517 FFG1517 FF1704 FFG1704
器件焊盘直径	0.40	0.45	0.45	0.50	0.50	0.45	0.45	0.53	0.53	0.53
焊盘直径（L）	0.40	0.40	0.40	0.40	0.40	0.40	0.40	0.45	0.45	0.45
开口阻焊层直径（M）	0.50	0.50	0.50	0.50	0.50	0.50	0.50	0.55	0.55	0.55
焊盘间距（e）	1.00	1.00	1.00	1.00	1.00	1.00	1.00	1.00	1.00	1.00
在过孔和焊盘之间的导线宽度（W）	0.13	0.13	0.13	0.13	0.13	0.13	0.13	0.13	0.13	0.13
在过孔和焊盘之间的距离（D）	0.70	0.70	0.70	0.70	0.70	0.70	0.70	0.70	0.70	0.70
过孔焊盘直径（VL）	0.61	0.61	0.61	0.61	0.61	0.61	0.61	0.61	0.61	0.61
通孔直径（VH）	0.300	0.300	0.300	0.300	0.300	0.300	0.300	0.300	0.300	0.300

表 1-36　Xilinx 公司推荐的 BGA、CSP 和 CCGA 封装的 PCB 焊盘尺寸 2　　单位：mm

焊盘尺寸	SF363	BG225 BGG225	BG256 BGG256	BG352 BGG352	BG432 BGG432	BG560 BGG560	BG575 BGG575	BG728 BGG728	BF957 BFG957	CS48 CSG48 CS144 CSG144 CS280 CSG280	FS48 FSG48
器件焊盘直径	0.40	0.63	0.63	0.63	0.63	0.63	0.61	0.61	0.61	0.35	0.40
焊盘直径（L）	0.33	0.58	0.58	0.58	0.58	0.58	0.56	0.56	0.56	0.33	0.37
开口阻焊层直径（M）	0.50	0.68	0.68	0.68	0.68	0.68	0.66	0.66	0.66	0.44	0.47
焊盘间距（e）	0.80	1.50	1.27	1.27	1.27	1.27	1.27	1.27	1.27	0.80	0.80
在过孔和焊盘之间的导线宽度（W）	0.13	0.300	0.203	0.203	0.203	0.203	0.203	0.203	0.203	0.13	0.13
在过孔和焊盘之间的距离（D）	0.56	1.06	0.90	0.90	0.90	0.90	0.90	0.90	0.90	0.56	0.56
过孔焊盘直径（VL）	0.50	0.65	0.65	0.65	0.65	0.65	0.65	0.65	0.65	0.51	0.51
通孔直径（VH）	0.300	0.356	0.356	0.356	0.356	0.356	0.356	0.356	0.356	0.250	0.25

表 1-37　Xilinx 公司推荐的 BGA、CSP 和 CCGA 封装的 PCB 焊盘尺寸 3　　单位：mm

焊盘尺寸	CP56 CPG56	CP132 CPG132	CG560	CG717	CF1144
器件焊盘直径	0.30	0.30	0.86	0.86	0.80
焊盘直径（L）	0.27	0.27	0.8	0.8	0.7
开口阻焊层直径（M）	0.35	0.35	0.9	0.9	0.8
焊盘间距（e）	0.50	0.50	1.27	1.27	1.0
在过孔和焊盘之间的导线宽度（W）	0.13	0.13	0.300	0.300	0.200
在过孔和焊盘之间的距离（D）	0.35	0.35	0.9	0.9	0.7
过孔焊盘直径（VL）	0.51	0.27	0.65	0.65	0.61
通孔直径（VH）	0.250	0.15	0.305	0.305	0.200

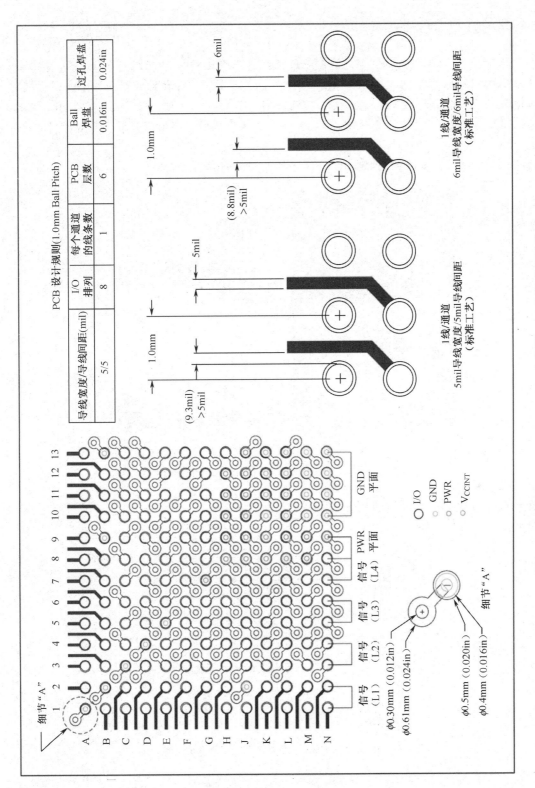

图 1-50　Xilinx 27mm×27mm、1.0 mm 细间距 BGA 封装的设计实例

▶ 1.6.8 VFBGA 焊盘设计

VFBGA（球栅阵列封装）不仅提供了种类繁多的逻辑产品系列，而且增加了 I/O 密度，从而缩减板级空间。例如，TI 公司推出的采用超微细球栅阵列（VFBGA）封装的 Widebus™ 逻辑器件（LVC、ALVC、LVT、ALVT、AVC、CBT 和 GTLP WideBus 逻辑产品系列），VFBGA 封装的体积比目前的 TSSOP（超薄小外型封装）逻辑封装小 70%～75%。

推荐的 VFBGA SMD 和 NSMD 焊盘设计[11]如图 1-51 所示。

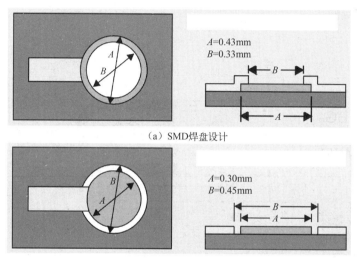

（a）SMD焊盘设计

（b）NSMD焊盘设计

图 1-51　推荐的 VFBGA SMD 和 NSMD 焊盘设计

推荐的 VFBGA 焊盘导线布局形式如图 1-52 所示。

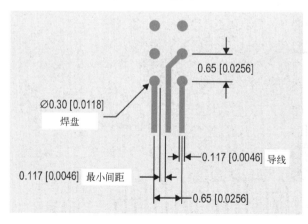

图 1-52　推荐的 VFBGA 焊盘导线布局形式（mm[in]）

推荐的 VFBGA-48 和 VFBGA-56 封装的导线布局形式如图 1-53 所示。

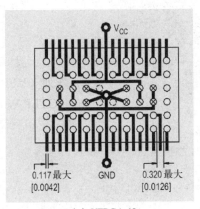
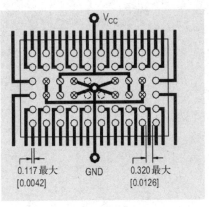

（a）VFBGA-48　　　　　　　　　　　（b）VFBGA-56

图 1-53　推荐的 VFBGA-48 和 VFBGA-56 封装的导线布局形式（mm[in]）

1.6.9　LFBGA 焊盘设计

为了满足客户的需求和顺应行业的小型化、简洁化设计的趋势，德州仪器（TI）、飞利浦半导体和 IDT（Integrated Device Technology，Inc.）公司达成协议，采用相同功能和引脚（JEDEC 标准第 75 号，JESD75）来驱动逻辑器件，并采用节省空间的 LFBGA（低截面细间距球栅阵列）封装。相对于 TSSOP 封装，LFBGA 封装 0.8mm 的焊球间距所产生的电感降低 45%，散热性提高 50%。

推荐的 LFBGA SMD 和 NSMD 焊盘设计[12]如图 1-54 所示。

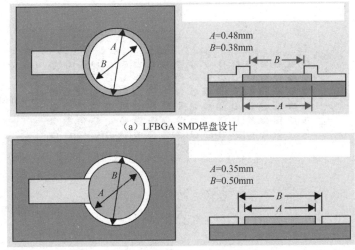

（a）LFBGA SMD焊盘设计

（b）推荐的LFBGA NSMD焊盘设计

图 1-54　推荐的 LFBGA SMD 和 NSMD 焊盘设计（mm[in]）

推荐的 LFBGA 焊盘导线布局形式如图 1-55 所示。

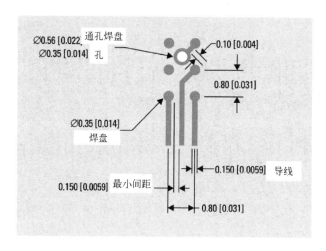

图 1-55　推荐的 LFBGA 导线布局形式（mm [in]）

推荐的 LFBGA-96 和 LFBGA-114 引脚封装的导线布局形式如图 1-56 所示。注：在基板上，所有接地焊盘连在一起。

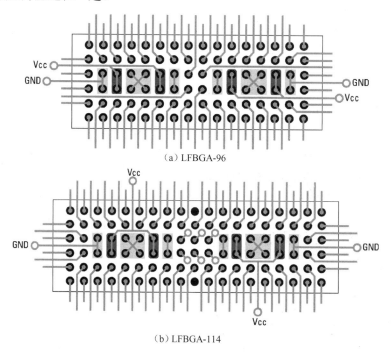

（a）LFBGA-96

（b）LFBGA-114

图 1-56　推荐的 LFBGA-96 和 LFBGA-114 封装的导线布局形式

1.7　UCSP 封装器件的焊盘设计

晶片级封装（WLCSP）是一种可以使集成电路（IC）面向下贴装到 PCB 上的 CSP 封装技术，芯片的焊点通过独立的锡球焊接到 PCB 的焊盘上，不需要任何填充材料。这种技术与球栅阵列、引线型和基于层压板的 CSP 封装技术的不同之处在于它没有连接线或内插连接。WLCSP 封装技术的优点是 IC 到 PCB 之间的电感小、封装尺寸小、热传导性能好。

Maxim 的 WLCSP 技术商标为 UCSP[13]。UCSP 结构是在硅晶片衬底上建立的。在晶片的表面附上一层 BCB（Benzocyclobutene，苯并环丁烯）树脂薄膜。这层薄膜减轻了锡球连接处的机械压力并在裸片表面提供电气隔离。在 BCB 膜上使用照相的方法制作过孔，通过它实现与 IC 联结基盘的电气连接。过孔上面还要加上一层 UBM（球下金属）层。一般情况下，还要再加上第二层 BCB 作为阻焊层以确定再流锡球的直径和位置。标准的锡球材料是共晶锡铅合金，即 63Sn-37Pb。典型的 UCSP 结构的截面图如图 1-57 所示。

UCSP 锡球阵列是基于具有统一栅距的长方形栅格排列的。UCSP 锡球阵列的行数和列数一般都在 2～6。

UCSP 焊盘一般采用非阻焊层限定（Non-Solder-Mask Defined，NSMD）形式。一个典型的 NSMD 焊盘形式如图 1-58 所示，NSMD 圆形铜焊盘的直径为 11+0/–3mil，其阻焊层开口为 14+1/–2mil。一般 NSMD 焊盘 PCB 基底铜箔厚度为 1/2oz 或 1oz。为了防止焊料流失，信号导线在与 NSMD 铜焊盘的连接处应该具有瓶颈形状，其宽度不超过与之连接的 NSMD 焊盘半径的 1/2。使用最小的 4～5mil 导线宽度设计就能实现这一目标。

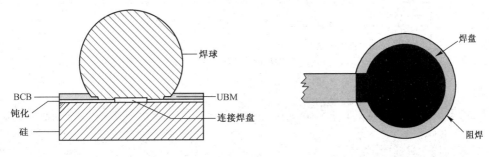

图 1-57　典型的 UCSP 结构的截面图　　　图 1-58　NSMD 焊盘设计

UCSP 焊盘的焊盘涂敷层，如果是铜焊盘应该涂上有机可焊防腐层（OSP）。如果不使用铜焊盘/OSP，无镀镍或沉金是另一种可接受的选择[镀金层的厚度限制在 20μin（微英寸）以内]。注意：镀金层的厚度必须小于 0.5μm，否则将造成焊点脆弱，降低焊点的可靠性。

HASL（热风焊锡整平）涂敷层技术不能用于 UCSP 器件，因为无法控制焊料的用量和外层形状。

Maxim 公司建议在 UCSP 装配中使用焊膏。对于某些具有有限的球阵列规格的小型 UCSP 器件（球阵列为 2×2、3×2 和 3×3），为了尽量减少焊锡的短路，比较好的方法是将锡膏沉积的位置从 UCSP 锡球的位置偏移 0.05mm，将模板开孔的间距从 0.50mm 增加到 0.55mm。对于 2×2 阵列，该间距需要增加到 0.60mm。焊盘和阻焊层开口不需要任何变动。对于较大的球阵列规格（4×3、4×4、5×4，以及更大的尺寸），外围行、列的锡膏开孔需要偏移。可能的话，内部（非最外围）的焊膏沉积开孔要向球阵列点密度较稀的方向偏移。选择焊膏建议使用 Sn63-Pb37 共晶合金第 3 类（锡球尺寸为 25～45μm）锡膏，或第 4 类（20～38μm）的锡膏。

2×2 UCSP孔径焊点的模板设计实例如图1-59所示。采用WCSP焊盘尺寸和设计如表1-38和图1-60所示。

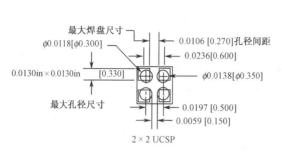

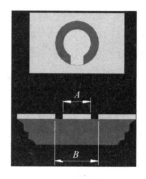

图 1-59 2×2 UCSP 孔径焊点的模板设计实例（in[mm]）　　　　图 1-60 WCSP 焊盘设计

表 1-38 WCSP 焊盘尺寸

焊球尺寸	铜焊盘尺寸（A）	阻焊开口（B）
0.180mm	0.170mm	0.200mm
0.250mm	0.230mm	0.310mm
0.300mm	0.275mm	0.375mm

1.8 PoP 封装器件的焊盘设计

1.8.1 PoP 封装结构形式

POP（Package-on-Package，封装在封装上）封装是 3D 堆叠封装中一种十分具有发展前景的封装形式。随着堆叠工艺水平的发展，一些新型的 POP 堆叠封装形式，如节能型 POP 封装、穿宿孔（TMV）POP 封装和柱形 POP 封装结构[14]等，也被提出。

一个 0.4mm PoP 封装的实例[15]如图 1-61 所示，OMAP35x 处理器（底部器件）和 PoP 存储器（顶部器件）堆叠在 PCB 上。

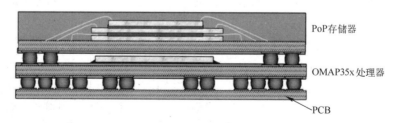

图 1-61 OMAP35x 处理器（底部器件）和 PoP 存储器（顶部器件）堆叠在 PCB 上

如图 1-62 所示，OMAP35x 处理器的电路板采用 PoP 技术，底部采用 0.4mm 间距焊盘，顶部采用 0.5mm 间距焊盘。

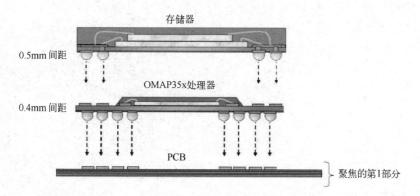

图 1-62　存储器、处理器和 PCB 分离示意图

1.8.2　PoP 封装的层叠和焊盘及布线

采用 PoP 技术可以消除处理器和存储器之间高速、平衡的传输线。外部存储器的数据和控制线不再需要从处理器下路由（布线）出去。这大大节省了信号传输时间和 PCB 的层数。

采用 PoP 技术可以用一个 6 层板和路由（布线）所有的连接而无须埋孔。6 层板信号分布：第 1 层（顶层）为信号层（顶部铜），第 2 层为接地层，第 3 层为信号层，第 4 层为信号层，第 5 层为电源层，第 6 层（底层）为信号层（底部铜）。

封装引脚端和焊盘的层叠，是设计时一个需要认真考虑的重要项目。正确定义和严格遵守关键布线间隙，在开发高产量 PoP 设计中起着关键作用。

例如，OMAP35x 处理器的封装数据[15]（采用 CBB 封装）如图 1-63 所示。其中，封装尺寸 12mm×12mm，515 球（引脚端）；封装形式为 CBB，球间距 A 为 400μm，球直径 B 为 250μm，焊盘间距 C 为 500μm，焊盘直径 D 为 280μm。

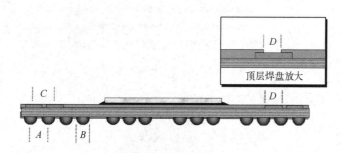

图 1-63　OMAP35x 处理器的封装数据

推荐的阻焊定义（SMD）焊盘设计尺寸[15]如图 1-64 所示。其中，焊盘间距 A 为 400μm（0.4mm），掩膜开口 B 为 254μm（10mil），焊盘尺寸 C 为 280μm（11mil），掩膜形状为圆形；掩膜网 D 为 150μm，焊盘到焊盘间隙 E 为 120μm，不允许焊盘之间布线。

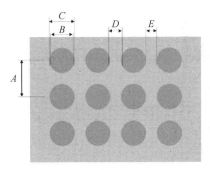

图 1-64   0.4mm 间距封装的顶层 PCB 设计

好的与不好的布线形式如图 1-65 所示。

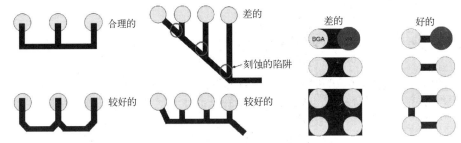

图 1-65   好的与不好的布线形式

Beagle 板（BeagleBoard）通孔实例如图 1-66 所示。

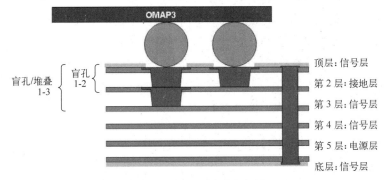

图 1-66   Beagle 板通孔实例

电镀、填充和封顶 BGA 焊盘如图 1-67 所示。

图 1-67   电镀、填充和封顶 BGA 焊盘

1.8.3　PoP 封装 PCB 设计实例

一个 PoP 封装 PCB 设计实例[15]（Beagle 板 OMAP35x 处理器部分）如图 1-68 所示，采用 6 层板结构形式。

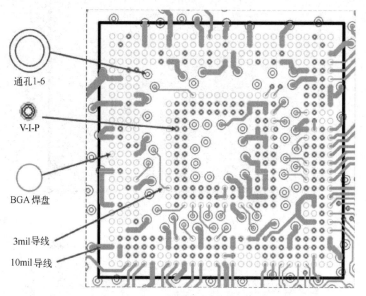

通孔1-6

V-I-P

BGA 焊盘

3mil导线

10mil导线

（a）顶层：信号层

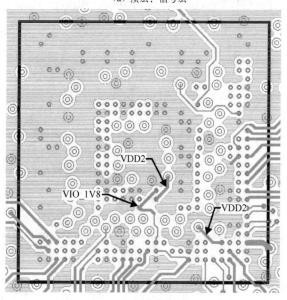

VDD2

VIO_1V8

VDD2

（b）第 2 层接地层

图 1-68　Beagle 板 OMAP35x 处理器部分 PCB 设计实例

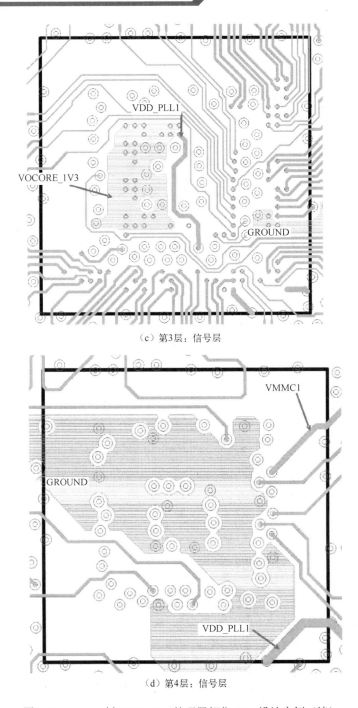

（c）第3层：信号层

（d）第4层：信号层

图 1-68　Beagle 板 OMAP35x 处理器部分 PCB 设计实例（续）

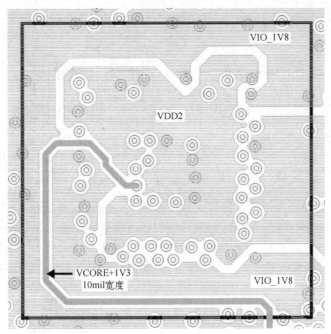

（e）第5层：电源层

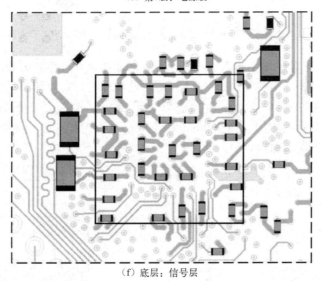

（f）底层：信号层

图 1-68　Beagle 板 OMAP35x 处理器部分 PCB 设计实例（续）

1.9　Direct FET 封装器件的焊盘设计

DirectFET 是一种采用表面贴装技术的半导体器件[16]，器件的源极和栅极直接连接到硅片表面，能够有效地改善器件的热特性和电特性（如引线电感和阻抗）。Direct FET 器件的典型接触点配置如图 1-69 所示，图中的 G 为栅极，S 为源极，D 为漏极。Direct FET 器件可以采用环氧树脂和聚酰亚胺玻璃纤维的基板，也可以采用铝碳化硅（AlSiC）和铜制造的绝缘金属基板。Direct FET 器件在很多应用中可以不要散热器，但是为了获得更好的冷却效果，往往建议使用散热器。

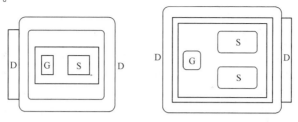

图 1-69　Direct FET 器件的典型接触点配置（器件底部）

为了使散热器更加稳固，建议将其安装在基板上，如图 1-70 所示。然而，如果板面积有限，仍然可以直接将散热器放在器件上面。当散热器置于器件上方，且没有采取任何机械式固定将散热器固定到基板上时，必须考虑散热器上潜在的机械式应力。该应力将会被转移到器件上，并可能造成机械损坏，后果严重时会造成器件失效。

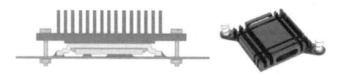

图 1-70　把散热器安装在基板上

DirectFET 器件目前有 Sx、Mx、Lx 多种外壳尺寸和器件外形。例如，采用 Lx 系列外形的器件有 L4、L6、L8 不同封装形式。L4 外形封装器件的焊盘设计实例如图 1-71 所示。相关焊盘位置的精度控制在±0.065mm。基板上的栅极和源极焊盘每端都大了 0.025mm（0.001in）。漏极焊盘宽度增加了 0.500mm（0.020in）。漏极和源极焊盘采用两个或者三个分立的焊盘形式，可以提高焊点质量。

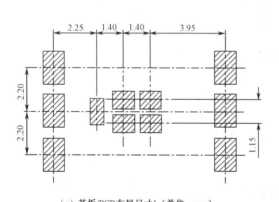

（a）基板/PCB布局尺寸1（单位：mm）

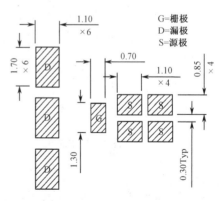

（b）基板/PCB布局尺寸2（单位：mm）

图 1-71　L4 封装器件的焊盘设计实例

更多的内容请登录相关网站查询。

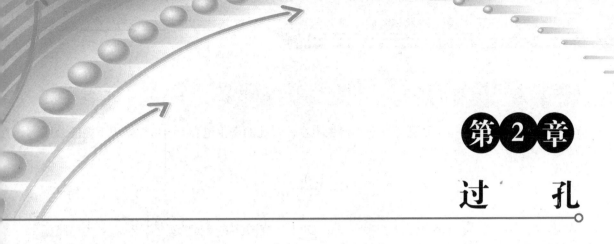

第 2 章

过 孔

2.1 过孔模型

2.1.1 过孔类型

在进行高密度的多层 PCB 设计布局时，需要使用过孔。过孔也称镀通孔，它在多层 PCB 上将信号由一层传输到另一层。过孔是多层 PCB 上钻出的孔，提供各 PCB 层之间的电气连接。过孔只提供层与层之间的连接。元器件引脚或其他加固材料不能插到过孔中。

PCB 上常用的三类过孔如图 2-1 所示：贯通孔是 PCB 顶层和底层之间的连接孔，这种孔也提供内部 PCB 层的互连；盲孔是连接表层和内层而不贯穿的过孔，用于 PCB 顶层或底层到内部 PCB 层的互连；埋孔是连接内层而表层看不到的过孔，用于内部 PCB 层之间的互连。盲孔和贯通孔要比埋孔应用得更广泛一些。盲孔的成本要高于贯通孔，但是当信号在盲孔下走线时，可以采用更少的 PCB 层，因此其总成本还是降低了。另外，贯通孔不允许信号通过底层，从而增加了 PCB 层数量，提高了总成本。过孔通过其周围的焊盘与 PCB 层实现电气连接。

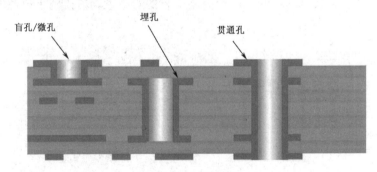

图 2-1 过孔类型

过孔包括筒状孔壁（Barrel）、焊盘（Pad）和反焊盘（Anti-pad）。筒状孔壁是为了保证印制板各层之间的电气连接而对钻孔进行填充的导电材料。焊盘的作用是使孔壁和元器件或者走线相连。反焊盘就是指过孔焊盘和周围不需要进行连接的金属之间的间隔。

2.1.2 过孔电容

相对接地平面，每个过孔都有对地寄生电容。过孔的寄生电容的值可以采用下面的公式计算[17]：

$$C = \frac{1.41\varepsilon_{\mathrm{r}}TD_1}{D_2 - D_1}$$ (2-1)

式中，D_2 为接地平面上间隙孔的直径（in）；D_1 为环绕通孔的焊盘的直径（in）；T 为电路板的厚度（in）；ε_{r} 为电路板的相对介电常数；C 为过孔寄生电容量（pF）。

在低频的情况下，寄生电容非常小，完全可以不考虑它。在高速数字电路中，过孔寄生电容的主要影响是使数字信号的上升沿减慢或变差。在高速数字电路和射频电路 PCB 设计中，寄生电容的主要影响需要引起注意。

2.1.3 过孔电感

每个过孔都有寄生串联电感[17]，这个寄生电感的大小近似为

$$L = 5.08h\left[\ln\left(\frac{4h}{d}\right) + 1\right]$$ (2-2)

式中，L 为过孔电感（nH）；h 为过孔长度（in）；d 为过孔直径（in）。

对于高速数字电路和射频电路 PCB 设计，过孔寄生电感的影响是不可忽略的。例如，在一个集成电路的电源旁路电路中，如图 2-2 所示，在电源平面和接地平面之间连接一个旁路电容，预期在电源平面和接地平面之间的高频阻抗为零。然而实际情况并非如此，将电容连接到电源平面和接地平面的每个连接过孔电感都引入了一个小的但是可测量到的电感（nH 级）。过孔串联电感降低了电源旁路电容的有效性，使得整个电源的供电滤波效果变差了。

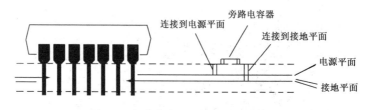

图 2-2　旁路电容通过过孔的布局形式

2.1.4 过孔的电流模型

过孔的电流模型如图 2-3 所示，电流通过过孔流入电路板。铜箔的质量大小不同，允许通过的电流不同，过孔的功耗也不同。

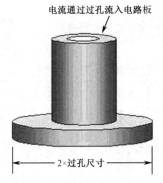

电流通过过孔流入电路板

2×过孔尺寸

图 2-3　过孔的电流模型

表 2-1 给出了流入不同铜质量的过孔时的电流和功耗。

表 2-1　流入不同铜质量的过孔时的电流和功耗

流入不同铜质量的过孔时的电流（A）			过孔功耗（mW）
½ oz 铜	1oz 铜	2oz 铜	
8	10	15	10
13	16	23	25
18	23	33	50
22	28	39	75
25	32	46	100

2.1.5　典型过孔的 R、L、C 参数

一些典型过孔的 R、L、C 参数如表 2-2 所示。知道过孔的 L 和 C，可以计算过孔的阻抗 Z_0 和延迟 T_P[18-19]：

$$Z_0(\Omega) = 31.6 \sqrt{\frac{L(\mathrm{nH})}{C(\mathrm{pF})}} \tag{2-3}$$

$$T_p(\mathrm{ps/cm}) = 31.6 \sqrt{L(\mathrm{nH})C(\mathrm{pF})} \tag{2-4}$$

式中，ε_r 为 PCB 介质的相对介电常数（对于 FR-4 基材，$\varepsilon_r \approx 4.5$）。

表 2-2　一些典型过孔的 R、L、C 参数

通孔直径	10mil			12mil			15mil			25mil		
焊盘直径	22mil			24mil			27mil			37mil		
阻焊盘直径	30mil			32mil			35mil			45mil		
参数	R	L	C	R	L	C	R	L	C	R	L	C
过孔长度：60mil 板厚：5mil	1.55	0.78	0.48	1.25	0.74	0.53	0.97	0.68	0.60	0.57	0.53	0.83
过孔长度：90mil 板厚：7mil	2.3	1.33	0.66	1.88	1.24	0.69	1.45	1.15	0.78	0.85	0.92	1.08

注：1. R 的单位为 mΩ，L 的单位为 nH，C 的单位为 pF。

　　2. 板是均匀间隔的。

▶ 2.1.6 影响过孔特性阻抗的一些因素

1. 过孔间距对差分特性阻抗的影响

单个过孔的阻抗见式（2-3）。而对于传输差分信号的一对过孔，可以理解为平行的双圆杆型传输模型，如图 2-4 所示。差分特性阻抗计算公式[20-21]：

$$Z_0 = \frac{120\Omega}{\sqrt{\varepsilon_r}} \ln\left(\frac{S}{d} + \sqrt{\left(\frac{S}{d}\right)^2 - 1} \right) \tag{2-5}$$

式中，Z_0 为差分特性阻抗（Ω）；S 为两圆杆的中心距离；d 为圆杆的直径；ε_r 为圆杆周围材料的相对介电常数。

由式（2-5）可知，在平行的双圆杆型传输模型中，在其他因素不变的情况下，过孔间的距离 S 和差分特性成正比，即当增大孔间距时，差分特性阻抗变大；反之，差分特性阻抗减小。

2. 钻孔尺寸和焊盘尺寸对差分特性阻抗的影响

钻孔和焊盘外形为圆柱形，转化物理模型，可以等效为平行的双圆杆传输模型。平行的双圆杆传输模型的差分特性阻抗计算见式（2-5）。

由式（2-5）可知，在平行的双圆杆型传输模型中，差分特性阻抗值和圆杆直径大小成反比，即减小钻孔或焊盘直径可增大差分特性阻抗值；反之，可减小差分特性阻抗值。

由仿真的 S 参数可知，随着焊盘的增大，信号通过过孔时损耗增大，尤其在高频情况下，信号的衰减更为明显。利用时域反射计（Time Domain Reflectometry，TDR）测试可知，焊盘变大时，过孔的寄生电容加大。这是因为当焊盘直径变大时，增加了焊盘与周围导体边缘场的耦合，相当于增加了容性负载，从而使过孔的阻抗减小。

3. 反焊盘尺寸对特性阻抗的影响

反焊盘是指的是负片中铜片与焊盘的距离。反焊盘处的横截面可以理解为同轴线模型的横截面，如图 2-5 所示。

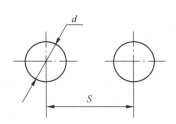

图 2-4　平行的双圆杆型传输模型

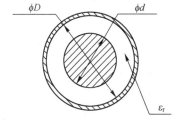

图 2-5　同轴线横截面模型

同轴线特性阻抗的计算为[20-21]

$$Z_0 = \frac{60}{\sqrt{\varepsilon_r}} \ln\left(\frac{D}{d}\right) \tag{2-6}$$

式中，ε_r 为内外导体间介质的相对介电常数；D 为外导体内径；d 为内导体外径。

当其他条件不变时，外导体内径 D 和特性阻抗成正比，即当 D 增大时，特性阻抗也随之增大；反之，特性阻抗值减小。理论上，反焊盘直径和特性阻抗成正比。

由仿真得到的 S 参数和 TDR 曲线可知，随着反焊盘的增大，过孔的衰减减小，寄生电容减小。这是因为，反焊盘直径的增大，使得金属铜平面与焊盘及过孔孔壁的耦合减小，从而容性负载减小。

4．过孔残桩对特性阻抗的影响

在传输线中常常会出现分支，如果分支很短，就称为短桩。当信号离开驱动器后，遇到了分支点，这时信号遇到的是两段传输线的并联阻抗，此阻抗较低，所以信号负反射回到源端，另一部分信号将沿两个分支继续传播。当桩线上的信号到达桩线末端时，它将反射回分支点，再从分支点反射到桩线末端，就这样在桩线中来回振荡。同时，每当与分支点发生交互时，桩线中的部分信号都将回到源端和远端。每个交界处都是一个反射点。

过孔处也有可能存在过孔残桩。过孔残桩是过孔中不用于连接信号线的部分。过孔残桩会使得信号的衰减增大，严重影响信号的传输质量。此外，在一些特定频率点还会发生残桩谐振，并使得谐振频率附近的插入损耗明显增大。过孔残桩增加了过孔的寄生效应，使得阻抗的突变更为明显。

为了减小过孔残桩影响，可以利用背钻技术将过孔处多余的金属焊盘和金属孔壁钻掉。背钻技术详见 2.5 节。

5．板材对差分特性阻抗的影响

由式（2-5）可知，在平行的双圆杆型传输模型中，在其他因素不变的情况下，过孔周围的介质的介电常数和差分特性成反比，即当增大介质的介电常数时，差分特性阻抗变小；反之，差分特性阻抗增大。

2.2　过孔焊盘与孔径的尺寸

2.2.1　过孔的尺寸

1．过孔焊盘与孔径的尺寸设计

在 PCB 工艺可行的条件下，孔径和焊盘越小，布线密度越高。对过孔来讲，一般外层焊盘的最小环宽不应小于 0.127mm（5mil），内层焊盘的最小环宽不应小于 0.2mm（8mil）。

过孔焊盘与孔径的尺寸设计可以参照表 2-3。盲孔和埋孔这两种过孔的尺寸可以参照普通过孔来设计。采用盲孔和埋孔设计时应与 PCB 生产厂商取得联系，并根据具体工艺要求来设定。

表 2-3　过孔焊盘与孔径的尺寸设计

孔径	0.15mm	8mil	12mil	16mil	20mil	24mil	32mil	40mil
焊盘直径	0.45mm	24mil	30mil	32mil	40mil	48mil	60mil	62mil

厂商推荐的过孔孔径及焊盘尺寸如表 2-4 所示。如果用作测试，要求焊盘外径≥0.9mm。目前厂家的最小机械钻孔成品尺寸为 0.2mm。

表 2-4　过孔孔径及焊盘尺寸　　　　　　　　　单位：mm（mil）

过孔尺寸	层次	钻孔方法	最小焊盘尺寸		应 用 场 合
			外层线路	内层线路	
0.10（4）	仅在外层	激光	—	—	BUM 板
0.15（6）	全部	激光/钻孔	—	—	
0.25（10）	全部	钻孔	0.5（20）	0.7（28）	厚度小于或等于 2.0mm 的板
0.30（12）	全部	钻孔	0.6（24）	0.7（28）	厚度小于或等于 3.0mm 的板
0.40（16）	全部	钻孔	0.7（28）	0.85（34）	厚度小于或等于 4.0mm 的板
0.50（20）	全部	钻孔	0.9（35）	1（40）	厚度小于或等于 4.8mm 的板

注：对于 BUM 板，最小焊盘未定义。

表 2-5、表 2-6 列出了可接受的孔径的公差数据[17]（美国军用标准 MIL-STD-275E），分为首选的、标准的和降低生产能力的三类。首选的标准要求在制造上是最容易实现的，降低生产能力的标准要求是难以满足的。

表 2-5　MIL-STD-275E 规定的孔径

项　目	首 选 的	标 准 的	降低生产能力的
最小孔径	$T/3$	$T/4$	$T/5$

注：T 是板子厚度。

表 2-6　MIL-STD-275E 规定的孔径公差　　　　　　单位：in

名　称	首 选 的	标 准 的	降低生产能力的
电镀余量[①]	0.0028	0.0021	0.0014
电镀孔直径公差[②]			
0.015～0.030in 的孔	0.008	0.005	0.004
0.031～0.061in 的孔	0.010	0.006	0.004
孔定位容限[③]			
小于 12in 的电路板	0.009	0.006	0.004
大于 12in 的电路板	0.012	0.009	0.006
要求的孔环			
内层	0.008	0.005	0.002
外层	0.010	0.008	0.005

① 不是 MIL-STD-275E 的部分。对于数字板，标准的电镀是 1oz（0.0014in）。对于比较好的生产线，一些生产商使用 0.5oz（0.0007in）。孔径的电镀余量是电镀厚度的两倍。
② 包括各种电镀厚度的容限。
③ 汇总了 MIL-STD-275E 中所列的孔定位容限和主图样（刻蚀）的准确度。

MIL-STD-275E 规定的最小间隙如表 2-7 所示。

表 2-7　MIL-STD-275E 规定的最小间隙　　　　　　　　　单位：in

项　目	首　选　的	标　准　的	降低生产能力的
用于波峰焊的间隙[①]	0.020	0.010	0.005

① 需要的这个间隙是为了防止焊接搭桥的。UL、CSA 和 TUV 安全规范要求更大的间隙，用于防止高压电弧。

最小焊盘直径[17]可以采用下面的公式计算，即

$$PAD=FD+PA+2(HD+HA+AR) \qquad (2-7)$$

式中，PAD 为最小焊盘直径（in）；FD 为要求的加工后的最小孔径（in）；PA 为电镀余量（in）；HD 为孔径公差（in）；HA 为孔定位容限（in）；AR 为所要求的孔环（in）。

正确的标称钻孔直径[17]是

$$HOLE=FD+PA+HD \qquad (2-8)$$

式中，HOLE 为正确的标称钻孔直径（in）；FD 为要求的加工后的最小孔径（in）；PA 为电镀余量（in）；HD 为孔径公差（in）。

2．BGA 表贴焊盘、过孔焊盘、过孔孔径尺寸设计

BGA 表贴焊盘、过孔焊盘、过孔孔径的尺寸设计可以参照表 2-8 进行。更小引脚间距的 BGA 应根据具体情况结合 PCB 厂的生产工艺设定。

表 2-8　BGA 表贴焊盘、过孔焊盘、过孔孔径的尺寸设计

BGA 引脚间距	50mil	1mm	0.8mm	0.7mm
BGA 焊盘直径	25mil	0.5mm	0.35mm	0.35mm
过孔孔径	12mil	8mil	0.15mm	0.15mm
过孔焊盘直径	25mil	24mil	0.45mm	0.35mm
线宽/线间距	8mil/8mil	6mil/6mil	0.12mm/0.11mm	0.12mm/0.11mm

3．径厚比

印制电路板的板厚决定了该板的最小过孔，板厚孔径比应小于 10～12。印制电路板的厚度与最小过孔孔径的关系具体如表 2-9 所示。

表 2-9　印制电路板的厚度与最小过孔孔径的关系

板　厚	1.0mm 以下	1.6mm	2.0mm	2.5mm	3.0mm
最小过孔孔径	8mil	8mil	8mil	12mil	16mil
焊盘直径	24mil	24mil	24mil	30mil	32mil

4．测试孔

测试孔可以兼做导通孔使用，焊盘直径应不小于 25mil，测试孔中心距应不小于 50mil。测试孔避免放置在芯片底下。

▶ 2.2.2　高密度互连盲孔的结构与尺寸

1．盲孔连接第 1 层至第 2 层或第 N 层至第 N–1 层（类型 1）

盲孔连接第 1 层至第 2 层或第 N 层至第 N–1 层的结构示意图如图 2-6 所示，相关尺寸

要求如表 2-10 所示。

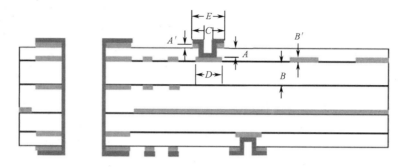

图 2-6　盲孔连接第 1 层至第 2 层或第 N 层至第 $N-1$ 层的结构示意图

表 2-10　盲孔连接第 1 层至第 2 层或第 N 层至第 $N-1$ 层的相关尺寸要求

定　义		工 艺 要 求		
		标准的	高的	先进的
$A^{①}$	介电层厚度（in）	0.002	0.003	0.0015
A'	外层基铜厚度（in）	0.0007	0.00036	0.00012
B	内核厚度（in）	0.005	0.004	0.002
—	机械钻孔最小内核厚度（in）	0.005	0.005	0.005
B'	内层基铜厚度（in）	0.0007		0.00035
$C^{②}$	盲孔激光钻孔直径（in）	0.005	0.004	0.002
$C^{③}$	盲孔机械钻孔直径（in）	0.0010	0.008	0.006
$(A+A')/C$	盲孔外观比^{①}	0.75：1	1：1	>1：1
—	盲孔镀层厚度^{③}（in）	0.0005		0.0007
$D^{④}$	机械钻孔目标焊盘直径（in）	$C+0.010$	$C+0.009$	$C+0.008$
$E^{④}$	机械钻孔捕获焊盘直径（in）	$C+0.010$	$C+0.009$	$C+0.008$
$D^{④}$	激光钻孔目标焊盘直径（in）	$C+0.008$	$C+0.007$	$C+0.006$
$E^{④}$	激光钻孔捕获焊盘直径（in）	$C+0.008$	$C+0.007$	$C+0.006$

注：加工能力必须满足与层数、HDI 结构类型和板的尺寸有关的误差要求。

① 盲孔外观比[$(A+A')/C$] 等于孔的深度（$A+A'$）除以已钻盲孔尺寸（C）。

② 孔的尺寸是指机械钻孔和激光打孔形成的尺寸，完成电镀后的尺寸将比这个尺寸要小。

③ 较低的外观比所需的镀层厚度为 0.0008in（20μm）或更大。请勿在同一时间指定高外观比和厚的镀铜要求。

④ 在微孔焊盘设计时，泪滴焊盘是首选。先进的工艺要求的焊盘尺寸仅在多芯片模块中使用。

2. 盲孔连接第 1 层至第 3 层或第 N 层至第 $N-2$ 层

盲孔连接第 1 层至第 3 层或第 N 层至第 $N-2$ 层的结构示意图如图 2-7 所示，相关尺寸要求如表 2-11 所示。

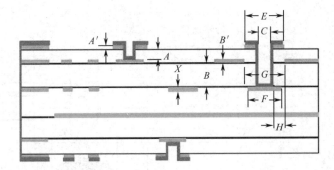

图 2-7　盲孔连接第 1 层至第 3 层或第 N 层至第 N–2 层的结构示意图

表 2-11　盲孔连接第 1 层至第 3 层或第 N 层至第 N–2 层的相关尺寸要求

定　义		工 艺 要 求		
		标准的	高的	先进的
$A^{①}$	电介质层厚度（in）	0.002	0.003	0.0015
A'	外层基铜厚度（in）	0.0007	0.00036	0.00012
$B^{②}$	内核厚度①（in）	0.002	0.003	0.004
B'	第 2 层铜箔厚度（in）	0.0007	0.00036	0.00012
X	第 3 层铜箔厚度（in）	0.0007	0.00036	0.00012
C	盲孔激光钻孔直径（in）	0.008	0.006	0.003
C	盲孔机械钻孔直径（in）	0.0010	0.008	0.006
$(A+A'+B+B')/C$	盲孔外观比	0.75∶1	1∶1	>1∶1
—	盲孔镀层厚度（in）	0.0005		0.0007
$E^{③}$	机械钻孔捕获焊盘直径（in）	$C+0.010$	$C+0.009$	$C+0.008$
$F^{④}$	机械钻孔目标焊盘直径（in）	$C+0.010$	$C+0.009$	$C+0.008$
$E^{③}$	激光钻孔捕获焊盘直径（in）	$C+0.008$	$C+0.007$	$C+0.006$
$F^{④}$	激光钻孔目标焊盘直径（in）	$C+0.008$	$C+0.007$	$C+0.006$
G	第 2 层阻焊盘尺寸（in）	$C+0.010+2H$	$C+0.009+2H$	$C+0.008+2H$
H	孔壁到平面的间距（in）	0.010	0.009	0.008

注：1　微孔焊盘设计时泪滴焊盘是首选的。

　　2．加工能力必须满足与层数、HDI 结构类型和板的尺寸有关的误差要求。

① 可变深度的盲孔外观比[$(A+A'+B+B')/C$] 等于孔深度（$A+A'+B+B'$）除以已钻盲孔尺寸（C）。

② 0.002in（50μm）电介质限于平面/平面之间，基础铜厚度为 0.0014in（35μm）。

③ B' 的厚度将导致 A 的尺寸减小，以保持适当的外观比，这可能会导致在第 1 层和第 2 层之间的树脂填补不足。

④ 较低的外观比所需的镀层厚度为 0.0008in（20μm）或更大。请勿在同一时间指定高外观比和厚的镀铜要求。

▶ 2.2.3　高密度互连复合通孔的结构与尺寸

高密度互连复合通孔（Sub-Composite Via，SCV）的结构示意图如图 2-8 所示，复合通孔的相关尺寸要求见表 2-12。

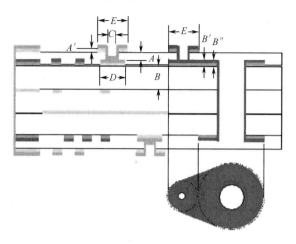

图 2-8　高密度互连复合通孔的结构示意图

表 2-12　复合通孔的相关尺寸要求

定　义		工 艺 要 求		
		标准的	高的	先进的
$A \sim E$	一般特征	与类型 1 相同		
	复合通孔特征[①]	参考在 Sanmina-SCI 公司 DFM 指南中的 PTH 要求		
	在第 2 层和第 $n-1$ 层上的线宽和间隔	参考 Sanmina-SCI 公司的 DFM 指南		
B''	内层铜厚度（in）	0.0007	0.00036	0.00012
	盲孔镀层厚度[②]（in）	0.0005		0.0007

① 在 IPC-6012A 的 3.6.2.15 节要求对 2 级和 3 级要求必须用树脂填补 60%。

② 在 IPC-6012A 的 3.6.2.10 节要求盲孔镀层厚度平均为 0.0005in（13μm）；对于 1 级最小为 0.00043in（10μm）；对于 2 级和 3 级，平均为 0.0006in（15μm），最小为 0.0005in（13μm）。

2.2.4　高密度互连内核埋孔的结构与尺寸

高密度互连内核埋孔的结构示意图如图 2-9 所示，内核埋孔的相关尺寸要求见表 2-13。

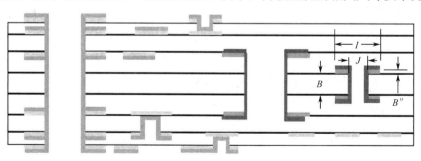

图 2-9　高密度互连内核埋孔的结构示意图

表 2-13　内核埋孔的相关尺寸要求

定　义		工艺要求		
		标　准　的	高　　的	先　进　的
$A \sim E$	一般特征	与类型 1 相同		
B''	内核埋孔的基础铜厚度（in）	0.0007	0.00035	0.0012
B	内核埋孔最小厚度（in）	0.005	0.004	0.0035
I	机械钻孔埋孔焊盘尺寸（in）	$J + 0.010$	$J + 0.009$	$J + 0.008$
J	机械钻孔埋孔钻孔尺寸（in）	0.010	0.008	0.006
$(B+2B'')/J$	埋孔外观比	6∶1	8∶1	10∶1
	埋孔镀层厚度（in）	0.0005		0.0007

2.3　过孔与焊盘图形的关系

2.3.1　过孔与 SMT 焊盘图形的关系

过孔与 SMT 焊盘图形的关系示意图如图 2-10 所示。

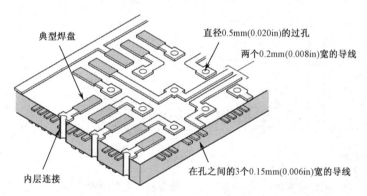

（a）过孔与SMT焊盘图形的关系

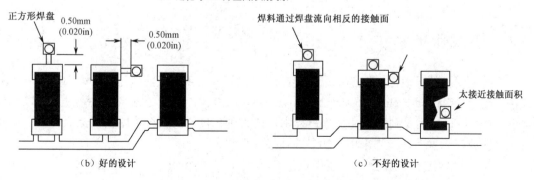

（b）好的设计　　　　　　　　　　　（c）不好的设计

图 2-10　过孔与焊盘图形的关系示意图

过孔的位置主要与再流焊工艺有关。过孔不能设计在焊盘上，应该通过一小段印制线连接，否则容易产生"立片""焊料不足"缺陷，如图 2-11 所示。如果过孔焊盘涂敷有阻焊剂，距离可以小至 0.1mm（4mil）。对波峰焊来说，一般希望导通孔与焊盘靠得近些，以利于排气，甚至在极端情况下可以设计在焊盘上，只要不被元器件压住即可。过孔不能设计在焊接面上片式元器件的焊盘中心位置，如图 2-12 所示。排成一列的无阻焊导通孔焊盘，焊盘的间隔应大于 0.5mm（20mil），如图 2-13 所示。

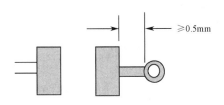 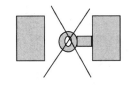 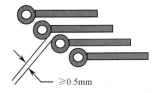

图 2-11　无阻焊导通孔的位置　　图 2-12　过孔不能设计在焊接　　图 2-13　过孔焊盘的间隔要求
面上片式元器件的焊盘中心位置

▶ 2.3.2　过孔到金手指的距离

过孔到金手指应保持一定的距离，一个设计实例如图 2-14 所示。

对于金手指的设计要求如图 2-15 中所示，除插入边需按要求设计倒角外，插板两侧边也应该设计（1～1.5）×45°的倒角或 R1～R1.5 的圆角，以利于插入。

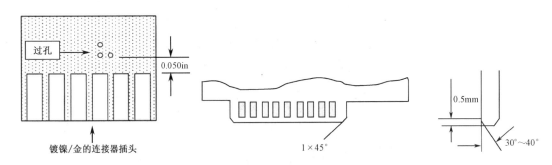

图 2-14　过孔到金手指距离的设计实例　　　　图 2-15　金手指倒角的设计

2.4　微过孔

在单面薄板的环氧涂层铜箔上采用标准成像和刻蚀工艺形成的微过孔，称为等离子体刻蚀再分配层（Plasma-Etched Redistribution Layer，PERL）。这个方法形成的微过孔可以小到 4mil，并可以进行大量制造。在加工过程中，在微过孔位置的铜会被除去，然后镀金。过孔可以直接放在焊盘上，无须采用短的导线连接焊盘和过孔。

一个标准的过孔与焊盘的连接如图 2-16 所示，焊盘和过孔之间采用导线连接。

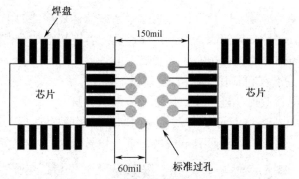

图 2-16 一个标准的过孔与焊盘的连接

采用微过孔技术的设计如图 2-17 所示，过孔直接放在焊盘上。

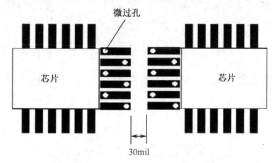

图 2-17 采用微过孔技术的设计

标准的过孔工艺和微过孔工艺的特性比较如表 2-14 所示。采用标准工艺和微过孔工艺的盲孔和埋孔的特性比较如表 2-15 所示。

表 2-14 标准的过孔工艺和微过孔工艺的特性比较

规 格	标准过孔工艺	微过孔工艺
尺寸（cm^2）	116	29
层数	6	4
配线密度（cm^2）	23	47
过孔焊盘尺寸（mm）	0.68	0.35
过孔密度（cm^2）	15	62

表 2-15 采用标准工艺和微过孔工艺的盲孔和埋孔的特性比较

规 格	标 准 工 艺	微过孔工艺
尺寸（in^2）	116	69
层数	6	5
配线密度（cm^2）	23	30
过孔焊盘尺寸（mm）	0.68	0.63
过孔密度（cm^2）	15	15

2.5 背钻

2.5.1 背钻技术简介

1. 什么是背钻

背钻的英文为 Backdrill 或 Backdrilling，也称 CounterBore 或 CounterBoring。

背钻技术就是利用控深钻孔方法，采用二次钻孔方式钻掉连接器过孔或者信号过孔的 Stub（残余）孔壁。

　　研究表明，随着信号速率不断提升，影响信号系统信号完整性的主要因素除设计、板材料、传输线、连接器、芯片封装等因素外，走线过孔或者连接器过孔对信道传输特性的影响越来越显著，导通孔对信号完整性也有较大影响。

　　背钻的作用是钻掉没有起到任何连接或者传输作用的通孔段（也称过孔残桩），避免造成高速信号传输的反射、散射、延迟等，使信号带来"失真"。

　　背钻工艺示意图如图 2-18 所示。背钻技术可以去掉孔壁 Stub 带来的寄生电容效应，保证信道链路中过孔处的阻抗与走线具有一致性，减少信号反射，从而改善信号质量。

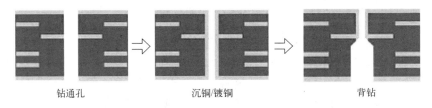

钻通孔　　　　　　　　沉铜/镀铜　　　　　　　　背钻

图 2-18　背钻工艺示意图（剖视图）

　　背钻是目前性价比最高的、提高信道传输性能最有效的一种技术。使用背钻技术，PCB制造成本会有一定的增加。

2．背钻分类

　　按照背钻方向分类，背钻可以分为单面背钻和双面背钻两种。单面背钻可以分为从顶层开始背钻和从底层开始背钻。

　　连接器插件引脚孔只能从与连接器所在面相反的一面开始背钻，当 PCB 的顶层和底层都布置了高速信号连接器时，就需要进行双面背钻，如图 2-19 所示。

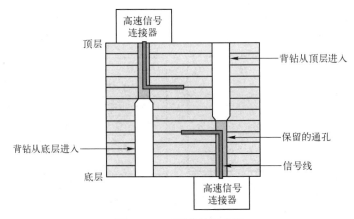

图 2-19　双面背钻示意图

　　按照背钻对象分类，主要有连接器通孔背钻和信号过孔背钻。

▶ 2.5.2　背钻设计规则

　　背钻技术重点关注剩余孔壁长度、背钻深度控制、线到背钻孔间距、背钻孔直径要求、背钻孔焊盘设计要求、PCB 表面处理工艺要求等 6 个方面。

1．压接工艺要求的剩余孔壁长度

图 2-20 是连接器压接引脚和背钻孔的剖面示意图，给出了 L（背钻后剩余孔壁长度）、L_1（压接引脚的压接刃长度）和 L_2（连接引脚的针脚长度）3 种长度[22]，表述了连接器引脚的不同部分的长度。

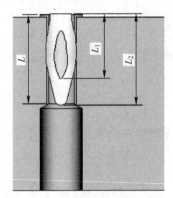

图 2-20　连接器压接引脚/背钻孔剖面图

为保证连接器压接刃部分与 PCB 剩余孔壁能够可靠接触，必须保证连接器引脚的压接刃部分与背钻后的剩余孔壁完全接触，即要求 $L \geqslant L_1$。

需要注意的是，对于板内走线分布在距元器件面 L 深度内的走线层来说，如果需要考虑背钻，其背钻孔深度只能钻到距元器件面 L 深度以下。所以确定布线方案时，最好把高速信号都放在距元器件面 L 深度以下的走线层。

因为背钻深度控制精度方面，业界目前能力可以达到±4mil，国内供应商的能力可以达到±6mil。为了提高可靠性，设计时最好保留一定的冗余，建议满足下述设计要求：

$$L \geqslant L_1 + 12\text{mil} \tag{2-9}$$

根据上述关系，可以得出不同连接器过孔的最小剩余孔壁要求，具体请参见表 2-16。

表 2-16　不同连接器过孔的最小孔壁要求列表

连接器系列	连接器类型	针脚长度 L_2（mm）	压接刃长度 L_1（mm）	压接孔最小孔壁长度 L（mm）
ZD	直公	1.8	1.3	1.6
		2.5	1.3	1.6
		3.7	1.3	1.6
	弯母	2.2	1.3	1.6
AIRMAX	直公	1.8	1.3	1.6
	弯母	1.8	1.3	1.6
HS3	弯母	2.1	1.3	1.6
	直公	3.7	1.3	1.6
2mm 连接器	弯母	2.1	1.6	2.0
	直公	3.7	1.6	2.0

需要说明的是，因为 2mm 连接器的压接刃长度 L_1 公差要稍大一些，在确定 L 长度时稍微放宽了一些。

2. 背钻深度控制

背钻深度控制（背钻深度公差基线）业界最高能力为±4mil，国内厂家能力为±6mil，建议至少保留 8mil。

在层叠设置的时候需要考虑介质厚度，避免出现走线被钻断的情况。背钻孔深度控制建议在两层之间，两层之间厚度要求大于或等于 12mil。

例如：当相邻两层（如第 12 层和第 13 层，第 13 层和第 14 层）不满足大于或等于 12mil，而第 12 层和第 14 层间的间距大于或等于 12mil 时，推荐背钻孔深度控制在第 12 层和第 14 层之间[22]。

3. 线到背钻孔间距

如图 2-21 所示，PCB 走线到背钻孔边缘距离大于或等于 10mil[22]。

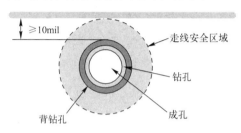

图 2-21　PCB 走线到背钻孔边缘距离

4. 背钻孔的孔径尺寸要求

背钻孔的截面示意图如图 2-22 所示。图中，d 是钻孔直径，d_1 是成孔直径，D 是背钻孔直径，D_1 是走线距离背钻孔的距离，H 是背钻剩余孔壁的长度，H_1 是背钻深度，H_2、H_3 是走线层的 Stub 长度，T 是板厚。

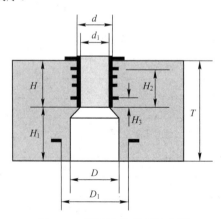

图 2-22　背钻孔的截面示意图

背钻孔的尺寸要求如下[22]：

背钻孔直径（D）＝钻孔直径（d）+10mil。钻孔直径（d）＝成孔直径（d_1）+5mil。

背钻孔距内层图形推荐大于或等于 0.25mm，距外层图形推荐大于或等于 0.3mm。背钻孔到背钻孔的距离大于或等于 0.25mm。

5．背钻孔焊盘设计要求

过孔焊盘背钻后无铜环剩余。推荐的背钻孔焊盘按照要求如下：

① 背钻面的焊盘小于或等于背钻孔直径；

② 内层焊盘推荐设计成无盘工艺。

6．背钻 PCB 表面处理工艺

背钻 PCB 表面处理工艺如下[22]：

① 背钻 PCB 的表面处理工艺要求采用 OSP 或化学沉锡，禁用 HASL。

② PCB 内层非功能焊盘设计为无盘。

③ 在 Smartdrill 层添加文字：NO FUNCTIONAL PADS ON INTERNAL SIGNAL LAYERS MUST BE REMOVED。

④ 背钻孔背钻面不能同时用作 ICT 测试。

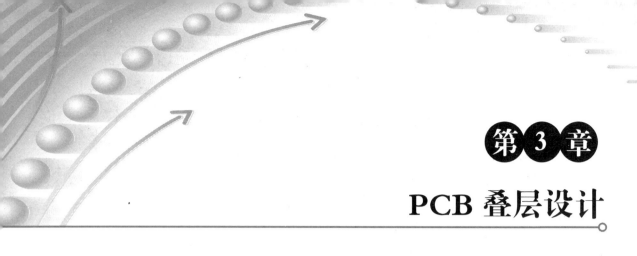

第 3 章

PCB 叠层设计

3.1 PCB 叠层设计的一般原则

在设计 PCB（印制电路板）时，需要考虑的一个最基本的问题就是实现电路要求的功能需要多少个布线层、接地平面和电源平面。PCB 的布线层、接地平面和电源平面的层数的确定与电路功能、信号完整性、EMI、EMC、制造成本等要求有关。对于大多数的设计，PCB 的性能要求、目标成本、制造技术和系统的复杂程度等因素存在许多相互冲突的要求，PCB 的叠层设计通常是在考虑各方面的因素后折中决定的。高速数字电路和射频电路通常采用多层板设计。

1. 分层

在多层 PCB 中，通常包含信号层（S）、电源层（P，也称电源平面）和接地层（GND，也称接地平面）。电源层和接地层通常是没有分割的实体平面，它们将为相邻信号走线的电流提供一个好的低阻抗的电流返回路径。信号层大部分位于这些电源或地参考平面层之间，构成对称带状线或非对称带状线。多层 PCB 的顶层和底层通常用于放置元器件和少量走线，这些信号走线要求不能太长，以减少走线产生的直接辐射。

2. 确定单电源参考平面（电源层）

使用去耦电容是解决电源完整性的一个重要措施。去耦电容只能放置在 PCB 的顶层和底层。去耦电容的走线、焊盘，以及过孔将严重影响去耦电容的效果，这就要求设计时必须考虑连接去耦电容的走线尽量短而宽，连接到过孔的导线也应尽量短。

例如，在一个高速数字电路中，可以将去耦电容放置在 PCB 的顶层，将第 2 层分配给高速数字电路（如处理器）作为电源层，将第 3 层作为信号层，将第 4 层设置成高速数字电路地。

此外，要尽量保证由同一个高速数字器件所驱动的信号走线以同样的电源层作为参考平面，而且此电源层为高速数字器件的供电电源层。

3. 确定多电源参考平面

多电源参考平面将被分割成几个电压不同的实体区域。如果紧靠多电源层的是信号层，那么其附近的信号层上的信号电流将会遭遇不理想的返回路径，使返回路径上出现缝隙。对于高速数字信号，这种不合理的返回路径设计可能会带来严重的问题，因此要求高速数字信号布线应该远离多电源参考平面。

4. 确定多个接地参考平面（接地层）

多个接地参考平面（接地层）可以提供一个好的低阻抗的电流返回路径，可以减小共模 EMI。接地层和电源层应该紧密耦合，信号层也应该和邻近的参考平面紧密耦合。减少层与层之间的介质厚度可以达到这个目的。

5. 合理设计布线组合

一个信号路径所跨越的两个层称为一个"布线组合"。最好的布线组合设计是避免返回电流从一个参考平面流到另一个参考平面，而是从一个参考平面的一个点（面）流到另一个点（面）。而为了完成复杂的布线，走线的层间转换是不可避免的。在信号层间转换时，要保证返回电流可以顺利地从一个参考平面流到另一个参考平面。

在一个设计中，把邻近层作为一个布线组合是合理的。如果一个信号路径需要跨越多个层，将其作为一个布线组合通常不是合理的设计，因为一个经过多层的路径对于返回电流而言是不通畅的。虽然可以通过在过孔附近放置去耦电容或减小参考平面间的介质厚度等来减小地弹，但也非一个好的设计。

6. 设定布线方向

在同一个信号层上，应保证大多数布线的方向是一致的，同时应与相邻信号层的布线方向正交。例如，可以将一个信号层的布线方向设为"Y 轴"走向，而将另一个相邻的信号层布线方向设为"X 轴"走向。

7. 采用偶数层结构

从所设计的 PCB 叠层可以发现，经典的叠层设计几乎全部是偶数层的，而不是奇数层的，这种现象是由多种因素造成的。

① 从 PCB 的制造工艺可以了解到，PCB 中的所有导电层敷在芯层上，芯层的材料一般是双层覆铜板，当全面利用芯层时，PCB 的导电层数就为偶数。

② 偶数层 PCB 具有成本优势。由于少一层介质和覆铜，故奇数层 PCB 原材料的成本略低于偶数层的 PCB 的成本；但因为奇数层 PCB 需要在芯层结构工艺的基础上增加非标准的层叠芯层黏合工艺，故造成奇数层 PCB 的加工成本明显高于偶数层 PCB。与普通芯层结构相比，在芯层结构外添加覆铜将会导致生产效率下降，生产周期延长。在层压黏合以前，外面的芯层还需要附加的工艺处理，这增加了外层被划伤和错误刻蚀的风险。增加的外层处理将会大幅度提高制造成本。

③ 在多层电路黏合工艺后，当 PCB 的内层和外层冷却时，不同的层压张力会使 PCB 上产生不同程度上的弯曲。而且随着 PCB 厚度的增大，具有两个不同结构的复合 PCB 弯曲的风险就越大。奇数层 PCB 容易弯曲，偶数层 PCB 可以避免 PCB 产生弯曲。

在设计时，如果出现了奇数层的叠层，可以采用下面的方法来增加层数。

① 如果设计 PCB 的电源层为偶数而信号层为奇数，则可采用增加信号层的方法。增加的信号层不会导致成本的增加，反而可以缩短加工时间、改善 PCB 的质量。

② 如果设计 PCB 的电源层为奇数而信号层为偶数，则可采用增加电源层这种方法。而另一个简单的方法是在不改变其他设置的情况下在叠层中间加一个接地层，即先按奇数层 PCB 布线，再在中间复制一个接地层。

③ 在微波电路和混合介质（介质有不同介电常数）电路中，可以在接近 PCB 叠层中央增加一个空白信号层，这样可以最小化叠层的不平衡性。

8. 成本考虑

在制造成本上，在具有相同的 PCB 面积的情况下，多层电路板的成本肯定比单层和双层电路板高，而且层数越多，成本越高。但在考虑实现电路功能和电路板小型化，保证信号完整性、EMI、EMC 等性能指标等因素时，应尽量使用多层电路板。综合评价，多层电路板与单、双层电路板的成本差异并不会比预期的高很多。

3.2 多层板工艺

3.2.1 层压多层板工艺

层压多层板工艺是目前广泛使用的多层板制造技术，它是用减成法制作电路层，通过层压→机械钻孔→化学沉铜→镀铜等工艺使各层电路实现互连，最后涂敷阻焊剂、喷锡、丝印字符完成多层 PCB 的制造技术。目前，国内主要厂家的层压多层板的工艺水平如表 3-1 所示。

表 3-1 国内主要厂家的层压多层板的工艺水平

序号	技 术 指 标		批量生产工艺水平
1	一般指标	基板类型	FR-4（T_g=140℃）
			FR-5（T_g=170℃）
2		最大层数	24
3		最大铜厚 外层	3oz /ft^2
		内层	3oz /ft^2
4		最小铜厚 外层	1/3oz /ft^2
		内层	1/2oz/ft^2
5		最大 PCB 尺寸	500mm（20in）×860mm（34in）
6	加工能力	最小线宽/线距 外层	0.1mm［4mil/0.1mm（4mil）］ 0.075mm（3mil）
		内层	（3mil）/0.075mm（3mil）
7		最小钻孔孔径	0.25mm（10mil）
8		最小金属化孔径	0.2mm（8mil）
9		最小焊盘环宽 导通孔	0.127mm（5mil）
		元器件孔	0.2mm（8mil）
10		阻焊桥最小宽度	0.1mm（4mil）
11		最小槽宽	≥1mm（40mil）
12		字符最小线宽	0.127mm（5mil）
13		负片效果的电源层、接地层隔离盘环宽	≥0.3mm（12mil）
14	精度指标	层与层图形的重合度	±0.127mm（5mil）
15		图形对孔位精度	±0.127mm（5mil）
16		图形对板边精度	±0.254mm（10mil）
17		孔位对孔位精度（可理解为孔基准孔）	±0.127mm（5mil）
18		孔位对板边精度	±0.254mm（10mil）
19		铣外形公差	±0.1mm（4mil）

序号	技 术 指 标			批量生产工艺水平
20	尺寸 指标	翘曲度	双层板	<1.0%
21			多层板	<0.5%
22		成品板厚度公差	板厚>0.8mm	±10%
			板厚≤0.8mm	±0.08mm（3mil）

3.2.2　HDI 印制板工艺

1．HDI 印制板的结构[23-24]

HDI（High Density Interconnection，高密度互连）印制板，简称 HDI 板，也称埋盲孔板，是一种高密度互连多层印制板，每面每平方厘米平均有大于或等于 20 个电气连接设计的印制板，且设计的最小导体宽度与间距小于或等于 0.10mm，（机械或激光）导通孔径小于或等于 0.15mm，层间连接有埋孔和/或盲孔。

HDI 板按结构分为芯板积层和任意层积层两大类，如图 3-1～图 3-3 所示。图 3-1 和图 3-2 是芯板积层 HDI 板，其命名为 $n+C+n$（n 为积层数，C 为芯板层数）。图 3-3 是 8 层的任意层积层互连（全积层，Any Layer）HDI 板。

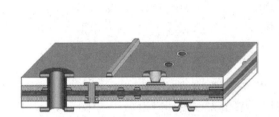

图 3-1　1+4+1 HDI 板结构示意图

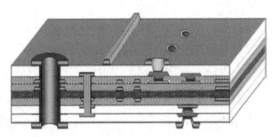

图 3-2　2+4+2 HDI 板结构示意图

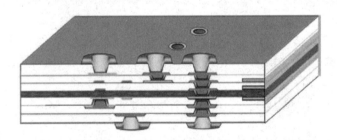

图 3-3　任意层积层 HDI 板结构示意图

在 HDI 板中，埋孔（Buried Via）是指埋置于印制板内层间，未延伸至表面的导通孔。盲孔（Blind Via）是指仅延伸至印制板一个表面，而未连通另一表面的导通孔。

叠层导通孔（Stacked Via）是指在积层导通孔上再叠加上一个或多个积层导通孔，实现三层或更多层之间电气连接的导通孔，如图 3-4 所示。

跨层导通孔（Skip Via）是指穿过不需电气连接的积层，实现不相邻层电气连接的导通孔，如图 3-5 所示。

图 3-4　叠层导通孔　　　　　　图 3-5　跨层导通孔

相比普通刚性板，HDI 板对盲埋孔的孔壁铜厚要求是有别于普通导通孔的，通孔、埋孔和盲孔的孔壁最小镀铜厚度应符合相关工艺要求的规定。

盲孔填铜凹陷度（Dimple of Copper Filled Blind Via）指 HDI 板的微盲孔采用电镀铜方式填孔，其填铜深度相对于盲孔表面形成的下凹深度，如图 3-6 所示。

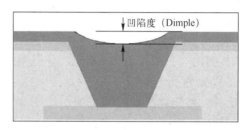

图 3-6　盲孔填铜凹陷度

树脂或其他非镀铜材料塞孔时，填塞深度应当不小于填充孔深度的 60%。当表面无电镀铜覆盖时，填塞凹陷和凸起应当在±0.075mm，或由供需双方商定。当表面需要盖覆电镀铜时，填塞平整度的凹陷应当不大于 0.10mm，凸起应当不大于 0.05mm，或由供需双方商定。

2．HDI 印制板的设计要求[25-26]

中国电子电路行业协会（CPCA）组织制定的《高密度互连印制电路板技术规范》标准（CPCA 标准 T/CPCA 6045—2017）于 2017 年 8 月 30 日正式发布，HDI 板的性能和鉴定规范，包括设计要求、品质要求、测试方法、包装和储存等几个方面，适用于积层法和其他工艺制作的 HDI 板。

HDI 板较常规的 PCB 设计而言，最大的不同就是通过埋孔和盲孔代替部分通孔的互连，同时采用更细的线宽和更小的间距，使 PCB 的布局和布线空间利用得更加充分。对于初次接触到 HDI 板的设计人员，为了更加合理地规划元器件空间布局，更加游刃有余地切换盲孔、埋孔、通孔的应用，更加精细地分配信号线的空间分布，必须了解实际生产制造过程中的相关工艺参数。

① 传统的 PCB 的钻孔由于受到钻刀影响，当钻孔孔径达到 0.15mm 时，成本已经非常高，且很难再次改进。HDI 板采用激光钻孔技术，钻孔孔径一般为 3～6mil（0.076～0.152mm），线路宽度一般为 3～4mil（0.076～0.10mm），焊盘的尺寸也可以大幅度减小，所以在单位面积内可以实现更多的线路分布，所谓的高密度互连由此而来。

② 在 HDI 板中，无论是通孔和埋盲孔的设计都必须考虑到孔径比。传统的 PCB 孔径的加工，一般采用机械钻孔，通孔孔径大于 0.15mm，板厚孔径比大于 8∶1（特殊情况可以做到 12∶1 甚至更大，但是为了保证良好的成品率，一般采用 8∶1）。而激光钻孔由于受功率与效率的限制，镭射孔的孔径不能太大，孔径一般是 3～6mil，推荐使用 4mil，电镀填孔的

孔深孔径比最大 1：1。

③ 如果优先考虑 PCB 生产成本，同网络盲孔的扇出要与焊盘间距保证 3.5mil 以上，极限值是 3mil；同网络埋孔与盲孔、盲孔与通孔、埋孔与通孔的间距大于 3.5mil 以上，极限值是 3mil，不同网络的孔和线的间距大于 4mil，极限值是 3mil，但是孔与孔、孔与盘、孔与线之间不推荐同时采用极限值；埋孔虽然和焊盘没有直接相连，也尽量避免打在焊盘下方，尽量打在空区域；线宽优先选取 4mil 以上，线到孔、线到盘间距优先选取 4mil 以上，极限值均可选取 3mil，但是不能同时选同为 3mil。这里给出的是常规生产推荐的极限值，特殊情况下可以做得更小，但是生产成本会增加很多。

④ 如果优先考虑信号质量，盲孔可直接制作在焊盘上，BGA 区域如果担心盲孔制作在焊盘上影响 BGA 焊接，可考虑盲孔与焊盘相切扇出。

⑤ 由于使用了埋盲孔，阻抗连续性较通孔差，因此对有阻抗要求的信号，尽量减短焊盘与盲孔、盲孔与埋孔之间的引线长度，并保证其信号上下平面尽可能完整，在换层之处适当增加地过孔，对阻抗的连续性是有帮助的，接地孔采用相应的埋盲孔，避免通孔，主要是因为一个通孔会影响所有层的信号返回路径，而埋盲孔的一端是止于一个金属壁，而不是贯穿整个 PCB。

⑥ 盲孔的切换层的配线尽可能短，与相邻层信号线不重叠，如果实在避不开，必须选择垂直相交。如果是重要信号线和有阻抗要求的线分配在相邻层且在避不开时，选择分配到其他与盲孔切换层不相邻的层，这里特别要注意是 T 顶层/底层的重要信号线和有阻抗要求的信号线与盲孔层的避让处理。

⑦ 在保证性能的前提下，能用通孔的地方，建议不要使用埋孔和盲孔。因为在压板时，第 2 层到倒数第 2 层之间有太多埋孔的话，在压板过程中将会产生一个通道形式，而导致位于上面的介电层厚度小于位于下面的介电层厚度。

⑧ HDI 板的元器件布局一般密度较大，所以要注意保证后期的安装性、可焊接性和可维修性。推荐一般 SOP 类与其他元器件的引脚间距大于 40mil，BGA 与其他元器件的引脚间距大于 80mil，阻容元件引脚间距大于 20mil。这只是能够满足常规焊接的极限值，实际设计时还要考虑安装性和可维修性，因此在空间允许的情况下，尽可能拉大元器件间距。

⑨ HDI 板布线时必须考虑到生产工艺能够实现的最小线宽、安全间距（包括线与线、线与焊盘、焊盘与焊盘、线与铜面等）及布线的均匀性。因为间距过小，在内层干膜工艺（即将内层线路转移到 PCB 的过程）时会造成夹膜，而膜无法褪尽，会造成线路短路。线宽太小，膜的附着力不足，会造成线路开路。同一面的线路不均匀，即铜面分布不均匀，会造成不同点树脂流动速度不一致，最终的结果就是铜面少的地方，铜厚度会稍薄一点，铜面多的地方，铜厚度会稍厚一点。

▶ 3.2.3　BUM 板工艺

BUM 板（Build-Up Multilayer PCB，积层法多层板）采用的是传统工艺制造的刚性核心内层，并在一面或双面上再积层以更高密度互连的一层或两层（最多为四层），如图 3-7 所示。BUM 板的最大特点是积层很薄、线宽线间距和导通孔径很小、互连密度很高，因而可用于芯片级高密度封装。

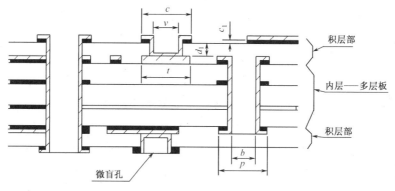

图 3-7　BUM 板的结构示意图

BUM 板的设计准则如表 3-2 所示。

表 3-2　BUM 板的设计准则　　　　　　　　　　　　　单位：μm

设 计 要 素	标 准 型	精 细 型 Ⅰ		精 细 型 Ⅱ	精 细 型 Ⅲ
积层介电层厚（d_1）		40～75			
外层基铜厚度（c_1）		9～18			
线宽/线距	100/100	75/75	75/75	50/50	30/30
内层铜箔厚度		35			
微盲孔孔径（v）	300	200	150	100	50
微盲孔连接盘（c）	500	400	300	200	75
微盲孔底连接盘（t）	500	400	300	200	75
微盲孔电镀厚度		>12.7			
微盲孔孔深/孔径比		<0.7：1			
应用说明	用于第 N 层与第 $N–2$ 层			用于第 N 层与第 $N–1$ 层	
	一般含 IVH（Inner Via Hole）的基板	安装倒装芯片、MCM、BGA、CSP 的基板			
		I/O 间距 0.8mm	I/O 间距 0.5mm	>500 引脚	>1000 引脚

注：精细型Ⅱ和精细型Ⅲ，目前工艺上还不十分成熟，设计此类型的 PCB 时应与厂家联系，了解其生产工艺情况。

3.3　多层板的设计

3.3.1　4 层板的设计

4 层板通常包含 2 个信号层、1 个电源层和 1 个接地层。推荐的 4 层板的叠层结构形式[17,27-29]如图 3-8 所示，可以采用均等间隔距离结构和不均等间隔结构形式。均等间隔距离结构的信号线条有较高阻抗，可以达到 105～130Ω。不均等间隔结构的布线层的阻抗可以具体设计为期望的数值。紧贴的电源层和接地层具有退耦作用。如果电源层和接地层之间的间距增大，则电源层和接地层的层间退耦作用基本上不存在，因此在设计电路时需在信号层（顶层）安装退耦电容。在 4 层板中，使用了电源层和接地层参考平面，使信号层到参考平面的物理尺寸要比双层板的小很多，可以减小 RF（射频）辐射能量。

在 4 层板中，源线条与回流路径间的距离还是太大，仍然无法对电路和线条所产生的 RF 电流进行通量对消设计。可以在信号层布放一条紧邻电源层的地线，提供一个 RF 回流电流的回流路径，以增强 RF 电流的通量对消能力。

图 3-8　推荐的 4 层板的叠层结构形式

　　一个不均等间隔结构形式的 4 层板设计实例[17]如图 3-9 所示：顶层（第 1 层）为信号层，1oz 铜，水平布线，布线层的阻抗可控，线条宽度为 0.017in，间距为 0.05in，阻抗为 50Ω；第 2 层为接地层，1oz 铜；第 3 层为电源层，1oz 铜；底层（第 4 层）为信号层，1oz 铜，垂直布线，布线层的阻抗可控，线条宽度为 0.017in，间距为 0.05in，阻抗为 50Ω。

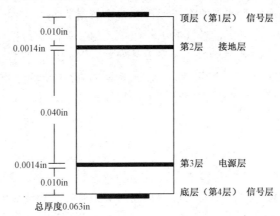

图 3-9　一个不均等间隔结构形式的 4 层板设计实例

3.3.2　6 层板的设计

　　6 层板的叠层设计可以有多种结构形式，推荐的 6 层板结构形式[17,27-29]如图 3-10 所示。3 种不同结构的 6 层板叠层设计形式如表 3-3 所示。

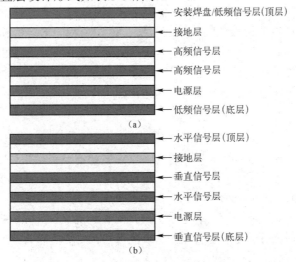

图 3-10　一些推荐的结构形式示意图

表 3-3　3 种不同结构的 6 层板叠层设计形式

层	结构形式 1	结构形式 2	结构形式 3
第 1 层（顶层）	信号层（元器件，微带线）	信号层（元器件，微带线）	信号层（元器件，微带线）
第 2 层	信号层（埋入式微带线层）	接地平面	电源平面
第 3 层	接地平面	信号层（带状线层）	接地平面
第 4 层	电源平面	信号层（带状线层）	信号层（带状线平面）
第 5 层	信号层（埋入式微带线层）	电源平面	接地平面
第 6 层（底层）	信号层（元器件，微带线）	信号层（元器件，微带线）	信号层（元器件，微带线）

1．结构形式 1

如表 3-3 所示，结构形式 1 有 4 个布线层和两个参考平面。这种结构的电源平面和接地平面采用小间距的结构，可以提供较低的电源阻抗，这个低阻抗特性可以改善电源的退耦效果。顶层和底层是较差的布线层，不适宜布放任何对外部 RF 感应敏感的线条。靠近接地平面的第 2 层是最好的布线层，可以用来布放那些富含 RF 频谱能量的线条。在确保 RF 回流路径的条件下，也可以用第 5 层作为其他高风险布线的布线层。第 1 层和第 2 层、第 5 层和第 6 层应采用交叉布线。

2．结构形式 2

如表 3-3 所示，结构形式 2 也有 4 个布线层和两个参考平面。这种结构的电源平面和接地平面之间有两个信号层，电源平面与接地平面之间不存在任何电源退耦作用。靠近接地平面的第 3 层是最好的布线层。第 1 层、第 4 层和第 6 层是可布线层。这种层间安排的布线层阻抗低，可以满足对信号完整性的一些要求。另外，参考平面层对 RF 能量向环境中的传播也有屏蔽作用。

3．结构形式 3

如表 3-3 所示，结构形式 3 也有 3 个布线层和 3 个参考平面。当有太多的印制线条需要布放，但又无法安排 4 个布线层时，可以采用这种结构形式。在这种结构形式中，将一个信号平面变成接地平面可以获得较低的传输线阻抗。这种结构的第 2 层和第 3 层电源平面和接地平面采用小间距的结构，可以提供较低的电源阻抗，这个低阻抗特性可以改善电源的退耦效果。在第 3 层和第 5 层之间的信号层（第 4 层）是最好的布线层，时钟等高风险线条必须布在第 4 层，这一层在构造上形成同轴传输线结构，可以保证信号完整性和对 EMI 能量进行抑制。底层是次好的布线层。顶层是可布线层。

一个不均等间隔结构形式的 6 层板设计实例[17]如图 3-11 所示。顶层（第 1 层）为信号层，1oz 铜，水平布线，阻抗可控，线条宽度为 0.008in，间距为 0.025in，阻抗为 50Ω；第 2 层为接地层，1oz 铜；第 3 层为信号层，1oz 铜，垂直布线，阻抗可控，线条宽度为 0.0065in，间距为 0.025in，阻抗为 50Ω（偏移带状线）；第 4 层为信号层，1oz 铜，水平布线，阻抗可控，线条宽度为 0.0065in，间距为 0.025in，阻抗为 50Ω（偏移带状线）；第 5 层为电源层，1oz 铜；底层（第 6 层）为信号层，1oz 铜，垂直布线，阻抗可控，线条宽度为 0.008in，间距为 0.025in，阻抗为 50Ω。

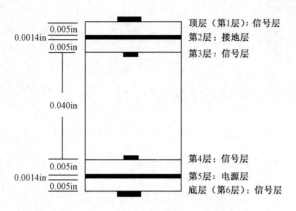

图 3-11　一个不均等间隔结构形式的 6 层板设计实例

3.3.3　8 层板的设计

8 层板的叠层设计可以有多种结构形式,两种常用不同结构的 8 层板叠层设计形式[17,27-29]如表 3-4 所示。

表 3-4　两种常用不同结构的 8 层板叠层设计形式

层	结构形式 1	结构形式 2
第 1 层（顶层）	信号层（元器件,微带线）	信号层（元器件,微带线）
第 2 层	信号层（埋入式微带线层）	接地平面
第 3 层	接地平面	信号层（带状线层）
第 4 层	信号层（带状线层）	接地平面
第 5 层	信号层（带状线层）	电源平面
第 6 层	电源平面	信号层（带状线层）
第 7 层	信号层（埋入式微带线层）	接地平面
第 8 层（底层）	信号层（元器件,微带线）	信号层（元器件,微带线）

1. 结构形式 1

如表 3-4 所示,结构形式 1 有 6 个布线层和 2 个参考平面。这种叠层结构的电源退耦特性很差,EMI 的抑制效果较差。顶层和底层是 EMI 特性很差的布线层。紧靠第 3 层（接地层）的第 2 层和第 4 层是时钟线的最好布线层,应采用交叉布线。紧靠第 6 层（电源层）的第 5 层和第 7 层是可接受的布线层。埋入式的微带线层产生的辐射低于带状线经跳线传输产生的 RF 辐射。经跳线传输 RF 能量时,可以造成 EMI 辐射。

2. 结构形式 2

如表 3-4 所示,结构形式 2 有 4 个布线层和 4 个参考平面。这种叠层结构的信号完整性和 EMC 特性都是最好的,可以获得最佳的退耦功能和强的通量对消作用。顶层和底层是 EMI 可布线层。在第 5 层（电源层）和第 7 层（接地层）之间的第 6 层是时钟线的最好布线层。在第 2 层（接地层）和第 4 层（接地层）之间的第 3 层是时钟线的最佳布线层。第 3 层和第 6 层几乎具有相同的阻抗,这 2 层都具有最佳的信号完整性和 RF 通量对消特性。在第 4 层（接地层）和第 5 层（电源层）的接地平面/电源平面采用小间距的结构，可以提供较低的电源阻抗，可以改善电源的退耦效果。在第 2 层（接地层）和第 7 层（接地层）的接地平面可以作为 RF 回流层。

应注意的是这种叠层结构存在多种阻抗值，在微带线层和带状线层跳层时，会对信号的完整性造成伤害。

3．其他结构形式

其他结构形式的 8 层板叠层设计形式[17,27-29]如表 3-5 所示。

表 3-5　其他结构形式的 8 层板叠层设计形式

层	结构形式 1	结构形式 2	结构形式 3	结构形式 4	结构形式 5
第 1 层	信号层	信号层	信号层	接地平面	信号层
第 2 层	信号层	信号层	电源平面	信号层	接地平面
第 3 层	信号层	电源平面	信号层	信号层	信号层
第 4 层	电源平面	信号层	信号层	电源平面	电源平面
第 5 层	接地平面	信号层	信号层	接地平面	接地平面
第 6 层	信号层	接地平面	信号层	信号层	信号层
第 7 层	信号层	信号层	接地平面	信号层	接地平面
第 8 层	信号层	信号层	信号层	接地平面	信号层

▶ 3.3.4　10 层板的设计

10 层板的叠层设计可以有多种结构形式，两种不同结构的 10 层板叠层设计形式[17,27-29]如表 3-6 所示。根据前面对 6 层和 8 层板的层间安排的一些讨论，对于 10 层或更多层的 PCB 的叠层设计也可以采用同样的原理进行安排。采用的 PCB 的层数越多，越要注意布线层与参考平面（零平面）的位置关系。多个参考平面的设置会使线条阻抗控制更容易，RF 通量对消特性也可以得到进一步改善。对于高速数字电路的 PCB，应使接地平面和电源平面直接相邻，使用额外的接地平面而不是电源平面来隔离布线层。

表 3-6　两种不同结构的 10 层板叠层设计形式

层	结构形式 1	结构形式 2
第 1 层（顶层）	信号层（元器件，微带线）	信号层（元器件，微带线）
第 2 层	接地平面	信号层（埋入式微带线层）
第 3 层	信号层（带状线层）	+3.3V 电源平面
第 4 层	信号层（带状线层）	接地平面
第 5 层	接地平面	信号层（带状线层）
第 6 层	电源平面	信号层（带状线层）
第 7 层	信号层（带状线层）	接地平面
第 8 层	信号层（带状线层）	+5.0V 电源平面
第 9 层	接地平面	信号层（埋入式微带线层）
第 10 层（底层）	信号层（元器件，微带线）	信号层（元器件，微带线）

1. 结构形式 1

如表 3-6 所示,结构形式 1 有 6 个布线层和 4 个参考平面。顶层和底层是较好的布线层。最好的布线层是紧靠接地平面的第 3 层、第 4 层和第 5 层,可作为时钟等布线层。紧靠电源平面的第 7 层是可布线层。在第 5 层(接地层)和第 6 层(电源层)的接地平面和电源平面采用小间距的结构,可以提供较低的电源阻抗,改善电源的退耦效果。

2. 结构形式 2

如表 3-6 所示,结构形式 2 有 6 个布线层和 4 个参考平面。顶层和底层是较差的布线层。紧靠电源平面的第 2 层和第 9 层是可布线层。在两个接地平面,第 4 层和第 7 层之间的布线层(第 5 层和第 6 层)是最好的布线层,可作为时钟等布线层。在第 4 层(接地层)和第 3 层(+3.3V 电源层),以及第 7 层(接地层)和第 8 层(+5V 电源层)的接地平面/电源平面采用小间距的结构,可以提供较低的电源阻抗,改善电源的退耦效果。

一个不均等间隔结构形式的 10 层板设计实例[17]如图 3-12 所示。图中,顶层(第 1 层)为信号层,1oz 铜,水平布线,阻抗可控,线条宽度为 0.018in,间距为 0.050in,阻抗为 50Ω(微带线);第 2 层为信号层,1oz 铜,垂直布线,阻抗可控,线条宽度为 0.007in,间距为 0.025in,阻抗为 50Ω(嵌入式微带线);第 3 层为接地层,1oz 铜;第 4 层为信号层,1oz 铜,水平布线,阻抗可控,线条宽度为 0.006in,间距为 0.025in,阻抗为 50Ω(偏移带状线);第 5 层为信号层,1oz 铜,垂直布线,阻抗可控,线条宽度为 0.011in,间距为 0.050in,阻抗为 50Ω(偏移带状线);第 6 层为信号层,1oz 铜,水平布线,阻抗可控,线条宽度为 0.011in,间距为 0.050in,阻抗为 50Ω(偏移带状线);第 7 层为信号层,1oz 铜,垂直布线,阻抗可控,线条宽度为 0.006in,间距为 0.025in,阻抗为 50Ω(偏移带状线);第 8 层为电源层,1oz 铜;第 9 层为信号层,1oz 铜,水平布线,阻抗可控,线条宽度为 0.007in,间距为 0.025in,阻抗为 50Ω(嵌入式微带线);第 10 层为信号层,1oz 铜,垂直布线,阻抗可控,线条宽度为 0.018in,间距为 0.050in,阻抗为 50Ω(嵌入式微带线)。

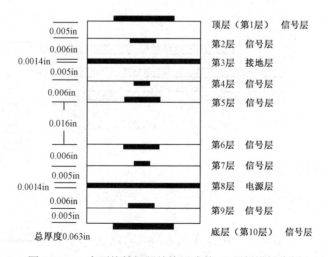

图 3-12 一个不均等间隔结构形式的 10 层板设计实例

3.4 利用 PCB 叠层设计抑制 EMI 辐射

3.4.1 PCB 的辐射源

在 PCB 中有两种潜在的辐射源：边缘辐射和输入至输出的偶极子辐射。这些辐射源会产生 EMI（电磁干扰）。

1．边缘辐射

当非预期的电流达到接地层和电源层的边缘时，便发生边缘辐射。这些非预期的电流可能如下。

① 电源旁路不充分所产生的接地和电源噪声。

② 感性过孔所产生的圆柱形辐射磁场，它在 PCB 各层之间辐射，最终在 PCB 边缘会合。

③ 承载高频信号的带状线镜像电荷电流与电路板边缘靠得太近。

在边界处有两种情况：一是接地层和电源层的边缘对齐，如图 3-13 所示。一个边缘缩回一定的量，如图 3-14 所示。在第一种情况下，边缘对齐，有些辐射反射回 PCB，有些则从 PCB 透射出去。在第二种情况下，板的边缘形成一个与贴片天线边缘类似的结构。当边缘不匹配量达到 20h 时（h 为层间距），电磁场在 PCB 之外有效耦合，产生辐射。

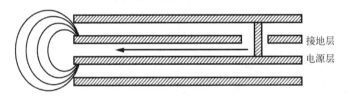

图 3-13　边缘匹配的接地电源对产生的边缘辐射

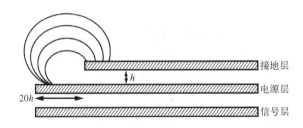

图 3-14　边缘不匹配的接地电源对产生的边缘辐射

2．输入至输出偶极子辐射

当驱动电流源通过接地层之间的间隙时，便会产生输入至输出的偶极子辐射，这是产生辐射的主要机制。

当使用隔离器时，根据其自身特性需要驱动电流通过接地层之间的间隙。与传输的电流相关的高频镜像电荷无法跨越边界返回，导致间隙上出现差分信号，从而形成偶极天线。在某些情况下，这可能是一个很大的偶极子，如图 3-15 所示。

　　当高频信号线路跨过接地层和电源层中的间隙时，类似的机制也会导致辐射产生。这类辐射多数是与接地层垂直。

　　有许多抗电磁辐射技术可供设计师参考，需要权衡考虑如何解决强电磁辐射问题才能符合 IEC 或 FCC 辐射标准，以及成本和性能等设计要求。采用优化的叠层设计、容性拼接（拼接电容）、边缘防护（过孔栅栏防护）、内层电容（内层容性旁路）、功率控制等技术可以有效降低电磁辐射和板上噪声[30-31]。

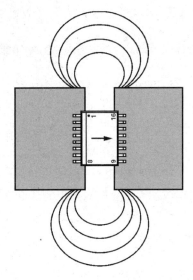

　　为了充分利用 PCB 相关的抗电磁辐射技术，应依赖 PCB 相对连续的接地层和电源层，并且能够指定它们在叠层中的相对位置和距离。这意味着 PCB 至少应使用三层（接地层、电源层和信号层）。在 PCB 制造中，从实用角度考虑，四层 PCB 为最小叠层。可以设计更多层，以便大大增强建议技术的有效性。

图 3-15　输入与输出之间的偶极子辐射

3.4.2　共模 EMI 的抑制

　　在 IC 的电源引脚附近合理地安置适当容量的电容，可滤除由 IC 输出电压的跳变产生的谐波。但由于电容有限的频率响应特性，使得电容无法在全频带上干净地除去 IC 输出所产生的谐波。除此之外，电源汇流排上形成的瞬态电压在去耦路径的电感两端会形成电压降，这些瞬态电压是主要的共模 EMI 干扰源。

　　对于 PCB 上的 IC 而言，IC 周围的电源层可以看成一个优良的高频电容器，它可以吸收分立电容所泄漏的那部分 RF 能量。此外，优良的电源层的电感较小，因此电感所合成的瞬态信号也小，从而可进一步降低共模 EMI。对于高速数字 IC 而言，数字信号的上升沿越来越快，电源层到 IC 电源引脚的连线必须尽可能短，最好是直接连到 IC 电源引脚所在的焊盘上。

　　为了抑制共模 EMI，电源层要有助于去耦和具有足够低的电感，而且这个电源层必须是一个设计相当好的电源层的配对。一个好的电源层的配对与电源的分层、层间的材料，以及工作频率（IC 上升时间的函数）有关。通常，电源分层的间距是 6mil，夹层是 FR-4 材料，则每平方英寸电源层的等效电容约为 75pF。显然，层间距越小，电容越大。

　　按照目前高速数字 IC 的发展速度，上升时间在 100～300ps 的器件将占有很高的比例。对于上升时间为 100～300ps 的电路，3mil 层间距对大多数应用将不再适用。因此，有必要采用层间距小于 1mil 的分层技术，并用介电常数很高的材料（如陶瓷和加陶塑料）代替 FR-4 材料。现在，陶瓷和加陶塑料可以满足上升时间为 100～300ps 电路的设计要求。

　　对于常见的上升时间为 1～3ns 的电路，PCB 采用 3～6mil 层间距和 FR-4 介电材料时通常能够处理高频谐波，并使瞬态信号足够低，也就是说可以使共模 EMI 降得很低。本节给出的 PCB 分层堆叠设计实例将假定层间距为 3～6mil。

3.4.3 设计多电源层抑制 EMI

如果同一电压源的两个电源层需要输出大电流，则 PCB 应布成两组电源层和接地层。在这种情况下，每对电源层和接地层之间都放置了绝缘层，这样就会得到所期望的等分电流的两对阻抗相等的电源汇流排。如果电源层的堆叠造成阻抗不相等，则分流不均匀，瞬态电压将大得多，并且 EMI 会急剧增大。

如果 PCB 上存在多个数值不同的电源电压，则相应地需要多个电源层。要牢记需为不同的电源创建各自配对的电源层和接地层。在上述两种情况下确定配对电源层和接地层在 PCB 的位置时，要切记制造商对平衡结构的要求。

> **注意：** 鉴于大多数工程师设计的 PCB 是厚度为 62mil、不带盲孔或埋孔的传统 PCB，因此上述关于 PCB 分层和堆叠的讨论都局限于此。对于厚度差别太大的 PCB，上述推荐的分层方案可能不理想。此外，带盲孔或埋孔的 PCB 的加工工艺不同，上述的分层方法也不适用。在 PCB 的设计中，厚度、过孔工艺和 PCB 层数不是解决问题的关键，优良的分层堆叠才是保证电源汇流排的旁路和去耦，使电源层或接地层上的瞬态电压最低，并将信号和电源的电磁场屏蔽起来的关键。理想情况下，信号走线层与其回路接地层之间应该有一个绝缘隔离层，配对的层间距（或一对以上）应该越小越好。根据这些基本概念和原则，才能设计出达到设计要求的 PCB。现在，IC 的上升时间已经很短并将更短，在 PCB 叠层设计时，利用好的 PCB 叠层设计方案解决 EMI 屏蔽问题是必不可少的。

3.4.4 利用拼接电容抑制 EMI

当电流沿 PCB 走线流动时，镜像电荷也会沿走线下方的接地层随之移动。如果走线跨过接地层中的间隙，镜像电荷将无法跟随。这就在 PCB 中产生差分电流和电压，导致辐射和传导噪声。解决办法是提供一条通路，使镜像电荷能跟随信号移动。标准做法是在信号跨过接地层中的间隙附近放置一个拼接电容。这一技术也可用来将在接地层之间产生的辐射降至最低。

至少有三种方案可用来形成拼接电容。

① 在隔离栅两端接一个安规电容。

② 里层上的接地层和电源层可以延伸到 PCB 的隔离间隙中，形成一个交叠拼接电容。

③ 在里层的隔离侧与非隔离侧之间的间隙可以设置一个浮动金属层。

就有效性和所需的实施面积而言，每种方案都有优点和缺点。请注意，针对医疗应用，隔离地与大地之间的容许总隔离电容可能只有 10～20pF。

容性拼接和过孔栅栏防护技术示意图[31]如图 3-16 所示。

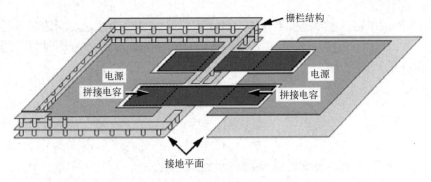

图 3-16　容性拼接和过孔栅栏防护技术示意图

1．连接一个安规电容

在隔离栅两端连接一个简单的陶瓷电容便可实现拼接电容。大部分知名电容制造商都提供具有保证爬电距离、电气间隙和耐受电压的电容。视目标用途不同，这些安规电容分为多种等级。Y2 级用于存在触电危险的线路到地应用，安全应用中的拼接电容建议使用这种类型的安规电容。此类电容提供表贴和径向引脚圆片两种封装。一些 Y2 级的安规电容[31]如表 3-7 所示。

表 3-7　一些 Y2 级的安规电容

安全额定值	交流工作电压额定值（V）	直流隔离电压额定值（V）	封装类型/尺寸	值（pF）	制造厂商	产品型号
X1/Y2	250	1500	SMT/1808	150	Johanson Dielectrics	502R29W151KV3E-SC
X1/Y2	250	2000	径向/5mm	150	Murata	DE2B3KY151KA2BM01
X1/Y2	300	2600	径向/7.5mm	150	Vishay	VY2151K29Y5SS63V7

安规电容是分立元件，必须利用焊盘或通孔将其安装到PCB上。因此，除电容本身的电感外，还会增大与电容串联的寄生电感。此外，这还会使拼接电容局部化，要求电流流到电容，从而产生不对称的镜像电荷路径，并且会增加噪声。这些分立电容在最高200MHz的频率范围内有效。超过200MHz时，PCB本身的电容变得非常有效。

2．利用 PCB 本身的电容

PCB 本身也能通过多种方式形成拼接电容结构。当 PCB 中的两层交叠时，就会形成一个电容。此类电容具有一些非常有用的特性，平行板电容的电感极低，而且电容分布在相对较大的面积上。这些结构必须构建在 PCB 里层上。PCB 表层的爬电距离和电气间隙要求最小，因此不适合用来构建此类结构。

（1）交叠拼接电容

有一种简单的方法可实现良好的拼接电容，这就是将一个参考层从原边和副边延伸到 PCB 表面上用于爬电的区域，如图 3-17 所示。图 3-17 所示结构的容性耦合，可以利用下面平行板电容的基本关系进行计算：

$$C = \frac{A\varepsilon}{d} = \frac{lw\varepsilon}{d} \tag{3-1}$$

式中，C 为总拼接电容；A 为拼接电容的交叠面积；w、d 和 l 为原边与副边参考层的交叠部分的尺寸；$\varepsilon = \varepsilon_0 \times \varepsilon_r$，$\varepsilon_0$ 为真空介电常数 8.854×10^{-12} F/m，ε_r 为 PCB 绝缘材料的相对介电常数，如 FR-4 的 ε_r 约为 3.5。

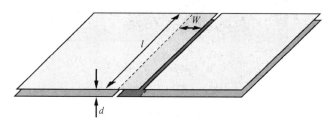

图 3-17　交叠层拼接电容

这种结构的主要优势是电容产生于器件（如隔离器）的下方间隙中，为了满足爬电距离和电气间隙要求，此处不得有顶层和底层。多数设计不会利用 PCB 的这一区域。而且，该电容的单位面积值是浮动层的两倍。在原边和副边参考层之间，此结构只有一个黏合接头和一个 FR-4 层。这种结构非常适合只需要基本绝缘的较小 PCB。

（2）浮动拼接电容

一个较好的方案是使用 PCB 里层上的浮动金属结构来连接原边与副边电源层。请注意，通常将专用于接地或电源的层称为参考层，因为从交流噪声角度看，它们具有相同的行为特征，对于拼接电容是可以通用的。

图 3-18 所示为一个浮动拼接电容示例。参考层显示为蓝色和绿色，浮动耦合层显示为黄色。这种结构的电容形成两个容性区域（C_1 和 C_2，阴影部分），非交叠部分将这两个区域连在一起。为了确保耦合层上不会累积直流电压，原边和副边上的面积应大致相等。总拼接电容 C 为

$$C = \frac{C_1 \times C_2}{C_1 + C_2} \tag{3-2}$$

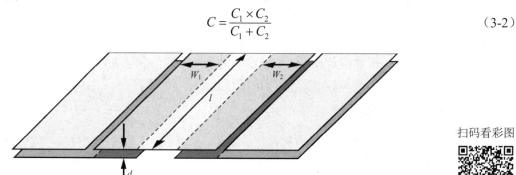

扫码看彩图

图 3-18　浮动拼接电容

图 3-18 所示结构的容性耦合，可以利用平行板电容的基本关系进行计算。

$$C = \frac{A\varepsilon}{d} = \frac{l\varepsilon}{d} \times \left(\frac{w_1 \times w_2}{w_1 + w_2} \right) \tag{3-3}$$

式中，C 为总拼接电容；A 为拼接电容的交叠面积；w_1、w_2、d 和 l 为浮动层与原边和副边参考层的交叠部分的尺寸；$\varepsilon = \varepsilon_0 \times \varepsilon_r$，$\varepsilon_0$ 为真空介电常数 8.854×10^{-12} F/m，ε_r 为 PCB 绝缘材料的

相对介电常数。

如果 $w_1 = w_2$，则上式可简化为

$$C = \frac{lw_1\varepsilon}{2d}$$

（3-4）

在实际应用中，这种结构既有优点，也有缺点。主要优点是有两个隔离间隙，一个在原边，一个在副边。这些间隙称为黏合接头，FR-4 各层之间的焊接可提供隔离效果。

沿 PCB 材料的厚度方向相继还有两条路径。依据某些隔离标准创建加强隔离栅时，这些间隙和厚度会非常有利。此类结构的缺点是电容形成在有源电路区域下方，可能会有过孔和走线跨过间隙。从计算公式可以看出，两个电容串联所产生的净电容只有使用相同 PCB 面积形成的一个电容的一半大小。因此，就单位面积电容而言，这种技术的效率较低。总体而言，它适合于有大量 PCB 面积可用或需要加强绝缘的应用。

▶ 3.4.5　利用边缘防护技术抑制 EMI

到达 PCB 边缘的电源层与接地层上的噪声可以像图 3-13 和图 3-14 所示那样辐射。如果采用屏蔽结构对边缘进行处理，则噪声将反射回内层空间中。这会增加这些层上的电压噪声，但也会降低边缘辐射。

可以在 PCB 上进行固体导电边缘处理，但该工艺成本较高。成本较低且效果不错的方案是采用保护环结构处理 PCB 边缘，保护环结构通过过孔联系在一起。图 3-19 所示的结构是针对典型的四层板。图 3-20 显示如何在 PCB 原边的电源和接地层上实现该结构[31]。

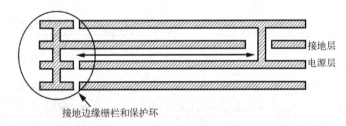

图 3-19　接地边缘栅栏和保护环结构侧视图

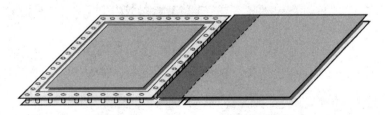

图 3-20　在原边电源层上的过孔栅栏和保护环

构建边缘防护有两个目标。第一个目标是将柱形辐射从过孔反射回内层空间，不让它从边缘逃逸。第二个目标是将里层上流动的边缘电流（由走线上流动的噪声或大电流引起）屏蔽起来。

如果不采用烦琐的建模，将难以确定用于创建边缘防护的过孔间隔。ADI 公司的评估板测试板使用 4mm 过孔间隔，此间隔非常小，足以衰减 18GHz 以下的信号。

▶ 3.4.6 利用内层电容抑制 EMI

内层电容旁路技术旨在通过改善高频时的旁路完整性来降低 PCB 的传导噪声和辐射。它有两个优点：第一，缩短高频噪声在接地层-电源层对中的扩散距离；第二，通过提供在 300MHz～1GHz 有效的旁路电容，降低进入电源层和接地层中的初始噪声。电源和接地噪声的降低可以为靠近干扰器件（如 *iCoupler* 隔离器）的噪声敏感元件提供更好的工作环境。辐射和传导噪声的降低均与电源和接地噪声的降低成比例。辐射降低不如拼接或边缘防护技术那样显著，但它仍可明显改善 PCB 的电源环境。

一个抗电磁辐射测试板所用的堆叠形式[31]为"信号-接地-电源-信号"，如图 3-21 所示。一个较薄的核心层用于电源层和接地层。这些紧密耦合层提供内层电容层（嵌入式电容），以补充隔离器正常工作所需的旁路电容。图 3-21（b）所示为一个具有 0.15mm 电介质的 ADuM1xxx 间隙板布局截面。

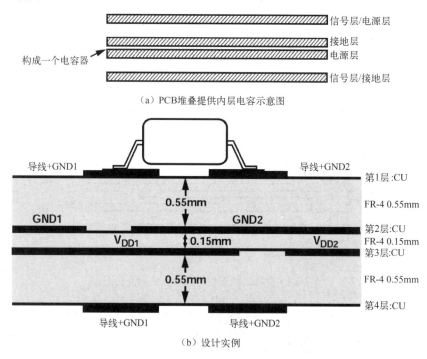

（a）PCB堆叠提供内层电容示意图

（b）设计实例

图 3-21　一个抗电磁辐射测试板所用的堆叠形式

实验表明：在一个两层板上，ADuM140x 系列器件的编码脉冲在 V_{DD} 电源上产生的噪声峰-峰值约为 0.17V（在 VDD1 引脚的噪声）。采用一个具有电源层和接地层（内核间隔 0.1mm）的 PCB，噪声大幅降低到仅有 0.03V（峰-峰值）。这说明，使用间距甚小的接地层和电源层，电源噪声将显著降低。

除接地层和电源层外，还可以用接地和电源填料交替填充信号层，以进一步提高电容。这些填料还能带来额外的好处，即形成额外的辐射屏蔽，把过孔护栏结构边缘周围的辐射泄漏保持在 PCB 中。填充接地和电源填料时应小心，填料应再连接到完整的参考平面层，因为浮动的填料可能会成为贴片天线，造成电磁辐射而不是起到屏蔽作用。

有关填充的一些推荐做法包括：

① 每隔 10mm，填料应通过过孔沿着边缘连接到相应的参考层。

② 填料的少量溢出部分应予以移除。

③ 如果填料的形状不规则，应将过孔安排在填料的最外缘。

3.4.7　PCB 叠层设计实例

1．走线设计

对于信号走线，好的分层策略应该是把所有的信号走线放在一层或若干层，这些层紧挨着电源层或接地层。对于电源，好的分层策略应该是电源层与接地层相邻，且电源层与接地层的距离尽可能短。

2．4 层板

4 层板的设计存在若干潜在问题。首先，传统的厚度为 62mil 的 4 层板，即使信号层在外层，电源层和接地层在内层，电源层与接地层的间距仍然过大。

如果成本要求是第一位的，可以考虑表 3-8 中所列的两种传统 4 层板的替代方案。这两个方案都能改善 EMI 抑制的性能，但只适用于板上元器件密度足够低和元器件周围有足够面积（放置所要求的电源覆铜层）的场合。

表 3-8　两种不同结构的 4 层板叠层设计形式

层	结构形式 1	结构形式 2
第 1 层（顶层）	接地层（接地平面）	电源层（电源平面）
第 2 层	信号层/电源层	信号层
第 3 层	信号层/电源层	信号层
第 4 层（底层）	接地层（接地平面）	接地层（接地平面）

第一种为首选方案，PCB 的外层均为接地层，中间两层均为信号层/电源层。信号层上的电源用宽线走线，这可使电源电流的路径阻抗低，且使信号路径的阻抗也变低。从 EMI 控制的角度看，这是现有的最佳 4 层 PCB 结构。

第二种方案的外层走电源和地，中间两层走信号。该方案相对传统 4 层板来说，改进效果要小一些，层间阻抗和传统的 4 层板一样欠佳。

如果要控制走线阻抗，在上述叠层方案中都要非常小心地将走线布置在电源和接地覆铜岛的下边。另外，电源或接地层上的覆铜岛之间应尽可能地互连在一起，以确保 DC 和低频的连接性。

3．6 层板

如果 4 层板上的元器件密度比较大，则最好采用 6 层板。但是在 6 层板的设计中，某些叠层方案对电磁场的屏蔽作用不够好，对电源汇流排瞬态信号的降低作用甚微。下面讨论表 3-9 中所列的 4 个实例。

表 3-9　6 层板设计的一些叠层方案

层	方案 1	方案 2	方案 3	方案 4
第 1 层（顶层）	信号层	信号层	接地层（接地平面）	信号层
第 2 层	电源层（电源平面）	信号层	信号层	接地层（接地平面）
第 3 层	信号层	电源层（电源平面）	电源层（电源平面）	信号层
第 4 层	信号层	接地层（接地平面）	接地层（接地平面）	电源层（电源平面）
第 5 层	接地层（接地平面）	信号层	信号层	接地层（接地平面）
第 6 层（底层）	信号层	信号层	接地层（接地平面）	信号层

表 3-9 中的方案 1 将电源和地分别放在第 2 层和第 5 层，由于电源覆铜阻抗高，所以对控制共模 EMI 辐射非常不利。不过从信号的阻抗控制观点来看，这一方法却是非常正确的。

表 3-9 中的方案 2 将电源和地分别放在第 3 层和第 4 层，这一设计解决了电源覆铜阻抗问题，但由于第 1 层和第 6 层的电磁屏蔽性能差，则差模 EMI 增加了。如果两个外层上的信号线数量最少，走线长度很短（短于信号最高谐波波长的 1/20），则可以解决差模 EMI 问题。将外层上的无元器件和无走线区域覆铜填充，并将覆铜区接地（每 1/20 波长为间隔），则对差模 EMI 的抑制特别好。如前所述，要将覆铜区与内部接地层多点相连。

通用高性能 6 层板设计如表 3-9 中的方案 3 所示，一般将第 1 层和第 6 层布为接地层，让第 3 和第 4 层走电源和地。由于在电源层和接地层之间是两层居中的双微带信号线层，因而 EMI 抑制能力是优异的。该设计的缺点在于走线层只有两层。前面介绍过，如果外层走线短且在无走线区域覆铜，则用传统的 6 层板也可以实现相同的堆叠。

表 3-9 中的方案 4 所介绍的另一种 6 层板布局为信号、地、信号、电源、地、信号，这可实现高级信号完整性设计所需要的环境。信号层与接地层相邻，电源层和接地层配对。显然，不足之处是层的堆叠不平衡，这通常会给加工制造带来麻烦。解决问题的办法是将第 3 层所有的空白区域填上铜，填上铜后如果第 3 层的覆铜密度接近于电源层或接地层，则这块板可以不严格地算作结构平衡的电路板。覆铜区必须接电源或接地。连接过孔之间的距离仍然是 1/20 波长，不见得处处都要连接，但理想情况下应该连接。

4．10 层板

由于多层板之间的绝缘隔离层非常薄，所以 10 层或 12 层的 PCB 层与层之间的阻抗非常低，只要分层和堆叠不出问题，完全有希望得到优异的信号完整性。要按 62mil 厚度加工制造 12 层板，困难比较多，能够加工 12 层板的制造商也不多。

由于信号层和回路层之间总是隔有绝缘层，故在 10 层板设计中分配中间 6 层来走信号线的方案并非最佳。另外，让信号层与回路层相邻很重要，即 PCB 的叠层布局应为信号、地、信号、信号、电源、地、信号、信号、地、信号，如表 3-10 所示。

表 3-10　改进的一个 10 层板设计实例

层	叠 层 布 局
第 1 层（顶层）	信号层（元器件）
第 2 层	接地层（接地平面）
第 3 层	信号层

层	叠 层 布 局
第 4 层	信号层
第 5 层	电源层（电源平面）
第 6 层	接地层（接地平面）
第 7 层	信号层
第 8 层	信号层
第 9 层	接地层（接地平面）
第 10 层（底层）	信号层（元器件）

这一设计为信号电流及其回路电流提供了良好的通路。恰当的布线策略是：第 1 层沿 X 方向走线，第 3 层沿 Y 方向走线，第 4 层沿 X 方向走线，以此类推。直观地看走线，第 1 层和第 3 层是一对分层组合，第 4 层和第 7 层是一对分层组合，第 8 层和第 10 层是最后一对分层组合。当需要改变走线方向时，第 1 层上的信号线应借由"过孔"转到第 3 层后再改变方向。实际上，也许并不总能这样做，但作为设计概念还是要尽量遵守此策略。

同样，当信号的走线方向变化时，应该借由"过孔"从第 8 层和第 10 层或从第 4 层到第 7 层走线。这样布线可确保信号的前向通路和回路之间的耦合最紧。例如，如果信号在第 1 层上走线，回路在第 2 层且只在第 2 层上走线，那么第 1 层上的信号即使是借由"过孔"转到了第 3 层上，其回路仍在第 2 层，从而保持了低电感、大电容的特性，以及良好的电磁屏蔽性能。

如果实际走线不是这样，如第 1 层上的信号线经由过孔到第 10 层，这时回路信号只好从第 9 层寻找接地平面，回路电流要找到最近的接地过孔（如电阻或电容等元件的接地引脚），如果碰巧附近存在这样的过孔，则真的"走运"了；但假如没有这样近的过孔可用，电感就会变大，电容会减小，而 EMI 一定会增大。

当信号线必须经由过孔离开现在的一对布线层到其他布线层时，应就近在过孔旁放置接地过孔，这样可以使回路信号顺利返回恰当的接地层。对于第 4 层和第 7 层的分层组合，信号回路将从电源层或接地层（第 5 层或第 6 层）返回，这时因为电源层和接地层之间的电容耦合良好，信号容易传输。

3.5　PCB 电源平面和接地平面

3.5.1　PCB 电源平面和接地平面的功能和设计原则

1．PCB 电源平面和接地平面的功能

在高速数字系统和射频与微波电路中，通常采用单独的 PCB 电源平面和接地平面，分别称为 0V 参考面（接地层或接地平面）和电源参考面（电源层或电源平面），简称参考面。在一个 PCB 上（内）的一个理想参考面应该是一个完整的实心薄板，而不是一个"铜质充填"或"网络"。参考面可以提供若干个非常有价值的 EMC 和信号完整性（SI）功能。

在高速数字电路和射频与微波电路设计中采用参考面，可以实现如下要求[27-29,32-35]。

① 提供非常低的阻抗通道和稳定的参考电压。参考面可以为元器件和电路提供非常低的阻抗通道，提供稳定的参考电压。一个10mm长的导线或线条在1GHz频率时具有的感性阻抗为63Ω，因此当需要由一个参考电压向各种元器件提供高频电流时，可使用一个平面来分布参考电压。

② 控制走线阻抗。如果希望通过控制走线阻抗来控制反射（使用恰当的走线终端匹配技术），那么几乎总是需要良好的、实心的、连续的参考面（参考层）。不使用参考层很难控制走线阻抗。

③ 减小回路面积。回路面积可以看作由信号（在走线上传播）路径与它的回流信号路径决定的面积。当回流信号直接位于走线下方的参考面上时，回路面积是最小的。由于EMI直接与回路面积相关，所以当走线下方存在良好的、实心的、连续的参考层时，EMI也是最小的。

④ 控制串扰。在走线之间进行隔离和走线靠近相应的参考面是控制串扰最实际的两种方法。串扰与走线到参考面之间距离的平方成反比。

⑤ 屏蔽效应。参考面可以相当于一个镜像面，为那些不那么靠近边界或孔隙的元器件和线条提供一定程度的屏蔽效应。即便在镜像面与所关心的电路不相连接的情况下，参考面仍然能提供屏蔽作用。例如，一个线条与一个大平面上部的中心距为1mm，由于镜像面效应，在频率100kHz以上时，它可以达到至少30dB的屏蔽效果。元器件或线条距离平面越近，屏蔽效果就会越好。

当采用成对的0V参考面和电源参考面时，可以实现如下要求。

① 去耦。两个距离很近的参考面所形成的电容对高速数字电路和射频电路的去耦合是很有用的。参考面能提供的低阻抗返回通路，将减少退耦电容以及与其相关的焊接电感、引线电感产生的问题。

② 抑制EMI。成对的参考面形成平面电容可以有效地控制差模噪声信号和共模噪声信号导致的EMI辐射。

2．PCB电源平面和接地平面设计一般原则

PCB的电源平面和接地平面设计的一般原则[27-29,32-35]请参考"3.1　PCB叠层设计的一般原则"。

▶ 3.5.2　PCB电源平面和接地平面叠层和层序

电源平面和接地平面在PCB叠层中的位置（层序）对电源电流通路的寄生电感产生重大影响。

在设计之初，就应当考虑层序问题。在高速数字电路和射频与微波电路设计中，高优先级电源置于距MCU较近的位置（PCB叠层的上半部分），低优先级电源应置于距MCU较远的位置（PCB叠层的下半部分）。

对于瞬时电流较高的电源，相关电源平面应靠近PCB叠层的上表面（FPGA侧）。这会降低电流在到达相关电源平面和接地平面前所流经的垂直距离（电源和地过孔长度）。为了降低分布电感，应在PCB叠层中各电源平面的附近放置一个接地平面。趋肤效应导致高频电流紧密耦合，与特定电源平面临近的接地平面将承载绝大部分电流，用来补充电源平面中的电流。因此，较为接近的电源和接地平面被视作平面对。

并非所有电源和接地平面对都位于PCB叠层的上半部分，因为制造过程中的约束条件通常要求 PCB 叠层围绕中心（相对于电介质厚度和蚀铜区域而言）对称分布。PCB 设计人员选择电源和接地平面对的优先级，高优先级平面对承载较高的瞬时电流并置于叠层的较高位置，而低优先级平面对承载较低的瞬时电流，置于叠层的较低位置。

在高速数字电路和射频与微波电路设计中的 PCB 通常采用多层板结构[17-23]。典型的是采用 4 层板、6 层板、8 层板和 10 层板叠层设计形式，更多内容请参考"3.3 多层板的设计"。

设计射频电路时，电源电路的设计和电路板布局常常被留到高频信号通路的设计完成之后。对于没有经过深思熟虑的设计，电路周围的电源电压很容易产生错误的输出和噪声，从而对射频电路的系统性能产生负面影响。合理分配 PCB 的板层、采用星型拓扑的 V_{CC} 引线，并在 V_{CC} 引脚加上适当的去耦电容，将有助于改善系统的性能，获得最佳指标。

合理的 PCB 层分配便于简化后续的布线处理，对于一个 4 层 PCB（如 MAX2826 IEEE 802.11a/g 收发器的电路板），在大多数应用中顶层放置元器件和射频引线，第 2 层为系统地，电源部分放置在第 3 层，任何信号线都可以分布在第 4 层。第 2 层采用不受干扰的接地平面布局对于建立阻抗受控的射频信号通路非常必要，还便于获得尽可能短的接地环路，为第 1 层和第 3 层提供高度的电气隔离，使得两层之间的耦合最小。当然，也可以采用其他板层定义的方式（特别是在 PCB 具有不同的层数时），但上述结构是经过验证的一个成功范例。

大面积的电源层能够使 V_{CC} 布线变得轻松，但是，这种结构常常是导致系统性能恶化的导火索。在一个较大平面上把所有电源引线接在一起将无法避免引脚之间的噪声传输，反之，如果使用星型拓扑则会减轻不同电源引脚之间的耦合。

图 3-22 给出了星型连接的 V_{CC} 布线方案[36]，取自 MAX2826 IEEE 802.11a/g 收 / 发器的评估板。图中建立了一个主 V_{CC} 节点，从该点引出不同分支的电源线，为射频 IC 的电源引脚供电。每个电源引脚使用独立的引线，为引脚之间提供了空间上的隔离，有利于减小它们之间的耦合。另外，每条引线还具有一定的寄生电感，这恰好是所希望的，有助于滤除电源线上的高频噪声。

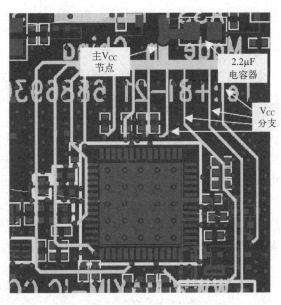

图 3-22　星型连接的 V_{CC} 布线方案

使用星型拓扑 V_{CC} 引线时，还有必要采取适当的电源去耦，而去耦电容存在一定的寄生电感。事实上，电容器等效为一个串联的 RLC 电路，电容器只是在频率接近或低于其 SRF 时才具有去耦作用，在这些频点电容表现为低阻。

在 V_{CC} 星型拓扑的主节点处最好放置一个大容量的电容，如 2.2μF。该电容具有较低的 SRF，对于消除低频噪声、建立稳定的直流电压很有效。IC 的每个电源引脚需要一个低容量的电容器（如 10nF），用来滤除可能耦合到 V_{CC} 线上的高频噪声。对于那些为噪声敏感电路（如 V_{CO} 的电源）供电的电源引脚，可能需要外接两个旁路电容。例如：用一个 10pF 电容与一个 10nF 电容并联提供旁路，可以提供更宽频率范围的去耦，尽量消除噪声对电源电压的影响。每个电源引脚都需要认真检验，以确定需要多大的去耦电容，实际电路在哪些频点容易受到噪声的干扰。

良好的电源去耦技术与严谨的 PCB 布局、V_{CC} 引线（星型拓扑）相结合，能够为任何射频系统设计奠定稳固的基础。尽管实际设计中还会存在降低系统性能指标的其他因素，但是，拥有一个"无噪声"的电源是优化系统性能的基本要素。

接地层的布局和引线同样是 WLAN 电路板（如 MAX2826 IEEE 802.11a/g 收/发器的电路板）设计的关键，会直接影响到 PCB 的寄生参数，存在降低系统性能的隐患。射频电路设计中没有唯一的接地方案，设计中可以通过几个途径达到满意的性能指标。可以将接地平面或引线分为模拟信号地和数字信号地，还可以隔离大电流或功耗较大的电路。根据以往 WLAN 评估板的设计经验，在四层板中使用单独的接地层可以获得较好的结果。凭借这些经验，用接地层将射频部分与其他电路隔离开，可以避免信号间的交叉干扰。如上所述，PCB 第 2 层通常作为接地平面，第 1 层用于放置元器件和射频引线。

接地层确定后，将所有的信号地以最短的路径连接到接地层，通常用过孔将顶层的地线连接到接地层。需要注意的是，过孔呈现为感性。过孔精确的电气特性模型包括过孔电感和过孔 PCB 焊盘的寄生电容。如果采用这里所讨论的地线布局技术，可以忽略寄生电容。一个 1.6mm 深、孔径为 0.2mm 的过孔具有大约 0.75nH 的电感，在 2.5GHz/5.0GHz WLAN 波段的等效电抗大约为 12Ω/24Ω。因此，一个接地过孔并不能够为射频信号提供真正的接地，对于高品质的 PCB 设计，应该在射频电路部分提供尽可能多的接地过孔，特别是对于通用的 IC 封装中的裸露接地焊盘。不良的接地还会在接收前端或功率放大器部分产生辐射，降低增益和噪声系数指标。还需注意的是，接地焊盘的不良焊接会引发同样的问题。除此之外，功率放大器的功耗也需要多个连接接地层的过孔。

滤除其他电路的噪声、抑制本地产生的噪声，从而消除级与级之间通过电源线的交叉干扰，这是 V_{CC} 去耦带来的好处。如果去耦电容使用了同一接地过孔，由于过孔与地之间的电感效应，这些连接点的过孔将会承载来自两个电源的全部射频干扰，不仅丧失了去耦电容的功能，而且还为系统中的级间噪声耦合提供了另外一条通路。

PLL 的实现在系统设计中总是面临巨大挑战，要想获得满意的杂散特性必须有良好的地线布局。目前，IC 设计中将所有的 PLL 和 VCO 都集成到了芯片内部，大多数 PLL 都利用数字电流电荷泵输出通过一个环路滤波器控制 VCO。通常，需要用二阶或三阶的 RC 环路滤波器滤除电荷泵的数字脉冲电流，得到模拟控制电压。靠近电荷泵输出的两个电容必须直接与电荷泵电路的地连接。这样，可以隔离地回路的脉冲电流通路，尽量降低 LO 中相应的杂散频率。第三个电容（对于三阶滤波器）应该直接与 VCO 的接地层连接，以避免控制电压随数字电流浮动。如果违背这些原则，将会导致相当大的杂散成分。

一个 PLL 滤波器的元器件布置和接地 PCB 布线示例如图 3-23 所示[36]，在接地焊盘上有许多接地过孔，允许每个 VCC 去耦电容有其独立的接地过孔。方框内的电路是 PLL 环路滤波器，第一个电容直接与 GND_CP 相连，第二个电容（与一个 R 串联）旋转 180°，返回到相同的 GND_CP，第三个电容与 GND_VCO 相连。这种接地方案可以获得较高的系统性能。

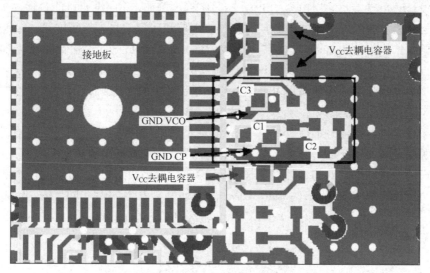

图 3-23　MAX2827 参考设计板上 PLL 滤波器的元器件布置和接地示例

一些公司为 PCB 的叠层设计提供 EDA 软件，辅助设计人员进行 PCB 叠层设计。有代表性的是 Polar Instruments Ltd.的 SB200a 叠层设计系统，如图 3-24 所示。

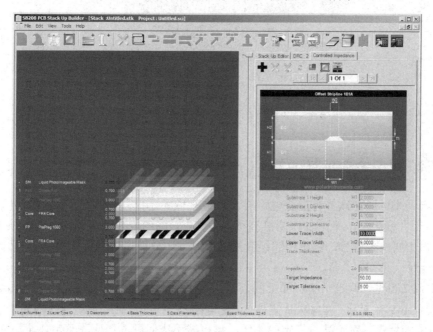

图 3-24　SB200a 叠层设计系统

3.5.3 PCB 电源平面和接地平面的叠层电容

要设计出合格的 PDN，需要使用各种电容（见"6.5 PDN 中的去耦电容"）。PCB 上使用的典型电容值只能将直流或接近直流频率至约 500MHz 范围的阻抗降低。频率高于 500MHz 时，电容取决于 PCB 形成的内部电容。注意，电源层和接地层紧密叠置会对此有帮助。

应当设计一个支持较大层电容的 PCB 层叠结构。例如，6 层堆叠可能包含顶部信号层、第一接地层、第一电源层、第二电源层、第二接地层和底部信号层。规定第一接地层和第一电源层在层叠结构中彼此靠近，这两层间距为 2～4mil，形成一个固有高频层电容。此电容的最大优点是它是免费的，只需要在 PCB 制造笔记中注明。如果必须分割电源层，同一层上有多个 VDD 电源轨，则应使用尽可能大的电源层。不要留下空洞，同时应注意敏感电路。这将使该 VDD 层的电容最大。

如果设计允许存在额外的层（如从 6 层变为 8 层），则应将两个额外的接地层放在第一和第二电源层之间。在核心间距同样为 2～3mil 的情况下，此时层叠结构的固有电容将加倍。电源层放在两个接地层之间的设计[37]如图 3-25 所示，对应不同尺寸，可以获得不同的层叠电容。例如：$L=2\text{in}$，$W=2.5\text{in}$，$H_1=3\text{mil}$，$C_{\text{TOTAL}}=3.2\text{nF}$；$L=10\text{in}$，$W=10\text{in}$，$H_1=3\text{mil}$，$C_{\text{TOTAL}}=64.2\text{nF}$；$L=2\text{in}$，$W=2.5\text{in}$，$H_1=10\text{mil}$，$C_{\text{TOTAL}}=1.0\text{nF}$；$L=10\text{in}$，$W=10\text{in}$，$H_1=10\text{mil}$，$C_{\text{TOTAL}}=5.2\text{nF}$。

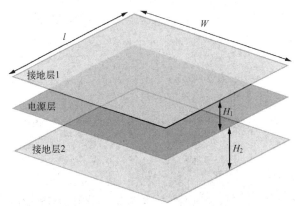

图 3-25   电源层放在两个接地层之间的设计

3.5.4 PCB 电源平面和接地平面的层耦合

一些布局不可避免地具有重叠电路层，如图 3-26 所示。有些情况下，可能是敏感模拟层（如电源、接地或信号），下方的一层是高噪声数字层。层电容的存在往往会造成很大的问题。例如，在任一层注入信号，将该相邻层交叉耦合至频谱分析仪，耦合到相邻层的信号量[37]如图 3-27 所示。

由图 3-27 可见，假设一个层面上的高噪声数字层具有高速开关的 1V 信号，意味着，另一层将看到 1mV 的耦合（约 60dB 隔离）。对具有 2V（峰-峰值）满量程摆幅的 12 位 ADC，这是 2 LSB 的耦合。对于某些特定的系统，这可能不成问题，但应注意，如果 ADC 系统的灵敏度从 12 位增至 14 位，耦合会提高 4 倍，即 8 LSB。层耦合将有可能造成系统失效或者性能降低。必须注意的是，两层之间存在的耦合可能超出想象。

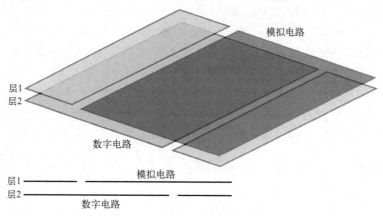

图 3-26　重叠电路层示意图

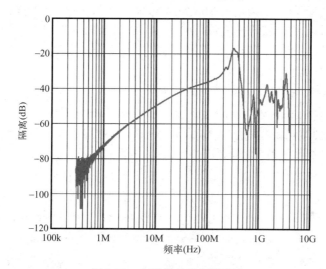

图 3-27　交叉耦合层实测结果

设计时，应注意减少在目标频谱内的噪声杂散耦合。有些布局会使一些非预期信号或层应交叉耦合至不同层。在调试敏感系统时，应特别注意这一点。

3.5.5　PCB 电源平面和接地平面的谐振

电源平面和接地平面结构是 PDN 功率传输性能最优良的部分，有效频率非常高。电源平面和接地平面的主要缺点就是表现为电磁谐振腔，谐振频率由平面面积和介质介电常数决定[33,38]：

$$f_{\text{res}}(m,n) = \frac{1}{2\pi\sqrt{\mu_0 \varepsilon_0 \varepsilon_{\text{r}}}} \sqrt{\left(\frac{m\pi}{a}\right)^2 + \left(\frac{n\pi}{b}\right)^2} \tag{3-5}$$

式中，μ_0 为自由空间磁导率；ε_0 为真空介电常数；ε_{r} 为相对介电常数；a 和 b 分别为平面的长和宽。

当电源平面和接地平面对的谐振模式被激励时，电源平面/接地平面对就会成为 PCB 重要的噪声源，同时也是一个边缘场辐射源。谐振腔的驻波会造成附近的电路和互连严重耦合。

为了解决 PCB 电源平面和接地平面的谐振问题，通常改变电源平面和接地平面结构的长度和宽度，或直接改变平面结构的几何形状（如采用 EBG 结构形式，见 3.6 节），进而改变平面结构可能存在的谐振频率；或改变介质的介电常数和介质厚度，由于介质厚度和平面的输入阻抗成正比，所以减少介质厚度可以降低平面的输入阻抗，从而减少平面谐振的幅度；或对电源平面和接地平面进行分割，以及添加去耦电容等。以上措施使电源平面和接地平面的谐振频率转移到所关心的噪声频带范围之外，从而有效降低电源噪声和电磁辐射。

▶ 3.5.6　电源平面上的电源岛结构

在高速多层 PCB 电路中，电源平面和接地平面嵌入在 FR-4 材料中，为高速信号提供信号返回路径，以及为 DC 供电电压提供低阻抗路径。由于电源平面和接地平面优异的信号传输特性，也为同步开关噪声（Simultaneous Switch Noise，SSN）的传播提供了噪声耦合路径，因此电源平面/接地岛结构被用于抑制噪声的传播。从信号完整性（Signal Integrity，SI）的观点出发，完整的信号返回路径是高质量信号的前提，而电源平面/接地岛破坏了完整的电源平面和接地平面，会影响信号传输质量。

一种螺旋结构的桥用以连接电源平面/电源岛，不仅保持了 SSN 抑制性能，而且可以提高信号传输质量。一个尺寸为 100mm×80mm 的两层 PCB 结构的电源平面/电源岛示意图[39]如图 3-28 所示，两层金属层分别为电源层和接地层。介质材料为典型的 FR-4，相对介电常数 ε_r=4.4，损耗角正切 tan δ = 0.02。导体层和介质层厚度分别为 0.035mm 和 0.5mm。在电源层上有一个正方形的电源岛，用以抑制 SSN 的传播。电源岛的边长 a=20mm，开槽间距 p=0.5mm，电源岛的中心位置为（85mm，40mm）。螺旋结构桥放置在电源岛左边的中心位置处。

螺旋结构桥的宽度 b=2mm，螺旋臂宽度 g=0.1mm，螺旋臂间距 e=0.1mm。用以评估 SSN 抑制性能的端口 1 和端口 2 分别位于（15mm，40mm）和（85mm，40mm）处。

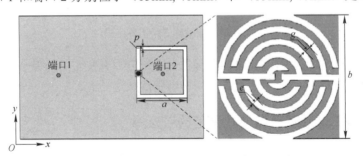

图 3-28　螺旋结构桥连接电源岛的结构示意图

采用-30dB 和-35dB 两个比较标准来评估螺旋结构桥的 SSN 抑制性能。仿真结果显示：在-30dB 的 SSN 抑制标准下，传统矩形结构桥的噪声抑制带隙宽度为 3.8GHz（2.2～6GHz），而螺旋结构桥噪声抑制带隙宽度为 5.8GHz（0.8～6.6GHz），噪声抑制带宽增大了 53%。在-35dB 的 SSN 抑制标准下，传统矩形结构桥的噪声抑制带隙宽度为 0.8GHz，（2.86～3.66GHz），而螺旋结构桥噪声抑制带隙宽度为 4.1GHz（2～6.1GHz），有效地增大了噪声抑制带宽[39]。

由此可知，螺旋桥长路径结构的大电感特性显著提高了噪声抑制的性能，并且螺旋结构桥不需要任何额外尺寸，降低了对其他电路模块的影响，提高了电源平面和接地平面噪声抑制设计的自由度。

3.6　利用 EBG 结构抑制 PCB 电源平面和接地平面的 SSN 噪声

▶ 3.6.1　EBG 结构简介

电磁带隙材料的概念实际上来自光子晶体（Photonic Crystal）的概念推广。1987 年，美国 Bell 实验室的 E.Yablonovitch 和 Princeton 大学的 S.John 分别在讨论如何抑制自发辐射和无序电介质材料中的光子局域谐振时，各自独立地提出了光子晶体这一新概念。光子晶体是一种非常典型的光子带隙（Photonic Bandgap，PBG）材料，它的禁带效应功能引人关注。对于频率禁带处在微波频段的光子晶体，我们称为微波光子晶体（Microwave Photonic Crystal，MPC）、电磁晶体（Electromagnetic Crystal，EC）或电磁带隙结构（Electromagnetic Band Gap，EBG）。

EBG 结构是受光学中 PBG 结构的启发而衍生的，按照周期结构来分，可以分为一维、二维或三维，点阵结构可以是简单立方、面心或体心立方或密排六方结构。一般来说，维数越高、尺寸越小、点阵结构越复杂，计算、制备的难度也越大。在材料构成上，EBG 结构由介质、金属或介质与金属混合构成。在微波频段，理想的一维和二维结构比较少，通常都是在某个方向或两个方向上具有周期性，而在其他方向是有限结构，但是还是按照周期性把 EBG 结构分为一维、二维结构。至于三维结构，从理论分析、制备到测试，相对来说都要复杂得多[40-45]。

现代高速数字电路的同步开关噪声（Simultaneous Switch Noise，SSN）频带通常为 100MHz～10GHz 或更高。2005 年，EBG 结构被引入高速数字电路领域[42]，其电磁带隙特性可以有效抑制集成电源系统中的地面弹射噪声（Ground Bounce Noise，GBN），保证信号完整性和避免模块间的电磁干扰。

EBG 结构抑制 SSN 的原理可以从下面两个层面理解：①从能量禁带分析，处于阻带范围的 SSN，由于其禁带的存在，使得 SSN 无法越过禁带而向外传播；②从 PDN 阻抗分析，对处于阻带范围内的 SSN，此时电源平面和接地平面之间阻抗最小，是短路的，电源平面和接地平面为 SSN 提供一条更低阻抗的回路，SSN 被限制在其产生的地方而无法向外传播。

近年来，EBG 结构发展迅速，多种不同 EBG 结构被提出用于抑制 SSN。从结构来说主要分为三类：

① 嵌入型 EBG 结构。最典型的是 1999 年 D. Sievenpiper 提出的 Mushroom EBG 结构[46]，以及一些变形，例如，采用级联的思想将三种不同的 Mushroom EBG 结构级联来抑制 SSN；为拓宽 EBG 结构阻带带宽，采用多过孔 EBG 结构；等等。

② 共面型 EBG 结构。针对嵌入型 EBG 结构工艺复杂、制造成本高的不足，提出了结构简单的共面型 EBG 结构抑制 SSN。1999 年，第一种共面型 UC-EBG 结构被提出，受到业界广泛关注。共面型 EBG 结构的典型代表是 2004 年 Tzong-Lin Wu 提出的 LPC-EBG 结构[44]，以及一些变形，如 L-Bridge 结构、Meander L-Bridge 结构、混合周期 EBG 结构、π 型桥 EBG

结构、阻抗可变的 AI-EBG 等。

③ 混合型 EBG 结构。这是一种将嵌入型 EBG 结构和共面型 EBG 组合，或者将 EBG 结构和其他结构混合而成的新型 EBG 结构。例如，为增大贴片电容和电感，平面 EBG 结构和集总电容器或者集总电感器混合的结构；提高电源平面与接地平面之间的填充介质的介质常数可以改善信号质量，把高介电常数柱嵌入填充材料中，提出了一种光子晶体电源平面/接地平面（Photonic Crystal Power/Ground Plane Layer，PCPL）结构；采用高介电常数柱和低介电常数柱构成人工介质 AS-EBG 结构；混合型 EBG 结构，将嵌入型 EBG 结构和共面型 EBG 结构混合以抑制 SSN 等。

目前，在电源平面和接地平面利用 EBG 结构抑制 SSN 主要从拓展带宽和提高信号完整性方面进行研究。

3.6.2 EBG 结构的电路模型

1. Mushroom EBG 结构

一个 Mushroom EBG 结构示意图如图 3-29 所示，图中 Mushroom EBG 结构[40, 45]的单元尺寸远小于工作波长。Sievenpiper 指出[46]，该结构的电磁特性可以用集总电路元件——电容和电感来描述。它们的行为表现为并联谐振 LC 电路模型，可被视为一种二维电滤波器以阻止沿表面流动的电流。当该结构与电磁波相互作用时，在金属贴片（Patch）上将感应电流，平行于顶部表面的电压作用，导致在金属贴片的两端电荷累积，因此可用电容来描述。电荷在金属过孔和接地平面之间来回流动形成电流环路。与这些电流联系在一起的是磁场和电感。

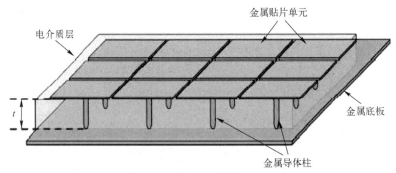

（a）Mushroom EBG结构立体图

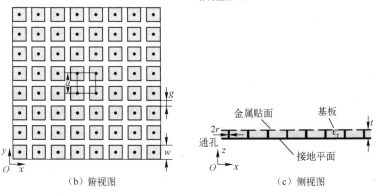

（b）俯视图　　　　（c）侧视图

图 3-29　Mushroom EBG 结构的几何形状

电容和电感产生的示意图如图 3-30 所示，其电容和电感的等效公式为

$$C = \frac{\varepsilon_0(1+\varepsilon_r)W}{\pi}\text{arc cosh}\left(\frac{a}{g}\right) \tag{3-6}$$

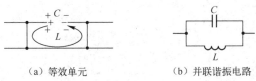

（a）等效单元　　　　　　（b）并联谐振电路

图 3-30　EBG 结构的并联谐振电路

$$L = \mu_0 t \tag{3-7}$$

式中，W 为方形贴片的边长；g 为缝隙之间的距离；a 为 EBG 结构的周期，即 $a=W+g$；μ_0 和 ε_0 分别为自由空间的磁导率和真空介电常数。

谐振频率、等效表面阻抗和带宽可表示为

$$\omega_0 = \frac{1}{\sqrt{LC}} \tag{3-8}$$

$$Z = \frac{j\omega L}{1-\omega^2 LC} \tag{3-9}$$

$$\text{BW} = \frac{\Delta\omega}{\omega_0} = \frac{1}{\eta}\sqrt{L/C} \tag{3-10}$$

并联谐振电路的等效表面阻抗曲线如图 3-31 所示，在低于谐振频率时，表面阻抗呈现电感性；在高于谐振频率时，表面阻抗呈现电容性。在谐振频率附近，表面阻抗是一个很大的值，这对于我们理解 EBG 结构的表面波带隙和反射相位特性是十分有益的。

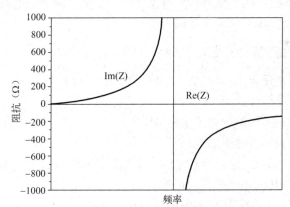

图 3-31　并联谐振电路的等效表面阻抗曲线

2. 金属过孔直径的影响

Sievenpiper 提出的等效电路模型较为简单，没有考虑结构中金属过孔半径的影响，而实验和数值仿真表明，过孔半径严重影响带隙的位置。因此，人们对于上述模型进行修正，提出了更为准确的等效电路模型，考虑了金属过孔半径的作用。修正的 LC 等效电路如图 3-32 所示。

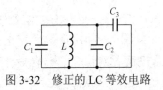

图 3-32　修正的 LC 等效电路

采用拼接法求得等效的电容 C 由三部分组成：

$$C = C_1 + C_2 + C_3 \tag{3-11}$$

式中，C_1 为空气缝隙电容；C_2 为介质缝隙电容；C_3 为金属化圆柱的影响。

$$C = C_1 + C_2 + C_3$$

$$= \frac{\varepsilon_0 w}{\pi} \left\{ \operatorname{arccosh}\left(\frac{a}{g}\right) + \frac{w'}{w}\varepsilon_r \operatorname{arccosh}\left[\frac{\operatorname{sh}\left(\frac{\pi(w'+g)}{4t}\right)}{\operatorname{sh}\left(\frac{\pi g}{4t}\right)}\right] + \varepsilon_r \left[\frac{\frac{\pi^2 t}{2w}}{\ln\left(\frac{a+\sqrt{a^2-d^2}}{d}\right)}\right] \right\} \tag{3-12}$$

式中，$w' \approx \left(1 - \frac{k^2 S}{2w^2}\right)w$；$S$ 为圆柱截面积；k 为引入的参数，一般取 3 左右。

在此模型中，无限长线匝在一个单元（Cell）截面上的磁通 ϕ 实际上是无限长双导线传输线阵列在高度为 t 的一段对应值。它包括两部分：单元所在平面双导线传输线的自电感 L_s 和其他双导线阵列的互电感 L_m，即

$$L = L_s + L_m \tag{3-13}$$

$$L = \mu_0 t \left\{ \frac{1}{\pi}\left[\ln\left(\frac{a+\sqrt{a^2-d^2}}{d}\right) + 1.30185\right] \right\} \tag{3-14}$$

式中，d 为金属过孔的直径。

仿真分析发现，金属化过孔所产生的电感也是不能忽略的，过孔的直径对高阻抗表面结构的带隙频率有较大影响。在其他参数保持不变的情况下，随着过孔直径加大，带隙频率向高端偏移，过孔直径会直接影响带隙频率[47]。

3. 支撑介质对平面型 EBG 结构带隙特性的影响

平面型 EBG 结构是近年来提出的一种特殊的 EBG 结构，支撑介质（介质基板）是平面型 EBG 结构重要的组成部分，为其提供一个支撑载体的作用。

（1）对局域谐振型 EBG 结构带隙的影响[48]

① 介质层介电常数对带隙的影响。

设支撑介质的厚度保持恒定，令材料的介电常数逐渐增大，分析对应的表面波带隙的数值。仿真分析可以得到支撑介质厚度与带隙有如下关系：

a. 对于局域谐振型 EBG 结构，表面波带隙的位置与支撑介质的材料有关。当介质层厚度一定时，介质材料介电常数的增大会导致带隙位置向低频移动，同时带宽变窄。同时研究表明，无论支撑介质厚度如何，介质材料介电常数的增大都会导致带隙向低频移动，带宽变窄。

b. 介质材料介电常数较小时，带隙随介电常数的变化率较大（介电常数很小的变化就可能导致带隙出现很大变化）。介电常数较大时，带隙随介电常数的变化率逐渐变小（介电常数的变化对带隙的影响变小）。

c. 对相对介电常数 ε_r 取同一值进行分析时，可以看到带隙随介电常数的变化率对于不

同厚度的材料来说大致是相同的。

②　支撑介质层厚度对带隙的影响

假定支撑介质材料的介电常数不变，令支撑介质的厚度 d 逐渐增大，分析计算对应的表面波带隙的数值，可以得出如下规律：

a. 对于局域谐振型 EBG 结构，支撑介质层逐渐增厚，会使 EBG 结构带隙的中心频率缓慢向低频移动，同时带隙宽度非常缓慢地变小。这种变化非常缓慢（变化率很小），以至于在厚度变化不是很大时，甚至可以认为带隙位置没有变化。

b. 进一步研究表明：对于不同介电常数的材料，支撑介质厚度的增大几乎不会造成带隙的明显变化（带隙的中心频率仅有很少的降低，带宽也仅有很小的缩减）。或者说，对于局域谐振型 EBG 结构，带隙与支撑介质的厚度几乎没有关系。

（2）对 Bragg 散射型 EBG 结构带隙的影响[48]

局域谐振型 EBG 结构的表面波带隙主要是由于周期单元本身的谐振效应产生的。Bragg 散射型 EBG 结构与局域谐振型 EBG 有质的不同，其带隙主要是由 Bragg 散射引起的，因此支撑介质层对 Bragg 散射型 EBG 结构表面波带隙的影响有所不同。

研究表明，任何种材料的支撑介质厚度对带隙影响的规律都是相同的，都服从如下规律：对于 Bragg 散射型 EBG 结构，支撑介质的厚度逐渐增大，会使频率带隙的中心频率逐渐向低频移动。同时，带隙宽度逐渐变窄。当介质层厚度大于某一临界值时，带隙就会消失。而且，介质材料介电常数越大，这一临界厚度值越小。

3.6.3　EBG 的单元结构

近年来，人们研究了不同结构的 EBG，一些 EBG 单元结构如图 3-33～图 3-51 所示。不同结构的 EBG，其带隙特性参数不同。

1．UC-EBG 单元结构

一个 UC-EBG 单元结构和设计实例[45,49]如图 3-33 所示，尺寸为 90mm×90mm，单元的尺寸为 30mm，板间填充介质为 FR-4，ε_r=4.4，$\tan\delta$=0.02，介质厚度为 0.4mm。实验用 EBG 结构为 3×3 阵列。仿真分析表明，中心频率为 2.35GHz，阻带范围为 0.8～3.9GHz，带宽为 3.1GHz，带隙抑制深度在-30dB 以下。

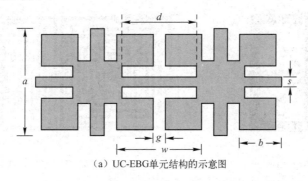

（a）UC-EBG单元结构的示意图

图 3-33　UC-EBG 单元结构和设计实例

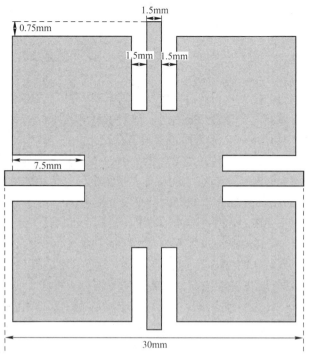

（b）UC-EBG单元结构设计实例

图 3-33　UC-EBG 单元结构和设计实例（续）

2. 紧凑宽带 UC-EBG 单元结构

一种紧凑宽带平面 EBG 单元结构[50]如图 3-34 所示，图 3-34（a）是基本 UC-EBG 的改进型，图 3-34（b）对图 3-34（a）进行了进一步的改进。实验用电路板采用厚 1.5mm，相对介电常数 2.65 的基板，a=7.2mm，w=g=s=0.2mm，b=3.2mm，折线之间间隔 0.2mm，中心方形贴片宽 1mm。电路板由 19×19 的单元阵列组成。测试采用 Agilent N5242A 矢量网络分析仪，测试结果表明，在-60dB 以下，2.7～4.7GHz 有一个明显的禁带，带隙中心频率 3.7GHz，相对带宽 54.1%。在相同周期相同测试方法下，图 3-34（b）所示 EBG 结构带隙为 4.3～5.6GHz，中心频率为 4.95GHz，相对带宽 26.3%。

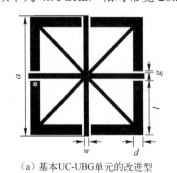

（a）基本UC-UBG单元的改进型

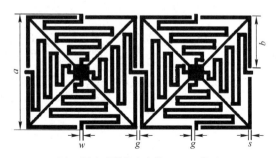

（b）两个相邻的紧凑宽带UC-EBG单元

图 3-34　紧凑宽带 UC-EBG 单元结构

3．U-Bridge 共面 EBG 单元结构

一个 U-Bridge 共面 EBG 单元结构[51-53]如图 3-35 所示，该 U-Bridge 共面 EBG 单元结构通过延长相邻单元连接线的长度，同时设置最合适的连接线宽度，从而增加相邻单元间的等效电感。图 3-35 中，a=30mm，s=13.6mm，n=6mm，t=0.2mm，r=1.2mm，e=15.1mm，c=0.8mm。

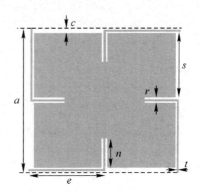

实验用电路板采用由 3×3 单元组成的 U-Bridge 共面 EBG 结构电路板，此板为双层结构，尺寸为 90mm×90mm，顶层为 EBG 结构层，底层为接地层。两层间填充 FR-4 介质材料，ε_r 为 4.4，厚度为 0.4mm。

通过仿真可知，-40dB 抑制深度对应的 $|S_{21}|$ 的下截止频率为 380MHz，上截止频率为 4.7GHz，因此带隙宽度为 4.32GHz，谐振频率为 2.54GHz。在谐振频率附近其抑制深度甚至达到-100dB。

图 3-35　U-Bridge 共面 EBG 单元结构

4．AI-EBG 单元结构

AI-EBG 单元结构的工作原理是利用大贴片在微波传输中相当于电容，小贴片在微波传输中相当于电感，等效为一个滤波器电路。一个 AI-EBG 单元结构设计实例[45]如图 3-36 所示，设计实例的单元尺寸为 30mm，板间填充介质为 FR-4，ε_r=4.4，tanδ=0.02，介质厚度为 0.4mm。仿真分析其中心频率为 2.8GHz，阻带范围为 0.9～4.7GHz，带宽 3.8GHz。

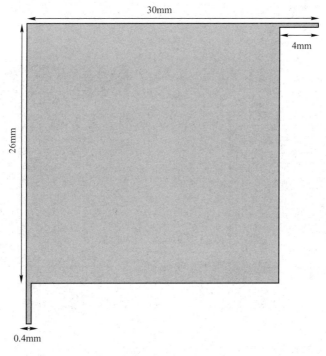

图 3-36　AI-EBG 单元结构

5. 增强型 AI-EBG 单元结构

一个增强型 AI-EBG 单元结构[54]如图 3-37 所示。与传统 AI-EBG 结构相比，增强型 AI-EBG 结构的关键特征在于 EBG 单元结构增加了两条狭缝，从而引入了两个长而窄的 L 形的连接臂，增大了相邻 EBG 方形贴片之间的电感，以获得更低的下截止频率。实验用电路板采用 3×3 的单元结构阵列，PCB 介质材料为 FR-4，ε_r 为 4.4，$\tan\delta$ 为 0.02，金属平面厚度为 0.035mm（1oz）铜。

增强型 AI-EBG 的几何参数：a 是正方形贴片的长度，b、d 是连接臂宽度，c 是原连接臂的长度，e 为狭缝的宽度。在设计实例中，a=15.2mm，b=0.3mm，c=0.25mm，d=0.3mm，e=0.25mm，整体尺寸为 46.35mm×46.35mm。

仿真与测试结果表明，噪声抑制带宽定义为插入损耗 S_{21} 低于 -40dB 的频率范围为 400MHz～9.5GHz，下截止频率为 400MHz，增强型 AI-EBG 结构的噪声抑制带宽约为 9.1GHz。

6. L-Bridge EBG 结构

在 AI-EBG 结构中，金属贴片的面积越大，则等效电容越大，等效电感 L 主要由作为连接的窄的金属枝节决定，这两者之间的等效路径越长，等效电感就会越大。因此，如果能够设法加长该路径，就能够增大等效电感。改变枝节的形状可以改变电感大小，从而间接影响到带隙的特性。一个 L-Bridge EBG 结构设计实例[45]如图 3-38 所示，这种结构采用了类似 L 形矩形窄带来取代直线连接枝节，也就增加了 EBG 结构的等效电路模型中的等效电感，改变 EBG 结构的带隙特性。设计实例的单元尺寸为 30mm，板间填充介质为 FR-4，ε_r=4.4，$\tan\delta$=0.02，介质厚度为 0.4mm。仿真分析其中心频率为 2.6GHz，阻带范围为 0.6～4.6GHz，带宽为 4GHz。

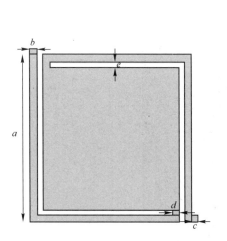

图 3-37　增强型 AI-EBG 单元结构

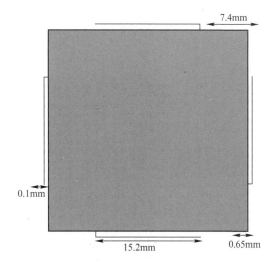

图 3-38　L-Bridge EBG 单元结构设计实例

7. MS-EBG 单元结构

图 3-39 所示的一种二维电磁带隙（MS-EBG）结构，由折线缝隙组合与正方形贴片

桥接构成。仿真结果表明，当抑制深度为 -30dB 时，与传统 L-Bridge EBG 结构比较，阻带宽度增加了 1.3GHz，相对带宽提高了约 10%，能够有效抑制 0.6～5.9GHz 的同步开关噪声[45]。

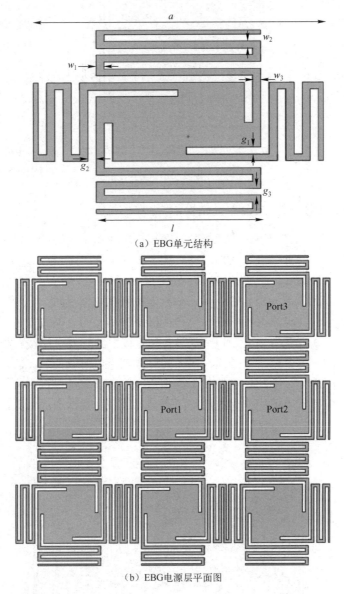

（a）EBG 单元结构

（b）EBG 电源层平面图

图 3-39　一种应用于抑制 SSN 噪声的 EBG PCB 电源平面结构

8. 螺旋桥 EBG 单元结构

一种螺旋桥 EBG 单元结构[55]如图 3-40 所示，其单元结构是由一个正方形的金属片和四个螺旋型电感桥组成。该结构可显著地减小下截止频率并扩宽阻带的宽度且保持一定的信号完整性。-29dB 定义阻带宽度为 5.6GHz，阻带范围为 200MHz～5.8GHz。

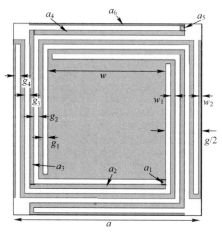

图 3-40　螺旋桥 EBG 单元结构

9. 周围环绕金属枝节的 EBG 单元结构

如图 3-41 所示[56]，这个 EBG 形状特征是在结构单元周围环绕金属枝节，连接结构单元的枝节将结构单元串联起来可以等效为电感。图 3-41 中，a_1=30mm，a_2=a_3=7.2mm；枝节长度 l_1=4.05mm，l_2=15.3mm，l_3=27mm；枝节宽度 w_1=w_2=0.2mm，w_3=0.5mm，缝隙宽度 g_1=g_2=0.2mm。多个 EBG 单元组合时，当在激励端加载激励信号时，电流会从一个结构单元流向另外一个结构单元，电流流经的路径包含连接结构单元的金属枝节，因为该金属枝节具有较长的有效长度，所以其等效的、LC 电路会具有较大的有效电感值，根据阻带带隙的相对带宽和中心频率的决定公式可以知道，较大的有效电感值可以使该 LC 电路在发生并联谐振时具有较低的下限截止频率和较宽的阻带抑制宽度。由于刻蚀过程中去掉的电源平面不算太多，所以使用该电磁带隙结构作为电源平面不会对信号完整性造成太大的影响。

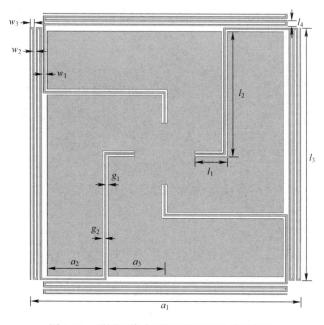

图 3-41　周围环绕金属枝节的 EBG 单元结构

实验用电路板采用 90mm×90mm×0.4mm 的 3×3 的阵列单元结构，电源平面刻蚀成 EBG 结构，接地平面保持为连续完整的金属板。电源平面和接地平面之间采用 FR-4 的介质材料，该材料的 $\tan\delta$=0.02，ε_r=4.4。从仿真结果可以得出该电磁带隙结构的下限截止频率为 0.27GHz，上限截止频率为 20GHz，阻带带隙宽度为 19.73GHz。

10．紧凑型超宽带 EBG 单元结构

一个由方块金属片和折线桥接线构成的平面紧凑型超宽带 EBG 单元结构[57]如图 3-42 所示。实验采用一个 3×5 单元的两层 PCB 模型，尺寸为 90mm×150mm，其中电源平面和接地平面间介质材料为 FR-4，厚度为 0.4mm，ε_r=4.4。此 EBG 结构在抑制深度为-40dB 时，阻带范围为 0.28～20GHz，阻带宽度为 19.72GHz。

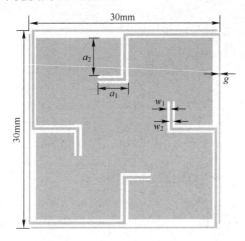

图 3-42　紧凑型超宽带 EBG 结构

11．Convoluted-line EBG 单元结构

一个 Convoluted-line EBG 单元结构[58-59]如图 3-43 所示，采用枝条绕转单元贴片的方法，同时相邻两单元之间的枝条近似"串联"。图 3-43（a）所示为 Convoluted-line EBG 单元结构，其中，单元边长 a=30mm，b=15.1mm，l=12mm；单元枝条宽度为 w_1 = w_2 =0.2mm；缝隙宽度为 g_1=g_2=0.2mm。图 3-43（b）为相邻两个 EBG 单元。当电流要从左边的单元中心到达右边相邻的单元中心时，电流需要流经环绕单元的金属枝条，即枝条的有效长度增长了，EBG 结构的有效电感值增大，同时对电源平面的破坏也较小。所挖取电源平面的面积是为了有效增加 EBG 结构的电感。

实验用电路板采用一个 3×3 单元阵列的双层 PCB。PCB 尺寸为 90mm×90mm×0.4mm，介质层厚度为 0.4mm，介质材料为 FR-4，电源平面采用 3×3 Convoluted-line EBG 单元结构，接地平面保持连续完整。

利用 Anosoft HFSS、软件仿真，从仿真结果可知，在抑制深度为-30dB 时，S_{21} 为 130MHz～10.7GHz，S_{31} 为 130MHz～10.45GHz，有效阻带带宽为 10.32GHz[58]。

与 Z-Bridge EBG 结构比较，相对带宽增加了 62.3%，低频截止频率降低了 110MHz，基本覆盖同步开关噪声的噪声频带。

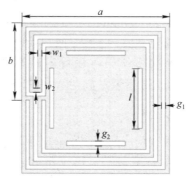

（a）单个Convoluted-line EBG单元结构

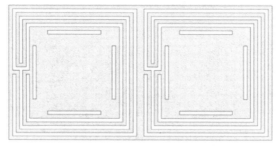

（b）相邻两个Convoluted-line EBG单元结构

图 3-43   Convoluted-line EBG 单元结构

12．X-CSRR EBG 单元结构

一个 X-CSRR EBG 单元结构[60]如图 3-44 所示。CSRR 谐振器最内方形贴片的边长 d = 24.5mm，槽线尺寸 s = 0.3mm，两个谐振器外侧谐振环之间的连桥的尺寸 w_1= 0.3mm；外槽线与谐振器单元的边沿间距 w_2= 0.5mm，谐振器开口宽度 g = 1mm，每个正方形谐振器的边长尺寸 l_{unit}= 27.4mm。

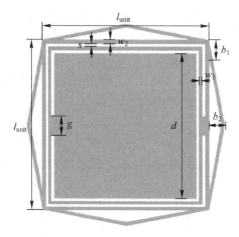

图 3-44   X-CSRR EBG 单元结构

X 连桥是一个对称性重复型结构，每个谐振器间的连桥结构尺寸都相同，连桥横轴方向的尺寸 $b_1=1.3mm$，连桥与谐振器连接处的纵轴方向的尺寸 $b_2=5mm$。

实验用的电路板采用一个 3×3 单元组合的双层 PCB，总边长尺寸为 87.4mm 的正方形平面。电源层和接地层采用厚度 35μm 的金属铜平面层；中间介质层厚度 $h_s=0.4mm$，采用 FR-4 材料，$\varepsilon_r=4.4$，介质表面的 $\tan\delta=0.02$。实测结果 $\tan\delta$ 为：在-40dB 抑制深度时，阻带范围可达 400MHz～18GHz。

13．UCR-EBG 单元结构

一个 UCR-EBG 单元结构[61]如图 3-45 所示，UCR（Uniplanar Compact Ring Loaded）-EBG 结构是在 UC-EBG 的基础上添加双层金属环而成的。实验用电路板采用一个 3×3 UCR-EBG 的单元阵列的双层 PCB，PCB 介质基板为 FR-4，$\varepsilon_r=4.4$，厚度为 0.4mm，接地平面保持连续完整。UCR-EBG 单元为正方形，边长为 30mm。

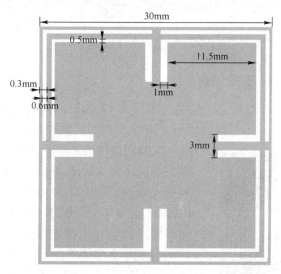

图 3-45　UCR-EBG 单元结构

使用 HFSS 软件进行仿真。由仿真结果可知，-30dB 带阻宽带为 0.9～5GHz。

14．改进的 S 桥 EBG 结构

一种改进的 S 桥 EBG 单元结构[62]如图 3-46 所示，设计将相邻 EBG 单元连接线的直线改为折线并采用多缝隙的形式。其中，$a = 30mm$，$l_1 = 29.4mm$，$l_2 = 15.55mm$，$l_3 = 6.45mm$，$l_4 = 1.75mm$，$w_1 = 0.4mm$，$w_2 = 0.2mm$，$w_3 = 0.1mm$，$w_4 = 1.1mm$。实验用电路板采用一个 3×3 EBG 单元阵列结构，尺寸为 90mm×90mm×0.4mm，介质材料采用 $\varepsilon_r=4.4$ 的 FR-4，$\tan\delta=0.02$。

仿真与实测结果表明，在抑制深度为-30dB 时，其阻带范围为 0.2～9.8GHz，相对阻带宽度为 192%，与传统 S 桥 EBG 结构相比阻带宽度增加了 2.8GHz，可以更好地抑制同步开关噪声。

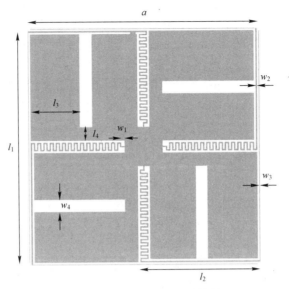

图 3-46　改进的 S 桥 EBG 结构单元

15．改进桥接连线的 EBG 结构

一个改进桥接连线的 EBG 单元结构[63]如图 3-47 所示，单元结构尺寸为 15mm×15mm，桥接连线的线宽为 0.2mm，缝隙为 0.2mm，4 个小块的尺寸均为 5.1mm×5.1mm。

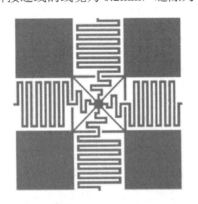

实验用电路板采用一个 3×3 单元的两层 PCB 模型。模型的尺寸为 45mm×45mm，厚度为 0.27mm。电源层和接地层的厚度均为 0.035mm，中间填充厚度为 0.2mm，ε_r=4.4，采用 FR-4 材料。为了保持良好的信号完整性，在设计中优先保证接地平面的连续，因此把 EBG 结构嵌入电源平面。

从 HFSS 仿真结果可知，在抑制深度为-30dB 时，阻带范围为 0.7～2.3GHz 和 3.0～10GHz，带宽达到 8.6GHz。

图 3-47　改进桥接连线的 EBG 单元结构

16．矩形螺旋线加载的 UC-EBG

一个采用矩形螺旋线加载的 UC-EBG 结构[64]如图 3-48 所示，通过在传统 UC-EBG 的连接桥上加载矩形螺旋线增加单元间的桥电感，以降低 EBG 结构的下限截止频率，同时也一定程度拓展带隙宽度。所设计的电源平面/接地平面对，其中接地平面为完整平面，电源平面由 3×3 的 EBG 单元结构组成。该系统整体尺寸为 90mm×90mm，金属层为电导率为 5.8×10^{7}S/m 的铜材料；介质基板为 FR-4 材料，ε_r=4.4，tan δ=0.02，基板厚度为 0.4mm。

改进的 UC-EBG 的单元结构其主要几何尺寸参数包括周期 p，凹槽宽度 w_1 和深度 d_1，螺旋线桥宽度 w 和线间距 s，以及相邻单元间距 g。该改进的单元结构保持 UC-EBG 的 p、d_1、w 和 g 等尺寸不变，仅仅在连接桥上引入了螺旋线结构，并相应地加宽了凹槽，即引入的变量仅为 s，同时调整了变量 w_1。通过仿真优化，该改进型的螺旋线加载的 UC-EBG 单元参数：p=30mm，w_1=4.2mm，d_1=5mm，w=0.2mm，s=0.4mm，g=1mm。

从仿真结果可知，在抑制深度为-40dB 时，该 EBG 结构对电源噪声的有效抑制范围为 0.44～7.50GHz，且仅在 7.6GHz 附近很窄的带宽内超过-40dB，7.7GHz 以后进入新的带隙范围。

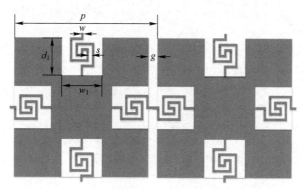

图 3-48   螺旋线加载的 UC-EBG 拓扑结构

17. 蛇形线加载的 EBG 单元结构

一个蛇形线加载的 EBG 单元结构[65]如图 3-49 所示。实验用电路板采用一个 2×3 EBG 单元阵列结构，整体尺寸为 37mm×51mm，其中 ε_r=4.4，介质厚度 h_1=0.8mm，h_2=0.1mm，h_1 和 h_2 分别为金属贴片和下层金属地的厚度和上层电源层的厚度，其他参数 a=15mm，b=13.9mm，c=0.85mm，d=0.3mm，e= 5.1mm，f=0.3mm，g=2mm。

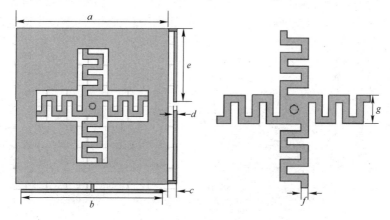

图 3-49   蛇形线加载的 EBG 单元结构

从仿真结果可知，-30dB 抑制带宽为 683MHz，范围为 493～1176MHz。

18. 螺旋线加载的 EBG 结构

一个螺旋线加载的 EBG 单元结构[65]如图 3-50 所示。实验用电路板采用一个 2×3 的仿真测试单元，整体尺寸为 31mm ×42mm，其中 ε_r=4.4，介质厚度 h_1=0.8mm，h_2=0.1mm，h_1 和 h_2 分别为金属贴片和下层金属地的厚度和上层电源层的厚度，其他参数 a =12mm，b=10mm，c =5mm，d=0.95mm，e=0.25mm。

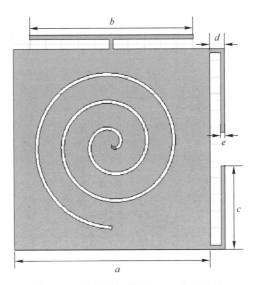

图 3-50　螺旋线加载的 EBG 单元结构

从仿真结果可知，-30dB 抑制带宽为 300MHz，范围为 300～600MHz。

19．基于 HIS 的 T 型交指电容 EBG 结构

一种基于 HIS 结构的 T 型交指电容（Inter-Digital Capacitor，IDC）EBG 结构[55]如图 3-51 所示，将传统 Mushroom EBG 单元的电源层和 HIS 层之间的平行板电容用 T 型交指电容代替。使用这种电容可以有效增大电源层与 HIS 层之间的耦合电容，降低 HIS 层与接地层之间的等效电感，进而显著降低下截止频率，提高上截止频率，增大阻带带宽。通过仿真分析表明，在不改变 EBG 单元面积的情况下，在抑制深度为-30dB 时，T 型 IDC-EBG 结构相对于传统 HIS 结构阻带下截止频率从 0.9GHz 降低到 290MHz，阻带带宽从 6.1GHz 提高到 7.2GHz，可以有效地抑制多层 PCB 的 SSN。

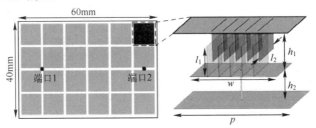

（a）T 型 IDC-EBG 结构的测试板顶视图　　（b）T 型 IDC-EBG 的单元结构

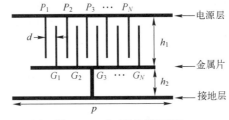

（c）T 型 IDC-EBG 单元结构的侧视图

图 3-51　T 型 IDC-EBG 结构设计

3.6.4　基于 Sierpinski 曲线的分形 EBG 结构

分形结构的特征为自相似性，即其构成是对自身不同尺寸的复制。由相关推导公式可知，Sierpinski（谢尔宾斯基）曲线为近似多边形，谢尔宾斯基空间填充曲线长度极限为无穷大，填充的面积极限为方形区域的 5/12。不同迭代次数 Sierpinski 曲线面积如图 3-52 所示。谢尔宾斯基曲线随着迭代次数的增加，曲线长度不断增长，在不增加封装尺寸的情况下，可以导致较低的谐振频率，实现小型化设计。故可以考虑将此曲线结构应用于电磁带隙结构设计中，实现超宽带范围内的同步开关噪声抑制。

（a）一次迭代　　　　　（b）二次迭代　　　　　（c）三次迭代

图 3-52　不同迭代次数 Sierpinski 曲线面积

设计一种基于空间填充曲线（谢尔宾斯基曲线）的分形 EBG 结构，用来对比研究不同迭代次数谢尔宾斯基曲线构成的 EBG 结构的噪声抑制性能。一个实验用的 EBG 单元结构[66] 如图 3-53 所示。实验用电路板的结构参数：方形金属贴片边长 a=18mm；小矩形的长 $a/2$=9mm，宽 $a/4$=4.5mm。折线缝隙宽 Gap=0.3mm，折线宽带 W_2=0.2mm，边缘处的折线宽 W_1= 0.1mm。其他参数：L_1=8.7mm、L_2=4.3mm、L=27mm、H_1=0.7mm、H_2=6mm、d=0.4mm。采用基底材料为 FR-4 的双层 PCB，底层为连续的接地平面，中间为介质层，顶层电源平面为刻蚀的 3×5 个单元的 EBG 结构。板的整体尺寸保持不变：长×宽×高=90mm×150mm×0.4mm，单元晶格尺寸为 30mm×30mm。

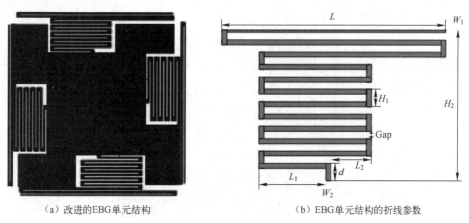

（a）改进的EBG单元结构　　　　　　（b）EBG单元结构的折线参数

图 3-53　实验用 Sierpinski 曲线 EBG 单元结构

仿真测试结果表明，在噪声抑制深度为-40dB 时，抑制带宽范围为 186MHz～20GHz。

3.6.5 平面级联型 EBG 结构

不同周期的共面型 EBG 结构有着不同的抑制带宽和深度。假设有两种共面型 EBG 结构，分别由 A、B 两种基本单元组成，如果将两种不同周期的共面型 EBG 结构基本单元 A、B 进行平面级联，而形成一种新型的 EBG 结构。此新型 EBG 结构可以同时拥有这两种结构的优点，通过合理的组合，抑制效果将比由 A、B 基本单元单独构成的 EBG 结构更好。

一个将 M-L EBG 结构单元和插入式 M-L EBG 结构单元按照棋盘交错的方式进行平面级联，得到平面级联型 EBG 结构[41]如图 3-54（c）所示，结构尺寸为 90mm×90mm×0.4mm。图 3-54（a）所示 M-L EBG 结构基本单元的参数：a=30mm，b=22mm，c=0.4mm，d=1.8mm，e=0.2mm，f=0.8mm。图 3-54（b）所示插入式 M-L EBG 结构单元的参数：a=30mm，b=22mm，c=1.8mm，d=0.4mm，e=1.8mm，f=0.2mm，g=10mm，所有窄缝 h=10mm。

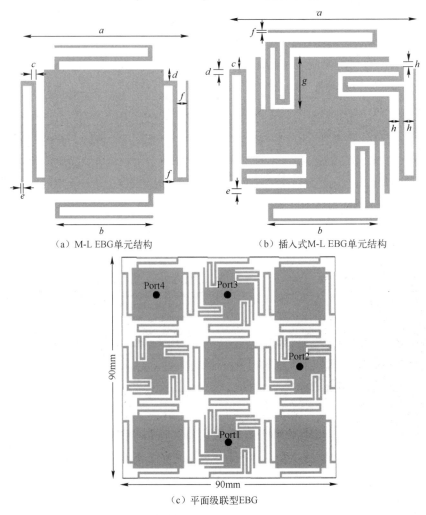

（a）M-L EBG单元结构　　　　（b）插入式M-L EBG单元结构

（c）平面级联型EBG

图 3-54　基于 M-L EBG 结构的平面级联型结构

利用 Ansoft HFSS V13 软件分别对图 3-54 所示三种 EBG 结构进行仿真，对比三种 EBG 抑制 SSN 的效果。实验用三种结构在 HFSS 结构尺寸均为 90mm×90mm×0.4mm，介质填充均为 FR-4，相对介电常数 ε_r=4.4，介质损耗 tanδ=0.2。测试端口 Port1、Port2 坐标分别为（75mm, 45mm, 0mm）、（45mm, 75mm, 0mm），Port1 为输入端口，Port2 为输出端口。

在抑制深度为−30dB 时，M-L EBG 结构阻带范围为 0.5～4.6GHz，阻带宽度为 4.1GHz；插入式 M-LEBG 结构阻带为 0.9～20GHz，阻带带宽为 19.1GHz；平面级联型 EBG 结构阻带范围为 0.5～20GHz，阻带带宽为 19.5GHz。在低频带，插入式 M-LEBG 结构对 SSN 的抑制效果相对较差，但是由于 M-L EBG 结构对 SSN 的抑制效果优越，二者级联之后得到的平面级联型 EBG 结构相比插入式 M-L EBG 结构有相当大的改善；在 4.7～5.6GHz、7.2～8GHz 和 11.7～12GHz 这三个频段，M-L EBG 结构对 SSN 的抑制效果相对较差，但是由于插入式 M-L EBG 结构在此频段抑制效果优越，二者级联之后得到的平面级联型 EBG 结构抑制效果良好。同时可以看出，平面级联型 EBG 结构是两种结构的折中，继承了 M-L 低下截止频率的特点，并拥有插入式 M-L EBG 超宽带的优点，在抑制 SSN 上有着优越性。

3.6.6　选择性内插式 EBG 结构

选择性内插式 EBG 结构[67]如图 3-55 所示，电源层为图形化 EBG 层，接地层为完整平面。电源平面和接地平面间介质材料 ε_r= 4.4，tanδ = 0.02 的 FR-4 材料。介质厚度为 0.4mm，铜箔厚度为 0.035mm。新结构是在 3×4 单元组成的 90mm×120mm 周期性 L-Bridge EBG 结构的基础上，有选择性地在电源端口所在的单元中心处 16.4mm×16.4mm 区域挖空并插入 ML-Bridge 结构。

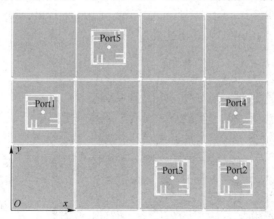

图 3-55　选择性内插式结构顶视图

周期性 L-Bridge EGB 单元结构如图 3-56（a）所示。内插式 ML-Bridge EBG 单元结构如图 3-56(b)所示。a_1=30mm，a_2=16.4mm，a_3=14mm，g_1=0.3mm，g_2=0.5mm，g_3=0.6mm，g_4=0.5mm，l_1=28.2mm，l_2=13.3mm，l_3=3.6mm，s_1=1.4mm，w_1=0.2mm，w_2=0.1mm，w_3=0.2mm。最终，得到了新型的选择性内插式 EBG（L-ML Bridge EBG）结构。

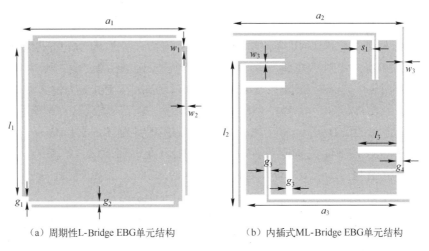

（a）周期性L-Bridge EBG单元结构　　　（b）内插式ML-Bridge EBG单元结构

图 3-56　选择性内插式 EBG 单元结构

利用 Ansoft HFSS V13 软件进行仿真，在-30dB 抑制深度下，各端口间阻带均从 490MHz 左右延伸到 15GHz，并覆盖所有所设端口，具有全范围超带宽抑制能力。端口间截止频率，S_{21} 为 466MHz，S_{31}、S_{41} 为 488MHz，S_{51} 为 529MHz。

3.6.7　多周期平面 EBG 结构

一种多周期平面 EBG 结构[68]如图 3-57 所示，是利用两种不同周期的平面 EBG 结构级联而成的。模型尺寸为 60mm×120mm×0.4mm，在电源平面和接地平面之间采用了厚度为 0.4mm、ε_r=4.4 的 FR-4 材料。如图 3-57（a）所示，左侧为 4×4 单元的小周期平面 EBG 结构，右侧为 2×2 单元的大周期平面 EBG 结构，这两种结构的参数为（d,l,w,p_1,p_2），具体上小周期为（15mm,4mm,1mm,1mm,1mm），大周期为（30mm,10mm,1mm,1mm,1mm），而大小周期平面 EBG 结构通过 16mm×1mm 的级联桥接连线相连。

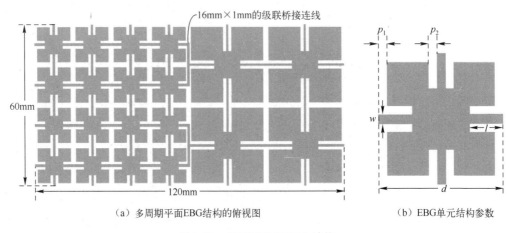

（a）多周期平面EBG结构的俯视图　　　（b）EBG单元结构参数

图 3-57　多周期平面 EBG 结构

使用 Ansoft HFSS 软件对该结构进行仿真，当抑制深度为-30dB 时，多周期平面 EBG 结构的阻带范围为 0.7～8.4GHz，阻带宽度为 7.7GHz；大周期平面 EBG 结构的阻带范围为 0.6～

6.2GHz，阻带宽度为 5.6GHz；小周期平面 EBG 结构的阻带范围为 1.8～8.3GHz，阻带宽度为 6.5GHz。多周期平面 EBG 结构相比这两种传统平面 EBG 结构阻带宽度分别增加 2.1GHz、1.2GHz，带隙宽度有较为明显的展宽。

3.6.8　垂直级联型 EBG 结构

垂直级联共面型 EBG 结构通过采用过孔，将两个两层共面型 EBG 结构垂直级联，以获取更好的抑制 SSN 效果。同时，通过垂直级联不同类型的 EBG 结构，能够得到不同的新型 EBG 结构。仿真和测试验证，垂直级联后的 EBG 结构能够增强抑制 SSN 噪声的能力，满足高速电路对信号完整性的要求。

1. 垂直级联型 EBG 结构的设计方法

垂直级联型 EBG 结构的设计和制作流程：制作两层电磁带隙电路板 A→制作两层电磁带隙电路板 B→穿插电路板 A 和 B→得到四层电磁带隙结构 C→添加过孔连接 C 的最底层和最顶层→完成垂直级联得到电磁带隙结构 D→测试电磁带隙结构 D→验证其同步开关噪声的抑制能力。电磁带隙电路板 A 和 B 可以是相同的共面型 EBG 结构，也可以是不同的共面型 EBG 结构。

2. 垂直级联两个 L-Bridge EBG 结构示例

目前被提出的共面型 EBG 结构种类较多，一个垂直级联两个 L-Bridge EBG 结构示例[69] 如图 3-58 所示。

① 首先制作两个 L-Bridge EBG 结构，尺寸均为 90mm × 90mm×0.4mm。

② 将两个 L-Bridge EBG 结构按照如图 3-58（a）所示的方式穿插，同时在每个结构单元的中心添加一个过孔，过孔的半径为 0.2mm。过孔穿过中间的两层接地平面，完成最顶层和最底层的电气互连，实现两个 L-Bridge EBG 结构的垂直级联，得到如图 3-58（b）所示的新型四层 EBG 结构，从上到下分别为电源层、接地层、接地层和电源层，各层之间的距离分别为 0.1mm、0.3mm 和 0.1mm。新型 EBG 结构的单个结构单元如图 3-58（c）所示。

为了验证抑制 SSN 的效果，在 HFSS 中创建尺寸为 90mm×90mm×0.5mm 的四层 PCB，如图 3-58（d）所示，电源层为 3mm×3mm 的 L-Bridge EBG 结构单元，介质均采用 FR-4，电源平面上的 Port1（7.5mm, 45mm, 0mm）、Port2（82.5mm, 45mm, 0mm）和 Port3（45mm, 7.5mm, -0.5mm）均为测试点，Port1 为输入端口，其余均为输出端口。

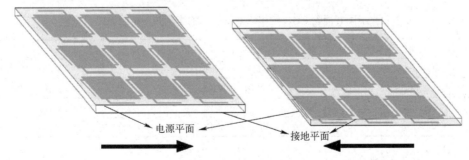

（a）两个 L-Bridge EBG 结构的穿插方式

图 3-58　一个垂直级联两个 L-Bridge EBG 结构示例

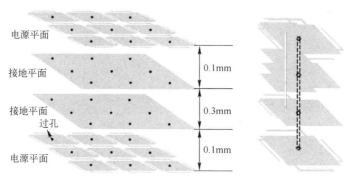

（b）垂直级联后得到的新型四层EBG结构　　（c）新型EBG结构的单个结构单元

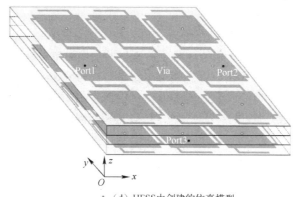

（d）HFSS中创建的仿真模型

图 3-58　一个垂直级联两个 L-Bridge EBG 结构示例（续）

③ 仿真和实测结果。对比垂直级联两个 L-Bridge EBG 结构的仿真结果和实测结果，以及单个 L-Bridge EBG 结构的仿真结果可知，在 SSN 噪声抑制深度为-30dB 时，垂直级联得到的新型 EBG 结构阻带范围为 710MHz～10GHz，达到了超带宽抑制能力的要求。而 L-Bridge EBG 只有 4GHz 带宽，这说明利用垂直级联方法得到的新型 EBG 结构抑制 SSN 的能力比单个 L-Bridge EBG 结构要好。

④ 垂直级联方法的扩展应用。前面采用的是两个 L-Bridge EBG 进行垂直级联，若将其中一个共面型 EBG 结构换成 Mender-L Bridge EBG 结构，就变为两个不同共面型 EBG 垂直级联；也可以将两个共面型 EBG 均换成 Mender-L Bridge EBG 结构。

不同共面型 EBG 结构垂直级联后的抑制频率范围和阻带宽度如表 3-11 所示。

表 3-11　不同共面型 EBG 结构垂直级联后的抑制频率范围和阻带宽度

结构	抑制频率范围	阻带宽度
L-Bridge EBG	600MHz～4.6GHz	4GHz
L-L EBG	710MHz～10GHz	9.29GHz
L-M EBG	670MHz～10GHz	9.33GHz
M-M EBG	610MHz～10GHz	9.39GHz

3. FST-EBG 结构

折叠垂直级联型 EBG（FST-EBG）结构如图 3-59 所示，由三部分构成，顶层为 Meander

Line 电源层，中间为折叠式 HIS 层，底层为接地层。FST-EBG 结构是通过折线（Meander Line）EBG 结构和高阻抗平面（HIS）垂直级联来实现 SSN 的抑制，电磁带隙抑制深度为-40dB 时阻带范围为 750MHz~15.7GHz，带宽达到 14.95GHz[57, 70]。

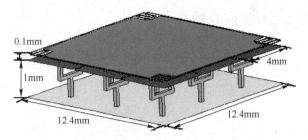

图 3-59　FST-EBG 结构的侧视图

Meander Line 电源层结构单元利用螺旋线来增大各个单元块间的电感。Meander Line 电源平面结构单元俯视图如图 3-60 所示，L=12.4mm，L_1=1.5mm，W_1=0.2mm，W_2=0.1mm，W_3=0.3mm，W_4=0.1mm。

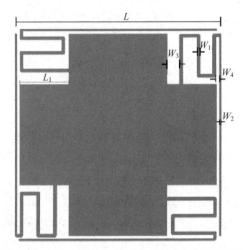

图 3-60　Meander Line 电源平面结构单元俯视图

折叠式 Mushroom 结构及其小单元的尺寸如图 3-61 所示。通过将 EBG 结构层到接地平面层折叠式的连接，增大之间的电感。另外，在同一个小单元中，只有一个过孔连接到接地平面，这使接地平面也更大限度地保持连续性，有助于提高 SI。

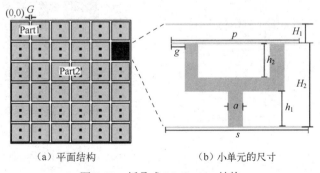

（a）平面结构　　　　　　（b）小单元的尺寸

图 3-61　折叠式 Mushroom 结构

在图 3-61（b）中，对于 HIS 层，每个小单元由两个孔折叠组合而成，H_1=0.1mm，H_2=1mm，G=0.1mm，p=3mm，g=0.65mm，h_1=0.4mm，h_2=0.4mm，a=0.2mm。测试所用的折叠 Mushroom 结构的外围尺寸为 20mm×20mm×1.1mm。

4. 高介电常数垂直级联型 EBG 结构

虽然不同尺寸 EBG 结构的垂直级联使用能够拓宽带隙宽度，但是带隙的位置并没有发生改变，会造成带隙的分割，不能形成一个完整的带隙。由于 SSN 是连续的宽频噪声，因此垂直级联型 EBG 结构的设计会受到限制。针对这个问题，垂直级联型 Mushroom EBG 结构

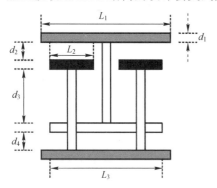

图 3-62　垂直级联型 Mushroom EBG 结构的横截面示意图

应使用介电常数相对大的介质，拉低两种不同尺寸 EBG 结构的中心频率，通过改变带隙位置共同构成一个大的频率带隙，不仅拓宽频率带隙，而且能够有效抑制百 MHz 范围内的 SSN 传播。一个垂直级联型 Mushroom EBG 结构[39]如图 3-62 所示，图中单元结构的几何参数为（ε_{r1}, ε_{r2}, L_1, L_2, L_3, d_1,d_2, d_3, d_4），其中 ε_{r1} 为大小贴片中间介质的相对介电常数，ε_{r2} 为大小贴片与其参考平面中间介质的相对介电常数，L_1 为贴片参考平面的边长，L_2 为小贴片的边长，L_3 为大贴片的边长，d_1 为所有导体平面的厚度，d_2、d_3 和 d_4 分别为小贴片与上参考平面、两贴片之间，以及大贴片与下参考平面的间距。

分别仿真了两种 4×5 单元阵列的垂直级联型 EBG 结构，一种为使用普通 FR-4 介质的垂直级联型 Mushroom EBG 结构；另一种结构为获得大的贴片电容，在高阻平面和参考平面间使用 ε_r=16 的介质，并将高阻平面和参考平面间距变小。两种仿真结构的参数分别为（4.4, 4.4, 10mm, 4.75mm, 9.75mm, 0.035mm, 0.1mm, 0.1mm, 0.1mm）、（4.4, 16, 10mm, 4.75mm, 9.75mm, 0.035mm, 0.016mm, 0.268mm, 0.016mm），两种单元结构的长、宽、高尺寸相同。图 3-63（a）为测试结构的平面示意图，结构尺寸为 50mm×40mm，（0mm, 0mm）位于左下角，端口 1、2 分别位于（10mm, 20mm）、（40mm, 20mm）。图 3-63（b）为高介电常数垂直级联型 Mushroom EBG 结构的横截面图，在贴片与参考平面间使用 ε_r=16 的薄介质层，并且将间距减小到 0.016mm。

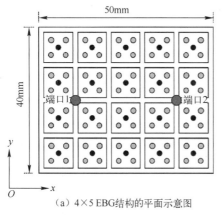

（a）4×5 EBG结构的平面示意图

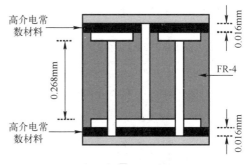

（b）高介电常数垂直级联Mushroom EBG结构的横截面图

图 3-63　结构示意图

由式（6-15）和式（6-16）可知，平行板电容增大为原来的 22.7 倍，中心频率降低约为原来的 1/5，将 EBG 结构的带隙拉低到低频率位置。

$$C = \varepsilon_0 \varepsilon_r \frac{A}{h} \qquad (3\text{-}15)$$

$$f_{\text{high-DK}} = \frac{f_0}{\sqrt{22.7}} = 0.2 f_0 \qquad (3\text{-}16)$$

式中，A 为贴片面积；h 为贴片与参考平面的间距；ε_0 为真空介电常数。

EBG 结构由于本身的高频噪声抑制特性，不能有效抑制百 MHz 范围内的噪声。在垂直级联型 Mushroom EBG 结构中分别使用 FR-4 材料和 $\varepsilon_r=16$ 的薄介质层。仿真表明，前者不能有效抑制低频范围内的 SSN，后者的薄介质层相当于嵌入式电容，为低频噪声提供了低阻抗路径。在 -40dB 的噪声抑制标准下，噪声抑制带宽为 0.02~0.12GHz、0.13~0.26GHz、0.28~0.49GHz 和 0.72~1GHz。0.125GHz 和 0.27GHz 处的波峰可以通过选择具有合适自谐振频率的电容器来抑制，从而实现连续频率的带隙。

3.6.9 嵌入多层螺旋平面 EBG 结构

一种基于 Mushroom EBG 的嵌入多层螺旋平面 EBG 结构如图 3-64 所示，由于电源层与 HIS 层之间嵌入两层螺旋平面，所以该结构命名为 ESS-EBG（Embedded-Spiral-Shaped EBG）结构。ESS-EBG 结构相对于传统的 Mushroom EBG 结构，可以有效地增大电源层与 HIS 层之间的耦合电容，增大 HIS 单元的等效电感，进而降低阻带的下截止中心频率，提高阻带的抑制宽度。仿真分析验证该结构具有良好的连续超宽带（Ultra-Wide-Band，UWB）SSN 抑制能力，-30dB 抑制深度时，阻带范围为 0.6~15GHz[55]。

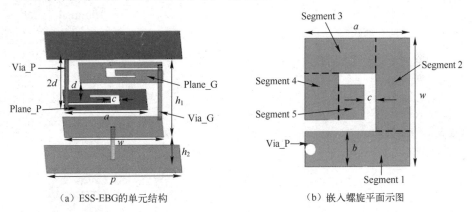

(a) ESS-EBG 的单元结构　　　　　　(b) 嵌入螺旋平面示图

图 3-64 嵌入多层螺旋平面 EBG 结构

3.6.10 接地层开槽隔离型 EBG 结构

1. 接地层开槽隔离型 EBG 的结构设计

接地层开槽隔离型 EBG 结构实例[71]如图 3-65 所示，在电源层使用 L-Bridge EBG 结构，在接地层使用桥连隔离槽。该结构由电源平面和接地平面组成，在电源平面嵌入 9 个 L-Bridge EBG 结构单元，接地平面使用隔离槽分割为模拟地和数字地，模拟地与数字地通过直线型桥结构相连。电源平面如图 3-66（a）所示，$a = 28.5mm$，$b = 7.5mm$，$c = 15.2mm$，$d = 0.2mm$，$e = 0.55mm$。接地平面如图 3-66（b）所示，中间为模拟地，隔离槽外为数字地，通过直线型桥结构相连，$f = 2.3mm$，$g = 23.9mm$，$h = 28.5mm$，连接隔离槽的直线型桥结构宽 $w = 0.2mm$。在高速 PCB 的设计中，使用这样的电源平面/接地平面对即可实现一个低成本的噪声隔离结构。

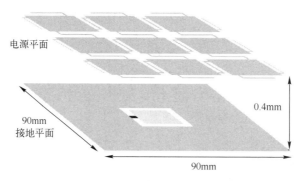

图 3-65　接地层开槽隔离 EBG 结构示意图

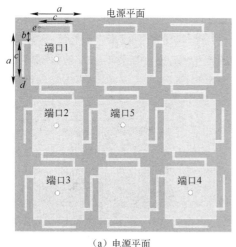
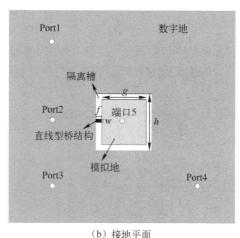

（a）电源平面　　　　　　　　　　（b）接地平面

图 3-66　接地层开槽隔离型 EBG（直线型）

2. 接地层折线型桥连线隔离槽 EBG 的结构设计

为了增大桥连线的等效电感，提出了接地层使用折线型桥连线隔离槽的 EBG 结构。电源平面仍然采用 L-Bridge EBG 结构，而在接地层隔离槽间使用了折线型桥连线隔离槽结构，如图 3-67 所示[71]。使用折线型桥连线能够增大桥连线的长度，从而有效提高等效电感。其中，$f = 2.3mm$，$g = 23.9mm$，$h = 28.5mm$，折线桥宽度 $w = 0.2mm$。

为了验证接地层使用折线型桥连线 EBG 结构的噪声抑制效果，设计加工了一个 90mm×90mm×0.4mm 的双层 PCB，使用 FR-4 介质，$\varepsilon_r = 4.4$，损耗因子为 0.02。电源层和接地层结构如图 3-67（a）所示，在电源层采 3×3 的 L-Bridge EBG 结构单元，在电源平面加入 50Ω 集总参数端口 1（15mm, 15mm, 0.4mm）、端口 2（15mm, 45mm, 0.4mm）、端口 3（15mm, 75mm, 0mm）、端口 4（75mm, 15mm, 0mm）和端口 5（45mm, 15mm, 0mm），用于测试各端口间的 S 参数。

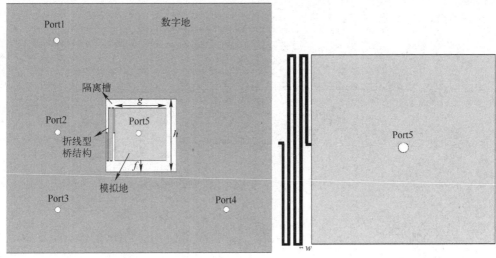

（a）电源层和接地层结构　　　　　　（b）折线型桥连线隔离槽示意图

图 3-67　接地层开槽隔离型 EBG（折线型）

3．仿真结果与实测结果[71]

直线型桥连线开槽隔离型 EBG 结构的仿真与实测结果分析表明：当噪声抑制深度为 -30dB 时，在 0～10GHz 的频率范围内仅在接地层开槽结构的噪声抑制效果很差；L-Bridge EBG 结构的阻带为 810MHz～4.9GHz，直线型桥连线开槽隔离 EBG 结构的阻带为 520MHz～10GHz。

折线型桥连线开槽隔离 EBG 结构的仿真与实测结果分析表明：当噪声抑制深度为-30dB 时，阻带带宽为 220MHz～10GHz，下截止频率下降了约 300MHz；且抑制深度有很大提升。测试使用矢量网络分析仪器 Agilent N5230A。

4．折线型桥连线开槽隔离型 EBG 结构在平面分割中的应用

在高速模数混合电路的 PCB 设计中，往往对接地平面的分割采用多种不同的形状。两种常见的隔离槽设计：一是平面分割，二是电源岛。

在电源岛的设计中，可以采用折线型桥连线开槽隔离型 EBG 结构来抑制噪声，也可以在平面分割中采用本节所提出的 EBG 结构来抑制噪声，如图 3-68 所示。在电源平面仍然采用 L-Bridge EBG 结构单元，而在接地层隔离槽间使用了折线型桥连线结构，隔离槽宽度 h=1.4mm，折线桥宽度 w=0.2mm。使用 HFSS 13.0 对该结构进行了建模和仿真，从仿真结果可以看出，噪声抑制带宽为 500MHz～10GHz，相较于普通的平面分割方式有非常好的噪声隔离效果。可以看出，在 EBG 结构的接地层使用折线型桥连线隔离槽具有实用性，能够提升高速系统的稳定性和可靠性。

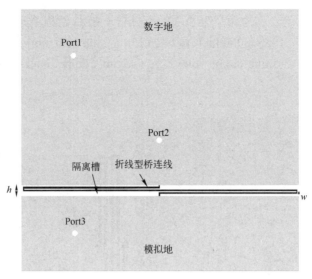

图 3-68 在平面分割中采用 EBG 结构来抑制噪声

▶ 3.6.11 狭缝型 UC-EBG 电源平面

1. 十字狭缝型 UC-EBG 电源平面

一个无金属连接导线十字狭缝型 UC-EBG 电源平面结构[72]如图 3-69 所示，设计尺寸为 90mm×90mm，电源平面划分为 9 个 3×3 区域，每个区域中切割一个十字狭缝，狭缝宽为 1mm，两个十字狭缝周期距离 d=30mm，狭缝距平面边沿距离 g=1mm，在切割形成的中间 4 个方格中再次切割狭缝，尺寸相同。测试端口位置分别在 Port1（52.5mm，52.5mm）和 Port2（82.5mm，82.5mm）处，介质材料为 FR-4，ε_r=4.4。

由 HFSS 仿真得到的 S 参数曲线可知，若以 S_{21}<-40dB 为阻带截止的标准，则十字形切割 UC-EBG 板的阻带范围为 2.5～7.5GHz。但在 0～2GHz 范围内，该结构对 SSN 的抑制效果较差，这是因为十字形切割方法的等效电感较小。

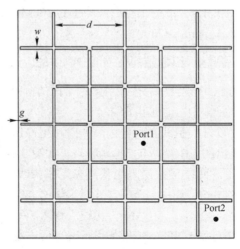

图 3-69 十字狭缝型 UC-EBG 电源平面结构

2．环形狭缝型 UC-EBG 电源平面

一个环形狭缝型 UC-EBG 电源平面的单元结构和平面结构[72]如图 3-70 和图 3-71 所示。两个单元金属贴片之间只有一个连接通道，每个单元有两个方环形开口狭缝，狭缝宽度 w=1mm，外部狭缝距单元边沿距离 b=1mm，方形单元宽 a=30mm，两个切割狭缝的开口宽度 g=5mm，内外两个狭缝距离 d=3mm。

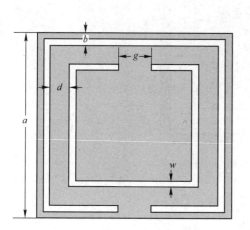
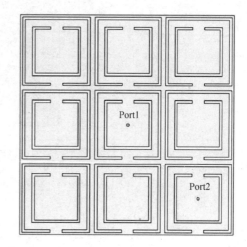

图 3-70　环形狭缝型 UC-EBG 电源平面的单元结构　图 3-71　环形狭缝型 UC-EBG 电源平面的平面结构

仿真（为解决仿真软件扫频范围过大时会导致仿真时间过长、内存不足的问题，将仿真频率范围切割为 0～6GHz、6～8GHz、8～10GHz 3 个区间，且分别进行仿真），结果表明，该 EBG 电源平面在 2.5GHz 以上均为阻带，且阻带深度达到-40dB 以下，实现了很宽的噪声抑制范围，但是在低频时噪声抑制效果并不明显。

改变参数，对其不同尺寸结构进行仿真，最终得到优化后的参数为：w=0.5mm、g=1mm、d=1mm、a=1mm、b=1mm。改进后的电源平面和接地平面在 1～2GHz 时的噪声抑制效果明显好转，但是高于 6GHz 时抑制效果就变差。

3.6.12　嵌入螺旋谐振环结构的电源平面

螺旋谐振环结构是一条印制在介质基板上的金属微带线，形成类螺旋金属环结构，能够利用谐振效应产生一定的噪声抑制带隙。

一个螺旋谐振环结构[73]如图 3-72 所示，a=30mm，b=24mm，g_1=1mm，g_2=0.4mm，g_3=2mm。仿真的基于螺旋谐振环结构的 UWB 同步开关噪声抑制电源平面如图 3-73 所示，PCB 层数为两层，噪声激励端口为 Port 1（15mm，15mm），受保护敏感器件隔离区域端口为 Port 2（75mm，105mm）、Port 3（75mm，15mm）与 Port 4（15mm，105mm）。它们均为未受到螺旋谐振环结构保护的器件区域端口，端口阻抗为 50Ω，PCB 结构尺寸为 90mm×120mm，ε_r=4.4，$\tan\delta$=0.02，介质高度 h=0.4mm。

仿真结果表明，同步开关噪声抑制深度为-40dB 时，阻带范围为 0.13～20GHz，抑制带宽达到 19.87GHz，有效降低了带隙中心频率；当注入噪声电压为 1V 时，可将噪声电压抑制

到 0.25mV；对比 UC-EBG 结构和 Planar EBG 结构，在-40dB 抑制深度时，抑制带宽分别提高了 16.97GHz 和 17.73GHz。

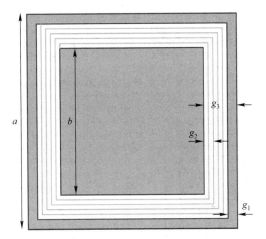

图 3-72　螺旋谐振环结构电源平面结构图

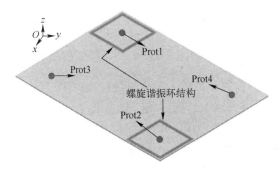

图 3-73　螺旋谐振环电源平面仿真结构图

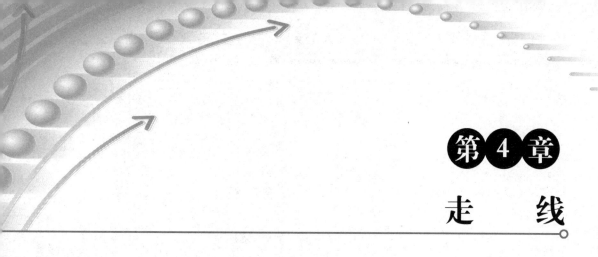

第 4 章

走 线

4.1 寄生天线的电磁辐射干扰

▶ 4.1.1 电磁干扰源的类型

在现实环境中，电磁干扰源可以分为自然的和人为的两种。自然电磁干扰源是指由自然现象引发的电磁干扰、人为电磁干扰源是指人造设备工作时伴随的电磁干扰。

1. 自然电磁干扰源

雷电是一种主要的自然干扰源。雷电是发生在云层之间或云与地面之间的静电放电现象。在雷电产生的瞬间，放电电流可以达到 200000A，会感应出很强的电磁场，该电磁场作用在电子设备的电源线或信号电缆上，会产生很高的电压，对电子设备造成损害。雷电现象是无法控制的，对电子设备进行抗雷电设计，是抵御雷电影响的主要手段。

2. 人为电磁干扰源

人为电磁干扰源可以分为功能性电磁能量发射和非功能性电磁能量发射。

功能性电磁能量发射是指无线通信系统、雷达等电子设备为了特定功能而发射出电磁能量。对于功能性电磁能量发射，主要限制的是那些伴随功能发射频率所产生的谐波泄漏发射。

非功能性电磁能量发射是指电子设备在工作时伴随产生的电磁干扰发射。当电子设备电路中的电压或电流发生剧烈变化，如高速数字电路的脉冲、工作在开关模式的电源（开关电源）、电感性负载的接通和断开等，也就是 dv/dt 或 di/dt 很大时，通常能够产生较强的伴随电磁干扰发射。电压和电流的剧烈变化意味着电压和电流中包含了较多的高频成分，容易产生电磁辐射和电磁耦合，形成电磁干扰。各种电磁兼容标准中的发射限制主要是针对伴随电磁干扰发射而言的，限制电子设备的伴随电磁干扰发射已经成为产品设计中必须考虑的项目之一。

▶ 4.1.2 天线的辐射特性

1. 基本的天线结构

两个基本的天线结构如图 4-1 所示。关于环形天线和偶极天线这两个基本天线结构的详细分析，请参考有关电磁场与天线的设计资料。产生电磁波辐射的两个必要条件是天线和流过天线的交变电流。

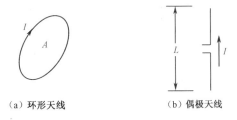

（a）环形天线　　　　　　（b）偶极天线

图 4-1　基本的天线结构

2．环形天线的辐射特性[74]

下面的结论基于如下假设：环路中的电流是均匀的；除环路自身的电抗外，环路导线的阻抗为 0；环路的尺寸远小于 λ；环路的尺寸小于环路与观测点之间的距离 D；环路处于自由空间中，附近没有金属物体。

① 在近场区[观测点到辐射源的距离小于 $\lambda/(2\pi)$ 的区域称为近场区，即 $D<\lambda/(2\pi)$]，有

$$H = IA / (4\pi D^3) \quad (\text{A/m}) \tag{4-1}$$

$$E = Z_0 IA / (2\lambda D^2) \quad (\text{V/m}) \tag{4-2}$$

式中，H 为环路辐射的磁场（A/m）；E 为环路辐射的电场（V/m）；I 为环路中的电流（A）；A 为环路面积（m^2）；λ 为电流频率对应的波长（m）；D 为观测点到环路的距离（m）；Z_0 为自由空间的特性阻抗（通常为 $120\pi\Omega$ 或 377Ω）。

由式（4-1）可知，磁场的辐射强度与频率无关，因此该公式对直流也是适用的。磁场的强度随距离的三次方衰减，因此利用增加距离来减小磁场强度是十分有效的方法。

由式（4-2）可知，电场的辐射强度随频率的升高而增强，随距离的平方而衰减。

② 在远场区[观测点到辐射源的距离大于 $\lambda/(2\pi)$ 的区域称为远场区，即 $D>\lambda/(2\pi)$]，有

$$H = \pi IA / (\lambda^2 D) \quad (\text{A/m}) \tag{4-3}$$

$$E = Z_0 \pi IA / (\lambda^2 D) \quad (\text{V/m}) \tag{4-4}$$

式中各符号的含义同近场区的。

在远场区，电场和磁场的辐射强度都随频率的平方增加。在脉冲电路中，脉冲信号包含了大量的高频成分，辐射效率很高，因此会产生很强的干扰。

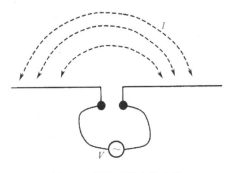

图 4-2　偶极天线中的电流

3．偶极天线的辐射特性[74]

与环形天线不同，偶极天线只有具备交流电流后才能够形成回路，如图 4-2 所示，电流 I 是通过空间的杂散电容形成的位移电流。

下面的结论基于如下假设：电偶极导体上的电流是均匀的，电偶极的长度远小于 λ，电偶极的长度小于电偶极与观测点之间的距离 D；电偶极处于自由空间中，附近没有金属物体。

① 在近场区[$D<\lambda/(2\pi)$]，有

$$H = IL / (4\pi D^2) \quad (\text{A/m}) \tag{4-5}$$

$$E = Z_0 IL\lambda / (8\pi^2 D^3) \quad (\text{V/m}) \tag{4-6}$$

式中，H 为电偶极辐射的磁场（A/m）；E 为电偶极辐射的电场（V/m）；I 为电偶极中的电流（A）；L 为电偶极的长度（m）；λ 为电流频率对应的波长（m）；D 为观测点到电偶极的距离（m）；Z_0 为自由空间的特性阻抗（通常为 $120\pi\Omega$ 或 377Ω）。

由式（4-6）可知，电场强度随着频率的升高而减弱。因为电流 I 是由加在电偶极上的电压 V 和电偶极之间的电容 C 决定的，当 I 一定时，频率越高，电偶极之间的容抗越小，需要的驱动电压越低，所以产生的电场强度越小。

② 在远场区 $[D > \lambda/(2\pi)]$，有

$$H = IL / (2\lambda D) \quad (\text{A/m}) \tag{4-7}$$

$$E = Z_0 IL / (2\lambda D) \quad (\text{V/m}) \tag{4-8}$$

4. 波阻抗

在进行电磁屏蔽的设计时，必须考虑所屏蔽对象电磁波的波阻抗。波阻抗的定义[41]为

$$Z_W = E / H \quad (\Omega) \tag{4-9}$$

式中，Z_W 为波阻抗（Ω）；E 为电磁波中的电场分量（V/m）；H 为电磁波中的磁场分量（A/m）。

如果电磁波中的电场分量较大，波阻抗就较高，称为高阻抗波或电场波。反之，如果磁场分量较大，波阻抗就较低，称为低阻抗波或磁场波。在近场区的某个位置，电磁波的波阻抗与辐射源的阻抗、频率、辐射源周围的介质及观测点到辐射源的距离有关。在远场区，波阻抗等于电磁波传播介质的特性阻抗，在真空中为 377Ω。

环形天线和偶极天线辐射的电磁波代表了典型的磁场波和电场波，它们的波阻抗如图 4-3 所示。由式（4-1）和式（4-2）可知，对于环形天线的辐射场，在近场区，随着距离的增加，磁场的衰减比电场的衰减快，波阻抗呈现增加的趋势。由式（4-5）和式（4-6）可知，对于偶极天线的辐射场，在近场区，随着距离的增加，磁场的衰减比电场的衰减慢，波阻抗呈现下降的趋势。

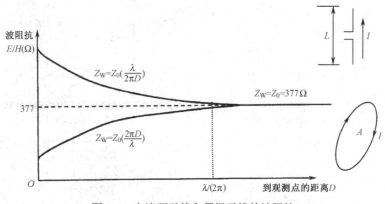

图 4-3　电流环天线和偶极天线的波阻抗

注意：以上两个基本天线模型可以用来查找电子设备中的寄生天线，只要存在电流环路就构

成了一个环形天线；只要存在电压驱动两个导体，就构成了一个偶极天线。但是用这两个模型计算实际电路的辐射会产生较大的误差，因为实际电路很难满足这些基本天线中的假设条件。

4.1.3 寄生天线

电子设备之所以会产生辐射性干扰，就是因为电子设备中包含了各种寄生的天线。只要存在电流环路，就可以构成一个环形天线；只要存在电压驱动两个导体，就可以构成一个偶极天线。只有消除了这些寄生天线，或者降低这些天线的辐射效率，或者避免交变电流进入这些天线，才可以减小或消除辐射性的电磁干扰。因此，控制辐射性干扰源的过程就是分析寄生天线，消除寄生天线，控制天线辐射的过程。

1. 寄生的偶极天线

偶极天线的一种变形是单极天线，它的形式是只有一根金属导体，而另一根金属导体由大地或附近的其他大型金属物体充当。单极天线的辐射特性与偶极天线的基本相同，但是效率要低一些。偶极天线的实质是两个导体之间存在电压，而单极天线是导体与大地之间存在电压。因此只要消除两个导体之间的电压，或者消除导体与大地之间的电压，就能够减小导体的辐射。这正是屏蔽结构设计和搭接设计的依据。电子设备中常见的寄生的偶极天线和单极天线结构[74]如图 4-4 所示。

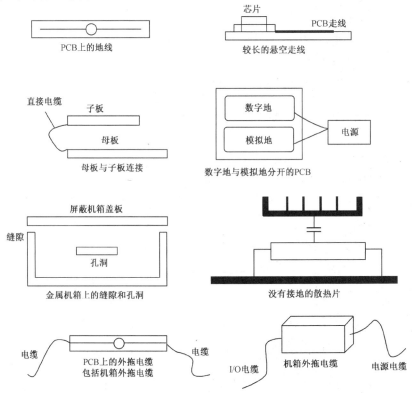

图 4-4　电子设备中常见的寄生的偶极天线和单极天线结构

2. 寄生的环形天线

寄生的环形天线在电路中无处不在，因为任何一个电路都是由电流回路构成的，这就是一个辐射天线。减小寄生的环形天线辐射的有效方法是控制电流回路的面积，这正是 PCB 设计和电缆设计的重要依据。

4.2 PCB 上走线间的串扰

串扰主要来自两相邻导体之间所形成的互感与互容。串扰会随着 PCB 上走线布局密度增大而越显严重，尤其是长距离总线的布局，更容易发生串扰的现象。这种现象是经由互容与互感将能量由一个传输线耦合到相邻的传输线上而产生的。串扰依发生位置的不同可以分成近端串扰和远端串扰。

4.2.1 互容

在 PCB 的两相邻通路或导线上，假如其中一个通路上存在一个电压，则该电压所形成的电场就会影响相邻的通路。如果两个相邻的通路或导线上都存在电压，则这两个电压所形成的电场会彼此影响。这种彼此影响被称为互容，互容的单位为法拉（F）。如图 4-5 所示，两相邻通路或导线间若存在电位差，就会产生互容，两个通路间的"互容耦合"可以简单地以一个连接在通路 1 和通路 2 之间的分布电容 C_{12} 来表示。分布电容 C_{12} 会注入一个耦合电流 i_M（又称互容电流）到通路 2，i_M 和通路 1 上电压 v_1 的变化率成正比，即

$$i_M = C_{12} \frac{\mathrm{d}v_1}{\mathrm{d}t} \tag{4-10}$$

式中，C_{12} 为通路 1、通路 2 所形成的互容，其值与通路 1、2 之间的距离成反比；$\dfrac{\mathrm{d}v_1}{\mathrm{d}t}$ 为通路 1 上电压 v_1 的变化率。

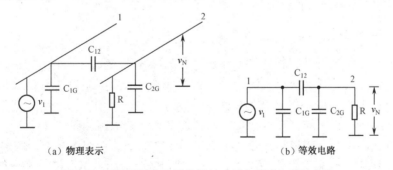

（a）物理表示 　　　　　　　　　　　（b）等效电路

图 4-5 两相邻通路或导线间的"互容耦合"等效电路

利用图 4-5 中的"互容耦合"等效电路可以计算出经 C_{12} 从通路 1 耦合到通路 2 的噪声电压 v_N。互容所造成的噪声电压与频率的关系[35]如图 4-6 所示。由图 4-6 可知，当 v_1 的频率低于 $\dfrac{1}{2\pi(C_{12}+C_{2G})}$ 时，噪声电压 $v_N = \mathrm{j}\omega R C_{12} v_1$，其中 v_N 是频率的函数；当频率超

过 $\dfrac{1}{2\pi R(C_{12}+C_{2G})}$ 时，$v_N = \dfrac{C_{12}v_1}{(C_{12}+C_{2G})}$，$v_N$ 会维持在某个值，不再随着频率的升高而持续变大。

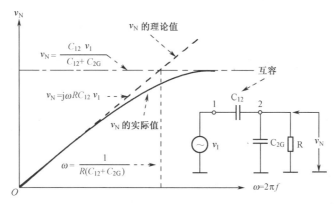

图 4-6 互容所造成的噪声电压与频率的关系

一个互容的测量实例[17]如图 4-7 所示，测量的是两个 1/4W 电阻之间的互容。脉冲信号加在电阻 R_2 上，利用示波器可观察 R_3 上由互容引起的干扰电压。

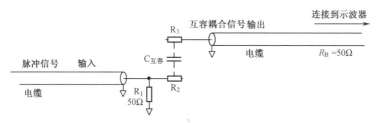

图 4-7 互容的测量实例

▶ 4.2.2 互感

1. 两相邻回路或导线间的"互感耦合"

我们知道，一根导线上假若有电流流过，会在导线周围形成一个磁场，当相邻的两个回路上均有电流流经，则这两个电流所产生的磁场会相互感应，产生互感。互感随着两个回路之间距离的增大而变小。互感的单位为亨利（H）。

两相邻回路或导线间的"互感耦合"物理表示和等效电路如图 4-8 所示，两个回路间的互感的效果就好像是在两个回路间连接上了一个变压器。在图 4-8 中，回路 1 中的电流 i_1 经由互感 M 感应一个噪声电压 v_N 到回路 2，其中所感应的噪声电压会和回路 1 中的电流 i_1 的变化率成正比，即

$$v_N = \mathrm{j}\omega M I_1 = M \frac{\mathrm{d}i_1}{\mathrm{d}t} \tag{4-11}$$

式中，M 为回路 1 和回路 2 所形成的互感；$\dfrac{\mathrm{d}i_1}{\mathrm{d}t}$ 为回路 1 的电流变化率。

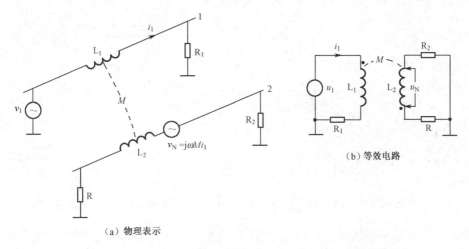

（a）物理表示

（b）等效电路

图 4-8　两相邻回路或导线间的"互感耦合"物理表示和等效电路

2．PCB 导线的电感

如图 4-9 所示，在 PCB 表面有一根布线宽度为 W（m），长度为 L（m）的导线，在该 PCB 的里面有接地平面。这根导线的单位长度的实际等效电感 L_{eff}（H）可以用下式[75]求得：

$$L_{\text{eff}} = \frac{\mu_0}{2\pi}\left(\ln\frac{5.98h}{0.8W+t}+\frac{l}{4}\right) \qquad (4\text{-}12)$$

式中，μ_0 为真空中的磁导率（$4\pi\times10^{-7}$H/m）；h 为导线和接地面之间的距离（m）；W 为导线的宽度（m）；t 为导线的厚度（m）；l 为导线长度。由式（4-12）可知，如果使电路板的厚度变薄，即缩小导线和接地面之间的距离，能够减小电感。

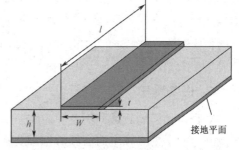

图 4-9　一根 PCB 导线的等效电感

对于如图 4-10 所示的表面有两根导线，里面有接地平面的 PCB，在两根导线之间产生的互感[75]如下式所示：

$$M = \frac{\mu_0 l_0}{2\pi}\left[\ln\left(\frac{2u}{1+v}\right)-1+\frac{1+v}{u}-\frac{1}{4}\left(\frac{1+v}{u}\right)^2+\frac{1}{12(1+v)^2}\right] \qquad (4\text{-}13)$$

式中，μ_0 为真空中的磁导率（$4\pi\times10^{-7}$H/m）；$u=l/W$；$v=2d/W$；W 为布线宽度（m）；d 为布线之间的间隔（m）；l_0 为单位长度。

由式（4-13）可知，两根导线之间的距离越小，互感 M 越大。

3．互感的测量

一个互感的测量实例[17]如图 4-11 所示，测量的是两个 1/4W 电阻之间的互感 L_{m} 的值。脉冲信号加在电阻 R_{A} 上，利用示波器可观察 R_{B} 上由互感引起的干扰电压。输入和输出电缆与电阻垂直连接，垂直连接可以尽可能地使电缆相互隔离，减少直接的馈通。脉冲发生器使用了反向端接。

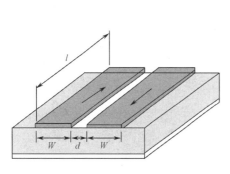

图 4-10　两根 PCB 导线的互感

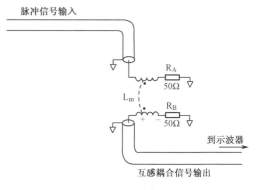

图 4-11　互感的测量实例

电阻 R_A 产生的磁场的一部分磁力线包围了电阻 R_B。包围电阻 R_B 的磁通量占总磁通量的比例由两个电阻本身的物理尺寸和位置决定，并且是固定的。包围电阻 R_B 的磁力线被认为穿过了由电阻 R_B 形成的回路，穿过这一回路的总磁通量的任何变化都会在该回路上产生一个干扰电压。

对于磁场耦合，产生的噪声电压是串联在接收导线中的；对于电场耦合，噪声电流是在接收导线和地间产生的。利用这一差异，在测试中可以区分是电场耦合还是磁场耦合：测量电缆一端阻抗上的噪声电压，同时减小电缆另一端的阻抗，若测量到的噪声电压降低了，则是电场耦合；若测量到的噪声电压升高了，则是磁场耦合。

4.2.3　拐点频率和互阻抗模型

1. 拐点频率

对数字信号的频域分析表明，高于拐点频率的信号会被衰减，因而不会对串扰产生实质影响，而低于拐点频率的信号所包含的能量足以影响电路工作，这是因为串扰可能造成噪声电平升高、产生有害尖峰毛刺、数据边沿抖动、意外的信号反射等问题。为保证一个数字系统能可靠工作，设计人员必须研究并验证所设计电路在拐点频率以下的性能。

拐点频率 f_{knee} 可以通过下式计算：

$$f_{knee} = 0.5/t_{rise} \tag{4-14}$$

式中，t_{rise} 为数字脉冲上升时间。

为了尽可能减小 PCB 设计中的串扰，必须在容抗和感抗之间寻找平衡点，力求达到额定阻抗（因为 PCB 的可制造性要求，传输线阻抗得到良好控制）。当 PCB 设计完成之后，PCB 上的元器件、连接器和端接方式决定了哪种类型的串扰会对电路性能产生多大的影响。利用时域测量方法，通过计算拐点频率和理解 PCB 串扰模型，可以帮助设计人员设置串扰分析的边界范围。

2. 互阻抗模型

PCB 上两根走线之间的互阻抗模型如图 4-12 所示。互阻抗沿着两根走线呈均匀分布。串扰在数字门电路向串扰走线输出脉冲信号的上升沿时产生，并沿着走线进行传播。

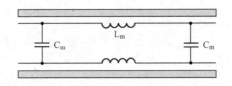

图 4-12　PCB 上两根走线之间的互阻抗模型

① 互电容 C_m 和互电感 L_m 都会向相邻的受扰走线上耦合或串扰一个电压。

② 串扰电压以宽度等于施扰走线上脉冲上升时间的窄脉冲形式出现在受扰走线上。

③ 在受扰走线上，串扰脉冲一分为二，然后开始向两个相反的方向传播。这就将串扰分成了两部分：沿原干扰脉冲传播方向传播的前向串扰和沿相反方向向信号源传播的反向串扰。

4.2.4　串扰类型

1. 电容耦合式串扰

电容耦合式串扰如图 4-13 所示。当施扰走线上的脉冲到达时，电路中的互容会使该脉冲通过电容向受扰走线上耦合一个窄脉冲（该耦合脉冲的幅度由互容的大小决定），然后耦合脉冲一分为二，并开始沿受扰走线向两个相反的方向传播。

2. 电感耦合式串扰

电感耦合式串扰如图 4-14 所示。该电路中的互感在施扰走线上传播的脉冲将对呈现电流尖峰的下个位置进行充电。这种电流尖峰会产生磁场，然后在受扰走线上感应出电流尖峰来。变压器会在受扰走线上产生两个极性相反的电压尖峰：负尖峰沿前向传播，正尖峰沿反向传播。

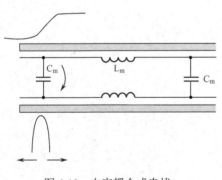

图 4-13　电容耦合式串扰

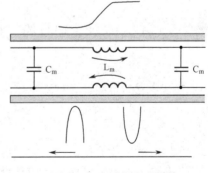

图 4-14　电感耦合式串扰

3. 反向串扰

由电容耦合式串扰和电感耦合式串扰产生的串扰电压会在施扰走线的串扰位置产生累加效应，所导致的反向串扰（见图 4-15）具有以下特性。

① 反向串扰是两个相同极性脉冲之和。

② 由于串扰位置沿干扰脉冲边沿传播，故反向干扰在受扰走线源端呈现为低电平、宽

脉冲信号，并且其宽度与走线长度存在对应关系。

③ 反射串扰的幅度独立于施扰走线脉冲上升时间，但取决于互阻抗值。

4．前向串扰

需要重申的是，电容和电感耦合式串扰产生的串扰电压会在受扰走线的串扰位置累加。前向串扰（见图4-16）具有以下特性。

① 前向串扰是两个反极性脉冲之和。因为极性相反，所以产生的串扰结果取决于电容和电感的相对值。

② 前向串扰在受扰走线的末端呈现为宽度等于干扰脉冲上升时间的窄尖峰。

③ 前向串扰的宽度取决于干扰脉冲的上升时间。上升时间越短（上升越快），幅度越高，宽度就越窄。

④ 前向串扰的幅度还取决于走线长度。随着串扰位置沿干扰脉冲边沿的传播，受扰走线上的前向串扰脉冲将获得更多的能量。

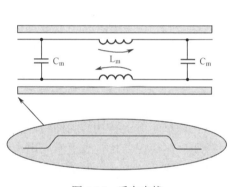

图4-15　反向串扰

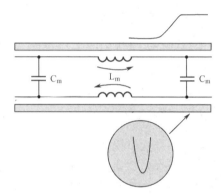

图4-16　前向串扰

4.2.5　减小 PCB 上串扰的一些措施

减小 PCB 上串扰的一些措施如下。

① 通过合理的布局使各种连线尽可能地短。

② 由于串扰程度与施扰信号的频率成正比，所以布线时应使高频信号线（上升沿很短的脉冲）远离敏感信号线。

③ 应尽可能增加施扰走线与受扰走线之间的距离，而且避免它们平行。

④ 在多层板中，应使施扰走线和受扰走线与接地平面相邻。

⑤ 在多层板中，应将施扰走线与受扰走线分别设计在接地平面或电源平面的相对面。

⑥ 尽量使用输入阻抗较小的敏感电路，必要时可以用旁路电容减小敏感电路的输入阻抗。

⑦ 地线对串扰具有非常明显的抑制作用，在施扰走线与受扰走线之间布一根地线，可以将串扰降低6～12dB。采用地线和接地平面减小串扰电压的影响如图4-17所示。

（a）采用地线隔离

（b）采用部分接地平面

（c）采用全部接地平面

图 4-17　采用地线和接地平面减小串扰电压的影响

根据传输线理论，防护地线的任意两接地孔间线段相当于两端短路的由电感和电容构成的谐振电路，当信号频率接近该结构谐振频率时，等效阻抗很大，由动态线耦合到防护地线上的电磁能量就会储存在该结构附近，相当于另一个噪声源会将电磁能量再次耦合到静态线上，从而带来比没有防护地线时更严重的串扰。通过调整接地孔间距 g 可以避免在工作频率范围内发生谐振，孔间距须满足的条件[76]为

$$g < \frac{c}{2f_{max}\sqrt{\varepsilon_r}} \tag{4-15}$$

式中，g 为接地孔间距；f_{max} 为动态网络上信号的最高工作频率；ε_r 为基底的相对介电常数；c 为真空中的光速。

⑧ 应利用防止走线之间串扰的 3W 规则。3W 规则的含义是：当有接地平面时，对于宽度是 W 的走线，如果其他走线的中心与它的中心之间的距离大于 3W，就能避免串扰，如图 4-18 所示。有研究表明，要完全避免走线之间的串扰，需要更大地增加两者之间的距离。

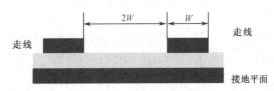

2W

W

走线

走线

接地平面

图 4-18　防止走线之间串扰的 3W 规则

⑨ 在 PCB 上，走线之间的互容和互感与走线的几何尺寸、位置和 PCB 材料的介电常数有关。由于这些参数都比较确定，所以可以对 PCB 上走线之间的串扰进行比较精确的计算，几乎所有的电磁兼容分析软件都具有这个功能。

⑩ 虽然通过仔细的 PCB 设计可以减少串扰并削弱或消除其影响，但 PCB 上仍可能有一些串扰残留。在进行 PCB 设计时，还应采用合适的线端负载，因为线端负载会影响串扰的大小和串扰随时间的弱化程度。

⑪ 要想改善由互容所产生的串扰干扰，可以从两方面着手：一是减小互容 C_m，其做法是在两相邻的传输线之间加屏蔽措施，如图 4-19 所示，即在两个铜箔通路中间加装一个接地屏蔽通路来改善互容的干扰；二是在时序规格允许的情况下，增加状态转换较频繁的信号的上升时间。

⑫ 互感所产生的串扰为

$$串扰 = \frac{L_m}{Z_a t_r} \qquad (4\text{-}16)$$

式中，Z_a 为施扰走线的特性阻抗；L_m 为互感；t_r 为输入到施扰走线的入射电压的上升时间。

由式（4-16）可知，当施扰走线上的电流产生剧烈变化时，互感会感应一个电动势到受扰走线上。这个电动势（也就是串扰）的大小和两并行传输线间所形成的互感成正比，和施扰走线上电流的上升时间成反比。

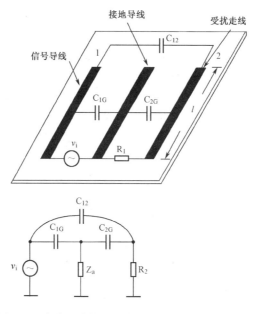

图 4-19　加装一个接地屏蔽通路可以改善互容的干扰

⑬ 屏蔽措施对消除互感的干扰是没有效果的，减小流经互感的电流所形成的回路面积才是改善互感所产生的串扰较为简易可行的方法。从分析可知，互感会受两导线与接地平面间距离的影响，两导线之间的互感不仅与两导线之间的距离成反比，还与导线和接地平面间的距离成正比。如图4-20所示，降低导线与接地平面间的平行高度（减小电流的回路面积），可以减少两导线间的互感；另外，也可以将两相邻的平行导线布局成如图4-21所示的方式，可以减小两导线间相互交链的区域及两导线间的互感[74]。

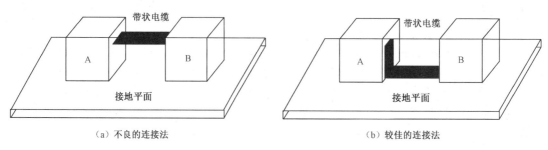

（a）不良的连接法　　　　　　　　　　　（b）较佳的连接法

图 4-20　降低导线与接地平面间的平行高度可以减小互感

（a）最大耦合

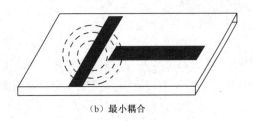
（b）最小耦合

图 4-21　减小两导线间的平行长度可以减小互感

⑭ 开槽结构中的串扰主要源于微带线与槽线之间的相互耦合，可以利用短路线降低平面开槽产生的串扰。当高速信号通过开槽时，一部分返回电流被迫围绕开槽传播，路径加长，形成额外的电感；另一部分电流从开槽边沿所形成的额外电容以位移电流的形式传播，因此对于信号传输特性而言，相当于在微带线中串联了一个 LC 谐振电路，从而增加了高速信号的插入损耗。另外，当高速信号跨越开槽时，会在参考平面中激励起槽线模式，该电磁波沿着槽线边沿传播，根据互易原理，当参考平面上的槽线电磁场穿越另外的微带线时，也会激励起微带线模式，从而导致串扰。

因此可在两条微带线之间添加相应的旁路枝节来减弱槽线上的电磁波，从而减小串扰。传统的方法是在开槽两端跨接去耦电容以实现电磁波的旁路，但该方法存在布线面积较大、成本较高等缺点，不利于高速、高密度 PCB 布线。

也可以直接使用短路线替代去耦电容，以减小串扰[77]。在两条微带线之间增加两条跨越开槽结构的走线，并在走线两端分别使用过孔将走线连接至参考平面。分析比较添加短路线和未添加短路线时，参考平面开槽附近电场模值分布图可知，与微带线之间直接通过槽线模式耦合不同，由微带线所激励起槽线电磁场模式的大部分能量被短路线旁路至参考平面两端，从而有效减小了微带线之间的串扰。仿真和实验测试表明，该方法可将近端串扰减小 25dB，将远端串扰减小 20dB。

4.3　PCB 传输线的拓扑结构

4.3.1　PCB 传输线简介

PCB 内的传输线有微带线和带状线两种基本的拓扑结构。当在 PCB 外层布线时，布线结构呈非对称性，称此类布线为微带线拓扑。微带线包括单微带线和埋入式结构形式。当在 PCB 内层布线时，此类布线常被称为带状线。带状线包括单、双，对称或非对称等结构形式。共面型的拓扑结构可以同时实现微带线和带状线的结构。

在高速数字逻辑电路中，PCB 导线的传输线效应已成为影响电路正常工作的一个主要因素。在数字电路系统中使用了不同的数字逻辑器件，不同的数字逻辑器件具有不同的输入/输出阻抗。例如，ECL（射极耦合逻辑）的输入/输出阻抗为 50Ω，而 TTL（晶体管-晶体管逻辑）的输出阻抗为 20～100Ω，且输入阻抗还要高些。在 PCB 布线时，必须考虑传输线阻抗与器件输入/输出阻抗的匹配。

在高速数字逻辑电路中的传输线都必须进行阻抗控制。为获得最佳性能，布线可利用厂商提供的计算软件确定最佳的布线宽度，以及布线到最近的参考平面的距离。

应注意以下几点。

① 在计算传输线阻抗时，传输线阻抗计算精度与线宽、线条距离参考平面的高度（介质厚度）和介电常数，以及回路长度、印制线厚度、侧壁形状、阻焊层覆盖范围、同一个部件中混合使用的不同介质等因素有关，因此精确计算与仿真实际上是十分困难的。注意，下面介绍的关于微带线和带状线的计算公式都不能应用在两层以上介质材料（空气除外）或由多种类型的薄板压制 PCB 的情况中。所有计算公式[27-29,78-79]都引自 IPC-D-317A（Design Guidelines for Electronic Packaging Utilizing High-Speed Techniques）。

② 由于制造过程中制造公差的影响，印制板材料会有不同的厚度和介电常数。另外，由于刻蚀的线宽可能与设计要求值也有所差异等，要想获得精确的传输线阻抗往往也不是很容易的。为了获得精确的传输线阻抗，需要与厂商协商和测试，以获得真实的介电常数及刻蚀铜线的顶部和底部宽度等制造工艺参数。

③ 由于公式的计算在很多时候是近似的，此时经验法则就会起到很有效的作用。在很多情况下，通常只用简单计算器计算出的结果也可以满足多数应用的要求。

▶ 4.3.2 微带线

对于高速数字电路来讲，要在 PCB 上实现线条阻抗控制，可采用微带线。微带线是一种有效的拓扑结构。微带线示意图如图 4-22 所示。对于平面结构，微带线是暴露于空气和介质间的。微带线线条阻抗的计算公式[27-29,78-79]为

$$Z_0 = \left(\frac{87}{\sqrt{\varepsilon_r + 1.41}} \right) \ln \left(\frac{5.98H}{0.8W + T} \right) \ (\Omega)，对于 15\text{mil} < W < 25\text{mil} 有效 \quad (4-17)$$

$$Z_0 = \left(\frac{79}{\sqrt{\varepsilon_r + 1.41}} \right) \ln \left(\frac{5.98H}{0.8W + T} \right) \ (\Omega)，对于 5\text{mil} < W < 15\text{mil} 有效$$

$$C_0 = \frac{0.67(\varepsilon_r + 1.41)}{\ln \left(\dfrac{5.98H}{0.8W + T} \right)} \ (\text{pF/in}) \quad (4-18)$$

式中，Z_0 为特性阻抗（Ω）；W 为线条宽度；T 为印制线（铜箔）厚度；H 为信号线与参考平面的间距；C_0 为线条自身的电容（pF/单位长度）；ε_r 为平板材料的相对介电常数。

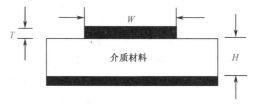

图 4-22　微带线示意图

当 W 与 H 的比值小于或等于 0.6 时，式（4-15）的一般精度为±5%；当 W 与 H 的比值为 0.6～2.0 时，精度下降到±20%。制造公差值通常取在 10%以内。在信号频率为 1GHz 以下的设计中，可以忽略印制线厚度的影响。

信号沿微带线传输的延时[29]为

$$t_{pd} = 1.017\sqrt{0.475\varepsilon_r + 0.67} \text{ (ns/ft)} \quad \text{或} \quad t_{pd} = 85\sqrt{0.475\varepsilon_r + 0.67} \text{ (ps/in)} \qquad (4\text{-}19)$$

式（4-19）表明，在这个传输线中，信号的传播速度仅与介质材料的 ε_r 相关。

4.3.3 埋入式微带线

埋入式微带线示意图如图 4-23 所示。与图 4-22 所示的微带线不同，埋入式微带线在铜线上方的平面也有介质材料，该介质材料可以是芯线、阻焊层、防形变涂料、陶瓷或所需的为达到其他功能或机械性能而使用的材料。

> **注意：** 介质材料的厚度或许是不对称的。

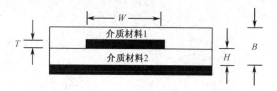

图 4-23　埋入式微带线示意图

埋入式微带线的特性阻抗计算公式[27-29,78-79]为

$$Z_0 = \left(\frac{87}{\sqrt{\varepsilon' + 1.41}} \right) \ln \left(\frac{5.98H}{0.8W + T} \right) \ (\Omega) \qquad (4\text{-}20)$$

$$C_0 = \frac{1.41\,\varepsilon_r'}{\ln \left(\dfrac{5.98H}{0.8W + T} \right)} \ \text{(pF/in)} \qquad (4\text{-}21)$$

式中，Z_0 为特性阻抗（Ω）；W 为线条宽度；T 为印制线（铜箔）厚度；H 为信号线与参考平面的间距；C_0 为线条自身的电容（pF/单位长度）；图 4-23 中的 B 为两层介质的整体厚度；ε_r 为平板材料的相对介电常数；$0.1 < W/H < 3.0$；$0.1 < \varepsilon_r < 15$；ε_r' 为有效相对介电常数。

> **注意：** 埋入式微带线的阻抗计算公式与微带线的阻抗计算公式除了有效相对介电常数 ε_r' 不同，其余的都相同。如果导体上的介质厚度大于 1mil，则 ε_r' 需要通过实验测量或场计算的方法来确定。

信号沿埋入式微带线传输的延时[29]为

$$t_{pd} = 1.017\sqrt{\varepsilon_r'} \text{ (ns/ft)} \quad \text{或} \quad t_{pd} = 85\sqrt{\varepsilon_r'} \text{ (ps/in)} \qquad (4\text{-}22)$$

式中，$\varepsilon_r' = \varepsilon_r \{1 - e^{\left(\frac{-1.55B}{H}\right)}\}$；$0.1 < W/H < 3.0$；$1 < \varepsilon_r < 15$。

对于 $\varepsilon_r = 4.1$ 的 FR-4 芯材，埋入式微带线典型的传输延时为 0.35ns/cm 或 1.16ns/ft（0.137ns/in）。

4.3.4 单带状线

带状线是电路板内部的印制导线，位于两个平面导体之间。带状线完全由介质材料包围，

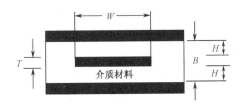

图 4-24　单带状线示意图

并不暴露于外部环境中。

在带状线结构中，任何布线产生的辐射都会被两个参考平面约束住。带状线结构能够约束磁场并减小层间的串扰。参考平面会显著地减少 RF 能量向外部环境的辐射。单带状线示意图如图 4-24 所示。

单带状线的特性阻抗计算公式[27-29,78-79]为

$$Z_0 = \left(\frac{60}{\sqrt{\varepsilon_r}}\right)\ln\left(\frac{1.9B}{(0.8W+T)}\right) = \left(\frac{60}{\sqrt{\varepsilon_r}}\right)\ln\left(\frac{1.9(2H+T)}{(0.8W+T)}\right)\ (\Omega) \tag{4-23}$$

$$C_0 = \frac{1.41(\varepsilon_r)}{\ln\left(\dfrac{3.81H}{0.8W+T}\right)}\ \ (\text{pF/in}) \tag{4-24}$$

式中，Z_0 为特性阻抗（Ω）；W 为线条宽度；T 为印制线（铜箔）厚度；H 为信号线与参考平面的间距；C_0 为线条自身的电容（pF/单位长度）；图 4-24 中的 B 为两层参考平面间的介质厚度；ε_r 为平板材料的相对介电常数；$W/(H-T)<0.35$；$T/H<0.25$。

信号在带状线上的传输延时[29]为

$$t_{pd} = 1.017\sqrt{\varepsilon_r}\ (\text{ns/ft})\ \ \text{或}\ \ t_{pd} = 85\sqrt{\varepsilon_r}\ (\text{ps/in}) \tag{4-25}$$

4.3.5　双带状线或非对称带状线

双带状线或非对称带状线示意图如图 4-25 所示，这种带状线增强了布线层和参考平面之间的耦合。

双带状线的特性阻抗计算公式[27-29,78-79]为

$$Z_0 = \left(\frac{80}{\sqrt{\varepsilon_r}}\right)\ln\left[\frac{1.9(2H+T)}{(0.8W+T)}\right]\left[1 - \frac{H}{4(H+D+T)}\right]\ (\Omega) \tag{4-26}$$

$$C_0 = \frac{2.82\varepsilon_r}{\ln\left[\dfrac{2(H-T)}{0.268W+0.335T}\right]} \tag{4-27}$$

式中，Z_0 为特性阻抗（Ω）；W 为线条宽度；T 为印制线（铜箔）厚度；H 为信号线与参考平面的间距；C_0 为线条自身的电容（pF/单位长度）；D 为信号层间的介质厚度；ε_r 为平板材料的相对介电常数。图 4-25 中的 B 为参考平面的间距；$W/(H-T)<(H-T)<0.35$；$T/H<0.25$。

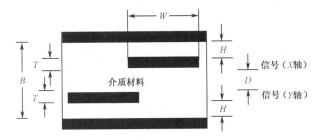

图 4-25　双带状线或非对称带状线示意图

双带状线结构的传输延时与单带状线相同。

> **注意：** 当使用双带状线拓扑时，两层的布线必须相互正交，即一层布线为 X 轴方向，另外一层布线就为 Y 轴方向。

4.3.6　差分微带线和差分带状线

差分微带线和差分带状线示意图如图 4-26 所示。差分微带线没有顶部的参考平面。差分带状线有两个参考平面，而且两条差分带状线与两个参考平面具有相同的距离。差分布线从理论上讲不受共模噪声的干扰。

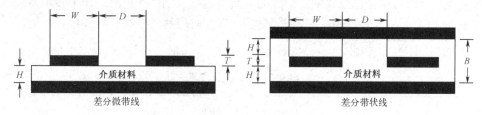

图 4-26　差分微带线和差分带状线示意图

差模阻抗 Z_{diff} 的计算公式[27-29,78-79]（对于工作频率在 1GHz 以下的信号）为

$$Z_{\text{diff}} \approx 2Z_0(1 - 0.48\text{e}^{-0.96\frac{D}{H}}) \quad (\Omega) \quad （微带线）$$

$$Z_{\text{diff}} \approx 2Z_0(1 - 0.347\text{e}^{-2.9\frac{D}{B}}) \quad (\Omega) \quad （带状线） \tag{4-28}$$

$$Z_0 = \left(\frac{87}{\sqrt{\varepsilon_{\text{r}} + 1.41}}\right)\ln\left(\frac{5.98H}{0.8W + H}\right) \quad (\Omega) \quad （微带线）$$

$$Z_0 = \left(\frac{60}{\sqrt{\varepsilon_{\text{r}}}}\right)\ln\left(\frac{1.9B}{(0.8W + T)}\right) = \left(\frac{60}{\sqrt{\varepsilon_{\text{r}}}}\right)\ln\left(\frac{1.9(2H + T)}{(0.8W + T)}\right) \quad (\Omega) \quad （带状线） \tag{4-29}$$

式中，Z_0 为特性阻抗（Ω）；W 为线条宽度；T 为印制线（铜箔）厚度；H 为信号线与参考平面的间距；图 4-26 中的 B 为参考平面的间距；ε_{r} 为平板材料的相对介电常数。

4.3.7　传输延时与介电常数的关系

电磁波的传播速度取决于周围介质的电特性。在空气或真空中，电磁波的传播速度为光速。在介质材料中，电磁波的传播速度会降低。

传播速度 v_{p} 和有效相对介电常数 ε_{r}' 的关系[29]为

$$v_{\text{p}} = \frac{C}{\sqrt{\varepsilon_{\text{r}}'}}$$

$$\varepsilon_{\text{r}}' = \left(\frac{C}{v_{\text{p}}}\right)^2 \tag{4-30}$$

式中，v_p 为传播速度；$C=3×10^6$m/s 或近似为 30cm/ns（12in/ns）；ε'_r 为有效相对介电常数。

有效相对介电常数 ε'_r 是电信号沿导电路径发送时所测定的相对介电常数。有效相对介电常数可以用时域反射计（TDR）或通过测试传输延时和路径长度并通过计算来确定。

对于相对介电常数 ε_r=4.3 的 FR-4，不同布线拓扑结构的源和负载间的信号传输延时不同，如微带线的为 1.68ns/ft（140ps/in），埋入式微带线的为 2.11ns/ft（176ps/in）。

▶ 4.3.8 影响 PCB 阻抗精度的一些因素

1. 常见的阻抗要求

在高速数字信号在传输过程中，会因为阻抗问题导致损耗或失真，影响传输效果。常见的一些 PCB 阻抗要求（差分阻抗和特性阻抗），以及对应的阻抗线宽、线距、介质层、应用范围[80]如表 4-1、表 4-2 所示。

表 4-1 差分阻抗要求

阻抗要求	线宽（μm）	线距（μm）	介质层	应用范围
120Ω	101.6	203.2、254	2116	通信用
110Ω	101.6、114.3、127	152.4、228.6	2116	1394
100Ω	101.6~315.0 主要：101.6、114.3、127、139.7	101.6~228.6 主要：101.6、114.3、127、139.7	Core 0.08 0.1mm 1080 2116	网卡与时钟频率线
95Ω	101.6~127 主要：101.6	114.3~289.6 主要：203.2	Core 0.08 mm 1080	南北桥对接
93Ω	101.6~165.1 主要：101.6、127	110~203.2 主要：127、152.4	2116	AMD CPU 到南桥
90Ω	88.9~439.4 主要：101.6、114.3、127、139.7	89.2~1066.8 主要：101.6、109.5、114.3、127、139.7、152.4、177.8	1080 2116	USB、SATA、DDR3
85Ω	101.6~314.9 主要：101.6、114.3、127、139.7	101.6~228.6 主要：101.6、114.3、127、139.7	1080	PCI-E
80Ω	96.5~228.6 主要：127、139.7、152.4	101.6~226.1 主要：144.8、152.4、170.2	1080	
75Ω	119.4~508 主要：139.7、152.4	101.6~203.2 主要：129、139.7、144.8	1080	DDRII
72Ω	165.1、203.2、254 主要：203.2	101.6、127 主要：101.6	2116	
70Ω	165.1~256.5 主要：177.8、190.5、203.2、215.9	101.6~139.7 主要：101.6、127、139.7	1080 2113	

表 4-2 特性阻抗要求

阻抗要求	线宽（μm）	介质层	应用范围	阻抗要求	线宽（μm）	介质层	应用范围
75Ω	96.5~1143 主要：121.4、134.6、154.9	1080	VGA	45Ω	119.4~439.4 主要：127、203.2	1080 2116	DRAM
70Ω	101.6~152.4 主要：101.6、144.8、152.4	7628		42Ω	152.4~254 主要：152.4	1080	

续表

阻抗要求	线宽（μm）	介质层	应用范围	阻抗要求	线宽（μm）	介质层	应用范围
65Ω	101.6～264.2 主要：101.6、109.2	2116 1506	BGA	40Ω	133.4～254 主要：160、165.1、177.8	1080	
60Ω	101.6～218.4 主要：101.6、127	2116		37.5Ω	170.2～304.8 主要：177.8、190.5、193.8、199.6、203.2	1080	
56Ω	76.2～238.8 主要：83.8、91.4、129.5	1080 2116		37Ω	177.8～228.6 主要：190.5	1080	
55Ω	78.7～289.6 主要：101.6、127	1080 2113 2116		36Ω 35Ω	203.2 177.8～254 主要：199.6、199.9、203.2	1080 1080	
50Ω	101.6～127 主要：101.6、114.3、127、152.4	1080 2116		32Ω 27.4Ω	241.3、254 主要：241.3 330.2～482.6 主要：330.2	1080 1080	RAM BUS

2. 线宽与阻抗的关系[80]

线宽与阻抗成反比。线间距与阻抗成正比。

① 当外层特性阻抗线宽 $W \leq 127\mu m$，线宽变化 $13\mu m$ 时，阻抗变化 $4.1 \sim 3\Omega$；当 $127\mu m < W \leq 254\mu m$ 时，线宽变化 $13\mu m$，阻抗变化 $2.7 \sim 1.8\Omega$。

② 当外层差分阻抗线宽 $W \leq 152\mu m$，线宽变化 $13\mu m$ 时，阻抗变化 $6.7 \sim 4.3\Omega$；当 $152\mu m < W \leq 254\mu m$ 时，线宽变化 $13\mu m$，阻抗变化 $3.7 \sim 2.2\Omega$。

③ 线间距 $S \leq 114\mu m$，线间距变化 $13\mu m$ 时，阻抗变化 $4.1 \sim 3.1\Omega$；当 $114\mu m < S \leq 152\mu m$ 时，线间距变化 $13\mu m$，阻抗变化 $2.5 \sim 2.1\Omega$。

④ 当阻抗线宽 $W \leq 152\mu m$ 时，线宽偏离中值上限或偏离下限对阻抗影响较大。

3. 介质厚度与阻抗的关系[80]

射频与高速数字电路 PCB 基板材料一般有环氧玻璃纤维（FR-4）、聚四氟乙烯（PTFE）、聚苯醚（PPO 或 PPE）、低温共烧陶瓷（LTCC）和液晶聚合物（LCP）等。基板材料的 ε_r 和 $\tan\delta$ 是两个重要的参数。介质厚度与阻抗成正比。

① 当外层特性阻抗介质厚度 $H \leq 127\mu m$ 时，介质厚度变化 $13\mu m$，阻抗变化 $4.2 \sim 3.2\Omega$；当 $127\mu m < H \leq 229\mu m$ 时，介质厚度变化 $1\mu m$，阻抗变化 $2.9 \sim 2.1\Omega$[80]。

② 当外层差分阻抗介质厚度 $H \leq 127\mu m$ 时，介质厚度变化 $13\mu m$，阻抗变化 $8.2 \sim 4.2\Omega$；当 $127\mu m < H \leq 178\mu m$ 时，介质厚度变化 $13\mu m$，阻抗变化 $3.5 \sim 2.3\Omega$[80]。

4. 铜箔厚度与阻抗关系[80]

铜箔厚度与阻抗成反比。目前最常用的铜箔厚度有 $35\mu m$ 和 $18\mu m$ 两种。

5. 材料介电常数与阻抗的关系

材料介电常数与阻抗成正比。

6. 阻焊油墨厚度与阻抗关系

阻焊油墨厚度与阻抗成反比。

7. 材料 D_k

PCB 加工厂在进行阻抗控制时，对影响阻抗因素的线宽、线距、铜厚、介质层厚度、油墨厚度，均可进行切片量测得出实际数值，并进行管控，但无法测量材料 D_k 在 PCB 中的实际值，只能将供应商提供的原始物料 D_k 作为参考，往往当阻抗测试机量测的阻抗值与实际切片软件模拟的阻抗值存在差异时，需要通过阻抗测试板反推 D_k。

控制 PCB 阻抗时，对影响阻抗因子，不可依照统一标准公差控制，需严控线宽 $W \leqslant 152\mu m$、介质层厚度 $H \leqslant 127\mu m$；针对材料有效 D_k，需建立数据库，依据材料在实际 PCB 中不同半固化片厚度（玻纤布）、不同含胶量及不同类型阻抗（差分和特性）进行 D_k 区分，此过程虽可能耗费大量人力、财力，但对 PCB 阻抗精准控制还是有很大帮助的。

4.3.9　微带线阻抗不连续性的补偿方法

在一些测试仪表的板卡中，随着传输信号频率的提高和上升时间变短，板卡中微带线与金手指宽度不一致引起的阻抗不连续问题将对信号完整性产生严重的影响。一种使用在参考接地层构建反焊盘以对这种阻抗变化进行补偿的方法如图 4-27 所示。

1. 单微带线与金手指连接

在图 4-27 所示的 HFSS 单端模型中[81]，介质材料为 Roges4350，厚度 H=3.8mil，ε_r=3.66，微带线宽度 W_1=7.3mil，长度 l_1=440mil，特性阻抗约为 50Ω，金手指宽度 W_2=24mil，长度 l_2=60mil。参考地铜厚为 1.2mil，其中金手指下方参考层被沿着金手指对称中心线挖开形成一个反焊盘，宽度为 2l，长度为 l_2。

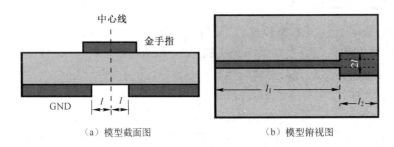

（a）模型截面图　　　　　　　　　（b）模型俯视图

图 4-27　单端情况仿真模型结构示意图

仿真表明：在没有进行反焊盘补偿时，微带线传输部分的阻抗为 50Ω，金手指部分的阻抗仅约为 33Ω，与微带线阻抗严重失配，将产生严重的信号完整性问题，信号波形严重畸变。在进行反焊盘补偿后，随着反焊盘面积的增大，金手指部分的阻抗逐渐增大，波形畸变也逐渐减小。当 l<15mil 时，由于补偿不够，金手指部分的阻抗小于 50Ω，仍得不到较好的阻抗匹配效果。当 l=15mil 时，金手指部分的阻抗已达约 50Ω，TDR 曲线在 50Ω 附近小范围波动，

达到了很好的阻抗匹配效果，故在此条件下可获得最小的回波损耗，此时波形近似为标准方波。当 $l>15\text{mil}$ 时，由于补偿过多，金手指部分的阻抗超过了 50Ω，仍将出现阻抗匹配问题，波形出现过冲现象。所以，使用反焊盘进行阻抗调整时，必须使用合适的反焊盘大小才能获得最佳的效果。

2. 差分微带线与金手指连接

差分微带线与连接的金手指之间同样存在阻抗失配的问题。将单端微带线中验证得到的补偿方法进行进一步推广，用于研究差分微带线的阻抗补偿。

在 HFSS 中建立如图 4-28 所示模型[81]，模型中介质材料为 Roges4350，厚度 H 为 6mil，ε_r=3.66，微带线宽度 W_1=7.3mil，间距 S_1=6mil，长度 l_1=440mil，特性阻抗约为 100Ω，金手指宽度 W_2=24mil，间距 S_2=8mil，长度 l_2=60mil。参考地铜厚为 1.2mil，其中两个金手指下方参考层被沿着金手指对称中心线挖开形成 2 个反焊盘，宽度为 $2l$，长度为 l_2。

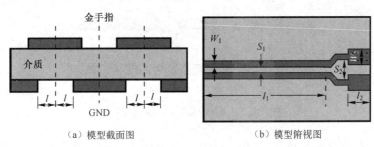

（a）模型截面图　　　　　　　　　　（b）模型俯视图

图 4-28　差分情况仿真模型结构示意图

仿真表明：回波损耗曲线表现出与单端情况相似的变化趋势，回波损耗随频率的提高而增大；随着反焊盘面积的增大，回波损耗先减小，当 $l>40\text{mil}$ 后，回波损耗随反焊盘面积的增大而增大，在 l = 40mil 时，回波损耗达到最小。

从阻抗变化来看，在没有进行反焊盘补偿时，金手指部分的差分阻抗仅约为 77Ω，与微带线 100Ω 差分阻抗相差较大，信号反射较严重，波形出现较严重失真。在进行反焊盘补偿后，随着反焊盘面积的增大，金手指部分的阻抗逐渐增大，波形失真减小。当 l=40mil 时，金手指部分的差分阻抗已接近 100Ω，TDR 曲线在 100Ω 附近小范围波动，达到了很好的阻抗匹配效果，故在此条件下可获得最小的回波损耗和最佳的波形。在 $L\approx40\text{mil}$ 时，阻抗变化与单端 TDR 曲线变化类似，但没有单微带线时变化那么剧烈，波形变化不明显。在差分微带线的金手指阻抗补偿中，反焊盘同样获得了比较好的补偿效果，表明这一方法对在差分情况下的金手指阻抗补偿同样适用。

4.3.10　带地共面波导效应对微带线的影响

在完成 PCB 布线后，为了增强电路的抗干扰性能，大多数情况下，设计者会对 PCB 进行大面积的覆地。如果覆地处理较好，那么可以有很多好处，但是不注意的话，覆地也会带来很多问题，例如平板电容效应、螺旋电感效应、共面波导效应等负面影响。

共面波导是由 Cheng P. Wen 提出的，是一种支持电磁波在同一个平面上传播的结构，通常是在一个电介质的顶部传播。经典的共面波导是在同一个导电介质平面上，由一个导体把一对接地平面分割开来所组成的[82]，如图4-29（a）所示。

在理想情况下，电介质的厚度是无限大的。在实际情况中，只要满足电磁场在离开基底之前已经不再连续这一条件，就可以近似把这种结构认为是共面波导。如果在电介质的另外一边也加上接地平面，那么就可以构成另外一种共面波导，被称为有限地共面波导（Finite Ground-plane Coplanar Waveguide，FGCPW），或者直接简单地称之为带地共面波导（GCPW），如图4-29（b）所示。

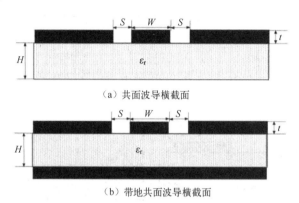

（a）共面波导横截面

（b）带地共面波导横截面

图4-29　共面波导与带地共面波导

比较微带线和共面波导的模型可以看出，微带线和共面波导结构很相似，唯一的差别就是在传输信号的主线周围是否存在"地"。因此，如果在PCB上已经设计好的微带线周围进行覆地，那么微带传输线就可能变成共面波导。在相同PCB参数条件下，微带线与共面波导的特性阻抗是不一样的，共面波导的特性阻抗受导线和地线之间的间距S影响很大。

在常规情况下，PCB上面的传输线通常是匹配到50Ω，如果在设计完成以后再对整板进行大面积的覆地，而覆地距传输线又较近，就会产生共面波导效应，影响传输线的阻抗，从而影响传输线上信号的传输质量。例如，在铜厚$t=0.018\mu m(1/2oz)$、板厚$h=1mm$的FR-4介质板（$\varepsilon_r=4.6$）上，利用微带传输线设计阻抗为50Ω的传输线时，线宽$W=2.197$；如果在微带线两边等间距覆地，那么覆地会对传输线阻抗产生影响。

仿真结果表明[83]：当微带线与地间距$S<2mm$时，阻抗受间距S影响较大，特别是间距$S<0.5mm$时，微带线阻抗变化为20%～50%。也就是说，当覆地与微带线之间间距$S<0.5mm$时，微带线阻抗严重偏离50Ω，阻抗严重不匹配，将会导致信号传输出现很大的反射和信号失真。

因此，在高速数字电路和射频电路板设计中，要非常注意接地处与微带线的距离，否则可能带来较严重的后果。

4.3.11　PCB传输线设计与制作中应注意的一些问题

目前，PCB传输线可分为射频/微波信号传输类和高速逻辑信号传输类。射频/微波信号传输类微带线与无线电的电磁波有关，是以正弦波来传输信号的；高速逻辑信号传输类微带线是用来传输数字信号的，与电磁波的方波传输有关。

微带线对印制板基板材料在电气特性上有明确的要求。要实现传输信号的低损耗、低延迟，必须选用介电常数合适和介质损耗角正切小的基板材料，进行严格的尺寸计算和加工。微带线的结构虽简单，但计算复杂，各种设计计算公式都有一定的近似条件，很难得到一个理想的计算结果。在工程上通常通过实验修正，以得到满意的工程效果。

下面以微带线为例，介绍 PCB 传输线设计与制作中应注意的一些问题。

1. 基本设计参数

微带线的基本设计参数如下。

① 基板参数：ε_r、$\tan\delta$、基板高度 h 和导线厚度 t。导带和底板（接地板）金属通常为铜、金、银、锡或铝。

② 电特性参数：特性阻抗 Z_0、工作频率 f_0、工作波长 λ_0、波导波长 λ_g 和电长度 θ（角度）。

③ 微带线参数：宽度 W、长度 L 和单位长度衰减量 A_{dB}。

构成微带线的基板材料、微带线尺寸与微带线的电性能参数之间存在严格的对应关系。微带线的设计就是确定满足一定电性能参数的微带线物理结构。

2. 微带线的常用设计方法

由有关资料可知，微带线的计算公式极为复杂。在电路设计过程中使用这些公式是麻烦的。研究表明，微带线设计问题的实质就是求给定基板情况下阻抗与导带宽度的对应关系。目前使用的主要方法如下。

（1）查表格

已经有研究者针对不同基板，计算出了物理结构参数与电性能参数之间的对应关系，建立了详细的数据表格。设计者可以利用这种表格进行操作。

① 按相对介电常数选表格。

② 查阻抗值、宽高比 W/h、有效介电常数 ε_e 三者的对应关系，只要已知一个值，其他两个就可查出。

③ 计算。通常 h 已知，则 W 可得，由 ε_e 求出波导波长，进而求出微带线长度。

（2）利用微带电路的软件

许多公司已开发出了很好的计算微带电路的软件。例如，AWR 的 Microwave Office，输入微带的物理参数和拓扑结构，就能很快得到微带线的电性能参数，并可调整或优化微带线的物理参数。

数学计算软件 MathCAD11 具有很强的功能，只要写入数学公式，就能完成计算任务。

3. 微带线常用材料

构成微带线的材料就是金属和介质，对金属的要求是导电性能，对介质的要求是提供合适的介电常数，而不带来损耗。对材料的要求还与制造成本和系统性能有关。

（1）介质材料

高速传送信号的基板材料一般有陶瓷材料、玻纤布、聚四氟乙烯、其他热固性树脂等。表 4-3 给出了微波集成电路中常用介质材料的特性。

表 4-3　微波集成电路中常用介质材料的特性

材　　料		损耗角正切 $\tan\delta\times10^{-4}$（10GHz 时）	相对介电常数 ε_r	电导率 σ	应　　用
氧化铝陶瓷	99.5%	2	10	0.30	微带线
	96%	6	9	0.28	
	85%	15	8	0.20	
蓝宝石		1	10	0.40	微带线，集总参数元件
玻璃		20	5	0.01	微带线，集总参数元件
熔石英		1	4	0.01	微带线，集总参数元件
氧化铍		1	7	2.50	微带线复合介质基片
金红石		4	100	0.02	微带线
铁氧体		2	14	0.03	微带线，不可逆元件
聚四氟乙烯		15	2.5		微带线

微带线加工有两种实现方式：

① 在基片上沉淀金属导带。这种方式主要使用陶瓷类刚性材料。这种方式工艺复杂，加工周期长，性能指标好，在毫米波或要求高的场合使用。

② 在现成介质覆铜板上光刻成印制板电路。这种方式主要使用复合介质类材料，在微波场合使用。这种方式加工方便，成本低，是目前使用最广泛的方式。

在所有的树脂中，聚四氟乙烯的相对介电常数稳定，介质损耗角正切最小，而且耐高低温性和耐老化性能好，最适合制作高频基板材料，是目前采用量最大的微波印制板基板材料。

（2）铜箔厚度及种类选择

目前最常用的铜箔厚度有 35μm 和 18μm 两种。铜箔越薄，越易获得高的图形精密度，高精密度的微波图形应选用不大于 18μm 的铜箔。如果选用 35μm 的铜箔，则过高的图形精度会使工艺性变差，不合格品率必然增大。研究表明，铜箔类型对图形精度也有影响。目前的铜箔类型有压延铜箔和电解铜箔两类。压延铜箔较电解铜箔更适合于制造高精密图形，所以在材料订货时，可以考虑选择压延铜箔的基材。

（3）环境适应性选择

现有的微波基材，虽对于标准要求的-55～+125℃温度范围都没有问题，但还应考虑两点：一是孔化与否对基材选择的影响，对于要求通孔金属化的微波板，基材 z 轴热膨胀系数越大，意味着在高低温冲击下，金属化孔断裂的可能性越大，因而在满足介电性能的前提下，应尽可能选择 z 轴热膨胀系数小的基材；二是湿度对基材选择的影响，树脂本身吸水性很小，但加入增强材料后，基材整体的吸水性增大，在高湿环境下使用时会对介电性能产生影响，因而选材时应选择吸水性小的基材或采取结构工艺上的措施进行保护。

4．微带线加工工艺

（1）外形设计和加工

现代微波印制板的外形越来越复杂，尺寸精度要求高，同品种的生产数量很大，必须应用数控铣加工技术。因而在进行微波板设计时应充分考虑数控加工的特点，所有加工的内角都应设计成圆角，以便于一次加工成型。

微波板的结构设计也不应追求过高的精度，因为非金属材料的尺寸变形倾向较大，不能以金属零件的加工精度来要求微波板。外形的高精度要求，在很大程度上可能是因为顾及了在微带线与外形相接的情况下，外形偏差会影响微带线长度，从而影响微波性能。实际上，参照国外的规范设计，微带线端距板边应保留 0.2mm 的空隙，这样即可避免外形加工偏差的影响。

一些微波印制板基材带有铝衬板。此类带有铝衬板的基材的出现给制造加工带来了额外的压力，图形制作过程复杂，外形加工复杂，生产周期加长，因而尽量不采用带铝衬板的基材。

Rogers 公司的 TMM 系列微波印制板基材，是由陶瓷粉填充的热固性树脂构成的。其中，TMM10 基材中填充的陶瓷粉较多，性能较脆，给图形制造和外形加工带来很大难度，容易缺损或形成内在裂纹，成品率相对较低。目前对 TMM10 板材外形加工采用的是激光切割的方法，成本高，效率低，生产周期长。所以，在可能的情况下，可考虑优先选择 Rogers 公司符合介电性能要求的 RT/Duroid 系列基材。

（2）电路的设计与加工

由于受制造层数、原材料的特性、金属化孔制造需求、最终表面涂覆方式、线路设计特点、制造线路精度要求、制造设备及药水先进性等诸方面因素的制约，微波板的制造工艺流程会根据具体要求进行相应的调整。电镀镍金工艺流程被细分为电镀镍金的阳版工艺流程和电镀镍金的阴版工艺流程。工艺说明如下：

① 线路图形互连时，可选用图形电镀镍金的阴版工艺流程。

② 为提高微波印制板的制造合格率，尽量采用图形电镀镍金的阴版工艺流程。如果采用图形电镀镍金的阳版工艺流程，若操作控制不当，会出现渗镀镍金的质量问题。

③ Rogers 公司牌号为 RT/Duroid 6010 基材的微波板，由于刻蚀后的图形电镀时，会出现线条边缘"长毛"现象，导致产品报废，因此须采用图形电镀镍金的阳版工艺流程。

④ 当线路制造精度要求为 ±0.02mm 以内时，各流程之相应处须采用湿膜制板工艺方法。

⑤ 当线路制造精度要求为 ±0.03mm 以外时，各流程之相应处可采用干膜（或湿膜）制板工艺方法。

⑥ 对于四氟介质微波板，如 Rogers 公司的 RT/Duroid 5880、RT/Duroid 5870、ULTRALAM2000、RT/Duroid 6010 等，在进行孔金属化制造时，可采用钠萘溶液或等离子进行处理；TMM10、TMM10i 和 804003、804350 等则无须进行活化前处理。

微波印制板的制造正向 FR-4 普通刚性印制板的加工方向发展，越来越多的刚性印制板制造工艺和技术运用于微波印制板的加工，具体表现为多层化、线路制造精度的细微化、数控加工的三维化和表面涂覆的多样化。

5．微带线工程的发展趋势

微波印制板的图形制造精度将会逐步提高，但受制造工艺方法的限制，精度提高不可能是无限制的。从种类上看，这将不仅会有单微波层板、双微波层板，还会有微波多层板。对微波印制板的接地会提出更高要求，如普遍解决聚四氟乙烯基板的孔金属化，解决带铝衬底微波印制板的接地。镀覆要求进一步多样化，将特别强调铝衬底的保护及镀覆。另外，对微波印制板的整体三防保护也将提出更高要求，特别是聚四氟乙烯基板的三防保护问题。

高精度的微波印制板设计、外形加工，以及批生产和检验，离不开计算机技术。因此，需将微波印制板的 CAD 与 CAM、CAT 连接起来，通过对 CAD 设计的数据处理和工艺干预，生成相应的数控加工文件和数控检测文件，用于微波印制板生产的工序控制、工序检验和成品检验。

微波印制板的高精度图形制造，与传统的刚性印制板相比，向着更专业化的方向发展，包括高精度模版制造、高精度图形转移、高精度图形刻蚀等相关工序的生产及过程控制技术，以及合理的制造工艺路线安排。针对不同的设计要求，如孔金属化与否、表面镀覆种类等制定合理的制造工艺，经过大量的工艺实验，优化各相关工序的工艺参数，并确定各工序的工艺余量。

随着应用范围的扩大，微波印制板的使用环境条件也复杂化，同时由于大量应用铝衬底基材，因而对微波印制板的表面镀覆及保护，在原有化学沉银及镀锡铈合金的基础上，提出了更高的要求。一是微带图形表面的镀覆及防护，需满足微波器件的焊接要求，采用电镀镍金的工艺技术，保证在恶劣环境下微带图形不被损坏。其中除微带图形表面的可焊性镀层外，最主要的是应既有效防护又不影响微波性能的三防保护技术。二是铝衬板的防护及镀覆技术。铝衬板如不加防护，暴露在潮湿、盐雾环境中很快就会被腐蚀，因而随着铝衬板被大量应用，防护技术应引起足够重视。另外要研究解决铝板的电镀技术，在铝衬板表面电镀银、锡等金属用于微波器件焊接或其他特殊用途的需求在逐步增多，这不仅涉及铝板的电镀技术，同时还涉及微带图形的保护问题。

微波印制板的外形加工，特别是带铝衬板微波印制板的三维外形加工，是微波印制板批量生产需要重点解决的一项技术。面对成千上万件的带铝衬板微波印制板，用传统的外形加工方法既不能保证制造精度和一致性，更无法保证生产周期，必须采用先进的计算机控制数控加工技术。带铝衬板微波印制板的外形加工技术既不同于金属材料加工，也不同于非金属材料加工。由于同时存在金属材料和非金属材料，加工刀具、加工参数等以及加工机床都具有极大的特殊性，也有大量的技术问题需要解决。外形加工工序是微波印制板制造过程中周期最长的一道工序，因而外形加工技术解决得好坏直接关系到整个微波印制板的加工周期长短，并影响产品的研制或生产周期。

微波印制板与普通的单双层板和多层板不同，不仅起着结构件、连接件的作用，更重要的是起到信号传输线的作用。这就是说，对高频信号和高速数字信号的传输用微波印制板的电气测试，不仅要测量线路（或网络）的"通断"和"短路"等是否符合要求，而且还应测量特性阻抗是否在规定的合格范围内。

高精度微波印制板有大量的数据需要检验，如图形精度、位置精度、重合精度、镀覆层厚度、外形三维尺寸精度等。现行方法基本是以人工目视检验为主，辅以一些简单的测量工具。这种原始而简单的检验方法很难应对大量拥有成百上千数据的微波印制板批生产要求，不仅检验周期长，而且错漏现象多，因而迫使微波印制板制造向着批生产检验设备化的方向发展。

4.4　低电压差分信号（LVDS）的布线

4.4.1　LVDS 布线的一般原则

LVDS（Low Voltage Differential Signaling，低电压差分信号）是一种低摆幅的差分信号技术，它使得信号能在差分 PCB 线对或平衡电缆上以几百 Mbps 的速率传输，其低压幅和低电流驱动输出实现了低噪声和低功耗。LVDS 的传输支持速率一般在 155Mbps（大约为 77MHz）以上。在 ANSI/TIA/EIA-644 中，推荐最大速率为 655Mbps，理论极限速率为 1.923Mbps。

LVDS 信号不仅是差分信号，而且是高速数字信号。因此，对用来传输 LVDS 的 PCB 线对必须采取措施，以防止信号在终端被反射，同时应降低电磁干扰以保证信号的完整性。在 PCB 布线时需要注意的一些问题[84]如下。

1．采用多层板结构形式

包有 LVDS 信号的 PCB 一般都建议采用多层板结构形式。由于 LVDS 信号属于高速信号，故与其相邻的层应为接地层，且应对 LVDS 信号进行屏蔽以防止干扰。另外，对于密度不是很大的板子，在物理空间条件允许的情况下，最好将 LVDS 信号与其他信号分别放在不同的层。例如，对于 4 层板，通常可以按 LVDS 信号层、接地层、电源层、其他信号层布层。

一个包含 LVDS 信号的 PCB 设计实例[84]如图 4-30 所示，有 16 层。LVDS 信号分别走在 L_1 层和 L_{16} 层，L_1 层的屏蔽层为 G_2 层，L_{16} 的屏蔽层为 G_{15} 层（其中 G_2 层、G_{15} 层是一个完整的接地平面），这样不但可以减少过孔数，保证接线最短，而且每个 LVDS 信号层都与完整的接地平面相邻。

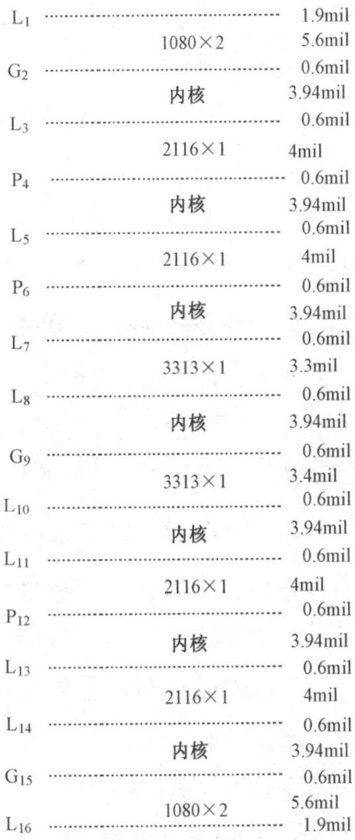

2．控制传输线阻抗

LVDS 信号的电压摆幅只有 350mV，以电流驱动的差分信号方式工作。为了确保信号在传输线中传播时不受反射信号的影响，LVDS 信号要求传输线阻抗受控，其中单线阻抗为 50Ω，差分阻抗为 100Ω±10Ω。阻抗控制得好坏直接影响信号的完整性及延迟。

（1）确定走线模式、参数及计算阻抗

LVDS 分外层微带线差分模式和内层带状线差分模式两种。在实际应用中，可以利用一些高速电路仿真分析工具，通过合理设置层叠厚度和介质参数，调整走线的线宽和线间距，计算出单线和差分阻抗结果，来达到阻抗控制的目的。通过合理设置参数，阻抗可利用相关阻抗计算软件（如 POLAR-SI6000、CADENCE 的 ALLEGRO、Mentor 的 ePlanner 等）计算，也可利用阻抗计算公式计算。微带线和带状线的阻抗计算公式见 4.3 节，从计算公式可以看出，阻抗与绝缘层厚度成正比，与介电常数、线的厚度及宽度成反比。

层	材料	厚度
L_1		1.9mil
	1080×2	5.6mil
G_2		0.6mil
	内核	3.94mil
L_3		0.6mil
	2116×1	4mil
P_4		0.6mil
	内核	3.94mil
L_5		0.6mil
	2116×1	4mil
P_6		0.6mil
	内核	3.94mil
L_7		0.6mil
	3313×1	3.3mil
L_8		0.6mil
	内核	3.94mil
G_9		0.6mil
	3313×1	3.4mil
L_{10}		0.6mil
	内核	3.94mil
L_{11}		0.6mil
	2116×1	4mil
P_{12}		0.6mil
	内核	3.94mil
L_{13}		0.6mil
	2116×1	4mil
L_{14}		0.6mil
	内核	3.94mil
G_{15}		0.6mil
	1080×2	5.6mil
L_{16}		1.9mil

图 4-30　一个包含 LVDS 信号的 PCB 设计实例

在很多时候，同时满足单线阻抗和差分阻抗是比较困难的。一方面，线宽（Width）和线间距（Separation）的调整范围会受到物理设计空间的限制，例如，在 BGA 或直列型边缘连接器内的布线和线宽受焊盘尺寸和间距的限制；另一方面，线宽和线间距的改变都会影响单线阻抗和差分阻抗。因此，在一定的层叠条件下，了解线宽和线间距与阻抗之间的关系，对设计师设定差分布线规则就十分有意义了。利用 Mentor 公司的 HyperLynx 软件，可以很方便地计算出达到预定阻抗的线宽和线间距关系。设计师不要仅仅依赖自动布线功能，而应仔细修改以实现差分阻抗匹配，并实现差分线的隔离。

（2）走平行等距线

在确定走线线宽及间距后，在走线时要严格按照计算出的线宽和间距，两线间距要一直保持不变，也就是要保持平行。平行的方式有两种：一种为两条线走在同一线层（side-by-side），即同层内的差分形式；另一种为两条线走在上下相两层（over-under），即层间差分形式。一般尽量避免使用层间差分形式，因为在 PCB 的实际加工过程中，由于层叠之间的层压对准精度大大低于同层刻蚀精度，以及层压过程中的介质流失，不能保证差分线的间距等于层间介质厚度，从而会造成层间差分对的阻抗变化。建议尽量使用同层内的差分形式。

3．遵守紧耦合的原则

在计算线宽和间距时，要求遵守紧耦合的原则，也就是差分线对间距小于或等于线宽的原则。当两条差分信号线距离很近时，电流传输方向相反，磁场相互抵消，电场相互耦合，电磁辐射也要小得多。

4．走线应该尽可能地短而直

为确保信号的质量，LVDS 差分线对走线应该尽可能地短而直；差分信号对布线的长度应该保持一致，避免差分线对布线太长，出现太多的拐弯；拐弯处尽量用 45°或弧线，避免90°拐弯；应尽量减少布线中的过孔数和其他会引起线路不连续性的因素。

5．不同差分线对之间的间距不能太小

LVDS 对走线方式的选择没有限制，微带线和带状线均可，但是必须注意要有良好的参考平面。不同差分线对之间的间距不能太小，至少应为 3～5 倍的差分线间距。必要时可在不同差分线对之间加地孔隔离以防止相互间的串扰。

6．LVDS 信号远离其他信号

对 LVDS 信号和其他信号，如 TTL 信号，最好使用不同的走线层。如果因为设计限制必须使用同一层走线时，LVDS 走线和 TTL 走线的距离应该足够远，至少应为 3～5 倍的差分线间距。

7．LVDS 差分信号不可以跨平面分割

尽管两根差分信号互为回流路径，跨平面分割不会割断信号的回流，但是跨平面分割部分的传输线会因为缺少参考平面而导致阻抗不连续。

8．接收端的匹配电阻要尽量靠近接收引脚

接收端的匹配电阻到接收引脚的距离要尽量短，接线距离也要尽量短。

9．控制匹配电阻的精度

使用终端匹配电阻可实现对差分传输线的匹配，其阻值一般为 90～130Ω。电路也需要用此终端匹配电阻来产生正常工作的差分电压。对于点到点的拓扑，走线的阻抗通常控制在 100Ω，但匹配电阻可以根据实际情况进行调整。最好使用精度为 1%～2% 的表面贴装电阻跨接在差分线对上，必要时也可使用两个阻值各为 50Ω 的电阻，并在中间通过一个电容接地，以更好滤除共模噪声。根据经验，10% 的阻抗不匹配就会产生 5% 的反射。

10．未使用的引脚处理

将所有未使用的 LVDS 接收器输入引脚悬空，所有未使用的 LVDS 和 TTL 输出引脚悬空，所有未使用的 TTL 发送/驱动器输入和控制/使能引脚接电源或地。

▶ 4.4.2 LVDS 的 PCB 走线设计

LVDS 的 PCB 走线非常讲究，设计时应该遵守高速数字设计的一般规则，设计规则与一般差分对一致。

① 采用阻抗受控传输线，传输线的阻抗与传输媒介（如电缆）和匹配电阻一致；

② 保持差分对的走线电气长度对称以减小错位；

③ 采用手工布线；

④ 减少过孔数量及其他不连续设计；

⑤ 避免采用 90° 拐角，应采用 135° 或弧形走线；

⑥ 尽量减小差分对的距离以提高接收器的共模抑制能力。

常用的 PCB 阻抗受控传输线结构和阻抗计算公式[84]如图 4-31 所示。PCB 阻抗受控传输线也可以采用如图 4-32 所示的结构。

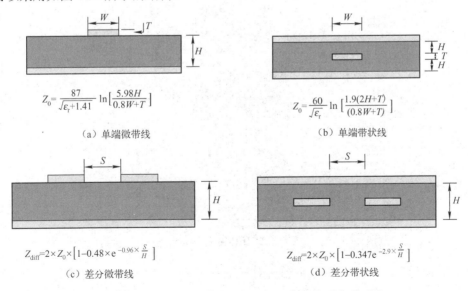

$$Z_0 = \frac{87}{\sqrt{\varepsilon_r + 1.41}} \ln\left[\frac{5.98H}{0.8W + T}\right]$$

（a）单端微带线

$$Z_0 = \frac{60}{\sqrt{\varepsilon_r}} \ln\left[\frac{1.9(2H + T)}{(0.8W + T)}\right]$$

（b）单端带状线

$$Z_{\text{diff}} = 2 \times Z_0 \times \left[1 - 0.48 \times e^{-0.96 \times \frac{S}{H}}\right]$$

（c）差分微带线

$$Z_{\text{diff}} = 2 \times Z_0 \times \left[1 - 0.347 e^{-2.9 \times \frac{S}{H}}\right]$$

（d）差分带状线

图 4-31 常用的 PCB 阻抗受控传输线结构和阻抗计算公式

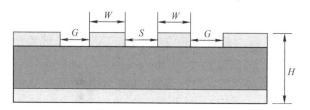

（a）共面耦合微带线

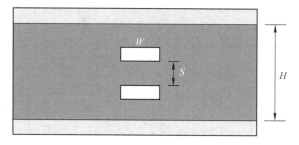

（b）端耦合带状线

图 4-32　PCB 阻抗受控传输线的其他结构形式

　　保持差分对的对称性是 PCB 布线的关键，差分对走线的任何不对称都可能导致信号完整性问题和电磁辐射问题。例如，如果差分对的长度不匹配，就会直接导致差分信号错位：一方面会使接收端的眼图闭合，传输速度下降；另一方面会直接造成差分信号转变为共模信号，从而可能导致严重的 EMI 问题。另外，不但差分对的抗干扰性能会下降，而且也会因为辐射增强而干扰其他敏感电路。

　　一个 LVDS PCB 传输线好和不好的设计实例[85]如图 4-33 所示。

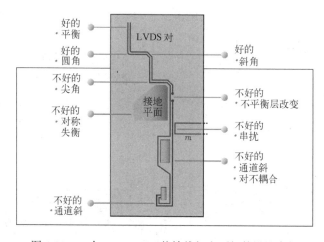

图 4-33　一个 LVDS PCB 传输线好和不好的设计实例

　　发送器输出到连接器之间的 PCB 走线的长度匹配应该控制在 5mm 以内，通常需要如图 4-34 所示的蛇形走线控制长度匹配[86]。

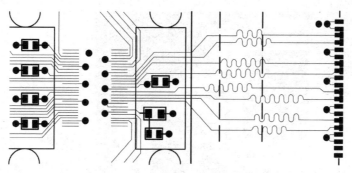

图 4-34　蛇形走线控制长度匹配

对于端接的引线长度，如果接收器和端接之间的距离不能控制在 2cm，则需要采用如图 4-35 所示的 Fly-by 端接方式[86]。

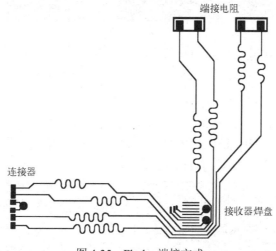

图 4-35　Fly-by 端接方式

MAX3950 是一个+3.3V、10.7Gbps、1∶16 解串器，采用 LVDS 输出。MAX3950 评估板的 PCB 设计示意图如图 4-36 所示[87]。

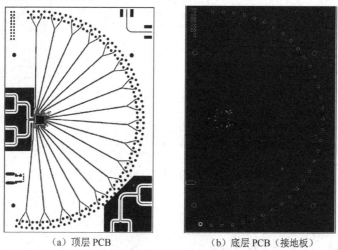

（a）顶层 PCB　　　　　　　　（b）底层 PCB（接地板）

图 4-36　MAX3950 评估板的 PCB 设计示意图

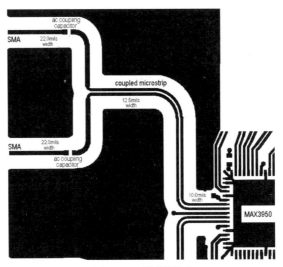

（c）10Gbps 微带线形式

图 4-36　MAX3950 评估板的 PCB 设计示意图（续）

　　一些公司为 PCB 的传输线设计提供 EDA 软件，以辅助设计人员进行 PCB 传输线设计。例如，Polar Instruments Ltd.的 Speedstack PCB 阻抗场解算器和层叠软件包如图 4-37 所示。Speedstack PCB 是 Si8000 场解算阻抗计算器和 Speedstack 专业多层电路设计系统的打包组合。Si8000m 8.0 版内置了阻抗图形技术，是一个功能强大的阻抗设计系统。Si8000m 现在与 Speedstack 结合在一起，共同构成了 Speedstack PCB。

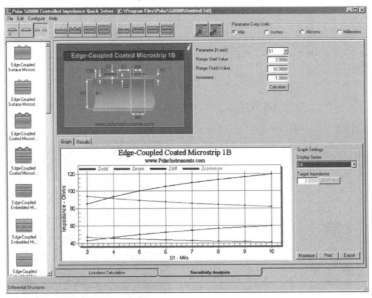

图 4-37　Speedstack PCB 阻抗场解算器和层叠软件包

▶ 4.4.3　LVDS 的 PCB 过孔设计

　　LVDS 的 PCB 过孔设计也应该遵循"保持差分对走线电气长度对称"的原则。一个 LVDS

差分对过孔的 PCB 设计的 3D 示意图[84]如图 4-38 所示。一个通过过孔连接的背板子系统示意图[79,85]如图 4-39 所示。

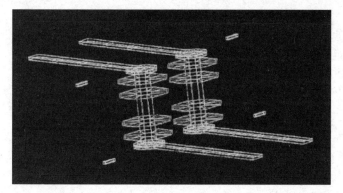

图 4-38　LVDS 差分对过孔的 PCB 设计的 3D 示意图

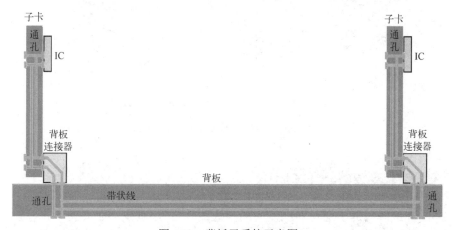

图 4-39　背板子系统示意图

对于电源和接地的 PCB 过孔，也需要遵循"保持差分对走线电气长度对称"的原则，可以采用如图 4-40 所示的低电感和高容量的结构形式[84]。同时，在电源板和接地板之间嵌入电容，使用 2mil FR-4 介质，每平方英寸 PCB 大约有 500pF 电容，以获得好的退耦效果。

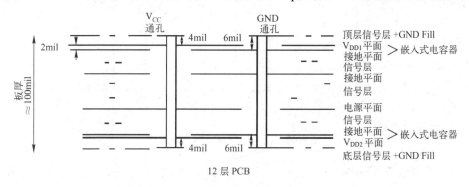

图 4-40　低电感和高容量的结构形式

4.5　PCB 布线的一般原则及工艺要求

4.5.1　控制走线方向

　　在 PCB 布线时，相邻层的走线方向成正交结构，应避免将不同的信号线在相邻层走成同一方向，以减少不必要的层间串扰。当 PCB 布线受到结构限制（如某些背板），难以避免出现平行布线，特别是当信号速率较高时，应考虑用接地平面隔离各布线层，用地线隔离各信号线。相邻层的走线方向示意图如图 4-41 所示。

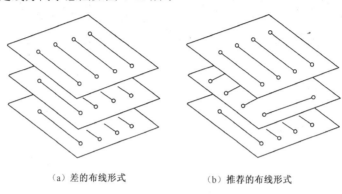

　　　（a）差的布线形式　　　　　　　（b）推荐的布线形式

图 4-41　相邻层的走线方向示意图

4.5.2　检查走线的开环和闭环

　　在 PCB 布线时，为了避免布线产生的"天线效应"，减少不必要的干扰辐射和接收，一般不允许出现一端浮空的布线（Dangling Line）形式，否则可能带来不可预知的结果，如图 4-42 所示。

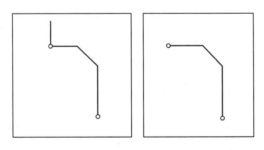

　　（a）差的布线形式　　　　（b）推荐的布线形式

图 4-42　避免一端浮空的布线形式

　　要防止信号线在不同层间形成自环。在多层板设计中容易发生此类问题，自环将引起辐射干扰。

4.5.3 控制走线的长度

1．使走线长度尽可能的短

在 PCB 布线时，应该使走线长度尽量短，以减少由走线长度带来的干扰问题，如图 4-43 所示。

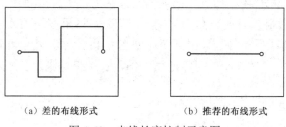

(a) 差的布线形式   (b) 推荐的布线形式

图 4-43　走线长度控制示意图

2．调整走线长度

数字电路系统对时序有严格的要求，为了满足信号时序的要求，对 PCB 上的信号走线长度进行调整已经成为 PCB 设计工作的一部分。

走线长度的调整包括以下两个方面的要求。

① 要求走线长度保持一致，保证信号同步到达若干个接收器。有时在 PCB 上的一组信号线之间存在相关性，如总线，这时就需要对其长度进行校正，因为需要信号在接收端同步。调整方法就是首先找出其中最长的那根走线，然后将其他走线调整到等长。

② 控制两个器件之间的走线延迟为某一个特定值，如控制器件 A、B 之间的导线延迟为 1ns，而这样的要求往往由电路设计者提出，但由 PCB 工程师去实现。需要注意的是，在 PCB 上的信号传播速度是与 PCB 的材料、走线的结构、走线的宽度、过孔等因素相关的。通过信号传播速率，可以计算出与所要求的走线延迟对应的走线长度。

走线长度的调整常采用的是蛇形线的方式，更多的内容见 8.2.8 节。

4.5.4 控制走线分支的长度

在 PCB 布线时，应尽量控制走线分支的长度，使分支的长度尽量短。另外，一般要求走线延迟 $t_{delay} \leqslant t_{rise}/20$，其中 t_{rise} 是数字信号的上升时间。走线分支长度控制如图 4-44 所示。

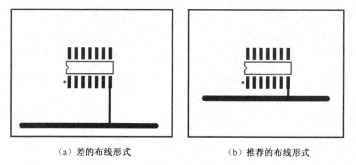

(a) 差的布线形式   (b) 推荐的布线形式

图 4-44　走线分支长度控制示意图

4.5.5　拐角设计

在 PCB 布线时，走线拐弯是不可避免的，当走线出现直角拐角时，在拐角处会产生额外的寄生电容和寄生电感，如图 4-45 所示。走线拐弯的拐角应避免设计成锐角和直角形式，以免产生不必要的辐射，同时锐角和直角形式的工艺性能也不好。要求所有线与线的夹角应大于或等于 135°。在走线确实需要直角拐角的情况下，可以采取两种改进方法：一种是将 90°拐角变成两个 45°拐角；另一种是采用圆角，如图 4-46 所示。圆角方式是最好的，45°拐角可以用于 10GHz 频率上。对于 45°拐角走线，拐角长度最好满足 $L \geqslant 3W$。

图 4-45　直角拐角的高频等效电路

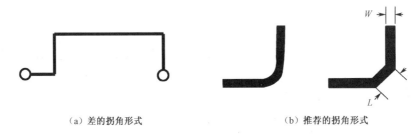

（a）差的拐角形式　　　　　　　　　　（b）推荐的拐角形式

图 4-46　拐角设计

4.5.6　差分对走线

为了避免不理想返回路径的影响，可以采用差分对走线。为了获得较好的信号完整性，可以选用差分对走线来实现高速信号的传输。前面介绍的 LVDS 电平的传输采用的就是差分传输线的方式。

差分信号传输的优点：

① 输出驱动总的 di/dt 会大幅降低，从而减小了轨道塌陷和潜在的电磁干扰。

② 与单端放大器相比，接收器中的差分放大器有更高的增益。

③ 差分信号在一对紧耦合差分对中传输时，在返回路径中对付串扰和突变的鲁棒性更好。

④ 因为每个信号都有自己的返回路径，所以差分信号通过接插件或封装时，不易受到开关噪声的干扰。

差分信号传输的缺点：

① 如果不对差分信号进行恰当的平衡或滤波，或者存在任何共模信号，就可能会产生EMI 问题。

② 与单端信号相比，传输差分信号需要双倍的信号线。

PCB 上的差分对走线如图 4-47 所示。

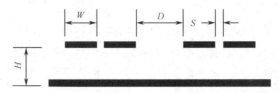

D—两个差分对之间的距离；*S*—差分对两根信号线间的距离；*W*—差分对走线的宽度；*H*—介质厚度

图 4-47　PCB 上的差分对走线

设计差分对走线时，要遵循以下原则[88]。

① 等长。等长就是使差分线对的两根信号线布线长度尽量相同。通常对于高速差分信号等长的匹配要求是在±10mil 之内。其数值也可以通过信号允许错位和信号传输延迟（一般 180ps/in）来计算，或者满足线差长度小于上升时间的 20%。由于器件布局、引脚分布等原因，直接布线生成的差分线对大多数情况都不等长，这就需要进行手动调整。

② 等距。等距就是使差分线对间的距离保持相等［即平行走线，保持差分对的两信号走线之间的距离 *S*（差分线对的线间距）在整个走线上为常数，*S* 满足 *S*=3*H*，以便使元件的反射阻抗最小化］，保证差分线对全程的差分阻抗不改变。等距是为了保证差分线对之间差分阻抗的连续性，减少反射。差分阻抗是设计差分对的重要参数。差分阻抗不连续会影响信号完整性。

差分阻抗与差分线对的线宽、线间距、印制板层叠顺序、介质的介电常数等诸多参数有关。某些参数只能由印制板生产厂商提供，因此印制板设计者应与生产厂商共同协商决定线间距等参数。值得注意的是，一个差分信号在多层 PCB 的不同层传输时，要及时调整线间距来补偿由于介质的介电常数变化带来的特性阻抗变化。与不等长相比，不等距对信号完整性的影响较小。当等长与等距规则冲突时，应优先满足等长要求。注意：如图 4-48 所示，差分线对在整个走线过程中不能跨越分割。

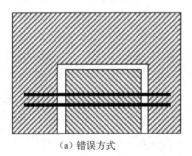

（a）错误方式

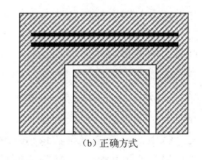

（b）正确方式

图 4-48　不能跨越分割

③ 控制差分线对和其他信号间的距离，可以有效减少其他信号对差分线对的干扰和抑制 EMI。电磁场能量随着距离的平方递减，一般差分线对和其他信号间的距离大于差分线宽的 4 倍（*D*>4*W*，*D* 是差分线对和其他信号间的距离）或差分线对间距的 3 倍（*D*> 3*S*）以上时，它们之间的相互影响就会变得极其微弱了，基本可以忽略不计。

这里，其他信号包括其他差分线、单端线、信号平面等。同时，差分线对和其参考平面边沿的距离也应按照上述方式进行计算，这样做的目的是保证两条差分线的对称性，减少共模噪声。

④ 采用适当的差分线拐角形式。在实际的 PCB 设计中，由于元器件的密集度和布局布线的复杂性不断增加，差分线走线时不可避免地出现拐角，如图 4-49 所示。

    （a）直角   （b）圆角   （c）斜切   （d）45°角

图 4-49　差分线的拐角形式

印制线拐角处存在特性阻抗不连续性，导致印制线上信号的反射，从而影响信号完整性。不同形状印制线拐角的传输特性不同，对信号完整性的影响也不同。印制线拐角的最佳几何结构为直角弯曲 45°外斜切形式。

实验和仿真分析表明，印制线直角弯曲 45°外斜切结构形式也能够很好地改善信号传输特性。最佳斜切率 m 与微带线宽厚比 W/H 存在近似的指数关系[89]：

$$m=50.1+35.1\exp(-1.35W/H)+6.5(H/W)\exp(-1.35W/H) \tag{4-31}$$

式中，H 为印制线与参考导电平面间的介质厚度；W 为印制线宽度，$W/H \geqslant 0.25$；t 为印制线厚度；ε_r 为印制线与参考导电平面间介质的相对介电常数，$\varepsilon_r \leqslant 25$。

标称特性阻抗 50Ω 的印制线，在小于 8GHz 的频率范围内，直角弯曲 45°外斜切拐角的最佳斜切率约为 $m=0.535$；在大于 8GHz 的频率范围，直角弯曲 45°外斜切拐角没有明显的最佳斜切率存在。PCB 印制线拐角设计成直角弯曲 45°外斜切形式，能够极大地改善信号的传输特性，提高信号完整性。

⑤ 尽可能减少差分线上的过孔。在高速多层互连系统中，过孔对差分信号的传输影响日益增大，已经影响到了信号的完整性。当过孔阻抗不等于传输线特性阻抗时，就会出现反射，降低上升沿速率，增大振铃效应等。差分过孔的物理结构是由许多因素所决定的，过孔与走线、焊盘与反焊盘之间的耦合，以及反焊盘与过孔之间较强的电场等都是影响因素。过孔孔径、焊盘与反焊盘尺寸的改变都会引起过孔的阻抗发生变化，并且直接影响在过孔中传输的高速信号的完整性。通过仿真可知：

a. 过孔孔径对差分过孔的影响。在焊盘和反焊盘尺寸固定的情况下，过孔孔径与差分反射系数 S_{dd11} 成正比，即过孔孔径尺寸越大，反射就越大；过孔孔径与差分传输系数 S_{dd21} 成反比，即过孔尺寸越大，差分传输系数越小，差分插入损耗越大。由此可以得出，过孔孔径尺寸越小，端口反射越小，传输性能越好，信号完整性就越好。

b. 过孔焊盘对差分过孔的影响。在过孔孔径和反焊盘尺寸固定的情况下，焊盘与差分反射系数 S_{dd11} 成正比，即焊盘尺寸越大，反射就越大；焊盘与差分传输系数 S_{dd21} 成反比，即焊盘越大，差分传输系数越小，差分插入损耗越大。由此可以得出，焊盘尺寸越小，端口反射越小，传输性能越好，信号完整性就越好。

c. 过孔反焊盘对差分过孔的影响。在过孔孔径和焊盘尺寸固定的情况下，反焊盘与差分反射系数 S_{dd11} 成反比，即反焊盘尺寸越小，反射就越大；反焊盘与差分传输系数 S_{dd21} 成正比，即反焊盘越小，差分传输系数越小，差分插入损耗越大。由此可以得出，反焊盘尺寸越大，端口反射越小，传输性能越好，信号完整性就越好。

一个 0.5mm 间距 QFN 器件封装（DS125BR820）的 PCB 设计实例[90]如图 4-50 所示，DS125BR820 可用于高达 125Gbps 的串行应用。

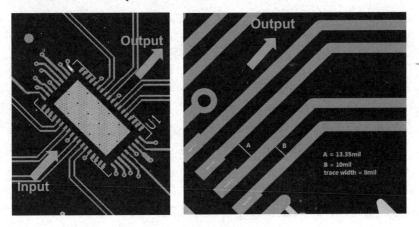

图 4-50　一个 0.5mm 间距 QFN 器件封装的 PCB 设计实例

在这个实例中，差分线的导线宽度/间距为 8mil/10mil。与参考平面的介质层厚度为 7mil，PCB 材料为 FR-4。相邻差分对之间的间隙为 13.35mil，而差分对的 P 和 N 导线之间的间隙为 10mil。仿真得到的差分串扰值：NEXT 是-34.7dB @ 5GHz、-31.9dB @ 10GHz；FEXT 是-53.1dB @ 5GHz、-45.9dB @ 10GHz。

请注意：对于 DS125BR820，因为所有的输入都在一侧，所有的输出都在另一侧，所以FEXT 是关键参数。

为进一步提高串扰性能，一是使用更紧密耦合的差分线，增加差分对之间的间隙并减小P 和 N 导线之间的间距。在使用紧耦合差分线后，修改的差分对线之间的间隙为 22mil，P和 N 导线之间的间距为 5mil，如图 4-51 所示。仿真得到的差分串扰值：NEXT 是-41.6dB @5GHz、-37.4dB @ 10GHz；FEXT 是-57.7dB @ 5GHz、-47.6dB @ 10GHz。

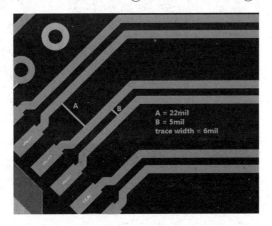

图 4-51　优化后的 PCB 设计实例

二是可以降低信号层和参考平面之间的介质层厚度。使用紧耦合差分对线，调整顶层和参考层之间的介质层厚度从 7mil 调整到 4mil。减小介质层厚度后的仿真结果：NEXT 为 -44.7dB @ 5GHz、-41.8dB @ 10GHz；FEXT 为-594dB @ 5GHz、-52dB @ 10GHz。

在以上两个操作之后，对于大于或等于 5GHz 的频率，NEXT 将获得 8～12dB 的性能改善，FEXT 将获得 6～9dB 的性能改善[90]。

4.5.7　控制 PCB 导线的阻抗和走线终端匹配

在高速数字电路 PCB 和射频电路 PCB 中，对 PCB 导线的阻抗是有要求的，需要控制 PCB 导线的阻抗。在 PCB 布线时，同一网络的线宽应保持一致。由于线宽的变化会造成线路特性阻抗的不均匀，对高速数字电路传输的信号会产生反射，故在设计中应该尽量避免出现这种情况。在某些条件下，如接插件引出线、BGA 封装的引出线等类似的结构中，如果无法避免线宽的变化，应该尽量控制和减少中间不一致部分的有效长度。

2015 年，Intel 公司在处理器 SKYLAKE 平台 DDR4 的走线中采用了 Tapped Routing（齿型布线）。如图 4-52 所示，Tabbed Routing 在相邻平行走线中，增加凸起的小块（Tab），这种设计可以增加相邻平行走线之间的互容特性而保持其电感特性几乎不变，可以更好地控制相邻平行线的互容和阻抗，减小远端串扰。Tab 的尺寸可以采用一些公司（如 Intel）提供的参考设计，也可以根据实际的 PCB 走线进行仿真设计。Tabbed Routing 主要用在走线空间比较紧张的区域，如 BGA 引脚区域和 DIMM 插槽区域。

　　（a）常规布线　　　　　（b）交叉指型 Tabbed Routing　　　（c）引脚区 Tabbed Routing

图 4-52　常规布线和 Tabbed Routing 示例

在高速数字电路中，当 PCB 布线的延迟时间大于信号上升时间（或下降时间）的 1/4 时，该布线即可以看成传输线。为了保证信号的输入和输出阻抗与传输线的阻抗正确匹配，可以采用多种形式的终端匹配方法，所选择的匹配方法与网络的连接方式和布线的拓扑结构有关（详见 10.1.10 节）。

4.5.8　设计接地保护走线

在模拟电路的 PCB 设计中,保护走线被广泛地使用。例如,在一个没有完整的接地平面的两层板中,如果在一个敏感的音频输入电路的走线两边并行布一对接地的走线,则串扰可以减少一个数量级。

在数字电路中,可以采用一个完整的接地平面取代接地保护走线,如图 4-53 所示。接地保护走线在很多地方比完整的接地平面更有优势。

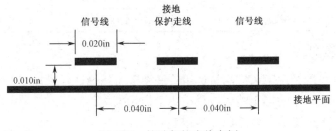

图 4-53　接地保护走线实例

根据经验,在两条微带线之间插入两端接地的第三条线,两条微带之间的耦合则会减半。如果第三条线通过很多通孔连接到接地平面,则它们的耦合将进一步减小。如果有不止一个接地平面,则要在每条保护走线的两端接地,而不要在中间接地。

> 注意:在数字电路中,如果两条走线之间的距离(间距)足够并允许引入一条保护走线,则两条走线相互之间的耦合通常已经很低,也就没有必要设置一条接地保护走线了。

4.5.9　防止走线谐振

如图 4-54 所示,在 PCB 布线时,布线长度不得与其波长有整数倍关系,以免产生谐振现象。

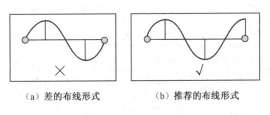

(a) 差的布线形式　　　(b) 推荐的布线形式

图 4-54　防止走线谐振

4.5.10　布线的一些工艺要求

1. 布线范围

布线范围尺寸要求如表 4-4 所示。

表 4-4　布线范围尺寸要求　　　　　　　　单位：mm（mil）

板外形要素			内层线路及铜箔	外层线路及铜箔
距板边最小尺寸	一般边		≥0.5（20）	≥0.5（20）
	导槽边		≥1（40）	导轨深+2
	拼板分离边	V 槽中心	≥1（40）	≥1（40）
		邮票孔孔边	≥0.5（20）	≥0.5（20）
距非金属化孔壁最小尺寸	一般孔		0.5（20）（隔离圈）	0.3（12）（封孔圈）
	单板起拔扳手轴孔		2（80）	扳手活动区不能布线

2．布线的线宽和线距

在组装密度许可的情况下，应尽量选用较低密度布线设计，以提高无缺陷和可靠性的制造能力。目前，一般厂家的加工能力：最小线宽为 0.127mm（5mil），最小线距为 0.127mm（5mil）。常用的布线密度设计参考如表 4-5 所示。

表 4-5　布线密度设计参考　　　　　　　　单位：mm（mil）

名　称	12/10	8/8	6/6	5/5
线宽	0.3（12）	0.2（8）	0.15（6）	0.127（5）
线距	0.25（10）	0.2（8）	0.15（6）	0.127（5）
线-焊盘间距	0.25（10）	0.2（8）	0.15（6）	0.127（5）
焊盘间距	0.25（10）	0.2（8）	0.15（6）	0.127（5）

推荐的 PCB 导线之间的最小间距[91]如表 4-6 所示。

表 4-6　PCB 导线之间的最小间距

在导线之间的电压（直流或者交流峰值）（V）	最小间距						
	裸板				安装元器件		
	B1	B2	B3	B4	A5	A6	A7
0～15	0.05mm [0.00197in]	0.1mm [0.0039in]	0.1mm [0.0039in]	0.05mm [0.00197in]	0.13mm [0.00512in]	0.13mm [0.00512in]	0.13mm [0.00512in]
16～30	0.05mm [0.00197in]	0.1mm [0.0039in]	0.1mm [0.0039in]	0.05mm [0.00197in]	0.13mm [0.00512in]	0.25mm [0.00984in]	0.13mm [0.00512in]
31～50	0.1mm [0.0039in]	0.6mm [0.024in]	0.6mm [0.024in]	0.13mm [0.00512in]	0.13mm [0.00512in]	0.4mm [0.016in]	0.13mm [0.00512in]
51～100	0.1mm [0.0039in]	0.6mm [0.024in]	1.5mm [0.0591in]	0.13mm [0.00512in]	0.13mm [0.00512in]	0.5mm [0.020in]	0.13mm [0.00512in]
101～150	0.2mm [0.0079in]	0.6mm [0.024in]	3.2mm [0.126in]	0.4mm [0.016in]	0.4mm [0.016in]	0.8mm [0.031in]	0.4mm [0.016in]
151～170	0.2mm [0.0079in]	1.25mm [0.0492in]	3.2mm [0.126in]	0.4mm [0.016in]	0.4mm [0.016in]	0.8mm [0.031in]	0.4mm [0.016in]

续表

在导线之间的电压（直流或者交流峰值）（V）	最小间距						
	裸板				安装元器件		
	B1	B2	B3	B4	A5	A6	A7
171～250	0.2mm [0.0079in]	1.25mm [0.0492in]	6.4mm [0.252in]	0.4mm [0.016in]	0.4mm [0.016in]	0.8mm [0.031in]	0.4mm [0.016in]
251～300	0.2mm [0.0079in]	1.25mm [0.0492in]	12.5mm [0.492in]	0.4mm [0.016in]	0.4mm [0.016in]	0.8mm [0.031in]	0.8mm [0.031in]
301～500	0.25mm [0.00984in]	2.5mm [0.0984in]	12.5mm [0.492in]	0.8mm [0.031in]	0.8mm [0.031in]	1.5mm [0.0591in]	0.8mm [0.031in]

B1：内部导体。

B2：外部导体，无涂层，海平面 3050m 以下。

B3：外部导体，无涂层，海平面 3050m 以上。

B4：外部导体，涂有永久性聚合物涂层（任何高度）。

A5：外部导体，在组件上具有保形涂层（任何高度）。

A6：外部元器件导线/端接，无涂层，海平面 3050m 以下。

A7：外部元器件引线端接，采用保形涂层（任何高度）。

与表 4-6 有关更多信息，请参考 IPC-2221B 规范。

3．导线与片式元器件焊盘的连接

连接导线与片式元器件焊盘时，原则上可以在任意点连接。但对采用再流焊进行焊接的片式元器件焊盘，最好按以下原则设计。

① 对于采用两个焊盘安装的元器件，如电阻、电容，与其焊盘连接的印制导线最好从焊盘中心位置对称引出，且与焊盘连接的印制导线必须具有一样宽度，如图 4-55 所示。对线宽小于 0.3mm（12mil）的引出线，可以不考虑此条规定。

② 与较宽印制导线连接的焊盘，中间最好通过一段窄的印制导线过渡，这一段窄的印制导线通常被称为"隔热路径"，否则，对于 2125（英制 0805）及其以下片式类 SMD，焊接时极易出现"立片"缺陷。具体要求如图 4-56 所示。

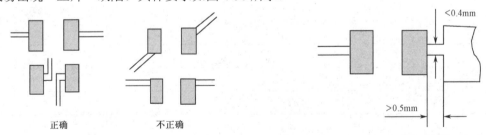

图 4-55　片式元器件焊盘与印制导线的连接　　　　图 4-56　隔热路径的设计

4．导线与 SOIC、PLCC、QFP、SOT 等器件的焊盘连接

连接导线与 SOIC、PLCC、QFP、SOT 等器件的焊盘时，一般建议将导线从焊盘两端引出，如图 4-57 所示。

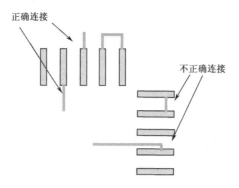

图 4-57　器件焊盘的引出线位置

5．线宽与电流的关系

当信号平均电流比较大时，需要考虑线宽与电流的关系，具体参数可以参考表 4-7。当铜箔作为导线并通过较大电流时，铜箔宽度与载流量的关系[91]应参考表 4-7 中的数据降额 50% 使用。

表 4-7　不同厚度、不同宽度的铜箔的载流量

线宽（mm）	电流（A）		
	铜箔厚度（35μm）	铜箔厚度（50μm）	铜箔厚度（70μm）
0.15	0.20	0.50	0.70
0.20	0.55	0.70	0.90
0.30	0.80	1.10	1.30
0.40	1.10	1.35	1.70
0.50	1.35	1.70	2.00
0.60	1.60	1.90	2.30
0.80	2.00	2.40	2.80
1.00	2.30	2.60	3.20
1.20	2.70	3.00	3.60
1.50	3.20	3.50	4.20
2.00	4.00	4.30	5.10
2.50	4.50	5.10	6.00

6．内层 PCB 导线的自热

内层 PCB 导线的自热与电流和横截面积的关系[91]如图 4-58 所示。PCB 走线宽度转换为横截面积的关系[91]如图 4-59 所示。与图 4-58 和图 4-59 有关更多信息，请参考 IPC-2221B 规范。

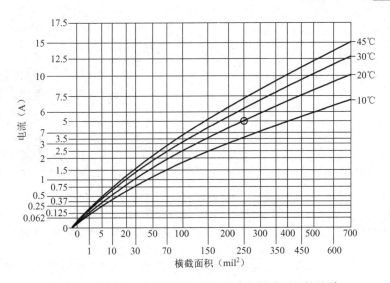

图 4-58　内层 PCB 导线的自热与电流和横截面积的关系

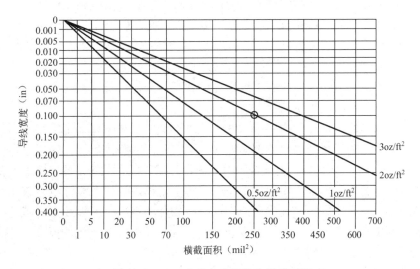

图 4-59　PCB 走线宽度转换为横截面积

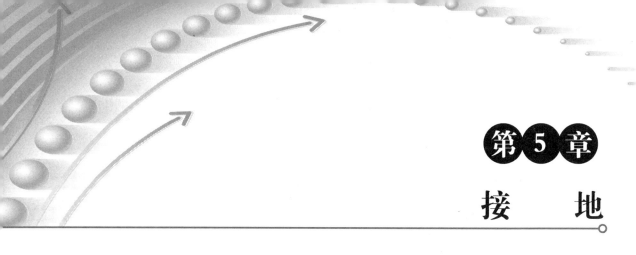

第5章

接　地

5.1　地线的定义

接地属于线路设计的范畴，是电子、电气设备或系统正常工作时必须采取的重要技术，它不仅是保护设施和人身安全的必要手段，也是抑制电磁干扰、保障设备或系统电磁兼容性、提高设备或系统可靠性的重要技术措施，对产品 EMC 有着至关重要的意义[92-93]。

教科书上定义的"地"（Ground）一般是指电路或系统的零电位参考点、直流电压的零电位点或零电位面，不一定是实际的大地，也可以是设备的外壳、其他金属板或金属线。

"接地"（Grounding）一般是指将电路、设备或系统连接到一个作为参考电位点或参考电位面的良好导体上，为电路或系统与"地"之间建立一个低阻抗通道。一个比较通用的定义是"地是电流返回其源的低阻抗通道"。

接地线（简称地线）是作为电路或系统电位基准点的等电位体，是电路或系统中各电路的公共导体。任何电路或系统的电流都需要经过地线形成回路。然而，任何导体都存在一定的阻抗（其中包括电阻和电抗），当地线中有电流流过时，根据欧姆定律，地线上就会有电压存在。既然地线上有电压，则说明地线不是一个等电位体，这样在设计电路或系统时，关于地线上各点的电位一定相等的假设就可能不成立。实际的情况是，地线上各点之间的电位并不是相等的。如果用仪表测量一下，会发现地线上各点的电位可能相差很大。地线的公共阻抗会使各接地点间形成一定的电压，从而产生接地干扰。

设计时，电路或系统的接地设计与其功能设计同等重要，合理的接地设计是最经济、有效的电磁兼容设计技术。据统计，90%的电磁兼容问题是由于布线和接地不当造成的。良好的布线和接地既能够提高抗扰度，又能够降低干扰发射。另外，设计良好的地线系统并不会增加成本，反而可以在花费较少的情况下解决许多电磁干扰问题。在设计的开始就考虑布局与地线是解决 EMI 问题最廉价和有效的方法。

5.2　地线阻抗引起的干扰

▶ 5.2.1　地线的阻抗

1. 导体的电阻

地线通常由良好的导体构成，导体的几何形状可以有多种形式，如圆导线和扁平导体条

等。通常导体的直流电阻可以表示为

$$R_{DC} = \frac{\rho l}{S} \tag{5-1}$$

式中，ρ 为导体的电阻率（Ω/m）；l 为导体的长度（m）；S 为导体的横截面面积（m²）。

圆导线和扁平导体条的直流电阻可以分别表示为

$$R_{DC圆} = \frac{\rho l}{\pi a^2} \tag{5-2}$$

$$R_{DC扁平} = \frac{\rho l}{wt} \tag{5-3}$$

式中，l 为导体的长度；a 为圆导线的半径（m）；w 为扁平导体条的宽度（m）；t 为扁平导体条的厚度（m）。

导体的电阻分为直流电阻 R_{DC} 和交流电阻 R_{AC}。对于交流电流，由于趋肤效应（Skin Effect），电流集中在导体的表面，实际电流截面减小，电阻增大。受趋肤效应的影响，导体的交流电阻将远大于直流电阻。一个实心单导体的直流电阻与交流电阻的关系可以广义描述为

$$R_{AC} = K \cdot R_{DC} \cdot \sqrt{f} \tag{5-4}$$

式（5-4）表明，交流电阻与工作频率的平方根成正比。

对于均匀横截面的导线，如 IC 引线或 PCB 上的线条，导体电阻与长度成正比，其单位长度的电阻[38,94]可表示为

$$R_L = \frac{R}{l} = \frac{\rho}{A} \tag{5-5}$$

式中，R_L 为单位长度电阻；R 为线条电阻；l 为互连线长度；ρ 表示体电阻率；A 为导线的横截面积。

例如，一个直径为 1mil、横截面均匀的金键合线，其横截面积 $A = \pi/4 \times 1mil^2 = 0.8 \times 10^{-6}\, in^2$，金的体电阻率约等于 $1\mu\Omega \cdot in$，可以求得其单位长度电阻为 $0.8 \sim 1.2\Omega/in$。

对于 PCB 导线（图 5-1），对于 1oz 铜有：当 $Y = 0.0038cm$ 时，$\rho = 1.724 \times 10^{-6}$（$\Omega \cdot cm$），$R = 0.45Z/Xm\Omega$。1 个正方形电阻（$Z = X$），$R = 0.45m\Omega/square$[95]。

如图 5-2 所示，一条 1in（7mil）1/2oz 的铜导线，流过 10μA 的电流产生的压降为 1.3μV。

注意：在一个 24 位的 ADC 中，1 个最低有效位为 298nV。

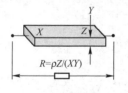
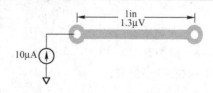

图 5-1　PCB 的导线电阻　　　　　图 5-2　一条 1in 铜导线产生的电压降

1oz 铜厚度的 PCB 导线电阻与长度和宽度及温度的关系[91]如图 5-3 所示。与图 5-3 有关更多信息，请参考 IPC-2221B 标准。

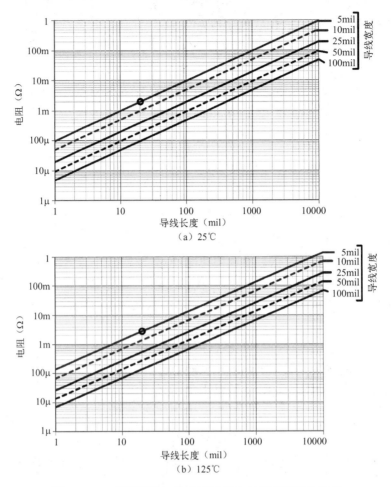

图 5-3　1oz 铜厚度的 PCB 导线电阻与长度和宽度的关系

2. 导体的电感

任何导体都有电感。对于一个圆截面的导体，有

$$L=0.2l\,[\ln(4.5/d)-1]\quad(\mu\text{H})\tag{5-6}$$

式中，l 为导体的长度（m）；d 为导体的直径（m）。电感与导线的长度成正比。

一个扁平导体条的电感可以表示为

$$L_{\text{ext}}=\frac{\mu_0 l}{2\pi}\left(\ln\frac{2l}{w+t}+0.5+0.2235\frac{w+t}{l}\right)\quad(\mu\text{H})\tag{5-7}$$

扁平导体条的宽度 w 增大，电感减小；厚度 t 增大，电感也减小。但是宽度增大比厚度增大产生的电感减小量要大得多。

PCB 导线电感的示意图如图 5-4 所示。PCB 导线电感[95]的计算公式为

$$\text{PCB导线电感}=0.0002L\left[\ln\left(\frac{2L}{W+H}\right)+0.2235\left(\frac{W+H}{L}\right)+0.5\right]\mu\text{H}\tag{5-8}$$

例如，一条 L=10cm，W = 0.25mm，H=0.038mm 的 PCB 导线有 141nH 的电感。

对于图 5-5 所示有接地平面的 PCB 导线，有

$$L = \mu_0 h \frac{l}{w} \tag{5-9}$$

式中，$\mu_0 = 4\pi \times 10^{-7}\ \frac{\text{H}}{\text{m}} = 0.32\ \frac{\text{nH}}{\text{in}}$。

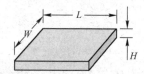

图 5-4　PCB 导线电感的示意图

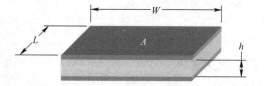

图 5-5　有接地平面的 PCB 导线

如图 5-6 所示的宽度为 w 的有限平面 PCB 导线的电感[96]的近似计算式为

$$L_{平面}(\text{nH} / \text{cm}) \approx 5 \times h / w \tag{5-10}$$

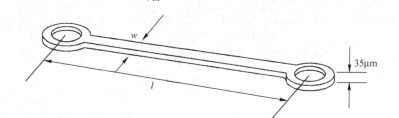

图 5-6　宽度为 w 的有限平面 PCB 导线

FR-4 介质材料的厚度对电感的影响如表 5-1 所示。

表 5-1　FR-4 介质材料的厚度对电感的影响

FR-4 介质材料的厚度（mil）	电感（pH/square）
8	260
4	130
2	65

3．导体的阻抗

导体的阻抗 Z 由电阻部分和感抗部分两部分组成，即

$$Z = R_{\text{AC}} + \text{j}\omega L \tag{5-11}$$

导体的阻抗是频率的函数，随着频率的升高，阻抗增加很快。例如，一个直径为 0.065m、长度为 10cm 的导体，当频率为 10Hz 时，其阻抗为 5.29mΩ；当频率为 100MHz 时，其阻抗会达到 71.4Ω。又如一个直径为 0.04m、长度为 10cm 的导体，当频率为 10Hz 时，其阻抗为 13.3mΩ；当频率为 100MHz 时，其阻抗会达到 77Ω。

当频率较高时，导体的阻抗远大于直流电阻。如果将 10Hz 时的阻抗近似认为是直流电阻，则可以看出当频率达到 100MHz 时，10cm 长导体的阻抗是直流电阻的 1000 多倍。对于高速数字电路而言，电路的时钟频率是很高的，脉冲信号包含丰富的高频成分，因此会在地线上产生较大的电压，则地线阻抗对数字电路的影响十分可观。对于射频电路，当射频电流流过地线时，电压降也是很大的。

同一导体在直流、低频和高频情况下所呈现的阻抗是不同的，而导体的电感同样与导体半径、长度及信号频率有关。增大导体的直径对于减小直流电阻是十分有效的，但对于减小交流阻抗的作用很有限。而在 EMC 中，为了减小交流阻抗，一个有效的办法是将多根导线并联。当两根导线并联时，其总电感 L 为

$$L = \frac{L_1 + M}{2} \tag{5-12}$$

式中，L_1 为单根导线的电感；M 为两根导线之间的互感。

由式（5-12）可知，当两根导线相距较远时，它们之间的互感很小，总电感相当于单根导线电感的一半。因此，可以通过多条地线来减小接地阻抗。但是当多根导线之间的距离过近时，要注意导线之间的互感增大的影响。

同时，在设计时应根据不同频率下的导体阻抗来选择导体截面的大小，并尽可能使地线加粗和缩短，以降低地线的公共阻抗。

PCB 导线的阻抗随频率变化的一个示例如表 5-2 所示。

表 5-2　PCB 导线的阻抗随频率变化的一个示例

频率	阻 抗						
	w=1mm				w=3mm		
	l=1cm	l=3cm	l=10cm	l=30cm	l=3cm	l=10cm	l=30cm
DC，50Hz～1kHz	5.7mΩ	17mΩ	57mΩ	170mΩ	5.7mΩ	19mΩ	57mΩ
10kHz	5.75mΩ	17.3mΩ	58mΩ	175mΩ	5.9mΩ	20mΩ	61mΩ
100kHz	7.2mΩ	24mΩ	92mΩ	310mΩ	14mΩ	62mΩ	225mΩ
300kHz	14.3mΩ	54mΩ	225mΩ	800mΩ	40mΩ	175mΩ	660mΩ
1MHz	44mΩ	173mΩ	730mΩ	2.6mΩ	0.13mΩ	0.59mΩ	2.2mΩ
3MHz	0.13Ω	0.52Ω	2.17Ω	7.8Ω	0.39Ω	1.75Ω	6.5Ω
10MHz	0.44Ω	1.7Ω	7.3Ω	26Ω	1.3Ω	5.9Ω	22Ω
30MHz	1.3Ω	5.2Ω	21.7Ω	78Ω	3.9Ω	17.5Ω	65Ω
100MHz	4.4Ω	17Ω	73Ω	260Ω	13Ω	59Ω	220Ω
300MHz	13Ω	52Ω	217Ω		39Ω	175Ω	
1GHz	44Ω	170Ω			130Ω		

4．PCB 的电容

（1）PCB 的平行板电容

两个铜板与它们之间的绝缘材料可以形成一个电容。PCB 的平行板电容结构示意图如图 5-7 所示。电容值计算如下：

$$C = \varepsilon_0 \varepsilon_r \frac{LW}{h} = \varepsilon_0 \varepsilon_r \frac{A}{h} \tag{5-13}$$

式中，C 为电容量（pF）；ε_0 为自由空间的介电常数（0.089pF/cm 或 0.225pF/in）；ε_r 为绝缘材料的相对介电常数（例如，FR-4 玻璃纤维板的 ε_r 为 4～4.8）；A 为平板的面积；h 为平板

间距。

介电常数有时随频率而变化，如当频率从 1kHz 变化到 10MHz 时，FR-4 玻璃纤维板的 ε_r 就从 4.8 变化到 4.4，然而当频率从 1GHz 变化到 10GHz 时，FR-4 的 ε_r 就非常稳定。FR-4 的 ε_r 的具体值与环氧树脂和玻璃的相对含量有关。

FR-4 介质材料的厚度影响电容大小，如表 5-3 所示。

表 5-3 FR-4 介质材料的厚度对电容的影响

FR-4 介质材料的厚度（mil）	电容（pF/in^2）
8	127
4	253
2	206

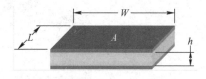

图 5-7 PCB 的平行板电容结构示意图

如图 5-8 所示，在多层 PCB 上的两条 10mil 的导线，层间距离 h=10mil（10mil = 0.25mm），FR-4 的 $\varepsilon_r \approx 4.7$，$\varepsilon_0 = 8.84 \times 10^{-12}$，则有

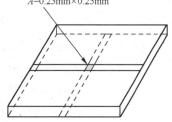

$$C = \frac{\varepsilon_r \times \varepsilon_0 \times A}{h} = \frac{(41.9 \times 10^{-12})A}{h}$$

$$= \frac{(41.9 \times 10^{-12}) \times (0.25 \times 10^{-3})^2}{0.25 \times 10^{-3}}$$

$$= 0.01(\text{pF})$$

（2）PCB 的导线电容

在 PCB 上，大多数互连线都有横截面固定的信号路径和返回路径，因此信号路径与返回路径间的电容与互连线的

图 5-8 PCB 上的电容

长度成正比。用单位长度电容能方便地描述互连线间的电容。只要横截面是均匀的，单位长度电容就保持不变。

① 在均匀横截面的互连线中，信号路径与返回路径间的电容为

$$C = l \times C_L \tag{5-14}$$

式中，C 为互连线的总电容；C_L 为单位长度电容；L 为互连线的长度。

② 相邻的两根 PCB 导线之间存在电容。如图 5-9 所示，相邻的 PCB 导线可以分为同层和不同层两种情况，电容计算式[91]如（5-15）和式（5-16）所示。

$$C_{同层}(\text{pF}) \approx \frac{2.249 \times 10^{-4} \times l \times t}{d} \tag{5-15}$$

$$C_{不同层}(\text{pF}) \approx \frac{2.249 \times 10^{-4} \times \varepsilon_r \times l \times w}{h} \tag{5-16}$$

式中，l 为铜导线长度（mil）；t 为铜导线的厚度（mil），铜导线厚度（mil）= 1.37× 以 oz 为单位的铜厚度（例如：1oz 铜厚度= 1.37 mil；0.5oz 铜厚度= 0.685mil）；d 为导线之间的距离（mil）；ε_r 为 PCB 的相对介电常数（FR-4 的 $\varepsilon_r \approx 4.2$）；$w$ 为铜导线的宽度（mil）；h 为平面间距（mil）。

例如：l = 100mil，t = 1.37mil（1oz 铜），d =10mil，ε_r = 4.2，w = 25mil，h = 63mil，同层电容 $C_{同层}$ = 0.003pF，不同层电容 $C_{不同层}$ = 0.037pF。

③ 微带线的单位长度电容的计算公式[37]为

$$C_{\mathrm{L}} = \frac{0.67(1.41+\varepsilon_{\mathrm{r}})}{\ln\left\{\dfrac{5.98\times h}{0.8\times w + t}\right\}} \approx \frac{0.67(1.41+\varepsilon_{\mathrm{r}})}{\ln\left\{7.5\left(\dfrac{h}{w}\right)\right\}} \qquad (5\text{-}17)$$

式中，C_{L} 为单位长度电容（pF/in）；ε_{r} 为绝缘材料的相对介电常数；h 为介质厚度（mil）；w 为线宽（mil）；t 为导体的厚度（mil）。

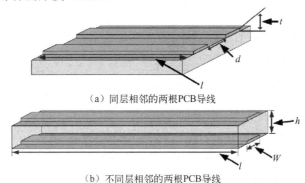

（a）同层相邻的两根PCB导线

（b）不同层相邻的两根PCB导线

图 5-9　相邻的两根 PCB 导线存在电容

几种常见的横截面形式如图 5-10 所示。

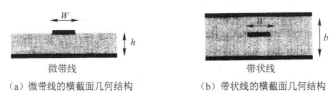

微带线　　　　　　　　　　　带状线

（a）微带线的横截面几何结构　　　　（b）带状线的横截面几何结构

图 5-10　几种常见的横截面形式

如果线宽是介质厚度的 2 倍，即 $w=2\times h$（近似于 50Ω 传输线时的几何结构），相对介电常数为 4，则单位长度电容 $C_{\mathrm{L}}=2.9\mathrm{pF/in}$。

④ 带状线的单位长度电容计算公式[37]为

$$C_{\mathrm{L}} = \frac{1.4\varepsilon_{\mathrm{r}}}{\ln\left\{\dfrac{1.9\times b}{0.8\times w + t}\right\}} \approx \frac{1.4\varepsilon_{\mathrm{r}}}{\ln\left\{2.4\left(\dfrac{b}{w}\right)\right\}} \qquad (5\text{-}18)$$

式中，C_{L} 为单位长度电容（pF/in）；ε_{r} 为绝缘材料的相对介电常数；h 为介质厚度（mil）；w 为线宽（mil）；t 为导体的厚度（mil）；b 为介质总厚度（mil）。

如果介质总厚度 b 为线宽的 2 倍，即 $b=2w$（相当于 50Ω 传输线），则这时单位长度电容 $C_{\mathrm{L}}=3.8\mathrm{pF/in}$。

> **注意：** 在 FR-4 板上，50Ω 传输线的单位长度电容大约为 3.5pF/in。
> 精确计算任意形状互连线（横截面是均匀）的单位长度电容时，二维场求解器是一个最好的数值工具。

5.2.2　公共阻抗耦合干扰

两个不同的接地点之间存在一定的电位差，称为地电压。这是因为两接地点之间的地线总有一定的阻抗，地电流流经接地公共阻抗，就在其上产生了地电压，此地电压直接加到电路上会形成共模干扰电压。

当多个电路共用一段地线时，由于存在地线的阻抗 Z（$Z=R_{AC}+j\omega L$），则地线的电位会受到每个电路的工作电流的影响，即一个电路的地电位会受另一个电路工作电流的调制。这样，一个电路中的信号会耦合进入另一个电路，这种耦合称为公共阻抗耦合。一个公共阻抗耦合实例如图 5-11 所示。

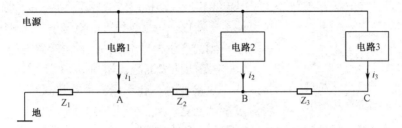

图 5-11　一个公共阻抗耦合实例

在图 5-11 中，A、B、C 各点的电位分别为

$$v_A=(i_1+i_2+i_3)Z_1 \tag{5-19}$$

$$v_B=v_A+(i_2+i_3)Z_2=(i_1+i_2+i_3)Z_1+(i_2+i_3)Z_2 \tag{5-20}$$

$$v_C=v_B+i_3Z_3=(i_1+i_2+i_3)Z_1+(i_2+i_3)Z_2+i_3Z_3 \tag{5-21}$$

由式（5-19）、式（5-20）、式（5-21）可见，A、B、C 各点的电位与各电路的工作电流 i_1、i_2 和 i_3 有关，而且随各电路的工作电流变化而变化。由此产生的干扰称为公共阻抗耦合干扰。

5.3　地环路引起的干扰

5.3.1　地环路干扰

如图 5-12 所示，在电路 1 和电路 2 之间连接导线和地线，便构成了一个回路。如果在这个回路中存在环路电流，便会产生地环路干扰。地环路是 RF 能量产生和传播的主要渠道。

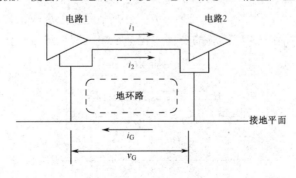

图 5-12　地环路干扰

▶ 5.3.2　产生地环路电流的原因

产生地环路电流的原因有很多，如两个接地点的地电位不同、电路的地线上流过电流、电容耦合形成接地电流、金属导体的天线效应形成地电流、静电放电流流过地线、浪涌泄放电流流过地线等。

① 当两个电路的接地点不同时，由于两个接地点的地电位不同，就会形成地电压，在这个电压的驱动下，电路 1 和电路 2 之间用导线和地线连接形成的环路之间会有电流流动。由于

图 5-13　导电耦合的地电流回路

电路的不平衡性，每根导线上的电流不同（见图 5-12 中的 i_1 和 i_2），则会产生差模电压，进而对电路造成干扰。

② 电路的地线电流。如图 5-13 所示，电路采用两点接地或多点接地时，会形成一个接地回路，这样电路电流将流过接地回路，从而产生地电压。

③ 电容耦合形成接地电流。由于电路的元器件、构件与接地平面之间存在杂散电容（分布电容），而通过杂散电容可以形成接地回路，则电路中的电流总会有部分电流泄漏到接地回路中。导电耦合与电容耦合形成的接地回路，如图 5-14（a）所示，此时电流会通过接地回路流动。在阻抗元件的高电位和低电位两点上的分布电容形成的接地回路，如图 5-14（b）所示。当接地回路处于谐振状态时，回路中的电流将非常大。

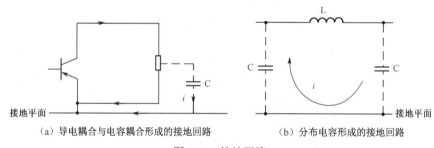

（a）导电耦合与电容耦合形成的接地回路　　　　（b）分布电容形成的接地回路

图 5-14　接地回路

④ 金属导体的天线效应形成地电流。当互连的电路处在一个较强的电磁场中时，由于金属导体的接收天线效应，根据电磁感应定律，电磁场会在电路 1 和电路 2 之间用导线和地线连接形成的环路中产生感应环路电流。

如图 5-15 所示，当采用传输线连接的电路置于接地平面附近时，外界电磁场作用于传输线，使传输线上形成共模干扰电压源，进一步在公共地阻抗上形成干扰电压。通过传输线与接地平面形成的导电回路中的电磁场的变化，也会在传输线上形成干扰。

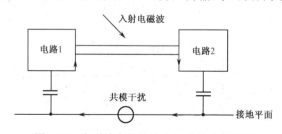

图 5-15　电磁波在传输线上形成的共模干扰

⑤ 当产生静电放电时，放电电流会流过地线。由于静电放电电流具有很高的频率，地线呈现较大的阻抗，所以会产生一个很高的地线电压。

⑥ 当浪涌泄放电流流过地线时，会产生一个很高的电压，进而对电路产生干扰。

由上述分析可以看出，由于接地公共阻抗、传输线或金属机壳的天线效应等因素，均会使地环路中产生共模干扰电压，该共模干扰电压通过地环路作用到敏感电路的输入端，从而形成了地环路干扰。

5.4 接地的分类

在电路及其设备中，接地按其作用可分为安全接地（Safety Grounds）和信号接地（Signal Grounds）。安全接地指采用低阻抗的导体将用电设备的外壳连接到大地上，使操作人员不致因设备外壳漏电或静电放电而发生触电危险。信号接地指为设备、系统内部各种电路的信号电压提供一个零电位的公共参考点或面。

5.4.1 安全接地

安全接地包含设备安全接地、接零保护接地和防雷接地。

1. 设备安全接地

设备安全接地是指为防止接触电压及跨步电压危害人身和设备安全而设置的设备外壳的接地。设备安全接地会将设备中平时不带电的金属部分（机柜外壳、操作台外壳等）与地之间形成良好的导电连接，与大地连接成等电位，以保护设备和人身安全。设备安全接地也称保护接地，即除零线外，另外配备一根保护接地线，并将它与电子电气设备的金属外壳、底盘、机座等金属部件相连。

2. 接零保护接地

用电设备通常采用 220V 或 380V 电源提供电力。设备的金属外壳除正常接地外，还应与电网零线相连接，称为接零保护接地。

3. 防雷接地

防雷接地是指将建筑物等设施和用电设备的外壳与大地连接，将雷电电流引入大地，是在雷雨季节为防止雷电过电压的保护接地。防雷接地常有信号（弱电）防雷地和电源（强电）防雷地之分。在工程实践中，信号防雷地常附在信号独立地上，并与电源防雷地分开设置。防雷接地是一项专门技术，详细内容请查阅相关技术文献。

5.4.2 信号接地

信号接地是指为电子设备、系统内部各种电路的信号电压提供一个零电位的公共参考点或面，即在电子设备内部提供一个作为电位基准的导体（接地平面），以保证设备工作稳定，抑制电磁骚扰。

信号接地的连接对象是种类繁多的电路，因此信号接地方式也是多种多样的。在一个复杂的电子系统中，既有高频信号，又有低频信号；既有强电电路，又有弱电电路；既有模拟电路，又有数字电路；既有频繁开关动作的设备，又有敏感度极高的弱信号装置。为了满足复杂的电子系统的电磁兼容性要求，必须采用分门别类的方法将不同类型的信号电路分成若干类别，并将同类电路构成接地系统。

按电路信号特性，信号接地可以分为敏感信号和小信号电路的接地、非敏感信号或大信号电路的接地、产生强电磁骚扰的元器件及设备的接地，以及金属构件的接地，每个类型的接地可能采用不同的接地方式。

1．敏感信号和小信号电路的接地

敏感信号和小信号电路的接地包括低电平电路、小信号检测电路、传感器输入电路、前级放大电路、混频器电路等的接地。由于这些电路的工作电平低，特别容易受到电磁骚扰而出现电路失效或电路性能降级现象，所以其接地导线应避免混杂于其他电路中。

2．非敏感信号或大信号电路的接地

非敏感信号或大信号电路的接地包括高电平电路、末级放大器电路、大功率电路等的接地。这些电路中的工作电流都比较大，其接地导线中的电流也就比较大，容易通过接地导线的耦合作用对小信号电路造成干扰，使小信号电路有可能不能正常工作，因此，必须将其接地导线与小信号接地导线分开设置。

3．产生强电磁骚扰的元器件及设备的接地

产生强电磁骚扰的元器件及设备的接地包括电动机、继电器、开关等产生强电磁骚扰的元器件或设备的接地。这类元器件及设备在正常工作时，会产生冲击电流、火花等强电磁骚扰。这样的骚扰频谱丰富，瞬时电平高，往往会使电子电路受到严重的电磁干扰。因此，除采用屏蔽技术抑制这样的骚扰外，还必须将其接地导线与其他电子电路的接地导线分开设置。

4．金属构件的接地

金属构件的接地包括机壳、设备底座、系统金属构架等的接地，其作用是保证人身安全和设备工作稳定。

5.4.3　电路接地

在设计电路时，根据电路性质和用途的不同，也可以将接地分为直流地、交流地、信号地、模拟地、数字地、电源地、功率地、设备地、系统地等。不同的接地应分别设置，不要在一个电路里将它们混合设在一起，如数字地和模拟地就不能公用一根地线，否则两种电路将产生非常强大的干扰，使电路不能正常工作。

1．模拟地

模拟地是模拟电路零电位的公共基准地线。模拟电路既承担小信号的放大，又承担大信

号的功率放大；既包含低频的放大，又包含高频的放大。不适当的接地会引起干扰，影响电路的正常工作，而模拟电路既易接收干扰，又可能产生干扰，故模拟地是所有接地中要求最高的一种。模拟地是整个电路正常工作的基础之一，合理的接地设计对整个模拟电路的正常工作不可忽视。

2．数字地

数字地是数字电路零电位的公共基准地线。数字电路工作在脉冲状态，特别是脉冲的前、后沿较陡或频率较高时，会产生大量的电磁波干扰，如果接地不合理，会使干扰加剧，因此合理选择数字地的接地点和充分考虑地线的铺设是十分重要的。

3．电源地

电源地是电源零电位的公共基准地线，通常是电源的负极。由于电源往往同时供电给系统中的各个单元，而各个单元要求的供电性质和参数可能有很大差别，所以要想既保证电源稳定可靠地工作，又保证其他单元稳定可靠地工作，合理选择电源地的接地点和充分考虑地线的铺设便是十分重要的。

4．功率地

功率地是负载电路或功率驱动电路零电位的公共基准地线。由于负载电路或功率驱动电路的电流较强、电压较高，如果接地的地线电阻较大，会产生显著的电压降而生成较大的干扰，所以功率地线上的干扰较大。因此，功率地必须与其他弱电地分别设置，以保证整个系统稳定可靠地工作。

5．屏蔽地

屏蔽地就是屏蔽网络的接地，用于抑制变化的电磁场的干扰。屏蔽（静电屏蔽与交变电场屏蔽）与接地应当配合使用，才能达到屏蔽的效果。

屏蔽地是为防止电磁感应而对视/音频线的屏蔽金属外皮、电子设备的金属外壳、屏蔽罩、建筑物的金属屏蔽网（如测灵敏度、选择性等指标的屏蔽室）进行接地的一种防护措施。在所有接地中，屏蔽地最复杂，因为屏蔽本身既可防外界干扰，又可能通过它对外界构成干扰，而在设备内各元器件之间也需防 EMI。另外，屏蔽不良、接地不当会引起干扰。

① 电路的屏蔽罩接地。各种信号源和放大器等易受电磁辐射干扰的电路应设置屏蔽罩。由于信号电路与屏蔽罩之间存在寄生电容，所以应将信号电路地线末端与屏蔽罩相连，以消除寄生电容的影响，并将屏蔽罩接地，以消除共模干扰。

② 低频电路电缆的屏蔽层接地。低频电路电缆的屏蔽层接地应采用一点接地的方式，而且屏蔽层的接地点应与电路的接地点一致。对于多层屏蔽电缆，每个屏蔽层应在一点接地，各屏蔽层应相互绝缘。这是因为两端接地的屏蔽层为磁感应的地环路电流提供了分流，使得磁场屏蔽性能下降。

③ 高频电路电缆的屏蔽层接地。高频电路电缆的屏蔽层接地应采用多点接地的方式。当电缆长度大于工作信号波长的 0.15 倍时，应采用工作信号波长的 0.15 倍的间隔多点接地方式。如果不能实现，则至少将屏蔽层两端接地。

④ 系统的屏蔽体接地。当整个系统需要抵抗外界 EMI 或需要防止系统对外界产生 EMI

时，应将整个系统屏蔽起来，并将屏蔽体接到系统地上。

5.4.4　设备接地

一个典型的电子设备的接地如图 5-16 所示。设备外壳接地应注意以下几点。

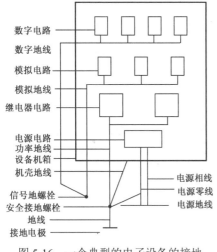

图 5-16　一个典型的电子设备的接地

① 50Hz 电源零线应接到安全接地螺栓处。对于独立的设备，安全接地螺栓应设在设备金属外壳上，并有良好的电连接。

② 为防止机壳带电，危及人身安全，不允许用电源零线做地线代替机壳地线。

③ 为防止高电压、大电流和强功率电路（如供电电路、继电器电路）对低电平电路（如高频电路、数字电路、模拟电路等）的干扰，应将它们的接地分开。前者为功率地（强电地），后者为信号地（弱电地）。信号地又分为数字地和模拟地，信号地线应与功率地线和机壳地线相绝缘。

④ 对于信号地线可另设一个信号地螺栓（和设备外壳相绝缘），该信号地螺栓与安全接地螺栓的连接有三种方法（取决于接地的效果）：一是不连接，称为浮地式；二是直接连接，称为单点接地式；三是通过一个 $3\mu F$ 电容器连接，称为直流浮地式、交流接地式。其他的接地最后会聚在安全接地螺栓上（该点应位于交流电源的进线处），然后通过地线接至接地极。

5.4.5　系统接地

系统接地是为了使系统及与之相连的电子设备均能可靠运行而设置的接地，它为电路系统各个部分、各个环节提供稳定的基准电位（一般是零点位），该基准电位可以设为电路系统中的某一点、某一段或某一块等。系统接地既可以接大地，也可以仅仅是一个公共点。

当该基准电位不与大地连接时，视其为相对的零电位。但这种相对的零电位是不稳定的，它会随着外界电磁场的变化而变化，使系统的参数发生变化，从而导致电路系统工作不稳定。

当该基准电位与大地连接时，视其为大地的零电位，它不会随着外界电磁场的变化而变化。但是不正确的系统地反而会增加干扰，如共地线干扰、地环路干扰等。

5.5　接地的方式

信号接地的方式可以分为单点接地、多点接地、混合接地和悬浮接地（简称浮地）方式。

5.5.1　单点接地

单点接地就是把整个电路系统中的某一点作为接地的基准点，所有电路及设备的地线都必须连接到这一接地点上，并以该点作为电路、设备的零电位参考点（接地平面）。单点接地适用于低频电路，或者线长小于 $\lambda/20$ 的情况。单点接地方式如图 5-17 所示，分为串联单点接地和并联单点接地两种。

串联单点接地方式的结构比较简单，如果各个电路的接地引线比较短，其阻抗也会相对小。如果各个电路的接地电平差别不大，可以采用这种接地方式。

在如图 5-17（a）所示的串联单点接地方式中，电路 1、电路 2、电路 3 和电路 4 注入地线（接地导线）的电流依次为 i_1、i_2、i_3 和 i_4，流向接地点 G。由于地线导体存在阻抗（地线电阻和电感，即阻抗 Z，$Z=R_{AD}+j\omega L$），且通常地线的直流电阻和电感均不为零，特别是在高频情况下，地线的交流阻抗比其直流电阻大，所以在 A 点至 B 点之间的一段地线（AB 段）上存在阻抗 Z_1，B 点至 C 点之间的一段地线（BC 段）上存在阻抗 Z_2，C 点至 D 点之间的一段地线（CD 段）上存在阻抗 Z_3，D 点至接地点 G 之间的一段地线（DG 段）上存在阻抗 Z_4。这样，由于 i_1、i_2、i_3 和 i_4 流过各段地线，A、B、C、D 点的电位不再是零，则各个电路之间将会相互发生干扰，尤其是强信号电路将严重干扰弱信号电路。

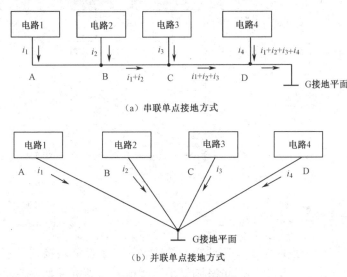

（a）串联单点接地方式

（b）并联单点接地方式

图 5-17　单点接地方式

如果必须采用串联单点接地方式，应当尽力减小地线的公共阻抗，使其能达到系统的抗干扰容限要求。采用串联单点接地时必须注意，要把具有最低接地电平的电路放置在最靠近接地点 G 的地方，即把最怕干扰的电路的地接 D 点，而把最不怕干扰的电路的地接 A 点。

在如图 5-17（b）所示的并联单点接地方式中，将每个电路单元单独用地线连接到了同一个接地点，其优点是各电路的地电位只与本电路的地电流及地线阻抗有关，不受其他电路的影响。在低频时，并联单点接地可以有效避免各电路单元之间的地阻抗干扰，但存在以下缺点。

① 因各个电路分别采用独立地线接地，需要多根地线，势必会增加地线长度，从而增加了地线阻抗；而且这种方式使用比较麻烦，结构复杂。

② 会造成各地线相互间的耦合，并且随着频率的增加，地线阻抗、地线间的电感及电容耦合都会增大。

③ 不适用于高频。如果系统的工作频率很高，以致工作波长（$\lambda=c/f$）缩小到可与系统

的接地平面的尺寸或接地引线的长度比拟时，就不能再用这种接地方式了。因为当地线的长度接近于$\lambda/4$时，地线就像一根终端短路的传输线。由分布参数理论可知，终端短路的$\lambda/4$线的输入阻抗为无穷大，即相当于开路，此时地线不仅起不到接地作用，而且将有很强的天线效应向外辐射干扰信号。因此，一般要求地线长度不应超过信号波长的1/20。显然，并联单点接地只适用于工作频率在1MHz以下的低频电路。

由于串联单点接地容易产生公共阻抗耦合的问题，而并联单点接地往往由于地线过多，实现起来较困难，所以在设计实际电路时，通常灵活采用这两种单点接地方式。一种改进的单点接地系统如图5-18所示，它在设计时将电路按照信号特性分组，将相互不会产生干扰的电路放在一组，且同一组内的电路采用串联单点接地，而不同组的电路采用并联单点接地，这样既解决了公共阻抗耦合的问题，又避免了地线过多的问题。当电路板上有分开的模拟地和数字地时，应将二极管（VD_1和VD_2）背靠背互连，以防止电路板上的静电积累。另外，如果采用单点接地方式，地线长度不得超过$\lambda/20$，否则应采用多点接地方式。

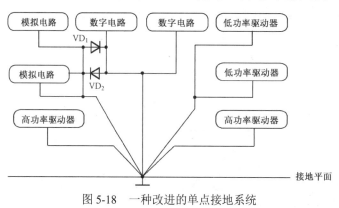

图5-18　一种改进的单点接地系统

5.5.2　多点接地

多点接地是指某一个系统中各个需要接地的电路、设备都直接接到距它最近的接地平面上，以使地线的长度最短，地线的阻抗减到最小。接地平面既可以是设备的底板，也可以是贯通整个系统的地导线；在比较大的系统中，还可以是设备的结构框架等。多点接地方式如图5-19所示。

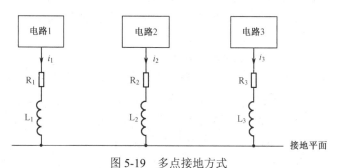

图5-19　多点接地方式

在图5-19中，各电路的地线分别连接至距它最近的接地平面上（低阻抗公共地）。设每个电路的地线电阻和电感分别为R_1、R_2、R_3和L_1、L_2、L_3，每个电路的地线电流分别为i_1、

i_2 和 i_3，则各电路对地的电位为

$$v_1 = i_1(R_1+j\omega L_1) \tag{5-22}$$
$$v_2 = i_2(R_2+j\omega L_2) \tag{5-23}$$
$$v_3 = i_3(R_3+j\omega L_3) \tag{5-24}$$

因为接地引线的感抗与频率和长度成正比，工作频率高时将增加共地阻抗，从而增大共地阻抗产生的 EMI。为了降低电路的地电位，每个电路的地线应尽可能缩短，以降低地线阻抗。但在高频时，由于趋肤效应，高频电流只流经导体表面，即使加大导体厚度也不能降低阻抗，故在导体截面积相同的情况下，为了减小地线阻抗，常用矩形截面导体制成接地导体带。

多点接地方式的地线较短，适用于高频情况，但存在地环路，容易对设备内的敏感电路产生地环路干扰。

一般来说，频率在 1MHz 以下时可采用单点接地方式，频率高于 10MHz 时应采用多点接地方式，频率在 1～10MHz 时可以采用混合接地方式。

▶ 5.5.3　混合接地

混合接地是单点接地方式和多点接地方式的组合，一般是在单点接地的基础上再利用一些电感或电容实现多点接地的。混合接地利用电感、电容在不同频率下有不同阻抗的特性，使接地系统在低频和高频时呈现不同的特性，适用于工作在低频和高频混合频率下的电路系统。

采用电容实现的混合接地方式如图 5-20 所示。在图 5-20（a）中，低频时，电容的阻抗较大，因此电路为单点接地方式；高频时，电容的阻抗较小，因此电路为两点接地方式。在图 5-20（b）中，对于直流，电容是开路的，电路是单点接地方式；对于高频，电容是导通的，电路是多点接地方式。采用电容实现的混合接地方式结构比较简单，安装较容易。应用中，只需要将那些需要高频接地的点利用旁路电容和接地平面连接起来即可，但应尽量防止由旁路电容和引线电感产生的谐振现象。

（a）采用电容实现的单点低频接地

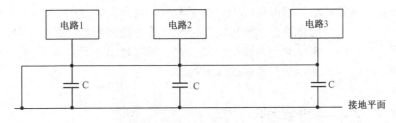

（b）采用电容实现的多点高频接地

图 5-20　采用电容实现的混合接地

高频模拟电路的混合接地如图 5-21 所示。在图 5-21（a）中，利用一个电感（约 1mH）

来泄放静电，同时将高频电路与机壳地隔离。在图 5-21（b）中，电容沿着电缆每隔 0.1λ 的长度安放，可防止高频驻波并避免低频地环路。采用这两种方式时，必须避免由接地系统中分布电容和电感引起的谐振现象。

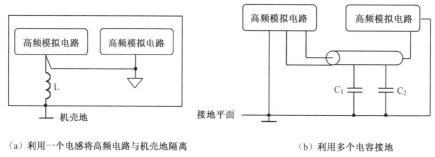

（a）利用一个电感将高频电路与机壳地隔离　　　　（b）利用多个电容接地

图 5-21　高频模拟电路的混合接地

▶ 5.5.4　悬浮接地

悬浮接地如图 5-22 所示，就是将电路、设备的信号接地系统与安全接地系统、结构地及其他导电物体隔离。图中的 3 个电路均通过低阻抗接地导线连接到信号地上，而信号地与建筑物结构地及其他导电物体隔离。悬浮接地使电路的某一部分与大地线完全隔离，从而可抑制来自地线的干扰。由于没有电气上的联系，因而也就不可能形成地环路电流而产生地阻抗的耦合干扰。

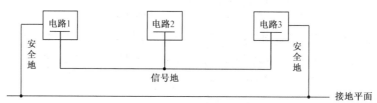

图 5-22　悬浮接地

采用悬浮接地的目的是将电路或设备与公共接地系统或可能引起环流的公共导线隔离开来，使电路不受大地电性能的影响，提高电路的抗干扰性能。利用变压器隔离和光电隔离技术，悬浮接地还可以使不同电位之间的电路配合变得容易。

由于设备不与公共地相连，故悬浮接地容易在两者间造成静电积累，当电荷积累到一定程度后，在设备地与公共地之间的电位差可能引起设备与公共地之间的剧烈的静电放电，产生干扰放电电流。通常推荐将该系统通过电阻接地以避免静电积累。悬浮接地的电路也易受寄生电容的影响，从而使该电路的地电位变动，增大对模拟电路的感应干扰。悬浮接地的效果与悬浮接地寄生电容的大小和信号的频率有关。

5.6　接地系统的设计原则

接地系统的设计是一个十分复杂的系统工程。由于接地系统的设计目前没有一个系统的理论或模型，故在考虑接地时只能参考过去的设计经验或从书本上看到的经验介绍。面对一个电路系统，很难提出一个绝对正确的接地方案，而在其他场合使用很好的方案在这里也不一定好，设计中多少都会遗留一些问题。因此，在设计接地系统时，很大程度上依赖设计人员对"接地"这个概念的理解程度和设计经验。

5.6.1 理想的接地要求

理想的接地要求如下。

① 理想的接地应使流经地线的各个电路、设备的电流互不影响，既不使其形成地电流环路，又避免使电路、设备受磁场和地电位差的影响。

② 理想的接地导体（导线或导电平面）应是零阻抗的实体，流过接地导体的任何电流都不应该产生电压降，即各接地点之间没有电位差，或者说各接地点间的电压与电路中任何功能部分的电位比较均可忽略不计。

③ 接地平面应是零电位，它用作系统中各电路任何位置所有电信号的公共电位参考点。

④ 良好的接地平面与布线间将有大的分布电容，而接地平面本身的引线电感将很小。理论上，它必须能吸收所有信号，使设备稳定地工作。接地平面应采用低阻抗材料制成，并且有足够的长度、宽度和厚度，以保证在所有频率上它的两边之间均呈现低阻抗。用于安装固定式设备的接地平面，应由整块铜板或铜网组成。

5.6.2 接地系统设计的一般规则

接地系统设计的一般规则如下。

① 要降低地电位差，必须限制接地系统的尺寸。当电路尺寸小于 0.05λ（λ 是该电路系统中最高频率信号的波长）时，可采用单点接地；当电路尺寸大于 0.15λ 时，可采用多点接地。对于工作频率很宽的系统要用混合接地。对于敏感系统，接地点之间的最大距离应当不大于 0.05λ。

低频电路可以采用串联和并联的单点接地。并联单点接地最为简单而实用，它没有公共阻抗耦合和低频地环路的问题，每个电路模块都接到一个单点地上，每个子单元在同一点与参考点相连，地线上其他部分的电流不会耦合进电路。这种接地方式在 1MHz 以下的工作频率下能工作得很好。但是随着频率的升高，接地阻抗随之增大，电路上会产生较大的共模电压。

对于工作频率较高的模拟电路和数字电路，由于各元器件的引线和电路布局本身的电感都将增大地线的阻抗，为了降低地线阻抗，减小由地线间的杂散电感和分布电容造成的电路间的相互耦合，通常采用就近多点接地，把各电路的系统地线就近接至低阻抗地线上。一般来说，当电路的工作频率高于 10MHz 时，应采用多点接地的方式。由于高频电路接地的关键是尽量减小地线的杂散电感和分布电容，所以其在接地的实施方法上与低频电路有很大的区别。

整机系统通常采用混合接地。系统内的低频部分需要采用单点接地，而高频部分则要采用多点接地。通常把系统内部的地线分为电源地线、信号地线、屏蔽地线三大类。所有的电源地线都应接到电源总地线上，所有的信号地线都应接到信号总地线上，所有的屏蔽地线都应接到屏蔽总地线上，三根总地线最后汇总到公共的参考地（接地平面）上。

② 使用平衡差分电路，以尽量减少接地电路干扰的影响。在低电平电路的地线必须交

叉的地方，要使导线互相垂直。可以采用浮地隔离（如变压器、光电）技术解决所出现的地线环路问题。

③ 对于那些将出现较大电流突变的电路，要有单独的接地系统或单独的接地回线，以减少对其他电路的瞬态耦合。

④ 需要用同轴电缆传输信号时，要通过屏蔽层提供信号回路。低于 100kHz 的低频电路，可在信号源端单点接地，高于 100kHz 的高频电路，则采用多点接地，多点接地时要做到每隔 $0.05\lambda \sim 0.1\lambda$ 有一个接地点。端接电缆屏蔽层时，应避免使用屏蔽层辫状引出线，且屏蔽层接地不能采用辫状接地，而应当让屏蔽层包裹芯线，然后再让屏蔽层 360° 接地。

⑤ 所有地线要短。地线要导电良好，避免高阻性。如果地线长度接近或等于干扰信号波长的 1/4 时，其辐射能力将大大增强，地线将成为天线。

5.7 地线 PCB 布局的一些技巧

▶ 5.7.1 参考面

参考面包括 0V 参考面（接地平面）和电源参考面（电源平面）。在一个 PCB 上（内）的一个理想参考面应该是一个完整的实心薄板，而不是一个"铜质充填"或"网络"。参考面可以提供若干个非常有价值的 EMC 和信号完整性（SI）功能。

在高速数字电路和射频电路设计中采用参考面，可以实现以下几个功能。

① 提供非常低的阻抗通道和稳定的参考电压。参考面可以为元器件和电路提供非常低的阻抗通道，提供稳定的参考电压。一个 10mm 长的导线或线条在 1GHz 频率时具有的感性阻抗为 63Ω，因此当我们需要从一个参考电压向各种元器件提供高频电流时，需要使用一个参考面来分布参考电压。

② 控制走线阻抗。如果希望通过控制走线阻抗来控制反射（使用恰当的走线终端匹配技术），则几乎总是需要有良好的、实心的、连续的参考面（参考层）。不使用参考层很难控制走线阻抗。

③ 减小回路面积。回路面积可以看作由信号（在走线上传播）路径与它的回流信号路径决定的面积。当回流信号直接位于走线下方的参考面上时，回路面积是最小的。由于 EMI 直接与回路面积相关，所以当走线下方存在良好的、实心的、连续的参考面时，EMI 也是最小的。

④ 控制串扰。在走线之间进行隔离和使走线靠近相应的参考面是控制串扰最实际的两种方法。串扰与走线到参考面之间距离的平方成反比。

⑤ 屏蔽效应。参考面相当于一个镜像面，可以为那些不那么靠近边界或孔隙的元器件和线条提供一定程度的屏蔽效应。即便在镜像面与所关心的电路不相连接的情况下，它们仍然能提供屏蔽作用。例如，一个线条与一个大平面上部的中心距为 1mm，由于镜像面效应，当频率为 100kHz 以上时，它可以达到至少 30dB 的屏蔽效果。元器件或线条距离平面越近，屏蔽效果就会越好。

当采用成对的 0V 参考面（接地平面）和电源参考面时，可以实现以下功能。

① 去耦。两个距离很近的参考面所形成的电容对高速数字电路和射频电路的去耦合是很有用的。参考面能提供的低阻抗返回通路，将减少由去耦电容及与其相关的焊接电感、引线电感产生的问题。

② 抑制 EMI。成对的参考面形成的平面形式的电容可以有效地控制由差模噪声信号和共模噪声信号导致的 EMI 辐射。

5.7.2　避免接地平面开槽

1. 接地平面开槽产生的串扰

当正常的布线层的空间用尽时，如果想在接地平面上塞进一根走线，通常采用的方法是在接地平面上分割出一个长条，然后在里面布线，这样就会形成一个地槽（Ground Slot）。这是一个典型的错误布局设计，这种做法应该是被禁止的。因为对于垂直经过该槽的走线而言，地槽会产生不必要的电感，槽电感会减慢上升沿的上升速度，并会产生互感串扰。

图 5-23 为一个接地平面开槽产生的串扰[17]示意图。从驱动器 A 点返回的电流不能直接从走线 A-B 之下流过，而是转向绕过地槽的顶端。经过转向的电流形成了一个大的环路，严重地增大了信号路径 A-B 的电感，从而缩短了在 B 点收到信号时的上升时间。转向的电流同时与走线 C-D 的返回电流路径环路形成严重重叠。这个重叠会在信号走线 A-B 和走线 C-D 之间引起一个大的互感。

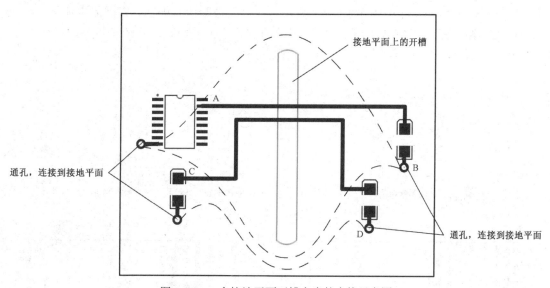

图 5-23　一个接地平面开槽产生的串扰示意图

与走线 A-B 串联的有效电感为

$$L \approx 5D \ln\left(\frac{D}{W}\right) \tag{5-25}$$

式中，L 为电感（nH）；D 为槽长度，即从信号走线转向的电流的垂直宽度（in）；W 为走线宽度（in）。

2. 连接器的不正确布局引起的地槽

一个由连接器的不正确布局引起的地槽如图 5-24 所示。图 5-24（a）中的连接器引脚的间歇孔太大，不仅造成穿过引脚区的接地面不连续，形成地槽，还造成返回的信号电流必须绕过该引脚区域。因此设计时应该确认每个引脚的间隙孔，保证所有的引脚端之间的地保持连续，使返回的信号电流可以通过该引脚区域，如图 5-24（b）所示。

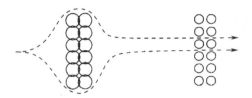

（a）连接器引脚形成地槽　　（b）连接器引脚没有形成地槽

图 5-24　一个由连接器的不正确布局引起的地槽

3. 减少连续过孔产生的回路面积

当 PCB 具有大量的贯穿孔和通孔时，要特别防止连续过孔产生的切缝。在图 5-25（a）中，过孔线间无铜箔，信号线条和回流线条分隔开了，回流面积变大，会产生 RF 能量辐射；回流电流必须绕过过孔传播，形成相当大的回路面积，由这个回路引起的 RF 能量发射水平可能超标。修改后的设计如图 5-25（b）所示，在过孔之间留有铜箔，使回流电流能通过过孔附近的铜箔回流。在图 5-26（a）中，连续的过孔产生了切缝；而在修改后的设计中[见图 5-26（b）]，就没有连续的过孔了。

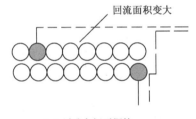

（a）过孔之间无铜箔

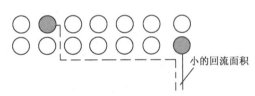

（b）修改的设计（过孔之间有铜箔）

图 5-25　有过孔的回路面积[30]

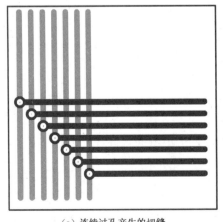

（a）连续过孔产生的切缝

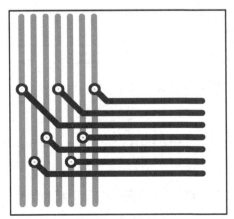

（b）修改连续过孔产生切缝的设计

图 5-26　消除连续过孔产生的切缝[31]

5.7.3　接地点的相互距离

在采用多点接地形式的 PCB 中，在设计 PCB 到金属外壳的接地桩时，为减少 PCB 组装中的 RF 回路效应，最简单的方法是在 PCB 上设计多个安装到机架地的接地桩。

由于接地导线之间具有一定的阻抗，所以它可以成为偶极天线的一半；而信号线条上载有 RF 能量，所以它可以成为偶极天线的激励部分：这样就可以形成一个偶极天线结构。根据偶极天线的特性，有效的天线效应可以维持到长度为最高激励频率或谐波波长的二十分之一，即 $\lambda/20$。例如，在图 5-27 所示的设计实例中，一个 100MHz 信号的 $\lambda/20$ 是 0.15m（15cm），如果两个连到零电位参考面（接地平面）的接地桩之间的直线距离大于 0.15m（15cm），不管是 X 轴或 Y 轴方向，均会产生高效率的 RF 辐射环路。这个环路可能成为 RF 能量发射源，可能造成 EMI 超出国际标准的发射限值。因此，在电源和地网络平面上存在 RF 电流，以及元器件的边沿速率（上升时间和下降时间）很快的电路中，接地桩之间的空间距离不应该大于最高信号频率或所关心谐波频率的 $\lambda/20$[29]。

> **注意：** 不是基本工作频率（如时钟频率）的 $\lambda/20$。

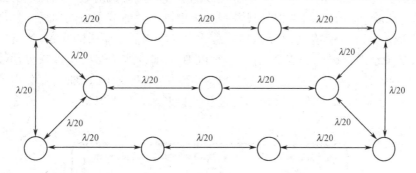

图 5-27　接地点的相互距离不能够大于 $\lambda/20$

当接地桩之间的空间距离大于最高频率或所关心谐波频率的 $\lambda/20$ 时，可以采用加金属薄片连接等结构，以消除由这种环路所产生的 RF 辐射。

计算信号的波长和相应的临界频率的公式如下所示。由这些公式计算的关于各种频率的 λ 值和 $\lambda/20$ 值如表 5-4 所示。

$$f(\mathrm{MHz}) = \frac{300}{\lambda(\mathrm{m})} = \frac{984}{\lambda(\mathrm{ft})}$$

$$\lambda(\mathrm{m}) = \frac{300}{f(\mathrm{MHz})}$$

$$\lambda(\mathrm{ft}) = \frac{984}{f(\mathrm{MHz})}$$

（5-26）

表 5-4　各种频率的 λ 值和 $\lambda/20$ 值

频　　率	λ 值	$\lambda/20$ 值
10MHz	30m（32.8ft）	1.5m（5ft）
27MHz	11.1m（36.4ft）	0.56m（1.8ft）
35MHz	8.57m（28.1ft）	0.43m（1.4ft）
50MHz	6m（19.7ft）	0.3m（12in）
80MHz	3.75m（12.3ft）	0.19m（7.52in）
100MHz	3m（9.8ft）	0.15m（6in）
160MHz	1.88m（6.15ft）	9.4cm（3.7in）
200MHz	1.5m（4.9ft）	7.5cm（3in）
400MHz	75cm（2.5ft）	3.75cm（1.5in）
600MHz	50cm（1.6ft）	2.5cm（1.0in）
1000MHz	30cm（0.98ft）	1.5cm（0.6in）

5.7.4　地线网络

地线阻抗由导线电阻和电感组成，当频率较高时，电感的感抗将成为主导的因素。虽然增大导线的宽度可以减小电感，但由于导线的宽度与电感成对数关系，故导线的宽度的变化对电感的影响并不大。将两根导线并联起来可以有效地减小总的电感。当两根导线距离较远时（大于 1cm），其互感可以忽略，总的电感将降低为原来的 1/2。因此，将多根导线并联起来是减小地线电感的有效方法。在 PCB 上铺设地线网格可以减小地线电感。在双层 PCB 上铺设地线网格的方法如图 5-28 所示，即在双层 PCB 的两面分别铺设水平和垂直的地线，在它们交叉的地方用金属化过孔连接起来，要求每根平行导线之间的距离要大于 1cm。

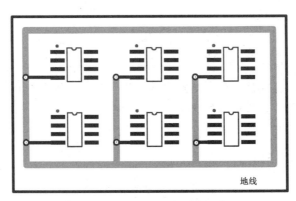

图 5-28　双层 PCB 的地线网格

许多 PCB 布局设计人员没有充分认识地线的作用，往往首先将信号线布好，然后再在有空间的地方插入地线。这种做法是不对的。良好的地线是整个电路稳定工作的基础，无论空间怎样紧张，地线的位置是必须保证的。

在进行 PCB 布局时，应该首先铺设地线网格，然后再铺设信号走线。地线并不一定要很宽，只要有就比没有强。因为在高频情况下，导线的粗细并不是影响阻抗的决定性因素；也不用担心过细的导线会增大直流电流的电阻，因为整个系统的地线由很多细线组成，实际的地线截面积是这些细线的总和。

采用地线网格可以降低 1～2 个数量级的地线噪声，但并不增加任何成本，是一种非常好的抑制地线噪声干扰的方法。

在高速数字电路中，梳状地线是必须避免的一种地线方式，如图 5-29 所示。这种地线结构使信号回流电流的环路很大，会增加辐射和敏感度，并且芯片之间的公共阻抗也可能造成电路的误操作。改进的部分是在梳齿之间加上横线，将梳状地线结构改变为地线网格结构。

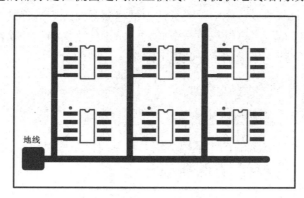

图 5-29 梳状地线结构

5.7.5 电源线和地线的栅格

电源线和地线的栅格形式[29]如图 5-30 所示，这种形式可节约 PCB 的面积，但代价是增大了互感。这种形式适合于小规模的低速 CMOS 和普通 TTL 电路设计，但是对高速数字逻辑电路则不能提供充分的接地。

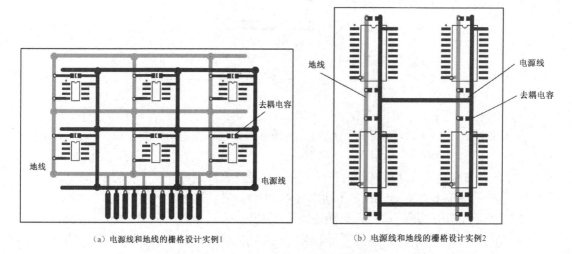

（a）电源线和地线的栅格设计实例1   （b）电源线和地线的栅格设计实例2

图 5-30 两层板上的电源线和地线栅格

在电源线和地线的栅格设计图中，电源线在一层上，地线在另一层上，地线水平分布在板子的底层，而电源走线则垂直分布在板子的顶层。当在全部环路面积上布置电源线和地线时，每个网格面积不能超过 $3.8cm^2$（$1.5in^2$）。网格面积与信号的边沿时间有关，对于更短信号边沿时间，则需要采用更小的网格面积。在连接线的每个交叉点，应通过一个去耦电容连接两组线，从而形成一个平行交叉的图案。电流会沿着地线或电源线返回到源端。使用的去耦电容一定要非常好，因为有些返回电流在流向驱动门的途中要穿过多个去耦电容。与完整的接地平面相比，电源线和地线的栅格在走线间引入了很大互感，因此要注意保持走线之间的相互距离，以降低互感的影响。

在电源线和地线的栅格设计图中，必须注意栅格要尽可能多地连接在一起。在设计时，对电源和返回路径平行布线，可以形成一个低阻抗、小环路面积的传输线结构。当镜像层不存在时，网格结构为射频电流提供了公共返回路径。

> **注意：** 如果走线与 0V 电位间的距离非常大，则走线相对 0V 参考点能够产生足够大的电流环路。对于元器件产生的射频环路电流，可能找不到一个低阻抗的 RF 返回路径。

改进的设计如图 5-31 所示，图中采用了辐射状连线以缩短连接导线的长度，而且所有的地线与电源线相邻排列以缩短公共返回路径。

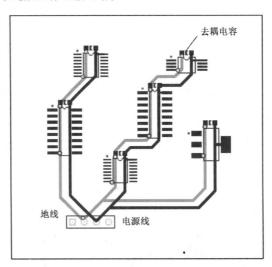

图 5-31　采用辐射状连线

在单面 PCB 布局中，当采用电源线和接地栅格形式时，集中的问题是如何在元器件之间布置走线。几乎在任何一个应用中，在单面 PCB 上完全地划分网格是不可能实现的。最佳的布线技术就是充分使用接地填充作为替换的返回路径，来控制环路面积并减小 RF 返回电流线路的阻抗。这种接地填充必须在多个地方与 0V 电位参考点连接。一个单面 PCB 布线实例[28]如图 5-32 所示。图中，并行的电源线和地线是宽的微带线，地线提供射频电流的回路；时钟电路采用局部接地平面，时钟输出采用串联电阻衰减；关键元器件的电源线采用铁氧体滤波器进行滤波，以减少噪声干扰。

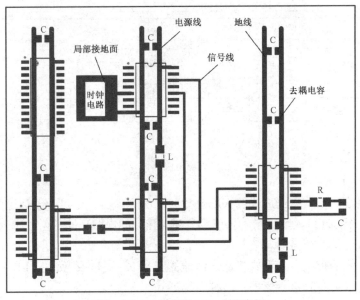

图 5-32 一个单面 PCB 布线实例

5.7.6 电源线和地线的指状布局形式

电源线和地线的指状布局形式如图 5-33 所示。在电源线和地线的指状布局图中，地线布在板子的右边，电源线布在板子的左边。当需要时这些走线可以从左边延伸到右边，像长的手指或横栏木梯。集成电路块跨立在这些横档上，通过短的连线接地或接到电源线上。相邻的电源和地线之间有去耦电容。去耦电容的连接设计如图 5-34 所示，其主要优势是电源和地的接线可以在单层上实现，而信号走线需要另外一层。去耦电容的 PCB 设计更多内容见第 6 章。

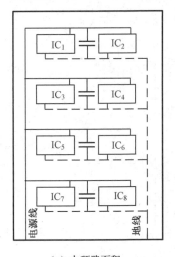

（a）大环路面积

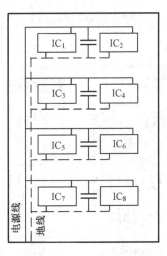

（b）小环路面积

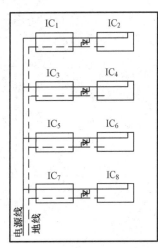

（c）最小环路面积

图 5-33 电源线和地线的指状布局形式

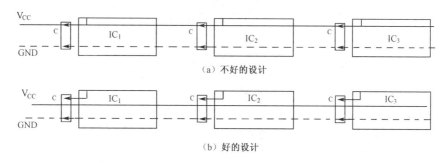

（a）不好的设计

（b）好的设计

图 5-34 去耦电容的连接设计

电源线和地线的指状布局形式的大部分返回信号电流必须走过板子边缘的所有路径，以回到它们的驱动器，这引入了大量的自感和互感。开放的电流环路的电磁辐射在 FCC 辐射测试中几乎可以肯定是不合格的。

电源线和地线的指状布局形式仅适合低速的 CMOS 逻辑或老式的 LS-TTL 系列电路使用，高速数字逻辑电路应该避免采用这种布局形式。

5.7.7 最小化环面积

最小化环面积的规则是信号线与其回路构成的环面积要尽可能小，实际上就是为了尽量减小信号的回路面积。保持信号路径和它的地返回线紧靠在一起将有助于最小化环路面积，以避免潜在的天线环。地环路面积越小，对外的辐射越小，接收外界的干扰也越小。根据这一规则，在分割接地平面（接地面）时，要考虑到接地平面与重要信号走线的分布，防止由于接地平面开槽等带来的问题；在设计双层板中，在为电源留下足够空间的情况下，应该将留下的部分用参考地（接地面）填充，而且应增加一些必要的过孔，将双面信号有效连接起来，并对一些关键信号尽量采用地线隔离。对于一些频率较高的设计，还需要特别考虑其接地平面信号回路问题，以采用多层板为宜。减小地环路面积的设计实例如图 5-35～图 5-37 所示。

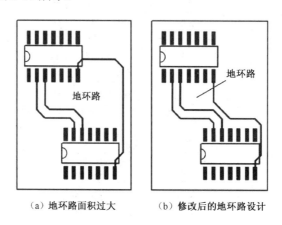

（a）地环路面积过大 （b）修改后的地环路设计

图 5-35 减小地环路面积的设计实例 1

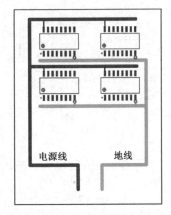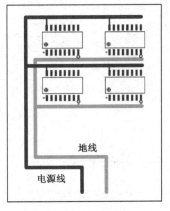

（a）地环路面积过大　　　　　　（b）修改后的地环路设计

图 5-36　减小地环路面积的设计实例 2

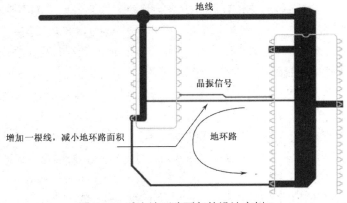

图 5-37　减小地环路面积的设计实例 3

环路面积对电感有明显的影响，如图 5-38 所示的导线具有相同的尺寸，从左到右，不同形状导线的电感分别为 730nH、530nH、330nH 和 190nH[95]。

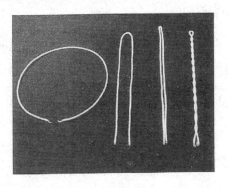

图 5-38　具有相同尺寸不同形状的导线

不同 PCB 布线形式的电感值示例如图 5-39 所示[94]。

注意："地弹"是高速数字系统的主要噪声源之一，而分布电感 L 和"地弹"是成正比的关系，减小地环路电感在高速数字电路 PCB 布局中十分重要。

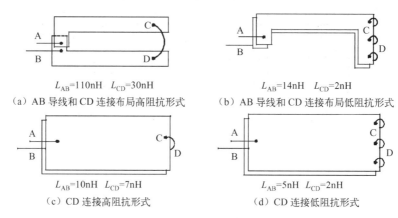

$L_{AB}=110nH$　$L_{CD}=30nH$

（a）AB 导线和 CD 连接布局高阻抗形式

$L_{AB}=14nH$　$L_{CD}=2nH$

（b）AB 导线和 CD 连接布局低阻抗形式

$L_{AB}=10nH$　$L_{CD}=7nH$

（c）CD 连接高阻抗形式

$L_{AB}=5nH$　$L_{CD}=2nH$

（d）CD 连接低阻抗形式

图 5-39　不同布线形式的电感值示例

在图 5-40[97]中，微控制器（MCU）的 2MHz 时钟信号 E 送到 74HC00，74HC00 的另一个输出送回到微处理器的一个输入端。两个芯片的距离较近，可以使连接线尽量短。但它们的地线连到了一根长地线的相反的两端，结果使 2MHz 时钟信号的回流绕了 PCB 整整一周，其环路面积实际是线路板的面积，是一个错误的接地形式。实际上，如果从 A 点到 B 点之间连接一根短线，则可以使 2MHz 时钟的谐波辐射降低 15～20dB；如果使用地线网格，则可以使辐射进一步降低。

图 5-41 所示[97]为一个工作频率为 400kHz 的开关电源的功率 MOSFET 电路，其瞬变时间为 10ns 数量级，因此开关波形的谐波分量超过了 100MHz。去耦电容器距离开关管的距离有几厘米，结果在电源和地线之间形成了较大的环路。改进的办法是在靠近开关管和变压器的位置设置一个 47nF 的射频去耦电容以减小这个环路中的射频电流，这可使 10MHz 以上的辐射降低 20dB。

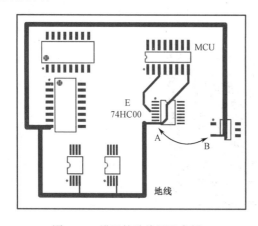

图 5-40　错误的地线设计实例 1

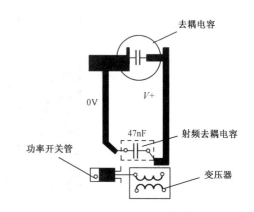

图 5-41　错误的地线设计实例 2

5.7.8　按电路功能分割接地平面

分割是指利用物理上的分割来减小不同类型线之间的耦合，尤其是通过电源线和地线的耦合。按电路功能分割接地平面的实例如图 5-42 所示，是利用分割技术将 4 个不同类型电路的接地平面分割开来，并在接地平面用非金属的沟来隔离 4 个接地平面的。每个电路的电源输入都采用 LC 滤波器，以减小不同电路电源平面间的耦合。对于各电路的 LC 滤波器的 L和 C 来说，为了给每个电路提供不同的滤波特性，最好采用不同的数值。由于高速数字电路具有高的瞬时功率，故将其放在电源入口处。考虑静电释放（ESD）和暂态抑制的元器件或电路等因素，接口电路应位于电源的末端。

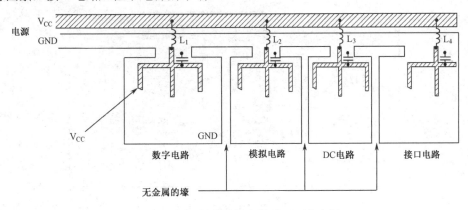

图 5-42　按电路功能分割接地平面的实例

在一块 PCB 上，按电路功能接地布局的设计实例如图 5-43[28]所示，当模拟电路、数字电路、有噪声电路等不同类型的电路在同一块 PCB 上时，每一个电路都必须以最适合该电路类型的方式接地，然后再将不同的地电路连接在一起。

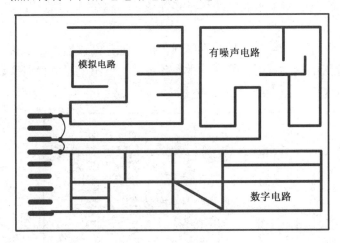

图 5-43　按电路功能接地布局的设计实例

▶ 5.7.9　局部接地平面

振荡器电路、时钟电路、数字电路、模拟电路等可以被安装在一个单独的局部接地平面上。这个局部接地平面设置在 PCB 的顶层，它通过多个通孔与 PCB 的内部接地层（0V 参考面）直接连接起来，一个设计实例如图 5-44 所示。

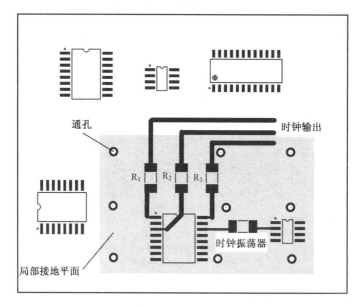

图 5-44　局部接地平面

　　将振荡器和时钟电路安装在一个局部接地平面上，可以提供一个镜像层，以捕获振荡器内部和相关电路产生的共模 RF 电流，这样就可以减小 RF 辐射。当使用局部接地平面时，注意不要穿过这个层来布线，否则会破坏镜像层的功能。如果一条走线穿过局部化接地层，就会存在小的地环路或不连续性电位，这些小的地环路在射频时会引起一些问题。

　　如果某器件应用不同的数字接地或不同的模拟接地，则该器件可以布置在不同的局部接地平面，并通过绝缘的槽实现器件分区。进入各部件的电源电压可使用铁氧体、磁珠和电容器进行滤波。设计实例如图 5-45 和图 5-46 所示。

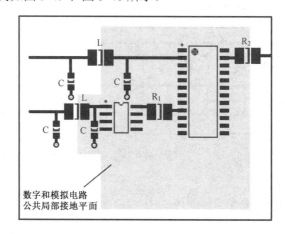

图 5-45　数字和模拟电路采用公共局部接地平面

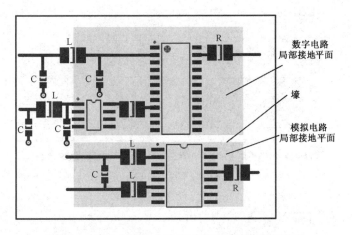

图 5-46　数字和模拟电路采用分块的局部接地平面

5.7.10　参考层的重叠

在 PCB 布局过程中的一个重要步骤就是确保可以对各个元器件的电源平面（和接地平面）进行有效分组，并且不会与其他的电路发生重叠。例如，在 A/D 电路中，通常是先使数字电源参考层和数字地参考层（数字接地平面）位于 IC 的一侧，模拟电源参考层与模拟地参考层（模拟接地平面）位于另一侧；然后用 0Ω电阻或铁氧体磁环在 IC 下面（或者最少在距离 IC 非常近的位置）的一个点把数字地参考层和模拟地参考层连接起来。

如果使用多个独立的电源并且这些电源有自身的参考层，则不要让这些层之间不相关的部分产生重叠，这是因为两层被电介质隔开的导体表面会形成一个电容。如图 5-47 所示，当模拟电源参考层的一部分与数字地参考层的一部分产生重叠时，两层产生重叠的部分就形成了一个小电容。事实上这个电容可能会非常小。但不管怎样，任何电容都能为噪声提供从一个电源到另一个电源的通路，从而会使隔离失去意义。

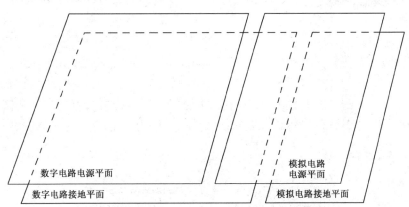

图 5-47　层的重叠部分会形成一个电容

不同电源平面在空间上要避免重叠，如图 5-48 所示，这主要是为了减少不同电源之间的干扰。特别是在一些电压相差很大的电源之间，电源平面的重叠问题一定要设法避免，难以避免时可考虑中间隔接地层。

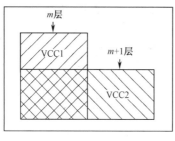

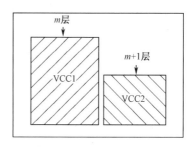

（a）不同电源平面在空间上重叠   （b）修改后的设计

图 5-48   不同电源平面在空间上要避免重叠

5.7.11   20H 原则

在高速数字逻辑电路中，使用高速逻辑或高频时钟时，PCB 电源平面会与接地平面相互耦合 RF 能量，在电源平面和接地平面的板间产生边缘磁通泄漏（Fringing），而且会辐射 RF 能量到自由空间和环境中去，如图 5-49 所示。

"20H 原则"是指要确保电源平面的边缘比接地平面（0V 参考面）边缘至少缩进相当于两个平面之间层距的 20 倍[28]。H 是叠层中电源平面与接地平面之间的物理距离。从电流在电源和接地平面之间循环的角度上看，采用"20H 原则"可以改变电路板的自谐振频率。如图 5-50 所示，大约在 10H 时，磁通泄漏就可以出现显著改变；在 20H 时，大约有 70%的磁通泄漏被束缚住；在 100H 时，可以抑制 98%的磁通泄漏。但是，电源平面与接地平面边缘缩入在比 20H 更大时，会增加板间物理距离，而不会使辐射的 RF 能量显著减小，并且还增加了 PCB 布线的难度。

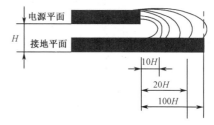

图 5-49   在电源平面和接地平面的板间
产生边缘磁通泄漏

图 5-50   电源平面的边缘缩入对磁通泄漏的影响

"20H 原则"对高速数字电路和宽带区域是必要的。当需要进行数字区和模拟区隔离滤波或类似操作的电路时可以采用。"20H 原则"在电源分隔区的应用实例如图 5-51 所示。

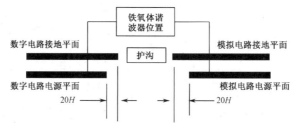

图 5-51   "20H 原则"在电源分隔区的应用实例

注意："20H 原则"仅在某些特定的条件下才会提供明显的效果。这些特定条件包括以下几个。

① 在电源总线中电流波动的上升/下降时间要小于 1ns。

② 电源平面要处在 PCB 的内部层面上，并且与它相邻的上下两个层面都为 0V 参考面。这两个 0V 参考面向外延伸的距离至少要相当于它们各自与电源平面间层距的 20 倍。

③ 在所关心的任何频率上，电源总线结构不会产生谐振。

④ PCB 的总层数至少为 8 层或更多。

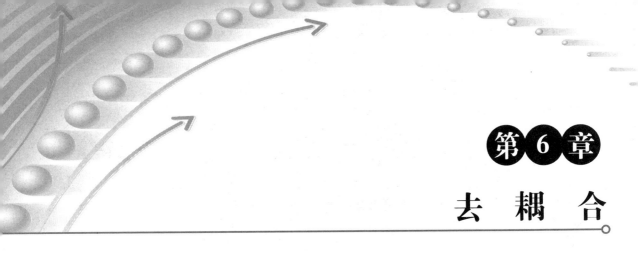

第6章

去 耦 合

6.1 去耦滤波器电路的结构与特性

▶ 6.1.1 典型的 RC 和 LC 去耦滤波器电路结构

为减小经过电源系统耦合的噪声，通常需要为每一个电路或每一组电路提供去耦，采用电阻、电容（RC）去耦滤波器或电感、电容（LC）去耦滤波器都可以有效地将电路和电源隔离开来，消除电路之间的耦合并防止电源系统的噪声进入电路。采用 RC 去耦滤波器和 LC 去耦滤波器的电路如图 6-1 所示。

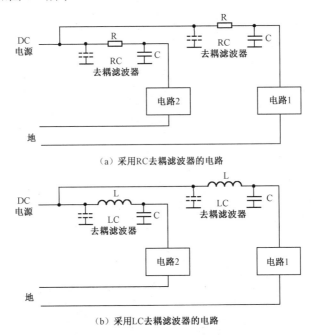

（a）采用RC去耦滤波器的电路

（b）采用LC去耦滤波器的电路

图 6-1　采用 RC 去耦滤波器和 LC 去耦滤波器的电路

对于图 6-1（a）中的 RC 滤波器而言，由于电阻上的压降会使提供给电路的电源电压下降，故通常需要考虑电阻上的压降的影响。

图 6-1（b）中的 LC 滤波器可以减小由电阻带来的电源电压的下降，尤其是可以对高频噪声提供更好的滤波。然而需要注意的是，对于一个 LC 滤波器而言，存在一个谐振频率

$f_r = \dfrac{1}{2\pi\sqrt{LC}}$，在这个谐振频率点上，经过滤波器传输的高频噪声信号可能比不使用滤波器时的高频噪声信号还要大。设计时需要确保 LC 滤波器的谐振频率在所连接电路的通频带以外。如果需要，可增加一个电阻与电感串联来提高阻尼。所使用的电感必须总是能够通过电路所需的直流电流而不会饱和。

图 6-1 中所示的虚线电容可以加到电路的每一部分，这样去耦滤波器电路就变成了一个π型滤波器电路，可以增强对从电路反馈到电源的噪声的滤波。

在考虑降低噪声时，采用 RC 去耦滤波器比 LC 去耦滤波器效果更好。RC 去耦滤波器为吸收式滤波器形式，噪声电压被转换成热量并耗散掉。LC 去耦滤波器为反射式滤波器，噪声电压不是出现在负载上，而是出现在电感上，这样它可能被辐射并给电路的其他部分带来干扰，因此有可能需要使用屏蔽措施来消除它的辐射。

使用一个电感器构成的L型和π型LC滤波器（去耦电路）如图6-2和图6-3所示。图6-3所示的π型LC滤波器可以更好地抑制噪声。由于电源接线上的许多电容器是同其他IC一起使用的，图6-2也可以认为是一个π型滤波器。

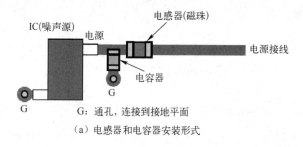 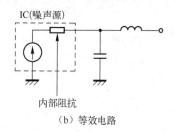

（a）电感器和电容器安装形式　　　　　　（b）等效电路

图 6-2　L 型 LC 滤波器

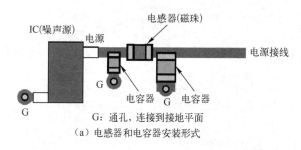 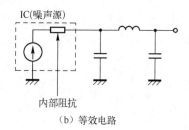

（a）电感器和电容器安装形式　　　　　　（b）等效电路

图 6-3　π 型 LC 滤波器

一般来说，选择较大阻抗的电感器（具有较大电感值）会获得优良的噪声抑制效果。然而，电感器按照图 6-2 和图 6-3 使用时，由于 IC 工作所必需的瞬间电流要由电感器和 IC 之间的电容器提供，所以通常要求电容器必须够大，与选择的电感器相对应。因此，不推荐使用过大的电感器。

使用电感器时应注意以下一些问题：

①　电感器的噪声抑制效果随着阻抗增大而增大，但由于EPC 影响，阻抗会随着频率的上升而停止增大。一般来说，对于噪声抑制，阻抗越大，效果就越好。

②　从提供低阻抗电源的观点来看，由于使用电感器能产生增大阻抗的效果，需要在电

感器与IC间采用有足够容量的电容器来抵消电感器的影响。因此，不推荐使用大阻抗的电感器。

③ 当电感器作为电源滤波器使用时，还需要考虑直流电阻和饱和的影响。

由于电感器的直流电阻一般都能导致能量损失及产生热量，当电感器作为电源滤波器使用时，小的电阻是有利的。除此之外，由于直流电阻可以降低直流通过电路的电压，由电阻压降产生的电压波动也可能会产生问题。直流电阻产生的纹波电压为

$$\Delta V_{ripple}=R_{dc} \cdot \Delta I_{ripple} \tag{6-1}$$

式中，ΔV_{ripple} 为纹波电压；R_{dc} 为直流电阻；ΔI_{ripple} 为瞬态电流。例如，当 1A 的瞬态电流流过一个 R_{dc} 为 100mΩ 的电感器时，就会出现 100mV 的波纹电压。因此，对于要求小波纹电压的低电压电源，需要选择具有更小直流电阻的电感器。

④ 一般来说，当铁磁性材料的磁通密度达到饱和时，磁导率趋向于变小。因此，当有大电流流过时，带有磁芯的电感器的电感和阻抗会减小。为了确认此影响，需要注意电流变大时的噪声等级。

▶ 6.1.2 去耦滤波器电路的特性

如图6-4所示，各类电容器和EMI降噪滤波器在连接IC芯片电源端和配电网（PDN）的连接处，形成去耦滤波器电路（去耦电路），可以增加电路的电源完整性（PI）[98]。

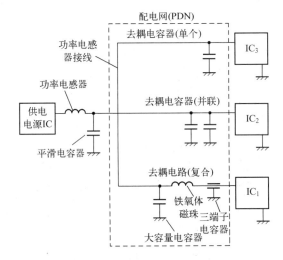

图 6-4　电源和 IC 芯片之间的去耦滤波器电路

如图6-5所示，去耦滤波器电路实现的功能（电路中以IC₁为主）如下：

① 抑制由 IC 产生噪声或进入 IC 的噪声；

② 提供与 IC 工作和维持电压有关的瞬态电流；

③ 变为信号电流通道的一部分（形成信号电流返回通道）。

当去耦滤波器电路不起作用时，如图 6-6 所示，在点①处电源线辐射的噪声增大，在点②处电源布线的噪声增大，在点③处信号线噪声增大，在点④处信号完整性降低。可能会产生以下问题：

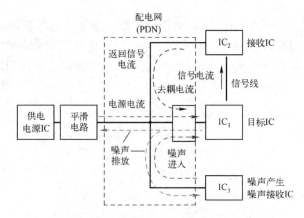

图 6-5　去耦滤波器电路实现的功能

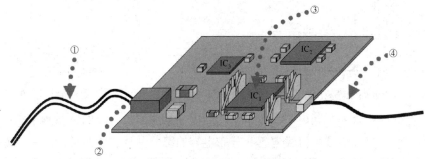

图 6-6　电源噪声影响实例

① 由于存在噪声泄漏，与其他电路产生相互干扰（如 IC_3），增加设备的噪声辐射；

② 噪声从外源侵入，导致 IC 工作出现问题；

③ 产生电源电压波动，干扰 IC 工作，降低信号完整性，增大信号上叠加的噪声；

④ 信号电流返回通道缺陷将引起信号完整性问题。

因此，采用适当的去耦滤波器电路对抑制噪声和保证电路正常工作来说十分重要。

当电路的时钟速度相对较低或电路的噪声容限较高时，通过安装旁路电容器，将电源接地（电源端子附近），可以很容易形成去耦滤波器电路。此旁路电容器就被称为去耦电容器。然而，对于具有高时钟速度的 IC、产生大量噪声的 IC、噪声敏感型 IC，都需要更为复杂的去耦滤波器电路。

6.2　电阻器、电容器、电感器的射频特性

在射频频段，集总电阻器、集总电容器和集总电感器的特性是不具有"纯"的电阻器、电容器和电感器的性质，这是在射频电路和高速数字电路设计以及 PCB 布线过程中必须注意的。

6.2.1　电阻器的射频特性

电阻器的高频等效电路如图 6-7 所示，图中，两个电感 L 等效为引线电感；电容 C_b 表示电荷分布效应；C_a 表示引线间电容；与标称电阻相比较，引线电阻常常被忽略。由图 6-7

可知，在低频时电阻的阻抗是 R；随着频率的升高，寄生电容的影响成为引起电阻阻抗下降的主要因素；然而随着频率的进一步升高，由于引线电感的影响，电阻的总阻抗上升。在很高的频率时，引线电感会成为一个无限大的阻抗，甚至开路。金属膜电阻的阻抗绝对值与频率的关系如图 6-8 所示。

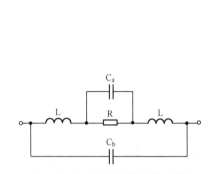

图 6-7　电阻器的高频等效电路

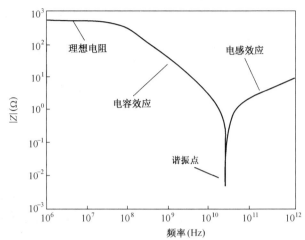

图 6-8　金属膜电阻的阻抗绝对值与频率的关系

目前，在高速数字电路和射频电路中主要应用的是薄膜片式电阻，该类电阻的尺寸能够做得非常小，可以有效地减少引线电感和分布电容的影响。片式电阻的形式有 0201、0603、0805、1206、2010、2512，其功率范围为 1/10～1W，阻值范围为 0.1Ω～10MΩ。

6.2.2　电容器的射频特性

从电容的阻抗公式可以看出，对于直流电压或者电流，$\omega=0$（$\omega=2\pi f$），电容器的阻抗趋于无穷大；如果 $\omega\neq0$（$\omega=2\pi f$），增加电容器的容量（值），其阻抗随之降低。理论上，增加电容器的容量（值）至无穷大，电容器的阻抗可以降低为零。

在射频和高速数字电路中，电容器的等效电路如图 6-9 所示，图中，电感 L 等效为引线电感，电阻 R_s 表示引线导体损耗，电阻 R_e 表示介质损耗。由图 6-9 可知，电容器的引线电感将随着频率的升高而降低电容器的特性。如果引线电感与实际电容器的电容谐振，将会产生一个串联谐振（自谐振点，SRF），使总电抗趋向 0Ω（mΩ级）。由于这个串联谐振会产生一个很小的串联阻抗，所以非常适合在射频和高速数字电路的耦合和去耦电路中应用。然而，当电路的工作频率高于串联谐振频率时，该电容器将表现为电感性而不是电容性。电容器的阻抗绝对值与频率的关系如图 6-10 所示。

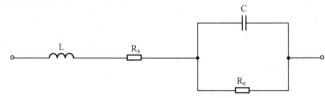

图 6-9　电容器的高频等效电路

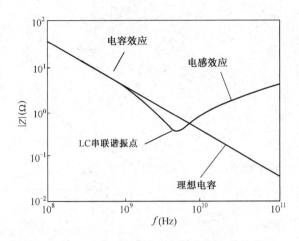

图 6-10 电容器的阻抗绝对值与频率的关系

在射频和高速数字电路中，希望隔直和旁路电容的阻抗为"零"，即所谓的"零阻抗电容"。从图 2.3.2 所示可见，阻抗为"零"的电容器并不存在。通常选择在电容器自谐振点 ESR（Equivalent Series Resistance，等效串联电阻）最小的电容器，作为"零阻抗电容"。工程中通常使用的是片状（贴片）电容器。

片式电容器有高频用（高 Q）多层陶瓷片式电容器、X7R 介质片式电容器、NPO 介质片式电容器、Y5V 介质片式电容器、固体钽质片式电容器等多种形式。目前，多层陶瓷片式电容器在射频电路和去耦电路中得到了广泛使用，它们可用于射频电路中的各个部分，其使用频率可以高达 15GHz。

6.2.3　电感器的射频特性

电感器的高频等效电路如图 6-11 所示，图中，电容 C_s 为等效分布电容，R_s 为等效电感线圈电阻。由图 6-11 可知，分布电容 C_s 与电感线圈并联，这也意味着一定存在某一频率，在该频率点线圈电感和分布电容产生并联谐振，使阻抗迅速增加。通常称这一谐振频率点为电感器的自谐振频率（Self Resonant Frequency，SRF）。当频率超过谐振频率点时，分布电容 C_s 的影响将成为主要因素。一个射频线圈的阻抗绝对值与频率的关系如图 6-12 所示。

线圈电阻的影响通常用品质因数 Q 来表示，即

$$Q = \frac{X}{R_s} \tag{6-2}$$

式中，X 是电抗；R_s 是线圈的串联电阻。品质因数用于表征无源电路的电阻损耗，通常希望得到尽可能高的品质因数。

目前片式电感器也在射频电路和去耦电路中被广泛使用了。片式电感器有绕线型片式电感器、陶瓷叠层片式电感器、多层铁氧体片式电感器、片式磁珠等多种形式。

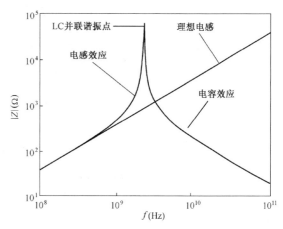

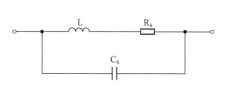

图 6-11　电感器的高频等效电路

图 6-12　射频线圈的阻抗绝对值与频率的关系

6.2.4　串联 RLC 电路的阻抗特性

串联 RLC 电路如图 6-13 所示，图中，L 是电感线圈，r 是电感线圈 L 中的电阻，C 为电容。当信号角频率为 $\omega(2\pi f)$ 时，该电路的阻抗为

$$Z_s = r + \mathrm{j}\omega L + \frac{1}{\mathrm{j}\omega C} = r + \mathrm{j}\left(\omega L - \frac{1}{\omega C}\right) \qquad (6\text{-}3)$$

当 $\omega=\omega_0$ 时，产生串联谐振，感抗与容抗相等，Z_s 为最小（纯电阻 r），串联谐振角频率 ω_0 为

$$\omega_0 = \frac{1}{\sqrt{LC}} \qquad (6\text{-}4)$$

品质因数 Q 为

$$Q = \frac{\omega_0 L}{r} = \frac{1}{\omega_0 Cr} \qquad (6\text{-}5)$$

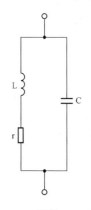

图 6-13　串联 RLC 电路

6.2.5　并联 RLC 电路的阻抗特性

并联 RLC 电路如图 6-14 所示，图中，L 是电感线圈，r 是电感线圈 L 中的电阻，C 为电容。当信号角频率为 ω 时，该回路的阻抗为

$$Z_p = \frac{(r + \mathrm{j}\omega L)\dfrac{1}{\mathrm{j}\omega C}}{r + \mathrm{j}\omega L + \dfrac{1}{\mathrm{j}\omega C}} \qquad (6\text{-}6)$$

当 $\omega=\omega_0$ 时，产生并联谐振，感抗与容抗相等，阻抗 Z_p 最大，并联谐振角频率 ω_0 为

$$\omega_0 = \frac{1}{\sqrt{LC}} \qquad (6\text{-}7)$$

图 6-14　并联 RLC 电路

品质因数 Q 为

$$Q = \frac{\omega_0 L}{r} = \frac{1}{\omega_0 Cr} \tag{6-8}$$

6.3 去耦电容器的 PCB 布局设计

6.3.1 去耦电容器的安装位置

1. 去耦电容器的安装位置的影响

在图 6-15 所示电路中，去耦电容器 C 的安装位置不同，图 6-15（a）中电容器靠近电源安装，图 6-15（b）中集成电路（IC）靠近电源安装，其去耦合效果是不同的。

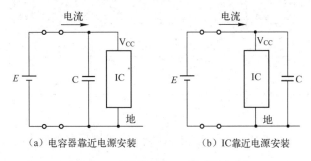

（a）电容器靠近电源安装　　　　（b）IC靠近电源安装

图 6-15　去耦电容器 C 的安装位置

考虑布线电感，图 6-15 所示电路的等效电路如图 6-16 所示，在图 6-16（a）中，从电源部分流入的电流，首先通过电感 L_1 在 C 中积蓄起来，然后再通过 L_2 提供给 IC。对于电源的变化和噪声，电容器 C 能够起到很好的去耦作用。在图 6-16（b）中，由于 L_2 隔离了电容器 C 与 IC 的连接，电源的变化和噪声首先作用于 IC，降低了电容器 C 的去耦作用。

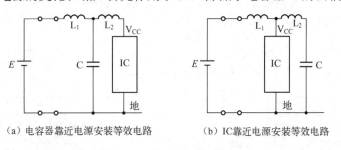

（a）电容器靠近电源安装等效电路　　　（b）IC靠近电源安装等效电路

图 6-16　图 6-15 的等效电路

当电容器安装在 PCB 上时，电容器的插入损耗特性可能出现变化。例如，当考虑从电源接线上连接电容器到地面时（见图 6-17），安装电容器的连接线和过孔的电感会串联接入电容器，电容器的插入损耗特性将产生变化（见图 6-18），插入损耗在电感区（高频范围）减小[98]。

当电容器用于抑制高频噪声时，应设计厚而短的 PCB 导线来减少此安装电感（ESL_{PCB}）。从电源阻抗的观点看，ESL_{PCB} 也必须保持为小。

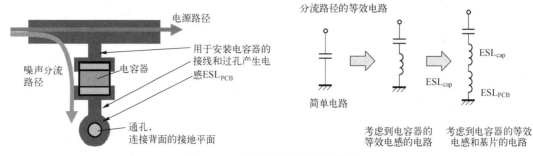

图 6-17　安装电容器时的线路影响

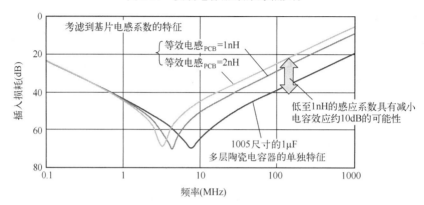

图 6-18　安装电感对电容器特性的影响（计算值）

　　一个去耦电容器连接到电源引脚端的 PCB 布局示例如图 6-19 所示，图 6-19（a）V$_{DD}$ 右边，图 6-19（b）V$_{DD}$ 在左边，图 6-19（c）去耦电容器连接的电源的一端与 IC 的电源引脚端享用同一个焊盘，使得 IC 和去耦电容器之间形成的间隔距离最小。去耦电容器的接地端通过通孔直接连接到 0V 参考面（接地平面）。0V 参考面应该设置在与安装元器件的 PCB 表面层直接相邻的层次上，并且所有的元器件都应该使用最短、最宽的线条与它相连接。0V 参考面越是靠近元器件面，互连接电感的降低越有助于去耦电容从电源总线中除去噪声。注意来自电源的电流应先经过去耦电容器后再流入 IC 上。

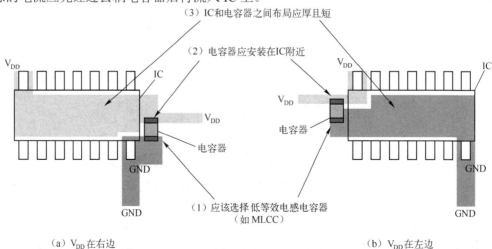

图 6-19　去耦电容器连接到电源引脚端的 PCB 布局示例

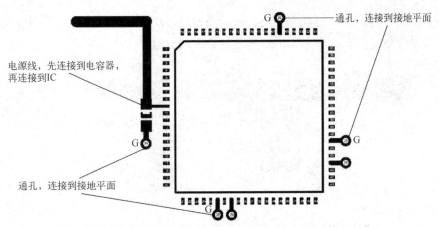

（c）去耦电容器与电源上脚端共用一个焊盘(通孔连接到接地平面)

图 6-19　去耦电容器连接到电源引脚端的 PCB 布局示例（续）

当去耦电容器由于某种原因不能够靠近 IC 电源引脚端安装，而无法共用同一个焊盘时，可以在 IC 和去耦电容器之间采用一个小面积的电源平面来代替电源接线，降低导线电感，使去耦电容器与电源引脚端之间的互连接电感最小化，去耦电容器尽可能靠近电源引脚端安装，如图 6-20 所示。

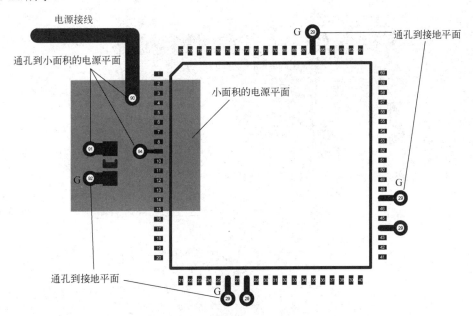

图 6-20　采用一个小面积的电源平面来代替电源接线

2．分支线路的影响

按照噪声路径和电容器安装位置，当安装电容器时，安装的电感（ESL_{PCB}）可能出现变化。例如，如图 6-21（a）所示，当电容器安装在噪声路径时，电容器安装模式以及过孔产生的 ESL（PCB）将相对变小。而另一方面，如图 6-21（c）所示，如果电容器安装位置设定在噪声路径的另一边，从电源端到安装位置的所有导线的 ESL 都包括在内，使 ESL（PCB）变大。在这种情况下，在高频范围的电容器的效果就会减弱。

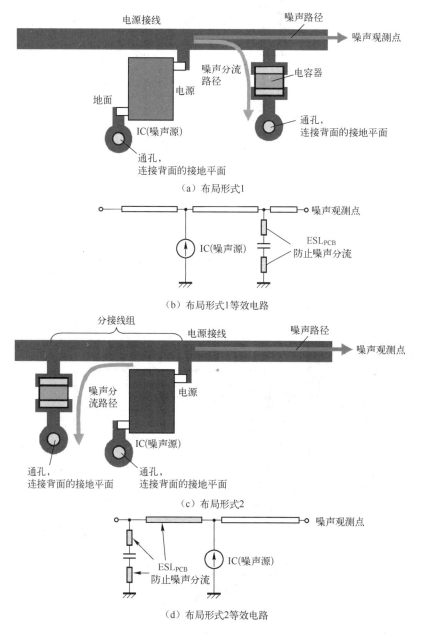

图 6-21　噪声路径与电感器位置之间的关系

我们把这种远离噪声路径的线路称为"分支线路"。假定这个分支线路是一个 10mm 长 MSL（Microstrip Line，微带线），一个计算的插入损耗波动示例如图 6-22 所示。在此例中，插入损耗在超过 10MHz 的频率范围内的跌幅接近 20dB[98]。

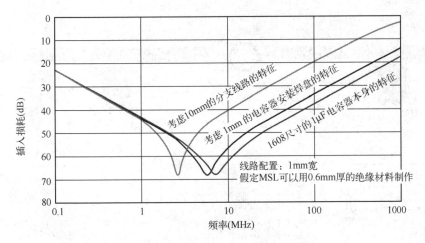

图 6-22 当存在分支线路时的插入损耗波动的示例（计算值）

一个证实分支线路影响的示例[98]如图 6-23 所示。电源端存在一个 20MHz 的噪声，在数字 IC 电源端的 6mm 处安装一个 1μF MLCC（多层片式陶瓷电容器）（尺寸 1608）。在 IC 电源端 15mm 处，用示波器测量噪声抑制效果。测量结果如图 6-23 所示，可以看出有分支线路的比没有分支线路的电压波动（波纹）要大很多。可以看到分支线路的存在，对噪声抑制有着巨大的影响。

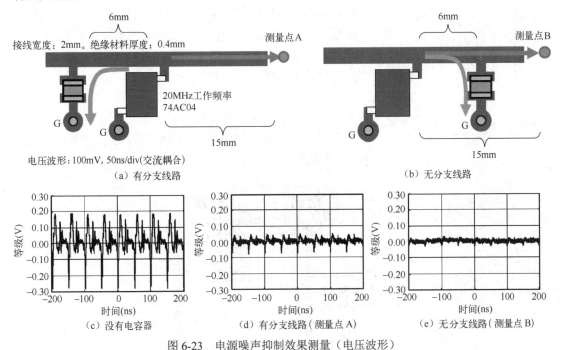

图 6-23 电源噪声抑制效果测量（电压波形）

图 6-24 用来评估电源的辐射噪声。辐射噪声的环形天线安装在电源接线的一端，并且辐射的噪声在距离 3m 处进行测量。水平极化用 H 标记，垂直极化用 V 标记。

从测量结果可见，图 6-24（c）中没有分支线路的噪声抑制效果要优于图 6-24（b）中有分支线路的效果，大约 10dB。

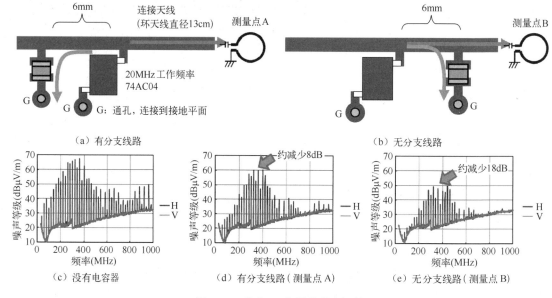

（a）有分支线路

（b）无分支线路

（c）没有电容器

（d）有分支线路（测量点 A）

（e）无分支线路（测量点 B）

图 6-24　确定 IC 电源的噪声辐射

可以看出，当处理高频噪声时，减小 ESL_{PCB}（如分支线路）的影响变得很重要。

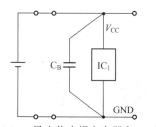

图 6-25　最小化去耦电容器和 IC 之间的电流环路

为了最大限度地降低电流环路的辐射，必须仔细地布局去耦电容器的位置、走线及 PCB 的叠层，使去耦电容器所包围的区域降低到最低，即要求去耦电容器和 IC 之间都使用最短的布线连接，使去耦电容器和 IC 的电流环路所包围的面积最小化，如图 6-25 所示。

对于一个有多个电源引脚端的 IC，在每一个 IC 的每个电源引脚端上都需要连接去耦电容器。如图 6-26 中所示，所有的去耦电容器都应该连接到该电路部分的 0V 参考面（接地平面）。

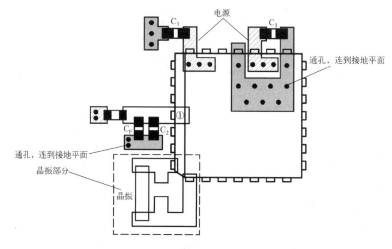

图 6-26　在每一个电源引脚端都连接去耦电容器

6.3.2　去耦电容器的并联和反谐振

当电容器的电容不足，或者目标阻抗以及插入损耗由于高 ESL 和 ESR 难以实现时，可能需要并联多个电容器，如图 6-27 所示。在这种情况下，必须注意出现在这些电容器中的并联谐振（称为反谐振），如图 6-28 所示，可以看到从电源端的阻抗由于反谐振会趋向于变大。

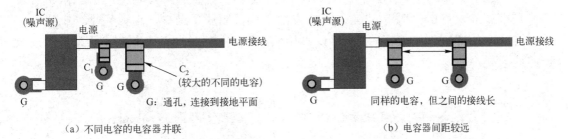

（a）不同电容的电容器并联　　　　　　　　（b）电容器间距较远

图 6-27　电容器连接可能出现反谐振的情况

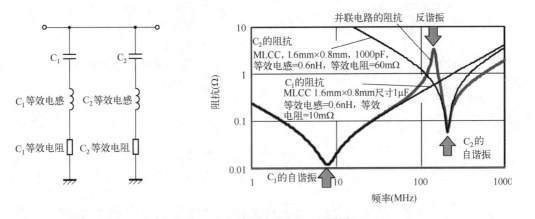

图 6-28　电容器的并联谐振（计算值）

反谐振是发生在两个电容器间的自谐振频率不同时的一种现象。如图 6-29 所示，并联谐振发生在其中一个电容器的电感区以及另一个电容器的电容区的频率范围内。并联谐振造成该频率范围的总阻抗增加。因此，在出现反谐振的频率范围，插入损耗会变小[98]。

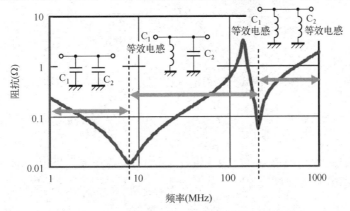

图 6-29　电容器的并联谐振频率范围

可以采用图 6-30 所示一些方法来抑制反谐振[98]。如图 6-30（a）所示，在电容器间嵌入谐振抑制元件如铁氧体磁珠。如图 6-30（b）所示，匹配电容器的电容以调整自谐振频率。如图 6-30（c）所示，缩小电容器之间的间距和使用不同电容的电容器相结合，电容的差值低于 10∶1。

图 6-30（a）所示方法对改善插入损耗相当有效。然而，降低电源阻抗的效果就变小。采用图 6-30（b）和图 6-30（c）的方法，可以减弱反谐振，但要完全抑制反谐振是很难的。如图 6-30（d）所示，可以采用低 ESL 和 ESR 的高性能电容器来消除反谐振问题。

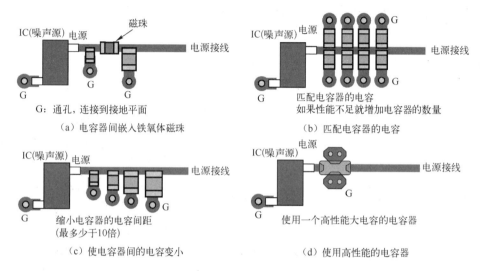

图 6-30　抑制反谐振的一些方法

去耦电路（电容器）的数量和数值对输出端的噪声和纹波的抑制情况，如图 6-31 所示，可以采用示波器和频谱分析仪进行测量，示波器和频谱分析仪都采用高阻抗探头来进行测量。在去耦电路使用低 ESL 的三端子电容器，输出端的噪声和纹波都明显降低。

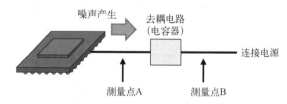

图 6-31　测量去耦电路（电容器）两端的噪声和纹波

并联使用多个去耦电容器时，可以采用一个小面积电源平面[32]的布局方式，如图 6-32 所示。

Dell 公司申请的一个专利技术[32]可以有效地降低去耦电容器的 ESL，其方法如图 6-33 所示，把两个去耦电容器按相反走向安装在一起，从而使它们的内部电流所引起的磁通相互抵消。

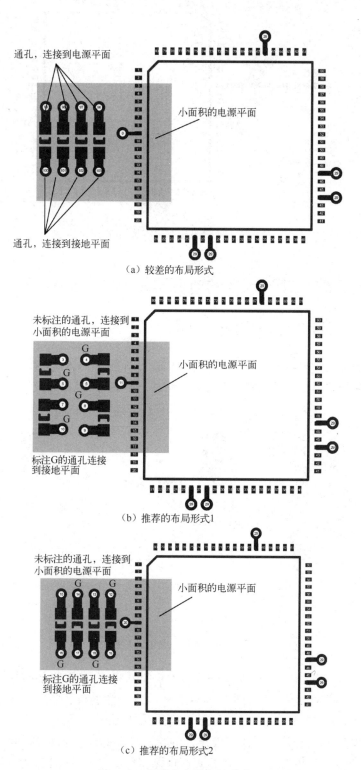

（a）较差的布局形式

（b）推荐的布局形式1

（c）推荐的布局形式2

图 6-32　并联电容的布局形式

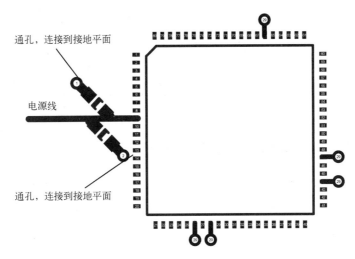

图 6-33　降低去耦电容器的 ESL

6.4　使用去耦电容降低 IC 的电源阻抗

6.4.1　电源阻抗的计算模型

一个考虑连接几个电容器的电源阻抗计算模型[98]如图 6-34 所示。IC 与电容器间的电源连线没有规定的配置形式，可以将其假设用微带线（MSL）表示。

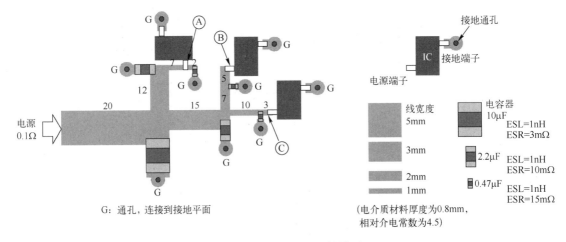

图 6-34　电源阻抗的计算模型

在图 6-34 中，假设电容器按照 10μF、2.2μF 和 0.47μF 的顺序分层放置，电容器尺寸与其电容相对应。小尺寸和小容量的电容器靠近 IC，大容量的电容器离 IC 相对较远。

在 IC 电源端 A、B 和 C 的 PDN 阻抗计算结果如图 6-35 所示。图中，蓝线代表所有与 PDN 相连接的电容器的阻抗，红线代表靠近电源端相连接的电容器的阻抗。

从图 6-35 可见，当频率超过 10MHz 时，电源阻抗主要由靠近 IC 的电容器确定。这表示在高频区，阻抗主要由电感所支配（包括电容器 ESL 和接线电感），而离 IC 相对较远的电容器的影响可以忽略不计。

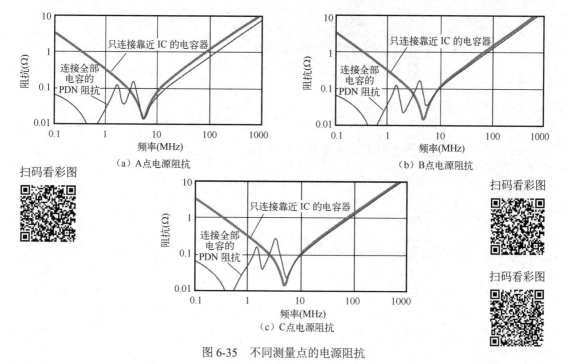

（a）A点电源阻抗　　　　　　　　　　（b）B点电源阻抗

扫码看彩图

扫码看彩图

扫码看彩图

（c）C点电源阻抗

图 6-35　不同测量点的电源阻抗

　　由于靠近 IC 的电容器在高频区占有主导地位，为了使 PDN 电源阻抗减小到低于一定值，只需要考虑靠近 IC 的电容器以及连接到它的接线。以此为前提，将专注于靠近 IC 的电容器的接线设计。

6.4.2　IC 电源阻抗的计算

　　假设 IC 电源端到靠近 IC 的电容器的接线采用 MSL（Microstrip Line，微带线），如图 6-36 所示，靠近电源端的这个阻抗 $Z_{\text{Power Terminal}}$ 可以用下面的公式[98]来表达：

$$Z_{\text{Power Terminal}} = Z_{\text{cap}} + Z_{\text{line}} \tag{6-9}$$

式中，Z_{cap} 为电容器阻抗；Z_{line} 为连接电容器的接线阻抗。Z_{cap} 包括安装电容器与过孔焊盘的阻抗。

　　如果接线长度足够短，Z_{line} 主要由接线电感 L_{line} 形成。另外，在超出自谐振频率的高频区，电容器 Z_{cap} 的阻抗主要是由电容器的 ESL（ESL_{cap}）所形成。注意：电容器 ESL_{cap} 包括电容器安装焊盘和过孔（ESL_{PCB}）的电感。因此，IC 电源端的阻抗 $Z_{\text{Power Terminal}}$ 可以用下面公式表示：

$$Z_{\text{Power Terminal}} = Z_{\text{cap}} + Z_{\text{line}} \approx j2\pi f(\text{ESL}_{\text{cap}} + L_{\text{line}}) \tag{6-10}$$

式中，可以使用 MSL 单位长度的电感乘以长度作为 L_{line} 的值。MSL 的结构形式如图 6-37 所示。

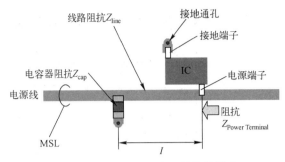

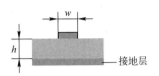

图 6-36　靠近 IC 的电容器的接线模式　　　　图 6-37　MSL 的结构形式

MSL 单位长度电感有各种近似计算公式，例如：

$$L_{\text{line}} = 0.4l \left(\frac{h}{w} \right)^{0.6} \times 10^{-6} (\text{H}) \tag{6-11}$$

式中，h 为绝缘材料厚度（mm）；w 为接线宽度（mm）；l 为接线长度（mm）。

▶ 6.4.3　电容器靠近 IC 放置的允许距离

利用式（6-11）计算的接线电感，可以反向计算为控制电源阻抗低于目标值所必需的电容器的接线长度。设 IC 电源目标阻抗为 Z_{T}，目标频率（为满足该阻抗所必需的最大频率）为 $f_{\text{T@PCB}}$，最大允许接线长度为 l_{max}。

用 Z_{T} 代替式（6-10）中的电源阻抗 $Z_{\text{Power Terminal}}$，以及用 $f_{\text{T@PCB}}$ 代替式（6-10）中的频率 f，可以得到接线最大允许电感 $L_{\text{line\_max}}$：

$$L_{\text{line\_max}} \approx \frac{Z_{\text{T}}}{2\pi f_{\text{T}}} - \text{ESL}_{\text{cap}} \tag{6-12}$$

用式（6-12）中的 $L_{\text{line\_max}}$ 代替式（6-11）中的 L_{line}，可以得到最大允许的接线长度 l_{max}：

$$l_{\text{max}} = 2.5 \frac{L_{\text{line\_max}}}{\left(\dfrac{h}{w} \right)^{0.6}} \times 10^{-6} \approx 0.4 \frac{Z_{\text{T}} - 2\pi f_{\text{T@PCB}} \text{ESL}_{\text{cap}}}{f_{\text{T@PCB}} \left(\dfrac{h}{w} \right)^{0.6}} \times 10^6 (\text{m}) \tag{6-13}$$

如图 6-38 所示，在靠近 IC 电源端距离在 l_{max} 范围内放置电容器时，可以实现所要求的目标阻抗。我们把这个 l_{max} 称为最大允许接线长度。l_{max} 越大，电容器的位置就有更大的灵活性[61]。

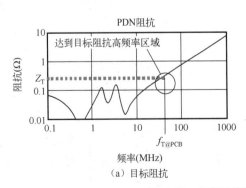

（a）目标阻抗

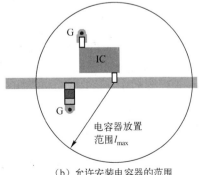

（b）允许安装电容器的范围

图 6-38　电容器放置在 l_{max} 的范围内

另一方面，就电容器而言，l_{max} 可以看作电源阻抗小于 Z_T 的电容器有效范围。如图 6-38 所示，当放置的 IC 电源端小于电容器的 l_{max} 时，一个电容器在电源阻抗小于 Z_T 时可以抑制多个 IC 电源阻抗。从式（6-13）中可见，具有小 ESL_{cap} 的电容器的 l_{max} 较大，小 ESL_{cap} 的电容器具有更宽的有效范围。

如图 6-39 所示，当单个电容器承载多个 IC 电源时，当多个 IC 工作时间相匹配时，电流可能变大，因此有必要改变目标阻抗值 Z_T。另外，当电容器与多个 IC 连接共用一个接线时，共用的接线可能在 IC 间引起噪声干扰。当发生这些问题时，每个 IC 需要自己的去耦电容器。

如果 $2\pi f_{T@PCB} ESL_{cap}$ 比式（6-13）中的 Z_T 大，则不能使用电容器，因为 l_{max} 将小于零。这表明，电容器自身的 ESL 过大，使其不能达到目标阻抗 Z_T，即使接线为理想的零电感连接。在这种情况下，要么使用小 ESL 的电感器，要么使用多个电容器并联，以产生小的 ESL_{cap}。

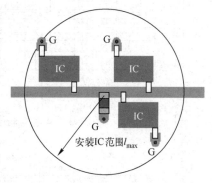

图 6-39 l_{max} 的范围内放置多个 IC

从式（6-13）中可见，当使用带有小 ESL_{cap} 的电容器时，l_{max} 变大，因此可以增加电容器放置位置的灵活性。另外，l_{max} 受印制电路板的 h 与 w 的影响。利用图 6-40 所示计算条件，计算不同的接线宽度、绝缘材料厚度及电容器安装条件下的 l_{max}，计算结果如图 6-41～图 6-44[98]所示。

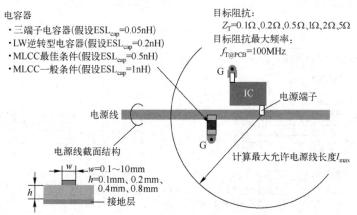

图 6-40   计算条件

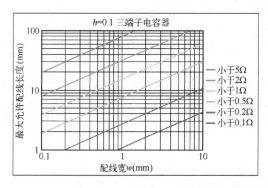

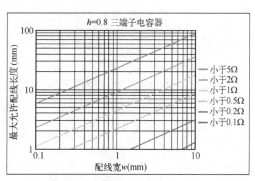

图 6-41   三端子电容器最佳条件（ESL_{cap}=0.05nH）

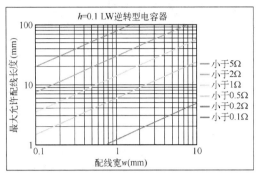
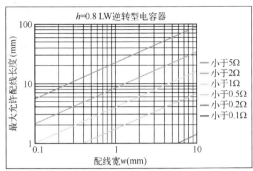

图 6-42　LW 逆转型电容器最佳条件（ESL_{cap}=0.2nH）（当 Z_T<0.1Ω 时，不能安装导线）

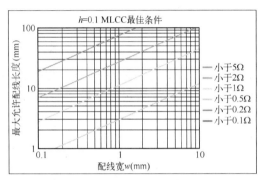
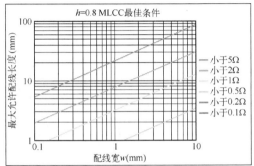

图 6-43　MLCC 最佳条件（ESL_{cap}=0.5nH）（当 Z_T<0.2Ω 时，不能安装导线）

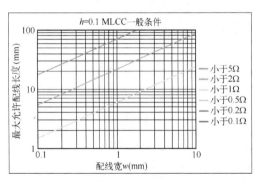
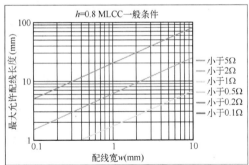

图 6-44　MLCC 正常条件（ESL_{cap}=1nH）（当 Z_T<0.5Ω 时，不能安装导线）

在图 6-41～图 6-44 中，使用三端子电容器、LW 逆转型电容器或 MLCC。在电源端外部到 IC 之间测量，目标阻抗的 $f_{T@PCB}$ 为 100MHz。电源连接线为 MSL，并且目标频率对于接线长度而言足够低。图 6-41～图 6-44 不适用于如果采用不是 MSL 的单面板，或者因高频率发生接线谐振的情况。

6.5 PDN 中的去耦电容器

▶ 6.5.1 去耦电容器的电流供应模式

一个 PDN（电源分配网络）的拓扑结构如图 6-45 所示，主要包括 VRM（电压调节模块，如 DC-DC 稳压器）、去耦电容器、PCB 电源平面/接地平面、封装电源平面/接地平面、芯片内电源分配网络等。去耦电容器按其位置可以分为体电容器（大容量电容器）、PCB 电容器（板电容器，如表贴电容器、嵌入式电容等）、封装电容器（On-Package Decoupling Capacitor，封装内的去耦电容器）和片上电容器（On-Chip Decoupling Capacitor，芯片内部的去耦电容器）。

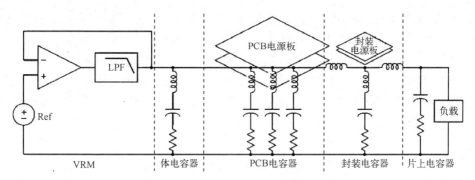

图 6-45 PDN 的拓扑结构

去耦电容器的电流供应模式[98]如图 6-46 所示，去耦电容器的位置不同，在 PDN 系统中的作用也不同。

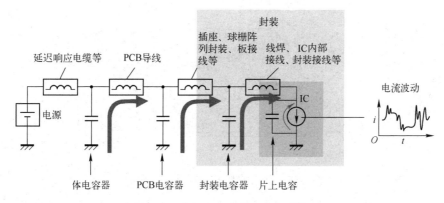

图 6-46 去耦电容器的电流供应模式

从 PDN 提供电源的功能来看，去耦电容器的功能就好像是一个"电荷的存储池"。换句话说，去耦电容器可以处理半导体附近的瞬态本地电流请求，去耦电容器可以用来维持电源模块的不能响应的时间内的电压。另外，从电源阻抗的频率特性来看，随着频率的提高，电源模块的阻抗也会增加，去耦电容器放置在 IC 附近可以降低高频率区域的电源阻抗。

PDN 中的各组成部分从提供电荷的能力和速度来看，可以划分为不同的等级。VRM 是 PDN 中最大的电荷存储和输送源，它为整个高速数字系统提供电能，包括存储在去耦电容器和电源/接地平面中的电荷，以及 IC 消耗的功率。由于 VRM 的结构特点（如存在很大的接入电感），它的反应速度很慢，不能提供变化率在 1MHz 以上的变化电流，其反应速度在整个 PDN 中是最慢的。体电容器构成了 PDN 中的第二大电荷存储和输送源，其电容量一般为几十 μF～几十 mF。体电容器能够为系统提供长达数百纳秒的变化电流，由于受到自身电感和 PCB 等电感的影响，其反应速度次慢。表贴去耦电容器的容量为几十 nF～几百 μF，紧靠芯片安装，能提供短于数十纳秒的高速变化电流，反应速度第 2 快。电源/接地平面能提供数纳秒以下的快速变化电流，反应速度最快。

如前所述，除了需要考虑与 IC 电源阻抗有关的去耦电容器，还需要考虑接线的电感。即在图 6-46 中，IC 与每个电容器之间的接线电感的影响。为了简单起见，通常忽略接线的电容与电阻。

由于远端电容器的接线电感较大，在高频情况下阻抗不能被降低。因此，希望 IC 旁的电容器在高频情况下处于有效状态。从这个意义上讲，如果可以从片上电容上得到足够的电容，这对于降低高频情况下的电源阻抗将是很理想的。事实上，由于 IC 空间的限制，这是很难的。因此，我们从半导体的近端至远端，分层放置电容器，以达到所要求的目标电源阻抗。

在图 6-45 所示的 PDN 的拓扑结构中，去耦电容器按其位置可以分为体电容器（大容量电容器）、PCB 电容器（板电容器）、封装电容器和片上电容器等几种类型，如图 6-47 所示。实际电路中，由于 PCB-封装连接和封装-芯片连接所引入的寄生电感会导致功率不能被及时有效地传输。在功率不能及时传输时，通常就需要使用去耦电容器提供瞬时电流。从去耦速度的角度来看，去耦电容器越靠近芯片内部电路，去耦速度越快。这就是在高速器件引入封装去耦电容器和片上去耦电容的根本原因。去耦网络的设计是整个 PDN 设计的重点和难点。

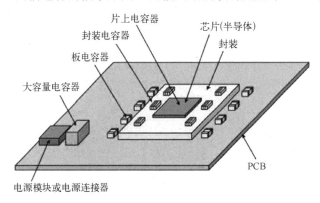

图 6-47　不同位置的去耦电容器示意图

6.5.2　IC 电源的目标阻抗

IC 电源的目标阻抗的示意图[98]如图 6-48 所示。IC 工作所必需的电源阻抗目标值称为目标阻抗（Z_T）。在 IC 工作的频率范围内，保持电源阻抗低于目标值是必需的。虽然在图 6-48 中的目标值是个常数，但是根据频率它也可能出现变化。

PDN 包括电源、去耦电容器和它们之间的连线等。所设计的 PDN 必须满足目标阻抗要求。

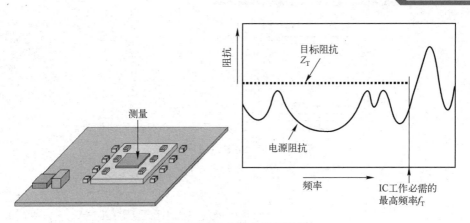

图 6-48　IC 电源的目标阻抗

6.5.3　去耦电容器组合的阻抗特性

如图 6-45 所示，在 PDN 系统中的不同位置安装有不同的去耦电容器，电容器组合的阻抗特性示意图[98]（PDN 的阻抗频率特性）如图 6-49 所示，利用每个电容器所覆盖的频率区域，通过组合以满足总的目标阻抗要求。

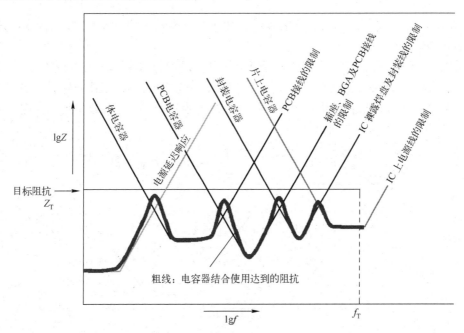

图 6-49　电容器组合的阻抗特性示意图

在图 6-49 所示的每个电容器的阻抗不仅只来自元件，而是包括图 6-50 所示的 IC 与电容器之间配线产生的影响。

满足目标阻抗 Z_T 的曲线范围被称为电容器的有效频率范围。如图 6-51 所示，有效频率范围的下限 f_{min} 受电容器 C_{cap} 电容的限制，上限 f_{max} 受电容器 ESL_{total} 电感的限制。ESL_{total} 包括电容器 C_{cap} 的电感（电容器自身的 ESL 以及电容器安装焊盘和过孔的电感）和接线电感。

231

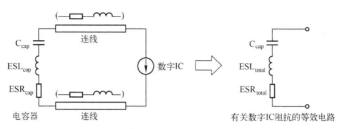

图 6-50　单一电容器的等效电路

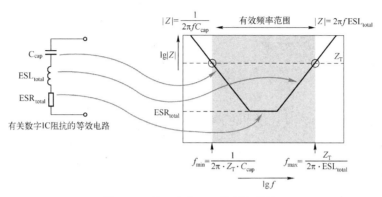

图 6-51　单一电容器阻抗频率特性

从图 6-51 中可见，Z_T 大时，电容器的有效频率范围就变宽；Z_T 小时，电容器的有效频率范围就变窄。

电容器阻抗下限受 ESR_{total} 的限制，所使用的电容器其 ESR 必须小于电源的 Z_T。如图 6-52 所示，电容器 1 在低频段呈现低阻抗特性，电容器 2 在高频段呈现低阻抗特性。利用电容器 1 与电容器 2 的不同阻抗特性进行组合，可以提高电容器的有效覆盖频率范围。电容器 1 与电容器 2 的有效频率范围必须相交。

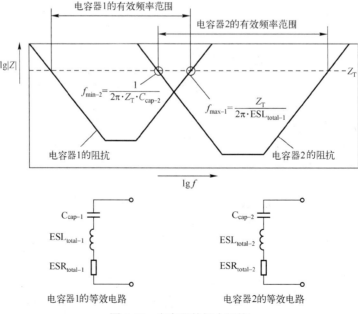

图 6-52　电容器的组合阻抗

注意：阻抗在频率相交连接区域可能会增大。这是因为并联的电容器可能发生反谐振。

6.5.4　PCB 上的目标阻抗

如图 6-46 所示，片上电容器与封装电容器由 IC 提供，在 PCB 设计阶段不能控制它们。

因此，在 PCB 设计阶段，通常片上电容器与封装电容器覆盖的频率下限被认为是 PCB 的目标阻抗的上限频率 $f_{T@PCB}$，这个频率通常认为是 10～100MHz。

在设计 PCB 上的去耦电容器时，设计目标是满足上限频率 $f_{T@PCB}$ 所要求的目标阻抗，而没必要以 IC 工作的最高频率为目标。此目标阻抗的测量点是 IC 封装的电源端。

大容量电容器在低频区域提供低的阻抗，如电解电容器。在大容量电容器不起作用的更高频率区域，由位于 IC 旁的 PCB 上的电容器提供低阻抗，如 MLCC。

对于一个相对小型且低速的 IC，一个去耦电容器足矣。但对于具有低目标阻抗的高性能 IC，可能就需要使用多个并联电容器。

如图 6-53 所示，并联安装不同容量的电容器，利用其在自谐振频率上的差异，扩大有效频率范围。需要注意并联电容器的反谐振问题。

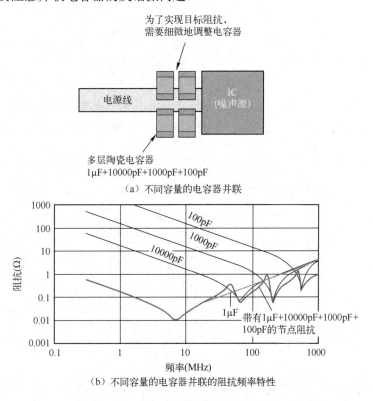

（a）不同容量的电容器并联

（b）不同容量的电容器并联的阻抗频率特性

图 6-53　并联安装不同容量的电容器

如图 6-54 所示，并联安装相同容量的电容器，利用多个电容器阻抗并联，扩大有效频率范围。在这种情况下，不会轻易产生反谐振问题[98]。

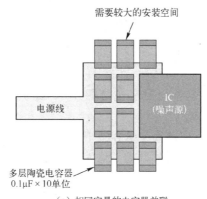

（a）相同容量的电容器并联

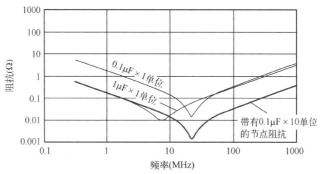

（b）相同容量的电容器并联的阻抗频率特性

图 6-54　并联安装相同容量的电容器

如图 6-55 所示，使用一个低 ESL 电容器将产生与多个电容器并联同样的效果。使用低 ESL 电容器更有利于节省空间与成本。在图 6-55 中，一个低 ESL 电容器可以实现相当于使用 10 个并联 MLCC 产生的阻抗。

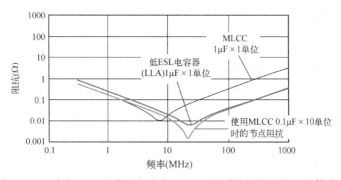

图 6-55　一个低 ESL 电容器与多个 MLCC 并联使用的比较（计算值）

6.6　去耦电容器的容量计算

▶ 6.6.1　计算去耦电容器容量的模型

计算去耦电容器容量的模型[98]如图 6-56 所示。需要考虑到大容量电容器（体电容器）与板电容器放置在电源模块与 IC 之间的什么位置上，可以大约预先确定电容器的安装位置，并使用 MSL 连接。

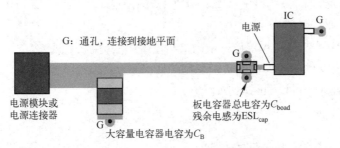

图 6-56　计算去耦电容器容量的模型

6.6.2　确定目标阻抗

如果已经知道目标值与 IC 工作所必需的电源阻抗最大频率，如图 6-57 所示，目标阻抗 Z_T 可以由图 6-57 所决定。如果未知，可以用下面的公式确定：

$$Z_T = \frac{\Delta V}{\Delta I}$$

（6-14）

式中，ΔV 为最大允许波纹电压；ΔI 为最大静态波动瞬态电流（如果未知，可以选择 IC 最大电流值的一半）。Z_T 的最高频率 $f_{T@PCB}$ 根据 IC 运行速度而变化。如果未知，可以大约设置为某一值，如 100MHz。

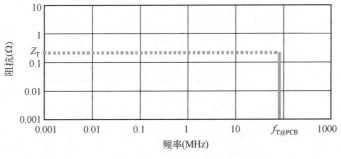

图 6-57　确定目标阻抗

6.6.3　确定大容量电容器的容量

首先确定低频段电容器的容量，即大容量电容器（体电容器）的容量。其模型[61]如图 6-58 所示。

可以假定电源模块与电路或印制电路间的导线阻抗（电感）是阻止大容量电容器在安装位置达到目标阻抗的主要因素。当电源模块理想工作时，这个导线阻抗（电感）为 L_{Power}，可以由下式确定大容量电容器的容量 C_{Bulk}。

$$C_{Bulk} \geq \frac{L_{Power}}{Z_T^2}$$

（6-15）

当电路仅包括印刷电路板时，L_{Power} 可以使用下面的 L_{Line} 公式进行估计：

$$L_{Line} = 0.4l\left(\frac{h}{w}\right)^{0.6} \times 10^{-6} \ (H) \tag{6-16}$$

式中，h 为 MSL 中的绝缘材料厚度；w 为接线宽度；l 为接线长度。

在电源模块自身的响应特性不可以忽略的情况下，必须考虑电感 $L_{Power\ Responce}$ 的影响。根据电感时间常数公式，可以粗略地估计：

$$L_{Power\ Responce} = Z_T \cdot t_{Power\ Responce} \tag{6-17}$$

式中，$t_{Power\ Responce}$ 是电源模块的响应时间。

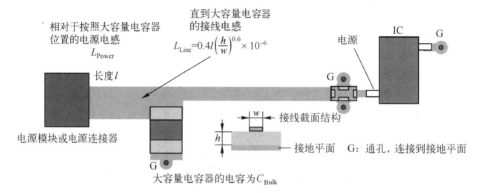

（a）大容量电容器的容量计算模型

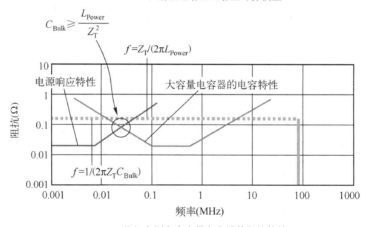

（b）电源和大容量电容器的阻抗特性

图 6-58　确定大容量电容器的容量

6.6.4　确定板电容器的容量

确定板电容器的容量 C_{Board} 模型[98]如图 6-59 所示。假设大容量电容器与板电容器间的接线电感为 L_{Bulk}，板电容器安装区域的必需电容器与式（6-15）一样：

$$C_{\text{Boad}} \geqslant \frac{L_{\text{Bulk}}}{Z_{\text{T}}^2} \qquad (6\text{-}18)$$

严格来说，L_{Bulk} 应包括大容量电容器的 ESL 以及 IC 与大容量电容器间的所有接线电感，在图 6-59 中，仅包括大容量电容器与板电容器间的接线电感。

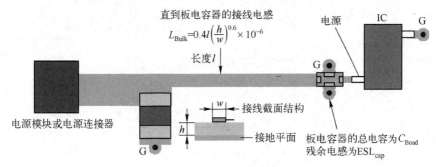

（a）板电容器的容量计算模型

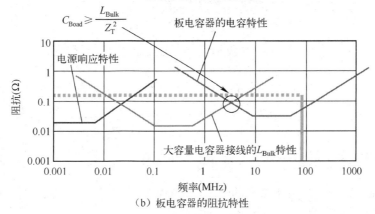

（b）板电容器的阻抗特性

图 6-59　确定板电容器的容量

6.6.5　确定板电容器的安装位置

板电容器的安装位置必须在IC电源端最大允许接线长度 $l_{\max}$ 之内。最大允许接线长度 $l_{\max}$ 的计算公式与式（6-13）相同，计算公式[98]如下：

$$l_{\max} \approx 0.4 \frac{Z_{\text{T}} - 2\pi f_{\text{T@PCB}} \text{ESL}_{\text{cap}}}{f_{\text{T@PCB}} \left(\dfrac{h}{w} \right)^{0.6}} \times 10^6 \,(\text{m}) \qquad (6\text{-}19)$$

式中，ESL_{cap} 为表板电容器的 ESL，并且包括电容器安装焊盘与过孔的电感（ESL_{PCB}）。

如图 6-60 所示，最大允许接线长度 $l_{\max}$ 要求在 $f_{\text{T@PCB}}$ 频率时满足 Z_{T}。板电容器的安装位置必须在 IC 电源端最大允许接线长度 $l_{\max}$ 之内。

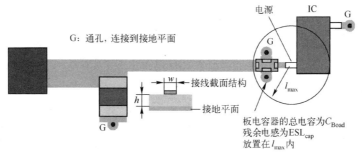

（a）板电容器的最大允许接线长度l_{max}计算模型

$$l_{max} \approx 0.4 \frac{Z_T - 2\pi f_{T@PCB} ESL_{cap}}{f_{T@PCB}\left(\frac{h}{w}\right)^{0.6}} \times 10^{-6}$$

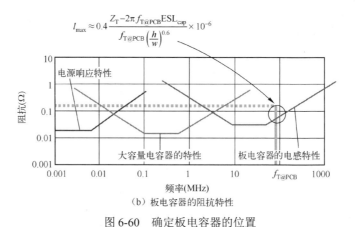

（b）板电容器的阻抗特性

图 6-60　确定板电容器的位置

6.6.6　减小 ESL_{cap}

如图 6-61 所示，在 l_{max} 要求长度的范围内，当一个电容器不能达到目标阻抗时，可以使用多个电容器并联以减小 ESL_{cap}，达到设计要求[98]。

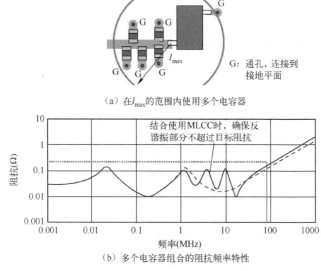

（a）在l_{max}的范围内使用多个电容器

（b）多个电容器组合的阻抗频率特性

图 6-61　多个电容器并联减小 ESL_{cap}

6.6.7　mΩ级超低目标阻抗设计

对于低电压，同时又需要大电流与高速响应的电源，如大型 CPU 的内核电源，可能需要 mΩ级的低阻抗。在这种情况下，组合各层的多个电容器（并联连接），以达到要求的 mΩ级目标阻抗，是很有必要的。在这种情况下，由于电容器数量以及电源端的剧增，阻抗设计变得很复杂，并且电源接线配置也很复杂。使用低 ESL 电容器，可能会使电源设计简单，并且由于电容器数量的减少，在空间与成本方面变得有利。

组合各层的多个电容器（并联连接）以达到 mΩ级目标阻抗的设计示例[98]如图 6-62 所示。

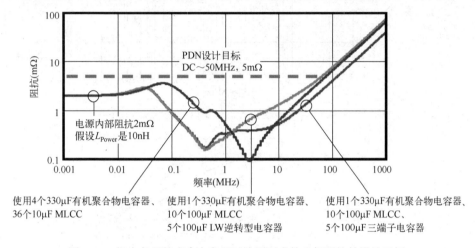

图 6-62　组合各层的多个电容器以达到要求的目标阻抗的设计示例

6.7　片状三端子电容器的 PCB 布局设计

6.7.1　片状三端子电容器的频率特性

片状三端子电容器结构、电路符号和等效电路如图 6-63 所示。在图 6-63（c）所示的等效电路中，内部电极等效串联电感 ESL 分为输入、输出、接地三个电感，等效电路中省略了等效串联电阻 ESR。

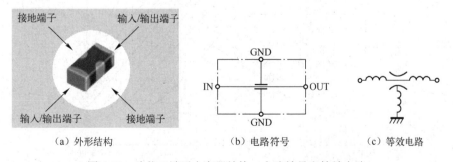

图 6-63　片状三端子电容器结构、电路符号和等效电路

如图 6-64 所示，片状三端子电容器与 MLCC 比较，可以用于在更高频率范围进行噪声

的抑制。片状三端子电容器（CKD110JB 型）的衰减频率特性[99]如图 6-65 所示。一些公司用插入损耗频率特性来表示片状三端子电容器的特性。NFE61P 系列的插入损耗频率特性如图 6-66 所示[100]。

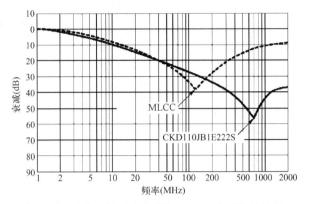

图 6-64   片状三端子电容器与 MLCC 衰减特性比较

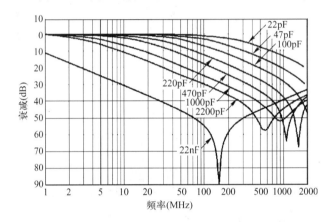

图 6-65   片状三端子电容器（CKD110JB 型）的衰减频率特性

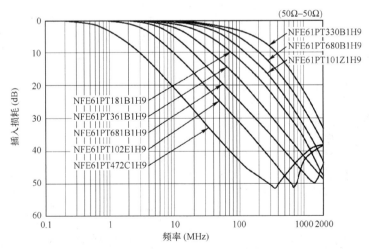

图 6-66   NFE61P 系列的插入损耗频率特性

6.7.2 使用三端子电容器减小 ESL

减小等效串联电感（ESL）的另一种方法是使用三端子电容器。如图 6-63（b）所示，三端子电容器由输入端、输出端和接地端构成，采用此结构缩短了进入组件的噪声路径。因此，内部电极产生的电感分成三路形成 T 型电路。当将三端子电容器的输入端和输出端连接至噪声路径，输入/输出方向的等效串联电感串行进入噪声路径，增加了插入损耗（提高了静躁效果）。此外，旁路方向的等效串联电感仅在接地区域，为 MLCC 的一半。图 6-67 所示的三端子电容器通过在电容器左右两侧设计两个地电极进一步减小了接地电感。

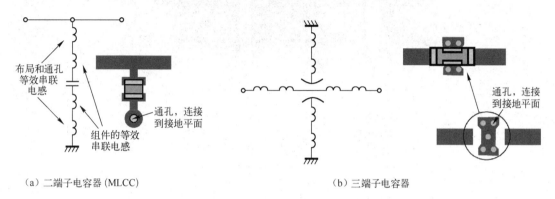

（a）二端子电容器（MLCC）　　　　（b）三端子电容器

图 6-67　使用三端子电容器减小等效串联电感机理

三端子电容器在旁路方向等效串联电感为 10～20pH，为传统 MLCC 的 1/30 甚至更小。因此，可以预期在超过 1GHz 的高频情况下，会有很好的旁路效果。

MLCC 和三端子电容器（电容器尺寸都为 1.6mm×0.8mm，电容都为 1μF）的插入损耗对比[98]如图 6-68 所示。可以看见在频率高于 100MHz 时，三端子电容器比 MLCC 的插入损耗大 35dB。

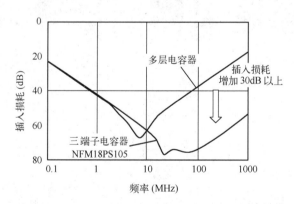

图 6-68　MLCC 和三端子电容器的插入损耗对比

6.7.3 三端子电容器的 PCB 布局与等效电路

如图 6-69 所示，三端子电容器可以在不干扰旁路方向电流的情况下形成 T 型滤波器来增加插入损耗，因为其电路布局和通孔电感（ESL_{PCB}）与噪声路径相串联，输入/输出端子安装在噪声路径上[98-99]。虽然其 ESL_{PCB} 在接地端子安装处进入旁路方向，可通过连接此组件下方的地面和多个通孔，并使用多层基片减少这种现象。

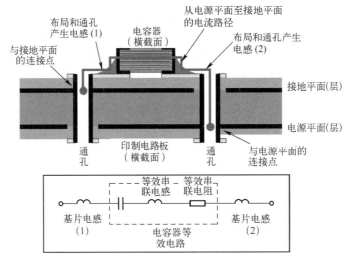

（a）MLCC 的 PCB 布局的等效电路

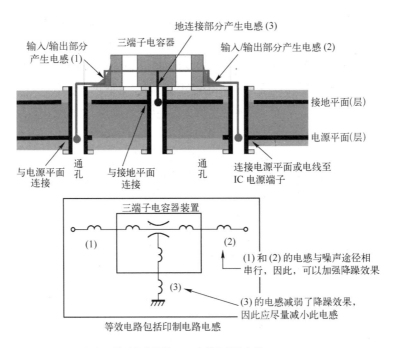

（b）三端子电容器的 PCB 布局和等效电路

图 6-69　MLCC 和三端子电容器的 PCB 布局和等效电路

即使安装在印刷电路中，与 MLCC 相比，三端子电容器可以达到更高的插入损耗。

此外，安装在低阻抗电路中造成的插入损耗减小值也小于 MLCC（由于 ESL_{PCB} 与噪声路径串行）。

对不同的系统阻抗（以 $1\mu F$ 电容器为例）的插入损耗进行对比如图 6-70 所示。假设电容器用于电源电路，系统的阻抗分别为 0.5Ω、5Ω、50Ω。在低阻抗电路中，三端子电容器的插入损耗在 1GHz 时仍然大于 30dB。这表明三端子电容器的插入损耗值大，T 型等效串联电感在高频范围（约为 1GHz）有效。

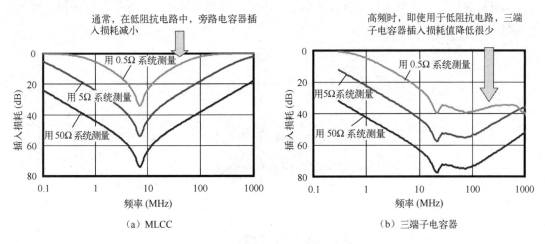

图 6-70　MLCC 和三端子电容器的插入损耗对比

6.7.4　三端子电容器的应用

三端子电容器在几百 MHz 至几 GHz 频率范围具有很强的噪声抑制效果，可以用于 IC 电源输入端，用来消除电源线上的噪声。用于信号线可以除去信号所包含的不必要的高频信号（如叠加的高频噪声），防止噪声的辐射。三端子电容器应用示意图[99]如图 6-71 所示。

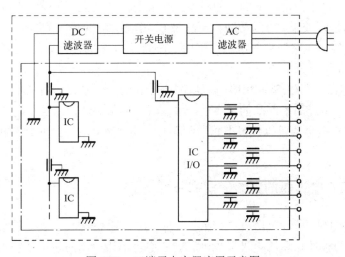

图 6-71　三端子电容器应用示意图

6.8 X2Y 电容器的 PCB 布局设计

6.8.1 采用 X2Y 电容器替换穿心式电容器

一个采用穿心式电容器的电路和PCB布线如图 6-72 所示，图中 PWR 印制导线是断开的，通过印制导线将穿心式电容器串联在一起，电流被强制穿过式电容且增加了直流电阻。由于其内部电极设计，对于每条通路都需要单个穿心式电容器，增加了元器件布局面积、复杂性和成本。

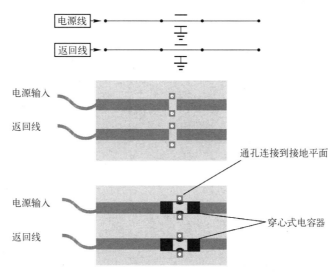

图 6-72 一个采用穿心式电容器的电路和 PCB 布线

既要满足不断增加的 EMC 要求，又要保证信号和电源完整性是今天的电路设计师必须面对的挑战。通过提供专利的 X2Y 技术可以帮助设计师克服这一挑战并同时降低系统成本。X2Y 电容器（也称 EMI 滤波器）具有高电容和低的等效串联电感、高可靠性、符合工业化标准的外观尺寸、采用方便表面贴装的卷带式包装特点，主要用于旁路/去耦和 EMI 滤波。其中优异的 EMI 抑制效果，可以帮助客户满足 EMC 要求。低等效串联电感，可以保持 CPU、ASIC、FPGA 等集成电路器件的电源完整性。在同样的条件下，使用增强型 X2Y 可以节省用于抑制噪声的无源元件。

X2Y 电容器在旁路/去耦应用时，可以减少过孔的使用从而改善布线，通过减少元器件的使用数量更进一步提高了产品的可靠性，通过简化电路设计节约系统开销。而在 EMI 滤波应用中，使用 X2Y 电容器可以代替电感器和穿心式电容器，用一个元器件就可提供差模和共模滤波。

6.8.2 X2Y 电容器的封装形式和尺寸

X2Y 电容器的封装形式如图 6-73 所示，封装尺寸为 0603～2220。传统的旁路电容器在内部由两个相对的极性相反的电极组成，而 X2Y 电容器用一组三层的防护电极层将一个传统的两端电容器中的每一个电极都有效地包围起来，结果就形成了一个有三个节点的电容电路。

从外面看，这样做的唯一差别是增加了两个边，从而构造了一个四端元件为电路设计师提供了多样化的选择。

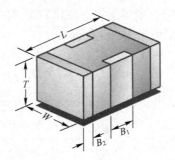

图 6-73 X2Y 电容器的封装形式

X2Y 电容器的作为滤波器和去耦电路的应用形式如图 6-74 所示，推荐的焊盘布局和尺寸如图 6-75 和表 6-1 所示。

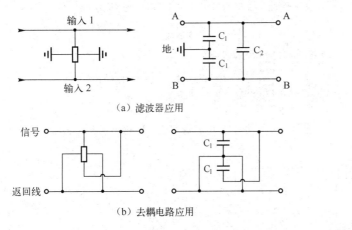

（a）滤波器应用

（b）去耦电路应用

图 6-74 X2Y 电容器的应用形式

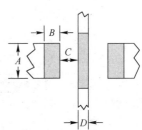

图 6-75 推荐的 X2Y 电容器焊盘布局

表 6-1 推荐的 X2Y 电容器焊盘尺寸　　　　　　　　单位：mm（in）

符号	封装形式与尺寸					
	0603	0805	1206	1410	1812	2220
A	0.6 （0.024）	0.95 （0.037）	1.2 （0.047）	2.05 （0.08）	2.65 （0.104）	4.15（0.163）
B	0.6 （0.024）	0.9 （0.035）	0.9 （0.035）	1.0 （0.04）	1.4 （0.055）	1.4 （0.055）
C	0.4 （0.016）	0.3 （0.012）	0.6 （0.024）	0.7 （0.028）	0.8 （0.03）	1.2 （0.047）
D	0.2 （0.008）	0.4 （0.016）	0.8 （0.03）	0.9 （0.035）	1.4 （0.055）	1.8 （0.071）

▶ 6.8.3　X2Y 电容器的应用与 PCB 布局

一个位于电源和返回线之间的 X2Y 电容器的电路和 PCB 布局如图 6-76 所示，采用一个 X2Y 电容器来替换两个穿心式电容器。X2Y 电容器被置于旁路中的两条 PCB 导线之间，而不像穿心式电容器那样采用串联形式。X2Y 电容器到 PCB 导线的连接是并行的，为差分连接形式，可以为噪声提供一条低阻值的路径，而不增加直流电阻，也可以隔离 PCB 导线之间的串扰。

位于电源和返回线之间的 X2Y 电容器的电路和 PCB 布局如图 6-77 所示。X2Y 电容器用于 1 条电源线的电路和 PCB 布局如图 6-78 所示。

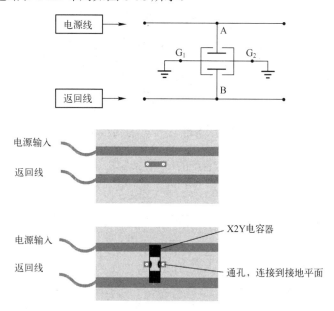

图 6-76　位于电源和返回线之间的 X2Y 电容器的电路和 PCB 布局

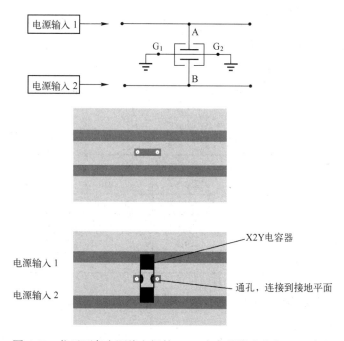

图 6-77　位于两条电源线之间的 X2Y 电容器的电路和 PCB 布局

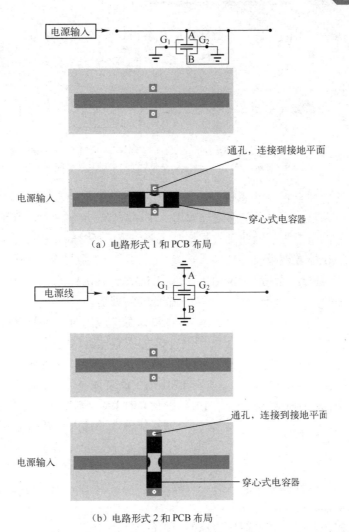

（a）电路形式 1 和 PCB 布局

（b）电路形式 2 和 PCB 布局

图 6-78　X2Y 电容器用于 1 条电源线的电路和 PCB 布局

6.9　铁氧体磁珠的 PCB 布局设计

6.9.1　铁氧体磁珠的基本特性

　　铁氧体磁珠（Ferrite Bead，FB）是近几年发展起来的新型的、价廉物美的干扰抑制元件，具有使用简单、方便、有效、占用空间不大等一系列优点，其作用等效于低通滤波器，可以较好地抑制电源线、信号线和连接器的高频干扰。

　　当铁氧体磁珠用在交流电路中时，它的等效电路可视为由电感 L 和损耗电阻 R 组成的串联电路，如图 6-79 所示。铁氧体磁珠的等效阻抗 Z 是频率的函数，即

$$Z(f) = R(f) + j\omega L(f) = K\omega\mu_1(f) + jK\omega\mu_2(f) \tag{6-20}$$

式中，K 为一个常数，与磁芯尺寸和匝数有关；对于磁性材料来说，磁导率 μ 不是一个常数，它与磁场的大小、频率的高低有关（另外，磁导率 μ 可以表示为复数，实数部分 μ_1 代表无功

磁导率，它构成磁性材料的电感；虚数部分 μ_2 代表损耗）；ω 为角频率。

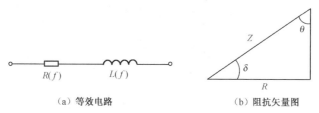

（a）等效电路 　　　　　　　（b）阻抗矢量图

图 6-79　铁氧体磁珠的等效电路和阻抗矢量图

铁氧体磁珠的损耗电阻 R 和感抗 $j\omega L$ 都是频率的函数，在低频时，铁氧体的虚数部分 μ_2 的值较小，损耗电阻较小，主要是感抗起作用。在高频段，铁氧体的实数部分 μ_1 的值开始下降，而虚数部分 μ_2 的值增大，因此感抗损耗起主要作用。低频时，EMI 信号被反射而受到抑制；在高频段，EMI 信号被吸收并转换成热能。例如，一个磁导率为 850 的铁氧体磁珠，在 10MHz 时阻抗小于 10Ω，而超过 100MHz 后其阻抗大于 100Ω，使高频干扰大大衰减，等效为一个低通滤波器。

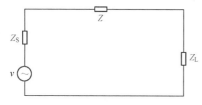

图 6-80　铁氧体磁珠应用时的等效电路

铁氧体磁珠应用时的等效电路如图 6-80 所示。图中，Z 为铁氧体磁珠的阻抗，Z_S 和 Z_L 分别为源阻抗和负载阻抗。铁氧体磁珠通常用插入损耗来表示对 EMI 信号的衰减能力。铁氧体磁珠的插入损耗越大，表示其对 EMI 噪声的抑制能力越强。

铁氧体磁珠的插入损耗的定义为

$$I_L = 10\lg\frac{P_1}{P_2} = 20\lg\frac{v_1}{v_2} \tag{6-21}$$

式中，P_1、v_1 分别为铁氧体磁珠接入前，负载上的功率和电压；P_2、v_2 分别为铁氧体磁珠接入后，负载上的功率和电压。

铁氧体磁珠的插入损耗和铁氧体磁珠的阻抗的关系为

$$I_L = 20\lg\frac{Z_S + Z_L + Z}{Z_S + Z_L} \ \text{(dB)} \tag{6-22}$$

当源阻抗和负载阻抗一定时，铁氧体磁珠的阻抗越大，抑制效果越好。由于铁氧体磁珠的阻抗是频率的函数，所以插入损耗也是频率的函数。

▶ 6.9.2　片式铁氧体磁珠

片式铁氧体磁珠是一个叠层型片式电感器。它采用铁氧体磁性材料与导体线圈组成的层叠型独石结构，在高温下烧结而成。片式铁氧体磁珠两端的电极由银、镍、焊锡三层构成，可满足再流焊和波峰焊的要求。

片式铁氧体磁珠的外形尺寸与公差符合 EIA/EIAJ 标准，有 3216（1206）、2012（0805）、1608（0603）、1005（0402）和 0603（0201）等多种规格。从阻抗特性及其应用来看，片式铁氧体磁珠可以分成如下几类，并应用于不同的场合。

1．通用型片式铁氧体磁珠

通用型片式铁氧体磁珠是应用最为广泛的 EMI 抑制元件，一般根据生产厂家提供的数据和阻抗频率曲线选择使用。生产厂家通常可提供阻抗 Z、直流电阻、额定电流等数据和阻抗频率曲线。不同的片式铁氧体磁珠，其阻抗 Z 随频率的上升趋势是不相同的。选择时要注意：在有用的信号频率范围内，Z 应尽可能低，不致造成信号的衰减和畸变；而在需要抑制的 EMI 频率范围内，Z 应尽可能高，能够有效抑制高频噪声。同时还要考虑其直流电阻和额定电流的大小。

片式铁氧体磁珠允许通过的额定电流与阻抗有关。例如，一个 1005 规格的通用型片式铁氧体磁珠，当其阻抗为 5Ω（频率为 100MHz）时，额定电流可以达到 500mA；当其阻抗为 60Ω（频率为 100MHz）时，额定电流为 200mA；当其阻抗为 500Ω（频率为 100MHz）时，额定电流为 100mA。如果超过额定电流使用，将会使铁氧体接近饱和，磁导率下降，以致抑制高频噪声的效果明显减弱，这是不允许的。

2．大电流型片式铁氧体磁珠

普通型片式铁氧体磁珠的额定电流只有几百毫安，但在某些应用场合要求其额定电流达到几安培。例如，安装在 DC 开关电源输出端口的片式铁氧体磁珠，必须在通过大的 DC 电流的同时能够有效抑制 DC 开关电源中产生的高次谐波分量，即片式铁氧体磁珠必须在大的偏置磁场下对高频信号仍然保持较高的阻抗值。为此，生产厂家开发了大电流型片式铁氧体磁珠，其额定电流几乎提高了 1 个数量级。

3．低 DC 电阻型片式铁氧体磁珠

在使用电池供电、低电源电压的便携式电子产品中，为减小功耗和电源压降，要求片式铁氧体磁珠的 DC 电阻越小越好。在某些电路中，为降低由片式铁氧体磁珠的 DC 电阻引起的热噪声，也要求片式铁氧体磁珠的 DC 电阻越小越好。目前市场上已经有 DC 电阻小于 0.01Ω 的片式铁氧体磁珠供应。

4．尖峰型片式铁氧体磁珠

一些电子电路有时会在某一固定的频率点存在强烈的干扰信号，这样的干扰信号出现在固定的频率下时，幅度很大，采用普通的 EMI 元件很难将其抑制。

尖峰型片式铁氧体磁珠在某一频率下时，阻抗 Z 会呈现尖锐的峰值。如果选择尖峰型片式铁氧体磁珠，其阻抗 Z 呈现尖锐峰值的频率与干扰信号的频率重合，则能够有效地抑制此干扰信号。不同的电子电路出现这样的干扰信号的频率是不相同的，在设计中要根据干扰信号的频率、频带、幅度等具体情况，向生产厂家订购，只有这样才能达到满意的抑制效果。

5．片式铁氧体磁珠阵列（磁珠排）

片式铁氧体磁珠阵列（Chip Beads Array）又称磁珠排。一般将几个（如 2 个、4 个、6 个、8 个）铁氧体磁珠并列封装在一起，以构成一个集成型片式 EMI 抑制元件，这样可以大大缩小在 PCB 上所占据的面积，有利于高密度组装。例如，BMA2010 型就是将 4 个磁珠并列封装在 2.0mm×1.0mm 尺寸的外壳内的，阵列中的每一线的磁珠性能与单个磁珠相同。

6．GHz高频型片式铁氧体磁珠

高速数字电路的时钟频率越来越高，要求装入高速数字电路的片式铁氧体磁珠在几百兆赫兹（如400MHz）以下的频段内保持低阻抗 Z，以不引起信号波形的畸变；而在几百兆赫兹至2GHz或3GHz的高频段内具有高阻抗 Z，以能够有效地抑制高频EMI。

采用低温烧结Z型六角晶系铁氧体材料制作的吉赫兹高频型片式铁氧体磁珠可以满足上述要求。

7．片式磁珠与片式电感的区别

片式磁珠和片式电感的结构及频率特性是不同的，但电路符号相同，可以从型号来分辨是磁珠还是电感。

片式磁珠由铁氧磁体组成，可把RF噪声信号转化为热能，是能量转换（消耗）元件，多用于信号回路，主要用于EMI方面。片式磁珠的主要功能是消除存在于传输线结构（PCB电路）中的RF噪声信号。RF噪声信号是叠加在直流传输电平上的交流正弦波成分，是沿着线路传输和辐射的无用的EMI。磁珠可用来吸收RF噪声信号，像一些RF电路、PLL、振荡电路、存储器电路（SDRAM、RAMBUS等），都需要在电源输入部分加磁珠。

片式电感由磁芯和线圈组成，是储能元件，通常用来实现电路谐振或扼流电抗，并可用于LC振荡电路、高的 Q 值带通滤波器电路、电源滤波电路等中。

▶ 6.9.3　铁氧体磁珠的选择

铁氧体磁珠有多种材料和各种形状、尺寸供选择。设计中必须依据需要抑制的EMI信号的频率和强度，要求抑制的效果和插入损耗值，以及允许占用的空间（包括内径、外径和长度等尺寸）来选择合适的铁氧体磁珠，以保证对噪声进行更有效的抑制。

如表6-2所示，磁导率与最佳抑制频率范围有关。在有DC或低频AC电流的情况下，应尽量选用磁导率低的材料，以防止抑制性能的下降和饱和。

表6-2　磁导率与最佳抑制频率范围

磁　导　率	最佳抑制频率范围	磁　导　率	最佳抑制频率范围
125	>200MHz	2500	10～30MHz
850	30～200MHz	5000	<10MHz

铁氧体磁珠的形状和尺寸对EMI信号的抑制有一定的影响。一般来说，铁氧体磁珠的体积越大，抑制效果越好。当体积一定时，长而细的铁氧体磁珠的阻抗比短而粗的铁氧体磁珠的阻抗要大，抑制效果也更好。另外，由于铁氧体磁珠的效能会随内径倒数的减小而下降，故应尽可能选用长而内径较小的铁氧体磁珠，内径越小，抑制效果越好。在有DC或AC电流的情况下，铁氧体磁珠的横截面积越大，越不易饱和。总之，铁氧体磁珠选择的原则是：在使用空间允许的条件下，选择尽量长、尽量厚和内孔尽量小的。

铁氧体磁珠在DC或低频AC情况下会发生饱和，使磁导率下降，以致抑制高频噪声的效果明显减弱。对于小信号滤波，可忽略电流，但对于电源线或大功率信号滤波而言，必须考虑峰值电流。

选择用于单根导线上干扰抑制的磁珠时，要注意：一般长单珠优于短单珠，多孔珠优于单孔珠。应尽可能选用内径较小、长度较长的磁珠，同时，磁珠的内径尺寸要与导线的外径尺寸紧密配合。

6.9.4　铁氧体磁珠在电路中的应用

由于铁氧体磁珠在衰减较高频率信号的同时，可以让较低频几乎无阻碍地通过，故在 EMI 控制中得到了广泛应用。用于吸收 EMI 的磁珠可制成各种形状，广泛应用于各种场合，如在 PCB 上，也可加在 DC/DC 模块、数据线、电源线等处[101-102]。它会吸收所在线路上的高频干扰信号，但却不会在系统中产生新的零极点，不会破坏系统的稳定性。它与电源滤波器配合使用，可很好地补充滤波器高频段性能的不足，改善系统的滤波特性。铁氧体磁珠在直流供电回路中的应用实例如图 6-81 所示，L_2、L_3、L_4、L_5 分别为不同阻抗的铁氧体磁珠，连接在不同的电流输出端。铁氧体磁珠在抑制 EMI 噪声的滤波器中的应用实例如图 6-82 所示，磁珠连接在不同的导线上，用于消除不同的干扰。

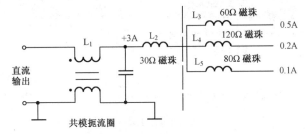

图 6-81　铁氧体磁珠在直流供电回路中的应用实例

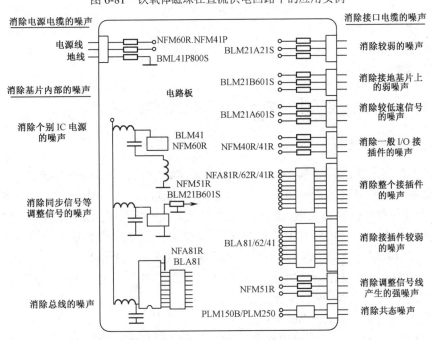

图 6-82　铁氧体磁珠在抑制 EMI 噪声的滤波器中的应用实例

▶ 6.9.5　铁氧体磁珠的安装位置

在去耦合电路中，为了进一步提高去耦电容器的效果，可以在去耦电容器的电源一侧安装一个铁氧体磁珠，如图 6-83 所示。铁氧体磁珠和去耦电容器的组合可以看作一个低通滤波器。由于铁氧体磁珠对高频电流呈现较大的阻抗，所以阻止了电源向电路提供高频电流，增强了去耦电容器的效果。选用的磁珠应该是专门用于电磁干扰抑制的铁氧体磁珠，这种磁珠在频率较高时，呈现电阻特性，不会引起额外的谐振。

需要注意的是铁氧体磁珠的位置，绝对不能放在去耦电容器靠近 IC 的一侧。如果放在靠近 IC 一侧，等于增大了电容输出电荷的阻抗，降低了去耦电容器的效果。在 PCB 布线时，要使去耦电容器与电源连接的一侧的走线尽量细（但要满足供电的要求），以增加走线的阻抗；使与芯片连接的一侧走线尽量宽、尽量短，以减小去耦电容器供电回路的阻抗，起到一定的效果，如图 6-83（b）所示。

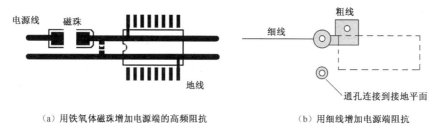

（a）用铁氧体磁珠增加电源端的高频阻抗　　　　　　（b）用细线增加电源端阻抗

图 6-83　铁氧体磁珠在去耦合电路中的应用

需要注意的是，由于铁氧体磁珠的电阻太大，所以有些 IC 无法在它们的电源总线中使用铁氧体磁珠。倘若按照上述的方法简单地增设铁氧体磁珠，将会引起从 IC 角度所看到的电源总线阻抗的增大。因此，IC 将会经受较高电平的电源噪声。对某些 IC 来讲，这会影响它们的正常运行。

▶ 6.9.6　利用铁氧体磁珠为 FPGA 设计电源隔离滤波器

1．铁氧体磁珠的选择

FPGA 技术的发展使数据速率提高到了 10Gbps 以上。为了达到这种数据速率，FPGA 厂商一般要求提供多个隔离的数字和模拟电源层，以单独为 FPGA 的内核、I/O、敏感的锁相环（PLL）和千兆位收发器模块供电。因此，电路板上电源分配系统的复杂性大大增加。

由于电路板空间、层数和成本预算均有限，电路板设计人员发现在这些系统限制内设计 FPGA 电路板越来越困难。例如，对于类似 Stratix Ⅳ GX 和 GT 系列千兆位收发器 FPGA 系列产品，一种简化电源设计的方法是，在电源共用层面之间保持充分高频隔离的同时，要能够共用类似的电压。常用的策略是使用铁氧体磁珠。

一般而言，铁氧体磁珠分为两类：

- 高 Q 铁氧体磁珠——一般用作谐振器，不得用于电源隔离电路中。
- 低 Q 铁氧体磁珠——也称作吸收铁氧体磁珠，损耗较大，可构成较好的电源滤波器网络，因为设计它们的目的是吸收高频噪声电流并将其以热的形式散发掉。这种铁氧体磁珠在宽高频带下具有高阻抗，从而使其成为理想的低通噪声滤波器。

厂商一般会给出铁氧体磁珠的阻抗-频率特性曲线，并说明额定最大直流电流和直流电阻。阻抗-频率特性取决于铁氧体磁珠的设计和所用材料。

例如，在 1GHz 频率范围内，5 个不同型号的铁氧体磁珠阻抗-频率特性曲线（Laird Technologies 的铁氧体磁珠 HI2220P601R-10、MI0805J102R-10、MI1206L391R-10、MI0603J601R-10、MI0603L301R-10）[103]如图 6-84 所示，反映了可用于电源噪声滤波的各种低 Q 铁氧体磁珠的阻抗性能情况。

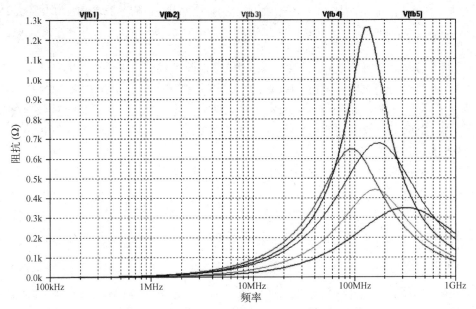

图 6-84　5 个不同型号的铁氧体磁珠阻抗-频率特性曲线

2．铁氧体磁珠建模与仿真

铁氧体磁珠厂商通常提供铁氧体磁珠的等效 SPICE 电路模型，以用于系统仿真。当无法从厂商那里获得铁氧体磁珠模型时，可以将铁氧体磁珠建模成一个由 R、L 和 C 元件组成的简单网络[103]，如图 6-85 所示。

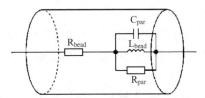

图 6-85　铁氧体磁珠电路模型

尽管图 6-86 所示模型为一阶近似，但仍然可以将其有效地用于 100Hz～1GHz 仿真。在图 6-86 中，R_{bead} 和 L_{bead} 为铁氧体磁珠的直流电阻和有效电感，C_{par} 和 R_{par} 为铁氧体磁珠相关的并联电容和电阻。

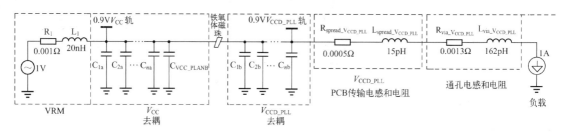

图 6-86　使用一个铁氧体磁珠（FB）隔离 V_{CC} 和 V_{CCD_PLL}

在低频条件下，C_{par} 为开路，而 L_{bead} 为短路，从而只有 R_{bead} 作为铁氧体磁珠的直流电阻。随着的频率提高，L_{bead} 的阻抗（$Z_{Lbead}=j\omega L_{bead}$）开始随频率线性上升，而 C_{par} 的阻抗（$Z_{Cpar}=\dfrac{1}{j\omega C_{par}}$）随频率反比例下降。铁氧体磁珠的阻抗-频率曲线图的上升斜率主要由 L_{bead} 决定。从某个高频点开始，C_{par} 的阻抗开始占主导，而铁氧体磁珠的阻抗开始下降，从而降低其电感效应。这种情况下，阻抗-频率曲线图的下降斜率主要由铁氧体磁珠的寄生电容 C_{par} 决定。R_{par} 有助于使铁氧体磁珠的 Q 因子减小。然而，过大的 R_{par} 和 C_{par} 会使铁氧体磁珠的 Q 因子增大，并降低其有效带宽，形成高 Q 铁氧体磁珠，导致电源分配网络（PDN）上出现不期望的瞬态振铃响应。

要想观察这些参数对铁氧体磁珠频率响应产生的影响，可以使用 SPICE 来仿真用于隔离的铁氧体磁珠的交流响应。

在一些厂商没有提供 SPICE 模型的情况下，通过在模型中单独改变每一个 R、L 和 C 元件，可用曲线拟合方法来近似描述某个特定的铁氧体磁珠。

3. Stratix Ⅳ GX 设计实例

对许多应用而言，高速时钟、数据和其他 I/O 开关速率可达到数百兆赫到几千兆赫。每一个开关信号相应的基本频率和谐波都很容易污染敏感的电源层面，从而导致电压纹波和输出抖动增高，特别是在它们与其他噪声较大的数字电源层共用时。例如，在 Stratix Ⅳ GX 中，0.9V V_{CC}（内核）电压被用于向 FPGA 内核中的数字逻辑单元（LE）、存储器单元以及 DSP 模块等供电，这些模块有很大噪声。另一方面，0.9V V_{CCD_PLL} 被用于向用于时钟倍频的对噪声更敏感的 PLL 供电。尽管在 PCB 上将 V_{CC} 与 V_{CCD_PLL} 电源层合并很简单（采用单个电源稳压器供电），但是会使内核耦合噪声对 PLL 性能产生负面影响。一种更佳的解决方案是在 V_{CC} 和 V_{CCD_PLL} 电源层之间使用一个铁氧体磁珠，并为每个电源选择合适的去耦电容器，以满足其各自的目标阻抗要求。

一个 Stratix Ⅳ EP4SGX230KF40 的设计实例[103]如图 6-86 所示，电路中使用一个铁氧体磁珠隔离 V_{CC} 和 V_{CCD_PLL}。在本实例中所选用的铁氧体磁珠为莱尔德科技（Laird Technologies）的 LI0805H121R-10。

V_{CC} 电源层去耦（由 C_{1a} 和 C_{2a} 到 C_{an} 表示）是利用 Altera 的 PowerPlay 早期功耗估算器（EPE）和 PDN 去耦工具设计，可以实现从直流到 25MHz 的频带内达到 9mΩ 的阻抗目标。同样，V_{CCD_PLL} 去耦（由 C_{1b} 和 C_{2b} 到 C_{nb} 表示）的目的是，利用相同的目标阻抗设计方法，在至少 70MHz 频带内达到 0.45Ω 目标阻抗。

有关使用 PowerPlay EPE 和 PDN 工具以及运用目标阻抗方法去耦的更多详情，请参考

Altera 公司提供的下列资料：

- PowerPlay 早期功耗估算器（EPE）和功耗分析仪；
- Stratix Ⅳ 配电网络设计工具；
- 电路板设计资源中心；
- "AN 574：印制电路板（PCB）供电网络（PDN）设计方法"。

通过 PDN 去耦工具得出的每个电源层面要达到各自阻抗目标所需的去耦电容如表 6-3 所示。PDN 工具估算得到的平面扩展电阻和电感以及 BGA 过孔电阻和电感，也都包括在 SPICE 界面中，旨在给出一个扩展至器件 BGA 焊球的完整 PDN 状况。

表 6-3　由 PDN 工具得到的去耦电容器

V_{CC} 电源			V_{CCD_PLL} 电源		
电容器	电容值（μF）	数量	电容器	电容值（μF）	数量
$C_{1a}\sim C_{7a}$	330	7	$C_{1b}\sim C_{2b}$	4.70	2
$C_{8a}\sim C_{12a}$	2.20	5	—	—	—
$C_{13a}\sim C_{14a}$	0.47	2	—	—	—
$C_{15a}\sim C_{18a}$	0.22	4	—	—	—
$C_{19a}\sim C_{23a}$	0.10	5	—	—	—
$C_{24a}\sim C_{37a}$	0.047	14	—	—	—

如欲了解获得 V_{CC} 到 V_{CCD_PLL} 实例的 PDN 状况的完整 SPICE 界面，请参考 Altera 公司提供的 "AN 583：VCC 到 VCCDPLL Spice 例子.zip" 文件中的 "VCC 到 VCCDPLL Z 曲线实例"。

4．注意可能出现的反谐振峰值

使用铁氧体磁珠时，需要注意可能出现的反谐振峰值，因为反谐振峰值可能会导致超出目标阻抗限制的阻抗曲线。当下降的电容特性斜率与铁氧体磁珠的上升的电感特性斜率交错在一起时，便会出现这些反谐振峰值。

如果目标阻抗较低，这些峰值极易超出目标阻抗限制。使用 SPICE 或者类似的电路仿真器来确保这些反谐振峰值不会超出目标阻抗。

如欲获得 V_{CC} 到 V_{CCD_PLL} 示例中关于使用铁氧体磁珠影响 PDN 曲线图的完整 SPICE 界面，请参考 Altera 公司提供的 "AN 583：VCC 到 VCCDPLL Spice 例子.zip" 文件中的 "VCC 到 VCCDPLL 磁珠反谐振示例"。

要想消除这种低频反谐振峰值，可为 V_{CCD_PLL} 增加一个大的体去耦电容（C_{bulk}），如 47μF，增加的大的体去耦电容有助于减轻这种反谐振超标。

如欲了解增加大的体去耦电容情况下 V_{CC} 到 V_{CCD_PLL} 示例 PDN 曲线图的完整 SPICE 界面，请参考 Altera 公司提供的 "AN 583：VCC 到 VCCDPLL Spice 例子.zip" 文件中的 "VCC 到 VCCDPLL 大块电容缓解超标举例"。

5．注意可能出现的 LC 谐振振荡

使用铁氧体磁珠的另一个问题是 LC 谐振振荡。只要在 PDN 电路中使用电感和电容，存储于电感和电容中的能量就会在这两种能量存储元件之间来回转移，从而可能导致不需要的

电路振荡。这种负面影响表现为在时域的电压过冲甚至电压振铃。

使用一个具有瞬态分析的 SPICE 仿真器或者类似工具，来对完成的设计进行检查，看是否所有的过冲或振铃都得到了较好的抑制并且在容许限制范围内。通常情况下，如果铁氧体磁珠的电感非常高，则过冲或振铃会更加严重，从而导致器件的失效或者错误运行。如果出现严重的过冲或振铃，请选择更低电感值的铁氧体磁珠。

关于 V_{CC} 到 V_{CCD_PLL} 过冲例子的瞬态分析完整 SPICE 界面，请参考 Altera 公司提供的 "AN 583：VCC 到 VCCDPLL Spice 示例.zip" 文件中的 "VCC 到 VCCDPLL 瞬态响应例子"。

6. 分析传输阻抗评估电路噪声抗扰度

评估电路噪声抗扰度的一种常用方法是分析其传输阻抗。如图 6-87 所示，要确定 V_{CC} 到 V_{CCD_PLL} 隔离的传输阻抗，可以从铁氧体磁珠的 V_{CC} 端来仿真 PDN 电路，通过加上 1A 的电流源，以对 FPGA 中来自 V_{CC} 电源的模拟噪声进行评估[103]。

如欲了解 V_{CC} 到 V_{CCD_PLL} 隔离的传输阻抗示例的完整 SPICE 界面，请参考 Altera 公司提供的 "AN 583：VCC 到 VCCDPLL Spice 示例.zip" 文件中的 "VCC 到 VCCDPLL 传输 Z 隔离示例"。

尽管该应用手册给出的例子均专门针对 V_{CCD_PLL} 电源层面，但是 Stratix Ⅳ GX 和 Stratix Ⅳ GT 的其他一些电源，如 V_{CCL_GXB}、V_{CCAUX} 和 V_{CCA} 等，也都可以受益于文中描述的相同隔离技术和分析方法。

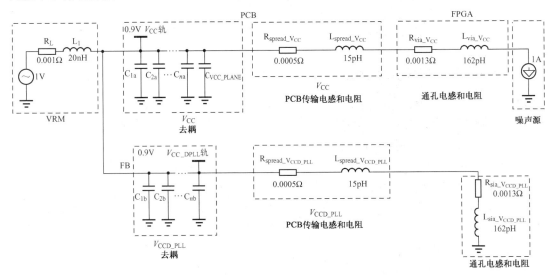

图 6-87　V_{CC} 到 V_{CCD_PLL} 传输阻抗电路

7. 考虑直流电流和 IR 压降等因素的影响

铁氧体磁珠可通过的电流量由其产品说明书中规定的最大额定直流电流决定。超出该最大额定电流就会损坏铁氧体磁珠。但是，甚至低于该最大额定直流值的电流也会导致铁氧体磁珠极大地降低其效果，因为铁氧体磁珠的芯材可能会变得饱和。

在改变直流电流偏置条件下，一个铁氧体磁珠的阻抗-频率曲线是变化的。随着通过铁氧体磁珠电流的增大，铁氧体磁珠的有效阻抗和带宽也随之减小。

为了避免内核饱和与铁氧体磁珠性能下降，请选择额定直流电流两倍于目标电源所需电流的铁氧体磁珠。另外，选择一个低直流电阻铁氧体磁珠来使相关直流 IR 压降（直流电流在电阻上的压降）最小化。确定所有压降都不会使目标电源降至 FPGA 建议操作环境以下，具体规范见产品说明书。

8. 构建一个小电感 PCB 布局结构

使用磁珠的另一种方法是构建一个小电感 PCB 布局结构，来连接两个隔离电源层。这种方法要求精确地建模并提取 PCB 结构相关的直流电阻和交流环路电感，并利用 SPICE 仿真来检查结构滤波器性能，以代替铁氧体磁珠。直流电阻决定了由于该结构走线长度带来的压降。交流环路电感有助于提供两个互连电源层的隔离。

在下列例子中，Altera 使用 Ansoft Q3D Extraction 软件来建模、评估并调节几种 PCB 结构，这对隔离 Stratix Ⅳ GX V_{CC} 和 V_{CCD_PLL} 电源层面很有效。利用 Q3D，可抽取出每种结构的直流电阻和交流环路电感。之后，在 SPICE 中对这些值进行重新仿真，以获得与前面铁氧体磁珠性能相对比的结构性能。

（1）直走线结构

在图 6-88 所示直走线结构中[103]，一条 20mil 宽、1oz 铜电源走线被用于代替铁氧体磁珠来连接考虑中的两个电源层。这种结构的一条走线可以承载约 3.7A 的电流。设计者必须设计走线，来处理期望的电流负载。直接影响走线电感的参数主要是走线的长度、距离参考层的高度，以及走线下方挖空（cutout）面积的大小。

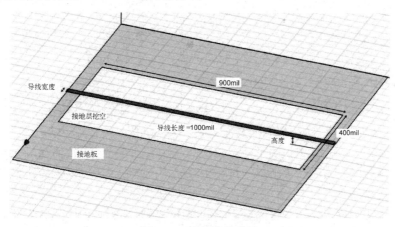

图 6-88　直线走线结构

一般而言，走线长度越长，导线离参考层越远，或者挖空面积越大，走线电感越大。因为这些因素会带来更大的电流回流面积。但是，每一个参数过大都会占用宝贵的电路板空间。更好的拓扑结构是使用一种盘绕式走线方法。

（2）盘绕走线结构

为了尽可能增大走线环路电感同时最小化电路板空间使用，可使用一种盘绕走线结构[103]，如图 6-89 所示。因为绕组中的电流在绕组的并联走线部分总是以相同方向流动，所以没有电流抵消发生，并且在一个较小区域实现最大电感。但是，使用盘绕结构要求一个逃逸过孔，以允许走线能够走到另一个层。正因如此，需考虑过孔的电流承载能力，一般而言，一个 1mil 壁镀、12mil 直径的过孔可通过大约 2.5A 的电流。

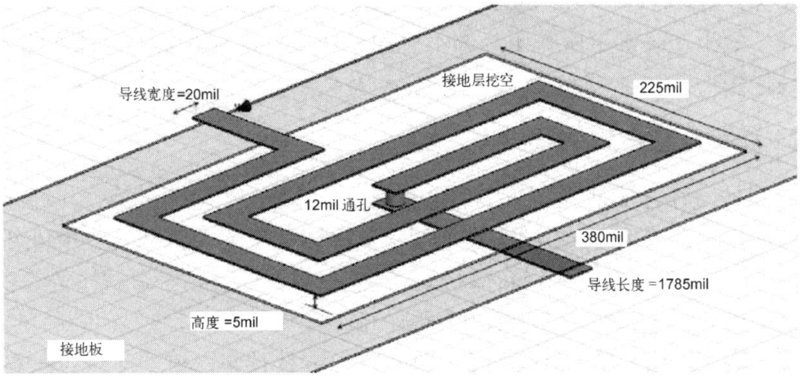

图 6-89　盘绕走线结构

表 6-4 列举了通过 Q3D 得到的不同直线及盘绕走线长度、距参考层高度以及层挖空面积大小情况下对直流电阻和走线电感的影响。在给定走线宽度条件下，直流电阻主要取决于走线的长度，如表 6-4 所示。

表 6-4　交流环路电感对比

情　况	描　　述	长度 (mil)	高度 (mil)	层挖空面积 (mil×mil)	DCR (mΩ)	电感 (nH)
1	短直线走线，无挖空面积	250	2.7	无	7	3.8
2	长直线走线，无挖空面积	1000	2.7	无	29	9.1
3	长直线走线，增加高度，无挖空面积	1000	5	无	29	17.5
4	长直线走线，增加高度，小挖空面积	1000	5	400×900	29	22.4
5	长直线走线，增加高度，大挖空面积	1000	5	800×900	31	26.1
6	盘绕走线，有挖空面积	1785	5	225×380	48	26.8

使用 Q3D 从盘绕走线结构提取的直流电阻（如 48mΩ）和交流环路电感（如 24.8nH），并在前面 V_{CC} 到 V_{CCD_PLL} SPICE 例子中再次仿真这些值，可得到阻抗曲线、传输阻抗和瞬态响应的结果。这些图表明，如果结构的直流压降保持在产品说明书规定的建议操作环境范围内，则可以使用盘绕式走线 PCB 布局结构来代替铁氧体磁珠。

这些结构会成为强辐射源，可能会影响联邦通信委员会和其他国际监管机构颁布的电磁标准规定。把这种结构放在接地层之间，并用过孔联结在一起，可帮助屏蔽任何辐射。Altera 还没有对这些结构进行额外的 EMC 标准仿真和测试，因为这些结构超出了应用手册的范围。

9．Altera 公司提出的设计建议

利用铁氧体磁珠为 FPGA 设计电源隔离滤波器，Altera 公司提出的设计建议[103]如下：

● 选用一个铁氧体磁珠或设计 PCB 滤波结构，使其可以承载去耦电源所需的电流负载。
● 为了避免内核饱和，选择一个额定电流至少两倍于目标电源预计电流的铁氧体磁珠。
● 需最小化铁氧体磁珠或 PCB 结构的直流电阻，以减小直流 IR 压降。
● 确定所有压降都没有导致目标电源低于建议操作环境。

- 使用 SPICE 或其他类似工具，以确保所有铁氧体磁珠或 PCB 电感结构带来的反谐振峰值均没有超出目标阻抗限制。
- 如果出现反谐振超标，向需去耦的电源层添加大体去耦电容器来减少或消除峰值。
- 使用 SPICE 或其他类似工具对有过大电压过冲或振铃的 PDN 电路进行瞬态响应分析。这种过冲或振铃可能会超出建议操作环境。
- 使用 SPICE 或其他类似工具对被隔离的电源相对于未滤波的父电源层的传输阻抗进行分析，以获得充分衰减。

高性能 FPGA（如 Stratix IV GX 和 Stratix IV GT 系列）要求多个电源为 FPGA 内各种电路模块供电。为了让器件达到最大额定性能并具有最低抖动，某些敏感电源层要求非常洁净的电源。要在系统设计限制范围内满足这些电源要求，可以将铁氧体磁珠或自定义 PCB 结构用作滤波器来隔离一些共用电源。

6.10　小型电源平面"岛"供电技术

为防止由于 PCB 电源面引起空腔谐振从而造成辐射增加，通常采用的技术是使用多个小型电源平面"岛"来代替一个大面积的电源平面。从 EMC 的角度出发，电源平面"岛"的面积尺寸应该确保使它的最低谐振频率处高于所关心的最高频率。同时，电源平面"岛"也是一个非常有用的电路隔离技术，可以有效隔离 PCB 上的一个对噪声敏感的 IC，以避免受到其他元器件的干扰。

通过 PCB 导线将所有共一个电源的小型电源平面"岛"连接在一起，其谐振频率较低，而且还可能将一个"岛"上的噪声耦合到另一个"岛"上。有效的解决方法是通过 π 型滤波器向每个"岛"提供 DC 电源，以消除"岛"与"岛"之间的耦合。如图 6-90 所示，可以利用铁氧体磁珠，以及在其两端分别设置一个去耦电容器构成一个 π 型滤波器，向每个"岛"提供 DC 电源。

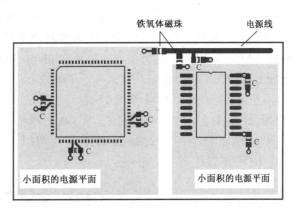

图 6-90　通过 π 型滤波器向每个"岛"提供 DC 电源

6.11　掩埋式电容技术

6.11.1　掩埋式电容技术简介

掩埋式电容技术是一项专利生产工艺技术，由 Zycon 公司首先发明。掩埋式电容技术采用非常薄的介质间隔电源平面和接地平面的结构，可以认为其电源平面和接地平面在低频段是纯电容，且此时的电感非常小，可以忽略。如图 6-91 所示，使用掩埋式电容技术可以有效地改善电源接地板的高频电气特性。

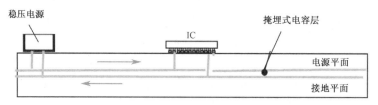

图 6-91　使用掩埋式电容技术的电源接地板

对于如图 6-92 所示的一个由电介质隔离的金属板，如铜（Cu），其电容为

$$C = \frac{A D_k K}{t} \qquad (6\text{-}23)$$

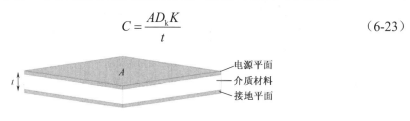

图 6-92　一个由电介质隔离的金属板

式中，C 为电容（F）；A 为金属板面积；D_k 为两金属板之间的介质材料的介电常数；K 为常数（8.85pF/m）；t 为两金属板之间的厚度。单位面积电容量（C/A）：以 nF/in^2 为单位时，$0.2247 D_k K/t$（式中，t 的单位是 mil）；以 nF/cm^2 为单位时，$0.885 D_k K/t$（式中，t 的单位是 μm）。

在掩埋电容技术中，一些公司采用了不同的电介质材料来代替 FR-4 电介质材料，以获得单位面积更大的电容量。例如，Sanmina 公司采用填充有环氧树脂的 EMCap$^®$ 陶瓷粉末，$K=36$；Dupont 公司采用填充有聚亚胺的 Hi-K^{TM} 陶瓷粉末，$K=12$；3M 公司采用填充有环氧树脂的 C-Ply 陶瓷粉末，$K=21$，单位面积电容量为 5.5nF/in^2（850pF/cm^2）；Oak-Mitsui Technology 公司采用改进过的 FR-4 FaradFlex^{TM}，$K=4$，具有 12μm、16μm 和 21μm 的不同厚度，该公司还在研制具有更高 k 值的不同材料，据称，它能给出高达 6nF/cm^2（40nF/in^2）的单位面积电容量[104]；Fujitsu 公司采用没有黏合剂的陶瓷粉末，$K=400$，单位面积电容量为 300nF/cm^2。

如表 6-5 所示，Sanmina-SCI 公司可以提供具有不同参数的掩埋式电容产品，其中 BC16T^{TM} 可以达到 1705pF/cm^2。

表 6-5　Sanmina-SCI 公司提供的掩埋式电容产品参数[105]

参数名称	单位	型号与参数数值						
		ZBC2000$^®$	HK-04™	BC24™ 和 ZBC1000™	BC16™	BC12™	BC8™	BC16T™
厚度	mil	2.0	1.0	1.0	0.6	0.5	0.3	0.6
	μm	50	25	25	16	12	8	16
单位面积电容量	pF/in^2	500	800	1000	1600	1900	3100	11000
	pF/cm^2	78	124	155	233	310	481	1705

▶ 6.11.2　使用掩埋式电容技术的 PCB 布局实例

使用掩埋式电容技术不需要对 PCB 布局做任何的修改。PCB 裸板制造厂商只需要简单地使用一个 ZBC 内核来代替在 PCB 上的每个 0V 或电源平面即可。内核的一面连接到 0V 平面上，另一面连接到电源平面上。在原 PCB 仅有单个 0V 平面和单个电源平面的场合，增设两层 ZBC1000 可以获得 1000pF/in^2 的分布电容（155pF/cm^2）。掩埋式电容技术的应用实例如图 6-93 和图 6-94 所示。

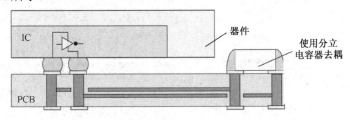

（a）没有使用掩埋式电容技术的应用实例

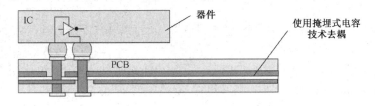

（b）使用掩埋式电容技术的应用实例

图 6-93　掩埋式电容技术的应用实例 1

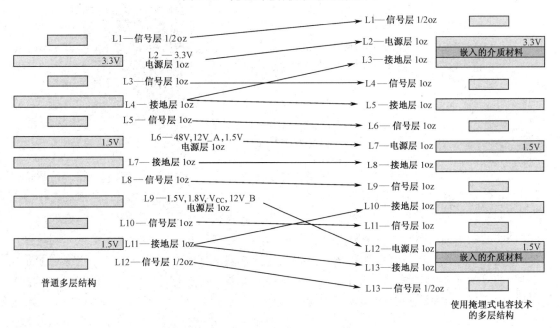

图 6-94　多层板采用掩埋式电容技术的应用实例 2

6.12　可藏在 PCB 基板内的电容器

Murata 公司采用先进的介质材料技术，推出的厚度仅为 220μm、额定电压为 6.3V、电容量为 1.0μF、1005 尺寸（1.0mm×0.5mm）的"GRM 系列"独石陶瓷电容器[106]，可以安装在 PCB 的内层。

如图 6-95 所示，由于可藏在 PCB 基板内的独石陶瓷电容器能够被安装在 IC 等器件的下方，所以该产品不仅能够适应电子设备向轻薄短小发展的趋势，还能够降低配线电路等电路中的电感。

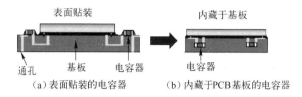

（a）表面贴装的电容器　　（b）内藏于 PCB 基板的电容器

图 6-95　表面贴装的电容器和可藏在 PCB 基板内的电容器的安装示意图

TDK 公司的片材类超薄型薄膜电容器（TFCP）是一款作为基板内置用片状电容器产品，结构如图 6-96 所示。TFCP 在镍箔中形成电介质薄膜，并叠加薄层铜电极的片状电容器。采用高结晶化钛酸钡类电介质实现高介电常数（相对介电常数约为 1000），通过电极图形设计可实现任意静电容量（1.0μF/cm^2），其厚度在 50μm 以下，tanδ 在 0.1 以下，工作电压在 4V 以下，通过内置于 LSI 正下方封装基板内部，在增层基板的转接板内可以实现多个电容器集中内置，能够在高频范围内得到极其优异的去耦效果。

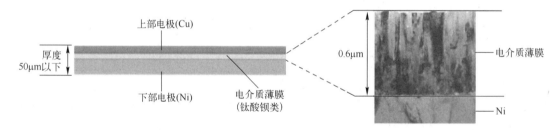

图 6-96　TDK 超薄型薄膜电容器的结构

将超薄型薄膜电容器内置在转接板基板中的流程如下：将超薄型薄膜电容器的片材切割成为规定的尺寸及形状后，通过光刻对作为下部电极的镍层进行图形加工。其次，将绝缘层夹于中间，以积层方式加工成为基板后，对作为上部电极的铜层进行图形加工。例如，在普通增层工艺中，通过激光等在绝缘层上开过孔，并通过镀层使层间形成电气连接，同时通过光刻形成配线图形。图形加工中可使用从铜箔中除去多余图形的移除法以及在绝缘层上添加铜图形的添加法。增层基板中两种方法均有使用。通过反复进行这一工序，可在基板内部内置多个电容器，从而形成立体型配线线路。

如图 6-97 所示，超薄型薄膜电容器形成于 LSI 正下方电源板与底板之间。静电容量可通过电极图形进行自由设计，其最大的优势在于可形成多个电容器后进行集中内置。通过巧妙配合增层工艺，对独特片状结构超薄型薄膜电容器进行内置构思，可以实现在 LSI 正下方的转接板基板内，以与 LSI 之间的最短距离进行配置，能够在实现超高效去耦效果的同时，使封装基板节省大量空间。

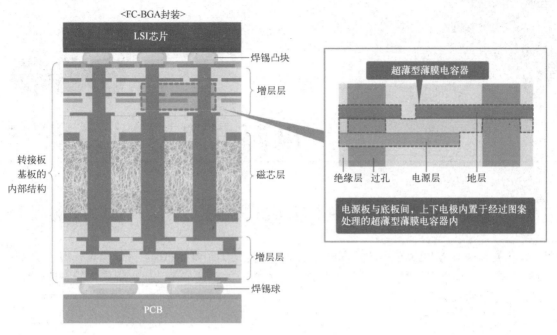

图 6-97　转接板基板结构与内置超薄型薄膜电容器的示意图

　　不同超薄型薄膜电容器基板安装结构形式图 6-98 所示。图 6-98（a）是采用将 MLCC 在封装背面进行表面贴装，图 6-98（b）是采用将 MLCC 内置于基板内部，图 6-98（c）是采用将超薄型薄膜电容器（TFCP）内置+MLCC 表面贴装。采用图 6-98（a）的结构形式，测试表明在 100MHz 频率范围的阻抗峰值约 0.02Ω。采用图 6-98（b）的结构形式，阻抗峰值可以抑制到约 0.01Ω。采用图 6-98（c）的结构形式，阻抗约 0.005Ω。由此可见，通过将超薄型薄膜电容器配置于 LSI 正下方，可以缩短电源线与底板间的连接距离，从而实现以往所无法实现的低 ESL 化，提高去耦效果。

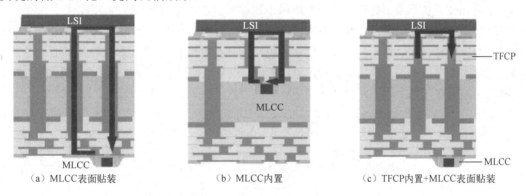

图 6-98　不同超薄型薄膜电容器基板安装结构形式

第 7 章

电源电路的 PCB 设计

7.1 开关型调节器 PCB 布局的基本原则

开关型调节器 PCB 布局的基本原则包括接地方法、元器件布局、降低噪声辐射，以及减小寄生电容和电感等。尽管本节集中分析的是升压开关型调节器，但它所包含的原理同样适合其他类型的开关型调节器。

▶ 7.1.1 接地

当考虑怎样才能最好地为开关调节型电源设计电路板时，有经验的设计人员会谨慎考虑电路的接地方法，从而获得稳定的电压，但设计时很难获得完美的接地方案。因为这不仅是简单的接地问题，任何接地设计都会直接影响到电路的性能。

如果用一条较长的引线把电路的各种元器件连接到电源或电池的负端，从直觉上就可以意识到这条地线并非理想的接地。这条引线代表接地层或地线，存在电阻和电感，电流通过这条引线的电阻和电感流回电源，在这个过程中会产生相应的压降。因此，接地回路不会稳定在一个理想的稳压值（0V）。

一个升压型开关调节器电路如图 7-1 所示，该调节器依靠控制器 IC 内部的基准电压和两个反馈电阻产生特定的输出电压。为了获得正确的反馈从而得到正确的输出电压，电压基准、电阻分压器及输出电容必须处于同一电位。确切地说，控制器 IC 的模拟地引脚（电压基准的地）和电阻分压器的地电位必须与输出电容的地电位相等。输出电容接地端的电压至关重要，因为要求调节器提供精确电压的负载通常紧靠输出电容安装。这部分地是反馈电压的参考端[107]。

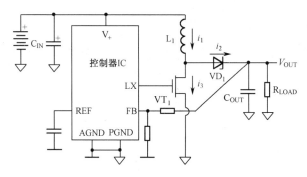

图 7-1　升压型开关调节器电路

同时，控制器 IC 需要精确的电压反馈。为了实现无抖动的开关操作，控制器 IC 需要在输出电压出现任何交流干扰时能够产生一个准确的取样，而这个精确的取样是通过反馈网络得到的。

7.1.2　合理布局稳压元器件

除了接地方案，合理布局稳压元器件也很重要。例如，控制器 IC 内部的电压基准必须采用紧靠 REF 引脚安装的电容旁路，基准电压的噪声会直接影响输出电压。同样，该旁路电容的地端必须连接到低噪声的参考地上（与控制器 IC 的模拟地及电阻分压器的地端相连），且远离嘈杂的功率地。为了防止较大的开关电流通过模拟小信号的地回路进入电池或电源，这个低噪声参考地和嘈杂的功率地之间的隔离至关重要。

如图 7-2 所示，调节器的功率电路包括两条电流路径：当 MOSFET 导通时，电流流过输入回路；当 MOSFET 截止时，电流流过输出回路。将这两个环路的元器件相互靠近布局，可以把大电流限制在调节器的功率电路部分（远离低噪声元器件的地回路）。C_{IN}、L_1 和 VT_1 必须相互靠近放置，C_{IN}、L_1、VD_1 和 C_{OUT} 也必须相互靠近。图 7-2 特别指明了这两个环路，并画出了需要靠近安装的元器件。另外，使用短且宽的引线实现密集的布线，可以提高效率，减小振铃，并可避免干扰低噪声的电路。

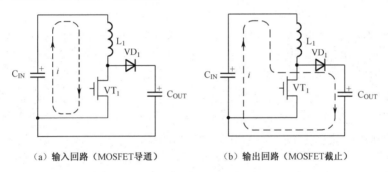

(a) 输入回路（MOSFET导通）　　　　(b) 输出回路（MOSFET截止）

图 7-2　调节器的功率电路的两条电流路径

实际的电路板布局需要一些折中考虑，特别是在为上述两个大电流环路布局时。如果需要决定将哪些需要就近安装的元器件真正地实现就近安装，必须确定每个环路中的哪些元器件有不连续的电流流过。就近安装元器件可以最大限度地减小寄生电感，而这些具有不连续电流的元器件的位置对于减小寄生电感而言非常重要，请参考 7.1.3 节。

不管是采用电池还是电源为升压型开关调节器供电，电源阻抗都不为零。这意味着当调节器从电源汲取快速变化的电流时，电源的电压将发生变化。为了改善这种效应，电路设计人员在靠近上述两个功率环路的位置安装了输入旁路电容（有时使用两个电容，即用一个陶瓷电容与一个有极性电容并联）。这一举措并非为了保持功率电路的电源稳定。因为即使电源电压发生变化，功率电路也能很好地工作，但是将旁路电容靠近功率电路安装可以限制大电流注入功率电路，避免对低噪电路的干扰。

干扰的产生有三个途径：首先，如上所述，如果功率电路的接地返回电流流经调节器模拟电路的部分地回路或全部地回路，由于地回路的寄生电阻、电感，所以该电流将在这部分地通道上产生开关噪声，地回路的噪声会降低稳压输出精度，这个电流还可能干扰同一电路板上的其他敏感电路；其次，与地回路类似，电池或电源正端的开关噪声还可能耦合至用同一电源供电的其他元器件（包括控制芯片），使基准电压发生抖动，若输入旁路电容两端的电压不稳定，在控制器的电源引脚前加一级 RC 滤波器有助于稳定其供电电压；再次，交流电流流经的环路面积越大，所产生的磁场也越强，产生干扰的概率也大大增加。将输入旁路电容紧靠功率电路安装可以缩小环路面积，从而降低产生干扰的可能性。

如果输出端的两个分压电阻布局不合理，噪声也会引发其他问题。将这两个电阻靠近控制器的 FB 引脚放置，可以保证得到一个对噪声相对不敏感的电压反馈控制环路。这种布局可以使电阻分压器中点至开关调节器的 FB 引脚的引线最短。这是非常必要的，因为电阻分压器中点和控制器 FB 引脚的内部比较器输入都为高阻抗，连接两者的引线易于耦合（主要通过容性耦合）开关调节器的噪声。当然，如果有必要，可以考虑延长电阻分压器与输出端相连的引线，以及电阻分压器与输出电容地端相连的引线，而开关型调节器的低输出阻抗可用来抑制这些引线上的耦合噪声。

▶ 7.1.3 将寄生电容和寄生电感减至最小

找出图 7-1 所示电路中电压发生快速变化的节点，也就找出了需要将寄生电容减至最小的位置，这是因为电容两端的电压不能跃变。在该电路中仅有一个这样的节点，即由功率电感、二极管和 MOSFET 连接形成的节点。当 MOSFET 导通时，该节点的电压接近地电位；当 MOSFET 关闭时，该节点电压攀升至比输出电压高出一个二极管压降的电平。必须确保电路板的走线使该节点的寄生电容最小，若寄生电容减缓了该节点的电压瞬变，调节器的效率将受到一定损失。保持该节点较小的尺寸不但有助于减小寄生电容，还可降低 EMI 辐射。不能牺牲布线宽度来缩小该节点的尺寸，而应该采用短而宽的走线。

找出具有快速变化电流的分支，也就找到了需要将寄生电感减至最小的支路，这是因为电感电流不能发生跃变。当电感电流快速变化时，电感两端的电压将产生毛刺和振铃，从而导致潜在的 EMI 问题。而且该振铃电压的幅度有可能非常高，以至于损坏电路元器件。

图 7-3 显示了图 7-1 所示电路的三个支路的电流波形。电流 i_1 不会产生问题，因为它以相对平缓的方式变化，另外该支路已经具备了一个大电感，也就是 L_1。电流快速变化（也就是 i_2 和 i_3）的支路要求感抗最小。与 MOSFET 串联的寄生电感则会产生问题，因为电流 i_3 有突变。该串联电感包括 i_3 至 C_{IN} 地端返回路径的任何感抗，即 VT_1 引脚的寄生电感及地回路自身的电感。注意流经 C_{IN} 的电流并未跃变，而是和电感电流（i_1）的交流部分相等（电池提供其直流部分）。当 MOSFET 截止时，环路的一部分同样有快速变化的电流流过。该电流 i_2 流过 VD_1 和 C_{OUT} 及地回路的覆铜部分，因此这

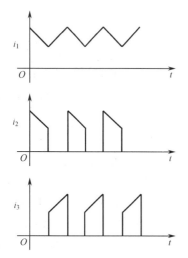

图 7-3 图 7-1 所示电路的三个支路的电流波形

些元器件和地回路的寄生电感必须减至最小。

当考虑负载通路上的感抗是否会造成问题时，应注意到由于输出电容具有较大容值，而且具有很小的 ESR，故电容两端的电压会保持相对稳定。这意味着流过负载的电流不会变化太大，因此其等效串联电感并不重要，除非负载本身的动态变化较大。

7.1.4　创建切实可行的电路板布局

有很多种方法可以处理开关调节器的接地，一种方法是为所有的接地电路提供一个单独的接地层，但这种方法可能不会运行在很好的状态下。采用这种方法时，电路的功率地电流可能流经电阻分压器、控制器特定引脚的旁路电容及控制器的模拟地或这三者的地回路，从而造成它们的地电位抖动。

最好的方法也许是创建两个单独的接地层，一个用于功率电路，另一个用于调节器的低噪声模拟电路。如图 7-4 所示[107]，采用隔离的模拟地和功率电路地隔离较大的功率地电流与低噪声模拟地电流，从而保护低噪电流回路。参考图 7-4（a），功率电路地包括输入和输出电容的地端及 MOSFET 的源极，这些连线必须采用短而宽的引线，确保功率电路的地线最宽、最短，可以降低感抗、提高效率。

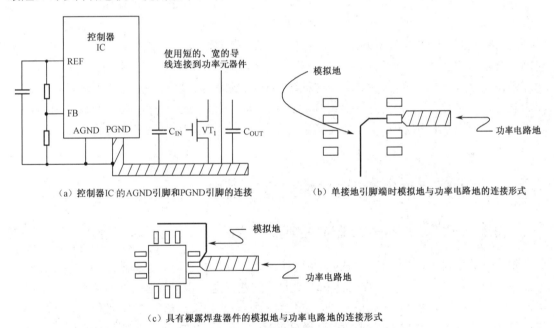

（a）控制器IC的AGND引脚和PGND引脚的连接　　　（b）单接地引脚端时模拟地与功率电路地的连接形式

（c）具有裸露焊盘器件的模拟地与功率电路地的连接形式

图 7-4　模拟地和功率电路地的连接形式

模拟地为控制器的模拟地引脚、电阻分压器的地端和控制器任何特定引脚的旁路电容（输入旁路电容 C_{IN} 除外）的地端。模拟地不必是一个平面，而且可以使用较宽的长引线，这是因为其电流非常微弱并且相对稳定，而引线电阻和电感也不再是重要因素。

按照图 7-4（a）连接控制器 IC 的 AGND 引脚和 PGND 引脚，在这些引脚之间连接两个地可以确保模拟地内没有开关电流。AGND、PGND 之间的连线可以相对较窄，因为几乎没有电流流过该路径。尽管理想情况下 AGND 可以直接连接到 C_{OUT} 的地端，但多数控制器 IC 仍然要求两个地引脚（AGND 和 PGND）直接连接（这是因为 C_{OUT} 的地和 PGND 之间总会存在一定的阻抗，若 AGND 和 C_{OUT} 的地直接相连，负载电流在该阻抗上产生的压降会达到足以让 AGND 和 PGND 之间的二极管导通的电压，从而会造成严重后果）。在 PGND 和 C_{OUT} 之间使用短而宽的引线，可以使反馈电阻和控制器 IC 内部基准共用相同的地电位，与调节器的输出端的参考地相同。这一点非常重要，因为输出电压是由这些元器件设置控制的。

有时控制器 IC 的某些旁路电容既不能连接至模拟地也不能连接至功率电路地，如使用 RC 滤波器旁路的升压开关型调节器的 V_+ 引脚。在这种情况下，该电容接地引脚对于模拟地来说太嘈杂；同时，对于该电容来说，功率电路地的噪声也太大。因此，必须将这样的电容地直接连接至 AGND 和 PGND 引脚之间的连线（若控制器 IC 仅提供一个接地引脚，则直接连接至该引脚上）。

> **注意**：控制器 IC 与 MOS 功率管栅极之间的串联电阻通常靠近 MOS 功率管栅极安装。

▶ 7.1.5 电路板的层数

电路板的层数在 PCB 布局中也是一个关键因素。在多层板上，可以使用一个中间层作为屏蔽层。屏蔽层允许在电路板的底层放置元器件，从而会降低干扰的机会。配合使用屏蔽层时，将功率元器件的地穿越屏蔽层连接并非一个好的方法。相反，应该将它们连接在一个隔离的、受限制的区域，这样可以清晰地分辨出这些电流的流向及它们的影响。

确保功率元器件的地位于顶层，这种连接与电路板的层数无关，这样处理可以将其电流限制在已知的路径内，不会干扰其他地回路。若无法实现这一点，可以通过使用其他电路板层的隔离覆铜区域和过孔进行连接。对于每个接地点，应使用多个过孔并联以降低电阻和电感。

7.2 DC-DC 转换器的 PCB 布局设计指南

▶ 7.2.1 DC-DC 转换器的 EMI 辐射源

由于开关模式 DC-DC 转换器的功率转换效率较高，故它得到了普遍应用。然而，它也有噪声大和不稳定的缺点，很难通过 EMI 认证。这些问题大部分源自元器件布局（不包括元器件质量差的情况）和 PCB 布板布局，它们直接影响开关转换器的 EMI 性能。一个完美的专业设计可能会因为 PCB 的寄生效应而遭到淘汰。良好的 PCB 布局不但有助于通过 EMI 认证，还可以帮助实现正确的功能[108]。

EMI 规范描述了频域通过测试/失效模型，分为两段频率范围：在 150kHz～30MHz 低频段，测量线路的交流传导电流；在 30MHz～1GHz 高频段，测量辐射电磁场。在电路中，电路节点电压产生电场，而磁场由电路中的电流产生。对于阶跃波（如方波），它的谐波能够达到很高的频率，这将会产生较大的问题。

一个 DC-DC 降压转换器的原理图如图 7-5（a）所示，互补驱动信号控制开关晶体管 VT_1 和 VT_2 作为开关，工作在开关状态下，而不是工作在线性模式，以达到较高的效率。晶体管的电流和电压均类似于方波，但是相位不一致，以降低功耗。该降压转换器的电流和电压波形如图 7-5（b）所示，开关节点电压 v_{LX} 及晶体管电流 i_1 和 i_2 为方波，具有高频分量；电感电流 i_3 是三角波，也是可能的噪声源。虽然这些波形能够实现较高的效率，但是从 EMI 的角度看，它们却存在很大的问题：开关晶体管电流 i_1 和 i_2，以及开关节点电压 v_{LX} 接近方波，是可能的 EMI 辐射源。

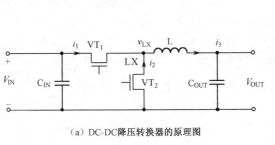

（a）DC-DC降压转换器的原理图

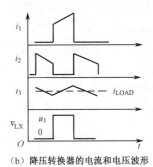

（b）降压转换器的电流和电压波形

图 7-5 DC-DC 降压转换器

7.2.2 DC-DC 转换器的 PCB 布局的一般原则

一个理想的 DC-DC 转换器应不会产生外部电磁场，只在输入端吸收直流电流。DC-DC 转换器的开关动作限制在转换器模块内部。进行 DC-DC 转换器的电路设计和 PCB 布局时，应做到以下几点。

1．抑制 LX 节点产生的电场辐射

缩小 LX 节点的面积可以减小由 LX 节点产生的电场辐射；在 LX 节点附近设置接地平面可以直接限制该电场（电场会被该平面吸收）。但 LX 节点和在 LX 节点附近设置的接地平面也不能靠得太近，否则会增大杂散电容，降低效率，导致 LX 节点电压产生振铃。节点太小会产生串联阻抗，因此也应避免这种情况。

2．抑制 i_1 到 i_3 产生的磁场辐射

每一电流环路 PCB 布板的杂散电感决定了场强。要抑制由 i_1 至 i_3 产生的磁场辐射，电路环路之间的非金属区域应尽可能小，而走线宽度应尽可能大，以达到最低磁场强度。电感（L）本身应有良好的磁场限制能力，这由电感结构决定，而不取决于 PCB 布板问题。

3．减少传导 EMI

当电容 C_{IN} 和 C_{OUT} 无法为开关电流 i_1 和 i_3 提供低阻抗通道时，将产生传导 EMI，这些电流会流至上游和下游电路。通道阻抗包括电容本身（含杂散电容）及 PCB 的杂散电感，应尽量减小该电感，这同时也降低了磁场辐射。转换器内部应避免出现过孔，这是因为过孔的电感系数较大。可以在顶层/元器件层为电源的快速电流建立局部平面来解决这一问题。SMT 元器件可直接焊接在这些平面上。电流通路必须宽而且短以降低电感。过孔用于连接本接地平面和电源以外的系统平面。通孔的杂散电感有助于将快速电流限制在顶层。可以在电感周围加入过孔，降低阻抗效应。产生传导 EMI 的另一原因是由地平面上快速开关电流引起的电

压尖峰。开关电流必须与外部电路共用任一通路，包括接地平面。解决方法还是在转换器边界内部的顶层设置一个局部电源接地平面，再一点连接至系统接地平面，这一点通常是在输出电容处。

4．功率元器件布局布线

开始先放置开关晶体管 VT_1 和 VT_2、电感 L 和输入/输出电容 C_{IN} 和 C_{OUT}（这些元器件尽可能地靠近放置，特别是 VT_2、C_{IN} 和 C_{OUT} 的地连接，以及 C_{IN} 和 VT_1 的连接），然后为电源地、输入、输出和 LX 节点设置顶层连接。

> **注意**：需要采用短而宽的走线连接至顶层。

5．低电平信号元器件布局布线

其他元器件包括控制器 IC、偏置和反馈/补偿元器件等，这些都是低电平信号源。为避免串扰，这些元器件应与功率元器件分开放置，并用控制器 IC 隔断它们。一种隔断方法是将功率元器件放置在控制器 IC 的一侧，将低电平信号元器件放置在另一侧。控制器 IC 应靠近开关晶体管放置。缩短控制器 IC 和开关晶体管之间的距离，可以减小控制器 IC 驱动输出吸收和源出的大电流尖峰。反馈和补偿引脚等大阻抗节点应尽量小，并与功率元器件保持较远的距离，特别是在开关节点 LX 上。DC-DC 控制器 IC 一般具有两个地引脚 GND 和 PGND。在适当的 PCB 层上设置模拟地，并一点连接至电源地。将低电平信号地与电源地分离，为低电平信号设置另一模拟接地平面，不用设在顶层，可以使用过孔。模拟地和电源地应只在一点连接，一般是在 PGND 引脚连接。在极端情况（大电流）下，可以采用一个完全的单点接地，即在输出电容处连接局部地、电源地和系统接地平面。

▶ 7.2.3 DC-DC 转换器的 PCB 布局注意事项

1．叠层设计

推荐的 DC-DC 转换器 4 层和 6 层 PCB 叠层形式[109]如图 7-6 所示。

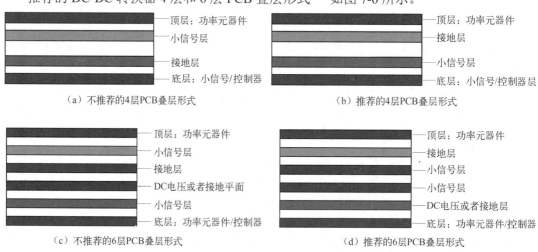

（a）不推荐的4层PCB叠层形式　　　　　　　　（b）推荐的4层PCB叠层形式

（c）不推荐的6层PCB叠层形式　　　　　　　　（d）推荐的6层PCB叠层形式

图 7-6　推荐的 4 层 PCB 和 6 层 PCB 叠层形式

2. 最小化高 di/dt 回路中的电感[109]

需要注意 DC-DC 转换器的连续和脉冲电流路径，最小化高 di/dt 回路中的电感。

一个同步降压转换器的连续和脉冲电流通路如图 7-7 所示。PCB 设计时要求最小化同步降压转换器中的高 di/dt 环路面积，一个推荐的设计实例如图 7-8 所示。

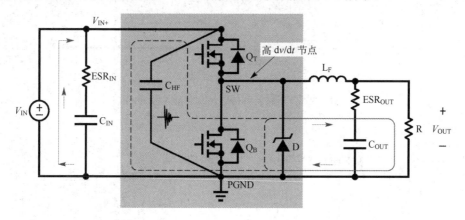

图 7-7　同步降压转换器的连续和脉冲电流通路

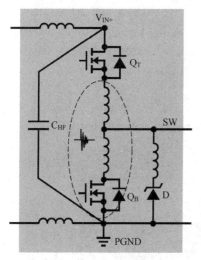

（a）高di/dt回路与PCB电感　　　　　　　　（b）推荐的布局实例

图 7-8　最小化同步降压转换器中的高 di/dt 环路面积

一个升压转换器的连续和脉冲电流通路如图 7-9 所示。PCB 设计时要求最小化同步降压转换器中的高 di/dt 环路面积，一个推荐的设计实例如图 7-10 所示。

3. 隔离和最小化高 dv/dt 开关面积[109]

在图 7-7 和图 7-9 中，在 SW 节点，V_{IN}（或者 V_{OUT}）和地之间具有高的 dv/dt（电压摆幅率），会产生一个富含高频噪声的信号成分，是一个大的 EMI 噪声源。隔离和最小化高 dv/dt 开关面积是降低此噪声的有效方法。

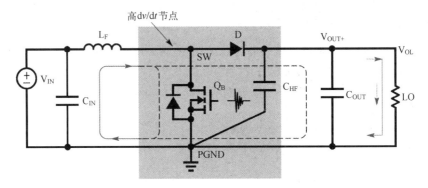

图 7-9　升压转换器的连续和脉冲电流通路

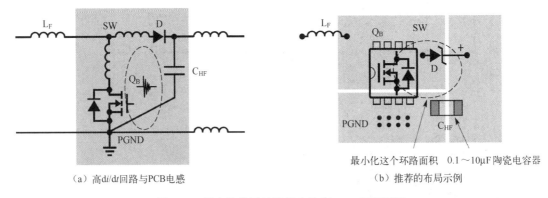

（a）高di/dt回路与PCB电感　　　（b）推荐的布局示例

图 7-10　最小化升压转换器中的高 di/ dt 环路面积

图 7-11 所示是一个 2 相 2.5V/30A 输出降压转换器设计实例，在输入电容器 C_{IN} 旁附加一个 1μF 电容器，隔离和最小化高 dv/dt 开关面积，将有效减小开关电路的噪声。

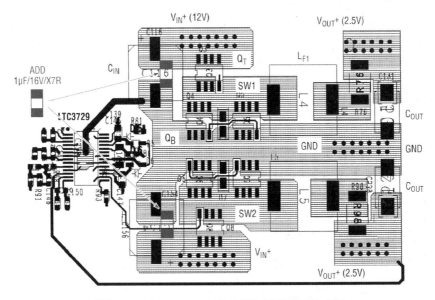

图 7-11　2 相 2.5V / 30A 输出降压转换器设计实例

4. 功率元器件的 PCB 设计要求[109]

功率元器件的 PCB 设计要求提供足够的铜面积以降低功率元器件的热应力,以及合适的接地设计以最小化接地阻抗。

不理想的和推荐的功率元器件 PCB 设计如图 7-12 所示。

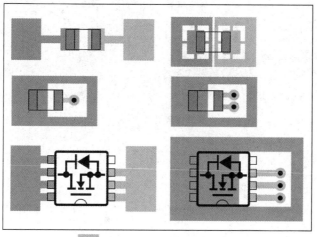

连接到通孔 ●

（a）不理想的功率元器件PCB设计（散热不好）

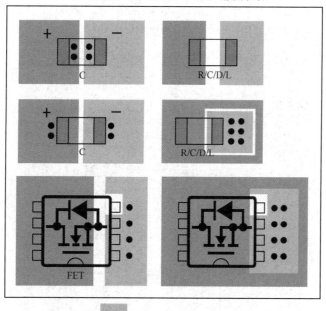

连接到通孔 ●

（b）推荐的功率元器件PCB设计

图 7-12　不理想的和推荐的功率元器件 PCB 设计

5. 分开电源中的输入电流路径[109]

如图 7-13 所示,为降低多路电源的相互干扰,要求分开电源中的输入电流路径（接地回路）。

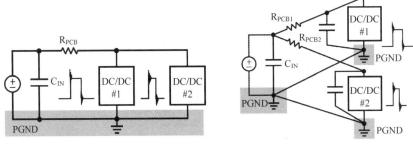

（a）共输入电流路径（不理想的）　　　　（b）分开电源中的输入电流路径（推荐的）

图 7-13　分开电源中的输入电流路径

6. 布局设计实例[109]

图 7-14 提供了一个采用多相电流模式降压控制器 LTC3855，输入电压 V_{IN} 为 4.5～14V，输出到 1.2V/40A 的双相同步降压转换器的 PCB 设计实例。有关 LTC3855 的更多资料和应用电路请登录相关网站查询。

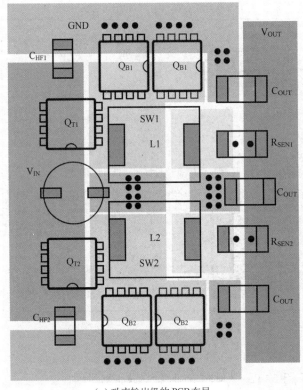

（a）功率输出级的 PCB 布局

图 7-14　双相同步降压转换器的 PCB 设计实例

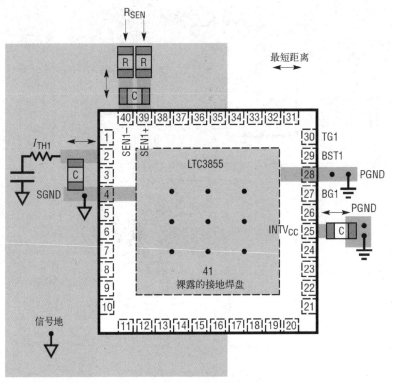

（b）控制器的退耦电容器的布局

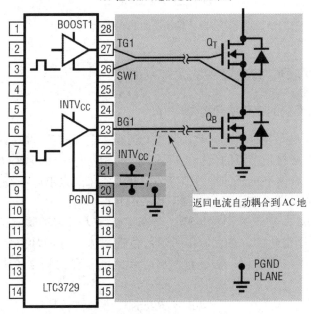

（c）栅极驱动导线布局

图 7-14   双相同步降压转换器的 PCB 设计实例（续）

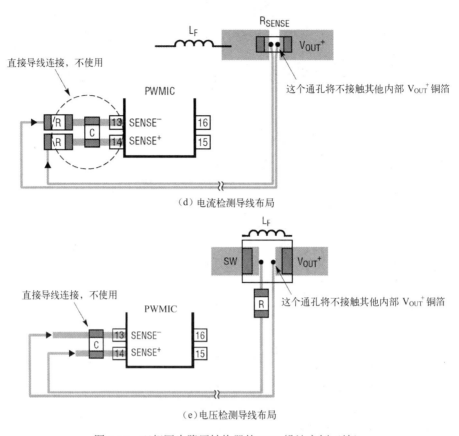

（d）电流检测导线布局

（e）电压检测导线布局

图 7-14　双相同步降压转换器的 PCB 设计实例（续）

7.2.4　减小 DC-DC 转换器中的接地反弹

1．磁通量和环路面积的变化引起地弹[110]

在电路原理图中，电路接地看起来是很简单。但是，电路的实际性能是由其印制电路板布局决定的。而且，对应接地节点的分析也很困难，特别是对于 DC-DC 转换器，例如降压转换器和升压转换器，在这些电路的接地节点会聚快速变化的大电流。当接地节点移动时，系统性能会遭受影响并且该系统会辐射电磁干扰（EMI）。

接地反弹（Ground Bounce）简称地弹，会产生幅度为几伏的瞬态电压。最常见的接地反弹是由磁通量变化引起的。如图7-15所示，传输电流的导线环路实际上构成了一个磁场，其磁场强度与电流成正比。磁通量与穿过环路面积和磁场强度乘积成正比，可以表示为

$$\Phi B = BA\cos\varphi \qquad (7\text{-}1)$$

式中，磁通量ΦB等于磁场强度B乘以穿过环路平面A和磁场方向与环路平面单位矢量夹角φ的余弦。

如图 7-15 所示，一个电压源克服导线电阻产生一个电流，该电流沿导线环路流动。电流与环绕导线的磁通量是相关联的。应用右手定则可知，用右手握住导线，如果拇指指向电流

的方向，那么其他手指将沿磁场磁力线方向环绕导线。因为那些磁力线穿过环路，所以形成了磁通量，在图 7-15 中磁通量方向为穿入页面。

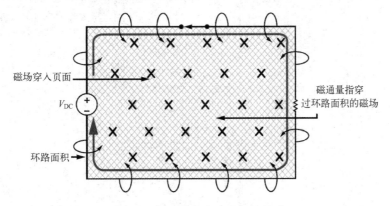

图 7-15　磁通量与电流之间的关系

改变磁场强度或环路面积都会引起磁通量变化。当磁通量变化时，在导线中产生与磁通量变化率 dΦB/dt 成正比的电压。应该注意的是，当环路面积固定，电流变化；或者电流恒定，环路面积变化；或者两种情况同时变化，都会改变磁通量。

例如，假设图 7-16 中的开关突然断开。当电流停止流动时，磁通量消失，这会沿导线各处产生一个瞬态大电压。如果导线的一部分是一个接地返回引脚，那么以地电平为参考端会产生一个尖峰电压，从而会在任何使用该引脚为接地参考端的电路中都会产生一个错误信号。

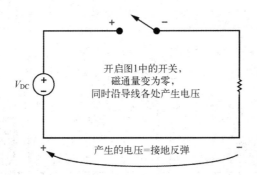

图 7-16　开关突然断开产生的影响

在 DC-DC 开关电源中减少接地反弹的最好方法就是控制磁通量变化，使电流环路面积和环路面积变化最小。

在某些情况下，例如图 7-17 所示，电流保持恒定，而开关切换引起环路面积变化，因此产生磁通量的变化。在开关状态 1 中，一个理想的电压源通过理想导线与一个理想电流源相连。电流在一个包含接地回路的环路中流动。

在开关状态 2 中，当开关改变位置时，同样的电流在不同的路径中流动。电流源为直流（DC），且并没有变化，但环路面积发生了变化。环路面积的变化意味着磁通量的变化，所以产生了电压。因为接地回路为变化环路的一部分，所以它会产生反弹电压。

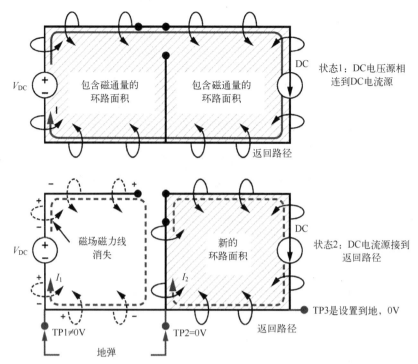

图 7-17　环路面积的变化引起磁通量的变化

2. 降压转换器的接地反弹分析[110]

一个简化的降压转换器电路如图 7-18 所示。在高频开关时，降压转换器输入电容器 C_{VIN} 可被看作 DC 电压源。降压转换器输出电感器 L_{BUCK} 可被看作 DC 电流源。

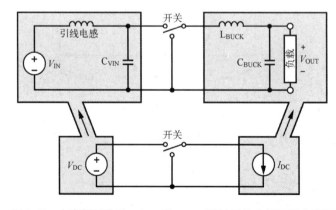

图 7-18　在高频开关时，C_{VIN} 和 L_{BUCK} 可被看作电压源和电流源

当开关在两个位置之间交替切换时磁通量如何变化如图 7-19 所示。大电感器 L_{BUCK} 使输出电流大约保持恒定。类似地，大电容器 C_{VIN} 保持电压大约等于 V_{IN}。由于输入引线电感两端的电压不变，所以输入电流也大约保持恒定。

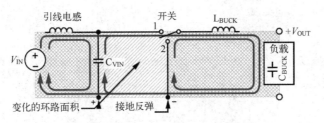

图 7-19　开关对环路面积的影响

尽管输入电流和输出电流基本不变，但当开关从位置 1 切换到位置 2 时，总环路面积会迅速变为原来的一半。环路面积的变化意味着磁通量的快速变化，从而沿着接地回路引起接地反弹。

在实际的降压转换器电路中，开关由半导体器件构成，如图 7-20 所示。

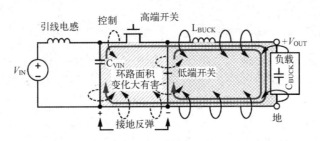

图 7-20　在降压转换器电路中开关由半导体器件构成

由于在负载的低压端接地并且环路面积的变化是接地反弹的原因，如图 7-21 所示，精心地放置 C_{VIN}，通过减小环路面积变化的比率可以降低接地反弹。

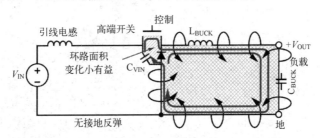

图 7-21　精心放置 C_{VIN} 可以大大减小接地反弹

电容器 C_{VIN} 旁路 PCB 顶层的高端开关，直接到达底层低端开关两端，因此减小了环路面积的变化，将其与接地回路隔离。

当开关从一种状态切换到另一种状态时，从 V_{IN} 的底部到负载的底部，无环路面积变化或开关电流变化，因此接地回路上没有发生反弹。

实际上，PCB 布线本身决定了电路的性能。当开关状态切换时，不合理的布线会导致电流环路面积大幅变化。图 7-22 为图 7-20 中降压转换器电路原理图的 PCB 布线图。当开关处于状态 1 所示的位置，高端开关闭合，DC 电流沿着外圈红色环路流动。当开关处于状态 2 所示的位置，低端开关闭合，DC 电流沿着蓝色环路流动。注意由于环路面积变化引起磁通量变化，因此会产生电压和接地反弹。

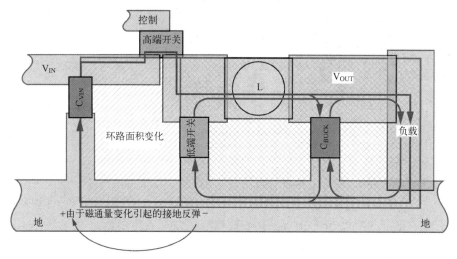

扫码看彩图

图 7-22　开关状态切换时不合理的布线会导致电流环路面积大幅变化

采用整体接地平面并不总是一个好方法。如图 7-23 所示，采用双层 PCB 以便在与顶层电源线垂直处附加一个旁路电容。在图 7-23（a）中，接地平面是整体的并且未切割。顶层印制线电流通过电容器流过，穿过过孔，到达接地平面。

因为交流电总是沿着最小阻抗路径流动，接地返回电流绕着其路径拐角返回电源。所以当电流的幅度或频率发生变化时，电流的磁场及其环路面积发生变化，从而改变磁通量。因为电流总是沿最小阻抗路径流动，即使采用整体接地平面也会发生接地反弹（与其导通性无关）。

在图 7-23（b）中，一个经过合理规划切割的接地平面会限制返回电流以使环路面积最小，从而大大减小接地反弹。在切割返回线路内产生的任何剩余接地反弹电压与通用接地平面隔离。

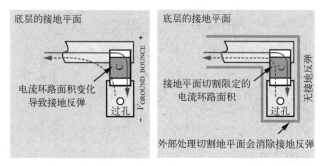

（a）采用整体接地平面　　　　（b）采用切割的接地平面

图 7-23　采用整体和切割的接地平面形式

在图 7-24 中的 PCB 布线中，利用了图 7-23 中给出的方法减小接地反弹。采用双层 PCB 以便将输入电容器和两个开关安排在接地平面的孤岛上。这种布线不必最好，但它能够很好工作，而且能够解决关键问题。

应该注意红色电流（状态 1）和蓝色电流（状态 2）包围的环路面积很大，但两个环路面积之差很小。环路面积变换很小意味着磁通量的变化小，即产生的接地反弹小。注意：在一般情况下，要保证环路面积小。图 7-24 只是为了说明 AC 电流路径匹配的重要性。

另外，在磁场和环路面积发生变化的接地回路孤岛内，沿着任何接地回路引起的接地反弹都受接地切割限制。

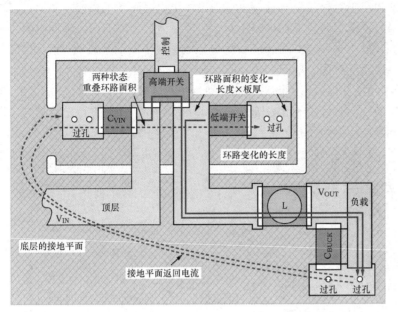

图 7-24　合理的降压转换器布线可以减少环路面积变化

3. 升压转换器中的接地反弹[110]

升压转换器实际上是降压转换器的反射。如图 7-25 所示，输出电容器 C_{VOUT} 必须放在顶层高端开关和底层低端开关底端之间以使环路面积变化最小。

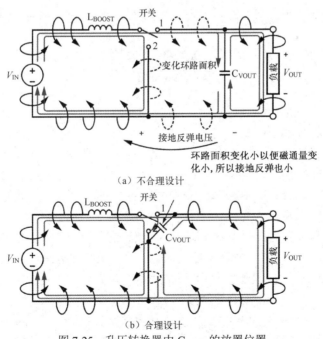

（a）不合理设计

（b）合理设计

图 7-25　升压转换器中 C_{VOUT} 的放置位置

接地反弹电压主要是由于磁通量变化引起的。在 DC-DC 开关电源中，磁通量变化是由于在不同的电流环路面积之间高速切换 DC 电流引起的。但是精心放置降压转换器的输入电容器和升压转换器的输出电容器并且合理切割接地平面可以隔离接地反弹。然而，重要的是当切割接地平面时必须谨慎以避免增加电路中其他返回电流的环路面积。返回电流总是沿着最小阻抗路径流动，如图 7-26 所示，由于在传输电流的导线下面切割接地平面，增加了环路面积，助长接地反弹电压的产生。

如图 7-27 所示，元器件的放置方向对产生接地反弹有直接影响。在图 7-27（a）中，电容器与电流流动方向一致，环路面积小，布线合理。在图 7-27（b）中，电容器与电流流动方向垂直，底层布线会产生接地反弹，布线不合理。

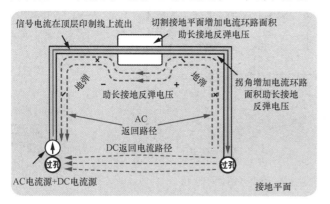

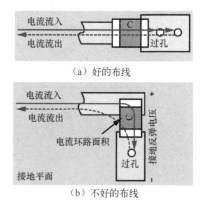

图 7-26　返回电流沿着最小阻抗路径流动　　　图 7-27　元器件放置方向的影响

一个合理的布线应该将真正的地放在连接负载的底层，不会引起环路面积的变化或电流的变化。任何其他与导通相关的点都可以称为"地"，但它只是沿着返回路径的一点而已。

7.2.5　基于 ADP1850 的 DC-DC 降压转换器 PCB 设计实例

ADP1850 是一款 DC-DC 同步降压控制器，可配置为双路输出或两相单路输出，能够采用常用的 3.3～12V（最高可达 20V）输入电压工作。下面以 ADP1850 为例介绍 DC-DC 降压转换器的 PCB 布局布线[111]。

1. 确定电流路径

在开关转换器设计中，大电流路径和小电流路径彼此非常靠近。交流路径携带尖峰和噪声，高直流路径会产生相当大的压降，小电流路径往往对噪声很敏感。PCB 布局布线的关键在于确定关键路径，然后安排元器件，并提供足够的铜面积以免大电流破坏小电流。性能不佳的表现是接地反弹和噪声注入 IC 及系统的其余部分。

一个同步降压转换器的简化电路如图 7-28 所示，它包括一个开关控制器和以下外部电源元器件：高端开关、低端开关、电感、输入电容、输出电容和旁路电容。图 7-28 中的箭头表示高开关电流流向。必须小心放置这些电源元器件，避免产生不良的寄生电容和电感，导致过大噪声、过冲、响铃振荡和接地反弹。

诸如 DH、DL、BST 和 SW 之类的开关电流路径离开控制器后需妥善安排，避免产生过大寄生电感。这些线路承载的高 $\Delta I/\Delta t$ 交流开关脉冲电流可能达到 3A 以上并持续数纳秒。大电流环路必须很小，以尽可能降低输出响铃振荡，并且避免拾取额外的噪声。

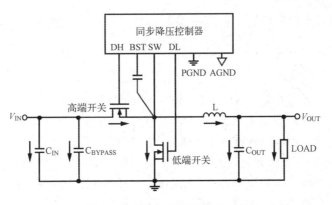

图 7-28　简化的开关转换器电路

低值、低幅度信号路径，如补偿和反馈元器件等，对噪声很敏感。应让这些路径远离开关节点和电源元器件，以免注入干扰噪声。

2. PCB 布局规划

在开关转换器设计中，PCB 布局规划（Floor Plan）必须使电流环路面积最小，并且合理安排电源元器件，使得电流顺畅流动，避免尖角和窄小的路径。这将有助于减小寄生电容和电感，从而消除接地反弹。

图 7-29 所示为采用开关控制器 ADP1850 的双路输出降压转换器的 PCB 布局。第 1 层为信号和大电流通道，第 2 层为接地板，第 3 层和第 4 层为电源接地板。

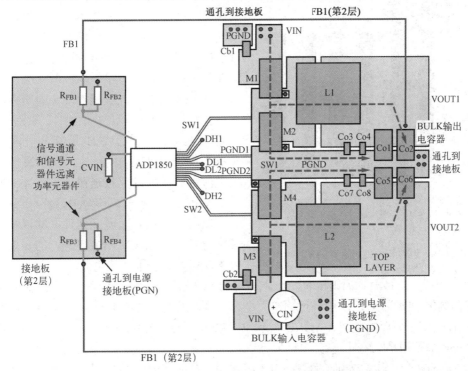

图 7-29　采用 ADP1850 的双路输出降压转换器的 PCB 布局

请注意，电源元器件的布局将电流环路面积和寄生电感降至最小。虚线表示大电流路径。

同步和异步控制器均可以使用这一布局规划技术。在异步控制器设计中，肖特基二极管取代低端开关。

3．功率元器件布局

功率元器件布局重点是功率 MOSFET 和输入、旁路和输出电容。顶部和底部电源开关处的电流波形是一个具有非常高 $\Delta I/\Delta t$ 的脉冲。因此，连接各开关的路径应尽可能短，以尽量降低控制器拾取的噪声和电感环路传输的噪声。在 PCB 一侧上使用一对 DPAK 或 SO-8 封装的 FET 时，最好沿相反方向旋转这两个 FET，使得开关节点位于该对 FET 的一侧，并利用合适的陶瓷旁路电容将高端漏电流旁路到低端源。务必将旁路电容尽可能靠近 MOSFET 放置（见图 7-29），以尽量减小穿过 FET 和电容的环路周围的电感。

输入旁路电容和输入大电容的放置对于控制接地反弹至关重要。输出滤波器电容的负端连接应尽可能靠近低端 MOSFET 的源，这有助于减小引起接地反弹的环路电感。

图 7-29 中的 Cb1 和 Cb2 是陶瓷旁路电容，这些电容的推荐值范围是 1～22μF。对于大电流应用，应额外并联一个较大值的滤波器电容，如图 7-29 中的 CIN 所示。

4．散热和接地层设计

在重载条件下，功率 MOSFET、电感和大电容的等效串联电阻（ESR）会产生大量的热。为了有效散热，如图 7-29 所示，在这些电源元器件下面放置了大面积的铜。

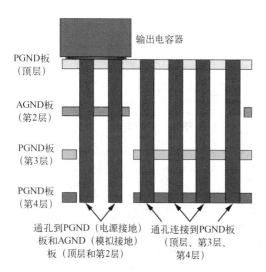

图 7-30　散热和接地层设计示意图

多层 PCB 的散热效果好于两层 PCB。为了提高散热和导电性能，应在标准 1oz 铜层上使用 2oz 厚度的铜。多个 PGND 层通过过孔连在一起也会有帮助，注意尽可能使用多个过孔进行连接。图 7-30 显示一个 4 层 PCB 设计的顶层、第 3 层和第 4 层上均分布有 PGND 层。

这种多接地层方法能够隔离对噪声敏感的信号。如图 7-29 所示，补偿器件、软启动电容、偏置输入旁路电容和输出反馈分压器电阻的负端全都连接到 AGND 层。请勿直接将任何大电流或高 $\Delta I/\Delta t$ 路径连接到隔离 AGND 层。

AGND 层是一个安静的接地层，其中没有大电流流过。所有电源元器件（如低端开关、旁路电容、输入和输出电容等）的负端连接到 PGND 层，该层承载大电流。

AGND 层一路扩展到输出电容，AGND 层和 PGND 层在输出电容的负端连接到过孔。

在图 7-30 可见，AGND 层通过输出大电容负端附近的过孔连接到 PGND 层。图 7-30 显示了 PCB 上某个位置的截面，AGND 层和 PGND 层通过输出大电容负端附近的过孔相连，注意尽可能的使用多个过孔进行连接。

GND 层内的压降可能相当大，以至于影响输出精度。如图 7-31 所示，通过一条宽走线将 AGND 层连接到输出电容的负端，可以显著改善输出精度和负载调节。

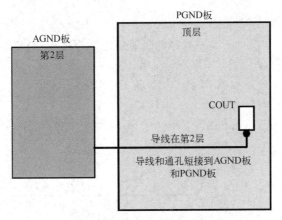

图 7-31　AGND 层到 PGND 层的连接

5. 电流检测路径

为了避免干扰噪声引起精度下降，电流模式开关转换器的电流检测路径布局必须妥当。双通道应用尤其要更加重视，消除任何通道间串扰。

双通道降压控制器 ADP1850 将低端 MOSFET 的导通电阻 RDS_{ON} 用作控制环路架构的一部分。此架构在 SWx 与 PGNDx 引脚之间检测流经低端 MOSFET 的电流。一个通道中的地电流噪声可能会耦合到相邻通道中。因此，务必使 SWx 和 PGNDx 走线尽可能短，并将其放在靠近 MOSFET 的地方，以便精确检测电流。到 SWx 和 PGNDx 节点的连接务必采用开尔文检测技术，如图 7-28 和图 7-32 所示。注意，相应的 PGNDx 走线连接到低端 MOSFET 的源。不要随意将 PGND 层连接到 PGNDx 引脚。

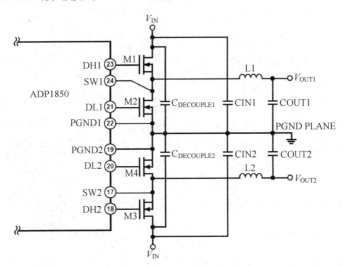

图 7-32　两个通道的接地技术

6. 开关节点

在开关转换器电路中，开关（SW）节点是噪声最大的地方，因为它承载着很大的交流和直流电压/电流。SW 节点需要较大面积的铜来尽可能降低阻性压降。将 MOSFET 和电感彼此靠近放在铜层上，可以使串联电阻和电感最小。

对电磁干扰、开关节点噪声和响铃振荡更敏感的应用可以使用一个小缓冲器。缓冲器由电阻和电容串联而成（见图 7-33 中的 R_{SNUB} 和 C_{SNUB}），放在 SW 节点与 PGND 层之间，可以降低 SW 节点上的响铃振荡和电磁干扰。注意，增加缓冲器可能会使整体效率略微下降 $0.2\% \sim 0.4\%$。

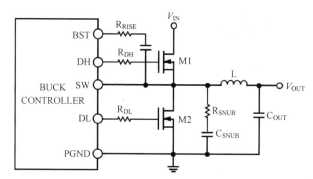

图 7-33　缓冲器和栅极电阻

7. 反馈和限流检测路径

反馈（FB）和限流（ILIM）引脚是低信号电平输入，因此，它们对容性和感性噪声干扰敏感。FB 和 ILIM 走线应避免靠近高 $\Delta I/\Delta t$ 走线。注意不要让走线形成环路，导致不良电感增加。在 ILIM 和 PGND 引脚之间增加一个小 MLCC 去耦电容（如 22pF），有助于对噪声进行进一步滤波。

8. 栅极驱动器路径

栅极驱动走线（DH 和 DL）也要处理高 $\Delta I/\Delta t$，往往会产生响、铃振荡和过冲。这些走线应尽可能短。最好直接布线，避免使用馈通过孔。如果必须使用过孔，则每条走线应使用两个过孔，以降低峰值电流密度和寄生电感。

在 DH 或 DL 引脚上串联一个小电阻（$2 \sim 4\Omega$）可以减慢栅极驱动，从而也能降低栅极噪声和过冲。另外，BST 与 SW 引脚之间也可以连接一个电阻（见图 7-33）。在布局期间用 0Ω 栅极电阻保留空间，可以提高以后进行评估的灵活性。增加的栅极电阻会延长栅极电荷上升和下降时间，导致 MOSFET 的开关功率损耗提高。

▶ 7.2.6　DPA-Switch DC-DC 转换器的 PCB 设计实例

1. DPA-Switch DC-DC 转换器 IC 简介

DPA-Switch IC 产品系列是适用于直流 $16 \sim 75V$ 输入的 DC-DC 转换器应用的芯片。DPA-Switch 将功率 MOSFET、PWM 控制器、故障保护及其他控制电路集成在一个单片 CMOS 芯片上。使用者可以通过对三个引脚不同的配置实现高性能的设计，还可以通过引脚选择 300kHz/400kHz 的固定工作频率。该芯片具有输入电压欠压（UV）检测，可以满足 ETSI 标准要求；具有输入电压过压（OV）关断保护，同时还具备迟滞热关断的保护特性。它在小于 35W 输出功率的设计中可以选择低成本的塑封表面贴 DIP 封装（G 封装）及直插式封装（P 封装）；在高功率的应用场合，可以选择高效散热的 MO-169-7C 封装（S-PAK）及 TO-263-7C 封装（R 封装）。

2.　DPA-Switch DC-DC 转换器 PCB 布局

不同封装形式的 DPA-Switch 的 PCB 布局图[112]如图 7-34 所示。DPA-Switch 的漏极工作电流很高，设计时应严格参考图 7-34 进行设计。

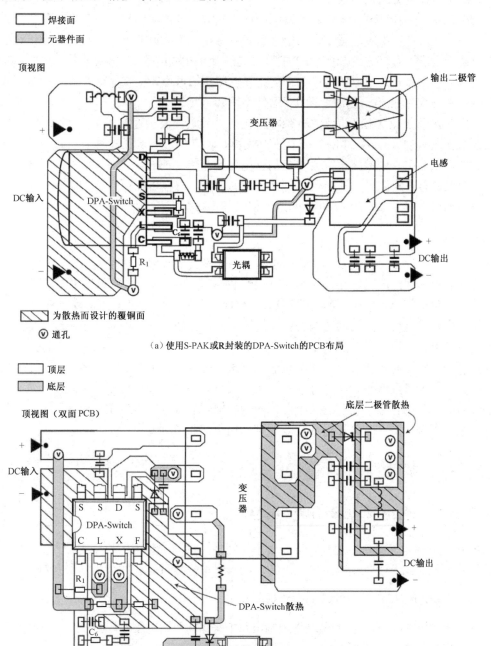

（a）使用 S-PAK 或 R 封装的 DPA-Switch 的 PCB 布局

（b）使用 G 封装的 DPA-Switch 的 PCB 布局

图 7-34　不同封装形式的 DPA-Switch 的 PCB 布局图

对于 R 封装及 S-PAK 封装的 DPA-Switch，其散热片用作较高开关电流的返回端。因此，此散热片要通过较宽的低阻抗覆铜连接至输入去耦电容器。不要使用源极引脚作为功率电流的返回端，否则会使器件不正常工作。源极引脚仅可作为信号地使用。对于 R 封装及 S-PAK 封装，器件的散热片（源极）为大电流的正确连接点。

控制极引脚的旁路电容器要尽量靠近源极和控制极引脚，连接至源极引脚的覆铜不可与主 MOSFET 的开关电流共用。所有连接至线电压检测或外部流限设定引脚且以源极引脚作为电压参考点的器件，都应放置在距其所接引脚及源极尽可能近的地方。再次强调，这些器件的源极连接走线不可以与主 MOSFET 的开关电流使用相同的覆铜。重要的是，器件散热片（源极）上流出的功率开关电流要经过独立的走线返回至输入电容端，其他连接至控制引脚、线电压检测引脚或外部流限设定引脚的元器件不可共用此走线。

任何连接至 L 或 X 引脚的连线应尽可能短，并且远离漏极连线以防止噪声耦合。线电压检测电阻［图 7-34（a）中的 R_1］应靠近 L 引脚，使其到 L 引脚的连线长度最短。

建议采用一个高频旁路电容器与控制脚电容器［图 7-34（a）中的 C_6］并联使用，并尽可能将它们放置在距源极和控制极引脚比较近的地方，这样可以更好地抑制噪声干扰。反馈光耦器的输出也应靠近 DPA-Switch 的控制引脚和源极引脚。

3．散热设计

为了更好地给 S、R 或 G 封装的 DPA-Switch 及其他功率元器件提供良好的散热，建议使用特殊散热导体的印制电路板材料（镀铝的 PCB）。在制作时这种 PCB 将一层铝附着在了板上，便于将外部具有散热片的元器件贴在 PCB 上，以利于散热。如果使用常用的 PCB 材料（如 FR-4），则在板两面的铺铜面积要足够大，以方便散热。同时，使用较厚的覆铜也可改善散热效果。

在使用镀铝板时，建议对开关节点进行屏蔽。可以在开关节点，如漏极及输出二极管的下面放置一片铜箔区域作为电气屏蔽层，用于减小这些开关节点与铝基板之间的耦合。一次侧的屏蔽区域可以连接至输入的负极，二次侧的屏蔽区域可以连接至输出返回节点，这样可以降低电容耦合，从而改善输出端纹波及抑制输出端的高频噪声。

7.3　开关电源的 PCB 设计

7.3.1　开关电源 PCB 的常用材料

PCB 是开关电源的基础材料，可为电子元器件提供固定装配的机械支撑，实现电路的电气连接和电气绝缘，同时也为组装、焊接、检查和维修提供必要的装配图形和符号。

1．开关电源 PCB 常用的印制电路板基材

开关电源 PCB 通常采用的是刚性印制电路板基材。常用的刚性印制电路板基材如下：

（1）酚醛纸质覆铜箔板

酚醛纸质覆铜箔板又称纸质铜箔板。它是由绝缘浸渍纸或棉纤维纸浸以酚醛树脂，在两表面覆上单张的无碱玻璃布，然后覆以电解紫铜箔，经热压而成的板状层压制品。酚醛

纸质覆铜箔板的电气性能和机械性能较差。酚醛树脂的最大缺点是易吸水，一旦吸水后，电气性能就会降低。另外，酚醛纸质覆铜箔板的工作温度不宜超过 100℃，达到 120℃以上会使其电性能不稳定。但由于酚醛纸质覆铜箔板的价格便宜，故在民用和一般产品中仍获得了广泛应用。

（2）环氧酚醛玻璃布覆铜箔板

环氧酚醛玻璃布覆铜箔板的基板全部用无碱玻璃布浸以环氧酚醛树脂，然后再覆以电解紫铜箔，经热压而成。

环氧酚醛玻璃布覆铜箔板是优良的印制电路板材料，受潮湿的影响小，能工作在较高的温度，在 260℃熔锡中浸焊不起泡，可以在环境条件较差的电路和高频电路中使用。

单双层的环氧酚醛玻璃布覆铜箔板是开关电源比较常用的印制电路板，具有比较适中的性能价格比。常见的这类印制电路板的厚度为 0.5mm、1mm、1.5mm 和 2mm。在开关电源中，较少使用多层印制电路板。

（3）聚四氟乙烯玻璃布覆铜箔板

聚四氟乙烯玻璃布覆铜箔板采用无碱玻璃布浸渍聚四氟乙烯分散乳液作为基板，覆上经氧化处理处后的电解紫铜箔，经高温、高压压制而成。

聚四氟乙烯玻璃布覆铜箔板具有优良的介电性能和化学稳定性，介质损耗小，是一种耐高温、高绝缘性能的材料。它的工作温度较宽，为–230～+260℃。它在 200℃以下可长期使用，在 300℃以下可间断使用；对于所有酸、碱及化学溶剂有较好的惰性。但聚四氟乙烯玻璃布覆铜箔板的价格昂贵，主要用在军工和高频微波设备中，在一般的开关电源中几乎不用。

（4）陶瓷基材的印制电路板

陶瓷基材的印制电路板常用于厚膜电路的设计。目前，在模块性质的开关电源中多采用陶瓷基材的印制电路板。

2．印制电路板的通流能力

由于印制导线的表面积较大，而且导线铜箔与周围介质和绝缘底板接触良好，可提高其导热性能，所以印制导线允许通过的电流密度要比普通导线大得多。例如，一条 1.5mm 宽、50μm 厚的印制导线（截面积为 0.075mm²），其瞬间熔断电流为 60A；而一般的铜导线，当它的截面积与上述印制导线相同时，瞬间的熔断电流为 16A。

考虑到印制导线存在电阻，因此当电流通过它时将产生温升。印制导线的最大电流密度通常取 20A/mm²。对于过长的印制导线，还应当考虑电流流过印制导线电阻时产生的压降是否对电路的工作带来影响。对于大电流的电源线、地线、负载输出线，应当考虑由印制导线电阻造成的压降。一条宽度为 1mm，厚度为 50μm 的印制导线的压降如表 7-1 所示。

表 7-1　印制导线的压降

负载电流（A）	0.25	0.5	0.75	1.0	1.25	1.5	1.75	2.0	2.5	3.0	4.0	5.0
压降（V/m）	0.1	0.2	0.3	0.4	0.5	0.6	0.7	0.8	1.0	1.25	1.65	2.05

3．覆铜箔板的绝缘电阻和抗电强度

覆铜箔板的绝缘电阻和抗电强度分别如表 7-2 和表 7-3 所示。

表 7-2　覆铜箔板的绝缘电阻

材 料 种 类	表面电阻（不低于）			体积电阻（不低于）		
	常态	受潮	浸水	常态	受潮	浸水
酚醛纸质	$10^9\Omega$	$10^8\Omega$	—	$10^9\Omega\cdot cm$	$10^8\Omega\cdot cm$	—
环氧布质	$10^{13}\Omega$	—	$10^{11}\Omega$	$10^{13}\Omega\cdot cm$	—	$10^{11}\Omega\cdot cm$

表 7-3　覆铜箔板的抗电强度

材 料 种 类	表面抗电强度	
	正常条件时	潮热处理后
酚醛纸质	1.3kV/mm	0.8kV/mm
环氧布质	1.3kV/mm	1.0kV/mm

7.3.2　开关电源 PCB 布局的一般原则

小型、高速和高密度化是开关电源的产品发展方向，由此导致的产品电磁兼容问题变得越来越严重，而一个好的开关电源的 PCB 设计是解决开关电源电磁兼容问题的关键之一。

在开关电源中，PCB 是开关电源的电气部件和机械部件的载体。在 PCB 上，按照一定要求，将元器件合理地布局是设计符合要求的 PCB 的基础。

由于设计人员的设计经验不同，同一个电路可以有许多不同的 PCB 布局方案，不同的方案在抑制射频辐射干扰、保障元器件的可靠性、提高开关电源的工作效率和稳定性上会有很大差异。一个好的 PCB 布局方案能使设计出来的开关电源满足产品的电气性能要求，并稳定可靠工作；反之，则不能达到设计目标。在开关电源的设计过程中，开关电源的电路设计与 PCB 布局和走线同样重要。

一个好的开关电源 PCB 布局方案的要求如下：

① 能够保证达到开关电源的技术指标（包括电性能指标、安全性能指标及电磁兼容性能指标）要求。

② 生产工艺合理，元器件便于安装，产品便于维护。

在进行开关电源的 PCB 布局时，通常要求遵守以下一般原则。

① 按照电原理图来安排各功能电路的位置和区域，根据信号的流向（一般为交流电源的输入滤波部分→高压整流和滤波部分→高频逆变部分→低压整流输出部分）布局（见图 7-35），尽量使信号保持方向一致，使信号流通顺畅。这样的布局也便于在生产过程中检查、调试及检修产品。

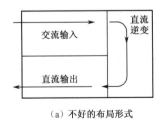

（a）不好的布局形式　　　　　（b）推荐的布局形式

图 7-35　开关电源的布局形式

② 确定合适的开关电源 PCB 的尺寸。出于成本的考虑，在一般的开关电源中通常都使用单层或双层 PCB。随着开关电源工作频率的提高，开关电源线路越来越复杂，单层板和双层 PCB 电磁兼容问题也越来越突出。

PCB 的尺寸会给 PCB 的走线长度、发热元器件的散热、电磁骚扰的发射等带来影响。PCB 的走线过长，会使线路的阻抗增加，电磁骚扰的发射增加，抗干扰能力减弱。PCB 的尺寸过小，会使开关电源发热部分的散热不好，邻近线条间的相互干扰增大。

PCB 的最佳形状是矩形，推荐的长宽比为 3:2 或 4:3。当 PCB 的尺寸大于 200mm×150mm 时，应当考虑它的机械强度。

③ 在开关电源 PCB 的尺寸确定后，需要确定与 PCB 和整机结构相配合的元器件（如电源插座、指示灯和接插件等）的位置，以及开关电源中的大元器件和特殊元器件（如高频变压器、发热元器件和集成电路等）的位置。

④ PCB 上的元器件可以采用水平和直立两种安装方式，在同一块 PCB 上的元器件安装方式应当一致。对于体积较大的元器件（如大功率的线绕电阻，3W 以上），应该采用水平方式安装，避免局部安装的高度过高及机械抗震性能变差。对于质量超过 15g 的元器件，不能仅仅依靠元器件本身的引线进行安装，需要采用支架来固定。

⑤ 对于发热比较大的元器件，将其安装在 PCB 表面时必须考虑散热问题，防止由于元器件发热而使 PCB 表面碳化。对于那些又大、又重、发热又多的元器件，不宜放在 PCB 的中心部分，应当加装散热器，并把它安排在 PCB 的外侧方向，必要时还可以通过开关电源的外壳来帮助散热。

⑥ 考虑到在大批量生产的流水线插件和波峰焊时要使用导轨槽，为避免由于加工中引起的边缘部分的缺损，在 PCB 上的元器件一般要求离 PCB 边缘 3mm 以上。如果由于 PCB 上的元器件太多，不能够保证留出 3mm 距离时，则可在 PCB 上设辅边，在辅边和主板连接的地方开 V 形槽，在全部加工结束后由人工掰断。

⑦ 应当尽可能将开关电源的交流输入部分和直流输出部分隔离，避免相互间靠得太近，防止电磁骚扰发射通过线路间的电磁耦合使原本"干净"的输出受"污染"。不要在离磁场干扰源比较近的地方安排开关电源的反馈控制部分，以免使导线和元器件捡拾交变磁场。

⑧ 以每个功能电路的核心元器件为中心，围绕核心元器件来进行元器件的布局。元器件应在满足工艺要求的条件下均匀、整齐、紧凑地排列在 PCB 上，且应尽可能缩短各元器件之间的连接线距离，以减少元器件之间的分布参数的影响。

⑨ 对于某些载有高电压、大电流的元器件和线路，要加大它们与其他元器件的距离，以避免由于高压放电引起的意外短路。考虑到工艺过程，应尽可能将带高电压的元器件尽量布置在调试、维修人员的手不易触及的地方。

⑩ 缓冲电路在布局上应尽可能靠近开关管和输出二极管。

⑪ 对开关电源的输出部分进行滤波时，可以采用多个容量较小的电解电容来代替一个容量较大的电解电容。采用多个较小的电解电容的并联，可以提供比只使用一个较大容量的电解电容更小的等效串联阻抗，有利于提高开关电源的输出滤波性能，而且也不一定会增加滤波电路部分的总体积。

⑫ 注意高频变压器和扼流圈等元器件产生的磁场干扰会对开关电源的工作产生影响。如

图 7-36 所示，变压器的漏磁场既会在切割环形地线时产生感应电流，也会在 PCB 的平面上产生感应电动势。

要想抑制由高频变压器和扼流圈产生的磁场干扰，除了需要采取必要的屏蔽，还应在排版中合理安排元器件的位置。合理地选择元器件的安装位置，可以减小磁场的干扰，降低元器件对屏蔽的要求，甚至可以省去屏蔽，这对降低成本、简化结构和减小质量也具有重要的意义。

⑬ 在开关电源的 PCB 上通常都包含高压和低压部分（区域）。高压和低压这两部分之间的元器件需要分开放置，隔离的距离与承受的试验电压有关。在 2kV 试验电压时，离开的距离要求在 2mm 以上；当试验电压要求在 3kV 以上时，离开的距离应当大于 3.5mm。在有些情况下，为避免爬电，还要求在 PCB 上的高压和低压区域之间开一定宽度的槽。

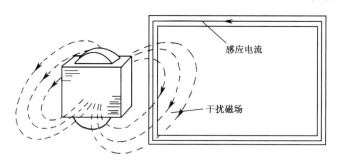

（a）高频变压器的漏磁场切割环形地线时产生感应电流

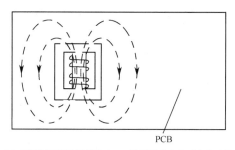

（b）高频变压器的漏磁场在PCB的平面上产生感应电动势

图 7-36　变压器的漏磁场产生的干扰

⑭ 采用引脚插入安装的元器件一律放置在电路板的元器件面。每个元器件插入孔都是单独使用的，不允许两个元器件的引脚共用一个安装孔。元器件的安装孔距离选择要适当，不能让元器件的外壳相碰，或让外壳与元器件的引脚相碰。元器件的外壳之间或外壳与元器件引脚之间要有一定的安全距离。安全距离可根据元器件的工作电压按 200V/mm 计算。另外，PCB 上的元器件不能交叉或重叠安装。

▶ 7.3.3　开关电源 PCB 布线的一般原则

在进行 PCB 布线时，通常要求遵守以下一般原则。

① 控制电路走线与功率电路走线要分开，且采用单点接地方式将彼此间的地线回路连在一起。控制电路部分不要求采用大面积接地，因为大面积接地可能会产生寄生天线作用，

引入电磁干扰，使控制电路部分不能正常工作。

②　控制电路是开关电源中可靠性比较"脆弱"的部分，也是对电磁干扰比较敏感的部分，应尽可能地缩小控制电路回路所包围的面积。缩小控制电路回路所包围的面积，实际上是减小了接收干扰的"接收天线"尺寸，有利于降低对外部干扰的拾取能力，提高开关电源的可靠性和电磁兼容性。

③　尽可能地缩小高频大电流回路所包围的面积，缩短高电压元器件的连线，减少它们的分布参数和相互间的电磁干扰。

④　有脉冲电流流过的区域要远离输出端子，使噪声源与直流输出部分分离。

⑤　在 PCB 上，相邻印制导线之间不应采用过长的平行走线，要采用垂直交叉方式，且线宽不要突变，也不要突然拐角和环形走线。在 PCB 上的拐线应尽量采取圆角，这是因为直角和锐角在高频和高压下会影响其电气性能。

⑥　PCB 上的导线宽度与导线和绝缘基板之间的附着强度，以及流过导线的电流的大小有关。通过印制导线的电流的大小与压降请参考表 7-1。对于信号线，一般要求线宽不小于 0.3mm。当然，只要条件许可，无论是线宽，还是线间距离，都可适当增加。

⑦　在进行双层 PCB 布线时，在元器件面上应当尽可能少安排印制导线；要尽可能避免印制导线从接地外壳的元器件下面通过；要避免元器件的外壳（尤其是元器件接地的外壳）与印制导线相碰而造成短路。对于开关电源中采用双列直插和表面安装形式的元器件，可以在元器件的下面有意识地布一块面积稍大的覆铜区，让元器件紧贴在该覆铜区上以帮助散热。

⑧　在布局 PCB 时，还要注意留出印制电路板的定位孔和固定支架时所用的位置。

⑨　为了散热或屏蔽，通常在 PCB 上采用大面积覆铜。为了防止大面积覆铜在浸焊或长时间的受热时，产生铜箔的膨胀和脱落现象，在使用大面积覆铜时，应将铜箔表面设计成为网状。

⑩　在开关电源的 PCB 设计中，为了降低成本，通常采用单层或双层 PCB。当遇到个别线条无法走通而必须采用跳线时，为了不给生产加工带来困难，应做到尽可能地减少跳线，而且跳线的长度不要太长，跳线的长度品种不要太多。

⑪　焊盘尺寸及焊盘内孔尺寸请参考第 1 章的内容。当与焊盘连接的走线较细时，为防止在焊接时走线与焊盘脱开，应将走线与焊盘间的连接设计成水滴形状。

⑫　对于一些经过波峰焊之后需要再补焊的元器件，其焊盘内孔在经过波峰焊的过程中往往会被焊锡封住，使补焊元器件无法插下。为此，可在加工印制电路板时，给该焊盘开一个小口。

7.3.4　开关电源 PCB 的地线设计

开关电源既是一个有高频、大电流的开关电路（如开关晶体管和高频变压器等），又是一个有小电流的测量和控制电路，电路之间的联系是错综复杂的。设计 PCB 时，需要从电路出发，分清大、小电流之间的关系，测量、控制与驱动电路之间的关系，处理好地线的布局。

在开关电源的 PCB 设计中，地线的设计十分重要。这是因为在开关电源的开关晶体管导通和截止瞬间，电压和电流剧烈变化，又由于地线公共阻抗的存在，剧烈变化的电压和电流会在地线上产生严重的干扰。

在地线的布局中，仅仅停留在"直流同电位"概念上是不行的，需要考虑电路的动态过程，注意地线中的电流及其流向。通过电流的流向，可以分析出地线的布局合理与否，并判断出是否存在干扰。地线布局的合理性判断可以用下面两个条件来衡量。

① 地线中的电流是否流过了与此电流无关的其他电路、部位和导线。

② 有没有其他部位和电路中的电流流入了本部分电路的地线。

例如，在如图 7-37 所示的电路中，电路 1 和电路 2 通过公用地线段 AB 与电源形成回路。从前面的分析可以知道，线段 AB 可以等效成一个电阻和一个电感的串联，具有一定的阻抗。由于电路 1 和电路 2 的全部电流都从线段 AB 中通过，所以线段 AB 成为公共阻抗。当整个电路工作时，电路 1 或电路 2 的电流变化都将引起 A 点的电位变化，对电路 1 和电路 2 的工作状态产生影响，形成公共阻抗干扰。关于公共阻抗干扰的更多内容请参考第 5 章。

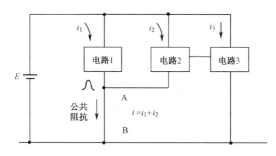

图 7-37　地线的公共阻抗干扰

在开关电源的 PCB 设计中，开关电源的工作频率通常只有几十千赫兹至几百千赫兹，使用单点接地已经可以满足要求。采用单点接地方式还可以使噪声源与敏感电路分离开来。

一个开关电源逆变电路部分地线的处理方案实例如图 7-38 所示。

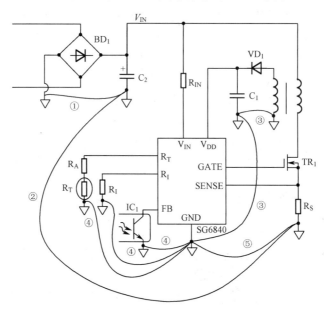

图 7-38　一个开关电源逆变电路部分地线的处理方案实例

① 如图 7-38 中的连线①所示，为了获得较好的电磁兼容性能，减少工频整流的纹波对 SG6840 电路工作的影响，桥式整流电路的输出首先应该接到电容器 C_2 上，然后再与逆变

电路相连。

② 如图 7-38 中的连线②所示，在逆变部分的大电流环路（C_2→高频变压器→MOSFET→R_S→C_2）中，R_S 和 C_2 之间的连线要尽可能地短，不要在 R_S 和 C_2 之间布置元器件。

③ 如图 7-38 中的连线③所示，分离 C_1 的接地环路，一路接 SG6840 的 GND，另一路接偏压绕组。

④ C_1 要尽可能地靠近 SG6840 的 V_{DD} 和 GND，以便获得尽量好的去耦和滤波效果。

⑤ 如图 7-38 中的连线④所示，SG6840 控制电路中的 R_L、R_T 及光电耦合器的地要连在一起，并且靠近 SG6840 的 GND。

⑥ 如图 7-38 中的连线⑤所示，SG6840 的 GND 要和 R_S 的地连在一起。

有关 SG6840 芯片的更多内容请登录相关网站查询。

7.3.5　TOPSwitch 开关电源的 PCB 设计实例

1. TOP204YA1 开关电源电路

一个以 TOP204YA1 芯片为核心构成的开关电源电路图[113]如图 7-39 所示，有关 TOP204YA1 的更多内容请登录相关网站查询。

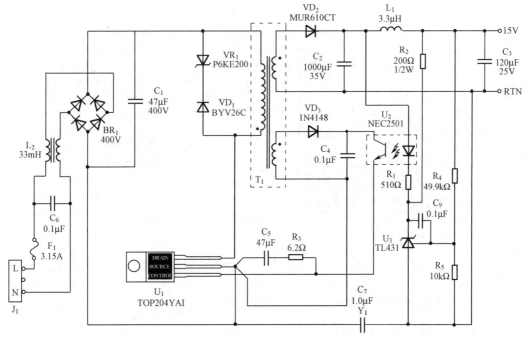

图 7-39　TOP204YA1 开关电源电路图

2. TOP204YA1 源极引脚端的单点接地

如图 7-40 所示，自动再启动/补偿电容 C_5 必须采用单点接地方式连接到 TOP204YA1 源极。为了避免由于源极开关电流过大而导致导通期间的误关断或工作不稳定，必须进行合理的 PCB 布局。输入电容 C_1 的高压返回线必须直接接到源极的焊盘上，而不能与 C_5 的连线连接在一起。偏置/反馈的返回线也应当直接连接到源极的焊盘上。

源极的引脚必须尽可能短，而不要折弯或延长源极的引脚。对于漏极，如有必要，可以适当地弯折或延长漏极的引脚。安装时，TOP204YA1 要完全插进 PCB 的焊盘中。

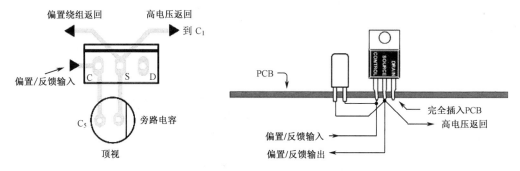

图 7-40　TOP204YA1 源极引脚端的单点接地

3．关键元器件的 PCB 布局与连线

关键元器件的 PCB 布局与连线如图 7-41 所示。

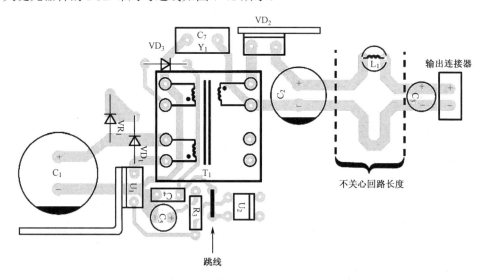

图 7-41　关键元器件的 PCB 布局与连线

4．PCB 布局与连线检查项目

PCB 布局与连线检查项目如下。

① TOP204YA1（U_1）、C_1 和变压器 T_1 的一次侧引脚端应尽可能靠近，以缩小 PCB 的布线长度和回路面积。这些元器件的连接导线中有高速开关电流流过，通常会引起共模的 EMI 发射。要注意 TOP204YA1 与散热器的安装。

② VD_1、VR_1 和变压器 T_1 的一次侧引脚应尽可能靠近，以缩小 PCB 的布线长度和回路面积。这些元器件的连接导线中有高速开关电流流过，通常会引起共模的 EMI 发射。

③ TOP204YA1（U_1）的漏极连接到 T_1 的一次侧引脚端和钳位二极管 VD_1 的印制导线必

须很短。在印制导线上除了会流过高速电流，还有很高的开关电压，后者也会引起附加的共模的 EMI 发射。

④ TOP204YA1（U_1）的源极要直接连接到 C_1，而不应该有其他的分支线连接到这根线上。

⑤ Y_1 电容 C_7 应该用粗而短的印制导线直接连接到变压器 T_1 的偏置绕组的返回端和二次侧输出绕组的返回端。

⑥ 变压器 T_1 的一次侧偏置绕组返回端应当直接连接到 TOP204YA1（U_1）的源极，不应有其他元器件连接到这根印制导线上，因为雷击浪涌的试验电压会在上面感应出噪声电压。

⑦ 偏置二极管 VD_3 要尽可能靠近变压器 T_1 的偏置绕组引脚，以缩短阳极引线的长度（阳极引线上有高的开关电压）和增大相对比较"干净"的阴极引线的长度。

⑧ VD_3 的阴极要直接连接到 C_4，不要有其他元器件连接到这根印制导线上，因为雷击浪涌的试验电压和整流电流会在上面感应出噪声电压。因此，C_4 要通过 PCB 的布线和 PCB 元器件面的跳线来与光电耦合器件 U_2 连接。

⑨ 电容 C_4 要直接连接到 TOP204YA1（U_1）的源极，其间不要有其他印制导线与它相连，也不要有其他元器件连接到这根印制导线上，因为雷击浪涌的试验电压会在上面感应出噪声电压。

⑩ 电容 C_5 应当直接连接到 TOP204YA1（U_1）的源极，而不应当有其他印制导线连接到这根印制导线上，也不要有其他元器件连接到印制导线上，因为雷击浪涌的试验电压会在上面感应出噪声电压。

⑪ 输出整流管 VD_2，以及 C_2 和变压器的二次侧绕组彼此要尽可能靠近，以缩短印制导线的长度和回路面积，因为连接这些元器件的印制导线中有高速开关电流流过，通常会引起共模的 EMI 发射。印制导线要宽，因为峰值电流要远大于直流负载电流。

⑫ C_3 应尽可能靠近输出连接器，同时直接与输出连接器的印制导线相连，以减少输出开关噪声。

> **注意**：印制导线应直接贯通电容引脚的焊盘，而且没有其他的印制导线与 C_3 串联。同时，还要注意与 L_1 串联的印制导线，以及连接 C_2 和 C_3 的印制导线可以稍微狭窄一些和长一些，因为上面只有直流电流流过。

⑬ 散热器既可以直接与 TOP204YA1（U_1）的外壳接触，也可以完全与 TOP204YA1（U_1）的外壳及电路相隔离。如果散热器与电路的别处相连，而与 TOP204YA1（U_1）的外壳隔离，则 TOP204YA1（U_1）外壳和散热器之间的分布电容将与电路的电感产生谐振，形成高频振铃电流。高频振铃电流可能触发 TOP204YA1（U_1）使之停止工作。

▶ 7.3.6　TOPSwitch-GX 开关电源的 PCB 设计实例

1. TOPSwitch-GX 开关电源 IC 简介

TOPSwitch-GX 是一个集成离线式开关电源 IC，它采用与 TOPSwitch 相同的拓扑电路，将高压 MOSFET、PWM 控制器、故障自动保护功能及其他控制电路集成到了一个硅片上。除标准的漏极、源极和控制极外，不同封装的 TOPSwitch-GX 还另有 1～3 个引脚，这些引脚根据不同封装形式，可以实现线电压检测（过压/欠压，电压前馈/降低 DCMAX）、外部精确设定流限、远程开/关控制、与外部较低频率的信号同步及频率选择（132kHz/66kHz）等功能。它使用 P 或 G 封装时，输出功率在 34W 以下都无须散热器。它在遥控关机模式下工作时，具有极低的功率消耗（在 AC 110 V 时消耗 80mW；在 AC 230 V 时消耗 160mW）；其频率随负载减轻而降低，可提高待机效率；它通过网络/输入端口实现关机/唤醒功能。有关 TOPSwitch-GX 系列产品更多的内容请登录相关网站查询。

2. TOPSwitch-GX 开关电源的 PCB 布局

不同封装形式的 TOPSwitch-GX 的 PCB 布局图如图 7-42 所示。TOPSwitch-GX 拥有更多引脚并且功率更高，设计时应严格参考图 7-42 进行设计[114]。

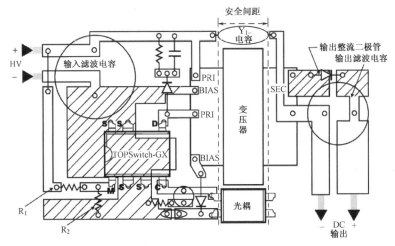

（a）使用P或G封装的TOPSwitch-GX PCB布局

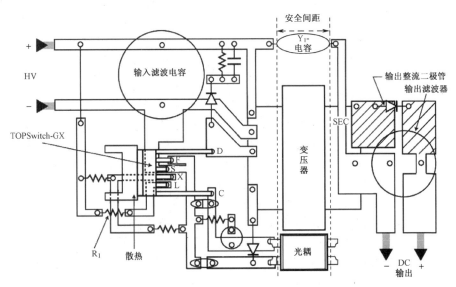

（b）使用Y或F封装的TOPSwitch-GX PCB布局

图 7-42　不同封装形式的 TOPSwitch-GX 的 PCB 布局图

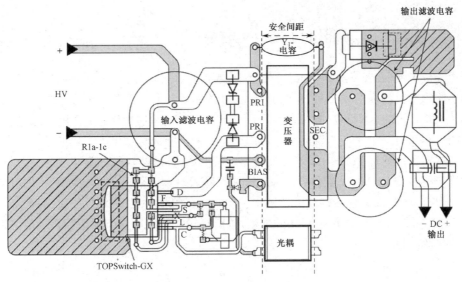

（c）使用 P 封装的 TOPSwitch-GX PCB 布局

图 7-42　不同封装形式的 TOPSwitch-GX 的 PCB 布局图（续）

① 一次侧的连接。TOPSwitch-GX 源极引脚的输入滤波电容的负极端采用单点连接到偏置绕组的回路，使电涌电流从偏置绕组直接返回输入滤波电容，增强了浪涌的承受力。控制引脚旁路电容应尽可能接近源极和控制引脚，源极连线上不应有电源 MOSFET 的开关电流流过。所有以源极为参考，连接到多功能引脚、线路检测引脚或外部流限引脚的元器件同样也应尽可能靠近源极和相应引脚，而且源极连线上仍不应有电源 MOSFET 的开关电流流过。重要的是，由于源极引脚也是控制器的参考地引脚，所以其开关电流必须经独立的通路返回到输入电容的负端，而不能和连接到控制脚、多功能引脚、线路检测引脚或外部流限引脚的其他元器件共用同一通路。

多功能（M）、线路检测（L）或外部流限（X）引脚的连线应尽可能短，并且远离漏极连线以防止噪声耦合。线路检测电阻，即图 7-42（a）和图 7-42（b）中的 R_1 应接近 M 或 L 引脚，使其到 M 或 L 引脚的连线长度最短。

用一个高频旁路电容与 $47\mu F$ 控制脚电容并联使用，能更好地预防噪声。反馈光耦合器的输出也应接近 TOPSwitch-GX 的控制和源极引脚。

② Y_1 电容的位置。Y_1 电容的位置应接近变压器的二次侧输出回路引脚和初级直流正极输入引脚。

③ 散热。Y 封装（TO-220）或 F 封装（TO-262）的散热部分应在电气上与源极引脚内部相连接。为避免循环电流，在引脚上附加的散热装置不应与电路板上的任何一次侧地/源节点电气连接。使用 P（DIP-8）、G（SMD-8）或 R（TO-263）封装时，器件下靠近源极引脚的铜片区域可起到有效的散热作用。在双层印制电路板中，如图 7-42（c）所示，连接顶层和底层之间的过孔可用来提高散热。

此外，输出二极管的正、负极引脚下的铜片面积应足够大，以利于散热。

在图 7-42 中，可看到在输出整流管和输出滤波电容之间的一个狭窄的连线。此连线可在整流管和输出滤波电容之间起到阻止散热的作用，从而防止电容过热。

299

7.4 集成隔离电源 isoPower PCB 设计

集成隔离电源 isoPower 的 *i*Coupler 数字隔离器采用隔离式 DC-DC 转换器，能够在 125～200MHz 的频率范围内切换相对较大的电流。在这些高频率下工作可能会增加电磁辐射和传导噪声。ADI 公司的 AN-0971 应用笔记"isoPower 器件的辐射控制建议"提供了最大限度降低辐射的电路和布局指南。实践证明，通过电路优化（降低负载电流和电源电压）和使用跨隔离栅拼接电容（通过 PCB 内层电容实现），可把峰值辐射降低 25dB 以上。

对于具有多个 isoPower 器件并且布局非常密集设计，一般性的指导原则[115]如下：

① 采用内层拼接电容器构建低电感结构形式。在整体 PCB 区域受限的情况下，建议采用多层 PCB 叠层方式。采用尽可能多的层数，同时尽可能多地交叠电源层和接地层（参考层）。PCB 叠层举例如图 7-43 所示。

图 7-43　PCB 叠层举例

内部叠层（一次侧叠层 3、4 层，一次侧叠层 2～5 层）可承载电源和接地电流。跨越隔离栅的交叠（例如一次侧叠层上的第 4 层 GND 和二次侧叠层上的第 3 层 V ISO）可形成理想的拼接电容。通过多层 PCB 叠层可形成多个交叠，从而提高整体电容。为使电容最大，还必须减小参考层之间 PCB 电介质材料的厚度。

② 交叠相邻的 isoPower 通道的各层。一个具有四条相邻通道的设计实例如图 7-44 所示。

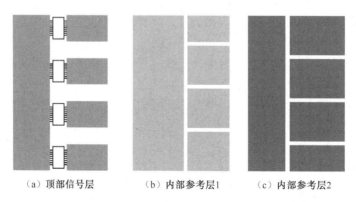

（a）顶部信号层　　　　（b）内部参考层1　　　　（c）内部参考层2

图 7-44　具有交叠拼接电容的四个相邻通道 PCB 设计实例

在图 7-44 实例中，每个输出域与其他域隔离，但是我们仍能利用一些交叠电容。由图 7-45 可见，利用这种堆叠，每个 isoPower 器件可增加电容以及相邻隔离区连接的情况。

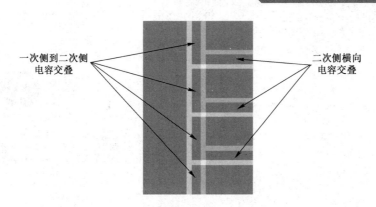

一次侧到二次侧
电容交叠

二次侧横向
电容交叠

图 7-45　具有交叠拼接电容的四个相邻通道

③　必须确保内部和外部间隙要求符合应用要求。还可以使用铁氧体磁珠在任意电缆连接上提供过滤，从而减小可能产生辐射的天线效应。

第 8 章

时钟电路的 PCB 设计

8.1 时钟电路 PCB 设计的基础

▶ 8.1.1 信号的传播速度

在高速数字系统中，随着时钟频率的提高，数据传输的有效读/写时间越来越短，想要在极短的时间内让数据信号从驱动端（源端）完整地传送到接收端（目的端），必须满足严格的时序关系，因此精确的时序计算、分析与控制显得十分重要。

在高速数字系统中，为了使系统的各部分元器件之间能够互相顺利地进行数据的传输，需要对时钟或使能信号的时序进行恰当的调整，使所传输的数据信号能够在正确的时间内被锁存，从而满足接收元器件所必需的建立时间和保持时间。

在高速数字系统中，时钟信号通常采用传输线进行传输，因此了解信号在传输线的传播速度十分必要。

一般认为信号的传播就是电流的传播，电子移动的速度就是信号的传播速度。但我们知道，信号在传输线的传播有两个路径：信号路径和电流返回路径。当信号源接入后，信号开始在传输线上传播，两条路径之间就产生了电压，而这个电压差又使两导线之间产生电场，继而激发出磁场。突变的电压会产生突变的电场和磁场。而电场和磁场会相互铰链在一起，并以变化电磁场的速度（光速）在传输线周围的介质材料中传播。在这里，信号是以电磁场形式，而非电流形式传播的，也可以说信号是以电磁波的形式在周围介质中传播的。

利用麦克斯韦方程可以精确地描述电磁场的行为特征。电磁场的变化速度 v 由下式决定：

$$v = \frac{1}{\sqrt{\varepsilon_0 \varepsilon_r \mu_0 \mu_r}} \tag{8-1}$$

式中，$\varepsilon_0 = 8.89 \times 10^{-12}$F/m，为真空介电常数；$\varepsilon_r$ 为材料的相对介电常数；$\mu_0 = 4\pi \times 10^{-7}$H/m，为自由空间的磁导率；$\mu_r$ 为材料的相对磁导率。将常数项用数据代入后得

$$v = \frac{2.99 \times 10^8}{\sqrt{\varepsilon_r \mu_r}} = \frac{c}{\sqrt{\varepsilon_r \mu_r}} \tag{8-2}$$

式中，$c = 2.99 \times 10^8$m/s，是光在真空中的传播速度。

由于几乎所有材料的相对磁导率 μ_r 都为 1，所以式（8-2）中的相对磁导率 μ_r 这一项可以忽略，于是有

$$v = \frac{2.99 \times 10^8}{\sqrt{\varepsilon_{\mathrm{r}}}} \tag{8-3}$$

除了空气，其他材料的介电常数 ε_{r} 都大于 1，因此信号在传输线中的速度总是小于光速 $2.99 \times 10^8 \mathrm{m/s}$ 的。由此看来，电磁场的形成快慢，以及周围的介质材料特性共同决定了信号的传播速度。

8.1.2　时序参数

与时序有关的一些参数有 T_{co}、缓冲延时、建立时间、保持时间、建立时间裕量、保持时间裕量、传播延迟、最大/最小飞行时间和时钟抖动等。

1．T_{co} 和缓冲延时

缓冲延时是指信号经过缓冲器达到有效的电压输出所需要的时间。缓冲延时加上数字电路 IC 内部的逻辑延时就是 T_{co}，T_{co} 即时钟触发开始到有效数据输出元器件内部所有延时的总和。

可以在数字电路 IC 输出的末端直接相连一个测量负载来确定 T_{co}，然后测量负载上的信号电压（V_{ms}）达到一定电平（通常取信号高电平的一半）的时间。最常见的负载是 50Ω 的电阻或 30pF 的电容。T_{co} 和缓冲延时如图 8-1 所示。

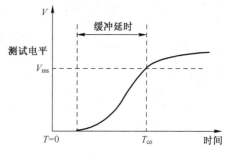

图 8-1　T_{co} 和缓冲延时

2．建立时间、保持时间、建立时间裕量和保持时间裕量

建立时间和保持时间表征了时钟边沿触发前后数据需要在接收端锁存器的输入持续时间，这两个时序参数与接收器的特性有关。在时钟边沿触发前，要求数据必须存在一段时间，这就是元器件需要的建立时间；而在时钟边沿触发后，数据也必须保持一段时间，以便能够稳定读取，这就是元器件需要的保持时间。如果数据信号在时钟边沿触发前后持续的时间分别超过建立时间和保持时间，那么这部分超过的分量分别称为建立时间裕量和保持时间裕量。通常在元器件手册中可以查到每个元器件所需的建立和保持时间参数。在设计时，应尽可能提高建立时间裕量和保持时间裕量，以保证系统在外界环境发生有限改变的情况下正常工作。

3．传播延迟和飞行时间

信号在传输线上的传输延时称为传播延迟，它只和信号的传播速度和线长有关。飞行时间包括最大飞行时间和最小飞行时间。最大飞行时间也称最终稳定延时，而最小飞行时间称为最早开关延时。

4．时钟抖动和时钟偏移

在实际中的时钟信号往往不可能是理想信号，常常会出现抖动和偏移。

时钟抖动是指两个时钟周期之间存在的差值，它由时钟内部产生，与走线无关。在时钟振荡器中，抖动是由四种噪声源叠加引起的：一是晶体本身发出的噪声，与任何电阻性元件

一样，晶体会因为内部电子的随机运动发出热噪声；二是晶体本身的任何机械振动或扰动产生的噪声；三是放大器自身的噪声，放大器的噪声通常大于晶体的热噪声和机械噪声；四是电源噪声。电源端耦合进的任何噪声，都会进入时钟振荡器内部的放大器，电源噪声经过放大器被放大后会引起大量的抖动。电源噪声是很难处理的噪声。如果一个振荡器的输出端有大的耦合电源噪声，则称电源的抗扰度很差。由随机噪声源引起的时钟抖动是非常有害的，由电源噪声导致的时钟抖动会引起间歇式的波动。

时钟抖动可以采用频谱分析、直接相位测量和差分相位测量三种方法进行测量。最简单的测量方法是采用差分相位测量。

时钟偏移是指两个相同的系统时钟之间的偏移，包含时钟缓冲器的多个输出之间的偏移，由于 PCB 走线的误差而造成的接收端和驱动端时钟信号之间的偏移。在时序设计中需要考虑这些因素的影响。

在设计 PCB 时，为了保证数据被正确地传输和接收，必须综合考虑所有的时序参数，选用合适的拓扑结构，采用阻抗匹配端接等措施来减少信号完整性对时序带来的干扰，同时满足系统所需的建立时间约束条件和保持时间约束条件。

▶ 8.1.3 时钟脉冲不对称的原因

造成时钟脉冲不对称的主要原因来自数字 IC 的特性差异、布线路径的差异、电路结构和设计方法的差异，以及其他参数的差异 4 个方面[116]。

1. 数字 IC 的特性差异

在数字系统中使用的数字 IC 在制造过程中所造成的电气参数差异，会使得时钟脉冲信号较预定时间提前或延迟抵达，这是一种由于数字 IC 特性所造成的不对称，称为"内质不对称"。传播延迟、逻辑门临界电压和边际变化率（Edge Rate）是造成"内质不对称"的主要因素。

（1）传播延迟偏差

每一个时钟脉冲缓冲器的传播延迟偏差量都不会完全一样。一个反向缓冲器的输入端和输出端的时序波形如图 8-2 所示，其后沿（Trailing-edge）偏差量越大，所造成时钟脉冲不对称的情况也就越严重。

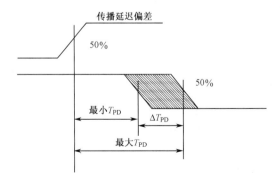

图 8-2　传播延迟偏差

（2）逻辑门临界电压偏差

如图 8-3 所示，逻辑门从一个逻辑电平转变为另一个逻辑电平时存在临界电压偏差。

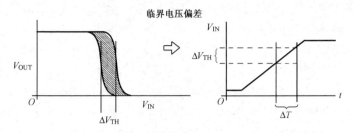

图 8-3　逻辑门临界电压偏差

（3）边际变化率

时钟脉冲缓冲器的输出端也会存在一个偏差量，会影响时序的不对称性。一个虚拟的时钟脉冲缓冲器的最慢和最快边际变化率示意图如图 8-4 所示。边际变化率也可以转换成为时间偏差量。

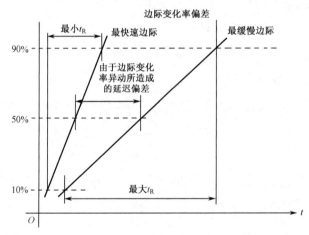

图 8-4　边际变化率示意图

2．布线路径的差异

布线路径的差异又称"外质不对称"，是造成时钟脉冲不对称的另一个主要原因。电容性负载的变化，传播速率的变化，刻蚀带来的几何尺寸的变化是造成"外质不对称"的主要因素。

（1）电容性负载的变化

时钟脉冲信号在不同路径间传播时，会因为时钟脉冲信号的传送路径与相邻线路之间的互容、路径上的通孔、IC 封装引脚端、信号线与电源层的关系等因素，造成时钟脉冲信号的上升时间发生变化。一旦传送路径上的时钟脉冲信号的上升时间不相等，其经过临界电压电平的状态转换时间也就会不一样，时钟脉冲不对称的情形就会发生。不同数字 IC 的输入电容值可能不一样，不同传送路径所挂的负载个数也可能不相等，这些都会造成电容性负载的变化。

（2）传播速率的变化

在 PCB 上，信号的传播速率与 PCB 材料的介电常数和传输线的几何结构（微带结构或条状结构）有关。

当 PCB 材质的密度或纯度有所变化时，会导致介电常数发生变化。而传输线的几何结构是造成传播速率变化的主要参数。在一个多层板上，信号传播路径在不同层级之间来回更换，往往会产生"外质不对称"问题。

对于一个需要极佳的"外质不对称"控制的高速数字电路而言，通常都必须将时钟脉冲信号固定放在最外层，并且将其他相关的接线布局在其周围。这种布局方法带来的问题是，时钟脉冲信号会辐射出许多高频谐波干扰能量，对于电磁干扰的抑制来说是一件非常麻烦的事。如果对"外质不对称"的控制不是十分必要，为抑制电磁干扰，通常会将时钟脉冲信号埋在内层的隐藏式条状结构里。

（3）刻蚀带来的几何尺寸的变化

对于硅半导体器件而言，传导区（类似导线）厚度和宽度的偏差也是造成不对称的主要原因。同样，PCB 刻蚀的长度、位置和厚度尺寸的偏差也会对时钟信号的抵达时间产生影响。PCB 或硅晶上的导线长度的偏差会造成时钟信号传输路径长度的变化，传输路径长度的变化又等于时间的变化。因为每单位长度的衰减量是一个与频率相关的函数，传输线的长度不同，会导致信号的高阶频谱能量被衰减的比例也不一样。

传输线的特性阻抗是其厚度、宽度和介电常数的函数，其中任何一项因素发生偏差或变化就表示特性阻抗会出现阻抗断点，会产生反射现象。

3. 电路结构和设计方法的差异

时钟脉冲驱动网络、驱动芯片、端接形式等不同的电路结构和设计方法的差异也是时钟脉冲不对称的原因之一。

4. 其他参数的差异

环境温度的变化也是时钟脉冲不对称的原因之一。除此之外，电源的差异和组件临界电平的异动也会影响时钟脉冲的不对称。

8.2 时钟电路 PCB 设计的一些技巧

8.2.1 时钟电路布线的基本原则

时钟电路布线的一般要求如下。

① 由于时钟线是对 EMC 影响最大的因素之一，故在时钟线上应少打过孔；应尽量避免和其他信号线并行走线，且应远离一般信号线，避免干扰信号线。

② 应避开电路板上的电源部分，以防止电源和时钟互相干扰。

③ 当一块电路板上用到多个不同频率的时钟时，两根不同频率的时钟线不可并行走线。

④ 时钟线还应尽量避免靠近输出接口，以防止高频时钟耦合到输出的电缆线上并沿线发射出去。

⑤ 如果电路板上有专门的时钟发生芯片，其下方不可走线，应在其下方覆铜，必要时还可以对其专门割地。

⑥ 很多芯片都有参考的晶体振荡器，这些晶振下方也不应走线，要覆铜隔离。同时可

将晶振外壳接地。

简单的单、双层板没有电源层和接地层，其时钟走线形式可以参考图 8-5。

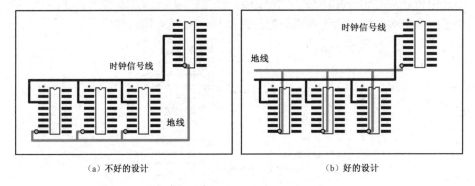

（a）不好的设计　　　　　　　　　　（b）好的设计

图 8-5　单、双层板的时钟走线形式

8.2.2　采用蜘蛛形的时钟分配网络

一个采用蜘蛛形（Spider）的时钟分配网络[17]的电路结构如图 8-6 所示。该电路采用了一个单一的时钟源，并通过一个驱动缓冲器分配时钟信号到 N 个远端目的地。

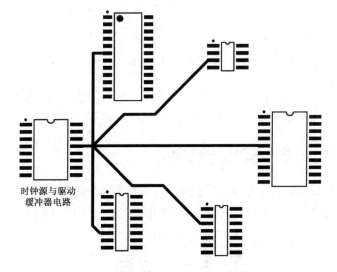

图 8-6　一个采用蜘蛛形的时钟分配网络的电路结构

应注意以下几点。

① 驱动缓冲器电路承受的总负载为 R/N。例如，使用 50Ω 传输线、一个两条腿的蜘蛛形网络时，驱动器端的总负载为 25Ω。能够驱动这么低负载的驱动缓冲器器件不是很多。

② 为了驱动更多的"蜘蛛腿"，需要功率更大的时钟驱动器。一种简便方法是把两个或多个驱动器的输出并联在一起，即可构成一个大功率的驱动器。

③ TTL 电路的时钟信号所需要的总的驱动功率是 ECL 电路的 25 倍。

8.2.3 采用树状的时钟分配网络

一个采用树状的时钟分配网络[17]的电路结构如图 8-7 所示。该电路采用了一个单一的时钟源，并通过多个多级的驱动缓冲器分配时钟信号到 N 个远端目的地。

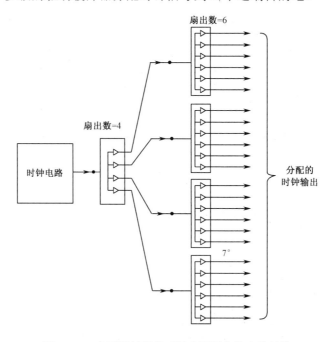

图 8-7　一个采用树状的时钟分配网络的电路结构

树状的时钟分配网络采用了数量换功率的方式。采用数量相同、类型相同的门电路可使分配树对称，而且每条路径的门电路数量相同，有利于减小时钟偏移。

8.2.4 采用分支结构的时钟分配网络

一个采用分支结构的时钟分配网络[17]的电路结构如图 8-8 所示。该电路采用了一个单一的时钟源，并通过一个驱动缓冲器和低阻抗的时钟分配线，以分支形式分配时钟信号到 N 个输入。

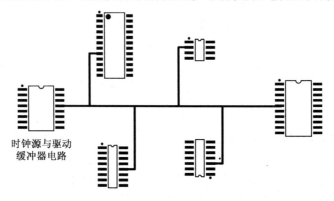

图 8-8　一个采用分支结构的时钟分配网络的电路结构

随着时钟信号经过每个输入，其上升时间被拉长，同时也会产生一个小的反射脉冲沿着线路反向传播到源端。反射脉冲是输入信号的导数，它会干扰接收。为了降低反射脉冲的幅度，可采用以下方法。

① 减慢驱动器的上升速度，这可以降低反射脉冲的幅度。所采用的驱动器的速度满足时钟偏移的要求即可。

② 降低每个分支的电容。在多分支的总线中，分支电容与时钟接收器的输入电容、连接器的寄生电容、连接时钟接收器的 PCB 走线的电容有关。

③ 降低时钟分配线的特性阻抗（Z_o）。时钟分配线的特性阻抗与其几何结构有关。50Ω时钟线比 20Ω时钟线的时钟分支线路电容的敏感度高 2.5 倍。降低分配阻抗有利于防止因负载变化影响时钟偏移。

8.2.5　采用多路时钟线的源端端接结构

一个采用单个时钟驱动器驱动两个源端端接的电路[17]如图 8-9 所示。从图中可知，源端端接电路的阻抗是末端端接线路阻抗的两倍，所需要的驱动电流在 $2T$（T 为传输延时）之后降到零，降低了平均功耗。

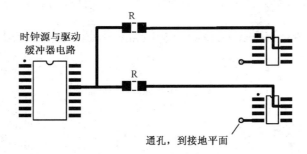

图 8-9　一个采用单个时钟驱动器驱动两个源端端接的电路

采用多路时钟线的源端端接结构要求线路必须等长，以保证反射脉冲同时到达；每个末端的负载必须相等，以保证反射脉冲有相同的波形。源端端接电阻与驱动器的输出阻抗有关，源端端接电阻为

$$R_S = Z_o - R_{drive} N \tag{8-4}$$

式中，R_S 为源端端接电阻（Ω）；Z_o 为被驱动的线路阻抗（Ω）；R_{drive} 为驱动器的有效输出阻抗（Ω）；N 为被驱动线路的数量。

应注意的是，在实际工程中，完全对称是很难做到的。如果线路存在不对称，每条线路的反射和串扰就不能完全抵消，从而会使系统振铃。

8.2.6　对时钟线进行特殊的串扰保护

时钟信号是敏感信号，在 PCB 设计时需要对其进行特殊的串扰保护。可以采用的串扰保护方法有物理方法和逻辑方法。

1．时钟线保护的物理方法

进行时钟线特别保护的物理方法比较简单，如可以采用以下措施来减少串扰：加保护线结构；在时钟走线周围留出额外的间隙，在一个完整的接地平面上，如果线间距增加 1 倍，串扰就会减少为原来的 1/4；把时钟线放在单独的层中，上下两层采用接地平面，把时钟线封装起来等。

一个时钟电路保护线结构示意图[117]如图 8-10 所示。在 PCB 上两条保护线（接地线）平行分布于时钟线两侧，时钟线与保护线之间形成互电感 M_{RG} 和互电容 C_{RG}。保护线有许多接地柱，其接地阻抗 Z_{OR} 的值和 Z_{IR} 的值可以做到足够小，保护线不仅隔离了由其他信号线上产生的耦合通道，使时钟线免受其他干扰源的干扰；而且保护线为共模电流提供回路返回到地，小的接地电阻可以降低共模电流。2 条保护线与时钟线之间形成 2 个相同的环路，但因其返回电流的磁矩相反，故辐射很小，因此也减小了时钟信号线对其他线路的干扰耦合。这样保护线实际上形成了时钟线的屏蔽层。采用保护线的方式可以使电磁辐射降低 15～20dB。

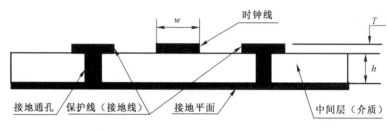

图 8-10　保护线结构示意图

2．时钟线保护的逻辑方法

进行时钟线特别保护的逻辑方法要稍复杂一些：在设计电路时，需要确定每条时钟走线中容易发生错误的地方，并且在原理图上标出（或者列出其网络名）；需要特别布线的地方，必须与布线人员沟通。

在成本允许的条件下，设计时要求把时钟线布放在一个独立的受保护的层上，这是一个简单有效的方法。

在设计时也可以通过网络分类布线，对不同类型的布线设定不同的线间距要求。时钟网络类的走线要求远离其他走线，以减少串扰。分类布线可以利用自动布线软件包中的网络分类功能模块完成。

为了保证间距要求，也可以在布线时插入临时的保护线，迫使其他走线在布线时远离时钟线，最后再把它们删除。

🖱 8.2.7　固定延时的调整

时钟偏移由两个传播路径延时之间的差构成。在工程设计中，在对定时模型中的时钟分配问题进行分析时，更多的是需要减少时钟到达时间的不确定性，而且也可通过时钟调整获得低的时钟偏移或有目的的时钟偏移。时钟延时调整有时也称时钟相位（Clock Phase）调整。

固定延时（Fixed Delay）调整是一种简单的时钟调整形式，可提供预先确定的、不变的时钟延时量。固定延时调整用于补偿电路中已知的一些延时，使时钟偏移的标称值达到希望值。

固定延时调整是在设计时确定的，不能抵消由 PCB 制造或有源器件的偏差带来的延时变化，这些延时变化在未被测试之前都是未知的。

固定延时调整通常利用传输线、逻辑门电路和无源集总电路来实现。

延迟线适用于短的、精确的延时，延时范围为 0.1～5ns。一个典型的 PCB 的延迟线结构[17]如图 8-11 所示，它把延迟线直接印制在 PCB 上了，这时需要考虑所占用的 PCB 面积。应注意的是，采用 PCB 走线作为传输延迟线时，走线的介电常数会随温度变化。对于 FR-4 材料，在 0～70℃的温度范围内，其传输速度会有 10%的变化。

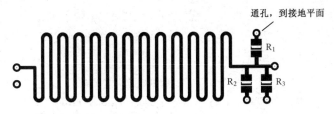

图 8-11　一个典型的 PCB 的延迟线结构

延迟线也可以采用商用延迟线，这些延迟线采用 DIP 或表面贴装的封装形式，有些还带有输出缓冲器。

门电路可以作为一个有效的延时器件，其延时范围为 0.1～20ns。采用门电路作为延时器件时应注意的问题是：通常产品指标给出的是最大的传播延时，却很少给出门电路的最小延时，而门电路延时范围的变化是非常大的，可以达到 300%。

一个集总电路的延时器件实例如图 8-12 所示，两个门电路之间的 RC 电路缓慢的上升时间，减慢了脉冲从第一个门电路到第二个门电路的传播速度。集总电路的延时范围为 0.1～1000ns，其准确性和稳定性取决于模拟元件 R 和 C 值的准确性，以及第二个门电路的输入寄生电容，其延时的变化范围可以达 5%～20%。

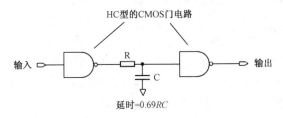

图 8-12　一个集总电路的延时器件实例

▶ 8.2.8　可变延时的调整

在完成数字电路系统的装配和测试后，可以利用一个可调整的延时来补偿电路的实际延时。在进行 PCB 设计时，恰当地设置一些延时调整点，可以调整和减小由 PCB 制板和有源器件的延时的不确定性所带来的时钟偏移。传输线、逻辑门电路和无源集总电路三种基本延时构件都可用于可变的延时调整。

一个可调整的 PCB 延迟线实例[17]如图 8-13 所示，图中的传输线有 6 个可调整的连接点。

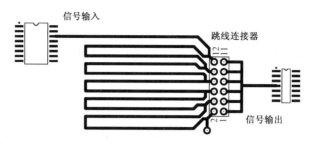

图 8-13　一个可调整的 PCB 延迟线实例

一个更灵活的、可调整的 PCB 延迟线实例[17]如图 8-14 所示。该图中采用了 8 个跳线连接端，可以产生 16 种不同的延时。跳线尺寸的调整为基本延时时间 T 的 1 倍、2 倍、4 倍和 8 倍，并可以选择任意片段的组合。

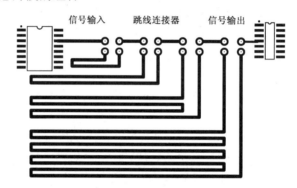

图 8-14　有 16 个调整组合的可调整的 PCB 延迟线实例

在低频时，可以采用短接跳线连接器来进行调整。在高速数字电路中，跳线连接器的电感是不可接受的，可以采用跳线焊盘（Solder Blob Jumper）。一个跳线焊盘由两个 0.5in 的方形焊盘构成，间距为 0.006in，通常放在 PCB 的元器件面。

也可以将门电路做成一条延时链，在各个点上做抽头，构成一个可调的延迟线。同样的问题是，用门电路构成的延时电路会受到每个门电路延时不准确的困扰。

集总电路延时的调整可以通过改变 R 或 C 来实现。利用连续可调的电阻很容易实现延时的调整。利用步进可调的无源元件，也可以定量地调整 RC 延时。

利用可编程器件也可以实现连续可编程的延时调整。

8.2.9　时钟源的电源滤波

如果一个时钟源的电源抗扰度很差，或者时钟源必须工作在一个噪声系统中，就需要为其提供特殊的电源滤波，以减少时钟源的输出抖动。

一个典型的时钟振荡器的滤波电路如图 8-15 所示。在 PCB 上布放这个滤波电路时，要注意保持输入和输出的良好隔离。电容必须直接连接到完整接地平面上，而且通孔直径至少应大于 0.035in。应保持所有电路走线尽可能短（小于 0.1in）。所有的元器件最好采用表面贴装的。

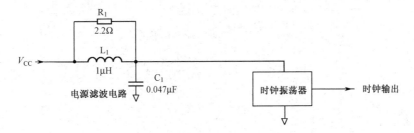

图 8-15 一个典型的时钟振荡器的滤波电路

8.2.10 时钟驱动器去耦电容器安装实例

对于时钟驱动器的使用，需要注意以下问题。

① 每一个驱动器连接一个钽电容器或一个电解电容器，容量为 10～50μF；建议采用容量比较大的（数十微法）、频率特性比较好的钽电容器。

② 在每一个电源引脚端连接一个 0.1μF 的陶瓷电容器。

③ 去耦电容器应尽可能靠近 V_{CC} 引脚端安装，并与电路板的接地平面相连接。

④ 在去耦电容器和 IC 之间的 V_{CC} 接地回路应尽可能最短，这样布线最短。

在进行双面 PCB 布局时，一个推荐的 74FCT3807 时钟驱动器去耦电容器安装位置如图 8-16（a）所示。电源部分首先为 10μF 的电容器供电，因为这个引脚端与 IC 的各个 V_{CC} 引脚相连，需要注意 PCB 布线图形对阻抗的影响。

如图 8-16（b）所示是在使用多层 PCB 的情况下推荐的时钟驱动器的去耦电容器安装位置。由于多层 PCB 使用焊接孔来最短地连接电源层和接地层的布线，所以能够减少分布参数阻抗的影响。

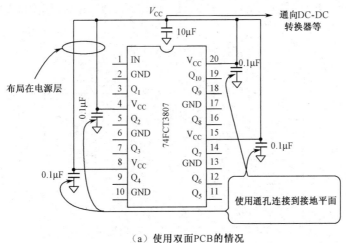

（a）使用双面PCB的情况

图 8-16 时钟驱动器的去耦电容器安装位置

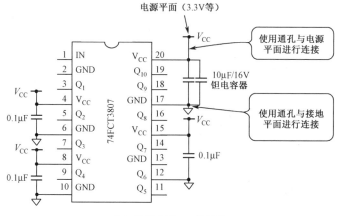

（b）使用多层PCB的情况

图 8-16　时钟驱动器的去耦电容器安装位置（续）

8.2.11　时钟发生器电路的辐射噪声与控制

16MHz 时钟发生器电路如图 8-17 所示，其 PCB 布局形式如图 8-18 所示。由图可知，IC$_2$ 的输出信号通过约 10cm 的信号线连接到 IC$_3$。用示波器可以观察到从该 PCB 产生（发射）的噪声辐射，可以看出这些噪声辐射是该 IC 的振荡频率为 16MHz 的谐波分量，而且在一些频带上的噪声电平已经超过了 CISPRpub.22 限定值[118]。

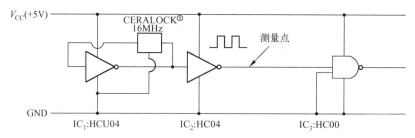

图 8-17　16MHz 时钟发生器电路

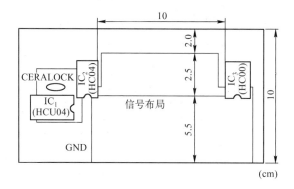

图 8-18　16MHz 时钟发生器电路的 PCB 布局形式

产生这一现象的原因可能是由于 IC_2 的输出端子连接到了 IC_3 信号线，在 PCB 上形成了一个辐射噪声的发射天线。这个辐射噪声的发射天线的驱动电流回路为 IC_2→信号线→IC_3→GND→IC_2。

改进的 PCB 布局形式[118]如图 8-19 所示，该 PCB 中增加了 EMI 静噪滤波器（NFW31SP506X1E）和专门的接地层（板）。用示波器观察，改进后的 PCB 所产生（发射）的辐射噪声得到了明显的抑制。

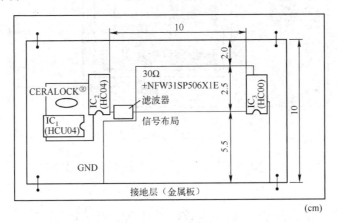

图 8-19　改进的 PCB 布局形式

有测试表明，当晶振（晶体振荡器）正好布置在了 PCB 边缘时，当产品放置于辐射发射的测试环境中时，被测产品的高速电路板与实验室中参考地会形成一定的容性耦合，产生寄生电容，导致出现共模辐射，寄生电容越大，共模辐射越强。当晶振布置在 PCB 中间，或离 PCB 边缘较远时，由于 PCB 接地平面的存在，使大部分的电场控制在晶振与 PCB 接地平面之间，即在产品 PCB 内部，分布到参考接地板的电场大大减小。实验表明，将晶振内移，使其离 PCB 边缘至少 10mm 的距离，并在 PCB 表层距离晶振 10mm 的范围内敷铜，同时把表层的铜通过过孔与 PCB 接地平面相连，可以明显减少辐射发射。

8.2.12　32kHz 晶体振荡器 PCB 布局实例

一个 32kHz 晶体振荡器 PCB 布局实例[119]如图 8-20 所示。设计 PCB 时，要求：

① 保持晶振尽可能接近晶振引脚 X1 和 X2。

② 保持导线长度短和小，以减少电容器负载，防止不必要的噪声拾取。

③ 将保护环放置在晶振周围，并将保护环连接到在接地平面上，以帮助晶振屏蔽免受不必要的噪声干扰。

④ 保持所有信号不从晶振和 X1 和 X2 引脚下方通过，以防止噪声耦合。

⑤ 在相邻的 PCB 层上添加一个附加的局部接地平面，以防止其从板的其他层上的导线中拾取不需要的噪声。该平面必须与其他 PCB 接地平面隔离，并与 RTC 的 GND 引脚相连。该平面不得大于防护环周长。确保这个接地平面不会对从 X1 和 X2 到晶振的连接上的信号线和接地之间产生显著的电容（pF 级）。

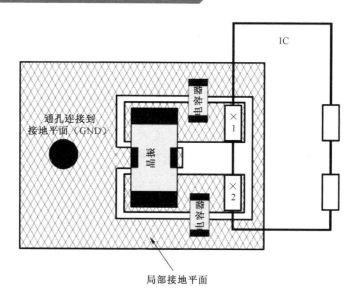

图 8-20　一个 32kHz 晶体振荡器 PCB 布局实例

8.2.13　50～800MHz 时钟发生器 PCB 设计实例

MC12439 是一个通用的频率合成器时钟源,它的特点为:内部 VCO 工作在 400～800MHz 频率范围内，VCO 频率可以被设定进行 1、2、4、8 分频;具有 50～800MHz 差分 PECL 输出，峰-峰值输出抖动为±25ps;随着输出被设定为 VCO 频率 1、2、4、8 分频，采用一个 17.66MHz 的外部晶振提供基准频率;当分频比为 1 时，输出频率为 17.66MHz;输出频率设定 通过一个并行或串行接口来实现;工作电源电压为 3.3V/5.0V;采用 PLCC-28 封装。

MC12439 是混合模拟/数字产品，存在一些全数字产品上没有的敏感性。MC12439 的模 拟电路受随机噪声的影响，尤其是当这个噪声出现在电源引脚端上时。MC12439 的数字电路 和内部 PLL 采用独立的电源 V_{CC} 和 PLL_VCC，其目的是试图隔离数字输出高的开关噪声， 避免干扰对噪声敏感的模拟 PLL 电路。但是在一个数字系统环境中，使电源上的噪声最小化 是困难的，可能需要提供第二种隔离。最简单的隔离方法是在 MC12439 的 PLL_VCC 引脚端 使用电源滤波器。

在 1kHz～1MHz 的频谱内，MC12439 对噪声是最敏感的。因此，滤波器应该设计在这 个范围以内。

在 V_{CC} 电源和 MC12439 的 PLL_VCC 引脚端之间将产生直流电压降。为减少直流电 压降，滤波器可以采用合适的电感来替换电阻，如采用一个 1000μH 的扼流圈;电感的内 阻应小于 15Ω。

PLL_VCC 引脚端的电流（I_{PLL_VCC}）的一般值是 15mA（最大为 20mA），当 V_{CC} 电源使 用 3.3V 时，要求在 PLL_VCC 引脚端保持最低 3.0V 电压，这样一个很低的直流电压降是可 以接受的。

MC12439 的 PCB 参考设计如图 8-21 所示，最重要的是保证在 V_{CC} 端和 GND 端之间的 旁路电容的连接为低阻抗状态，旁路电容要求使用低自感系数的片式电容。

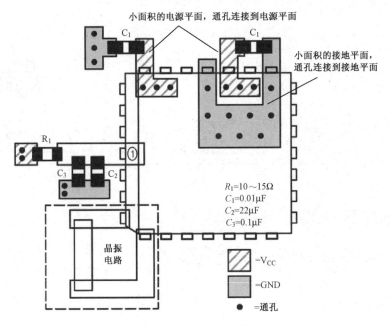

图 8-21　MC12439 的 PCB 参考设计

如图 8-22 所示，建议在 PCB 布局时，在晶振的旁边留一个接地的焊盘，安装时将晶振的金属外壳与接地的焊盘焊接在一起。

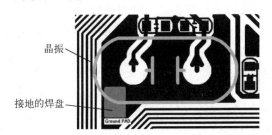

图 8-22　将晶振的金属外壳与接地的焊盘焊接在一起

第9章
模拟电路的 PCB 设计

9.1 模拟电路 PCB 设计的基础

▶ 9.1.1 放大器与信号源的接地点选择

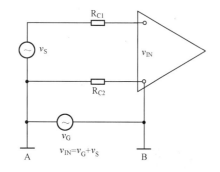

图 9-1 有一个以上的接地点放大器电路

从第 5 章的分析可知，在 PCB 上的两个接地点之间的电位可能不是完全相等的，如图 9-1 所示，如果一个放大器电路有一个以上的接地点，如信号源在 A 点接地，放大器在 B 点接地，A、B 两点之间的地电位差将耦合进入该电路[35]。图中，电压 v_G 代表 A、B 两点之间的地电位差，在一些资料中，A、B 两点有时使用两种不同的地符号，其目的只是用以强调两个在物理上分离的地的电位并不总是相等，电阻 R_{C1} 和电阻 R_{C2} 表示连接信号源与放大器导线的电阻。

在图 9-1 中，放大器的输入电压等于 v_S+v_G。为了消除 v_G，就必须去掉其中一个接地连接。如果去掉 B 点的接地连接，意味着放大器必须由一个没有接地的电源供电。

对于如图 9-2 所示的电路，在 $R_{C2} \ll R_S+R_{C1}+R_L$ 的情况下，放大器端子上的噪声电压 v_N 为

$$v_N = \left(\frac{R_L}{R_L + R_{C1} + R_S} \right) \left(\frac{R_{C2}}{R_{C2} + R_G} \right) v_G \tag{9-1}$$

假设图 9-2 中的地电位 $v_G=100\text{mV}$（等效为有一个 10A 地电流流经 0.01Ω 的接地电阻 R_G），如果 $R_S=500Ω$，$R_{C1}=R_{C2}=1Ω$，$R_L=10\text{k}Ω$，利用式（9-1）计算可知，放大器端子上的噪声电压 $v_N=95\text{mV}$。

如图 9-3 所示，如果在源与地之间增加一个大的阻抗 Z_{SG}（理想的情况是阻抗 Z_{SG} 为无穷大，但是由于受漏电阻和漏电容的影响，所以 Z_{SG} 不可能为无穷大），在 $R_{C2} \ll R_S+R_{C1}+R_L$ 和 $Z_S \gg R_{C2}+R_G$ 的情况下，放大器端子上的噪声电压 v_N 为

$$v_N = \left(\frac{R_L}{R_L + R_{C1} + R_S} \right) \left(\frac{R_{C2}}{Z_{SG}} \right) v_G \tag{9-2}$$

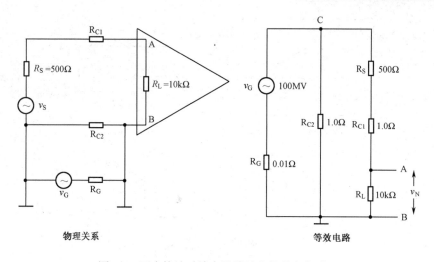

图 9-2 两点接地时放大器端子上的噪声电压 v_N

从式（9-2）可知，如果阻抗 Z_{SG} 为无穷大，则 $v_N=0$，即没有噪声电压耦合进放大器。

如果 $Z_{SG}=1M\Omega$，其他所有电阻的值与上述例子中的相同，则根据式（9-2）可知，此时放大器端子上的噪声电压只有 0.095mV。

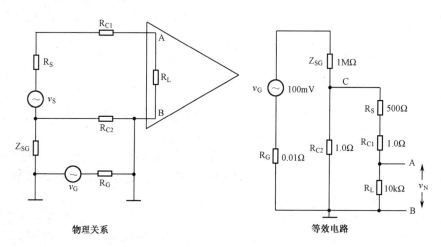

图 9-3 Z_{SG} 对放大器端子上的噪声电压 v_N 的影响

9.1.2 放大器的屏蔽接地方法

对于高增益的前置放大器，为防止电磁干扰，通常采用金属屏蔽罩进行屏蔽[35]。

从图 9-4 可见，在放大器与屏蔽罩之间存在寄生电容 C_{1S}、C_{2S} 和 C_{3S}。如图 9-4（b）所示，分布电容 C_{3S} 和 C_{1S} 提供了一个从输出到输入的反馈路径，通过这个反馈路径的信号可能会使放大器产生振荡。改进的办法是将屏蔽罩连接到放大器的公共端，如图 9-4（c）所示，短路 C_{2S} 可以切断由分布电容 C_{3S} 和 C_{1S} 形成的这个反馈路径。

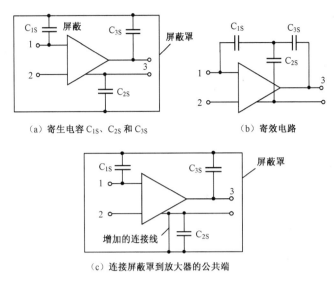

（a）寄生电容 C_{1S}、C_{2S} 和 C_{3S} （b）寄效电路

（c）连接屏蔽罩到放大器的公共端

图 9-4　放大器的屏蔽接地方法

9.1.3　放大器输入端电缆屏蔽层的接地形式

在放大器的输入端采用电缆连接输入时，对于低频信号而言，电缆的屏蔽层应当只在一点接地。如果屏蔽层存在不止一个接地点，在使用屏蔽双绞线的情况下，屏蔽层上的电流可能将不相等的电压感应耦合到信号电缆上，成为一个噪声源。

1．源没有接地的放大器和输入信号线连接

源没有接地的放大器和输入信号线连接[35]的示意图如图 9-5 所示，图中，v_{G1} 是放大器公共端的对地电位，v_{G2} 是两个接地点之间的地电位差。

由于电缆的屏蔽层只有一个接地点，故只有输入导线与屏蔽层之间的电容能够提供噪声耦合。如图中标记所示，有 A、B、C 和 D 四个可能的接地连接方式（虚线连接的），输入电缆的屏蔽层可以选择其中之一与地连接。

图中的 A 连接形式使得屏蔽层的噪声电流流入其中的一条信号线，而这个流经信号线阻抗的噪声电流会产生一个与信号串联的噪声电压，这是一个不能采用的方式。

按照 B、C、D 方式进行连接时的等效电路如图 9-5（b）、图 9-5（c）、图 9-5（d）所示。对于信号源来说，任何在放大器输入端（点 1 和点 2）之间产生的无关外来电压都属于噪声电压。当采用 B 方式接地时，由于 v_{G1} 和 v_{G2} 和由 C_1 和 C_2 形成的电容分压器会在放大器的输入端产生一个电压，所以这种连接也不能解决噪声问题。对于连接方式 C，若忽略 v_{G1} 或 v_{G2} 的值，则不会有电压 v_{12} 产生；而若使用 D 方式接地，v_{G1} 和 C_1 和 C_2 形成的电容分压器也能够在放大器的输入端产生一个电压。

综上所述，唯一能够排除噪声电压 v_{12} 的连接方式是连接形式 C。因此，对于源不接地而放大器接地的电路，输入电缆的屏蔽层应总是连接到放大器的公共端。

2．没有接地的放大器与接地的源连接

没有接地的放大器与接地的源连接[35]的示意图如图 9-6 所示，v_{G1} 为实际接地点上的源

公共端的电位。输入电缆屏蔽层的四种可能的连接方式如图中的虚线 A、B、C、D 所示。

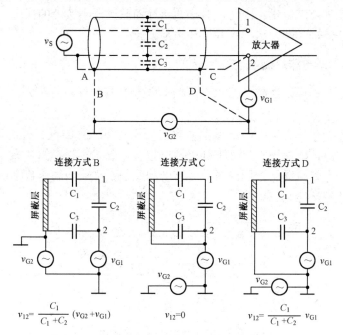

图 9-5　源没有接地的放大器和输入信号线连接的示意图

在图 9-6 中，为了回流到地，C 连接方式允许屏蔽层上的噪声电流流入其中一条信号线，这显然是不可行的。

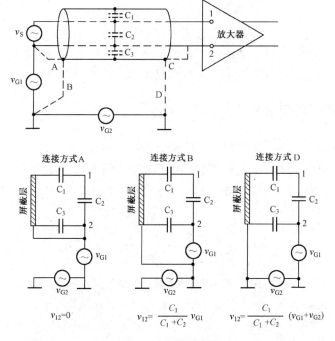

图 9-6　没有接地的放大器与接地的源连接的示意图

从图中的电缆屏蔽层连接方式 A、B、D 的等效电路可以看出，只有 A 连接方式不会在放大器输入端上产生噪声电压。因此，对于源接地而放大器不接地的情况，输入电缆的屏蔽层应连接到源的公共端，即使这一点并不在大地上。

3．高频时输入端电缆屏蔽层的接地形式

如上面所介绍的那样，当放大器的工作频率低于 1MHz 时，输入端的电缆屏蔽层只需要在一端接地。

当放大器的工作频率高于 1MHz 或输入电缆的长度超过波长的 1/20 时，电缆屏蔽层需要有一个以上的接地点，以保证它处处都处于地电位。随着工作频率的升高，如图 9-7 所示，分布电容耦合趋向于使电缆屏蔽层形成地环路。因此，在高频和高速数字电路中，通常需要将电缆屏蔽层的两端接地。

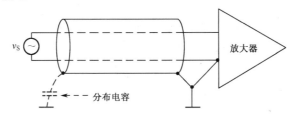

图 9-7　分布电容对地环路的影响

当频率高于 1MHz 时，高频趋肤效应减小了由于信号与噪声电流在屏蔽层上流动而引起的耦合。高频趋肤效应还使得噪声电流在屏蔽层的外表面上流动，而信号电流则在屏蔽层的内表面上流动，因而，在高频时使用多点接地的同轴电缆也能提供一定程度的磁屏蔽。

也可以采用一个实际的电容代替图 9-7 中的分布电容，形成一个混合接地形式。在低频时，电容的阻抗大，相当于单点接地形式；而在高频时，电容变成低阻抗，电路就转变成多点接地形式。这种接地形式经常被用在宽频率范围内工作的电路上。

▶ 9.1.4　差分放大器的输入端接地形式

差分（或平衡输入）放大器可以用来降低共模噪声电压的影响[35]。如图 9-8 所示，差分放大器有两个输入电压 v_1 和 v_2，v_G 是共模地噪声电压。输出电压等于放大增益 A 乘以两个输入电压的差，即 $v_O=A(v_1-v_2)$。根据图中所示的等效电路，可以求得由共模噪声电压 v_G 引起的放大器的输入电压为

$$v_N = v_1 - v_2 = \left(\frac{R_{L1}}{R_{L1} + R_{C1} + R_S} - \frac{R_{L2}}{R_{L2} + R_{C2}} \right) v_G \tag{9-3}$$

假设在图 9-8 中，$v_G=100\text{mV}$，$R_G=0.01\Omega$，$R_S=500\Omega$，$R_{C1}=R_{C2}=1\Omega$，且 $R_{L1}=R_{L2}=10\Omega$，利用式（9-3）可得 $v_N=4.6\text{mV}$。然而，如果 R_{L1} 和 R_{L2} 等于 100kΩ而不是 10kΩ，则 $v_N=0.5\text{mV}$。

根据式（9-3）可知，增大差分放大器的输入阻抗（R_{L1} 和 R_{L2}）和降低源电阻 R_S 能够减小因 v_G 而产生的耦合到放大器上的噪声电压。

在使用高阻抗差分放大器时，输入电缆的屏蔽层和源的公共端都应当在源处（v_S 处）接地。

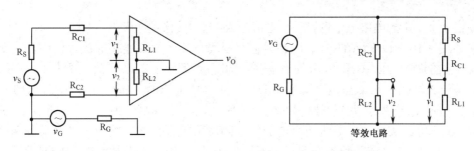

图 9-8　差分放大器可以降低共模噪声电压的影响

9.1.5　有保护端的仪表放大器接地形式

如图 9-9 所示，测量 R_S 两端的电压时，将仪表放大器的保护端连接到源的低阻抗端子上是一个最佳连接方式，在这种情况下，没有噪声电流流经测量仪表的输入电路。在图 9-9 中，电压 v_G 是地电位差电压，v_N 是电池的噪声电压。

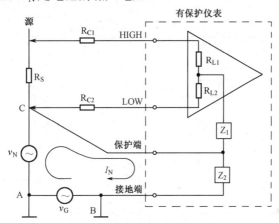

图 9-9　仪表放大器保护端的最佳连接方式

注意： 其他连接方法都不能够有效地抑制噪声电压，如以下几种情况。

① 如果将仪表放大器的保护端与源的地（A 点）连接时，虽然可以抑制 v_G 的噪声，但不能防护来自 v_N 的噪声，会有噪声电流在 R_{C2} 上流过。

② 如果将仪表放大器的保护端与 LOW 端连接时，由 v_G 和 v_N 产生的噪声电流会流过 R_{C2}。

③ 如果将仪表放大器的保护端与放大器本身的接地端连接时，由 v_G 和 v_N 产生的噪声电流会流过 R_{C2} 和 Z_1，没有起到减小噪声的作用。

④ 如果将仪表放大器的保护端悬空（不连接）时，由 v_G 和 v_N 产生的噪声电流会流过 R_{C2}、Z_1 和 Z_2，没有起到减小噪声的作用。

9.1.6　采用屏蔽保护措施

采用屏蔽保护措施的放大器可以更大程度地减小噪声。在放大器的周围设置屏蔽保护，并维持在一个一定的电位上，可以防止电流流入不平衡的源阻抗[35]。

在如图 9-10（a）所示的一个通过屏蔽双绞线与接地的源连接的放大器中，v_G 是由地电位差产生的共模电压，v_S 和 R_S 分别是差模信号电压和源电阻，R_{IN} 是放大器的输入阻抗，C_{1G} 和 C_{2G} 是放大器输入端子与地之间的分布电容（包括电缆的分布电容）。如图 9-10（a）中所示，由电压 v_G 产生了两个不期望的电流 i_1 和 i_2，i_1 流经电阻 R_S 和 R_1 及电容 C_{1G}；i_2 流经电阻 R_2 及电容 C_{2G}。如果这两个电流经过的总阻抗不相等，将会在放大器的两个输入端上产生一个电压差（即噪声电压）。如图 9-10（b）所示，在放大器的周围设置一个屏蔽保护，并将电缆的屏蔽层与屏蔽保护层连接在一起，使其与 A 点有相同的电位，这样可以使电流 i_1 和 i_2 都变为 0。

> **注意**：此结构在输入端子与屏蔽保护层之间存在电容 C_1 和 C_2。

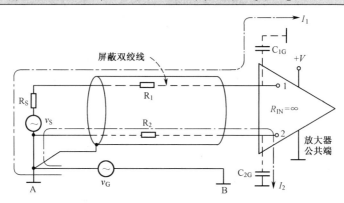

（a）屏蔽双绞线连接放大器与接地的源

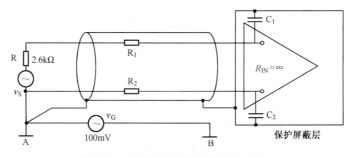

（b）利用与点 A 等电位的屏蔽保护层消除噪声电流

图 9-10　利用屏蔽保护措施减小噪声电压

9.1.7　放大器电源的去耦

对于一个放大器的电源连接端，必须考虑去耦问题。如图 9-11 所示，由于电源线的寄生阻抗的影响，信号电流会在电源线上产生一个交流电压信号，这个产生在电源线上的信号电压会经过电阻 R_{b1} 反馈到放大器的输入端，这可能会使放大器产生振荡。解决的办法是在放大器的电源端连接一个去耦电容，使在电源线上产生的交流电压信号对地短路。

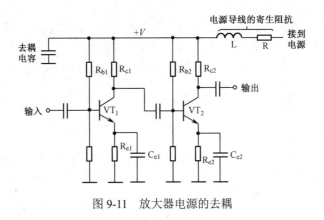

图 9-11　放大器电源的去耦

9.2　模拟电路 PCB 设计实例

9.2.1　不同封装形式运算放大器的 PCB 设计

1. 考虑了寄生参数的运算放大器电路

一个典型的运算放大器电路如图 9-12（a）所示，考虑了 PCB 焊盘、通孔和导线，以及元器件分布参数的运算放大器电路如图 9-12（b）所示[120]。

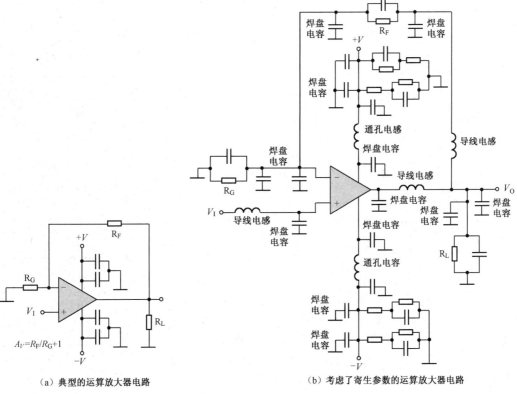

（a）典型的运算放大器电路　　　（b）考虑了寄生参数的运算放大器电路

图 9-12　运算放大器电路

图 9-12（b）中的寄生参数，可以利用下面介绍的几个公式进行计算。

（1）平行板电容器的计算

平行板电容器的示意图如图 9-13 所示，平行板电容器的计算公式为

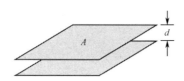

$$C = \frac{\varepsilon_r A}{11.3d} \quad (pF) \tag{9-4}$$

图 9-13　平行板电容器的示意图

式中，C 为电容；A 为金属板的面积（cm²）；ε_r 为板材的相对介电常数；d 为平行板之间的距离（cm）。

（2）导线寄生电感的计算

一个 PCB 导线（没有接地平面）的示意图如图 9-14 所示，导线寄生电感的计算公式为

$$导线寄生电感 = 0.0002L\left[\ln\frac{2L}{(W+H)} + 0.2235\left(\frac{W+H}{L}\right) + 0.5\right] \quad (\mu H) \tag{9-5}$$

式中，W 为导线宽度（mm）；L 为导线长度（mm）；H 为导线的厚度（mm）。

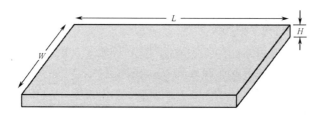

图 9-14　一个 PCB 导线的示意图

（3）过孔寄生参数的计算

过孔是寄生参数的另一个来源，一个过孔的示意图如图 9-15 所示，过孔存在电感和电容两个寄生参数。寄生电感的计算公式为

$$L = 2T\left(\ln\frac{4T}{d} + 1\right) \quad (nH) \tag{9-6}$$

式中，T 为板的厚度（cm）；d 为过孔的直径（cm）。

寄生电容的计算公式为

$$C = \frac{0.55\varepsilon_r TD_1}{D_2 - D_1} \quad (pF) \tag{9-7}$$

式中，ε_r 为板材的相对介电常数；T 为板材的厚度（cm）；D_1 为过孔焊盘的直径（cm）；D_2 为过孔在接地板的孔直径（cm）。例如，在 0.157cm 厚的 PCB 上的一个过孔具有 1.2nH 的电感和 0.5pF 的电容。

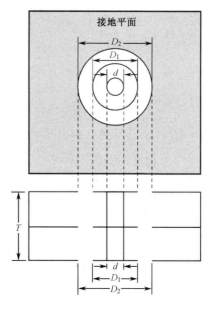

图 9-15　一个过孔的示意图

2．SOIC 封装和 SOT-23 封装的 PCB 设计

运算放大器通常采用不同形式封装，选择不同的封装形式可能会影响放大器的高频性能，主要影响的是寄生参数和信号通路。

下面介绍的 PCB 设计实例，着重考虑了放大器的信号输入/输出和电源部分。SOIC 封装和 SOT-23 封装的运算放大器 PCB 设计实例如图 9-16 所示，其中图 9-16（a）是 SOIC 封装的 PCB 布局形式，图 9-16（b）是 SOIC 封装的 PCB 布局的改进形式，将电阻 R_F 布局在了 PCB 的另一层，图 9-16（c）是 SOT-23 封装的 PCB 布局形式。

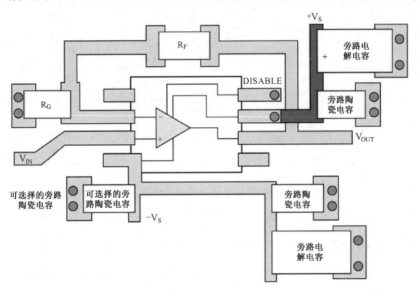

（a）SOIC封装的PCB布局形式

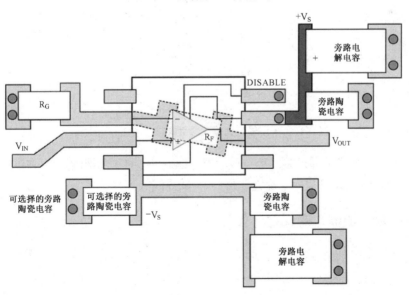

（b）SOIC封装的PCB布局的改进形式

图 9-16　SOIC 封装和 SOT-23 封装的运算放大器 PCB 设计实例

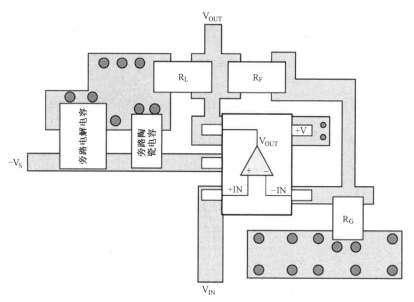

（c）SOT-23封装的PCB布局形式

图 9-16　SOIC 封装和 SOT-23 封装的运算放大器 PCB 设计实例（续）

在进行 PCB 布局时，需要考虑寄生参数的影响，而且应尽可能保持导线长度为最短，特别是反馈通道。选择使用过孔时，需要注意由过孔引入的寄生电容和寄生电感。

3．采用低失真引脚封装的 PCB 设计

采用低失真放大器引脚封装的运算放大器如图 9-17 所示，与传统的封装形式不同，它增加了一个输出引脚（引脚端 2），用作一个专门的反馈引脚。

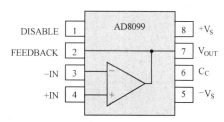

图 9-17　采用低失真放大器引脚封装的运算放大器

采用低失真放大器引脚封装的运算放大器 AD8045（ADI 公司的产品）的 PCB 设计实例如图 9-18 所示，该设计中减少了反馈通道的 PCB 导线的连接。

9.2.2　放大器输入端保护环设计

一个运算放大器的输入端的接地环（或者称保护环）的设计实例（采用 SOT-23-5 封装的放大器输入端的保护环设计实例）如图 9-19 所示。保护环用于防止杂散电流进入敏感的节点。其原理很简单，即采用接地导线完全包围放大器敏感节点，使杂散电流远离敏感的节点。

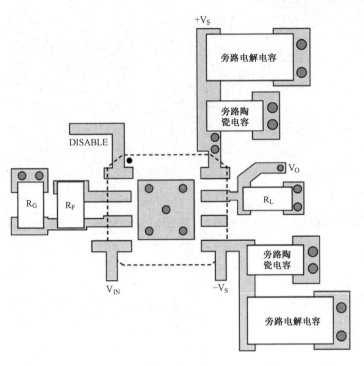

图 9-18 运算放大器 AD8045 的 PCB 设计实例

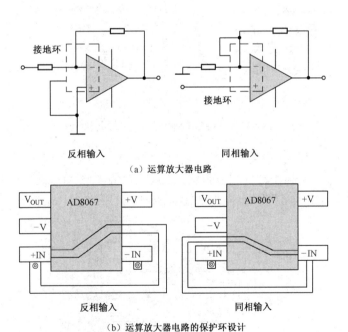

（a）运算放大器电路

（b）运算放大器电路的保护环设计

图 9-19 采用 SOT-23-5 封装的放大器输入端的"保护环"设计实例

LMC6082 输入端保护环的设计实例如图 9-20 所示，LMC6082 是一个精密双低失调电压的运算放大器，其失调电压为 150μV，输入偏置电流为 10fA，电压增益为 130dB。

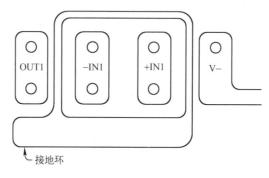

图 9-20　LMC6082 的输入端保护环的设计实例

OPA129 是一个超低偏置电流（1pA）差动运算放大器，其输入端保护环设计实例如图 9-21 所示。

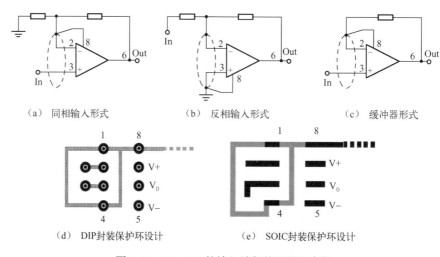

（a）同相输入形式　　　　　　（b）反相输入形式　　　　　　（c）缓冲器形式

（d）DIP封装保护环设计　　　　　　（e）SOIC封装保护环设计

图 9-21　OPA129 的输入端保护环设计实例

LTC 6084 是一个双通道、轨至轨输入/输出、单位增益稳定的 CMOS 运算放大器，具有 1pA 的输入偏置电流、1.5MHz 的增益带宽、0.5V/μs 的转换速率、0.75mV 的低失调电压。该放大器的输入端 PCB 保护环设计实例如图 9-22 所示。

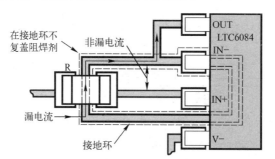

（a）单位增益配置，使用保护环屏蔽在高阻抗输入时电路板的漏电流

图 9-22　LTC 6084 的输入端 PCB 保护环设计实例

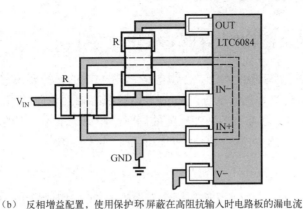

（b）反相增益配置，使用保护环屏蔽在高阻抗输入时电路板的漏电流

图 9-22　LTC 6084 的输入端 PCB 保护环设计实例（续）

9.2.3　单端输入差分输出放大器 PCB 的对称设计

在单端输入差分输出放大器电路中，PCB 的对称设计是重要的，如图 9-23 所示。图中，ISL55016 是一个高性能的增益模块，其单端输入阻抗为 75Ω，差分输出阻抗为 100Ω，可匹配 75Ω 单端信号源到 100Ω 差分负载，用作单端至差分转换器可以不需要不平衡变压器[121]。

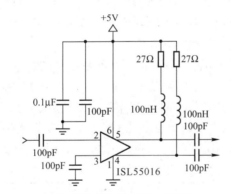

（a）单输入差分输出放大器电路

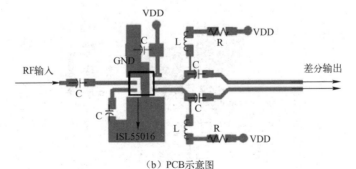

（b）PCB 示意图

图 9-23　单端输入差分输出放大器电路的 PCB 对称设计

▶ 9.2.4　蜂窝电话音频放大器 PCB 设计

蜂窝电话的音频功能在持续增加，音频电路 PCB 布线的设计要求在不断提高。现代蜂窝电话几乎囊括了便携式的所有子系统，每个子系统都有相互矛盾的需求。一个设计完美的 PCB 必须在充分发挥每个互连设备性能优势的同时，避免子系统之间的相互干扰，因此，针对相互冲突的要求，不得不对每个子系统的性能进行折中考虑[122]。

1. 元器件布局

任何 PCB 设计的第一步当然是选择每个元器件的 PCB 摆放位置。仔细进行元器件布局可以减少信号互连、地线划分、噪声耦合及电路板的占用面积。

蜂窝电话包含数字电路和模拟电路。为了防止数字噪声对敏感的模拟电路的干扰，必须将两者分隔开。把 PCB 划分成数字区和模拟区有助于改善此类电路的布线性能。虽然蜂窝电话的 RF 部分通常被当作模拟电路处理，但由于在许多设计中需要关注的一个共同问题是 RF 噪声，即需要防止 RF 噪声耦合到音频电路，经过解调后产生听觉噪声，故为了解决这个问题，需要把 RF 电路和模拟电路中的音频电路尽可能分隔开。

将 PCB 划分成模拟、数字和 RF 区域后，需要考虑模拟部分的元器件的布置。元器件布局要使音频信号的路径最短，使音频放大器尽可能靠近耳机插孔和扬声器放置，使 D 类音频放大器的 EMI 辐射最小，使耳机信号的耦合噪声最小。模拟音频信号必须尽可能靠近音频放大器的输入端，使输入耦合噪声最小。所有输入引线对 RF 信号来说都是一根天线，缩短引线长度有助于降低相应频段的天线辐射效应。

图 9-24 给出的是一个不合理的音频放大器元器件布局图，其中比较严重的问题是音频放大器离音频信号输入太远，由于引线从嘈杂的数字电路和开关电路附近穿过，从而增加了噪声耦合的概率。较长的引线也增强了 RF 天线效应。在 GSM 蜂窝电话中，这些天线能够拾取 GSM 发射信号，并将其馈入音频放大器。几乎所有放大器都能在一定程度上解调 217Hz 包络，在输出端产生噪声。当情况糟糕时，噪声可能会将音频信号完全淹没掉。缩短输入引线的长度能够有效降低耦合到音频放大器的噪声。

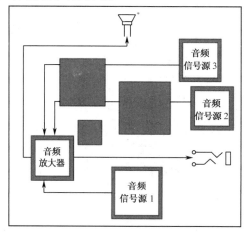

图 9-24　不合理的音频放大器元器件布局图

如图 9-24 所示的元器件布局还存在另外一个问题，即音频放大器距离扬声器和耳机插座太远。如果音频放大器采用的是 D 类放大器，较长的耳机引线会增大该放大器的 EMI 辐射。这种辐射有可能导致设备无法通过各地政府所制定的测试标准。较长的耳机和麦克风引线还会增大引线阻抗，降低负载能够获取的功率。最后，因为元器件布置得如此分散，元器件之间的连线将不得不穿过其他子系统，这不仅会增加音频部分的布线难度，也增大了其他子系统的布线难度。

一个修改后（合理）的音频放大器元器件布局图如图 9-25 所示，重新排列的元器件能够更有效地利用空间，缩短引线长度。注意，所有音频电路均分配在耳机插孔和扬声器附近，音频输入、输出引线比上述方案短得多，而且 PCB 的其他区域也没有放置音频电路。这样的设计能够全面降低系统噪声，减小 RF 干扰，并且布线简单。

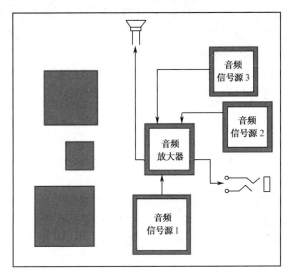

图 9-25　合理的音频放大器元器件布局图

2．信号通路的设计

信号通路对音频输出噪声和失真的影响非常有限，也就是说为了保证性能需要提供的折中措施很有限。

扬声器放大器通常由电池直接供电，需要相当大的电流。如果使用长而细的电源引线，会增大电源纹波。与短而宽的引线相比，又长又细的引线阻抗较大，而由引线阻抗产生的电流变化会转变成电压变化并馈送到元器件内部。

通路还应该尽可能使用差分信号。由于差分输入具有较高的噪声抑制功能，故使得差分接收器能够抑制正、负信号线上的共模噪声。为充分利用差分放大器的优势，布线时保持相同的差分信号线对的长度非常重要，而且应使其具有相同的阻抗，且两者尽可能相互靠近，以使耦合噪声相同。放大器的差分输入对抑制来自系统数字电路的噪声非常有效。

3．接地规则

对于音频电路，接地对于是否能够达到音频系统的性能要求来说至关重要。不合理的地线会导致较大的信号失真，产生高噪声、强干扰，并降低 RF 抑制能力。设计人员需要在地线布局上投入大量的时间，而且仔细进行地线布置能够避免许多棘手问题。

对于任何系统中的接地有两个重要考虑：首先它是流过元器件的电流返回路径，其次它是数字和模拟电路的参考电位。保证地线任意一点的电压相同看似简单，实际则是十分困难的，因为所有引线都具有阻抗，只要地线有电流流过，就会产生相应的压降。电路引线还会形成电感，这意味着电流从电池流向负载，然后返回电池，在整个电流通道上存在一定的电感。工作在较高频率时，电感将增大地线阻抗。

为特定的音频电路设计最佳的地线布局并非易事，下面给出适用于所有系统的一般性规则。

（1）不同类型的电路要求布置到了不同区域，且模拟区域和数字区域要求明确的划分。穿越模拟区域和数字区域边界的唯一信号线是 I^2C 等控制信号。数字信号线需要有一个直接的返回路径，以确保数字信号只存在于数字区域，没有接地层分割导致的数字地电流。该设计保证了大部分接地平面是连续的，就是使数字区域有一些中断，但彼此之间的距离足够远，这也可以保证电流通道的顺畅。

（2）为数字电路建立一个连续的接地平面

因为数字信号电流会通过接地平面返回，故要求该信号电流的返回路径的环路面积应保持最小，以降低天线效应和寄生电感。应确保所有的数字信号线都具有对应的接地平面（返回路径），该接地平面的覆盖面积应与数字信号线覆盖面积相同，而且具有尽可能少的断点。因为接地平面的断点会使数字信号电流返回路径的环路增大。

（3）保证地电流隔离

数字电路和模拟电路的地电流要保持隔离，以阻止数字电流对模拟电路的干扰。为了达到这一目标，需要正确排列元器件。如果把模拟电路布置在 PCB 的一个区域，把数字电路布置在另一区域，则地电流会自然隔离开。最好使模拟电路具有独立的 PCB 分层。

（4）模拟电路采用星型接地

星型接地是指将 PCB 的一点看作公共接地点，而且只有这一点被当作地电位。在蜂窝电话中，电池地端通常被当作星型接地点，所有地电流都将返回这个接地点。由于音频放大器会吸收相当大的电流，这会影响电路本身的参考地和其他系统的参考地，所以为了解决这一问题，最好提供一个专用的返回回路桥接放大器的功率地和耳机插孔的地回路。

模拟接地层的断点要求可以确保 D 类放大器和电荷泵的电流直接返回星型接地点，而不会干扰其他模拟层。另外，还需注意耳机插孔有一条引线，它可用于直接将耳机地电流返回到星型接地点。

注意：这些专用的回路不要穿越数字信号线，因为它们会影响数字信号返回电流。

（5）将旁路电容的效能发挥到最大化

几乎所有器件都需要一个旁路电容，以提供电源不能提供的瞬态电流。这些电容需尽可能靠近电源引脚放置，以减少电容和器件引脚之间的寄生电感（电感会降低旁路电容的作用）。另外，电容必须具有较低的接地阻抗，以降低电容的高频阻抗。电容的接地引脚应直接接到接地层，不要通过一段引线后再接地。

（6）将所有不使用的 PCB 区域覆铜用作接地层

两片铜箔彼此靠近时，它们之间就会形成一个小的耦合电容。在信号线附近布上地线，则信号线上的高频噪声会被短路到接地层。

4．PCB 的散热设计

在工业标准 TQFN 封装中，裸露的焊盘是 IC 散热的主要途径。对底部有裸露焊盘的封装来说，PCB 及其覆铜层是 D 类放大器主要的散热渠道。将音频放大器贴装到常见的 PCB 上时，最好将裸露焊盘焊接到大面积覆铜块上，且尽可能在覆铜块与临近的具有等电势的音频放大器引脚，以及其他元器件之间多布一些覆铜。如图 9-26 所示，覆铜层与散热焊盘的右上方和右下方相连。覆铜走线应尽可能宽，因为这将影响到系统的整体散热性能。与裸露焊盘相接的覆铜块应该用多个过孔连到 PCB 背面的其他覆铜块上。该覆铜块应该在满足系统信号走线的要求下具有尽可能大的面积。

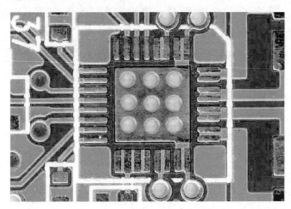

图 9-26　音频放大器采用 TQFN 或 TQFP 封装时，裸露焊盘是其主要散热通道

应尽量加宽所有与元器件的连线，这将有益于改善系统的散热性能。虽然 IC 的引脚并不是主要的散热通道，但实际应用中仍然会少量发热。在图 9-27 给出的 PCB 中，采用宽的连线将音频放大器的输出与图右侧的两个电感连接在一起。在这种情况下，电感的铜芯绕线也可为音频放大器提供额外的散热通道。虽然这样对整体热性能的改善程度不到 10%，但这样的改善却会给系统带来两种截然不同的结果，即使系统具备较理想的散热或出现较严重的发热。

图 9-27　音频放大器右边的宽走线有助于导热

当音频放大器在较高的环境温度下工作时，增加外部散热片可以改善 PCB 的散热性能。该散热片的热阻必须尽可能小，以使散热性能最佳。采用底部的裸露焊盘后，PCB 底部往往是热阻最低的散热通道。IC 的顶部并不是 IC 的主要散热通道，因此在此安装散热片不合算。通常可以采用一个 PCB 表贴散热片，将该散热片焊接在 PCB 上。采用 PCB 表贴散热片是兼顾尺寸、成本、装配方便性和散热性能的理想选择。

5. 蜂窝电话音频放大器 PCB 设计实例

MAX9775/MAX9776 结合了高效 D 类立体声/单声道音频放大器、单声道 DirectDrive 接收放大器和立体声 DirectDrive 耳机放大器；MAX9775/MAX9776 采用 5V 供电，可为每个通道的 4Ω 负载提供最大 1.5W 功率，同时效率高达 79%，而且有源辐射限制电路和扩频调制模式极大地降低了 EMI，消除了传统 D 类放大器中常见的输出滤波；MAX9775/MAX9776 具有全差分结构、桥接负载输出，以及全面的"咔嗒""噼噗"声抑制功能。MAX9775 具有 3D 立体增强功能，可拓宽立体声声场，使听众获得比其他便携式应用更纯净、更丰富的声音体验。该器件采用了灵活的、用户定义的混音器架构，包括输入混音器、音量控制器和输出混音器。其所有控制都通过 I²C 接口完成。其单声道接收放大器和立体声耳机放大器采用 Maxim 专利的 DirectDrive 结构，在单电源供电时提供以地为参考的输出，无须使用大容量隔直电容，从而节省了成本和电路板空间，降低了器件高度。MAX9775 采用 36 焊球 UCSP（3mm×3mm）封装。MAX9776 采用 32 引脚 TQFN（5mm×5mm）或 36 焊球 UCSP（3mm×3mm）封装。两种器件的额定工作温度范围为–40～+85℃。更多的内容请登录相关网站查询。

一个 MAX9775/MAX9776 应用电路的 PCB 设计图[123]如图 9-28 所示，电原理图请登录相关网站查询。

在如图 9-28 所示的 MAX9775/MAX9776 应用电路的 PCB 设计图中，不同类型的电路被布置到了不同区域，且模拟区域和数字区域被做了明确的划分。穿越模拟区域和数字区域边界的唯一信号线是 I²C 控制信号。数字信号线需要有一个直接的返回路径，以确保数字信号只存在于数字区域，没有接地层分割导致的数字地电流。该设计保证了大部分接地平面是连续的，就是使数字区域有一些中断，但彼此之间的距离足够远，这也可以保证电流通道的顺畅。

星型接地点在 PCB 顶层的左上角。模拟接地层的断点可以确保 D 类放大器和电荷泵的电流直接返回星型接地点，而不会干扰其他模拟层。另外，还需注意耳机插孔有一条引线，它可用于直接将耳机地电流返回到星型接地点。

> **注意**：良好的 PCB 设计是一件耗时且极具挑战性的工作，但这种投入也的确是值得的。好的 PCB 布线有助于降低系统噪声，提高 RF 信号的抑制能力，减小信号失真。好的 PCB 设计还会改善 EMI 性能，有可能需要更少的屏蔽。如果 PCB 不合理，会在测试阶段出现本来可以避免的问题。如果这时再采取措施，可能为时已晚，很难解决所面临的问题，还需要投入更多的时间、花费更大的精力，有时甚至还不得不添加额外的元器件，从而增加了系统成本和复杂性。

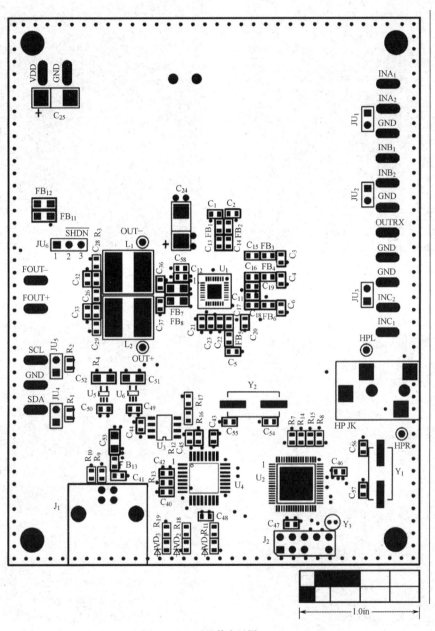

（a）元器件布局图

图 9-28　MAX9775/MAX9776 应用电路的 PCB 设计图

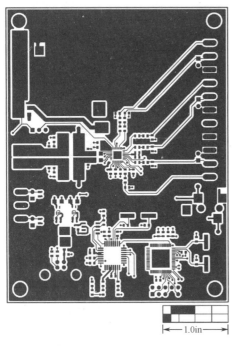

（b）顶层（元器件面）

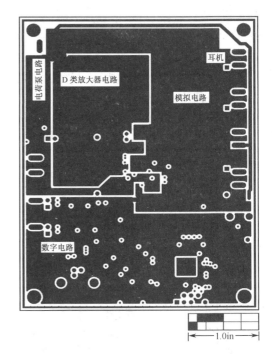

（c）第2层（接地层）

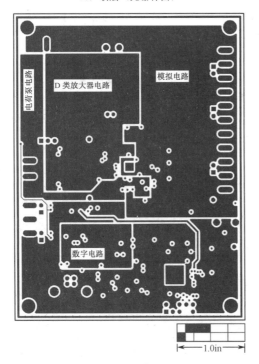

（d）第3层（电源层）

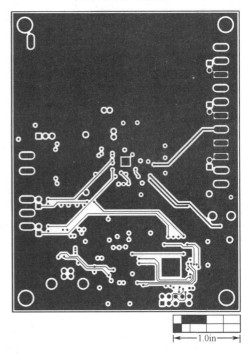

（e）底层（焊接面）

图 9-28　MAX9775/MAX9776 应用电路的 PCB 设计图（续）

9.2.5　参数测量单元（PMU）的 PCB 布线要求

Maxim 公司的 MAX9949/MAX9950 双路参数测量单元（PMU）采用小尺寸封装，具有较宽的加载和测量范围及较高的精度，非常适合自动测试设备（ATE）和其他需要每引脚或每点一个 PMU 的仪器。MAX9949/MAX9950 的加载或测量电压范围为–2～+7V 或–7～+13V，这取决于电源电压（V_{CC} 和 V_{EE}）。MAX9949/MAX9950 在满电流下可处理高达+30V 的电源电压（V_{CC} 至 V_{EE}）和 20V 被测设备（DUT）的电压摆幅。MAX9949/MAX9950 还可以加载或测量高达±25mA 的电流，满量程范围可低至±2μA。其集成的支持电路简化了外部缓冲放大器的使用，以处理±25mA 以上的电流范围；MSR_输出端提供一个与测量输出电压或电流成正比的电压；集成比较器具有外部设定的电压门限，为电压或电流提供检测；MSR_与比较器输出可被置为高阻状态；集成电压钳位电路能够将加载输出限制在外部设定值；测量电压可被偏移在–0.2～+4.4V（IOS），这一功能允许将控制或测量信号的中心调节到外部 DAC 或 ADC 范围内。

MAX9949D/MAX9950D 在 FORCE_引脚和 SENSE_引脚之间集成了 10kΩ加载感应电阻。MAX9949F/MAX9950F 没有内部加载感应电阻。MAX9949/MAX9950 采用 64 引脚 10mm×10mm、高 0.5mm 的 TQFP 封装，在封装顶部（MAX9949）或底部（MAX9950）具有一个 8mm×8mm 的裸露焊盘，用于增强散热效应。裸露焊盘内部连接至 U_{EE}。MAX9949/MAX9950 工作于商业级温度范围（0～+70℃）。有关 MAX9949/MAX9950 更详细的资料和应用电路请登录相关网站查询。

MAX9949/MAX9950 双路参数测量单元（PMU）的 PCB 布线要求有如下几个。

① 应使用具有单独的电源层和接地层的多层 PCB。电源层和接地层的覆铜厚度应为 1oz。如果所采用电路板的层数有限，则可以将 V_{CC}、V_{EE} 和 V_L 等多个不同的电源电压都设计在同一个电源层。

> 注意：因为模拟地（AGND）是内部电路的参考地，所以应当尽可能保持干净。因此，器件数字部分的工作电流应避免流过模拟输入端附近的模拟接地平面。最好的办法是将接地平面分割为模拟地和数字地（DGND）。但是如果电路板的布线水平高，则接地平面也是可以公用的。

② 放大电路的补偿电容 CCM 应放置在离 PMU 尽可能近的地方，以减少寄生效应（请参考 MAX9949/50 数据手册的功能框图部分）。

③ 由于 PMU 可以测量非常小的电流信号，所以它对噪声非常敏感。信号输入端口（RxCOM、RxA、RxB、RxC、RxD 和 RxE）应当与那些具有大的电流噪声的端口（如数字开关端口）进行充分隔离。同理，检测电流信号的输入端口 RxDx 和 RxAx 也应如此。

④ DUTHx 和 DUTLx 的比较器输出部分能产生很大的 dv/dt 噪声，因此这些输出端口应当与 PMU 的敏感信号输入端口进行充分隔离。

⑤ 数字信号输入端口也应当与 PMU 的敏感信号输入端口充分隔离。

⑥ 当使用内部比较器（尤其是采用公用接地平面设计时）作为 1 位 ADC，或当比较器电平与模拟输入非常接近时，应当将比较器上拉电阻增大到 10kΩ，并且并联一个 1nF 的电

容。请注意，这将显著增大比较器的上升时间。比较器输出为低电平有效。

⑦ 所有供电端都应当在尽可能靠近 PMU 引脚的位置放置高频旁路电容。大多数情况下，0.1μF 的陶瓷电容即可满足要求。MAX9949/MAX9950 能为负载提供高达 25mA 的驱动电流。对于使用低阻抗负载或容性负载的应用场合，需要电源端提供更大的电流。在每 4～6 个 PMU 的电源引脚端上增添一些 1μF 的旁路电容，将有助于改善电路的动态特性。

⑧ PMU 的主放大器经过一个 120pF 电容补偿后，对于高达 2500pF 的负载可保持稳定。小的补偿电容可以获得快速的上升时间（速度），但延长了放大器的建立时间。

⑨ MAX9949/MAX9950 采用 64-TQFP 封装，具有高效的散热性能。有两种封装供用户选择：裸露焊盘位于封装顶部（-EPR）或位于封装底部（-EP）。在使用封装底部导热的器件时，电路板上的散热焊盘应做在顶部布线层。请注意，裸露的焊盘在电气上已连接到芯片的负电源（V_{EE}），因此该焊盘必须连接在系统的 V_{EE} 上或保持浮空。不要将裸露焊盘连接到其他电气网络上。裸露焊盘的宽度和长度不要超出散热焊盘 1mm。可以参考 EIA/JEDEC 标准的 JESD51-5 和 JESD51-7，以进一步了解设计细节。

在采用封装顶部导热的器件时，建议采用有效的散热措施。在封装顶部应安装一个液冷硅树脂散热器或水冷/液冷散热片。请务必注意，裸露焊盘在电气上已连接到芯片的负电源（V_{EE}）上。通过合理选择外围元器件和布线，用户能在最终产品中充分发挥 PMU 的高精度和高效性能。

9.2.6 D 类功率放大器 PCB 设计

TDA7482 是相关网站推出的音频用 D 类功率放大器 IC，其额定输出功率为 25W（R_L=4～8Ω，THD≤10%），脉宽调制的载频工作频率为 100～200kHz，工作电压范围为±10～±25V，最大功耗为 3.8W。它内设有过流、过压、过热、过载保护装置，主要用于高效率场合，如大屏幕彩色电视机的伴音系统和家用立体声装置等。更多的内容请登录相关网站查询。

1. 布局的基本原则

TDA7482 的电原理图和 PCB 布局图[124]如图 9-29 所示。

TDA7482 的功率管工作在开关状态，频率高、电流大，且与电源部分靠得近，而该功放电路通常采用开关电源供电，干扰和纹波系数较大，因此，在 PCB 布局上，要把模拟输入信号、PWM 输出信号和电源这三部分合理地分开，使相互间的耦合最小，即要求放大器的模拟输入部分与其他部分分开，电源输入和去耦滤波元件也要与输出部分分开。此外，还要考虑电源变压器的方向性，使之对电路的辐射最小。

设计元器件在 PCB 上排列的位置时要考虑抗电磁干扰，各部件之间的引线要尽量短。

对电磁场辐射较强的元器件（如 L_1）和对电磁感应较敏感的元器件（如 C_2、C_3），应加以屏蔽，或远离电磁场辐射源，以减少干扰。

应尽可能缩短高频元器件之间的连线，设法减少它们的分布参数和相互间的电磁干扰。易受干扰的元器件不能相互挨得太近，且输入和输出元器件应尽量远离。

由于有些元器件或导线之间有较高的电位差，故应加大它们之间的距离，以免放电出现意外短路。带高电压的元器件（如电源开关）应尽量布置在调试时手不易触及的地方。

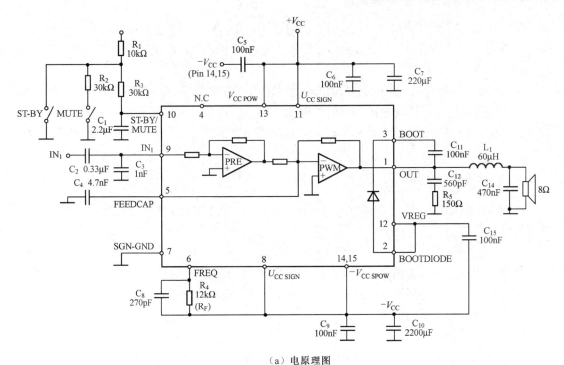

（a）电原理图

（b）PCB 布局图

图 9-29　TDA7482 的电原理图和 PCB 布局图

2．布线的基本原则

① 输入端和输出端用的导线应尽量避免相邻平行，最好加线间地线，以免发生反馈耦合。

② 各级走线应尽可能短，元器件应尽量靠拢，大信号、高阻抗的走线更要注意。音频的输入和输出线也不宜长，否则易感应交流信号。

③ 导线的最小宽度主要由导线与绝缘基板间的黏附强度和流过它们的电流值决定。当铜

箔厚度为 0.05mm，宽度为 1～15mm 时，可通过 2A 的电流，功率放大器可选 0.5～5mm 导线宽度。导线的最小间距主要由最坏情况下的线间绝缘电阻和击穿电压决定，间距可以小至 5～8mm。

④ 印制导线拐弯处一般采用圆弧形，采用直角或夹角在高频电路中会影响电气性能。45°外斜切面拐角线的传输性能和反射性能要优于其他拐角线。圆弧的拐角线的传输性能和反射性最好，但对制板的工艺要求比较高，会增加生产成本。通常采用 45°外斜切面拐角走线也能满足设计要求。

3. 抗干扰设计措施

PCB 的抗干扰设计针对不同电路有不同的要求，D 类功率放大器（以下简称功放）的 PCB 抗干扰设计措施如下。

（1）电源线的设计

在直流电源回路中，负载的变化会引起电源噪声。根据流过 PCB 电流的大小，应尽量加粗电源线宽度，以减小环路电阻。同时应使电源线和地线的走向和数据传递的方向一致，这样有助于增强抗噪声能力。

（2）地线的设计

地线比电源线更重要。要想克服电磁干扰，地线的设计是最主要的手段之一。地线的布线要特别讲究，通常采用的是单点接地法，即将模拟地、数字地和大功率元器件地分开，最后都汇集到电源地。该功放的地线结构有系统地、机壳地、数字地和模拟地等。地线的设计原则如下。

① 数字地与模拟地分开。由于该功放既有逻辑电路又有线性电路，故应使它们尽量分开，分别与电源端地线相连，并尽可能加大线性电路的接地面积。模拟音频的地应尽量采用单点并联接地。

② 地线应尽量加粗。若地线很细，接地电位则会随电流变化，致使功放电路的信号电平不稳，抗噪声性能变坏。通常使地线能通过 3 倍的功放电流。该功放的地线应在 3～6mm 或以上。

③ 正确选择单点接地与多点接地。该功放的模拟部分的工作频率低，且其布线和元器件间的电感影响较小，而接地电路形成的环流对干扰影响较大，因而应采用单点接地。当数字部分的工作频率高于 10MHz 时，地线阻抗会变得很大，此时应尽量降低地线阻抗，并就近多点接地。当工作频率在 1～10MHz 时，如果采用单点接地，地线长度不应超过波长的 1/20，否则应采用多点接地法。虽然该功放的数字部分的开关频率为 125kHz，但由于谐波的影响，所以采用多点接地更好。

④ 将地线构成闭环路。对于数字功放的 PCB，将地线设计成闭环路可以明显地提高其抗噪声能力。其原因在于：电路中的耗电元器件多，因受地线粗细的限制，会在地线上产生较大的电位差，引起抗噪声能力下降，若将接地构成环路，则会缩小电位差，提高功放电路的抗噪声能力。

（3）信号线的设计

当功率放大器电路与 PCB 以外的弱信号相连时，通常采用屏蔽电缆。对于高频和数字信号而言，屏蔽电缆两端都接地。该功放模拟音频信号用的屏蔽电缆采用一端接地为好，而 PCB

中的信号走线应尽量短并避开干扰源。

4．配套开关电源的 EMC

配套开关电源在向功放供电的同时，也将噪声加到了电路中。功放电路的信号输入、振荡及控制部分最容易受外界噪声的干扰。电网上的强干扰会通过电源进入电路，而电路中的模拟信号最容易受到来自电源的干扰。电源对电网的传导骚扰及辐射骚扰是敏感的。电源的非线性电流、功率晶体管外壳与散热器之间的耦合，均会在电源输入端产生共模噪声。

为降低噪声干扰，可以采用如下措施：对配套开关电源的开关电压波形进行修整；在晶体管与散热器之间加装带屏蔽层的绝缘垫片；在市电输入端加接互感滤波器，并减小环路面积；在二次侧整流回路中使用的软恢复二极管上并联聚酯薄膜电容等。

9.3 消除热电压影响的 PCB 设计

9.3.1 PCB 上的热结点

在高精度直流放大器电路设计中，为了实现±1μV 量级的高直流精度，需要最大限度降低许多物理误差的影响。PCB 接线和温度环境的设计对所要实现的精度有很大的影响。拙劣的 PCB 设计产生的影响，很容易导致精度比运算放大器[例如 MCP6V01/2/3，V_{OS} 为±2μV（最大值），V_{OS} 漂移为±50nV/℃（最大值)]最小值和最大值规范糟糕 100 倍以上。

将两种不同金属连接在一起时，在结点两端会产生依赖温度的电压 [Seebeck（塞贝克）或热结点效应]。热电偶就是利用这种效应来测量温度的。

在一个小的温度范围内，温度和热电电压之间存在一个线性关系，其关系[125-126] 如式（9-8）所示。在 PCB 上的结的塞贝克系数是典型的，但也并非总是如此，低于±100μV/℃。

$$\Delta V_{TH} \approx k_J(T_J - T_{REF}) \tag{9-8}$$

$$V_{TH} = V_{REF} + \Delta V_{TH} \tag{9-9}$$

式中，ΔV_{TH} 为 Seebeck 电压的变化（V）；k_J 为 Seebeck 系数（V/℃），T_J 为结点温度（℃）；T_{REF} 为基准温度（℃）；V_{TH} 为 Seebeck 电压（V）；V_{REF} 为在 T_{REF} 的 Seebeck 电压（V）。

典型热结点的温度/电压转换系数为 10～100μV/℃（有时更高）。

在 PCB 上的热结点举例如下：

- 焊接到铜箔焊盘上的元器件（电阻和运放等）；
- 与 PCB 机械连接的接线；
- 跳线；
- 焊点；
- PCB 过孔。

例如图 9-30 所示，安装在 PCB 上的电阻有 4 个结点（连接点）。

为了便于说明问题，我们使用一个任意值假设热电偶结点参数，如表 9-1 所示。

请注意，结点 1 和结点 4 所示的值是相同的，但极性是相反的，这是考虑到这些结点电流流过的方向（这同样也适用于结点 2 和结点 3）。

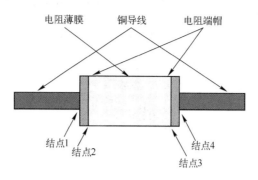

图 9-30　安装在 PCB 上的电阻

表 9-1　假设的热电偶结点参数

结点	V_{REF}（mV）	K_J（μV/℃）
1	10	40
2	-4	-10
3	4	10
4	-10	-40

注：1. 假定 V_{REF} 和 K_J 的极性方向为从左到右的水平方向。
　　2. T_{REF}= 25℃。T_{REF} 是热电偶的基准点的温度，与热电偶的工作原理有关。

在图 9-31 中，假定在 PCB 上的温度是恒定的，这意味着结点是在相同的温度下。假设温度是 125℃，并且左边的 PCB 导线上的电压为 0V，各结点的 Seebeck 电压[125-126]如图 9-31 所示。

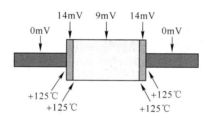

图 9-31　各结点的 Seebeck 电压

注意，V_{TH} 是从一个导体到另一个导体的电压变化。
有三种基本方法可以最大限度降低热结点效应：
● 最大限度降低热梯度；
● 消除热结点电压；
● 最大限度降低金属之间的热势差。

▶ 9.3.2　温度等高线

一个典型的反相放大器电路、PCB 布局和热源产生的等高线[125-126]如图 9-32 所示。在这个电路中，R_N、R_G 和 R_F 是关键的元器件。恒定的温度等高线如图 9-32（b）所示，电阻的放置应与这些温度等高线平行，以使在它们之间的温度降最小化。

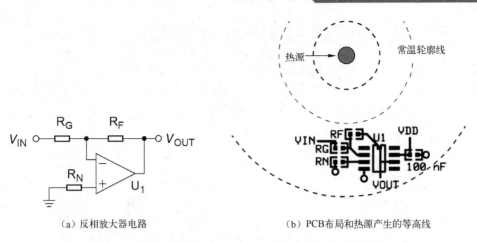

（a）反相放大器电路　　　　　　　（b）PCB布局和热源产生的等高线

图 9-32　反相放大器电路、PCB 布局和热源产生的等高线

9.3.3　电阻的 PCB 布局和热电压模型

　　一个电阻的 PCB 布局和热电压模型[125-126]如图 9-33 所示，图 9-33（a）为单个电阻的 PCB 布局和热电压模型；图 9-33（b）为两个电阻串联的 PCB 布局和热电压模型，$R_{1A} = R_{1B} = R_1/2$；图（c）为两个电阻并联的 PCB 布局和热电压模型，$R_{1A} = R_{1B} = 2R_1$。

　　在图 9-33 中，V_{THx} 是电阻 X 方向（水平方向）布局产生的热电压，V_{THy} 是电阻 Y 方向（垂直方向）布局产生的热电压。

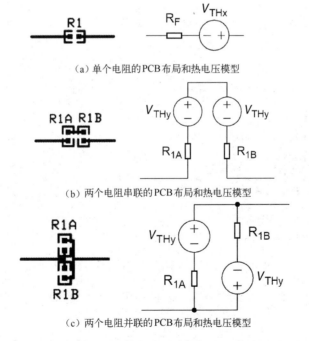

（a）单个电阻的 PCB 布局和热电压模型

（b）两个电阻串联的 PCB 布局和热电压模型

（c）两个电阻并联的 PCB 布局和热电压模型

图 9-33　电阻的 PCB 布局和热电压模型

345

9.3.4 同相放大器的热电压模型

一个同相放大器电路的PCB布局和热电压模型[125-126]如图9-34所示，图中，

$$增益 G_N = 1 + R_F/R_G \tag{9-10}$$

$$V_{OUT} = (V_{IN} + V_{THx})G_N - V_{THx}(G_N - 1) + V_{THy}$$
$$= V_{IN}G_N + V_{THx} + V_{THy} \tag{9-11}$$

从式（9-11）可见，电阻产生的热电压对输出电压有影响。

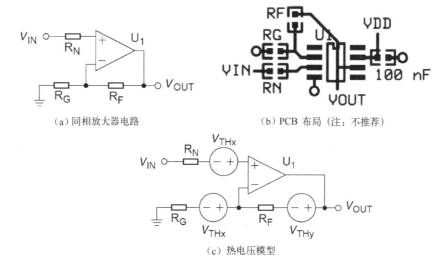

（a）同相放大器电路　　　　（b）PCB布局（注：不推荐）

（c）热电压模型

图 9-34　同相放大器电路的 PCB 布局和热电压模型 1

一个同相放大器电路的 PCB 布局和热电压模型 2[125-126]如图 9-35 所示，图中，

$$增益 G_N = 1 + R_F/R_G \tag{9-12}$$

$$V_{OUT} = (V_{IN} + V_{THx})G_N - V_{THx}(G_N - 1) + V_{THx}$$
$$= V_{IN}G_N + 2V_{THx} \tag{9-13}$$

从式（9-13）可见，电阻产生的热电压对输出电压有影响。

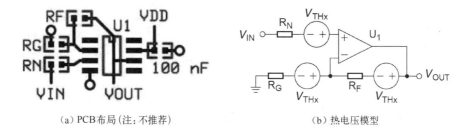

（a）PCB布局（注：不推荐）　　　　（b）热电压模型

图 9-35　同相放大器电路的 PCB 布局和热电压模型 2

一个同相放大器电路的 PCB 布局和热电压模型 3[85-86]如图 9-36 所示，图中，

$$增益 G_N = 1 + R_F/R_G \tag{9-14}$$

$$V_{OUT} = (V_{IN} + V_{THx})G_N - V_{THx}(G_N - 1) - V_{THx}$$
$$= V_{IN}G_N \tag{9-15}$$

从式（9-15）可见，电阻产生的热电压对输出电压的影响被消除了。

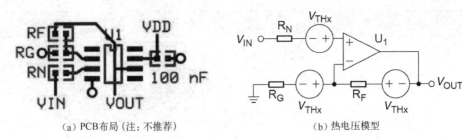

(a) PCB布局 (注: 不推荐)　　　　　　(b) 热电压模型

图 9-36　同相放大器电路的 PCB 布局和热电压模型 3

注: 其他结构的放大器也可以采用类似的方法进行分析。

9.3.5　消除热电压影响的同相和反相放大器 PCB 设计

一个单运算放大器构成的同相和反相放大器电路[125-126]如图 9-37 所示。通常, 为了最大限度降低与输入偏置电流相关的失调电压, 选择的 R_1 应等于 $R_2 \| R_3$。

在图 9-37 中的末端具有接地通孔防护走线 (通孔连接到接地平面) 可以帮助最大限度降低热梯度。通过电阻布局形式可以消除电阻热电压 (假设电阻附近的温度梯度恒定)。

在图 9-37 中, 有

$$V_{OUT} \approx V_P G_P, \quad V_M = GND \tag{9-16}$$

$$V_{OUT} \approx -V_M G_M, \quad V_P = GND \tag{9-17}$$

式中, 反相增益 $G_M = R_3/R_2$; 同相增益 $G_P = 1 + G_M$; V_{OS} 被忽略。

注意: 改变电阻方向通常会导致热电压消除效果明显下降。

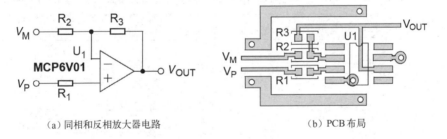

(a) 同相和反相放大器电路　　　　　　(b) PCB布局

图 9-37　单运放同相和反相放大器电路和 PCB 设计

9.3.6　消除热电压影响的差动放大器 PCB 设计

一个单运算放大器构成的差动放大器电路[125-126]如图 9-38 所示。通常, 选择 $R_1 = R_2$ 和 $R_3 = R_4$。

在图 9-38 中的末端具有接地通孔防护走线 (通孔连接到接地平面) 可以帮助最大限度降低热梯度。通过电阻布局可以消除电阻热电压 (假设电阻附近的温度梯度恒定)。

在图 9-38 中, 有

$$V_{OUT} \approx V_{REF} + (V_P - V_M)G_{DM} \tag{9-18}$$

式中, 热电压大致相等; 差动增益 $G_{DM} = R_3/R_1 = R_4/R_2$; V_{OS} 被忽略。

注意： 改变电阻方向通常会导致热电压消除效果明显下降。

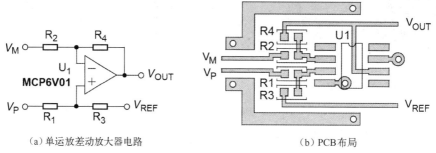

（a）单运放差动放大器电路　　　　　　　　　（b）PCB 布局

图 9-38　单运放差动放大器电路和 PCB 设计

9.3.7　消除热电压影响的双运放同相放大器 PCB 设计

一个采用双运算放大器构成的同相放大器（仪表放大器）电路[125-126]如图9-39所示，两侧之间的增益设置电阻（R_2）没有组合在一起，可以消除热电压。双运放放大器产生的同相差动增益可以大于1，共模增益等于1。

在图9-39中的末端具有接地通孔防护走线（通孔连接到接地平面），可以帮助最大限度降低热梯度。通过电阻布局可以消除电阻热电压（假设电阻附近的温度梯度恒定）。

在图9-39中，有

$$(V_{OA}- V_{OB}) \approx (V_{IA}-V_{IB})G_{DM} \tag{9-19}$$

$$(V_{OA}+ V_{OB})/2 \approx (V_{IA}+V_{IB})/2 \tag{9-20}$$

式中，热电压大致相等；差分模式增益 $G_{DM} = 1 + R_3/R_2$；共模增益 $G_{CM} = 1$；V_{OS} 被忽略。

注意： 改变电阻方向通常会导致热电压消除效果明显下降。

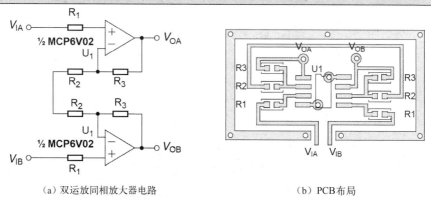

（a）双运放同相放大器电路　　　　　　　　　（b）PCB 布局

图 9-39　双运放同相放大器电路和 PCB 设计

9.3.8　其他消除热电压影响的 PCB 设计技巧

1．消除单个电阻的热结点电压[125-126]

需要消除单个电阻的热结点电压时，如图9-40所示，可以将电阻拆分为两个相等的电阻。

为了使电阻附近的热梯度尽可能小，采用对称布线方式，并且在外部围绕一个金属环。使 $R_{1A}=R_{1B}=R_1/2$，且 $R_{2A}=R_{2B}=2R_2$。

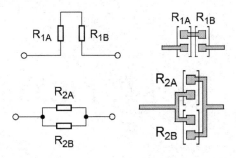

图 9-40　单个电阻的 PCB 布线

2. 最大限度降低关键元器件（电阻、运放和热源等）处的温度梯度[125-126]

（1）最大限度降低元器件处于不同温度的程度
- 使用体积小的元器件；
- 紧密排放；
- 屏蔽气流。

（2）与恒温线（等温线）对齐

放在 PCB 中线上。

（3）最大限度降低梯度量值
- 选择功耗低的元器件；
- 在需要配对的热结点处使用相同金属作为结点；
- 使用温度/电压系数很低的金属结点；
- 远离热源；
- 在下方设计接地平面（大面积）；
- FR-4 填缝材料（不使用铜箔，以便绝热）；
- 在走线中插入串联电阻（增加热阻和电阻）；
- 采取散热措施。

3. 使温度梯度指向一个方向

（1）添加防护走线
- 等温线沿走线分布；
- 连接到接地平面。

（2）形成所有的 FR-4 缝隙

等温线沿边缘分布。

第10章

高速数字电路的PCB设计

高速数字电路 PCB 设计的基础

▶ 10.1.1　时域与频域

信号可以在时间域（简称时域）中描述出来，也可以在频率域（简称频域）中描述出来。

1. 信号在时域中的相关概念

（1）连续信号与离散信号

连续信号是指强度随时间连续平稳变化的信号。离散信号是指强度在某段时间内保持某一恒定值，而在另一段时间内改变为另一恒定值的信号。

（2）周期信号与非周期信号

周期信号随时间的进展不断重复相同的信号形状。它在数学上表示为

$$s(t+T) = s(t), \ -\infty < t < +\infty \tag{10-1}$$

式中，常量 T 是周期信号的周期。不符合上述条件的信号则属于非周期信号。

（3）振幅、频率与相位

正弦波是一种基本的连续信号。一般的正弦波可用振幅（A）、频率（f）与相位（φ）这三个参数来描述。一般的正弦波可以表示为

$$S(t) = A\sin(2\pi f t + \varphi) \tag{10-2}$$

（4）波长

对于频率为 f 的信号的正弦波，当它在自由空间传播时，其频率与波长的关系为

$$\lambda = \frac{c}{f} \tag{10-3}$$

式中，$c = 3\times10^8$m/s，为电磁波在空间传播的速度；f 的单位为 Hz；λ 的单位为 m。

（5）测量仪器

在时域里，通常可以观察信号的上升时间，以及电路的传播延迟等电性参数，因此时域适合于较简单的电性等效模型的分析。当结构体的电子长度相当长时（如传输线），根据时域所测得的数据就能够建立电路的电性等效模型及相关参数。

示波器和时域反射（Time Domain Reflection，TDR）分析仪是观察时域信号的典型仪器。

2．信号在频域中的相关概念

（1）电磁波信号的构成

电磁波信号由基频信号与谐波信号构成。在实际应用中，电磁波信号由多个频率信号所构成。例如，信号

$$s(t) = \sin(2\pi f_1 t) + (1/3)\sin[2\pi(3f_1)t] \tag{10-4}$$

的波形如图 10-1 所示。

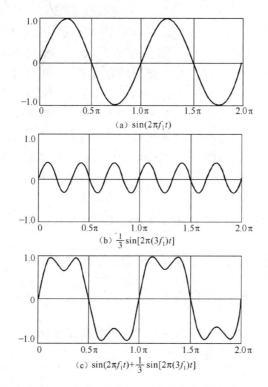

(a) $\sin(2\pi f_1 t)$

(b) $\frac{1}{3}\sin[2\pi(3f_1)t]$

(c) $\sin(2\pi f_1 t) + \frac{1}{3}\sin[2\pi(3f_1)t]$

图 10-1　时域函数波形（两个频率分量相加的情况，$T=1/f_1$）

由图 10-1 可知：

① 谐波频率是基频的整数倍（若信号的所有频率都是某一频率的整数倍时，就称该频率是基频）；

② 整个信号的周期等于基频的周期，如分量 $\sin(2\pi f_1 t)$ 的周期是 $T=1/f_1$，图 10-1（c）所示信号 $s(t)$ 的周期也是 T。

傅里叶分析可以证明：任何规范的周期性波形都可以表示成一系列频率为基频整数倍的正弦波/余弦波的叠加，当然有时也加上直流分量。

（2）时域函数与频域函数

每一个信号都存在一个时域函数 $s(t)$，它规定了每一时刻信号的振幅。同样，每个信号还有一个频域函数 $s(f)$，它规定了构成该信号的各个频率分量。图 10-2 描绘了图 10-1（c）中所示信号 $s(t) = \sin(2\pi f_1 t) + \frac{1}{3}\sin[2\pi(3f_1)t]$ 的频域函数波形。

> **注意：** 图 10-2 中的 $s(f)$ 是离散函数。在 f 轴线上 1 点处的直线是频率为 f_1 的正弦波信号 $[\sin(2\pi f_1 t)]$ 的频域表示形式。在 f 轴线上 3 点处的直线是频率为 $3f_1$ 的正弦波信号 $\left[\frac{1}{3}\sin(2\pi 3f_1)t\right]$ 的频域表示形式。

> **注意：** 在频域中表示信号时没有给出信号的相位，因此图 10-2 也可以作为余弦波的频域表示形式。

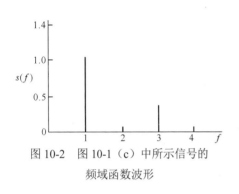

图 10-2　图 10-1（c）中所示信号的
频域函数波形

（3）频谱、信道与带宽

信号的频谱是指信号所包含频率分量的组成范围。图 10-1（c）中所示信号的频谱是 $f_1 \sim 3f_1$。信号的绝对带宽是其频谱的宽度，即所包含的频率范围。图 10-1（c）中所示信号的带宽是 $2f_1$。由图 10-2 可知，信号中的大部分能量都集中在相对较窄的频率上，通常把这一频率带称为有效带宽或带宽。除信号带宽外，在传输中还经常提到信道带宽。信道带宽指信道上能够传送信号的最大频率范围。

（4）直流分量

如果信号包括零频率分量，该分量就被称为直流分量或恒定分量。

（5）测量仪器

网络分析仪和阻抗分析仪是观察频域信号的典型测量仪器。

10.1.2　频宽与上升时间的关系

数字信号的"频宽"是指一个数字信号所含的最高频率分量。一个数字信号的"频宽"与上升时间的关系[116]为

$$\text{频宽} = \frac{0.35}{\text{上升时间}} \tag{10-5}$$

例如，一个上升时间为 0.5ns 的方波信号，其频宽达到 700MHz。从式（10-5）可知，一个数字信号的频宽与它的上升时间成反比，它们之间差了一个 0.35 的常数。当某个信号的上升时间发生变化时，它的频宽也会发生改变。对于高速数字电路而言，决定其所需频宽的是时钟脉冲信号的上升时间，而不是时钟脉冲信号的频率。

10.1.3　时钟脉冲信号的谐振频率

从傅里叶分析可知，一个时钟脉冲信号包含一系列频率为基频整数倍的正弦波/余弦波谐波成分。理论上，电路系统的任何组件都存在分布参数，即一条连接线都可能有寄生电容的存在，这种分布参数效应与连接线的导线电感一起会形成谐振现象，谐振频率为

$$f_r = \frac{1}{2\pi\sqrt{LC}} \tag{10-6}$$

式中，L 为导线电感；C 为分布电容；f_r 为电路分布参数效应所形成的第一个谐振频率。

假若时钟脉冲信号的高阶谐波临近 f_r，轻则时钟脉冲信号的振铃现象逐渐显著，重则导致系统遭受干扰而使得"噪声容限"变糟。为避免时钟脉冲信号的第五阶以下的谐波临近第一个有效的谐振频率，通常在设计时要求

$$f_r \geqslant n \times f_{\text{clock}}$$ （10-7）

式中，$n = 5$；f_{clock} 为时钟脉冲信号的基本频率。

10.1.4 电路的四种电性等效模型

电路的电性等效模型与电子材料的介电常数，传播路径的长度 L，信号的上升时间 t_r 及传播速度 v_p 有关。不同的材料和尺寸结构会在不同的信号速度情况下进入不同的电性等效模型。电路的电性等效模型可以分为全波模型、离散模型、集总模型和直流模型四种形式。

1. 全波模型

在麦克斯韦方程式中，是假设电磁波在一个无限大的平面上行进的，其中电场指向 x 方向，而磁场指向 y 方向，整个电磁波往 z 方向行进，其传播速度为光速，阻抗是电场对磁场的比值，在自由空间里为 377Ω。当此平面波碰到一个高传导的物体时，传播的方向会随即发生改变，因此如果适当地调整传播的物体，则平面波可以导入一个传输线里，称为"全波模型"。

在"全波模型"中，电缆电线变成了电磁场；接地层变成了电磁场，并产生了天线/谐振效应；分布效应隐含在解方程式里；在介电材料里形成了电磁场；趋肤效应完全显现出来了；有源器件变成了二维和三维等效电路。

可以选择"边际条件"用代表实际物体的几何结构及所使用的材料，来解"全波模型"的麦克斯韦方程式。但实际情况是即使是非常简单的结构体，都很难解出麦克斯韦方程式。解决的办法是引进电路理论的概念来取代麦克斯韦方程式的解答，同时通过各种假设使得电路理论变得比麦克斯韦方程式更容易"数学化"。

不过在利用麦克斯韦方程式分析电路的电性行为时，可以预测天线效应、接地层的谐振，以及趋肤效应，这是传统的电路理论很难做到的。

2. 离散模型

"离散模型"用传输线模型来表示。为了简化数学模型，用电容来描述电能，用电感来表示磁能，用电阻来代表转换为热的能量损耗。这些 R、L、C 组件被定义成没有实际尺寸，并且是用导线将它们串接起来的，同时它们不会造成损耗及延迟。利用这些电路组件，就可以不再需要麦克斯韦方程式和边际条件，而直接描述一个理想传输线的结构了。基本的传输线结构如图 10-3 所示，理论上，它是由无限多的 RLC 网络所组成的，然而为了计算方便，通常选择有限个 RLC 网络来代表它。

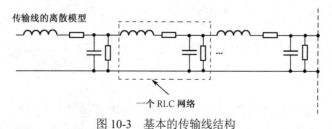

图 10-3 基本的传输线结构

在理想传输线的结构中，假设每个 RLC 网络的延迟时间远小于信号的波长或上升时间。必须注意的是，解麦克斯韦方程式就可以预估出趋肤效应或分布效应，而使用这种传输线模型是没有办法预估出趋肤效应或离散效应的。

在"离散模型"中，电缆电线变成了许多个 RLC 网络；接地层变成了二维的离散 RLC 网络；分布效应变成了离散 RLC 网络；趋肤效应部分显现；有源器件变成了二维等效电路。

元器件的几何结构尺寸越小，越不容易进入"离散模型"领域。例如，对于 PCB，只要信号的上升时间小于 10ns，它就会进入"离散模型"领域；而对于尺寸小的芯片，上升时间必须小于 0.2ns，它才会进入"离散模型"领域。

3．集总模型

"集总模型"可以用只有一个 RLC 网络的传输线模型来表示。在"集总模型"的环境里，传输线的整体传输延迟时间比信号的上升时间小很多，电磁波的波长远大于电路的物理尺寸。

随着上升时间（1μs～0.2ns）的逐渐增加，电路中的"米勒电容"（Millercapacitor）效应开始出现。由 IC 封装和接线所产生的电容和电感分布效应开始会逐渐影响信号的上升时间。IC 封装的地端参考点连接到 PCB 地端接线所产生的电感（IC 封装的 common 到 ground 间的电感量）则会造成"地弹"的现象。对于 PCB 上的通路，需要考虑杂散的电容和电感的影响。PCB 的接地层可以等效为一个 RC 网络。电缆和电线可以等效为一个 RLC 网络。这时的电路可以用"集总模型"来等效。在"集总模型"里，所有的导线和通路可以不考虑传播延迟产生的问题，但需要考虑分布效应的影响。

"集总模型"和"离散模型"对于高速数字系统的设计人员而言，是两个较为重要的等效模型。通常设计人员会尽可能设法让电路留在"集总模型"领域，如果电路进入"离散模型"领域，则需要增加许多改善措施来消除"离散模型"所特有的传输线效应。

对于处于"集总模型"的电路通路而言，其通路的电容和电感值不是频率的函数。一旦电路进入"离散模型"领域，情况就不同了，除了必须处理传输线效应，因阻抗不匹配所造成的信号反射现象，以及由互感和互容所产生的串扰也会渐趋严重。

4．直流模型

"直流模型"用于等效低速电路。在低速电路（上升时间为 0～1μs）中，由于其工作速度相当缓慢，所以 IC 封装和 PCB 上的导线或通路等除有等效电阻外，可以视为没有任何传播延迟，以及电容或电感的分布效应。在"直流模型"里，所有的分布效应和传输线效应都可以忽略不计。

▶ 10.1.5 "集总模型"与"离散模型"的分界点

"集总模型"与"离散模型"的分界点[116]为

$$L \leqslant \frac{1}{6} t_r \tag{10-8}$$

式中，L 为导线或通路的电子长度；t_r 为流经导线或通路之信号的上升时间。

当信号的上升时间大于信号所流经的导线或通路长度的 6 倍时，表示该导线或通路处于

"集总模型"领域。随着信号的上升时间的变短，信号所流经的导线或通路就会渐渐进入"离散模型"领域。

"离散模型"的最短通路长度[116]为

$$L = \frac{t_r \times v_p}{8} \tag{10-9}$$

式中，L 为开始进入"离散模型"的最短通路长度；t_r 为流经通路之信号的上升时间；v_p 为传播速度。

由式（10-9）可知，电路是否已进入"离散模型"的环境与通路的长度、信号的上升时间和传播速度有关。信号的上升时间 t_r 变短或传播速度 v_p 变慢也都有可能让电路提早进入"离散模型"领域。因此在能够满足电路系统的时序要求时，应尽可能使用上升时间缓慢的信号。传播速度通常与材料的介电常数有关，通过采用不同的材料可以改变传播速度。

10.1.6　传播速度与材料的介电常数之间的关系

传播速度与材料的介电常数之间的关系为

$$v_p = \frac{c}{\sqrt{\varepsilon_r}} \tag{10-10}$$

式中，c 为光速，$c=3\times10^8$m/s；ε_r 为材料的相对介电常数。

由式（10-10）可知，信号的传播速度和材料的介电常数的平方根成反比。

几种常用材料的相对介电常数和传播延迟时间（和传播速度成反比）的关系如表 10-1 所示。

表 10-1　几种常用材料的相对介电常数和传播延迟时间的关系

介 质 材 料	传播延迟时间（ps/in）	相对介电常数
空气（电磁波）	85	1.0
同轴电缆（75%速度）	113	1.8
同轴电缆（66%速度）	129	2.3
FR-4 PCB，外层通路	140～180	2.8～4.5
FR-4 PCB，内层通路	180	4.5
铝制 PCB，内层通路	240～270	8～10

PCB 的传播延迟时间取决于电路材料的介电常数和通路的几何结构。通路的几何结构会影响电路板上电场的分布情形。如果整个电力线都包覆在 PCB 里面，则其有效的介电常数会变大，因而导致传播速度变慢。

对于典型的 FR-4 PCB 材料来说，如果一个电路通路采用所谓的带状线（Stripline）结构，则其电场及电力线的分布只存在于上、下两个接地层中间，所产生的有效介电常数为 4.5。而位于 PCB 外层的通路所形成的电场一端在空气中，另一端则在 PCB 材料里面，其所产生的有效介电常数为 1～4.5。

氧化铝是一种用来组成高密度电路板的陶瓷材料，其优点是具有非常低的热膨胀系数，容易形成较薄的电路层，但它的制造成本较高，常在微波电路系统中使用。

介电常数的传输线效应[116]如表 10-2 所示。

表 10-2　介电常数的传输线效应

基层材料	相对介电常数	信号频率（MHz）	最大长度（mm）
PCB	3	10	1060
		100	106
		1000	10.6
陶瓷	10	10	640
		100	64
		1000	604
硅/GaAs	12	10	590
		100	59
		1000	509

在表 10-2 中，"最大长度"代表的是进入"离散模型"领域的最小通路长度。以 PCB 为例，当其相对介电常数为 3 时，对于一个 100MHz 的信号，通路长度超过 106mm 就会进入"离散模型"领域。而对于陶瓷材料，由于其相对介电常数为 10，若有一个 100MHz 的信号，当其通路长度超过 64mm 就会进入"离散模型"领域。

10.1.7　高速数字电路的差模辐射与控制

高速数字电子系统中的辐射干扰源主要来自 PCB 上的数字电路。PCB 上的数字逻辑组件本身除了是干扰源，同时也是受扰源。高速数字电路的辐射干扰有共模辐射和差模辐射两种形式。其中差模辐射主要发生在高速数字电路的磁场回路中，而共模辐射则是由于 I/O 带状电缆或控制线出现双电极而产生的。磁场回路的辐射形式为磁场式的，电子偶极的辐射形式则是电场式的。

1．差模辐射模型

如图 10-4 所示，差模辐射是由电路中传送电流的导线所形成的环路产生的，这些环路相当于可产生磁场辐射的小型天线。尽管电流环路是电路正常工作所必需的，但为了限制差模辐射发射，必须在设计过程中对环路的尺寸与面积进行控制。

图 10-4　印制电路板的差模辐射

可以用一个小型环状天线来模拟差模辐射的情况。对于一个环路面积为 A，电流为 I 的小型天线，在自由空间中跟离 r 处（远场区）测量到的电场 E 的大小[116]可以表示为

$$E = 131.6 \times 10^{-16} \times (f^2 AI)\left(\frac{1}{r}\right)\sin\theta \qquad （10-11）$$

式中，E 为电场强度（V/m）；f 为频率（Hz）；A 为面积（m^2）；I 为电流（A）；r 为距离（m）。

式（10-11）中的第一项代表传输介质的特性（在这个例子中指的是自由空间的特性），是一个常量；第二项定义了辐射源的特性，也就是环状天线的特性；第三项则描述了电场从辐射源向远处传播时的衰减特性；最后一项表示的是测量天线以辐射环平面为参考的角度方向。

式（10-11）适用于自由空间中的小型环状天线，并且在天线周围邻近没有任何反射物体。但是大多数电子产品的辐射测量都不是在所谓的自由空间中进行的，而是在接地平面上的开阔场地上进行的。过多的地面反射可能使辐射发射的测量结果变大，最大可达 6dB。考虑到这个因素的影响，计算式（10-11）时必须乘以修正系数 2。假设所有反射的方向相同，对地面反射进行校正，则可以将式（10-11）重写为

$$E = 263 \times 10^{-16} \times (f^2 A I)\left(\frac{1}{r}\right) \tag{10-12}$$

式（10-12）表明，辐射发射大小与电流 I，信号频率 f 的平方及环路面积 A 成正比。因此要想控制差模辐射发射，可以减小天线上的电流大小，减小电流信号的频率或电流的谐波分量，减小环路面积。如果电流波形不是正弦波，则计算之前必须首先确定该电流的傅里叶级数（确定其谐波成分）。

2．环路面积控制

（1）不超过标准发射限值水平的最大环路面积

在设计高速数字电子系统时，控制差模辐射的有效方法之一是使电流所包围的环路面积最小化。

利用式（10-12）解环路面积 A，可以得到不超过标准发射限值水平的最大环路面积为

$$A = \frac{380 E r}{f^2 I} \tag{10-13}$$

式中，E 为辐射限值（mV/m）；r 为环路与测量天线之间的距离（m）；f 为电流信号频率（MHz）；I 为电流（mA）；A 为环路面积（cm^2）。

例如，电流为 25mA，频率为 30MHz，在 3m 距离处的辐射发射限值为 100μV/m，则允许的最大环路面积为 5cm^2。

（2）减小电流回路面积的常用方法

减小电流回路面积常用的方法有以下几种。

① 采用较小尺寸的 IC 封装，如用 μ-BGA 或 PLCC 封装的 IC 来取代采用 P-DIP 封装的 IC。

② 采用多层板来替代单层或双层的 PCB。通常回路面积每减小为原来的 1/10，就可以降低 20dB 的辐射电平。

③ 在多层 PCB 中采用带状线和微带线结构，其回路面积通常为单层板为 1/30～1/40，因此相对可以有 30～40dB 或以上的辐射改善。

④ 适当地配置多层板的接地层也可以有效减小信号回路的面积，如可以在每两个信号层之间都摆放一个接地层。

⑤ 由于电流回路面积和电流大小及频率有相乘的效果，故在进行高速数字电子系统的

PCB 布线时，首先必须减小电流回路面积、电流频率很高的时钟脉冲信号回路面积、电流值很大的电源电流回路面积。

假若想通过 PCB 的布局来控制辐射发射，首先应该设法使信号路径所形成的环路面积最小。努力控制信号与瞬态电源电流形成的每一个环路的面积是一项强制性要求。

时钟是一种周期性信号，通常也是系统中频率最高的信号，而且时钟信号所有的能量都集中在基波与其谐波组成的窄频带内。另外，几乎在所有应用中，时钟信号产生的发射都大于其他所有电路产生的发射。因此最关键的环路是那些传输系统时钟的线路，它们是主要的辐射源。所有时钟线都应该有毗邻的地回流线。一个单层或双层板的时钟脉冲信号回路的布线方式如图 10-5 所示，时钟脉冲信号线与地线应相互靠近布局。对于多层板的布线方式而言，通常会为时钟脉冲信号提供一个接地层。为了使串扰最小，时钟导线不能与数据总线或其他信号导线长距离平行布放。

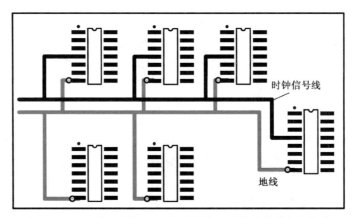

图 10-5　一个单层或双层板的时钟脉冲信号回路的布线方式

电源回路上载有为数极多的电流脉冲（如由"地弹"所产生的地端噪声电流），这些电流脉冲正比于"逻辑门电平状态转换的速率"，而与"地弹的改善程度"成反比。减小电源回路的面积，不仅可以减少差模辐射的干扰，而且也能够降低由 PCB 上线路之间的共模阻抗所引起的耦合。一个单层或双层板电源回路的布线方式请参考图 5-34，由图 5-34（a）的布线方式所形成的电流回路面积远大于图 5-34（b）的布线方式所形成的电流回路面积。对于多层板的布线方式而言，通常一定会采用一个接地层来提供一个"返回路径"到电源。

⑥　对于由"地弹"所产生的电流脉冲，由于它们的频率很高，所以可能产生的辐射量是不可忽视的。在没有办法完全消除由"地弹"所产生的电流脉冲的情况下，最直接的改善措施就是减小电源回路的电流脉冲回路面积。

一个没有任何针对电流脉冲的改善措施的电源回路布线如图 10-6（a）所示，来自逻辑门状态转换所产生的电流脉冲在流经电源回路上的接地电感时所形成的磁通量，有一部分会被释放出来成为辐射能量。解决的办法是在每个 IC 封装的电源接脚与地端接脚之间加装一个旁路电容，利用旁路电容给高频电流脉冲提供一个低阻抗的路径，以减小高频电流脉冲的回路面积，如图 10-6（b）所示。

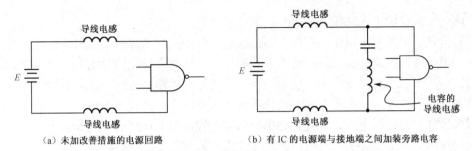

（a）未加改善措施的电源回路　　　　　（b）有 IC 的电源端与接地端之间加装旁路电容

图 10-6　电流脉冲的改善措施

当数字逻辑门电路开关时，所需要的瞬态电源电流是一个辐射源。瞬态电源电流应当局限在电路板上，同时避免靠近背板与互连电缆。在尽可能靠近 IC 的位置设置去耦电容可以解决这个问题。假如额外需要滤波，可以采用由铁氧体磁珠与电容构成的滤波器。

⑦ 对于高速的数字电路，在进行 PCB 的元器件布局时，应将高速的数字 IC 放置在最邻近金手指或 I/O 接头的区域，以达到减小其回路面积的目的，而低速的电子组件则可以摆放在离金手指和 I/O 接头较远的位置，如图 10-7 所示。

图 10-7　数字 IC 按速度来分区布局

⑧ 对于背板插槽的布线，在高速数字电子系统中，背板上常常有很多时钟线与信号线共用一个信号地回流线。而且即使使用了多条地线，这些线也经常簇拥在一个邻近的引脚上。这种设计往往会使信号的环路面积很大，导致很强的辐射发射。背板所产生的辐射往往是高速数字系统中最主要的差模辐射源。一个适用于高速数字电路的背板插槽布线方式如图 10-8 所示，在每一个信号线的旁边布置有一个地线。

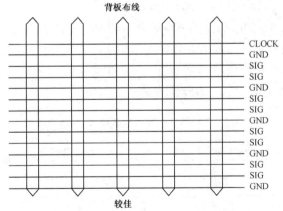

图 10-8　适用于高速数字电路的背板插槽布线方式

⑨ 板间或单元内的电缆布线也是一种差模辐射源。信号回流（地）的端接方式直接决定着电缆减小辐射的能力。不合理端接的回路会破坏本来设计良好的电缆的使用效果。

使用屏蔽电缆时需要注意屏蔽层的端接形式。同轴电缆的屏蔽层在两端良好地接地，可以使它在高频时的环路面积几乎接近于零。如果采用错误的屏蔽层端接方式（如"猪尾巴"

方式）就会使差模转化为共模，使电缆产生共模辐射。

三芯电缆的中间是一根信号导线，两侧较粗一些的是接地导线。三根导线处于同一个平面内，并用绝缘材料封装起来。三芯电缆的串扰噪声性能略微比同轴电缆的差一些。与同轴电缆相比，三芯电缆的体积较小，质量较轻，也容易进行端接处理。考虑到同轴电缆的复杂性、成本及体积等因素，三芯电缆也适合作为高速时钟信号的互连电缆。

假如导线在线缆的末端不分开，则由屏蔽双绞线形成的环路面积也非常小。但高频时，由于双绞线的特性阻抗有不一致性，所以双绞线上的信号会产生反射。

如果使用扁平电缆，则需要在扁平电缆中分配多个接地的导线，并分散在各信号线之间，以减小信号环路面积。推荐的排列方式：地线—信号线—地线—信号线—地线……；或者地线—信号线—信号线—地线—信号线—信号线—地线……

3．减小环路电流

在设计高速数字系统时，控制差模辐射的有效方法之一是减小环路电流。如果已知环路电流的大小，可以利用式（10-12）来预测辐射发射状况，但实际上很难准确知晓环路电流的大小。电流大小与驱动环路的电路源阻抗、终结环路的负载阻抗有关。减小环路电流的方法有以下两种。

（1）给高速输出信号线加装缓冲器

由于线路驱动器与总线驱动器上往往有大电流信号，所以它们往往也是"罪魁祸首"。给PCB 上的所有高速输出信号线加装缓冲器绝对是最佳的设计准则。总线驱动器和线路驱动器应当靠近它们所驱动的线路。在负载的输入端附近加装缓冲器，可以减小驱动 IC 器件的输出电流，增加扇出数，同时也能够减小输入电容，减少逻辑电平在做状态转换时所需要清除的电荷。

如果线路离开 PCB，驱动器就应当靠近连接器。线路驱动器和总线驱动器如果用于驱动不在 PCB 上的负载，就不能再用于驱动 PCB 上的其他电路了。

（2）选用电流较小的数字逻辑电路 IC 系列

几种常见数字逻辑电路 IC 的电性参数如表 10-3 所示。从表 10-3 可知，CMOS 逻辑电路的电流比 TTL 逻辑电路小。与其他的逻辑电路相比，它具有较小的辐射电平。另外，由于ECL-10K 和 ECL-100K 逻辑电路的频宽最大，典型门电流也不大，辐射电平也很小，所以ECL 逻辑家族是高速数字电子系统的最佳选择。

表 10-3　几种常见数字逻辑电路 IC 的电性参数

种　　类	典型门电流（mA）	典型频宽（MHz）	相对辐射电平（dB）
CMOS	0.1	3	−10
CMOS-HS	0.1	30	10
LS-TTL	8	40	50
S-TTL	30	120	71
LP-TTL	8	21	45
TTL	16	32	54
ECL-10K（中速）	1	160	44
ECL-100K（高速）	1	420	52

注："频宽"代表的是该逻辑家族所能接受的最高时钟脉冲速率。

10.1.8　高速数字电路的共模辐射与控制

1．共模辐射模型

共模辐射是由数字电路系统中的接地系统的电压降（接地噪声电压）产生的。"地弹"可以产生接地噪声电压 v_n，任何两个装置接线间因接地不良所形成的地端回路电流也会产生接地噪声电压 v_n。这种电压降会使系统的某些部件与"真正"的地之间形成一个共模电位差，使得系统的接地电位不再是零电位，如图 10-9 所示。这个电位差的能量可以直接经由 PCB 的 I/O 带状电缆或空中传送出去。

可以在产品的设计和 PCB 布局的阶段对差模辐射进行控制。相比之下，共模辐射的控制却相对较难。共模辐射决定了产品的整体发射性能，辐射发射的频率由共模电势（通常是地电压）决定。

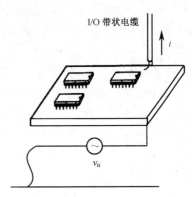

图 10-9　接地噪声电压 v_n 使得 PCB 的接地层不再是零电位

共模发射可以模拟成一个短的（小于 1/4 波长）单极子天线（电缆），天线由共模电压（地电压）驱动。对于一个接地平面上的长度等于 l 的短的单极子天线而言，在距离为 r 的点测量到的电场强度 E 的大小[116]可以用下面的公式来表示：

$$E = \frac{4\pi \times 10^{-7} (fil) \sin\theta}{r} \tag{10-14}$$

式中，E 为电场强度（V/m）；f 为频率（Hz）；i 是电缆（天线）上的共模电流（A）；长度 l 和距离 r 的单位是 m。

分析共模发射的频谱可以知道，随着频率的增大，共模辐射会逐渐减弱，共模发射在频率小于 $\frac{1}{\pi t_r}$ 时才是问题。

产生大小相等的辐射场所需要的差模电流 i_d 与共模电流 i_c 之比为

$$\frac{i_d}{i_c} = \frac{48 \times 10^6 l}{fA} \tag{10-15a}$$

式中，i_d 和 i_c 分别是产生同等大小辐射场所需要的差模电流与共模电流。假设电缆长度 $l=1\mathrm{m}$，环路面积 $A=10\mathrm{cm}^2$ 时，频率 $f=50\mathrm{MHz}$，则有

$$\frac{i_d}{i_c} = 1000 \tag{10-15b}$$

这个结果表明：产生同等大小辐射场时，差模电流至少比共模电流大 3 个数量级。也就是说，几微安的共模电流产生的辐射场与几毫安差模电流产生的辐射场相等。

2．共模辐射发射的控制

共模辐射发射的控制方法有以下几种。

① 与控制差模辐射的方法类似，通常希望能够同时限制信号的上升沿时间与频率，达到减小共模辐射发射的目的。为减小共模辐射发射，设计者唯一可以控制的参数就是共模电流。

② 使驱动辐射天线（电缆）的共模电压最小。大多数减小差模辐射发射的方法同样也适用于减小共模发射。例如，使用接地网格或接地平面减小接地系统上的电压降的方法就非常有效。合理地选择设备，选择与外部地（大地）的连接点也有助于减小共模电压。设备的外部接地点距离接口电缆的位置越远，这两点之间就越容易产生较大的共模电压。即使采用了接地网格或接地平面，共模电压也不一定能够小到足以减小发射的程度。因此，还需要再采取其他一些抑制发射的控制技术。

③ 为了使用电缆去耦或屏蔽技术来抑制共模噪声，在进行 PCB 设计时，需要考虑为电缆的去耦（将电流分流到地）和屏蔽提供没有受到数字逻辑电路噪声污染的"无噪声"或"干净"的地。

如图 10-10 所示，在进行 PCB 布局时，应将所有的 I/O 线都布放在 PCB 上的某一个区域，并为这个区域提供专门分割出来的低电感的 I/O 地，以及将 I/O 地单点连接到数字逻辑电路的地，使数字逻辑地电流不能够流到"无噪声"的 I/O 地。

时钟电路和时钟信号线应当远离 I/O 接口区域。

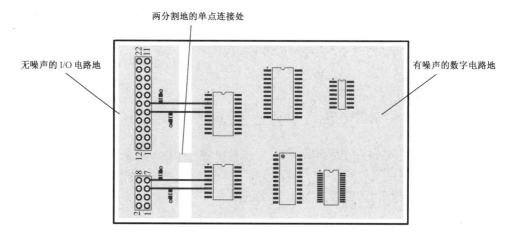

图 10-10　PCB 采用"无噪声"的 I/O 地与"有噪声"的数字地分割设计

④ 为了减少共模辐射的干扰，可以将 I/O 带状电缆贴着接地平面（如作为接地端的机壳）来布线，构成一个反转 L 型天线结构形式，如图 10-11 所示。反转 L 型天线的辐射效果与天线贴近接地平面之间的距离有关。当 I/O 电缆紧贴着接地平面时，辐射电平几乎为零。

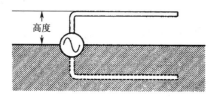

图 10-11　反转 L 型天线结构形式

⑤ 电缆去耦电容的使用效果取决于驱动电路的共模源阻抗。在有些场合，除了去耦电容，采用与电缆串联的电阻或电感也能够获得较好的效果。内嵌并联电容或串联电感类元件的引脚滤波型连接器也是一种用于电缆共模抑制的技术。

⑥ 采用共模抗流圈可以有效抑制经由 I/O 带状电缆传递出去的共模辐射，可以采用磁珠、磁环、夹钳（磁夹）等形式。应注意的是，所使用的共模抑制元器件必须能够影响共模电流（通常指时钟信号谐波），但是绝不能影响系统功能所需要的差模信号。

10.1.9　高速数字电路的"地弹"与控制

1."地弹"

　　"地弹"是高速数字电子系统的主要噪声源之一，特别是对于低电压（如 3.3V、1.8V）逻辑电路系统而言，"地弹"往往会造成电路的逻辑动作错误。

　　"地弹"主要是由源自电源路径及 IC 封装所造成的分布电感引起的，当高速数字电子系统的速度越来越快，或是同时转换逻辑状态的 I/O 引脚个数越来越多时就越容易产生"地弹"。

　　一个典型的逻辑门输出端电路如图 10-12 所示，对于逻辑门 G_1 而言，C_L 和 R_L 是 G_1 的负载，其中 C_L 和 R_L 分别代表下一级逻辑门的输入电容和输入电阻。

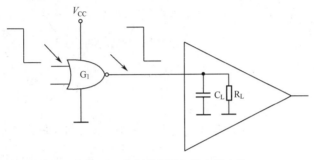

图 10-12　典型的逻辑门输出端电路

　　图 10-12 的等效电路如图 10-13 所示。当 G_1 的输出状态由"逻辑 1"转变成"逻辑 0"时，输出晶体管 VT_1 会由"导通"变成"截止"，而 VT_2 会由"截止"变成"导通"；当 G_1 的输出状态为"逻辑 1"时，V_{CC} 经由晶体管 VT_1 对 C_1 充电；当 G_1 的输出状态由"逻辑 1"转变成"逻辑 0"时，充电到 C_L 的电流会经由晶体管 VT_2 放电到接地端，C_L 的放电电流 i_c 在流经逻辑门 G_1 的引脚端与 PCB 的寄生电感时，会在分布电感 L（包括引脚端接线电感和 PCB 的寄生电感）上产生一个反电动势，即在元器件外的系统接地平面与封装内的地之间产生一个电压 v_{GB}。由输出转换而引起的内部参考地电位漂移称为"地弹"。

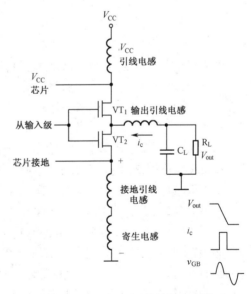

图 10-13　图 10-12 的等效电路图

　　C_L 的放电电流 i_c 与"逻辑 1"到"逻辑 0"的电压变化速率有关，即

$$i_c = C_1 \frac{\mathrm{d}V_{1-0}}{\mathrm{d}t} \tag{10-16}$$

式中，$\dfrac{\mathrm{d}V_{1-0}}{\mathrm{d}t}$ 为正比于"逻辑 1"到"逻辑 0"的电压变化速率（和上升时间成反比）。

v_{GB} 与分布电感 L 和 C_L 的放电电流 i_c 的变化速率有关，即

$$v_{GB} = L \frac{di_c}{dt} \qquad (10\text{-}17)$$

式中，L 为逻辑门引脚端接线电感和 PCB 的寄生电感组成的分布电感；$\dfrac{di_c}{dt}$ 为 C_L 的放电电流 i_c 的变化速率，$\dfrac{di_c}{dt}$ 在逻辑状态转换时最大。

将式（10-6）代入式（10-17），有

$$v_{GB} = LC_L \frac{d^2 V_{1\text{-}0}}{dt^2} \approx LC_L \frac{\Delta V_{1\text{-}0}}{t_r^2} \qquad (10\text{-}18)$$

式中，t_r 为逻辑信号状态转换的上升时间。如果有 N 个 I/O 引脚端发生状态转换的动作，则式（10-18）可以改写成

$$v_{GB} = NLC_L \frac{\Delta V_{1\text{-}0}}{t_r^2} \qquad (10\text{-}19)$$

2."地弹"的控制

常用的"地弹"控制方法有以下几种。

① 由于分布电感 L 和"地弹"是成正比的关系，故应尽可能地减小分布电感量。具体方法如下。

- 选择分布电感量较小的 IC 封接形式。几种常见的 IC 封装的引脚电感量[17]如表 10-4 所示。采用 PLCC 封装形式的 IC 通常会比 DIP 封装的 IC 减少 30%的"地弹"。

- 减小 PCB 接地端的分布电感量。在进行 PCB 的设计时，可以采用多层板，提供一个或一个以上的接地层，以减小接地端回路的电感

表 10-4　几种常见的 IC 封装的引脚电感量

封 装 形 式	引脚电感量
DIP-14	8nH
DIP-64	35nH
PLCC-68	7nH
丝焊到混合基底	1nH
锡球直接焊接到混合基底	0.1nH

量。IC 的每个接地引脚端直接经由通孔连接到 PCB 的接地层，可以尽可能地减小 IC 接地引脚端与 PCB 接地层的接线长度。

- 接地路径上的阻抗是决定"地弹"的关键因素，减小接地路径上的电感量是 PCB 布局时的首要目标。一个有 15nH 电感量的接地回路在工作频率为 1MHz 时的阻抗为 0.10Ω；如果工作频率为 100MHz，则其阻抗可以达到 9.4Ω。当逻辑信号状态转换所产生的电流 I_c 变动率为 2mA/ns 时，会产生 120mV 的"地弹"。

② 减小负载的电容量。由于负载电容 C_L 和"地弹"也成正比，故应尽可能采用输入电容较小的 IC 系列。不同系列的数字 IC 的输入电容不同，如 LS-TTL 为 6pF，CMOS 为 5pF，EDL-10K 为 3pF。在设计电路时，应尽可能避免让一个逻辑门驱动太多的负载，因为总输入电容将是每个逻辑器件的输入电容的直接相加。

③ $\Delta V_{1\text{-}0}$ 为电压变动量，在这里表示"逻辑 1"转变成"逻辑 0"之间的电压差。不同系列的 IC 的电压变动量不同，如 TTL 的电压变动量为 3.5V，CMOS 为 5V，而 ECL 只有 0.14V。在高速数字电路系统通常采用 ECL 系列 IC。

④ 上升时间 t_r 和"地弹"成反比。因此应在系统的时序规格允许的范围下，尽可能地延

长系统时钟脉冲信号的上升时间。在时钟脉冲信号产生器的输出端加装一个 RC 低通滤波器，可以延长时钟脉冲信号的上升时间，并且可以大大降低时钟脉冲信号的谐波成分。

⑤ 延长逻辑状态转换的时间（减小电流的变动率）。

⑥ 切换逻辑状态的 I/O 引脚端个数 N 也和"地弹"成正比，因此在设计电路时应尽可能避免出现多个引脚端同时切换逻辑状态。

⑦ 在逻辑驱动装置输出端加装一个串联电阻以增加阻尼的效果。

⑧ 在 IC 电源与接地引脚端之间加装一个旁路电容以减小瞬时电流的回路面积。

▶ 10.1.10　高速数字电路的反射与控制

1．传输线上的反射

在高速数字电路系统中，载有高速、快速跳变沿信号的 PCB 走线完全不同于只载有直流信号的走线的情况。当一个高速、快速跳变沿信号沿 PCB 走线传播时，PCB 走线的阻抗将从 mΩ 级增大到 Ω 级。因为传输线能够提供从源到负载的恒定的、没有不连续性的阻抗路径，故使得传输线成为数据传输的首选对象。

对于一个匹配的传输线而言，其特性阻抗是传输电压与电流之比，为一常数，即

$$Z_0 = \sqrt{\frac{L_0}{C_0}} = \frac{V_{(x)}}{I_{(x)}} = \frac{V_{(x)}^+ + V_{(x)}^-}{I_{(x)}^+ - I_{(x)}^-} \tag{10-20}$$

式中，Z_0 为特性阻抗；L 为电感；C 为电容；+表示正向波；−表示反向波；下标 x 表示沿线的变化。

如果负载阻抗等于走线（传输线）的特性阻抗 Z_0，将无反射产生；如果负载阻抗大于或小于走线（传输线）的特性阻抗 Z_0，将产生反射。在高速数字电路系统中，反射现象会对高速数字电路系统造成严重的伤害。

当负载阻抗大于走线的特性阻抗 Z_0 时将产生正反射，这将造成负载端电压高于源端电压，引起脉冲信号过冲，如一个 5V 信号源将在负载端产生一个 6V 左右的信号。过冲会使邻近线路或走线之间的耦合增强，这种耦合可能会引起逻辑错误。过冲也会增加跳变沿转换时间，并可能影响信号定时的要求。

当负载阻抗小于特性阻抗 Z_0 时将产生负反射，这将造成负载端电压低于源端电压，使信号的上下沿速率变缓。

2．分支

如图 10-14 所示，PCB 上的分支布局会产生一个特性阻抗的断点，尽管在远端连接了一个终端电阻，但是并联的分支会导致 PCB 的导线的特性阻抗变得只剩 $Z_0/2$。

图 10-14 的等效电路和各点波形如图 10-15 所示，由于分支端是呈现开路状态的，b 点的反射系数为 $-\frac{1}{3}$，所以只有剩下 $\frac{2}{3}v$ 的电压会通过 b 点继续往 c 点和 d 点行进。由于

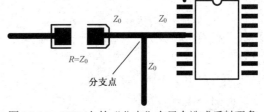

图 10-14　PCB 上的"分支"布局会造成反射现象

d 点的反射系数为-1，所以会有 $\frac{4}{3}v$ 的电压反射量，由 d 点所造成的反射电压又会因为 $-\frac{1}{3}$（b 点）的反射系数，使得信号回复到 v。如果反射电压的周期长度小于逻辑组件的最低设定时间，则由反射电压所造成的效应是可以忽略的。

3．布线弯角

在高速数字电路系统中，弯角的布线是 PCB 布局时常见的。一个布线弯角如图 10-16 所示，在弯角处，传输线的有效宽度会突然变宽，宽度的突然变化会导致电容的分布效应加剧，等效于在传输线上出现一个电容负载。这个布线弯角所造成的传输线阻抗的断点（宽度加宽）也会产生反射现象。可以通过计算估计布线弯角的分布电容值。分布电容对数字信号前沿上升时间具有减缓作用，但它会对上升时间低于 100ps 的高速数字信号产生严重的影响。

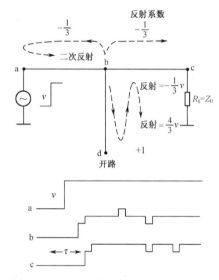

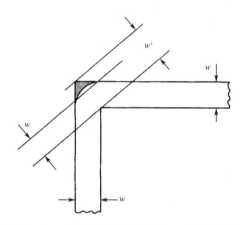

图 10-15　PCB 上的"分支"布局的等效
电路与各点波形

图 10-16　一个布线弯角可以视为一个分布电容

如图 10-17 所示，改进弯角的布线形式，可以改善由布线弯角所造成的阻抗断点产生的反射现象。

4．利用布线拓扑法改善反射现象

在 PCB 的设计阶段，利用适当的布线拓扑法，可以在不增加电子元器件的情况下，改善反射现象。如图 10-18 所示，常见的布线拓扑法有树状法（Tree）、菊链法（Daisy-Chain）、星状法（Star）和回路法（Loop）四种形式。

就抑制反射现象而言，树状法是最差劲的布线法，它所产生的反射量最大，需要认真处理其负载效应和振铃现象；菊链法是较佳的布线法，没有分支旁路，适合于地址或数据总线，以及并联终端的布线；在输出缓冲器（驱动端）具有低输出阻抗及较高的驱动能量的条件下，星状法适合用于串联终端的布线；回路法和菊链法类似，也没有分支旁路，但是回路法包含较大的回路面积，容易引起噪声干扰。

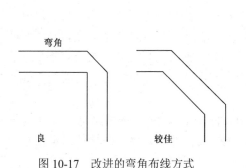

图 10-17　改进的弯角布线方式

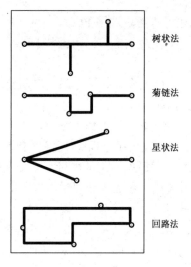

图 10-18　几种常见的布线拓扑法

5．利用终端匹配的方法改善反射现象

"终端匹配"的目的是提供一个完全阻抗匹配的传输线环境及保持电位的稳定。在 PCB 的设计阶段，利用"终端匹配"，可以有效地抑制反射现象。常见的"终端匹配"结构形式有串联终端、并联终端、戴维南终端、交流终端和二极管终端。

不同系列的数字电路 IC 所拥有的"逻辑 1"和"逻辑 0"的输出电阻不尽相同，因此所选择的"终端匹配"的结构形式也不一样，如有以下几种结构形式供选择。

① TTL 系列 IC 拥有不同的"逻辑 1"和"逻辑 0"的输出电阻，其"逻辑 1"的输出电阻为 60Ω，"逻辑 0"的输出电阻为 15Ω，上升时间为 $2\sim25$ns，适合采用戴维南终端或二极管终端结构形式。

② ECL 系列 IC 的"逻辑 1"和"逻辑 0"的输出电阻相同，非常低，只有 6Ω，同时它们的上升时间也非常短，只有 $0.2\sim3$ns，适合采用并联终端结构形式。

③ CMOS 系列 IC 的"逻辑 1"和"逻辑 0"的输出电阻相同，都为 60Ω，非常接近传输线的特性阻抗（50Ω），它们的上升时间为 $3\sim50$ns，适合采用串联终端结构形式。

应注意的是不同的 IC 系列需要采用不同的"终端匹配"结构形式，如果选择了不适宜的"终端匹配"结构形式，不仅会影响反射现象，同时也会造成更恶劣的电源层噪声、噪声容限和串扰等问题。

（1）串联终端

串联终端结构形式如图 10-19 所示。在驱动 IC 的输出端应串联一个终端电阻，而且在布局时这个终端电阻的位置应尽可能靠近驱动 IC 的输出端。驱动 IC 的输出端与终端电阻之间的导线要尽可能短，其目的是使所连接的该终端电阻变成驱动 IC 输出阻抗的一部分。如果驱动 IC 与终端电阻之间的导线过长，可能会出

图 10-19　串联终端结构形式

现传输线效应，使终端匹配的效果降低。设计时，终端电阻最好采用 SMD 封装形式，驱动

367

IC 也可以考虑选用 PLCC、QFP 等封装形式。

串联终端电阻的阻值与 PCB 导线的特性阻抗有关，即

$$R_t = Z_0 - R_0 \qquad (10\text{-}21)$$

式中，R_t 为串联终端电阻，其阻值为 10～42Ω；Z_0 为铜箔导线的特性阻抗；R_0 为驱动 IC 的输出阻抗。

从抑制反射的角度来看，采用串联终端电阻的目的是提供一个缓冲接口，使驱动 IC 与 PCB 导线之间达到阻抗匹配的状态。同时，串联终端电阻也起阻尼元件的作用，负责吸收由 PCB 导线反射回来的能量，其效果是可以减缓振铃效应。应注意的是，如果处理不好，让串联终端电阻变成一个传输线上的断点，则串联终端电阻所产生的反射电压会"恶化"逻辑器件的"噪声容限"。

串联终端结构形式的终端电容值为 0，功率消耗低，不增加上升时间，但加装的串联终端电阻会导致回路上的 RC 时间常数增加，减缓信号的传播速度，增加信号传播延迟时间。

（2）并联终端

并联终端（又称 IBM 终端）结构形式如图 10-20 所示。在接收 IC 的输入端连接了一个终端电阻（又称上拉电阻）到直流电源（必须是另外规划的一个直流电源）上，被接上的终端电阻阻值等于 PCB 导线的特性阻抗 Z_0。

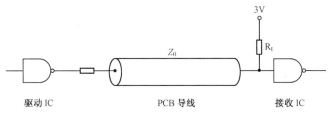

图 10-20　并联终端结构形式

当 $R_t = Z_0$ 时，反射系数就会变成零，这表示线路上不会出现反射现象或失真。并联终端结构形式适用于 ECL IC，不会增加信号的上升时间和传播延迟时间，但需要额外的直流电源，功率消耗大。

（3）戴维南终端

戴维南终端结构形式（又称分离式终端）如图 10-21 所示。在接收 IC 的输入端，采用了两个终端电阻分别连接到直流电源和接地端。直流电源是使用电路 IC 的电源，不需要再额外配置一个直流电源。所采用的两个终端电阻，其阻值可以分别等于 2 倍的 Z_0，其中 Z_0 为 PCB 导线的特性阻抗。

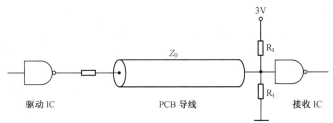

图 10-21　戴维南终端结构形式

戴维南终端结构形式采用的直流电源可以提供一些电流来增加系统的速度，同时它对于

分布式负载具有较佳的驱动能力，不会影响信号的上升时间和传播延迟时间，适用于 ECL、TTL、FAST 等较高速的 IC。但其功率消耗大，不适合用于 CMOS IC。

（4）交流终端

交流终端结构形式如图 10-22 所示，一个串联连接的终端电阻和一个隔离电容并联连接到接收 IC 的输入端。交流终端结构形式利用电容的隔直特性来阻止传输路径上的 DC 电流，从而达到减少功率消耗的目的。所选择的并联终端电阻的阻值应尽量与 PCB 导线的特性阻抗 Z_0 相匹配，而隔离电容的容值应该根据 RC 时间常数和工作频率来选择。

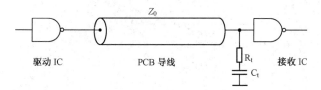

图 10-22　交流终端结构形式

应注意的是，电容的充、放电时间会受到工作频率、传播延迟时间、工作周期，以及上升时间的影响。如果 RC 时间常数选得太小（短），则不容易有效抑制过冲与欠冲；如果 RC 时间常数选得太大（长），则容易增加功率消耗。C_t 和 R_t 的选择可以参考下列的两个关系式。

$$\frac{1}{2\pi f C_t} = 2\Omega, \quad C_t \geqslant \frac{3t_d}{Z_0}$$

$$R_t = Z_0$$

式中，t_d 为线路的传播延迟时间；f 为工作频率。

（5）二极管终端

二极管终端结构形式如图 10-23 所示，较为适用于线路的特性阻抗未知的状态。接收 IC 的输入端连接的 VD_1 和 VD_2 为肖特基二极管，起钳位作用，用于改善某个程度的过冲与欠冲。因为二极管的内阻通常不能够和线路的特性阻抗相匹配，所以并不能够消除反射现象。

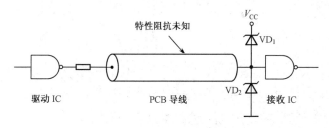

图 10-23　二极管终端结构形式

在实际的高速数字电路布局中，也可以利用某些逻辑 IC 内部空闲的逻辑门来替代二极管，以及利用缓冲器输出端的齐纳二极管作为终端二极管，如图 10-24 所示。

（6）终端电阻的功率消耗

在前面所介绍的"终端匹配"结构形式中，都使用了终端电阻，特别是在并联终端和戴维南终端结构形式中都是将终端电阻接到一个直流电源上的，因此设计时必须计算出每一个终端电阻在最差的情况下的功率消耗。

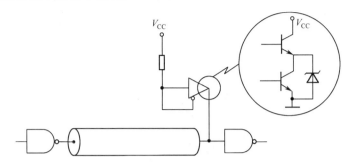

图 10-24　利用缓冲器输出端的齐纳二极管作为终端二极管

以戴维南终端结构形式为例，如果线路的特性阻抗为 50Ω，那么所采用的终端电阻阻值应为 100Ω（2 倍于线路的特性阻抗），终端电阻所消耗的功率为

$$P_{\text{wost}} = \frac{V_{\text{CC}}^2}{R_{\text{t}}} = \frac{(5\text{V})^2}{100\Omega} = 0.25\text{W}$$

在较高温的 PCB 布局环境下，应选择较大的电阻功率值，以防止电阻过热造成其阻值漂移，导致无法有效抑制反射现象。

（7）终端电阻的串联电感

在选择终端电阻时，除了考虑其阻值、误差和功率，分布串联电感也是必须考虑的另一个重要的参数。

每一个电阻存在分布串联电感，其电感量大小与电阻本体内部结构、外部引线形式、组装架构有关，同时 PCB 导线电感也可以视为终端电阻的串联电感的一部分。

终端电阻的串联电感是频率的函数，它会减缓高速数字信号前沿的上升速率，也就是会增加信号的上升时间。另外，串联电感也会影响终端电阻的阻抗值，造成反射现象抑制失效。

► 10.1.11　同时开关噪声（SSN）控制

1．SSN 的成因

一个 FPGA 和 PCB 包含封装和接插件的寄生电感的示意图[127]如图 10-25 所示。一个快速变化的电流在器件封装的电源引脚和地引脚上的寄生电感上会产生一个有害电压 $\text{d}v = L\dfrac{\text{d}i}{\text{d}t}$，这对一个高速数字系统来说将会产生严重的问题。

SSN（同时开关噪声）是指高速数字系统中由多个电路同时开关引起的电流快速变化而产生的噪声，又称为同时开关输出噪声（SSO）、ΔI 噪声[38,128]、同步开关噪声。

SSN 一般都发生在信号的返回路径上（地线或电源线），返回路径的寄生电感将导致 SSN 产生。当信号以地线为返回路径时，SSN 将发生在地线上，因此它是产生地弹的主要原因。在某些场合，信号也以电源线为返回路径，因此 SSN 也可以发生在电源线上，此时它也称为电源弹。

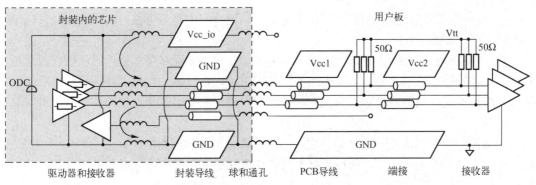

图 10-25　一个 FPGA 和 PCB 包含封装和接插件的寄生电感的示意图

对电源分配网络（Power Distribution Network，PDN）而言，SSN 实际上就是在 PDN 电源走线或地走线上产生的压降，这个压降是电流快速变化在寄生电感上产生的电压 $\left(L\dfrac{\mathrm{d}i}{\mathrm{d}t}\right)$，而产生这个压降同时会对信号和器件供电造成不利影响。当 SSN 严重时，就会造成电路供电电压严重下降，超出容限允许范围，此时对于电路的供电系统而言，SSN 引起了电源供电轨道塌陷，会造成系统故障。由于信号都是以 PDN 为返回路径和参考点的，所以该噪声必然会影响信号回路。

> **注意**：SSN、SSO、ΔI 噪声、地弹、电源弹、轨道塌陷及电源噪声等概念密切联系，但也有不同之处：SSN、SSO、ΔI 噪声、地弹、电源弹是针对信号回路而言的；而轨道塌陷和电源噪声是针对 PDN 的功率传输而言的。

电路中有多种机制可以产生 SSN，针对各种机制将有不同的降噪策略。对于发生在芯片内和封装内的片上或模块内的 SSN，可以通过减小互连寄生参数和增加去耦电容来降低它。由位于不同封装的驱动器和接收器产生的片外 SSN，则是通过降低封装寄生参数和增加去耦电容器来减小的。SSN 主要来源于芯片键合、封装、连接器的寄生电感，平面结构的优良性能总是受到这些寄生参数的限制。

SSN 主要源自电源分配网络中封装和接插件的寄生电感。电源分配网络中会出问题的薄弱环节是芯片和电源平面的接合处（封装及接插件）。通常认为电源地中的封装和接插件电感是集总元件。

SSN 密切依赖于高速数字系统中电路的物理几何结构，量化 SSN 是非常困难的。SSN 产生的噪声电压 Δv_{SSN} 正比于同时开关的驱动器数目 N、回路的总电感 L_{total} 和电流的变化率 $\mathrm{d}i/\mathrm{d}t$，如以下公式所示：

$$v_{\mathrm{SSN}} = NL_{\mathrm{tot}}\frac{\mathrm{d}I}{\mathrm{d}t} \tag{10-22}$$

从式（10-22）可见，同时开关的驱动器的数目 N 越大，SSN 就越严重。

研究 SSN 的典型电路请参考文献 [38,128]。

2. 降低 SSN 的一些常用措施

降低 SSN 的一些常用措施如下。

① 减小电感 L 或电流的变化率 di/dt 是减小轨道塌陷的有效方法。当对最大时钟频率有要求时，减小 di/dt 不可行。

② 在进行电路的 PCB 设计时，可以要求电源与接地平面尽可能靠近，从而使得从电源到电路的电感最小，达到减小电源电感的目的。也可以通过增加电源引脚端和接地引脚端的数目，缩短电源、地的路径长度来减低封装局部自感，利用电源平面和接地平面还可以减小局部自感。

③ 如图 10-26 所示[38,128]，可以给电路加上去耦（旁路）电容器 C_{supply}，旁路电源引脚电感 L_{supply}。利用去耦电容器，可以使得那些电流快速变化的元器件在靠近电路处得到及时的供电补偿。

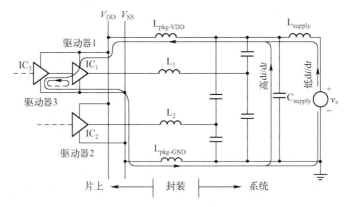

图 10-26　利用去耦电容器旁路电源电感时的片上开关电流路径

④ 也可以将去耦（旁路）电容置于封装中或芯片内，旁路封装电感 $L_{pkg-VCC}$，这样旁路电容 C_{chip} 更加靠近驱动器，可以提供更快速变化的电流，使轨道塌陷降到一个很低的水平。如图 10-27 所示的电流通路表明，片上旁路使得电源路径和地路径都能被利用。附加的通路使得电源和地共同分担噪声。在系统中，位于片外和封装外的去耦（旁路）电容并不能降低由于片外开关信号在封装中产生的地弹，这需要通过改进 PDN 系统来实现。

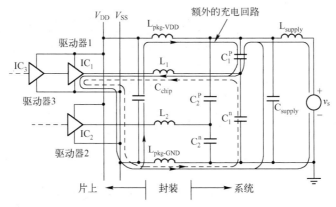

图 10-27　有封装中或片上电容时的片外开关切换时的电流路径

⑤ 也可以采用直接芯片互连（Direct Chip Attach，DCA）技术，直接把芯片连接到系统板上来完全消除封装电感。这种做法可以提高电路性能，但也会在测试、装运、拿取、装配、

372

可靠性等其他方面产生问题。

⑥ 利用 EBG 结构抑制 SSN 噪声，请参考 3.6 节。

电源弹同样可以导致轨道塌陷，其解决方法与地弹相同。

10.2 Altera 的 MAX Ⅱ 系列 CPLD PCB 设计

Altera 的 MAX Ⅱ 系列 CPLD 是一款目前功耗最低、成本最低的 CPLD，有 MAX Ⅱ CPLD、MAX ⅡG CPLD 和 MAX ⅡZ CPLD 三种产品型号。MAX Ⅱ 系列 CPLD 只有前一代 3.3V MAX 器件的十分之一的功耗，支持高达 300MHz 的内部时钟频率，片内电压稳压器支持 3.3V、2.5V 和 1.8V 供电，MultiVolt I/O 支持 1.5V、1.8V、2.5V 及 3.3V 逻辑电平器件的接口。

Altera 在 MAX Ⅱ 器件系列中引入了 0.5mm 间距的 MicroFineLine BGA（MBGA）封装。这种封装方式适合便携式应用场合，以及对电路板空间和功耗要求较高的应用场合。其引脚布局和引脚分配经过设计，采用贯通孔，可以在两层中实现焊盘信号布线。

10.2.1 MAX Ⅱ 系列 100 引脚 MBGA 封装的 PCB 布板设计实例

MAX Ⅱ 系列 CPLD EPM240 等采用 100 引脚 MBGA 封装的两层 PCB 布板实例[129] 如图 10-28 所示。图中的灰色线条（gray）表示的是顶层的 I/O，黑色（black）表示的是底层的 I/O，绿色（green）表示的是 V_{SS}，红色（red）表示的是 V_{CCX}，浅蓝色（Lt blue）表示的是 V_{CCN1}，蓝色（blue）表示的是 V_{CCN2}。图中设定：线条宽度/间隔为 3mil/3mil；孔的尺寸为 6mil；通孔焊盘尺寸为 11mil；通孔焊盘到线条的间隔为 3mil。

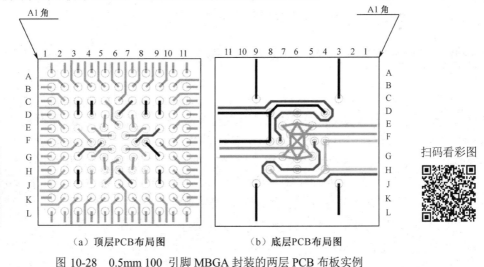

（a）顶层PCB布局图　　　　　　（b）底层PCB布局图

图 10-28 0.5mm 100 引脚 MBGA 封装的两层 PCB 布板实例

10.2.2 MAX Ⅱ 系列 256 引脚 MBGA 封装的 PCB 布板设计实例

MAX Ⅱ 系列 CPLD EPM570 等采用 256 引脚 MBGA 封装的两层 PCB 布板实例[129]如

图 10-44 所示。这种布板方式适用于 PCB 厚度小于或等于 1.5mm 的情况。对于 PCB 厚度大于 1.5mm 的情况，跳出布线更适合采用盲孔。图 10-44 中的灰色线条（gray）表示的是顶层的 I/O，黑色（black）表示的是底层的 I/O，绿色（green）表示的是 V_{SS}，红色（red）表示的是 V_{CCX}，浅蓝色（Lt blue）表示的是 V_{CCN1}，蓝色（blue）表示的是 V_{CCN2}，中蓝色（Med blue）表示的是 V_{CCN3}，浅绿蓝色（Aqua blue）表示的是 V_{CCN4}。图 10-29 中设定：线条宽度/间隔为 3mil/3mil；孔的尺寸为 6mil；通孔焊盘尺寸为 11mil；通孔焊盘到线条的间隔为 3mil。

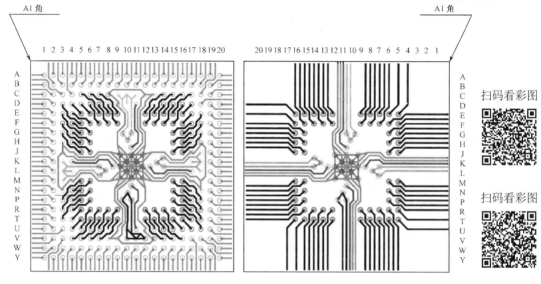

（a）顶层PCB布局图　　　　　　　　　　（b）底层PCB布局图

图 10-29　0.5mm 256 引脚 MBGA 封装的两层 PCB 布板实例

> 注：有关 MAX Ⅱ 系列 FPGA 的更多内容，请登录相关网站查询。

10.3　Xilinx Virtex-5 系列 PCB 设计

Virtex-5 FPGA 采用 1.0V 内核，并且根据所选器件可以提供 330000 个逻辑单元、1200 个 I/O 引脚、48 个低功耗收发器，以及内置式 PowerPC 440、PCIe 端点和以太网 MAC 模块。

Virtex-5 系列采用第二代 ASMBL（高级硅片组合模块）列式架构，包含 5 种截然不同的平台（子系列），比此前任何 FPGA 系列提供的选择范围都大。每种平台都包含不同的功能配比，以满足诸多高级逻辑设计的需求。除了最先进的高性能逻辑架构，Virtex-5 FPGA 还包含多种硬 IP 系统级模块，包括强大的 36KB Block RAM/FIFO、第二代 25×18 DSP Slice、带有内置数控阻抗的 SelectIO 技术、ChipSync 源同步接口模块、系统监视器功能、带有集成 DCM（数字时钟管理器）和锁相环（PLL）时钟发生器的增强型时钟管理模块及高级配置选项。其他基于平台的功能包括针对增强型串行连接的电源优化高速串行收发器模块、兼容 PCIe 的集成端点模块、三态以太网 MAC（媒体访问控制器）和高性能 PowerPC 440 微处理器嵌入式模块。这些功能使高级逻辑设计人员能够在其基于 FPGA 的系统中体现最高档次的性能和功能。Virtex-5 LXT、SXT、TXT 和 FXT 平台具有先进的高速串行连接功能和链路/事务层功能。

Virtex-5 FPGA 以前所未有的逻辑、DSP、软/硬微处理器和连接功能提供最佳解决方案，可满足高性能逻辑设计人员、高性能 DSP 设计人员和高性能嵌入式系统设计人员的需求。有关 Virtex-5 FPGA 的更多内容请登录相关网站查询。

10.3.1　Xilinx PCB 设计检查项目

利用 PCB 设计检查项目清单能够帮助 PCB 和系统设计者正确完成 PCB 的设计工作。PCB 设计检查项目[130]包括以下几项。

1．叠层

（1）至少要有一个接地平面

每个板必须至少有一个连续接地平面，以便提供低阻抗电源系统，方便地将低阻抗过孔连至 GND 引脚，为回流提供一个通路。

所有这些措施对于将板上和器件内的接地噪声保持在最低水平上都具有重要意义。

（2）采用 V_{CCO} 专用面

采用一个可选 V_{CCO} 面（连续、专用或半专用）可以极大地简化 PCB 的布局，提高布线连接的可用性，以便为引脚和旁路电容供电，并为回流提供一个低阻抗通路。

（3）每个信号线都在连续参考面的同一信号层内

叠层中的每根信号线应该与参考面电源平面或接地平面相邻，或者距离最近的参考面 1 个信号层远。这可以保证回流的传输路径尽可能接近相应信号线。相邻的信号层布线应相互垂直，即采用垂直布线层和水平布线层交替变换，如图 10-30 所示，这可以限制相邻层的信号线之间的串扰。要保持层与层之间的恒定阻抗，这需要调整每层的导线宽度。另外，保持参考面的连续性很重要。信号线绝不能在相关参考面内跨越不连续区域（大孔、凹槽或裂缝）。

2．旁路

① 高频电容距离每个 V_{CC} 引脚 1～2cm。高频旁路电容是旁路网络中最小的电容。每个 V_{CC}/GND 对上至少要有 1 个高频电容，并安装在距离它所旁路的 V_{CC} 引脚1～2cm 远的地方。这些电容的最佳安装点在PCB 下面及FPGA 的正下方。

不可共用电容过孔。每个电容至少需要 2 个过孔连接：1 个接地，1 个接 V_{CC}。过孔应直接连接至电源平面和接地平面（不要使用导线将旁路电容接至电源引脚）。

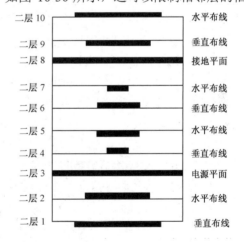

图 10-30　垂直布线层和水平布线层交替变换

所有高频电容的总电容至少等于等效开关电容的 25 倍。要获得更高的噪声抗扰度，应该用系数 50 或 100 来代替系数 25。每个 V_{CC}/GND 对都使用 1 个电容时，该电容通常为 0.01～$0.1\mu F$ 的电容。也可以使用 $0.0047\mu F$ 和 $0.0033\mu F$ 之类较小的电容。

所有的高频电容都应是低 ESR 陶瓷芯片。对于给定的电容值，通常使用最小的封装。了解选择电容尺寸和特性方面的信息请登录电容供应商网站查询。

② 中频电容距离 V_{CC} 引脚不超过 8cm。中频旁路电容是低 ESR、低电感电容，其电容范围为 $4.7\sim47\mu F$。钽电容是理想元件，也可使用铝电解电容。每 3000 Slice 上至少要有 1 个中频旁路电容（V400 用 1 个中频旁路电容，V1000 用 4 个中频旁路电容，V2000E 用 7 个中频旁路电容）。

③ 低频电容可以安装在 PCB 上的任何地方。低频旁路电容用于板旁路，其电容值范围为 $47\sim4700\mu F$。要实现这种功能，可以在板上任何地方使用任何类型的电容。

④ 对于每个 V_{REF} 引脚上的旁路电容，由于它们具有高输入阻抗，所以 V_{REF} 引脚可以排除从周围信号中耦合到其中的噪声。每个 V_{REF} 引脚都需要接一个电容值范围为 $0.01\sim0.1\mu F$ 的本地旁路电容。电源噪声影响不是问题，可以不使用电感或铁氧体磁珠。

3. SSO 指南检查

要想了解 SSO 指南，请参考数据手册。将器件（图表中的值，根据器件/封装组合）中的有效 V_{CC}/GND 对数量乘以 SSO 指南数（图表中的值，根据 I/O 标准）可以用来找出安全驱动的总输出数，应一组一组地计算该值。超过指南中规定的值会引发严重的触地反弹问题。

4. 信号通路（PCB 导线和终端）

① 每根导线都有恒定的阻抗。无论在哪儿，每个信号导线的阻抗都应保持不变。信号导线可以是任意实用的阻抗值（一般在 $40\sim100\Omega$ 的范围内）。相同设计的信号导线可以有不同的阻抗值。然而信号导线不得随长度的变化而改变阻抗。例如，如果导线从一个板层切换到另一个板层，设计者必须保证第二层上的导线应具有与第一层相同的阻抗。如果各层到各自参考面的距离不同，则应相应调整信号导线的宽度。一般来说，如果到参考面的距离增加，则应增加导线宽度，以便保持相同的阻抗。

② 仿真长于 $t_r/6$ 的导线，信号上升/下降时间与导线长度之比可以确定传输线路效应是否会发生。一般来说，具有快速上升/下降时间的长导线会发生传输线路效应。如果信号通过信号传输导线那么长的距离所花费的时间多于信号上升/下降时间的 1/6，则极有可能发生传输线路效应。这时必须对信号通路进行仿真，这可以在 IBIS 或 SPICE 仿真器中进行。

③ 如果发生振铃或过冲，应添加终端或改变 IO 标准。当信号波遇上阻抗不连续时，会发生信号反射。要解决振铃或过冲问题，必须采用下列 3 种方法之一来消除阻抗不连续。

- 给 PCB 添加阻性终端（串联或并联）。
- 将 SelectIO 标准变为电流驱动较低的标准。
- 使用 XCITE DCI（在 Virtex-II 中）。

④ 需要特别注意时钟信号（GCLK、CCLK、TCK）。需要特别注意时钟信号的原因有两个：一是时序不被噪声边缘化很关键，这可能导致错误的数据定时；二是时钟信号的工作频率通常比数据的频率高，因此应在 PCB 装配之前，对时钟导线及其驱动器进行仔细仿真。

⑤ 对长的密集型并行导线需要进行串扰分析。需要注意远距离并行操作的导线。可以利用 PCB 串扰仿真工具对任何可疑导线进行仿真，以便确定它们是否会引发问题。如果用户认为串扰是个难题，则可通过隔离导线或缩短到相关参考面的距离（减小电介质厚度）来控制串扰。

5．电源和功率管理

（1）利用功耗估计器或 XPower 估计总 FPGA 功耗

功耗估计器或 XPower 用于近似确定 FPGA 需要的功率。使用功耗估计器时需要 MAP 生成的设计数据（CLB 利用率、Flops、IO 标准、BlockRAM 用法）。XPower 是设计流程的一部分。这些工具为电源要求提供了指导，对热性能规划而言很重要。

（2）电源满足 POR（电源导通复位）的单调性和斜率要求

电源应能够在 1～50ms 的时间内从低于 DC 0.1V 上升到最小的 DC 工作条件电压。电流自动切断或电流返回不应影响电压上升时间。根据数据手册中的"加电斜升电流要求"的规定，电流限制行为是可以接受的。电压上升和时间的曲线应该是单调的，应避免停留在一个固定的电压上，或出现"平稳段"。如果电压超出了最小工作电压，然后又降到最小工作电压以下，就会出现错误的电源行为。如果在器件关闭时电源电压降到绝对最小工作电压以下，在未放电至 DC 0.1V 以下就开启，则不应立即回升至额定工作电压。设计电路时，可能需要用一个电阻来消除滤波器和旁路电容的充电，以满足该条件。

（3）电源满足 POR（电源导通复位）的最小电流要求

除了满足功耗估计器的动态功耗要求外，电源还应能够提供数据手册中规定的最小启动电流。

（4）利用 $T_j = T_a + PQ_{ja}$ 来预计芯片温度，芯片温度应低于最大允许值

可以利用功耗估计器提供的功耗值、器件封装方面的信息和工作环境中的最大环境温度来确定芯片温度。如果芯片温度高于器件温度级别（C 为商用级：0～80℃。I 为工业级：-40～100℃）的最高允许温度，则必须修改设计（如降低环境温度、添加散热器、改变封装、减小时钟频率或降低器件利用率）。

6．JTAG 头包含在板上（连至器件的 JTAG 引脚）

每个 PCB 都应该能够轻松访问 FPGA JTAG 引脚，以便在最终系统中实现调试。要获得最佳结果，需将 TCK、TMS、TDI 和 TDO 信号发送到 PCB 上的四针接头上，这对于具有有限的器件引脚访问入口的 BG 和 FG 封装而言至关重要。设计时还可以在接头中提供接地和 V_{CC} 引脚，以方便使用（6 个引脚）。更多内容请登录相关网站查询。

10.3.2　Virtex-5 FPGA 的配电系统设计

包括所有 Virtex-5 FPGA 在内的多数数字器件均要求 V_{CC} 电源的上下波动幅度不超过额定 V_{CC} 值的±5%。在本节中，V_{CC} 泛指所有 FPGA 电源：V_{CCINT}、V_{CCO}、V_{CCAUX} 和 V_{REF}。这些要求还指定了电源上的最大噪声量，通常称作纹波电压（V_{RIPPLE}）。根据器件要求，V_{CC} 必须在额定电压的±5%的范围之内，这意味着 V_{RIPPLE} 的峰-峰值不得超过额定 V_{CC} 的 10%。这里假定额定 V_{CC} 刚好为数据手册中提供的额定值，否则需相应调整 V_{RIPPLE}，使其低于额定值的 10%。Virtex-5 FPGA 的配电系统（PDS）设计需要考虑的一些因素如下[131]。

1．必需的 PCB 去耦电容器

Xilinx 的每一种 Virtex-5 器件都需要采用 PCB 去耦电容器（如表 10-5 所示）。许多器件几乎都不需要陶瓷电容器，因为在器件封装内已包括高频陶瓷电容器（贴装在基片上）。因此，Virtex-5 器件所需 PCB 去耦电容器的数量明显小于以前的器件系列。

封装内的去耦电容器的电容量和数量因封装不同而异。它有带有高性能多终端电容器的封装、带有中等性能电容器的封装、不带电容器的封装三种封装类型。

由于 CLB 和 I/O 的应用会改变器件的电容要求，所以 PCB 去耦电容器的数量是根据具体的型号确定的，如表 10-5 所示。注意，不同型号、不同应用状态所需 PCB 去耦电容器的型号和数量不同。

表 10-5　Virtex-5 器件必需的 PCB 去耦电容器

电　源	电容器数量规则	电容值	电容器型号	电容器类型	电容器外形尺寸	每个电源所需电容器总数
FF1760 封装的 XC5VLX330 器件（51840Slice、30 I/O 组）						
V_{CCINT}	每 7000Slice 1 个	330μF	T520V337M2R5ATE025	钽	V 形	7
	每 1000Slice 1 个	0.22μF		陶瓷	0204 或 0402	52
V_{CCAUX}	每 15000Slice 1 个	33μF	T520B336M006ATE040	钽	B 形	3
V_{CCO}	每 I/O 组 1 个	47μF	T520B476M006ATE070	钽	B 形	30
	每 I/O 组 1 个	0.22μF		陶瓷	0204 或 0402	30
FF1760 封装的 XC5VLX220 器件（34560Slice、20 I/O 组）						
V_{CCINT}	每 7000Slice 1 个	330μF	T520V337M2R5ATE025	钽	V 形	5
	每 1000Slice 1 个	0.22μF		陶瓷	0204 或 0402	35
V_{CCAUX}	每 15000Slice 1 个	33μF	T520B336M006ATE040	钽	B 形	2
V_{CCO}	每 I/O 组 1 个	47μF	T520B476M006ATE070	钽	B 形	20
	每 I/O 组 1 个	0.22μF		陶瓷	0204 或 0402	20
FF1153 封装的 XC5VLX110 器件（17280Slice、20 I/O 组）						
V_{CCINT}	每 7000Slice 1 个	330μF	T520V337M2R5ATE025	钽	V 形	2
	每 1000Slice 1 个	0.22μF		陶瓷	0204 或 0402	17
V_{CCAUX}	每 15000Slice 1 个	33μF	T520B336M006ATE040	钽	B 形	1
V_{CCO}	每 I/O 组 1 个	47μF	T520B476M006ATE070	钽	B 形	20
	每 I/O 组 1 个	0.22μF		陶瓷	0204 或 0402	20
FF676 封装的 XC5VLX110 器件（17280Slice、11 I/O 组）						
V_{CCINT}	每 7000Slice 1 个	330μF	T520V337M2R5ATE025	钽	V 形	2
	每 1500Slice 1 个	2.2μF		陶瓷	0805	12
	每 1000Slice 1 个	0.22μF		陶瓷	0204 或 0402	17
V_{CCAUX}	每 15000Slice 1 个	33μF	T520B336M006ATE040	钽	B 形	1
	每 15000Slice 1 个	2.2μF		陶瓷	0805	1
	每 15000Slice 1 个	0.22μF		陶瓷	0204 或 0402	1
V_{CCO}	每 I/O 组 1 个	47μF	T520B476M006ATE070	钽	B 形	11
	每 I/O 组 1 个	2.2μF		陶瓷	0805	11

2．替代电容器

（1）钽电容器

在表 10-5 中所列出的 PCB 去耦电容器中，建议使用钽电容器，由制造商 Kemet 生产。

这些型号是按照值和控制等效串行电阻（ESR）选择的。

如果其他制造商的钽电容器或高性能电解电容器符合表 10-6～表 10-8 中列出的规格和性能要求，则可以使用替代产品代替。

表 10-6　替代用于 V_{CCINT} 的 T520V337M2R5ATE025 钽电容器

参　数	数　值	说　明
电容	330μF	替代电容器需具备等量或更大的电容
电压等级	2.5V	替代电容器的电压需被评定为最低 2.5V
ESR	25mΩ	替代电容器的 ESR 需介于 15～40mΩ
外形尺寸	V 形	如果 ESL 小于 3nH，则任何外形尺寸均可
ESL	2.5nH	

表 10-7　替代用于 V_{CCAUX} 的 T520B336M006ATE040 钽电容器

参　数	数　值	说　明
电容	33μF	替代电容器需具备等量或更大的电容
电压等级	6.3V	替代电容器的电压需被评定为最低 6.3V
ESR	40mΩ	替代电容器的 ESR 需介于 30～60mΩ
外形尺寸	B 形	如果 ESL 小于 2nH，则任何外形尺寸均可
ESL	2nH	

表 10-8　替代用于 V_{CCO} 的 T520B476M006ATE070 钽电容器

参　数	数　值	说　明
电容	47μF	替代电容器需具备等量或更大的电容
电压等级	6.3V	替代电容器的电压需被评定为最低 6.3V
ESR	70mΩ	替代电容器的 ESR 需介于 50～90mΩ
外形尺寸	B 形	如果 ESL 小于 2nH，则任何外形尺寸均可
ESL	2nH	

（2）陶瓷电容器

表 10-5 中出现了两个陶瓷电容器：0805 封装的 2.2μF 电容器和 0402 或 0204 封装的 0.22μF 电容器可以采用替代产品。表 10-9 和表 10-10 列出了可用替代电容器的要求。

表 10-9　2.2μF 0805 陶瓷电容器的要求

参　数	数　值	说　明
电容	2.2μF	电容值可以更大
电压等级	6.3V	需被评定为最低 6.3V
ESR	20mΩ	ESR 需介于 5～60mΩ
外形尺寸	0805	外形尺寸可以更大（1206 或 1812）

表 10-10 0.22μF 0402 或 0204 陶瓷电容器的要求

参　数	数　值	说　明
电容	0.22μF	电容值可以更大
电压等级	6.3V	需被评定为最低 6.3V
ESR	25mΩ	ESR 需介于 15～60mΩ
外形尺寸	0402 或 0204	外形尺寸不能再大。可接受更小外形尺寸或改进的几何特性（LIC C、DC 或 X2Y），但必须符合 ESR 要求

3. 电容器位置和 PCB 贴装技术

（1）电容器位置的基础知识

要实现去耦功能，应将电容器尽可能地靠近要进行去耦处理的元器件。

加大元器件和去耦电容器间的距离会增加电源平面和接地平面中的电流长度，还会增加元器件和电容器间电流通路中的电感。

这一电流通路（电流从电容器 V_{CC} 侧到 FPGA 的 V_{CC} 引脚，以及从 FPGA 的 GND 引脚到电容器 GND 侧所流经的回路）中的电感与回路面积成正比，减少回路面积可以减小电感。

缩短元器件和去耦电容器间的距离可以减小电感，从而减少瞬时电流的阻力。

FPGA 噪声源和贴装电容器间的相位关系决定了电容器的有效性。对于以某种频率提供瞬时电流较为有效的电容器（最佳频率电容器）而言，相位关系必须在频率的波长的范围之内。

电容器的位置决定电容器和 FPGA 间传输线路互连的长度（在这种情况下为电源和接地平面对）。这一互连的传导延迟是关键因素。

FPGA 噪声被分成了一定频带，不同尺寸的去耦电容器用于分别处理不同的频带。因此，各电容器的位置取决于其有效频率。

当 FPGA 发出电流变化要求时，就会对 PDS 电压（电源平面和接地平面中的一点）形成小幅的局部干扰。要消除干扰，首先得让去耦电容器感应到电压差异。

FPGA 电源引脚开始出现干扰和电容器开始感应到这一干扰之间，存在一定的有限延时，为

$$延时 = \frac{FPGA电源引脚到电容器的距离}{电流在FR\text{-}4电介质中的传导速度} \tag{10-23}$$

式中，电介质是嵌入电源平面的 PCB 的基片。

当补偿电流从电容器流向 FPGA 时，会发生同样程度的延时。对于 FPGA 中的任意瞬时电流需求，在得到满足前都会发生往返延时。

① 当位置距离大于特定频率的波长的 1/4 时，传输至 FPGA 的能量可忽略不计。

② 在 1/4 波长的距离范围内，如果距离从 1/4 波长渐变为零距离，则传输至 FPGA 的能量就会从 0 逐渐增加到 100%。

③ 如果电容器位置到 FPGA 电源引脚的距离在 1/4 波长范围内，就会有有效能量从电容器传输至 FPGA。

由于电容器在高于其共振频率的某些频率（较短波长）下仍然有效，所以应尽量缩短该距离。

对于多数实际应用，1/4 波长的 1/10 较为理想，即电容器与正在进行去耦处理的电源引脚间的距离应在 1/40 波长范围之内。波长对应于电容器的贴装共振频率 FRIS。

如果使用大量外部终端电阻器或针对收发器的被动电源过滤装置，则应使这些电阻器或装置的优先级高于去耦电容器。应将终端电阻器和离散过滤装置移离同心环中的器件，使其位于离相应器件最近的位置，值最小的去耦电容器紧随其后，然后是值较大的去耦电容器。

在 V_{REF} 稳定电源中，每个引脚只需使用一个电容器。所用电容器的值介于 0.022～0.47μF 之间。V_{REF} 电容器的主要功能是降低 V_{REF} 节点的阻抗，从而降低串扰耦合（只需极少的低频能量）。

（2）钽电容器

钽电容器的体积较大，无法放置到距离 FPGA 极近的位置。值得庆幸的是，由于钽电容器所覆盖的低频能量对电容器位置不甚敏感，所以这不是一个问题。钽电容器几乎可以放置在 PCB 上的任意位置，但是距离 FPGA 越近越好。电容器贴装应遵循普通的 PCB 布局设计。

（3）0805 陶瓷电容器

2.2μF 0805 电容器会覆盖整个中频范围。由于位置对性能会造成一定的影响，故该电容器应尽可能地靠近 FPGA。距器件外缘 2in 之内的任何位置均可接受。

应对电容器贴装（焊接区、导线和过孔）进行优化，以降低电感。过孔应与焊盘直接连接。过孔可以位于焊盘末端［见图 10-31（b）］，或选择另一种较佳布局，即位于焊盘侧面［见图 10-31（c）］。将过孔置于焊盘侧面可以增加过孔间的相互电感耦合度，从而降低贴装总寄生电感。可以将双过孔置于焊盘两侧［见图 10-31（d）］，但回路会随之缩短。

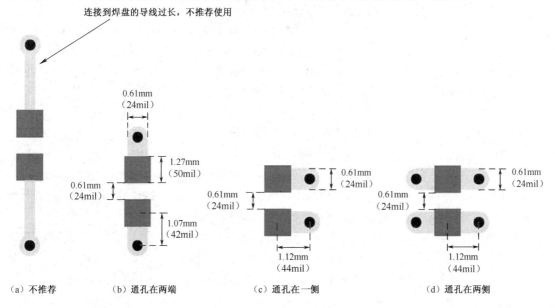

图 10-31　0805 电容器焊区和贴装几何尺寸示例

（4）0402 陶瓷电容器

0.22μF 0402 陶瓷电容器覆盖中高频范围。位置和贴装对这些电容器而言极为关键。贴装电容器时，应使其尽可能地靠近 FPGA（最大限度降低寄生电感）。

对于总厚度小于 1.575mm（62mil）的 PCB，最佳位置是将电容器置于 PCB 背板上、器件占用空间之内（在没有过孔的空白交叉位置）。对应于相关电源的 V_{CC} 和 GND 过孔应在过孔阵列中明确标出。在有空间可用的情况下，应添加 0402 贴装焊盘，并将其与这些过孔连接。

对于总厚度大于 1.575mm（62mil）的 PCB，最佳位置是将电容器置于 PCB 上表面。在 PCB 叠层中，V_{CC} 平面的位置是关键因素。如果 V_{CC} 平面位于 PCB 叠层的上半部分，则将电容器置于 PCB 的上表面较佳；如果 V_{CC} 平面位于 PCB 叠层的下半部分，则将电容器置于 PCB 的下表面较佳。

如果 0402 陶瓷电容器位于器件占用空间的外部，无论是上表面还是下表面，都应该在距器件外缘 0.5in 的范围之内。

应对电容器贴装（焊接区、导线和过孔）进行优化，以降低电感。过孔应直接与焊盘连接，中间无须导线。如果可能，应使这些过孔位于焊盘的侧面［见图 10-31（c）］。将过孔置于焊盘侧面可以增加过孔间的相互电感耦合度，从而降低贴装寄生电感。可以将双过孔置于焊盘两侧［见图 10-31（d）］，但回路会随之缩短。

许多制造规则都不允许在 PCB 上表面距 FPGA 0.1in 的范围内贴装任何器件。

4．电容器的寄生电感

电容值通常被视为电容器最重要的特性。但在电源系统应用中，寄生电感（ESL，等效串联电感）的重要性是有过之而无不及的。电容器封装尺寸（体积）决定着寄生电感的大小。通常，电容器的体积越小，寄生电感越小。

选择去耦电容器时的要求有以下几个。

① 对于特定的电容值，请选择可用的最小封装。

② 对于特定的封装尺寸（实质上是固定的电感值），请选择相应封装中可用的最大电容值。表面贴装芯片电容器是最小的可用电容器，堪称离散去耦电容器的理想选择。

③ 对于介于 10μF 到极小值（如 0.01μF）之间的电容值，通常使用 X7R 或 X5R 类型的电容器。这些电容器的寄生电感和 ESR 都较低，温度特性也可以接受。

④ 对于较大的电容值（如 47～680μF），则应使用钽电容器。这些电容器的寄生电感较低，ESR 适中，形成的 Q 值较低，相应的有效频率范围也非常广。也可以使用高性能电解电容器，前提是其具备相当的 ESR 和 ESL 值。

表面贴装芯片电容器以较小的封装尺寸提供了相对较大的电容值，降低了板的固有成本。

如果没有或无法使用钽电容器，则可使用低 ESR、低电感的电解电容器。也可以使用具有类似特性的其他新技术（Os-Con、POSCAP 和聚合物电解 SMT）。

任何类型的实际电容器都不仅具备电容特性，还具备电感和电阻特性。一个实际而非理想的电容器的寄生模型可以视为一个 RLC 电路，即由电阻器 R（ESR）、电感器 L（ESL）和电容器（C）串联而成的电路，具有串联 LC 电路阻抗特性（见 6.2.2 节）。

随着电容值的增大，电容曲线向左下方延伸。随着寄生电感的减小，电感曲线向右下方延伸。由于特定封装内电容器的寄生电感一定，所以电容器的电感曲线固定不变。

在同一封装中选择不同的电容器值时，电容曲线就会随着固定的电感曲线上下波动。对于固定的电容器封装，增大电容器值可以降低低频阻抗；减小电容器的电感则可以降低高频阻抗。尽管在固定封装中可以指定更高的电容值，但如果不并联更多电容器就无法降低电容器的电感。并行使用多个电容器可以分流寄生电感，同时还可以使电容值翻倍，这样可以同时降低高频和低频阻抗。

5．PCB 电流通路电感

PCB 电流通路的寄生电感有三种不同来源：电容器贴装，PCB 电源平面和接地平面，FPGA 贴装。

（1）电容器贴装电感

电容器贴装电感指由 PCB 上的电容器焊接区、焊区与过孔间的导线（如果有）及过孔产生的电感。过孔、导线和电容器贴装焊盘可产生 300pH～4nH 的电感，其具体大小取决于具体几何特性。

由于电流通路的电感与电流穿过的回路面积成正比，所以最大限度地减小回路尺寸很重要。回路由以下通路构成：经过一个电源平面，向上穿过一个过孔，经过连接到焊区的导线，经过电容器，经过另一个焊区和连接导线，向下穿过另一个过孔，然后进入另一个平面，如图 10-32 所示。

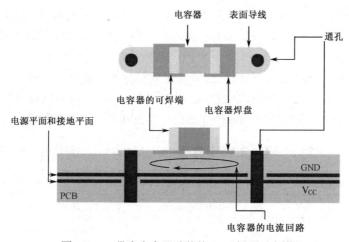

图 10-32　带有电容器贴装的 PCB 剖面示意图

连接导线的长度对贴装的寄生电感有很大的影响，如果使用连接导线，应短而宽。如果可能，最好不采用图 10-31（a）所示的尺寸，而将过孔与焊区直接连接［见图 10-31（b）］起来。在电容器焊区的旁边放入过孔［见图 10-31（c）］，或将过孔的数量加倍［见图 10-31（d）］，都可以进一步减小贴装寄生电感。

极少 PCB 制造工艺能满足焊盘中过孔（降低寄生电感的一种选择）几何特性的要求。对于超低电感电容器，如长宽比颠倒的电容器（AVX 的 LICC），重要的一点是每个焊区能使用多个过孔。

PCB 布局工程师经常设法在多个电容器间共享过孔，以此将更多组件塞进很小的区域中。在任何情况下都应杜绝使用这一方法。

将另外一个电容器连接至现有电容器的过孔的做法对 PDS 的改善极其微小。要想获得较大幅度的改善，应减少电容器的总数量，并将焊区与过孔数的比例保持在 1∶1 的水平。

与电容器自身的寄生电感相比，电容器贴装（焊区、导线和过孔）通常会产生等量或更大的电感。

（2）PCB 电源平面和接地平面电感

PCB 电源平面和接地平面伴随一定的电感。这些平面的几何特性决定其电感的大小。

电流会在电源平面和接地平面中从一点流向另一点（因为类似于趋肤效应的特性），电流随之而分布开。这些平面中的电感称为分布电感，以每个方块上的亨（电感单位）数量标识。此处的方块不涉及具体尺寸（决定电感量的是平面中一个部分的形状，而非尺寸）。

分布电感的作用与其他电感一样，即抵抗电源平面（导体）中的电流量变化。电感会影响电容器响应元器件瞬时电流的能力，因此应尽量减小其值。由于设计人员通常很难控制平面的 X-Y 形状，所以唯一可控的因素是分布电感值。分布电感主要取决于将电源平面及其相关的接地平面隔开的电介质的厚度。

对于高频配电系统，电源平面和接地平面协同作业，二者产生的电感相互依存。电源平面和接地平面的距离决定这一对平面的分布电感。距离越短（电介质越薄），分布电感越小。不同厚度 FR-4 电介质所对应的分布电感的近似值如表 10-11 所示。

缩短 V_{CC} 和 GND 平面的距离可减小分布电感。如果可能，可在 PCB 叠层中将 V_{CC} 平面直接紧贴 GND 平面。面面相对的 V_{CC} 和 GND 平面有时称为平面对。在过去，当时的技术不需要使用 V_{CC} 和 GND 平面对，但如今由于快速密集型器件所涉及的速度和要求的巨大功耗，所以需要使用它们。

除提供低电感电流通路外，电源平面和接地平面对还可提供一定的高频去耦电容。随着平面面积的增加，以及电源平面和接地平面间距的减小，这一电容值将会增大。不同厚度的 FR-4 电源平面和接地平面对所对应的单位面积电容值和分布电感值如表 10-11 所示。

表 10-11　不同厚度的 FR-4 电源平面和接地平面对所对应的单位面积电容值和分布电感值

电介质厚度		分布电感值	单位面积电容值	
（μm）	（mil）	（pH/square）	（pF/in^2）	（pF/cm^2）
102	4	130	225	35
51	2	65	450	70
25	1	32	900	140

（3）FPGA 贴装电感

连接 FPGA 电源引脚接地引脚（V_{CC} 和 GND）的 PCB 焊接区和过孔会产生整个电源电路中寄生电感的一部分。在现有 PCB 技术中，焊接区的几何特性和狗骨（Dogbone）几何特性已基本成型，由这些几何特性所产生的寄生电感不会发生变化。过孔寄生电感是过孔长度和反向电流通路间距的函数。

相关过孔长度指承载 FPGA 焊接区和相关 V_{CC} 或 GND 平面之间瞬时电流的那一部分过孔。剩余过孔（电源平面和 PCB 背板之间）不影响过孔的寄生电感（焊接区和电源平面之间的过孔越短，寄生电感越小）。应尽量缩短相关 V_{CC} 和 GND 平面到 FPGA 的距离（接近 PCB 叠层的顶部），以减小 FPGA 贴装的寄生过孔电感。

器件的引脚布局决定反向电流通路间的距离。由于电感与任意两股反向电流相关（如

V_{CC} 和 GND 过孔对中的电流），且增加两条反向通路间的相互电感耦合度，可以减小回路的总电感，故应使 V_{CC} 和 GND 过孔尽量靠近。

FPGA 下的过孔区域有许多 V_{CC} 和 GND 过孔，总电感是过孔间距的函数。

对于内核 V_{CC} 电源（V_{CCINT} 和 V_{CCAUX}），反向电流位于 V_{CC} 和 GND 引脚之间。

对于 I/O V_{CC} 电源（V_{CCO}），反向电流位于任意 I/O 及其电流回路之间，由一个 V_{CCO} 或 GND 引脚承载。

减小寄生电感的措施包括以下几种。

① 将 V_{CCINT} 和 V_{CCAUX} 等内核 V_{CC} 引脚置于引脚的检测板布局中。

② 将 V_{CCO} 引脚与 GND 引脚分散于 I/O 引脚中。

③ 最大限度地缩短 I/O 引脚与 V_{CCO} 或 GND 引脚间的距离。

④ 使稀疏锯齿形（Sparse Chevron）引脚中的各 I/O 引脚靠近一个回流引脚。

FPGA 引脚布局决定着 PCB 过孔布局。PCB 设计人员无法控制反向电流通路的间距，但可以控制在电容器贴装电感和在 FPGA 贴装电感的间距。

可以将电源平面靠近 PCB 叠层的上半部分，并将电容器置于上表面（缩短电容器的过孔长度），这样可同时减小两种贴装电感。

如果将电源平面置于 PCB 叠层的下半部分，就必须将电容器贴装到 PCB 背板上。在这种情况下，FPGA 贴装过孔已较长，如果再加大电容器过孔的长度就有失妥当。较为明智的做法是充分利用 PCB 下侧和相关电源平面间的较短距离。

6. PCB 叠层和层序

V_{CC} 和接地平面在 PCB 叠层中的位置（层序）对电源电流通路的寄生电感会产生重大影响。

在设计之初，就应当考虑层序问题。高优先级电源应置于距 FPGA 较近的位置（PCB 叠层的上半部分）；低优先级电源应置于距 FPGA 较远的位置（PCB 叠层的下半部分）。

对于瞬时电流较高的电源，相关 V_{CC} 平面应靠近 PCB 叠层的上表面（FPGA 侧），这会减小电流在到达相关 V_{CC} 和 GND 平面前所流经的垂直距离（V_{CC} 和 GND 过孔长度）。为了减小分布电感，应在 PCB 叠层中各 V_{CC} 平面的附近放置一个 GND 平面。由于趋肤效应会导致高频电流紧密耦合，与特定 V_{CC} 平面临近的 GND 平面将承载绝大部分电流，用来补充 V_{CC} 平面中的电流，故较为接近的 V_{CC} 和 GND 平面被视作平面对。

并非所有 V_{CC} 和 GND 平面对都位于 PCB 叠层的上半部分，因为制造过程中的约束条件通常要求 PCB 叠层围绕中心（相对于电介质厚度和蚀铜区域而言）对称分布。PCB 设计人员可选择 V_{CC} 和 GND 平面对的优先级，高优先级平面对承载较高的瞬时电流并置于叠层的较高位置，而低优先级平面对承载较低的瞬时电流并置于叠层的较低位置。

7. 电容器的有效频率

每个电容器都具备较窄的频带，鉴于这一点，将其用作去耦电容器极为有效。该频带位于电容器自谐振频率 F_{RSELF} 的中心。有些电容器的有效频带比其他电容器宽。电容器的 ESR 决定着电容器的品质因数，而品质因数又决定着有效频带的宽度。钽电容器的有效频带通常极宽；X7R/X5R 芯片电容器的 ESR 较低，有效频带通常极窄。

理想电容器仅具有电容特性，但实际的电容器还具有寄生电感 ESL 和寄生电阻 ESR。这些寄生形式串联在一起，便形成了 RLC 电路。RLC 电路的谐振频率即为电容器的自谐振频率。RLC 电路的谐振频率 f 为

$$f = \frac{1}{2\pi\sqrt{LC}} \tag{10-24}$$

还可通过另一种方法来确定自谐振频率，即在等效 RLC 电路的阻抗曲线中找出最低点。阻抗曲线可使用扫频法在 SPICE 中计算或生成。

当电容器作为系统的一部分时，区分电容器的自谐振频率和贴装电容器的有效谐振频率 f_{RIS} 很重要。这对应于电感涵盖以下各部分时电容器的谐振频率：电容器自身的寄生电感及过孔、平面，以及电容器与 FPGA 之间连接布线的电感。

电容器的自谐振频率 f_{RSELF}（电容器数据手册中的值）远远高于其在系统中的有效贴装谐振频率 f_{RIS}。由于贴装电容器的性能极为重要，所以在将电容器作为配电系统的一部分并对其进行评估时，需要考虑贴装谐振频率。

贴装寄生电感包括电容器自身的寄生电感和由以下各部分引起的电感：PCB 焊区、连接布线、过孔和电源平面。将电容器贴装到 PCB 背板时，过孔横贯整个 PCB 叠层，直达器件。对于最终厚度为 1.524mm（60mil）的板，这些过孔大约产生 300～1500pH 的电感（电容器贴装寄生电感 L_{MOUNT}），电感的具体大小取决于过孔间距。过孔所在的板越厚，电感越高。

要确定系统中电容器的总寄生电感 L_{IS}，需将电容器的寄生电感 L_{SELF} 与贴装寄生电感 L_{MOUNT} 相加，即

$$L_{IS} = L_{SELF} + L_{MOUNT} \tag{10-25}$$

例如，使用体积为 0402 的 X7R 陶瓷芯片电容器，则有 C=0.01μF（由用户选择）；L_{SELF} = 0.9nH（AVX 数据手册参数）；f_{RSELF}=53MHz（AVX 数据手册参数）；L_{MOUNT}=0.8nH（取决于 PCB 贴装的几何特性）。

要确定有效系统寄生电感（L_{IS}），则需加上过孔寄生电感，即有

$$L_{IS} = L_{SELF} + L_{MOUNT} = 0.9nH + 0.8nH = 1.7nH$$

该示例中的值可用来确定贴装电容器的谐振频率（f_{RIS}）。使用式（10-33），由

$$f_{RIS} = \frac{1}{2\pi\sqrt{L_{IS}C}} \tag{10-26}$$

有

$$f_{RIS} = \frac{1}{2\pi\sqrt{(1.7\times10^{-12}\,H)\times(1\times10^{-8}\,F)}} = 3.8\times10^7\,Hz$$

f_{RSELF} 为 53MHz，而 f_{RIS} 较低，为 38MHz。增加贴装电感会减少有效频带。当谐振频率周围的频带较窄时，去耦电容器最为有效，因此在选择集合式电容器来构建去耦网络时需检查谐振频率。

8．仿真方法

利用仿真方法可以预测配电系统的特性。具体的仿真方法有多种，有些极其简单，而有些极其复杂。只有使用相当精密的仿真器并花费较长时间才能得出精确的仿真结果。

基本集总 RLC 仿真是其中一种最为简单的仿真方法，尽管该方法无法解释 PDS 的分布

式行为，但在选择并验证去耦电容器值方面却是一种有用的工具。

集总 RLC 仿真可以在某一版本的 SPICE 或其他电路仿真器中执行，也可通过 MathCAD 或 Microsoft Excel 等数学工具来执行。Istvan Novak 在其网站上发布了一种用于集总 RLC 仿真的免费 Excel 电子表格（与其他实用的 PDS 仿真工具一起提供）。

表 10-12 列出了一些用于 PDS 设计和仿真的 EDA 工具。这些工具的精密度从低到高跨度较大。

表 10-12　用于 PDS 设计和仿真的 EDA 工具

工　　具	供　应　商
ADS	Agilent
SIwave、HFSS	Ansoft
Specctraquest 电源完整性	Cadence
Speed 2000、PowerSI	Sigrity

9. 其他问题和原因

有时，无法利用本书所介绍的方法创建符合要求的设计，这时应全方位对系统进行分析，找出可以调整的地方。

（1）可能性 1：PCB 上的其他元器件产生了额外噪声

有时，许多元器件共享接地平面和/或电源平面；去耦不充分的元器件所产生的噪声会影响其他元器件上的 PDS（电源分配系统）。产生这一噪声的常见原因有以下 2 个。

① 因暂时周期性冲突和高电流驱动器而具有固有的高瞬时电流需求的 RAM 接口。

② 较大的微处理器。

如果从这些元器件自身测出不可接受的噪声量，则应分析局部 PDS 和组件去耦网络。

（2）可能性 2：平面、过孔或连接导线的寄生电感

在这种可能性中，去耦网络的电容值适当，但从电容器到 FPGA 这一通路中的电感太强。可能的原因有以下几个。

① 连接导线或焊接区的几何特性不正确。

② 电容器到 FPGA 的通路太长。

③ 电源过孔中的电流通路穿过一个过厚的 PCB 叠层。

关于连接导线和电容器焊区的几何特性不足的问题，请查看电流通路的回路电感。如果去耦电容器的过孔与板上的电容器焊接区相隔数毫米，电流回路面积就会大于所需。

减小电流回路面积的方法包括如下几个。

① 应将过孔与电容器焊接区直接连接 ［见图 10-31（b）］。

② 勿用导线的一部分连接过孔和焊区 ［见图 10-31（a）］。

其他改进几何特性的方法包括焊盘中过孔（过孔位于焊接区下方），以及焊盘旁过孔 ［过孔位于焊区一侧，而非其末端，见图 10-31（c）］。双过孔也可改进连接导线和电容器焊区的几何特性 ［见图 10-31（d）］。

极厚（大于 2.3mm 或 90mil）板的过孔会产生较大的寄生电感。

减小寄生电感的方法包括如下几种。

① 将主要 V_{CC} 和 GND 平面对靠近 FPGA 的上表面。

② 将频率最高的电容器置于 FPGA 的上表面。

同时进行这两项更改可以减小相关电流通路的寄生电感。

（3）可能性 3：PCB 中的 I/O 信号过强

如果优化 PDS 后，V_{CCO} PDS 中的噪声仍然过高，则可降低 I/O 接口的斜率。这同样可以应用于 FPGA 的输出端和输入端。在较为严重的情况下，FPGA 输入端过量的过冲会反向偏置 IOB 钳位二极管。如果大量噪声移入 V_{CCO}，就应该降低这些接口的驱动强度或使用终端（在输入和输出通路上）。

（4）可能性 4：I/O 信号回流流经性能较差的通路

I/O 信号回流也会在 PDS 中产生额外噪声。对于每个从某元器件传输至 PCB（并最终传输至其他器件）的信号，PCB 到元器件的电源/接地系统之间就会产生一股等量的反向电流。如果无低阻抗回流通路可用，使用的就是性能较差、阻抗较高的通路。当 I/O 信号回流流经性能较差的通路时，PDS 中就会产生电压变化，信号会因串扰而损坏。增强信号的密集度并使用完好无缺的回流通路可以解决这一问题。

纠正性能较差通路的方法包括以下几种。

① 将信号限制在较少的可用布线层上。

② 提供低阻抗通路，以使交流电在参考平面（特定 PCB 位置上的去耦电容器）之间穿行。

▶ 10.3.3 Virtex-5 FPGA 1.0mm BGA FG676 封装 PCB 设计实例

Virtex-5 FPGA 1.0mm BGA FG676 封装 PCB 设计实例[10]如图 10-33 所示，图中的焊盘直径为 0.4mm，焊盘掩模开口尺寸为 0.5mm，过孔尺寸为 0.3mm，过孔焊盘尺寸为 0.61mm，导线宽度为 0.127mm。

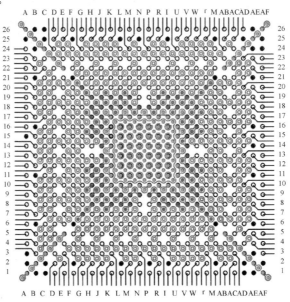

（a）顶层 PCB 布局

图 10-33 FG676 封装的 NSMD 焊盘布局形式

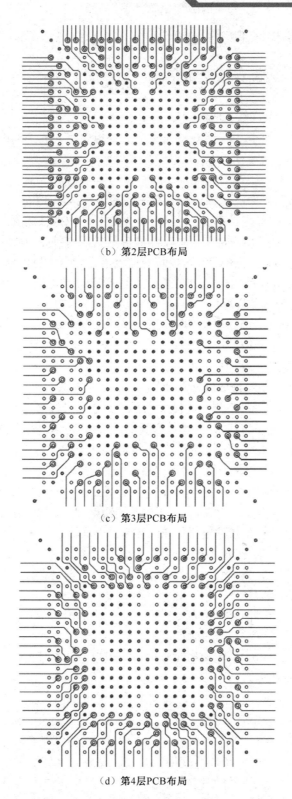

（b）第2层PCB布局

（c）第3层PCB布局

（d）第4层PCB布局

图 10-33　FG676 封装的 NSMD 焊盘布局形式（续）

10.4 微控制器电路 PCB 设计

10.4.1 微控制器电路 PCB 设计的一般原则

微控制器电路 PCB 设计的一般原则如下。

① 合理分区。微控制器电路 PCB 通常可分为模拟电路、数字电路和功率驱动三个区。要本着尽量控制噪声源、尽量减小噪声的传播与耦合、尽量减小噪声的吸收这三大原则进行 PCB 的设计和布线。

② 在元器件的布局方面，应该使相互有关的元器件尽量放得靠近一些。例如，时钟发生器、晶振、CPU 的时钟输入端都易产生噪声，在放置时应把它们靠近些。那些易产生噪声的元器件、小电流电路、大电流电路开关电路等应尽量远离微控制器的逻辑控制电路和存储电路（ROM、RAM），如果可能的话，可以将这些元器件和电路另外分成独立小区进行设计，这样有利于抗干扰，提高电路工作的可靠性。尽量不要使用 IC 插座，要把 IC 直接焊在 PCB 上，以减少 IC 插座的分布参数影响。

③ 在微控制器系统中，地线的种类有很多，有系统地、屏蔽地、数字地、模拟地等，地线是否布局合理，将决定电路板的抗干扰能力。在设计地线和接地点时，应该考虑以下问题。

- 数字地和模拟地要分开布线，不能合用，要将它们各自的地线分别与相应的电源地线相连。在设计时，模拟地线应尽量加粗，而且尽量加大引出端的接地面积。一般来讲，对于输入、输出的模拟信号，与微控制器电路之间最好通过光耦进行隔离。

- 在设计数字电路的 PCB 时，其地线应构成闭环形式，以提高电路的抗干扰能力。

- 地线应尽量粗。如果地线很细的话，则地线电阻将会较大，会造成接地电位随电流的变化而变化，致使信号电平不稳，导致电路的抗干扰能力下降。在布线空间允许的情况下，要保证主要地线的宽度至少为 2～3mm，元器件引脚上的地线应该在 1.5mm 左右。

- 要注意接地点的选择。当 PCB 上的信号频率低于 1MHz 时，由于布线和元器件之间的电磁感应影响很小，而接地电路形成的环流对干扰的影响较大，所以要采用一点接地，使其不形成回路。当 PCB 上的信号频率高于 10MHz 时，由于布线的电感效应明显，地线阻抗变得很大，此时接地电路形成的环流就不再是主要的问题了，应采用多点接地，尽量降低地线阻抗。

④ 尽可能采用数字电路电源和模拟电路电源分别供电。布置电源线时，除了要根据电流的大小尽量加粗导线宽度，在布线时还应使电源线、地线的走线方向与数据线的走线方向一致。在布线工作的最后，要用地线将 PCB 的底层没有走线的地方铺满。上述这些方法都有助于增强电路的抗干扰能力。

⑤ 尽可能在微控制器、ROM、RAM 等关键芯片的电源输入端安装去耦电容器。实际上，PCB 走线、引脚连线和接线等都可能含有较大的电感效应。大的电感可能会在 V_{CC} 走线上引起严重的开关噪声尖峰。防止 V_{CC} 走线上开关噪声尖峰的方法是在 V_{CC} 与电源地之间安放一个 $0.1\mu F$ 的去耦电容器。如果 PCB 上使用的是表面贴装元器件，可以用片状电容器直接紧靠着芯片的 V_{CC} 引脚安装。最好使用陶瓷电容器，这是因为这种电容器具有较低的损耗和高频阻抗，另外这种电容器在温度和时间上的介质稳定性也很不错。尽量不要使用钽电容器，因为在高频下它的阻抗较高。

在安放去耦电容器时需要注意：在 PCB 的电源输入端跨接 100μF 左右的电解电容器时，如果体积允许的话，电容量大一些则更好；原则上每个集成电路芯片的旁边都需要放置一个 0.01μF 的陶瓷电容器，如果电路板的空隙太小而放置不下时，可以每 10 个芯片左右放置一个 1～10μF 的钽电容器。对于抗干扰能力弱、关断时电流变化大的元器件和 RAM、ROM 等存储器件，应该在电源线（V_{CC}）和地线之间接入去耦电容器。

⑥ 在能够满足系统要求的情况下，应尽可能采用低的时钟频率。时钟产生器要尽量靠近用到该时钟的元器件。石英晶体振荡器外壳要接地，时钟线要尽量短，且不要引得到处都是。石英振荡器下面、噪声敏感元器件下面要加大地的面积而不应该走其他信号线。时钟线要垂直于 I/O 线，避免与 I/O 线平行；时钟线要远离 I/O 线。

⑦ 应把时钟振荡电路、特殊高速逻辑电路部分用地线圈起来。

⑧ I/O 驱动器件、功率放大器件尽量靠近 PCB 的边缘，靠近接插件。

⑨ 微控制器不用的 I/O 端口要定义成输出。从高噪声区来的信号要加滤波。继电器线圈处要加放电二极管。可以用串一个电阻的办法来软化 I/O 线的跳变沿或提供一定的阻尼。

⑩ 数据线的宽度应尽可能宽，以减小阻抗。数据线的宽度至少不小于 0.3mm（12mil），如果采用 0.46～0.5mm（18～20mil）则更为理想。对噪声敏感的线不要与高速线、大电流线平行。

⑪ 当 PCB 尺寸过大或信号线频率过高时，可能会使得走线上的延迟时间大于或等于信号上升时间，这时该走线要按传输线处理，要加终端匹配电阻。

⑫ 对于 ADC 和 DAC 类器件，数字部分与模拟部分要分区设计，走线宁可绕一下也不要交叉。

⑬ 4 层板比双层板噪声低 20dB，6 层板比 4 层板噪声低 10dB，产品成本允许时，应尽量用多层板。

⑭ 由于电路板的过孔存在分布电感和分布电容，这将给高速数字电路引入太多的干扰，所以在布线时应尽可能地注意过孔的设置与过孔的数量。

10.4.2　AT89S52 单片机最小系统 PCB 设计

AT89S52 是一个低功耗，高性能 CMOS 8 位单片机，采用 ATMEL 公司的高密度、非易失性存储技术制造，兼容标准 MCS-51 指令系统及 80C51 引脚结构；芯片内集成了通用 8 位中央处理器和 ISP Flash 存储单元，具有 8KB Flash 片内程序存储器、256B 随机存取数据存储（RAM）、32 个外部双向输入/输出（I/O）口、5 个中断优先级、2 层中断嵌套中断、2 个 16 位可编程定时计数器、2 个全双工串行通信口、看门狗（WDT）电路、片内时钟振荡器。AT89S52 工作电源电压为 4.5～5.5V，时钟频率为 0～33MHz，采用 PDIP、TQFP 和 PLCC 三种封装形式，可为许多嵌入式控制应用系统提供高性价比的解决方案。

所设计的 AT89S52 单片机最小系统具有 2KB SRAM（ATM24C02）、8 个 LED 显示、4 个按键、4 个七段数码管与 6 键拨盘组成的键盘/显示电路、RS-232 串行通信接口（MAX232）、8 位串行 A/D 转换电路 TLC549、字符液晶显示屏接口、无源蜂鸣器电路 BUZZER。通过 ISP 接口，用户可利用 PC 直接将程序下载到单片机中，不需要使用编程器工具，实现编程、程序下载。有关 AT89S52、ATM24C02、TLC549 等芯片的更多内容请参考黄智伟编著的《全国大学生电子设计竞赛制作实训（第 2 版）》（北京航空航天大学出版社，2011）。

所设计的 AT89S52 单片机最小系统电路的 PCB 图如图 10-34 所示。

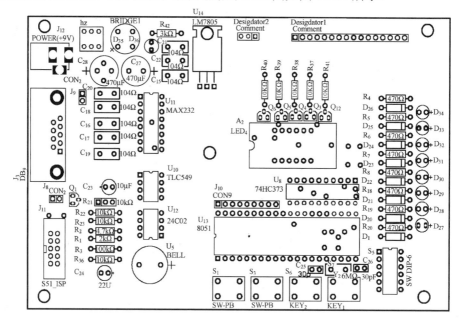

（a）元器件布局图

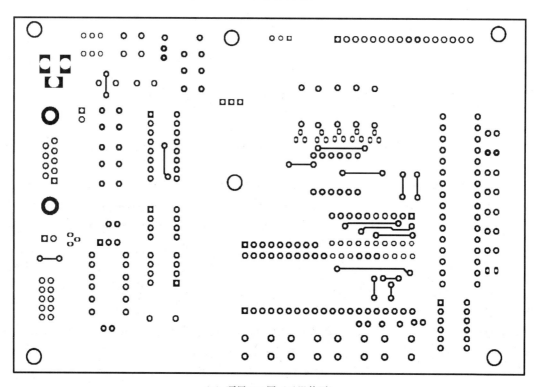

（b）顶层PCB图（元器件面）

图 10-34　AT89S52 单片机最小系统电路的 PCB 图

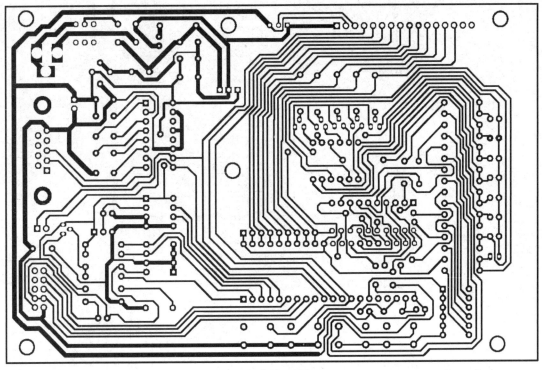

（c）底层PCB图

图 10-34　AT89S52 单片机最小系统电路的 PCB 图（续）

10.4.3　ARM STM32 最小系统 PCB 设计

STM32 是 STMicroelectronics 公司的基于 ARM Cortex-M 处理器，具有高性能、高度兼容、易开发、低功耗、低工作电压，实时、数字信号处理能力的 32 位闪存微控制器产品。STM32 的 PCB 设计一般建议如下[132-135]。

1．电源布局形式

STM32 的电源布局形式如图 10-35 所示，注意单芯片和多芯片的电源布局形式[132]不同。

2．分隔布置模拟电路与数字电路

可以分隔布置模拟电路与数字电路，使用不同的 PCB 层安排供电和地线。如图 10-36 所示，模拟电路与数字电路使用了不同的接地层。分隔模拟电路与数字电路的供电如图 10-37 所示。

3．V_{DD} 与 V_{SS} 电容器的安装

如图 10-38 所示，每对 V_{DD} 与 V_{SS} 都必须在尽可能靠近芯片处分别放置一个 10～100nF 的高频陶瓷电容。在靠近 V_{DD3} 和 V_{SS3} 处应放置一个 4.7～10μF 的钽电容或陶瓷电容。

393

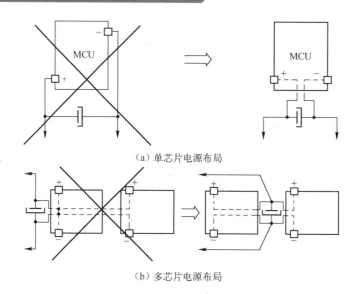

（a）单芯片电源布局

（b）多芯片电源布局

图 10-35　STM32 的电源布局形式

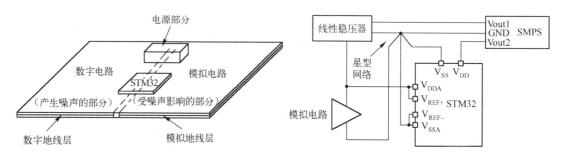

图 10-36　分隔布置模拟电路与数字电路　　　　图 10-37　分隔模拟电路与数字电路的供电

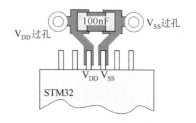

图 10-38　V_{DD} 与 V_{SS} 电容器的安装实例

4．振荡器电路 PCB 的设计

振荡器电路 PCB 的设计要求如下。

① 外部杂散电容和电感要控制在一个尽可能小的范围内，从而避免晶振进入非正常工作模式或造成起振不正常等问题。另外，振荡器电路旁边要避免有高频信号经过。

② 走线长度越短越好。

③ 接地平面用于信号隔离和减少噪声。例如，在晶振的保护环（Guard Ring，指元器件或走线外围成一圈用于屏蔽干扰的导线环，一般要求理论上没有电流从该导线环上经过）下

直接敷地有助于将晶振和来自其他 PCB 层的噪声隔离开来。要注意接地平面要紧邻晶振，但只限于晶振下面，而不要将此接地平面敷满整个 PCB，推荐的晶振 PCB 布局形式[132]如图 10-39 所示。

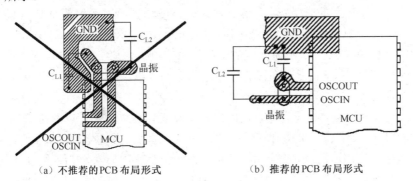

（a）不推荐的 PCB 布局形式　　　　（b）推荐的 PCB 布局形式

图 10-39　推荐的晶振 PCB 布局形式 1

④ 图 10-40 给出了一个晶振的 PCB 布局实例。图 10-40 所示的这种布线方法将振荡器的输入与输出隔离开来，同时也将振荡器和邻近的电路隔离开来。所有的 V_{SS} 过孔不是直接连接到接地平面上（除晶振焊盘之外），就是连接到终端在 C_{L1} 和 C_{L2} 下方的地线上。

⑤ 在每一对 V_{DD} 与 V_{SS} 端口上连接去耦电容来滤波噪声。

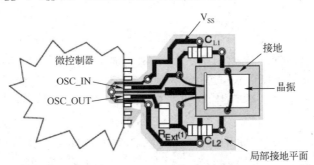

图 10-40　晶振的 PCB 布局实例

> **注意**：仅当晶振上的功耗超过晶振制造商给定的值时，R_{Ext} 才是必需的。否则，R_{Ext} 的值应当是 0。

5. 采用 STM32F103VET6 作为主控制器的系统板设计

本系统板采用 STM32F103VET6 作为主控制器。系统板包含的资源如下。

① 2MB 的 Flash（W25X16），SPI 接口。

② 3V 电压基准芯片 LT6655-3。

③ DS1302 时钟芯片。

④ T-Flash 卡接口。

⑤ nRF24L01 无线模块接口。

⑥ 引出 3.2in TFT 液晶接口、Jlink 仿真调试接口及所有 I/O 口。

设计 STM32F 最小系统的 PCB 时应注意[132-135]以下问题。

① 出于技术的考虑，最好使用有专门独立的接地层（V$_{SS}$）和专门独立的供电层（V$_{DD}$）的多层 PCB，这样能提供好的耦合性能和屏蔽效果。在很多应用中，当受经济条件限制不能使用多层 PCB 时，就需要保证有一个好的接地和供电的结构形式。

② 为了减少 PCB 上的交叉耦合，设计版图时需要根据不同元器件对 EMI 的影响，设计正确的元器件位置，把大电流电路、低电压电路及数字器件等不同的电路分开。

③ 每个模块（噪声电路、敏感度低的电路、数字电路）都应该单独接地，所有的地最终都应在一个点上连到一起。尽量避免或减小接地回路的区域。为了减小供电回路的区域，电源应该尽量靠近地线，这是因为供电回路就像一个天线，可能成为 EMI 的发射器和接收器。PCB 上没有元器件的区域，需要填充为地，以提供好的屏蔽效果（对单层 PCB 尤其应该如此）。

④ STM32F 上的每个电源引脚应该并联去耦合的滤波陶瓷电容（100nF）和电解电容（10μF）。这些电容应该尽可能地靠近电源/地引脚；或者在 PCB 另一层，处于电源/地引脚之下。这些电容的典型值一般为 10～100nF，具体的容值取决于实际应用的需要。所有的引脚都需要适当地连接到电源。这些连接，包括焊盘、连接导线和过孔，应该具备尽量小的阻抗。通常采用增加导线宽度的办法，包括在多层 PCB 中使用单独的供电层。

⑤ 对于那些受暂时的干扰会影响运行结果的信号（如中断或握手抖动信号，而不是 LED 命令之类的信号），信号线周围铺地，缩短走线距离，消除邻近的噪声和敏感的连线都可以提高 EMC 性能。对于数字信号，为了有效地区别两种逻辑状态，必须能够达到最佳可能的信号特性余量。

⑥ 所有微控制器都为各种应用而设计，而通常的应用都不会用到所有的微控制器资源。为了提高 EMC 性能，不用的时钟、计数器或 I/O 引脚，需要做相应处理，如 I/O 端口应该被设置为 "0" 或 "1"（对不用到的 I/O 引脚进行上拉或下拉）；没有用到的模块应该禁止或 "冻结"。

采用 STM32F103VET6 作为主控制器的系统板电原理图请参考黄智伟等编著的《STM32F 32 位微控制器应用设计与实践（第 2 版）》（北京航空航天大学出版社，2014）或与作者联系。采用 STM32F103VET6 的系统板 PCB 图如图 10-41 所示。

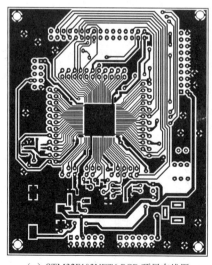

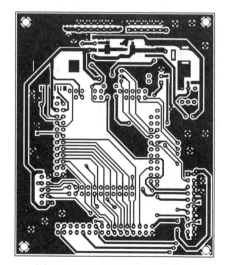

（a）STM32F103VET6 PCB 顶层布线图　　　　　（b）STM32F103VET6 PCB 底层布线图

图 10-41　采用 STM32F103VET6 的系统板 PCB 图

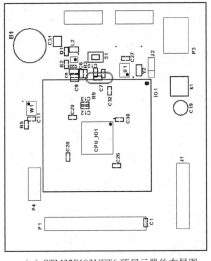

(c) STM32F103VET6 顶层元器件布局图

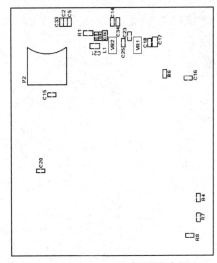

(d) STM32F103VET6 底层元器件布局图

图 10-41 采用 STM32F103VET6 的系统板 PCB 图（续）

10.4.4 ARM 32 位微控制器 XMC4000 PCB 设计

XMC4000 系列是一个基于 ARM Cortex-M4 的 32 位微控制器，采用 VQFN-48、LQFP-64/100/144 和 LGBGA-144 封装[136]。

1. 主振荡器（XTAL1/XTAL2）电路的 PCB 设计

为了减少来自主振荡器电路的辐射/耦合，在接地层上设计一个分离的接地岛（见图 10-42）。这个接地岛以一点连接的方式连接到接地层。理想情况下，这一点靠近 VSSO 引脚。这种方式有助于使振荡器电路产生的噪声局限在这个分离的接地岛上。负载电容器和 VSSO 引脚的接地也应该连接到这个接地岛上。负载电容器和晶振的导线应尽可能短。

2. 去耦电容器的连接

所有电源引脚应首先连接到专用的去耦电容器，然后去耦电容器通过通孔连接

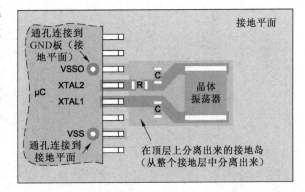

图 10-42 主振荡器使用分离的接地岛

到电源平面。所有的 VSS 引脚应连接到接地层。从电源调节器分配到每个电源平面应通过 EMI 滤波器连接（使用铁氧体磁珠），在调节器输出端的电源通路中插入电感/铁氧体磁珠，电感值为 5～10μH。

在裸露焊盘区域（Pad Domain）的 VDDP 引脚端和 VSS 引脚端连接一个 100nF 和一个 20μF（或者更大数值的电容器）电容器。

在模拟区域（Analog Domain）的 VDDA 引脚端和 VSSA 引脚端连接一个 100nF 电容器。

在休眠区域（Hibernate Domain）的 VBAT 引脚端需根据休眠时间选择电容器。

在内核区域（Core Domain）VDDC 引脚端和 VSS 引脚端连接的去耦电容器要求如下。

① XMC4500：在 VDDC 引脚端和 VSS 引脚端连接一个 100nF 和一个 10μF ±10% X7R 电容器。

② XMC4400/XMC4200：在 VDDC 引脚端和 VSS 引脚端连接一个 100nF 和一个 4.7μF ±10% X7R 电容器。

XMC4000 系列微控制器推荐的 2 层 PCB 布局实例[136]如图 10-43 所示。

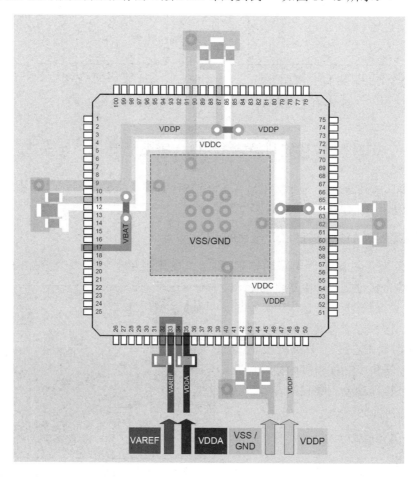

图 10-43　XMC4000 的 2 层 PCB 布局实例

10.4.5　TMS320F2812 DSP 最小系统 PCB 设计

TMS320F2812 系列芯片是 TI 推出的 DSP 芯片，采用高性能的静态 CMOS 技术，能在一个周期内完成 32×32 位的乘法累加运算，或者两个 16×16 位的乘法累加运算；时钟频率最高可达 150MHz（6.67ns 的指令周期），采用外部低频时钟，通过片内锁相环倍频，低功耗设计，Flash 编程电压为 3.3V；具有 16 通道的 12 位 ADC、两路采样保持器、1 个转换单元，可实现双通道同步采样，最小转换时间为 80ns；片上包含两个事件管理单元（EVA、EVB），可设计用于 PWM 输出、转速测量、脉宽测量等；通信接口包含两个通用异步串口（SCI）、两个通用同步串口（SPI）、1 个 CAN 总线接口（ECAN）、两个 McBSP 串口（McBSP）、56 个独立配置的通用多功能 I/O（GPIO）。

TMS320F2812 特别适用于有大批量数据需要被处理的测控场合，如数据采集、工业自动化控制、电力电子技术应用、智能化仪器仪表及电动机、电动机伺服控制系统等使用场合。

一个 TMS320F2812 DSP 最小系统 PCB 图如图 10-44 所示，该系统包含 TMS320F2812、CY7C1041V 和 TPS767D301 芯片，以及 JTAG 等接口。

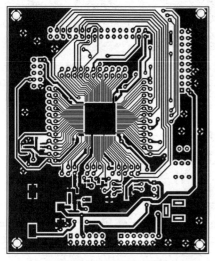

（a）STM32F103VET6 PCB 顶层布线图

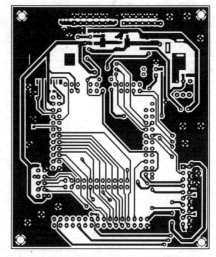

（b）STM32F103VET6 PCB 底层布线图

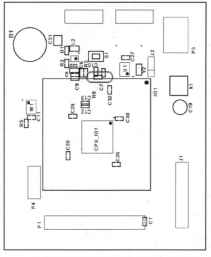

（c）STM32F103VET6 顶层元器件布局图

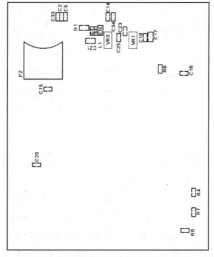

（d）STM32F103VET6 底层元器件布局图

图 10-44　采用 STM32F103VET6 的系统板 PCB 图

有关 TMS320F2812 DSP 最小系统的更多内容请登录相关网站查询。

10.5 高速接口信号的 PCB 设计

▶ 10.5.1 注意高速接口的一些关键信号

随着现代总线接口频率越来越高，必须注意高速接口信号的 PCB 的布局，以确保通信稳定。在高速接口 PCB 布局时需要注意的一些关键信号[137]如表 10-13 所示。

表 10-13　高速接口 PCB 布局时需要注意的关键信号

信号名称	描述
DP	USB 2.0 差分对，正
DM	USB 2.0 差分对，负
SSTXP	超速差分对，TX，正
SSTXN	超速差分对，TX，负
SSRXP	超速差分对，RX，正
SSRXN	超速差分对，RX，负
SATA_RXP	串行 ATA（SATA）差分对，RX，正
SATA_RXN	串行 ATA（SATA）差分对，RX，负
SATA_TXP	串行 ATA（SATA）差分对，TX，正
SATA_TXN	串行 ATA（SATA）差分对，TX，负
PCIE_RXP	PCI-Express（PCIe）差分对，RX，正
PCIE_RXN	PCI-Express（PCIe）差分对，RX，负
PCIE_TXP	PCI-Express（PCIe）差分对，TX，正
PCIE_TXN	PCI-Express（PCIe）差分对，TX，负

▶ 10.5.2 降低玻璃纤维与环氧树脂的影响

当在共同的 PCB 材料上布局差分信号对线时，由于玻璃纤维织物的相对介电常数（ε_r）约为 6，环氧树脂的相对介电常数（ε_r）约为 3，所以在一个 PCB 上，差分信号对的每条导线将经过不同介电常数的材料。

由于玻璃纤维与环氧树脂的比例是介电常数差异的主要原因，因此选择 PCB 材料时建议采用编织更紧密的、环氧树脂更少的，以及在长的导线长度上具有更好的均匀性的材料。

常见的三种降低玻璃纤维织物对差分对导线影响的设计方法[137]如图 10-45 所示。采用不同方法的目标是确保差分对信号导线布局具有相同的介电常数。

图 10-45（a）差分对导线相对底层的 PCB 纤维编织旋转 10°～35° 布线。PCB 制造商可以实现此旋转，而不需要更改 PCB 布局数据库数据。

图 10-45（b）只有高速差分对导线相对底层 PCB 纤维编织以 10°～35° 的角度布线。

图 10-45（c）高速差分对导线相对底层 PCB 纤维编织以 Z 字形方式布线（Zig-Zag 布线）。

（a）差分对导线相对底层的 PCB 纤维编织旋转 10°～35° 布线

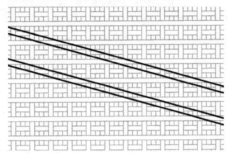

（b）只有高速差分对导线相对底层 PCB 纤维编织以 10°～35° 的角度布线

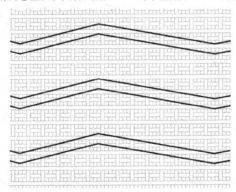

（c）高速差分对导线相对底层 PCB 纤维编织以 Z 字形方式布线

图 10-45　降低玻璃纤维织物对差分对导线影响的设计方法

10.5.3　高速信号导线设计要求

1. 高速信号导线的长度要求

与所有高速信号一样，总是要求将信号对的总走线长度保持为最小。不同器件的走线长度要求是不同的，设计时需要查阅该器件的数据表。例如，TI公司的AM335x/AM437x信号对的总走线长度要求[137]如表10-14所示。

表 10-14　TI 公司的 AM335x/AM437x 信号对的总走线长度要求

参　　数	最小值	典型值	最大值
USB 2.0 导线长度		4000mil	12000mil
倾斜的 USB 2.0 差分对			50mil
USB 2.0 DP/DM 对差分阻抗	81Ω	90Ω	99Ω
USB 2.0 DP/DM 对共模阻抗	40.5Ω	45Ω	49.5Ω
在 USB 差分对走线上允许的分支数量			0 个
在 USB 2.0 差分对走线上允许的过孔数量			4 个
在 USB 差分对走线上允许的测试点数量			0 个
USB 差分对到时钟或高速周期性信号导线的间距			50mil
USB 差分对到其他任何信号导线的间距			30mil

2. 高速信号导线的长度匹配

高速信号导线的长度匹配示意图[137]如图 10-46 所示，长度匹配设计建议在非匹配端完成。

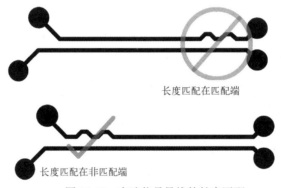

图 10-46　高速信号导线的长度匹配

10.5.4　高速信号的参考平面

高速信号应该在完整的 GND 参考平面上传送，而不是跨过参考平面中的平面裂缝或空隙（除非绝对必要）。不推荐采用电源层作为高速信号的参考平面。

穿过平面裂缝或参考平面中的空隙的路径返回的高频电流围绕裂缝或空隙流动。这可能会导致以下情况：

● 来自不平衡电流的过量辐射；

● 由于串联电感增大而导致信号传播延迟；

● 干扰相邻信号；

● 降级的信号完整性（产生更多的抖动和降低的信号幅度）。

推荐的穿过平面裂缝或参考平面中的空隙的 PCB 布局形式[137]如图 10-47 所示。

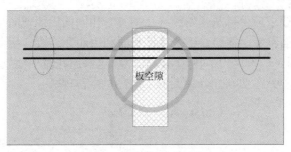

（a）不推荐的布局形式

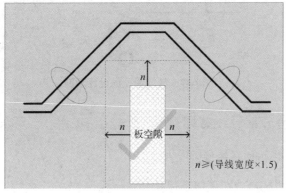

$n \geqslant$（导线宽度×1.5）

（b）推荐的布局形式

图 10-47　穿过平面裂缝或参考平面中的空隙的 PCB 布局形式

　　如果在平面分割（裂缝）上的布线是不可避免的，则在平面分割（裂缝）处放置缝合电容器，以提供高频电流的返回路径。这些拼接电容器可以最小化电流环面积，并改善通过跨越平面分割（裂缝）造成的阻抗不连续状态。这些电容的电容值应选择 1μF 或更小，并尽可能靠近平面分割（裂缝）放置。不正确的平面分割（裂缝）布线和缝合电容器放置的示例如图 10-48 所示。

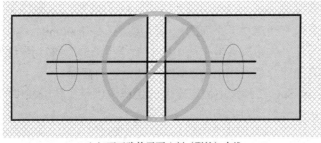

（a）不正确的平面分割（裂缝）布线

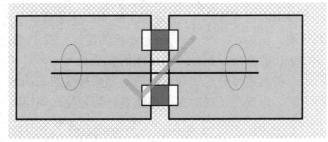

（b）在平面分割（裂缝）处放置缝合电容器

图 10-48　不正确的平面分割（裂缝）布线和缝合电容器放置的示例

任何高速信号线要求应保持从开始到终止的具有相同的接地平面（GND）参考。如果无法保持相同的接地平面参考，需要将两个接地平面利用通孔连接（缝合）在一起，以确保连续接地平面和均匀的阻抗。如图 10-49 所示，可以将这些通孔对称地放置在信号过渡通孔旁，距离（孔中心到孔中心）在 200mil（最大），或者更靠近一些。

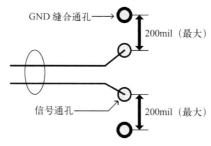

图 10-49　缝合通孔的设计示例

10.5.5　高速差分信号线布局

1. 高速差分信号线布局一般规则[137]

● 不要将探头或测试点放在任何高速差分信号线上。
● 高速差分信号线不要布置在晶体振荡器、时钟信号发生器、开关功率调节器、安装孔、使用多路时钟信号的 IC、开关功率调节器、磁性元器件以及安装孔的位置下面，并尽可能远离这些元器件。
● 对于采用 BGA 封装的 SoC 芯片，要使高速差分信号远离 SoC 芯片，因为在 SoC 芯片内部状态转换期间产生的高电流瞬变可能难以滤除。
● 如果可能，在 PCB 的顶层或底层与相邻的 GND 层布置高速差分对信号。不建议对高速差分信号线采用带状线形式布线。
● 确保高速差分信号线离参考平面的边缘距离大于等于 90mil。
● 确保高速差分信号线距离参考平面中的空隙至少 $1.5W$（W 为导线宽度）。注意：此规则不适用于高速差分信号线上的 SMD 焊盘无效的情况。
● 在 BGA 封装的 SoC 芯片采用恒定宽度的走线，以避免传输线中的阻抗失配。
● 尽可能最大化差分对到对之间的间隔（间距）。

2. 差分信号线间距

为了使高速接口实现中的串扰最小化，信号对之间的间隔必须至少为导线宽度的 5 倍。这个间距被称为 $5W$ 规则。例如，一个具有 6mil 宽度的走线，在 PCB 设计时，在高速差分对线之间需要至少 30mil 的间隔。此外，在导线的整个长度上，对任何其他信号保持最小 30mil 的禁布线间距。在高速差分对线与时钟或周期信号线相邻的地方，将此禁布线间距增加到 50mil（最小值），以确保正确隔离。高速差分信号线布局间距示例[137]如图 10-50所示。

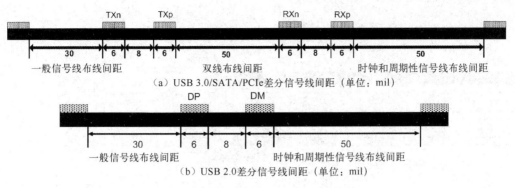

（a）USB 3.0/SATA/PCIe差分信号线间距（单位：mil）

（b）USB 2.0差分信号线间距（单位：mil）

图 10-50　高速差分信号线布局间距示例

3．差分对线的对称性

差分对线的对称性设计[137]如图 10-51 所示，要求将所有高速差分对线并行对称和平行地布置在一起。然而，在芯片封装引脚引出和连接到连接器时会自然发生偏差。这些偏差要求必须尽可能短，并且封装偏差必须在封装的 0.25in 内。

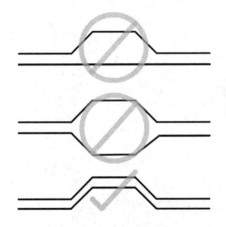

图 10-51　差分对线的对称性设计

4．注意差分信号对线之间的串扰

在包括有多个高速接口的器件中，避免这些接口之间的串扰是重要的。为避免串扰，请确保：每个差分对线在封装引出后和连接器端接之前，不在另一个差分对线的 50mil 内范围布线。

10.5.6　连接器和插座连接

当采用通孔插座（如 USB-A）时，建议对 PCB 底层的插座采用高速差分信号线连接。在 PCB 的底层上进行这些连接，可以防止通孔引脚在传输路径中作为短截线。

对于表面贴装插座（如 USB Micro-B 和 Micro-AB），在顶层上进行高速差分信号线连接。在顶层上进行这些连接，可以消除对传输路径中的通孔的需要。

USB 通孔插座连接的示例[137]如图 10-52 所示。

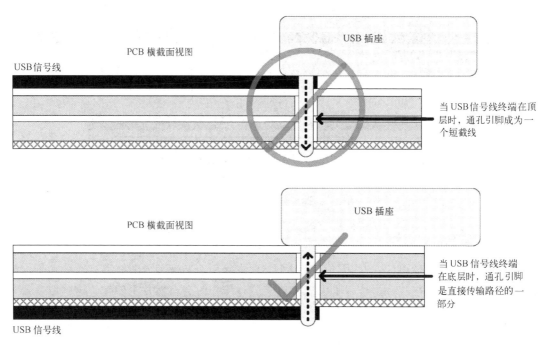

图 10-52　USB 通孔插座连接示例

10.5.7　通孔的连接

1．采用短的通孔连接形式

通孔引起导线几何形状和轨迹产生改变，由此可以表现为电容和/或电感不连续（变化）。通孔引起的这些不连续性，导致信号在通过通孔时产生反射和一些退变。减小总体的通孔接线柱长度，可以减少通孔（和相关联的通孔接线柱）的负面影响。

由于较长的通孔短截线在较低频率下谐振并增加插入损耗，因此应使这些短截线尽可能短。在大多数情况下，通孔的短截线部分比通孔的信号部分能够产生更明显的信号劣化。建议保持通孔短截线小于 15mil。短的和长的通孔连接示例[137]如图 10-53 所示。

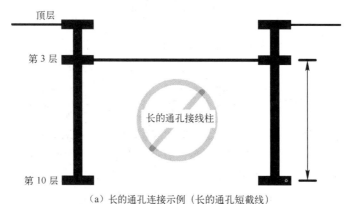

（a）长的通孔连接示例（长的通孔短截线）

图 10-53　通孔连接示例

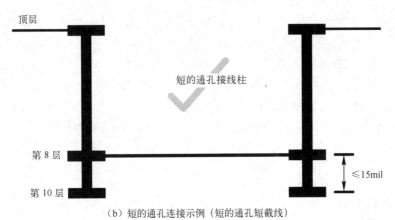

（b）短的通孔连接示例（短的通孔短截线）

图 10-53 通孔连接示例（续）

2. 增大通孔反焊盘直径

增大通孔反焊盘（Via Anti-Pad）直径可以降低通孔的电容效应和总的插入损耗。应确保在任何高速信号上的通孔的反焊盘直径尽可能大（一般 30mil 就可以提供显著的改善，而且不会增加实施的困难）。 由该通孔反焊盘指示的铜间隙必须存在于通孔的所有层（包括布线层和平面层）。连接到通孔的导线应是此区域中允许的唯一铜。不允许使用非功能或未连接的通孔焊盘。通孔反焊盘的示例如图 10-54 所示。

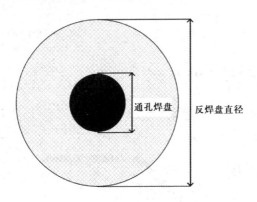

图 10-54 通孔反焊盘示例

3. 采用背钻技术

利用背钻技术，采用二次钻孔方式钻掉连接器过孔或者信号过孔的 Stub 孔壁，钻掉没有起到任何连接或者传输作用的通孔段，减少过孔对高速信号传输的反射、散射、延迟等，减少给信号带来的"失真"。

10.5.8 交流耦合电容器的放置

应避免在高速信号线上安装表面贴装元器件，因为这些元器件会引入不连续性，从而对信号质量产生负面影响。当在信号走线（如 USB SuperSpeed 发送交流耦合电容）上需要表面贴装元器件时，最大允许的尺寸为 0603。强烈建议使用 0402 或更小尺寸的表面贴装元器件。在布局过程中对称放置这些元器件，以确保最佳的信号质量和最小的反射。

正确和不正确的交流耦合电容器放置示例如图 10-55 所示。

为了降低这些表面贴装元器件在差分信号走线上的放置时造成的不连续性，建议将表面贴装元器件安装焊盘部分的参考平面消除约 60%，因为这可以平衡参考空隙的电容和电感的影响。这个空隙应该至少有两层 PCB 深度。表面贴装元器件的参考平面空隙设计示例如图 10-56 所示。

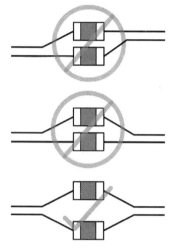

图 10-55　交流耦合电容器放置示例

图 10-56　表面贴装元器件的参考平面空隙设计示例

10.5.9　高速信号线的弯曲规则

应避免在高速差分信号中引入弯曲的线。当需要弯曲时，保持大于 135° 的弯曲角度，以确保弯曲尽可能松弛（圆滑）。高速信号线弯曲规则要求[137]如图 10-57 所示。

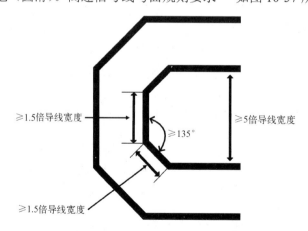

图 10-57　高速信号线弯曲规则要求

10.5.10　PCB 的叠层要求

建议至少采用六层的 PCB。一些 PCB 叠层设计示例[137]如表 10-15 所示。

表 10-15　PCB 叠层设计示例

6 层	8 层	10 层
信号层	信号层	信号层
接地层	接地层	接地层
信号层*	信号层	信号层*
信号层*	信号层	信号层*
电源层/接地层**	电源层/接地层**	电源层
信号层	信号层	电源层/接地层**
	接地层	信号层*
	信号层	信号层*
		接地层
		信号层

*相邻的信号层的信号线将交叉 90°布局。

**根据具体的 PCB 考虑，平面可以分割。应确保相邻平面上的导线不会交叉跨越分割部分。

10.5.11　ESD/EMI 注意事项

ESD/EMI 布线规则一般如下：
- ESD 和 EMI 保护器件（组件）尽可能放置在靠近连接器的位置旁。
- 保持任何未受保护的走线远离受保护的走线，以最小化 EMI 耦合。
- 在 ESD/EMI 组件信号焊盘的下方留出 60％的空隙以减少损耗。
- 使用 0402 0Ω 电阻用于共模滤波器（CMF）无填充选项，因为较大的元器件通常会导致 CMF 本身产生更多的损耗。
- 在 CMF 的保护侧的交流耦合电容器（信号耦合），应尽可能靠近 CMF 放置。
- 如果需要利用通孔来转换到 CMF 层，请确保通孔尽可能靠近 CMF。
- 保持 AC 耦合电容器+ CMF + ESD 保护的整体布线尽可能短，而且尽可能靠近连接器。

当选择 ESD/EMI 组件时，建议选择允许 USB 差分信号对线的直通路由的器件，因为它们提供最简单的路由。例如，TI TPD4EUSB30 可与 TI TPD2EUSB30 组合，为 USB 差分信号提供流通 ESD 保护，而无须在信号对线中进行弯曲。直通路由设计示例[137]如图 10-58 所示。

10.5.12　VPX 机箱背板 PCB 设计

VPX 架构基于 VME 总线技术发展而来，是由 VITA 协会推出和维护的国际标准总线架构，是目前主流的模块化、通用化、开放式机箱架构，其背板是所有功能模块互联的基础。为了解决背板的反射、串扰和电源干扰等信号完整性问题，机箱背板在板材选型、叠层结构、关键信号线及 PCB 工艺等方面需要进行精心的设计，并通过信号完整性仿真及功能性能测试。

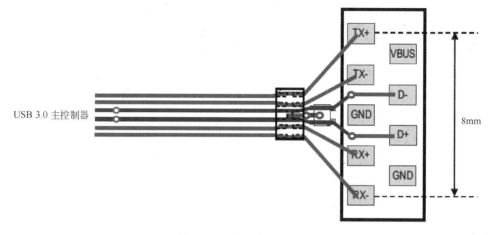

图 10-58　直通路由设计示例

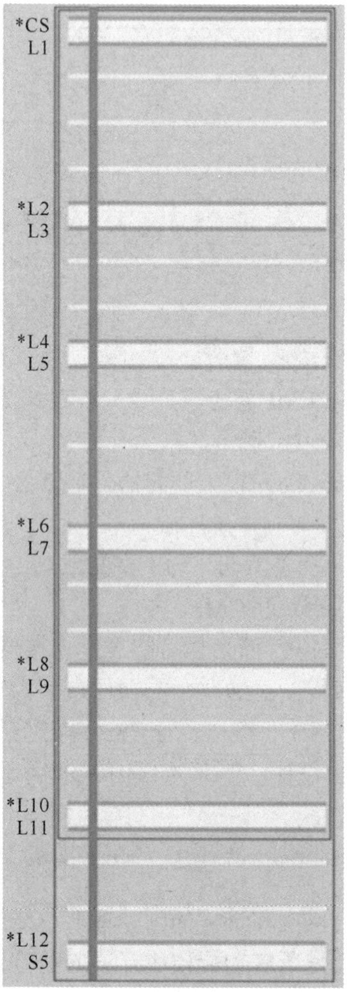

1. 板材选型及叠层结构设计[138]

机箱背板选用相对介电常数不大于 4.4 的 FR4-Tg170 板材。背板板厚设计为 5.4mm，在优先考虑信号走线质量的情况下，需要综合考虑成本及加工难易度。背板叠层采用 14 层板，叠层结构[138]如图 10-59 所示，各层功能和材料如表 10-16 所示。所设计的 PCB 叠层结构使机箱背板的所有信号走线都有完整的参考平面，保证了信号线的阻抗连续性，关键信号甚至有两层参考平面，使信号屏蔽性和抗干扰能力得到进一步提升；同时，不存在相邻两层间信号串扰现象，且关键信号均在内层布线，减少了远端串扰的影响；L6 电源层由相邻的 L5 接地层，也能够满足电源完整性要求。

机箱背板采用 14 层板工艺，板厚 5.4mm，PCB 过孔沉铜塞油，PCB 表面覆盖绿油。为了解决信号完整性问题，背板严格控制了 VPX 插座连接器的孔径公差，同时对高速差分信号采用背钻工艺来减少信号的反射。机箱背板 PCB 上 Mechanical12 层标注的孔需要背钻，且背钻深度不可超过 L10 层。

2. 关键信号线分类及设计[138]

机箱背板存在交换总线、时分总线、配置管理总线等多种总线，需要通过对各种信号线进行分类设计，解决机箱背板各种总线的信号完整性问题。

图 10-59　背板 PCB 叠层结构示意图

表 10-16　叠层结构各层功能和材料

层	符号	功能和材料
1	CS	顶层。用来安装插座和主要元器件。要求尽量不走关键信号线，而且其余信号走线也尽快接入对应的 PCB 内层，以保证 EMC 性能
	介质层	采用生益科技公司 0.20mm 不含铜鸳鸯板 18μm FR-4 S1000-2 Tg170
2	L1（GND）	接地层。为顶层和 L2 层提供完整的接地平面
	介质层	采用生益科技公司 1080A 半固化片 S1000-2B 80μm
	介质层	采用生益科技公司 1080A 半固化片 S1000-2B 80μm
	介质层	采用生益科技公司 1080A 半固化片 S1000-2B 80μm
3	L2（S）	关键信号层。敏感信号和关键信号均可在该层走线
	介质层	采用 0.20mm 生益科技公司不含铜双层板 18μm FR-4 S1000-2 Tg170
4	L3（GND）	接地层。为 L2 层和 L4 层提供完整的接地平面
	介质层	采用生益科技公司 2116A 半固化片 S1000-2B 120μm
	介质层	采用生益科技公司 2116A 半固化片 S1000-2B 120μm
5	L4（S）	关键信号层。敏感信号和关键信号均可在该层走线
	介质层	采用生益科技公司 0.20mm 不含铜双层板 18μm FR-4 S1000-2 Tg170
6	L5（GND）	接地层。为 L4 层和 L6 层提供完整的接地平面
	介质层	采用生益科技公司 2116A 半固化片 S1000-2B 120μm
	介质层	采用生益科技公司 1080A 半固化片 S1000-2B 80μm
	介质层	采用生益科技公司 1080A 半固化片 S1000-2B 80μm
7	L6（P）	电源层。12V 和 3.3V 辅助电源在该层走线。此层的相邻层有接地层，可以保证更好的电源完整性
	介质层	采用生益科技公司 0.20mm 不含铜鸳鸯板 18μm FR-4 S1000-2 Tg170
8	L7（S）	次关键信号层。由于此层中的一个参考平面分割了电源层，因此次关键信号在此层走线
	介质层	采用生益科技公司 2116A 半固化片 S1000-2B 120μm
	介质层	采用生益科技公司 2116A 半固化片 S1000-2B 120μm
9	L8（GND）	接地层。为 L7 层和 L9 层提供完整的接地平面
	介质层	采用生益科技公司 0.20mm 不含铜双层板 18μm FR-4 S1000-2 Tg170
10	L9（S）	关键信号层。敏感信号和关键信号均可在该层走线
	介质层	采用生益科技公司 2116A 半固化片 S1000-2B 120μm
	介质层	采用生益科技公司 2116A 半固化片 S1000-2B 120μm
11	L10（GND）	接地层，为 L9 层和 L11 层提供完整的接地平面
	介质层	采用生益科技公司 0.20mm 不含铜鸳鸯板 18μm FR-4 S1000-2 Tg170
12	L11（S）	关键信号层。敏感信号和关键信号均可在该层走线
	介质层	采用生益科技公司 1080A 半固化片 S1000-2B 80μm
	介质层	采用生益科技公司 1080A 半固化片 S1000-2B 80μm
13	L12（GND）	接地层。为 L11 层和底层提供完整的接地平面
		采用生益科技公司 2.6mm 含铜双层板 18μm FR-4 S1000-2 Tg170
14	SS	底层。用来安装插座和主要元器件。要求尽量不走关键信号线，而且其余信号走线也尽快接入对应的 PCB 内层，以保证 EMC 性能

例如，交换总线和时分总线均为高速差分信号。时分总线 ST_CLK1+/-、ST_FS1+/-、ST_OUT1+/-、ST_CLK2+/-、ST_FS2+/-和 ST_OUT2+/-等，这些信号均为差分信号，电平特性为 M-LVDS 电平。M-LVDS 为多点低电压差分信号，可以使多个驱动器或接收器共享同一个物理链路，支持高达 250Mb/s 的数据通信。为了解决信号完整性问题，设计时需要遵循如下原则：

① 总线源端及末端就近摆放一个 100Ω 端接电阻，以最大限度地吸收反射信号。

② 总线的走线长度不能超过 508mm，为芯片的驱动能力保留充足的裕量。

③ 每个过孔的出现都会使信号阻抗出现不连续的现象，因此总线在布线时打过孔尽量不要超过 2 个，减少由过孔带来的寄生电容，并在过孔附近就近打接地过孔，为交流信号提供最短的回流路径。

④ 总线需和其他网络保持 0.508mm 以上的间距，采取 $3W$ 原则，最大限度地降低其他信号对时分总线和时统总线的串扰。

⑤ 总线的走线一直伴随有完整的参考平面，保证总线信号有最短的回流路径，同时保证信号线的特征阻抗不会发生突变。

⑥ 差分线的特征阻抗设计为 100Ω。

例如，配置管理总线网络 SM0、SM1、SM2 及 SM3 等，这些信号均为单端信号，物理接口形式为 I^2C，总线速率为 400kb/s，为了解决信号完整性问题，设计时需要遵循如下原则：

① 总线源端及末端采用就近上拉一个 4.7kΩ 电阻的端接方式，提高总线的驱动能力并吸收一部分反射。

② 总线的走线长度不能超过 508mm，为芯片的驱动能力保留充足的裕量。

③ 单端信号线的特征阻抗设计为 65Ω。

▶ 10.5.13 Mini SAS 连接器的 PCB 设计

1. Mini SAS 连接器与 PCB 的连接

Mini SAS 是 FCI 公司推出的 SAS 储存接口，能够满足 6Gbps 的信号带宽要求和 SAS 2.1 及 SAS 3.0 的行业标准规范。SAS 即串行连接 SCSI（Small Computer System Interface）。

Mini SAS 连接器由插座连接器和插头连接器两部分组成，插头连接器最主要的部分是其切换卡 PCB，如图 10-60 所示。

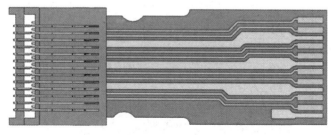

图 10-60 Mini SAS 连接器和切换卡 PCB

插座连接器由树脂座体与接触 Pin 针（引脚端）两部分组成。树脂座体的材料为液晶聚合物（LCP）。接触 Pin 针的材料为磷铜。Pin 针主要起传输信号的作用。该连接器采用 100Ω

阻抗匹配的差分传输技术，一共有 26 根 Pin 针。26 根 Pin 针分为两排，一排有 13 根长 Pin 针（发送端口 Tx），另一排有 13 根短 Pin 针（接收端口 Rx），由 4 对差分信号 Pin 针和 5 根地 Pin 针组成。

　　Mini SAS 连接器在实际使用时，插头连接器的切换卡 PCB 与插座连接器的 Pin 针两者进行连接配合，由切换卡 PCB 的金手指插入插座连接器的插卡口与 Pin 针接触配合，以达到连接信号的作用，如图 10-61 所示。切换卡 PCB 的结构以及金手指与 Pin 针配合处的互连结构对连接器的整体传输性能有着至关重要的影响。

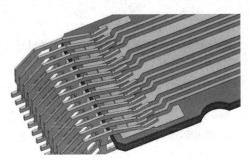

图 10-61　切换卡 PCB 与 Pin 针的连接配合

2. 切换卡 PCB 的优化设计[139]

　　切换卡 PCB 厚 1 mm，共 4 层，顶层和底层为信号层，均分别有 4 对差分信号走线，中间两层为参考层，如图 10-62 所示。顶层和底层铜厚 1oz。中间两层为参考层，铜厚 0.5oz。基板材料为 ISOLA FR408HR，相对介电常数为 3.8，损耗因子为 0.008。PCB 表面有一层厚度为 0.0604mm 的绿油层，相对介电常数为 4.2，损耗因子为 0.018。

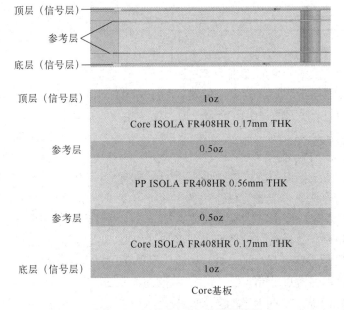

图 10-62　切换卡 PCB 叠层结构图

（1）切换卡 PCB 差分微带线设计

在该 PCB 的整个互连结构中，需要进行阻抗控制匹配的三个关键点分别是差分微带线、焊盘和金手指。表层差分微带线的阻抗应与连接器的差分阻抗相匹配，应控制在 100Ω 左右。图 10-63 所示为差分微带线的物理结构。通过控制线宽、线间距和介质层厚度的尺寸可达到控制微带线阻抗的目的。设计时可用二维场求解器 Polar Si9000 进行初步阻抗计算，再利用 HFSS 进行仿真验证。通过计算所得的差分微带线几何结构的主要设计参数[139]如表 10-17 所示。

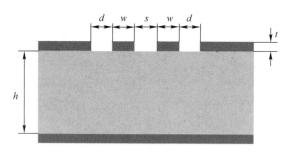

图 10-63　差分微带线的物理结构

表 10-17　切换卡 PCB 的微带线几何结构主要设计参数

设 计 参 数	尺寸（mm）
微带线到下方参考平面的距离 h	0.17
微带线线间距 s	0.35
微带线与信号层参考平面的间距 d	0.35
微带线线宽 w	0.25
微带线线厚 t	0.035

（2）焊盘宽度尺寸的优化设计

由于金手指的宽度需要匹配连接器 Pin 针厚度，焊盘宽度需要匹配高速线缆的直径，所以它们的宽度尺寸与微带线相比较大，使它们与下方参考平面重合的有效面积较大，导致重合处的寄生电容增大，增大的寄生电容会造成焊盘与金手指处阻抗降低。在切换卡 PCB 结构中，由于重合处是最容易产生阻抗突变的地方，优化好金手指和焊盘的设计对 PCB 的高速传输性能有着至关重要的意义。

为了提高焊盘与金手指的阻抗以满足阻抗匹配的要求，可优化其宽度尺寸。由于需要在 PCB 焊盘上焊接高速线缆来连通线路，为了使两者可以成功焊接上，即焊点可以完全包裹线缆，同时又不超出焊盘，焊盘宽度应比线缆直径略大。而此产品使用的是 26 AWG 的线缆，线缆直径为 0.404mm，故设计时可将焊盘宽度尺寸由 0.7mm 改至 0.6mm[139]。当上升时间为 50ps 时，观察不同焊盘宽度尺寸的 TDR 阻抗仿真结果可以看出，焊盘阻抗随其宽度尺寸减小而增大，并且当宽度为 0.6mm 时，焊盘的阻抗约为 96Ω。

（3）金手指 PCB 尺寸的优化设计

由于金手指与连接器 Pin 针的连接为切换卡 PCB 插入连接器插卡口的一个动态"咬合"

过程，为了使两者可以准确配合，连接器 Pin 针两侧应预留出一定宽度的金手指，如图 10-64 所示，而 Pin 针厚度为 0.2mm，故可将金手指宽度尺寸由 0.6mm 改至 0.5mm[139]。当上升时间为 50ps 时，观察不同金手指宽度尺寸的 TDR 阻抗仿真结果可以看出，金手指的阻抗随其宽度尺寸减小而增大，当宽度为 0.5mm 时金手指的阻抗约为 96Ω。

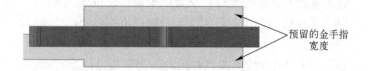

预留的金手指宽度

图 10-64　连接器 Pin 针两侧预留的金手指宽度

因此，将焊盘和金手指的宽度尺寸分别改为 0.6mm 和 0.5mm 可使其阻抗接近要求的匹配阻抗值。最后，可以根据 PCB 的插入损耗与回波损耗的仿真结果来分析焊盘、金手指优化前后的整体传输性能。

10.6　刚柔电路板的互连设计

印制电路板根据制作材料可以分为刚性印制电路板（硬板）和挠性印制电路板（Flexible Printed Circuit Board，FPC）。挠性印制电路板也称为柔性电路板、软板或挠性板。硬板由多层双面覆铜板压合而成，工艺最成熟、成本最低，目前可制备多达几十层的刚性电路板。FPC 以聚酰亚胺或聚酯薄膜等为基材，具有曲挠性，可弯曲、折叠、卷挠，能充分利用三维空间，实现三维互连安装，相较于传统封装技术，挠性封装的体积和质量可减小 70%的空间。目前 FPC 已经应用在很多电子系统设计中。例如在光模块中，若光组件 TOSA/ROSA 与硬板直接互连，当光缆移动、拆装热收缩和膨胀也会造成硬板破裂。因此，通常用软板来实现光组件和硬板的电性互连。

刚柔结合板（Rigid-Flex Circuit，RFC）是刚性电路板和柔性电路板的组合，既有挠性区域，也有刚性区域。RFC 是将刚性和挠性电路板有序有选择地层压，通过金属化过孔形成层间导通。嵌入式柔性电路板（Embedded Flex Circuit，E-flex）是将挠性线路单元嵌入至中间层刚性板中，再通过积层法层压。挠性电路与同层的刚性电路并无互连，而是通过盲孔与外层互连。还有能够实现更精细节距的高密度互连（High Density Interface，HDI）挠性电路板等。E-flex 结构示意图[140]如图 10-65 所示。

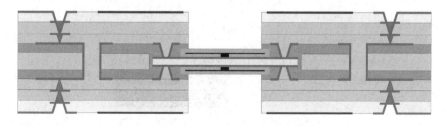

图 10-65　E-flex 结构示意图

刚柔结合板对缩小产品体积，提高产品性能有很大的帮助。但是，对于高频信号，刚性电路板和柔性电路板连接时，因为在两者互连处通常会产生阻抗失配，导致反射增强、插入损耗和串扰增大，影响产品性能。一些解决办法有[140-142]：

① 在刚性电路板和柔性电路板上含接地平面的共面波导传输线间的高频连接方法，其连接区域信号线是不交叠的，仅依靠信号线间的一个焊点完成信号线间的连接。采用这种方法的焊点大小和形状不易控制，会导致焊点位置的阻抗不易控制，使得焊点引起的高频损耗不可控。而且单个焊点的机械强度是有限的，导致刚性电路板和柔性电路板间存在连接强度的隐患。

② 在软硬板交叠区域的微带线的两侧打地孔并与硬板接地层连接，以此来增大容性阻抗，减小阻抗失配。

③ 将软板连接处的高速信号线的金手指做宽，并将硬板上相应位置的接地层挖空，这样当软硬板交叠焊接时，软板金手指与硬板接地层构成 CPW 结构，以此来实现阻抗匹配，降低反射。

上述②③两种方式可以改善信号传输质量，但均需要对软板做结构处理。

10.6.1　50Ω-50Ω 软硬板互连

1．软硬板互连结构

软板与硬板的连接方式示意图[143]如图 10-66 所示，软板上中间一对为差分信号线，两侧是地线，每条铜线在连接处的金手指上打有两个过孔，与软板底层金手指连接。各路信号经过软板上铜线传输到连接处的金手指，经过孔传输到软板底层，然后经过焊接和硬板的信号线互连。该软板端口连接处金手指线宽为 255μm，差分对是弱耦合，单端特性阻抗为 50Ω；硬板上信号线宽为 330μm，特性阻抗为 50Ω。即在连接处，硬板上金手指略大于软板金手指，可提高焊接的精确度和可靠性。

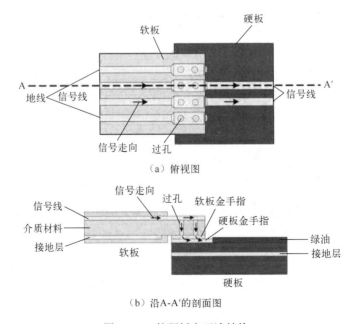

（a）俯视图

（b）沿A-A'的剖面图

图 10-66　软硬板电互连结构

2. 采用近地孔结构，优化返回路径[143]

软硬板间返回路径走向如图 10-67 所示。在软硬板连接处，返回路径从柔性线路板过渡到刚性线路板上。硬板表层的地信号线需经通孔与下层的接地平面互连，作为信号的返回路径平面。图 10-67 中给出两种地孔位置情况下的返回路径走向：近地孔时，能以很短的路径实现转换；而远地孔时，其返回路径明显增加。由于其返回电流没有沿最短路径传输，使得信号与返回电流形成的磁场间的相互抵消作用减弱，导致信号线与返回路径间的有效电感大幅增加，阻抗不匹配。所以在这两种情况下，由于阻抗不匹配引起的信号反射及插入损耗会发生变化。

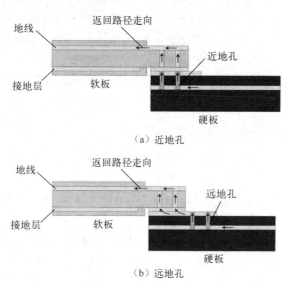

（a）近地孔

（b）远地孔

图 10-67　软硬板间返回路径走向

根据上述信号的返回路径，利用高频仿真软件 HFSS 建立不同位置的过孔模型，进行高频仿真。从 S 参数仿真结果可知：在整个频带内，近地孔情况的回波损耗 S_{11} 优于远地孔情况，高频段降低约 11％且波动幅度较小，即对阻抗不匹配引起的反射影响较大；对于插入损耗 S_{21}，两者差别不大，但在 7GHz 高频段近地孔比远地孔的损耗约减小 19％。

在 50Ω 软板和 50Ω 硬板互连时，当硬板上地孔与软板连接处的地孔越靠近时，阻抗突变越小，高频损耗及反射越小。硬板上地孔与软板地孔在同一轴线时，返回路径最短，信号传输质量最好。如果在实际焊接中，能尽量精确软硬板间焊接的位置，则可以进一步地提高高速数据的传输性能。

10.6.2　25Ω-50Ω 软硬板互连

通常电子电路的特性阻抗为 50Ω，但在光发射组件中，由于激光器自身阻抗比较小，经过匹配后组件的输出阻抗为 25Ω，当需要用软板将二者互连时，电连接处的阻抗失配问题将更加严重，需要做进一步的阻抗匹配设计。

1. 优化金手指的线宽[143]

所用软板采用与图 10-66 结构一致形式，但软板端口金手指线宽为 345μm，差分信号对是弱耦合，则单端特性阻抗为 25Ω。与硬板互连时，由于两者阻抗突变较大，则对软硬板电连接处的阻抗做折中处理，即由软板信号线的 25Ω 过渡到中间值，再通过硬板上的渐变线过渡到 50Ω 阻抗。为了使电流得到最短的返回路径，硬板上地孔要与软板地孔成轴线，与下层接地平面构成信号的回流路径。

传输线的特性阻抗可定性的表示为：$Z_0 = \sqrt{L_L / C_C}$，其中 C_L 为单位长度电容，L_L 为单位长度电感。任何引起传输线单位长度电感和电容变化的因素都会改变传输线的特性阻抗。信号线宽会影响单位长度电容，进而改变传输线特性阻抗，所以首先对硬板连接处的金手指宽度进行参数仿真，得到最优线宽。在 HFSS 软件中建立软硬板连接结构，与图 10-66 所示结构类似，设置硬板金手指宽度为参数，可以得到仿真结果。

由于金手指间中心距固定，且要保证焊接过程不会短路，金手指间至少保留 0.2mm 的间距。所以结合仿真结果，设定硬板上金手指宽度为 0.48mm。

2. 利用通孔结构引入寄生电容，进行容性补偿[143]

由仿真结果也可以发现，优化金手指的线宽，虽然可以使信号的低频特性逐渐变好，但高频特性没有明显的改善。连接处的金手指尺寸可优化的空间不大，软硬板电连接部分的阻抗依然偏高，信号传输质量改善效果不是很显著。为了降低软硬板连接处的阻抗，需要进一步增加这部分的容性阻抗。

高频信号在微带线上传输时会产生寄生参数，在软硬板连接处，未经优化前，主要是软板、过孔和硬板传输线的寄生电感起作用，使连接处的感性阻抗偏高。为降低连接处的阻抗，需增加其容性阻抗，进行补偿。如图 10-68 所示，在连接处的硬板高速信号线上引入两个通孔结构，该通孔与各层用反焊盘隔开。高速信号线上这两个通孔与两层接地平面均形成电容结构，可大幅提高其容性阻抗。利用 ANSYS Q3D 软件对软硬板连接处的结构进行寄生参数提取，可以发现引入图 10-68 中所示结构后，容性增加 59.7%，感性只增加 2.3%。上述结构大幅提高了连接处的容性效应，而几乎不增加其感性效应。由于容性阻抗的提高，软硬板连接处的特性阻抗降低，进而降低了由于阻抗不匹配引起的反射损耗和插入损耗。此时，高频信号从 25Ω 特性阻抗的软板传输到硬板上，回波损耗很小。此时硬板上高速信号线宽为 0.48mm，其微带线的特性阻抗为 40Ω。根据该硬板叠层的设计，表层微带线要想实现 50Ω 的特性阻抗，需调整线宽到 0.33mm。所以，硬板上高速信号线需要做一段渐变线的处理，逐渐减小信号线宽到 0.33mm。在版图空间允许的情况下，

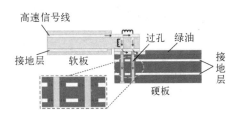

图 10-68　阻抗匹配模型和通孔结构

渐变线的长度应尽量长一些，使信号线单位长度阻抗变化尽量小，减弱阻抗不匹配的影响，将反射损耗和插入损耗降到最低。

在实际焊接过程中，硬板和软板的电连接是通过焊料焊接实现的，并采用塞孔镀平方式。不仅能提高软硬板传输线间的阻抗匹配，提高信号传输质量，同时保证一定的焊接面积，增

强了软硬板的连接强度。

10.7 基于 PCB 的芯片间无线互连设计

▶ 10.7.1 芯片-PCB 无线互连结构

当芯片连接的总线工作频率高于 10GHz 后，管脚对信号传输的反射、串扰和延迟，以及寄生电阻、电感、电容等的信号完整性问题会日趋突出[144]。为了增强和提高集成电路和系统的性能，主要通过改变元器件的尺寸来改善元器件的工作速度。元器件最小特征尺寸的减小导致了互连线横截面及间距按比例减小，因金属线互连导致的寄生电阻、寄生电容和寄生电感开始严重地影响电路的性能。研究表明，对于低于 1μm 的最小特征尺寸的集成电路，互连的寄生参数严重地影响电路和系统的性能[145-147]。按此结果类推，不管金属线上信号衰减和色散，一旦比特率容量超过 $10^{16}A/l^2$（或通过均衡信道到 $10^{17}A/l^2$，其中 A 是互连线的横截面积，l 是金属线的长度），则 RC（或 LC）延迟、IR 压降、CV^2f 功耗和金属的串扰同样将显著地增加，电互连变得越来越困难[148]。

目前无线互连方式有两种，一种是设计片上天线实现自由空间电磁波传输，另一种是采用交流耦合互连来实现。基于片上天线无线互连的研究主要集中在超宽带（Ultra Wideband，UWB）通信系统和 60GHz 毫米波通信系统中。无线互连的交流耦合互连技术主要包括电感耦合和电容耦合两种，前者采用电流驱动，后者采用电压驱动。

Mick[149]提出了用于 Gbps 速率的宽带高速互连的交流（AC）耦合互连结构。一个 AC 耦合互连结构如图 10-69 所示[150]，带有埋藏焊块，片对片的电容耦合能够使 NRZ 信号的传输速率达到 4Gbps，其中的关键就是源于数字信号的直流成分中不包含任何信息。没有直接接触的 AC 耦合连接方式为 AC 提供了从芯片到基板的有效路径，整体简单实用，还可实现高互连密度。

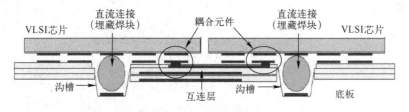

图 10-69　AC 耦合互连结构

2001 年，Chang 教授定义了射频无线互连系统，其由片上天线、发射机和接收机三部分组成，设计片上天线替换传统金属传输线，借助于低损耗无色散的电磁波进行信号传输，实现了电路板上某些模块之间无线互连[151]。

芯片-PCB 无线互连结构如图 10-70 所示[152]，包括芯片、微型天线和介质，芯片通过嵌入电路板介质中微型天线进行发送和接收信号，实现彼此的无线连接，完成信号在芯片间的高速传输。PCB 介质除了承载芯片，又起到构建信号传输通道作用。微型天线可以设计成不同形状，可以是微小直金属棒，可以是弯曲片状金属，也可以是贴片金属，不仅保留芯片固定功能，而且作为输入/输出端口的辐射天线。与传统的有线互连 PCB 相比，不仅可以减少

PCB 上布局的传输线，而且充分利用了 PCB 的介质空间。

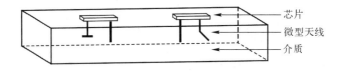

图 10-70　芯片-PCB 无线互连结构

10.7.2　金属膜-金属膜的芯片-PCB 无线互连结构

为了保障芯片之间无线互连通信不受外界电磁环境干扰，又不向外界环境泄露电磁波信号，一种金属膜-金属膜的芯片-PCB 无线互连结构[152]如图 10-71（a）所示。芯片管脚天线作为芯片信号的输入/输出通道，向外辐射或接收电磁波。两根管脚天线相距一个波长，伸入到 PCB 介质层中。选择相对介电常数为 2.2、磁导率为 1 和损耗角正切为 0.0009 的 Rogers 5880 材料作为 PCB 介质，在 PCB 介质层的上表面和下表面分别覆有金属膜 A 和金属膜 B，减少管脚天线辐射场的泄漏，避免射频信号在 PCB 表面造成电磁污染。如图 2.6 所示，PCB 长和宽均为 W=32.11mm，PCB 介质层的厚度为 5/4 波长。金属膜 A 和金属膜 B 的厚度均为 35μm。优化后的模型：管脚天线长度 l = 2.5mm，直径为 0.2mm，管脚天线到边界距离 d_2= 11.055mm 和 d_3 = 16.055mm；管脚天线一到管脚天线二之间距离相距为一个波长，d_1= 10mm；管脚天线到金属膜 B 的距离为一个波长，l_3= 10mm。

利用电磁仿真软件得到模型中管脚天线及其之间的散射参数。与 ADS 软件进行联合仿真，输入频率为 20GHz、幅度为 1V 的无直流分量的正弦波信号，则输出频率为 20GHz、幅度为 0.448V 的正弦波波形；用高电平为 1V、低电平为 0V、码元周期为 50ps 的伪随机二进制序列信号替换正弦波信号，加载于发射管脚天线上，则接收管脚天线输出信号的眼图清晰，其眼宽为 50ps 和眼高为 1V[152]。

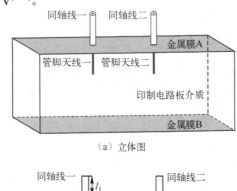

（a）立体图

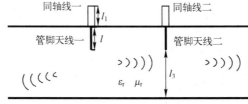

（b）侧视图

图 10-71　金属膜-金属膜的芯片-PCB 无线互连结构

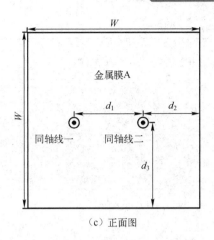

（c）正面图

图 10-71　金属膜-金属膜的芯片-PCB 无线互连结构（续）

10.7.3　金属膜-吸波层的芯片-PCB 无线互连结构

在金属膜-金属膜的芯片-PCB 无线互连结构中，在 PCB 介质层上表面和下表面分别覆有金属膜，但是金属膜对电磁波信号具有反射作用。为减少这种反射信号，一种金属膜-吸波层的芯片-PCB 无线互连结构[152]如图 10-72（a）所示。图 10-72（a）中同时增加了一对芯片数量，用来研究位于不同距离处的管脚天线之间受到的影响。

在图 10-72（a）所示结构中，选取相对介电常数 2.2 和损耗角正切 0.0009 的 Rogers 5880 材料作为 PCB 介质 A。该模型中有四个芯片管脚天线，即管脚天线一、管脚天线二、管脚天线三和管脚天线四，电路板介质 A 上表面覆有金属膜，而下表面覆有吸波层，与金属膜-金属膜的芯片-PCB 无线互连作比较，把 PCB 介质层下表面金属膜替换为蘑菇型超材料的吸波器，其结构如图 10-72（b）所示。

为了防止外部电磁波干扰，在管脚天线输入端使用同轴线馈电，内导体为铜线，外导体为铜管，把电磁场封闭在内外导体之间。同轴线的特性阻抗为 50Ω，根据相关公式确定铜管内径 D 与内导体直径 d 之比，即 D/d。同时，同轴线的长度设置为 0.1mm。

优化后的蘑菇型超材料的吸波器结构的主要参数：W =3.9mm、g = 0.13mm 和 a = 4.03mm。在仿真中，金属膜-吸波层的芯片-PCB 无线互连结构所使用的 PCB 长度和宽度均为 32.11mm，而 PCB 介质 A 和介质 B 的厚度分别为 2.73mm、0.16mm，以及对铜厚度工艺采用 18μm 厚度；所设计的四个芯片管脚天线的长度均为 2.38mm，内径为 0.1mm，而材质为铜。管脚天线一作为发射天线，管脚天线二、管脚天线三和管脚天线四均作为接收天线。管脚天线一到管脚天线二和管脚天线四的距离均为 8.06mm，到管脚天线三的距离为 11.40mm。

利用吸波器（吸波器结构请参考文献[152]）可以吸收多径传播中部分电磁波，降低天线的反射系数，并改善天线之间的传输性能。例如，在管脚天线一的输入端加载不归零伪随机二进制序列信号作为激励信号，信号参数：高电平和低电平分别为 1V 和−1V，上升沿时间和下降沿时间均为 10ps，码元周期为 50ps，速率为 20Gbps。从仿真结果可以看到，覆有吸波层的芯片-PCB 无线互连结构中的管脚天线二的输出信号的眼图眼高为 0.615V、眼宽约为 49.889ps；而覆有双金属膜中的管脚天线二的输出信号的眼图眼高为 0.272V、眼宽约为 49.889ps[152]。

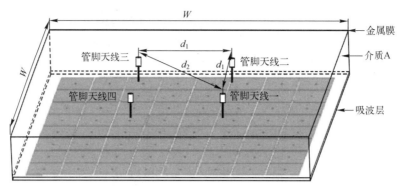

（a）结构图

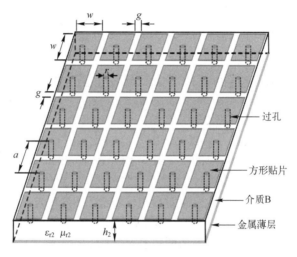

（b）Mushroom超材料的吸波器

图 10-72　金属膜-吸波层的芯片-PCB 无线互连

▶ 10.7.4　吸波层-吸波层的芯片-PCB 无线互连结构

经过电磁波信号在芯片-PCB 无线互连结构中的传播途径分析，接下来设计一种吸波层-吸波层的芯片-PCB 无线互连结构，其正面图和侧视图[152]如图 10-73 所示。发送器和接收器分别集成在芯片一和芯片二中，吸波层 A 和吸波层 B 分别置于 PCB 介质层的上表面和下表面，构成一个吸波层（吸波器）的新型 PCB 结构。芯片一中含有一个发射器的管脚天线，而芯片二中含有一个接收器的管脚天线，两个芯片构成一对收发系统，实现芯片间的射频通信，可以进行电磁波信号传输和射频信号处理。芯片一的功能是将要发射的基带信号经过二级或三级调制器，转换为射频信号，经过功率放大器输入发射器管脚天线，然后辐射到 PCB 介质空间。当芯片二的接收器管脚天线感应并收集电磁波信号，经过低噪声放大器、噪声滤波，进入解调器，转换为基带信号，由此完成从芯片一到芯片二的完整通信过程。

因为芯片管脚天线长度与 PCB 介质的介电常数有关，介电常数越大，管脚天线的长度越短。本设计选取的 PCB 介质为介电常数比较大的 FR-4 媒质，其厚度是 3mm。当载波频率为20.4GHz 时，电磁波信号在 FR-4 媒质中的传输波长为 7mm，由此可以计算出发射器和接收器的管脚天线长度。

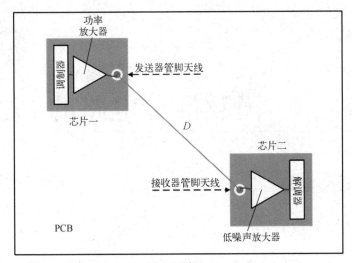

（a）正面图

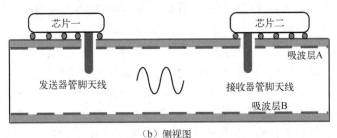

（b）侧视图

图 10-73　吸波层-吸波层的芯片-PCB 无线互连结构

　　加载伪随机二进制序列信号，采用二进制移相键控调制和相干解调，利用误码率指标评估了该系统性能。使用频率方法与时域方法分析，吸波层-吸波层的芯片-PCB 互连性能介于开放边界和金属膜-金属膜的之间，且随着管脚天线距离的增大而衰退。在发送功率为 10dBm 时，误码率在 10^{-5} 水平上获取了 1Gbps 的数据速率[152]。

第11章

模数混合电路的 PCB 设计

模数混合电路的 PCB 分区

▶ 11.1.1 PCB 按功能分区

如图 11-1 所示,模数混合电路可以简单地划分为数字电路和模拟电路两部分。然而,模数混合电路大都包含有不同的功能模块,如一个典型的主控板可以包含微处理器、时钟逻辑、存储器、总线控制器、总线接口、PCI总线单元、外围设备接口和音视频/处理等功能模块。每个功能模块都由一组元器件和它们的支持电路组成。在 PCB 上,为缩短走线长度,降低串扰、反射及电磁辐射,保证信号的完整性,所有的元器件需尽可能紧密地放置在一起。这样做带来的问题是,在高速数字系统中,不同的逻辑器件所产生的 RF 能量的频谱都不同,信号的频率越高,与数字信号跳变相关的操作所产生的 RF 能量的频带也越宽。传导的 RF 能量会通过信号线在功能子区域和电源分配系统之间进行传输,辐射的 RF 能量会通过自由空间耦合。因此在进行 PCB 设计时,必须防止工作频带不同的元器件间的相互干扰,尤其是高带宽元器件对其他元器件的干扰。

解决上述问题的办法是采用功能分区,如图 11-2 所示。在 PCB 设计时按功能模块分区,即将不同功能的子系统在 PCB 上实行物理分割,可以达到有效地抑制传导和辐射的 RF 能量的目的。恰当的分割可以优化信号质量,简化布线,降低干扰。

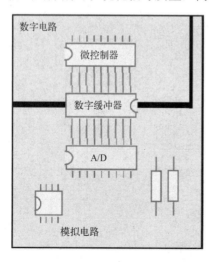

图 11-1　模数混合电路划分为数字电路和模拟电路两部分

电源	处理器和时钟逻辑	
视频、音频等	总线控制器	存储器
PCI总线单元	外围设备接口	

图 11-2　PCB 功能分区实例

图 11-3 是采用 ADS1232 构成的电子秤的 PCB 布局示意图[95]。ADS1232 是德州仪器（TI）提供的、适用于桥接传感器应用的模数转换器（ADC）。在图 11-3（a）所示的 PCB 的顶层布局中，数字电路、模拟电路和电源电路进行了明显的分区。PCB 的底层为接地平面，如图 11-3（b）所示。

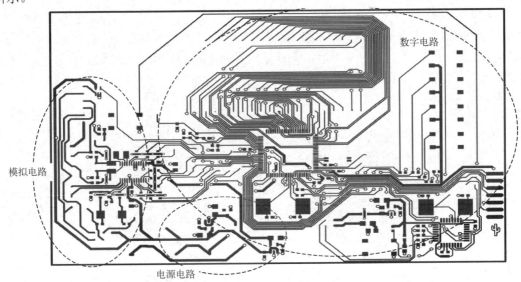

（a）PCB的顶层布局

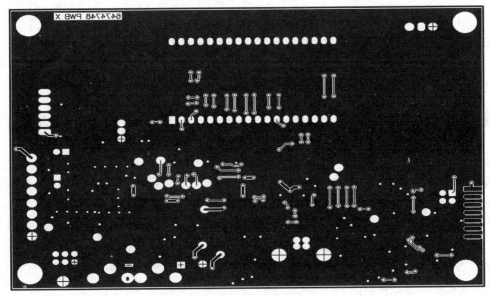

（b）PCB的底层布局

图 11-3　采用 ADS1232 构成的电子秤的 PCB 布局示意图

11.1.2　分割的隔离与互连

PCB 分割需要解决两个问题：一个是隔离；另一个是互连。

PCB 上的隔离可以通过使用"壕"来实现，如图 11-4 所示，即在 PCB 所有层上形成没有敷铜的空白区，"壕"的最小宽度为 50mil。"壕"将整个 PCB 按其功能不同分割成一个个的"小岛"。很显然，"壕"将镜像层分割，形成每个区域独立的电源和地，这样就可以防止 RF 能量通过电源分配系统从一个区域进入另一个区域。

"隔离"不是目的。作为一个系统，各功能区是需要相互连接的。分割是为了更好地安排布局和布线，以实现更好的互连。因此，必须为那些需要连接到各个子功能区域的线路提供通道。通常采用的互连方法有两种：一种是使用独立的变压器、光隔离器件或共模数据线跨过"壕"，如图 11-4（a）所示；另一种就是在"壕"搭"桥"，只有那些有"过桥通行证"的信号才能进（信号电流）和出（返回电流），如图 11-4（b）所示。

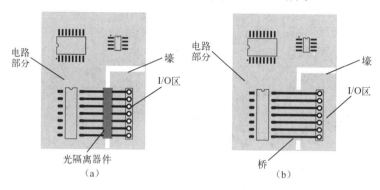

图 11-4　隔离和搭桥

设计一个最优化的分割布局是困难的，还可以采用金属屏蔽等方法对所产生的、不期望的 RF 能量进行屏蔽，从而控制辐射并增强 PCB 的抗干扰能力。

11.2　模数混合电路的接地设计

▶ 11.2.1　模拟地（AGND）和数字地（DGND）的连接

许多 ADC 和 DAC 都有单独的"模拟地"（AGND）和"数字地"（DGND）引脚。在器件数据手册上，通常建议用户在器件封装处将这些引脚连在一起。这点似乎与要求在电源处连接模拟地和数字地的建议是相冲突的；如果系统具有多个转换器，这点似乎与要求在单点处连接模拟地和数字地的建议也是相冲突的。其实并不存在冲突。这些引脚的"模拟地"和"数字地"标记是指引脚所连接到的转换器内部部分，而不是引脚必须连接到的系统地。对于 ADC，这两个引脚通常应该连在一起，然后连接到系统的模拟地。由于转换器的模拟部分无法耐受数字电流经由焊线流至芯片时产生的压降，因此无法在 IC 封装内部将二者连接起来，但它们可以在外部连在一起。

一个 ADC 的接地连接示意图[18,164]如图 11-5 所示，数据转换器的模拟地（AGND）和数字地（DGND）引脚应返回到系统模拟地。这样的引脚接法会在一定程度上降低转换器的数字噪声抗扰度，降幅等于系统数字地和模拟地之间的共模噪声量。但是，由于数字噪声抗扰度经常在数百毫伏或数千毫伏水平，因此一般不太可能有问题。

模拟噪声抗扰度只会因转换器本身的外部数字电流流入模拟地而降低。这些电流应该保持很小，通过确保转换器输出没有高负载，可以最大限度地减小电流。实现这一目标的好方法是在 ADC 输出端使用低输入电流缓冲器，如 CMOS 缓冲器-寄存器 IC。

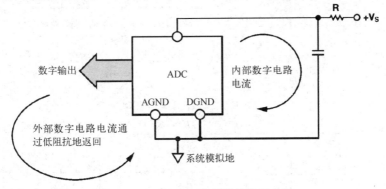

图 11-5　一个 ADC 的接地连接示意图

如果转换器的逻辑电源利用一个小电阻隔离，并且通过 0.1μF 电容去耦到模拟地，则转换器的所有快速边沿数字电流都将通过该电容流回地，而不会出现在外部地电路中。如果保持低阻抗模拟地，而能够充分保证模拟性能，那么外部数字地电流所产生的额外噪声基本上不会构成问题。

保持低阻抗大面积接地平面（层）对目前所有的模拟和数字电路都很重要。接地平面（层）不仅用作去耦高频电流（源于快速数字逻辑）的低阻抗返回路径，还能将 EMI/RFI 辐射降至最低。由于接地平面（层）的屏蔽作用，电路受外部 EMI/RFI 的影响也会降低。

接地平面（层）还允许使用传输线路技术（微带线或带状线）传输高速数字或模拟信号，此类技术需要可控阻抗。

由于导线具有阻抗，在大多数逻辑转换等效频率下将产生电压降。例如，#22 标准导线具有约 20nH/in 的电感。由逻辑信号产生的压摆率为 10mA/ns 的瞬态电流，在此频率下流经 1in 长的导线将产生一个 200mV 的压降：

$$\Delta v = L\frac{\Delta i}{\Delta t} = 20\text{nH} \times \frac{10\text{mA}}{\text{ns}} = 200\text{mV}$$

对于一个具有 2V 峰-峰值范围的信号，此压降会产生约 10% 的误差（大约 3.5 位精度）。即使在全数字电路中，该误差也会大幅降低逻辑噪声裕量。

图 11-6（a）所示为数字返回电流调制模拟返回电流的典型情况。接地返回导线电感和电阻由模拟和数字电路共享，这会造成相互影响，最终产生误差。一个解决方案[18,164]如图 11-6（b）所示，让数字返回电流路径直接流向 GND REF（接地参考点）。这就是星型或单点接地系统的基本概念。在实际设计时，在包含多个高频返回路径的系统中，很难实现真正的单点接地，因为各返回电流导线将引入寄生电阻和电感，所以获得低阻抗的高频接地是困难的。在实际设计时，电流回路必须由大面积接地平面（层）组成，以便实现高频电流下的低阻抗"地"。如果没有低阻抗的接地平面（层），则共享阻抗几乎是不可能避免的，特别是在高频状态下。

所有集成电路接地引脚应直接焊接到低阻抗的接地平面（层），从而将串联电感和电阻降至最低。对于高速器件，不推荐使用传统 IC 插槽。即使是"小尺寸"插槽，额外电感和电容也可能引入无用的共享路径，从而破坏器件性能。

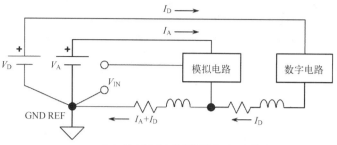

（a）数字返回电流调制模拟返回电流

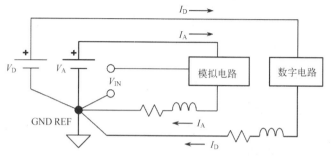

（b）数字返回电流路径直接流向 GND REF

图 11-6　数字电流和模拟电流的返回路径

敏感的模拟器件，例如放大器和基准电压源，必须参考和去耦至模拟接地平面（层）。具有低数字电流的 ADC 和 DAC（和其他混合信号 IC）一般应视为模拟器件，同样接地并去耦至模拟接地平面（层）。

同时具有模拟和数字电路的 IC（如 ADC 或 DAC）内部，通常保持独立接地，以免将数字信号耦合至模拟电路内。具有低内部数字电流的混合信号 IC 的正确接地如图 11-7 所示。

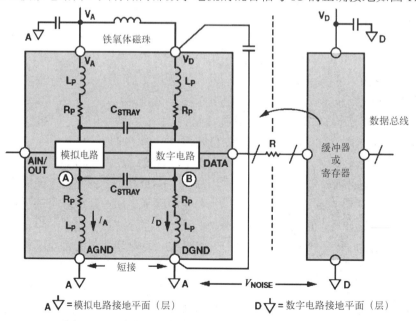

图 11-7　具有低内部数字电流的混合信号 IC 的正确接地

　　将芯片焊盘连接到封装引脚会产生连接导线电感和电阻。快速变化的数字电流在 B 点产生电压，且必然会通过杂散电容 C_{STRAY} 耦合至模拟电路的 A 点。此外，IC 封装的每对相邻引脚间约有 0.2pF 的杂散电容，注意，这是无法避免的。

　　设计时，为了防止进一步耦合，AGND 和 DGND 应通过最短的引线在外部连在一起，并接到模拟接地层。DGND 连接内的任何额外阻抗将在 B 点产生更多数字噪声，继而使更多数字噪声通过杂散电容耦合至模拟电路。

　　请注意，将 DGND 连接到数字接地层会在 AGND 和 DGND 引脚两端施加 V_{NOISE}，这会带来严重问题。器件的"DGND"表示此引脚连接到 IC 的数字地，但并不意味着此引脚必须连接到系统的数字地。可以更准确地将其称为 IC 的内部"数字回路"。

　　如图 11-7 所示，通过插入小型有损铁氧体磁珠，数字电路电源（V_D）引脚可进一步与模拟电源隔离。转换器的内部瞬态数字电流将在小环路内流动，从 V_D 经去耦电容到达 DGND（此路径用图中灰线表示）。因此瞬态数字电流不会出现在外部的模拟接地平面（层）上，而是局限于环路内部。V_D 引脚去耦电容应尽可能靠近转换器安装，以便将寄生电感降至最低。去耦电容应为低电感陶瓷型电容器，通常数值介于 0.01～0.1μF。

　　每个电源在进入 PCB 时，应通过高质量电解电容去耦至低阻抗接地平面（层）。这样可以将电源线路上的低频噪声降至最低。在每个独立的模拟级，各 IC 封装电源引脚需要附加针对高频的滤波。需要使用低电感、表面贴装陶瓷电容，将电源引脚直接去耦至接地平面（层）。如果必须使用通孔式陶瓷电容，则它们的引脚长度应该小于 1mm。陶瓷电容应尽量靠近 IC 电源引脚安装。噪声滤波还可能需要使用铁氧体磁珠。

　　缓冲寄存器和其他数字电路应接地并去耦至 PCB 的数字接地平面（层）。请注意，模拟与数字接地平面（层）间的任何噪声均可降低转换器数字接口上的噪声裕量。由于数字噪声抗扰度在数百或数千毫伏级，因此一般不太可能有问题。模拟接地平面（层）噪声通常不高，但如果数字接地平面（层）上的噪声［相对于模拟接地平面（层）］超过数百毫伏，则应采取措施减小数字接地平面（层）阻抗，以将数字噪声裕量保持在可接受的水平。任何情况下，两个接地平面（层）之间的电压不得超过 300mV，否则 IC 可能受损。

　　模拟电路和数字电路最好提供独立的电源。模拟电源应当用于为转换器供电。如果转换器具有指定的数字电源（V_D）引脚，应采用独立模拟电源供电，或者如图 11-8 所示进行滤波[18,164]。所有转换器电源引脚应去耦至模拟接地平面（层），所有的设置电路电源引脚应去耦至数字接地平面（层），如图 11-8 所示。如果数字电源相对安静，则可以使用它为模拟电路供电，但要特别小心。

　　某些情况下，不可能将 V_D 连接到模拟电源。一些高速 IC 可能采用+5V 电源为其模拟电路供电，而采用+3.3V 或更小电源为数字接口供电，以便与外部逻辑接口。这种情况下，IC 的+3.3V 引脚应直接去耦至模拟接地平面（层）。另外建议将铁氧体磁珠与电源走线串联，以便将引脚连接到+3.3V 数字逻辑电源。

　　采样时钟产生电路应与模拟电路同样对待，也接地并深度去耦至模拟接地平面（层）。采样时钟上的相位噪声会降低系统信噪比（SNR）。

　　利用局部高频电源滤波器通过较短的低电感路径［接地平面（层）］提供最佳滤波和去耦如图 11-9 所示。在图 11-9（a）实例中，典型的 0.1μF 芯片陶瓷电容借助过孔直接连接到 PCB 背面的接地层，并通过第二个过孔连接到 IC 的 GND 引脚上。相比之下，图 11-9（b）

的设置不太理想，给去耦电容的接地路径增加了额外的 PCB 走线电感，使有效性降低。

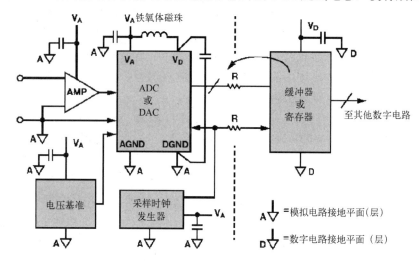

图 11-8　ADC 和 DCA 接地和去耦的连接示意图

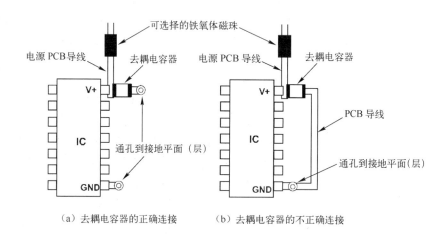

（a）去耦电容器的正确连接　　（b）去耦电容器的不正确连接

图 11-9　利用局部高频电源滤波器提供滤波和去耦

　　所有高频（≥10MHz）IC 应使用类似于图 11-9（a）的旁路方案实现最佳性能。铁氧体磁珠可以增强高频噪声隔离和去耦，但是可选择的，不是 100%的必要。使用时需要注意磁珠不会在 IC 处理高电流时饱和。对于一些铁氧体，即使在完全饱和前，部分磁珠也可能变成非线性，所以如果需要功率级在低失真输出下工作，应检查这一点。

　　需要注意的是，没有任何一种接地方案适用于所有应用。但是，通过了解各个选项和提前进行规则设计，可以最大限度地减少问题。

11.2.2　模拟地和数字地分割

　　分割是指利用物理上的分割来减少不同类型线之间的耦合，尤其是通过电源线和地线的耦合。在模数混合电路中，如何降低数字信号和模拟信号的相互干扰是必须考虑的问题。在设计之前，必须了解 PCB 电磁兼容性的两个基本原则：一是尽可能减小电流回路的面积；二是系统尽量只采用一个参考面。由前面的介绍已知，假如信号不能由尽可能小的环路返回，则有可能形成一个大的环状天线；如果系统存在两个参考面，就会形成一个偶极天线。因此，在设计中要尽可能避免这两种情况。避免这两种情况的有效方法是将混合信号电路板上的数字地和模拟地分开，形成隔离。但是这种方法一旦跨越分割间隙（"壕"）布线，就会急剧增加电磁辐射和信号串扰，如图 11-10 所示。在 PCB 设计中，若信号线跨越分割参考面，就会产生 EMI 问题。

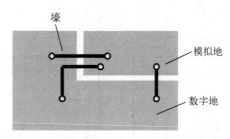

图 11-10　布线跨越模拟地和数字地之间的间隙

在混合信号 PCB 的设计中，不仅对电源和"地"有特别要求，而且要求模拟噪声和数字电路噪声相互隔离以避免噪声耦合。对电源分配系统的特殊需求，以及隔离模拟和数字电路之间噪声耦合的要求，使得混合信号 PCB 的布局和布线具有一定的复杂性。

通常情况下，分割的两个地会在 PCB 的某处连在一起（在 PCB 的某个位置单点连接），电流将形成一个大的环路。对高速数字信号电流而言，流经大环路时，会产生 RF 辐射和呈现一个很高的地电感；对模拟小信号电流而言，则很容易受到其他高速数字信号的干扰。另外，模拟地和数字地由一个长导线连接在一起会形成一个偶极天线。

对设计者来说，不能仅仅考虑信号电流从何处流过，而忽略了电流的返回路径。了解电流回流到"地"的路径和方式是最佳化混合信号电路板设计的关键。

在进行混合信号 PCB 的设计时，如果必须对接地平面进行分割，而且必须由分割之间的间隙布线，则可以先在被分割的地之间进行单点连接，形成两个地之间的连接"桥"，然后经由该连接"桥"布线，如图 11-11 所示。这样，在每一个信号线的下方都能够提供一个直接的电流返回路径，从而可以使形成的环路面积很小。

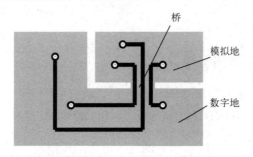

图 11-11　布线通过连接"桥"跨越模拟地和数字地之间的间隙

对于采用光隔离器件或变压器实现信号跨越分割间隙的设计，以及采用差分对的设计

（信号从一条线流入，从另一条线返回），可以不考虑返回路径。

　　一个开槽分割接地平面（层）可以改变电流流向，从而提高精度的设计实例[18,164]如图 11-12 所示。电源输入连接器在电路板的一端，而需要靠近散热器的功率输出级则在另一端。电路板具有 100mm 宽的接地平面（层），还有电流为 15A 的功率放大器。如果接地平面（层）厚 0.038mm，15A 的电流流过时会产生 68μV/mm 的压降。对于任何共用该 PCB 接地平面，而且以地为参考的精密模拟电路，这种压降都会引起严重问题。可以利用开槽割裂接地平面（层），让大电流不流入精密电路区域。这样可以防止功率电流流过产生的电压降对精密模拟电路的影响。

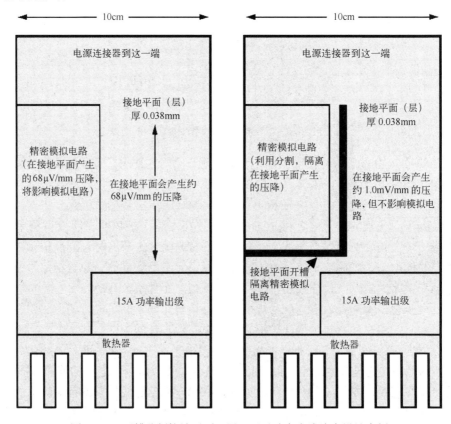

图 11-12　开槽分割接地平面（层）可以改变电流流向设计实例

▶ 11.2.3　采用统一接地平面形式

　　在 ADC 或 DAC 电路中，需要将 ADC 或 DAC 的模拟地和数字地引脚连接在一起时，一般的建议是：将 AGND 和 DGND 引脚以最短的引线连接到同一个低阻抗的接地平面上。

　　如果一个数字系统使用一个 ADC，如图 11-13 所示，则可以将接地平面分割开，在 ADC 芯片的下面把模拟地和数字地部分连接在一起。但是要求必须保证两个地之间的连接桥宽度与 IC 等宽，并且任何信号线都不能跨越分割间隙。

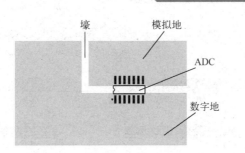

图 11-13　利用 ADC 跨越模拟地和数字地之间的间隙

　　如果一个数字系统中有多个 ADC，在每一个 ADC 的下面都将模拟地和数字地连接在一起，则会产生多点相连，模拟地和数字地的接地平面分割也就没有意义了。对于这种情况，可以使用一个统一的接地平面。如图 11-14 所示，将统一的接地平面分为模拟部分和数字部分，这样的布局、布线既满足对模拟地和数字地引脚低阻抗连接的要求，同时又不会形成环路天线或偶极天线所产生的 EMC 问题。最好的方法是开始设计时就用统一地。

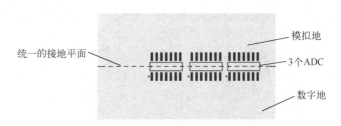

图 11-14　采用统一的接地平面

　　因为大多数 ADC 芯片内部没有将模拟地和数字地连接在一起，必须由外部引脚实现模拟地和数字地的连接，所以任何与 DGND 连接的外部阻抗都会由寄生电容将更多的数位噪声耦合到 IC 内部的模拟电路上。而使用一个统一的接地平面，需要将 ADC 的 AGND 和 DGND 引脚都连接到模拟地上，但这种方法会产生如数字信号去耦电容的接地端应该接到数字地还是模拟地的问题。

11.2.4　数字电源平面和模拟电源平面的分割

　　在模数混合电路中，通常采用独立的数字电源和模拟电源分别供电。在模数混合信号的 PCB 上多采用分割的电源平面。应注意的是紧邻电源层的信号线不能跨越电源之间的间隙，而只有在紧邻大面积"地"的信号层上的信号线才能跨越该间隙。可以将模拟电源以 PCB 走线或填充的形式而不是一个电源平面来设计，这样就可以避免电源平面的分割问题了。

　　在 PCB 布局过程中的一个重要步骤就是确保各个元器件的电源平面（和接地平面）可以进行有效分组，并且不会与其他的电路发生重叠，如图 11-15 所示。例如，在模数混合电路中，通常是数字电源参考层和数字地参考层（数字接地平面）位于 IC 的一侧，模拟电源参考层与模拟地参考层（模拟接地平面）位于另一侧，并用 0Ω 电阻或铁氧体磁环在 IC 下面（或者最少在距离 IC 非常近的位置）的一个点把数字接地层和模拟接地层连接起来。

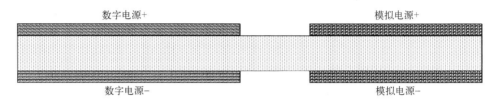

图 11-15　模拟和数字电源平面与接地平面进行分组

如果使用多个独立的电源并且这些电源有着自己的参考层，则不要让这些层之间不相关的部分发生重叠。这是因为两层被电介质隔开的导体表面会形成一个电容。如图 11-16 所示，当模拟电源层的一部分与数字接地层的一部分发生重叠时，两层发生重叠的部分就形成了一个小电容。事实上这个电容可能会非常小。不管怎样，任何电容都能为噪声提供从一个电源到另一个电源的通路，从而使隔离失去意义。

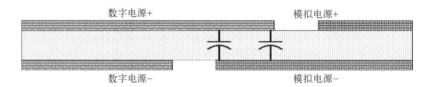

图 11-16　层的重叠部分会形成一个电容

11.2.5　最小化电源线和接地线的环路面积

最小化环路面积的规则是电源线和信号线与其回路构成的环路面积要尽可能小，实际上就是为了尽量减小信号的回路面积。

在一个模数混合电路中，如图 11-17 所示，地的返回路径可能是非常复杂的。

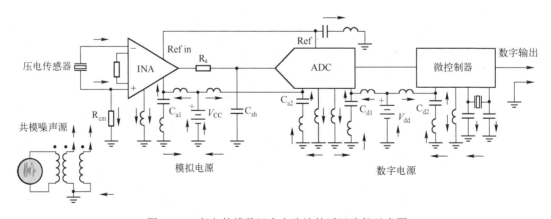

图 11-17　复杂的模数混合电路地的返回路径示意图

保持电源线和信号线和它的地返回线紧靠在一起将有助于最小化地环路面积，以避免潜在的天线环。地环路面积越小，对外的辐射越小，接收外界的干扰也越小。根据这一规则，在对接地平面进行分割时，要考虑到接地平面与重要信号走线的分布，防止由于接地平面开槽等带来的问题；在双层板设计中，在为电源留下足够空间的情况下，应该将留下的部分用参考地（接地平面）填充，并且增加一些必要的过孔，将双面信号有效连接起来。对于一些关键信号，应尽量采用地线隔离；对于一些频率较高的设计，则需特别考虑其接地平面信号回路的问题，建议采用多层板。减小地环路面积的设计实例请参考 5.7.7 节。

在信号导线下必须有固定的返回路径（固定接地平面）以保持电流密度的均匀性。如图 11-18 所示，返回电流是直接在信号导线下面流通，这将具有最小通道阻抗。

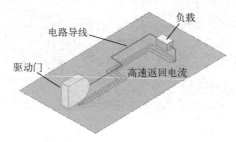

图 11-18　在信号导线下有固定的返回路径

对于过孔，如图 11-19 所示，也必须考虑其返回电流路径[95]。在信号路径过孔旁边必须有返回路径的过孔 [见图 11-19（b）]，对于阻抗受控的过孔，可以设计多个返回路径过孔 [见图 11-19（c）]。

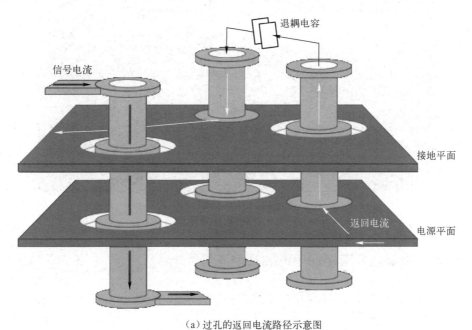

（a）过孔的返回电流路径示意图

图 11-19　过孔的返回电流路径

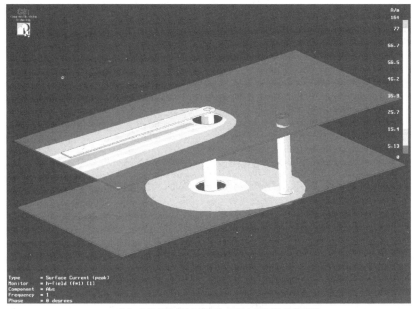

（b）在信号路径过孔旁边必须有返回路径的过孔

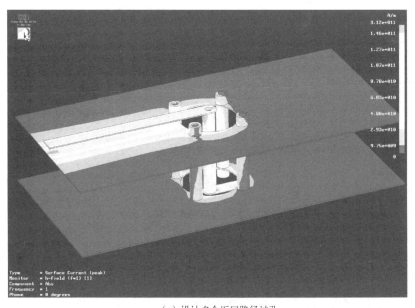

（c）设计多个返回路径过孔

图 11-19　过孔的返回电流路径（续）

11.2.6　模数混合电路的电源和接地布局实例

对于模数混合电路来说，电源和接地的 PCB 布局是很重要的。模数混合电路电源和接地 PCB 设计的一般原则如下。

① PCB 分区为独立的模拟电路和数字电路部分，并采用适当的元器件布局。

② 跨分区放置 ADC 或 DAC。

③ 不要对接地平面进行分割，在 PCB 的模拟电路部分和数字电路部分下面设统一的接地平面。

④ 采用正确的布线规则：在 PCB 的所有层中，数字信号只能在 PCB 的数字部分布线，模拟信号只能在 PCB 的模拟部分布线。

⑤ 模拟电源和数字电源分割，布线不能跨越分割电源平面的间隙，必须跨越分割电源间隙的信号线要位于紧邻大面积接地平面的信号层上。

⑥ 分析返回电流实际流过的路径和方式。

图 11-20 给出了一个推荐的温度测量电路接线布局图[165]。模拟电路不应受到诸如交流声干扰和高频电压尖峰此类干扰的影响。模拟电路与数字电路不同，连接必须尽可能短以减少电磁感应现象，通常采用在 V_{CC} 和地之间的星型结构来连接。通过公共电源线可以避免电路其他部分耦合所产生的干扰电压。

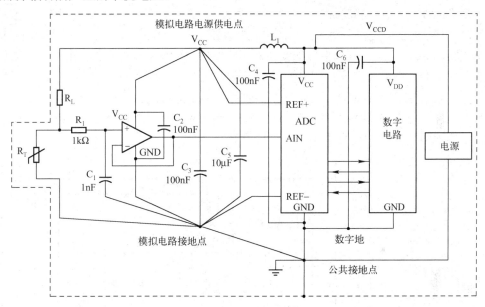

图 11-20　一个推荐的温度测量电路接线布局图

该温度测量电路采用一个独立的电源为数字器件和模拟器件供电。电感 L_1 和旁路电容 C_3 用来降低由数字电路产生的高频噪声。电解电容 C_5 用来抑制低频干扰。该电路结构中心的模拟接地点是必不可少的。正确的电路布局可以避免测量数据时的不必要的耦合，这种耦合可以导致测量结果的错误。ADC 的参考电压连接点（REF+和 REF-）是模拟电路的一部分，因此它们分别直接连接到模拟电源电压点（V_{CC}）和接地点上。

连接到运算放大器同相输入端的 RC 网络用来抑制由传感器引入的高频干扰。即使当干扰电压的频率远离运算放大器的输入带宽时，仍然存在这样的危险，因为这些电压会由于半导体器件的非线性特性而得到整流，并最终叠加到测量信号上。

在此电路中所使用的 ADC TLV1543 有一个单独的内部模拟电路和数字电路的公共接地点（GND）。模拟电源和数字电源的电压值均是相对于该公共接地点的。在 ADC 区域应采用较大的接地平面。TLV1543 的模拟接地和数字接地信号都连接到公共接地点上（见

图 11-20）。所有的可用屏蔽点和接地点也都要连接到公共接地点上。

在设计 PCB 时，合理放置有源器件的旁路（去耦）电容十分重要。旁路（去耦）电容应提供一个低阻抗回路，将高频信号引入地，用来消除电源电压的高频分量，并避免不必要的反馈和耦合路径。另外，旁路（去耦）电容能够提供部分能量，用于抵消快速负载变化的影响，特别是对于数字电路而言。为了能够满足高速电路的需要，旁路（去耦）电容应采用 100nF 的陶瓷电容器。50μF 的电解电容（50μF）可以用来拓宽旁路的频率的范围。有关旁路（去耦）电容的更多内容请见第 6 章。

11.2.7 多卡混合信号系统的接地

1. 单个 PCB 的混合信号 IC 接地形式不适合多卡混合信号系统[18,164]

大多数 ADC、DAC 和其他混合信号 IC 数据手册是针对单个 PCB 讨论接地，通常是制造商自己的评估板。将这些原理应用于多卡或多 ADC/DAC 系统时，就会让人感觉困惑茫然。通常建议将 PCB 接地层分为模拟接地层和数字接地层，并将转换器的 AGND 和 DGND 引脚连接在一起，并且在同一点连接模拟接地层和数字接地层，如图 11-21 所示。这样就基本在混合信号 IC 上产生了系统星型接地。所有高噪声数字电流通过数字电源流入数字接地层，再返回数字电源；与 PCB 敏感的模拟部分隔离开。系统星型接地结构出现在混合信号 IC 中模拟和数字接地层连接在一起的位置。

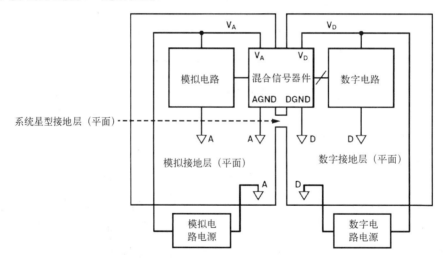

图 11-21　单个 PCB 的混合信号 IC 接地

该方法一般用于具有单个 PCB 和单个 ADC/DAC 的简单系统，不适合多卡混合信号系统。在不同 PCB（甚至在相同 PCB 上）上具有数个 ADC 或 DAC 的系统中，模拟和数字接地层在多个点连接，使得建立接地环路成为可能，而单点星型接地系统则不可能。鉴于以上原因，此接地方法不适用于多卡系统，上述方法应当用于具有低数字电流的混合信号 IC。

2. 多卡混合信号系统的接地形式[18,164]

在多卡系统中，降低接地阻抗的最佳方式是使用母板 PCB 作为卡间互连背板，从而为背板提供连续接地层。PCB 连接器的引脚应至少有 30%～40%专用于接地，这些引脚应连接到背板母板上的接地层。最后，实现整体系统接地方案有两种可能途径：

① 背板接地层可通过多个点连接到机壳接地，从而扩散各种接地电流返回路径。该方法通常称为多点接地系统，如图 11-22 所示。多点接地方法常用于全数字系统，不过，只要数字电路引起的接地电流足够低且扩散到大面积上，也可用于混合信号系统。PC 板、背板直到机壳都一直保持低接地阻抗。不过，接地与金属板壳连接的部位必须具有良好的电气接触。这需要自攻金属板螺丝或"咬合"垫圈。机壳材料使用阳极氧化铝时必须特别小心，此时机壳表面用作绝缘体。

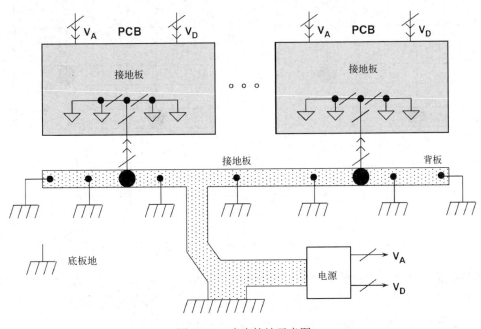

图 11-22　多点接地示意图

② 接地层可连接到单个系统星型接地点（一般位于电源处）。星型接地方法通常用于模拟和数字接地系统相互分离的高速混合信号系统。

3. 分离模拟和数字接地层[18,164]

在使用大量数字电路的混合信号系统中，最好在物理上分离敏感的模拟器件与多噪声的数字器件。另外针对模拟和数字电路使用分离的接地层也很有利。避免重叠可以将两者间的容性耦合降至最低。分离的模拟和数字接地层通过母板接地层或接地网（由连接器接地引脚间的一连串有线互连构成）在背板上继续延伸。如图 11-23 所示，两层一直保持分离，直至回到共同的系统星型接地，一般位于电源。接地层、电源和星型接地间的连接应由多个总线条或宽铜织带构成，以便获得最小的电阻和电感。每个 PCB 上插入背对背肖特基二极管，以防止插拔卡时两个接地系统间产生意外直流电压。此电压应小于 300mV，以免损坏同时与模拟和数字接地层相连的 IC。推荐使用肖特基二极管，它具有低电容和低正向压降。低电容可防止模拟与数字接地层间发生交流耦合。肖特基二极管在约 300mV 时开始导电，如果预期有高电流，可能需要数个并联的二极管。某些情况下，铁氧体磁珠可替代肖特基二极管，但会引入直流接地环路，在高精度系统中会很麻烦。

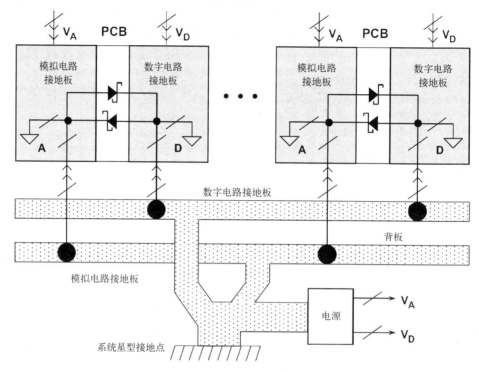

图 11-23　分离模拟和数字接地层

接地层阻抗必须尽可能低，直至回到系统星型接地。两个接地层间高于 300mV 的直流或交流电压不仅会损坏 IC，还会导致逻辑门的误触发以及可能的闭锁。

4. 多卡系统中具有低数字电流的混合信号 IC 的接地

具有低数字电流的混合信号 IC 的接地方法[18,164]如图 11-24 所示。由于小数字瞬态电流流入去耦电容 VD 与 DGND（显示为粗实线）间的小环路，模拟接地层未被破坏。混合信号 IC 也适合作为模拟器件使用。接地层间的噪声 VN 会降低数字接口上的噪声裕量，但如果使用低阻抗数字接地层保持在 300mV 以下，且一直回到系统星型接地，则一般无不利影响。

不过，Σ-Δ 型 ADC、编解码器和 DSP 等具有片内模拟功能的混合信号 IC 数字化密集度越来越高。再加上其他数字电路，使数字电流和噪声越来越大。例如，Σ-Δ 型 ADC 或 DAC 含有复杂的数字滤波器，会大量增加器件内的数字电流。上述方法依靠 VD 与 DGND 间的去耦电容，将数字瞬态电流隔离在小环路内。不过，如果数字电流太大，且具有直流或低频成分，去耦电容可能因过大而变得不可行。在 VD 与 DGND 间的环路外流动的任何数字电流必须流经模拟接地层。这可能会降低性能，特别是在高分辨率系统中。

要预测流入模拟接地层的数字电流有多大会让系统无法接受，是很困难的。目前我们只能推荐可能提供较佳性能的替代接地方法。

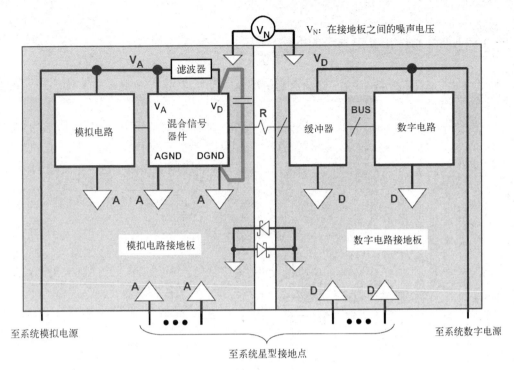

图 11-24 具有低内部数字电流的混合信号 IC 的接地（多个 PCB）

5. 多卡系统中具有高数字电流的混合信号 IC 的接地

在多卡系统中，具有高数字电流的混合信号 IC 的接地请谨慎使用图 11-24 所示方法。使用时注意：混合信号 IC 的 AGND 连接到模拟接地层，而 DGND 连接到数字接地层。数字电流与模拟接地层隔离开，但两个接地层之间的噪声直接施加于器件的 AGND 与 DGND 引脚间。为了成功实施本方法，混合信号 IC 内的模拟和数字电路必须充分隔离。AGND 与 DGND 引脚间的噪声不得过大，以免降低内部噪声裕量或损坏内部模拟电路。

如图 11-24 所示，可选用连接模拟和数字接地层的肖特基二极管（背对背）或铁氧体磁珠。肖特基二极管可防止两层两端产生大的直流电压或低频电压尖峰。如果这些电压超过 300mV，由于是直接出现在 AGND 与 DGND 引脚之间，可能会损坏混合信号 IC。作为背对背肖特基二极管的备选器件，铁氧体磁珠可在两层间提供直流连接，但在高于数 MHz 的频率下，由于铁氧体磁珠变为电阻，会导致隔离。这可以保护 IC 不受 AGND 与 DGND 间直流电压的影响，但铁氧体磁珠提供的直流连接可能引入无用的直流接地环路，因此可能不适合高分辨率系统。

AGND 与 DGND 引脚在具有高数字电流的特殊 IC 内分离时，必要时应设法将其连接在一起。通过跳线和/或带线选项，可以尝试两种方法，看看哪一种提供最佳的系统整体性能。

> **注意：**没有哪一个单一的接地方法能始终保证系统的最佳性能，但在开始 PCB 布局时，充分地考虑和提供尽可能多的选项，对一个良好的接地设计会有较大的帮助。

11.3 ADC 驱动器电路的 PCB 设计

11.3.1 高速差分 ADC 驱动器的 PCB 设计

一个带电源旁路和输出低通滤波器的差分 ADC 驱动器电路和 PCB 图[166]如图 11-25 所示。为了减少不良寄生电抗，应尽量缩短所有布线的距离。在 FR-4 上的外层 50Ω PCB 布线会贡献大约 2.8pF/in 和 7nH/in 的寄生电感；在内层 50Ω 布线则会使此类寄生电抗增加约 30%。

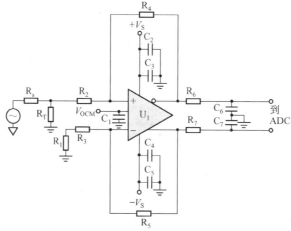

（a）带电源旁路和输出低通滤波器的差分ADC驱动器电路

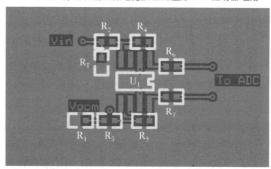

（b）元器件面

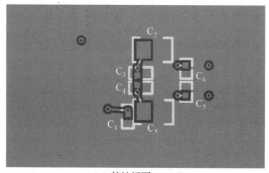

（c）接地板面

图 11-25　差分 ADC 驱动器电路和 PCB 图

11.3.2　差分 ADC 驱动器裸露焊盘的 PCB 设计

　　差分 ADC 驱动器 ADA4950-x 系列芯片都具有裸露的焊盘，裸露焊盘的 PCB 设计示意图[167]如图 11-26 所示，裸露焊盘采用过孔与接地平面连接。

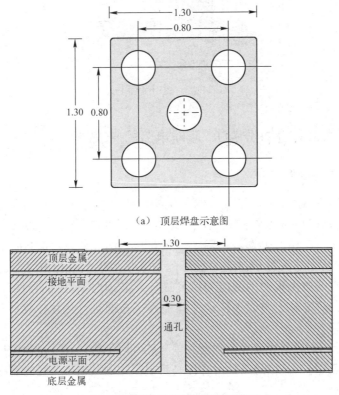

（a）　顶层焊盘示意图

（b）　顶层焊盘与接地板通孔连接示意图

图 11-26　差分 ADC 驱动器 ADA4950-x 系列芯片裸露焊盘的 PCB 设计示意图（单位：mm）

> 　　**注意**：过孔用来实现不同层的互连，如图 11-27 所示，过孔存在电感和电容[95]。对于一个 1.6mm（0.063in）厚 PCB 上的 0.4mm（0.0157in）的过孔，过孔电感约为 1.2nH。在 FR-4 介质材料上，对于一个 1.6mm（0.063in）的间隙，围绕孔周围 0.8mm（0.031in）的焊盘，电容约为 0.4pF。在下列公式中，ε_r 是 PCB 介质材料的相对介电常数（介质材料 FR-4 的相对介电常数约为 4.5）。

$$L(\text{nH}) \approx \frac{h}{5}\left[1 + \ln\left(\frac{4h}{d}\right)\right] \tag{11-1}$$

$$C(\text{pF}) \approx \frac{0.0555\varepsilon_r h d_1}{d_2 - d_1} \tag{11-2}$$

$$Z_0(\Omega) = 31.6\sqrt{\frac{L(\text{nH})}{C(\text{pF})}} \tag{11-3}$$

$$T_p(\text{ps/cm}) = 31.6\sqrt{L(\text{nH})C(\text{pF})} \tag{11-4}$$

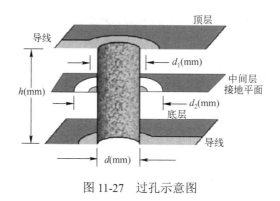

图 11-27　过孔示意图

▶ 11.3.3　低失真高速差分 ADC 驱动电路的 PCB 设计

1. 差分布局的一些考虑

由于越来越多的 ADC 采用了差分输入结构，所以差分驱动器已成为 ADC 驱动必要的器件。目前，有众多技术可以将宽频带双运算放大器应用于差分 ADC 驱动器。理论上，差分结构可以消除二次谐波失真。实际上，只有精心布局的 PCB 能够有效地抑制二次谐波失真。采用对称设计，可以通过差分反相配置来使放大器获得最好的转换速率。为了使差分结构对于二次谐波失真的消减能力达到最佳，必须对 PCB 的板层数、特性阻抗、元件位置、接地层、对称性、电源去耦合及其他许多方面进行优化，这些在设计 PCB 时都需要被考虑到。

采用对称设计，需要考虑元件对称性和信号路径对称性。元件对称性是指所有的板上元件都按照特定的模式排列。信号路径对称性是指更注重的是信号路径的对称性而不是元件布局上的对称[168]。

2. 差分 ADC 驱动电路

一个采用运算放大器 OPA695 构成的差分驱动器与 ADS5500 ADC 的接口电路如图 11-28 所示。

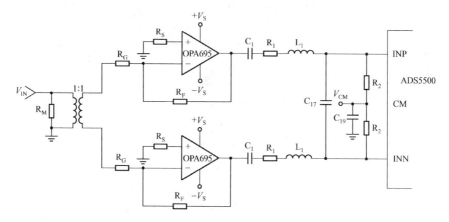

图 11-28　一个采用运算放大器 OPA695 构成的差分驱动器与 ADS5500 ADC 的接口电路

3．考虑元件对称性的 PCB 设计实例

对于图 11-28 的电路，考虑元件对称性的 PCB 设计实例如图 11-29 所示。图 11-29 中的元件按照元件对称策略排列。对称中线被定义为穿过变压器（Tin）中央的直线。输出电阻 R_{OUTA} 和 R_{OUTB} 基于对称中线等距分布。尽管这种布局看上去使人赏心悦目，但仔细分析，可以看到它仍然对放大器引脚输出的信号路径产生了一定的影响。例如，在 SOIC-8 封装的运算放大器中，输出引脚通常在引脚端 6，因此，UA 的引脚端 6 到中心的距离与 UB 的不同。这种差异必须通过加长某一信号路径的方式来补偿。如图 11-29 中右边的虚线所示，路径 A 与路径 B 存在不匹配的情况。

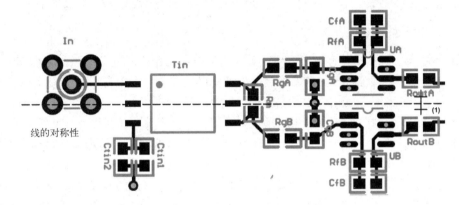

图 11-29　考虑元件对称性的 PCB 设计实例

4．考虑信号路径对称的 PCB 设计实例

考虑信号路径对称的 PCB 设计实例如图 11-30 所示，注意图中无论是顶层路径还是底层路径，从焊盘到焊盘的路径长度都是相等的。

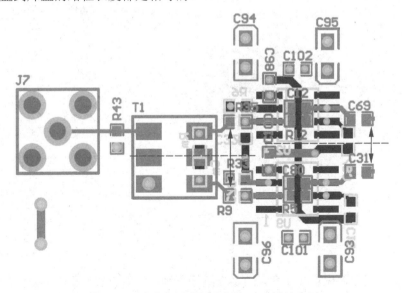

图 11-30　考虑信号路径对称的 PCB 设计实例

图 11-30 中有两条不同的对称中线：一条是驱动器输入的对称线；另一条是驱动器输出的对称线。SOIC-8 封装是与输入中线对称的，这个 PCB 布局消除了图 11-29 中所示的信号路径不匹配情况。

图 11-30 所示的 PCB 布局选择了 0603 尺寸的元器件来取代 1206 尺寸的元器件，与图 11-29 所示的 PCB 布局相比更加紧凑。由于使用 0603 尺寸的元器件，使得反馈元件 R_{FA}、C_{FA}、R_{FB} 和 C_{FB}（分别对应于图 11-30 中的 R_{12}、C_{12}、R_5 和 C_{80}）可以分布在 PCB 的一侧，运算放大器可以直接放在另一侧，从而消除了运算放大器的同相输入端（SOIC-8 的引脚端 3）与反馈元器件焊盘有可能产生的过孔和寄生耦合。同时，元器件的尺寸小也能够减少输出路径到反相输入端的长度，从而消除图 11-29 中虚线所示的不匹配情况。

5. 运算放大器的电源去耦

运算放大器对电源去耦的要求很高。一些文献中通常建议在每个电源引脚端加上两个电容：一个是高频电容（0.1μF），直接连接（或者距离运算放大器电源引脚端小于 0.25in）；另一个是低频电容（2.2～6.8μF），这个容量较大的去耦电容在低频段有效，它可以离运算放大器稍微远一点。注意，在 PCB 上的相同区域附近的几个元器件，可以共用一个低频去耦电容。除了这些电容外，第三个更小的电容（10nF）也可以加到这些电源引脚端上，这个额外的电容有益于减少二次谐波失真。

运算放大器的电源去耦电容的位置如图 11-31 所示。图 11-31 中的 C_{93}、C_{94}、C_{95} 和 C_{96} 是较大的电容；C_{18}、C_{97}、C_{98} 和 C_{100} 是高频电容；C_{101} 和 C_{102} 则是电源间去耦合电容。去耦合电容 C_{97}、C_{98}、C_{18} 和 C_{100} 采用星型接地方式。这种接地连接方式可以消除某些由于放大器产生而传到共地端的失真。

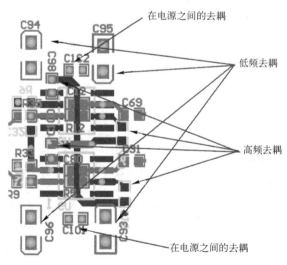

图 11-31　运算放大器的电源去耦电容的位置

6. 接地层

无论怎么强调消除失真，或者说防止失真干扰到地线的重要性都不为过。然而，失真干扰几乎总是会到达地线（不是在这个点就是在那个点），然后再传播到电路板的其他部分上。

理想的情况是在电路板上只有一个接地层，然而这个目标并非总能实现。当电路中必须添加接地层时，最好采用"安静的地"设计形式。这种设计采用一个接地层作为基准（参考）接地层，基准接地层与"安静的地"仅用在一点（仅在一点）连接。

例如，图 11-32 中所示的一个 4 层电路板，其顶层和底层用作信号层，而中间的两层用来接地，其中一个为基准接地层，另一个为"安静的地"。

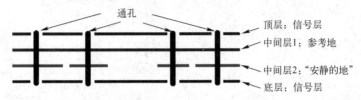

图 11-32　接地层和"安静的地"

将运算放大器下面的接地层和电源层开槽（开路），可以防止寄生电容耦合将不需要的信号反馈到同相输入端。在图 11-33 中，两个运算放大器下面的接地层是开槽的。注意，不仅运算放大器下面的接地层被开槽了，开槽还延伸到所有与运算放大器直接相连的焊盘。另外，如果一个焊盘需要接地，则这条线路的宽度至少要大于 50mil（0.050in），才能将寄生电阻和电感减到最小。

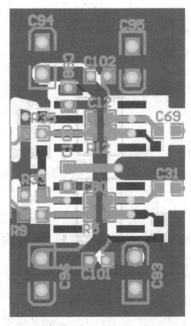

图 11-33　接地层的开槽

7．电源线布线

如图 11-34 所示，对于采用 SOIC-8 封装的运算放大器而言，其正负电源线路通过内层互跨，可以实现在不与任何信号路径交叉的情况下为两个运算放大器供电。这两条线路在图 11-34（a）和图 11-34（b）中分别用黑线标示了出来［图 11-34（a）与图 11-34（b）的图层顺序相反，均为顶视图］。这种设计将 PCB 的层数量减少到 4 层。

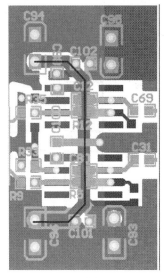
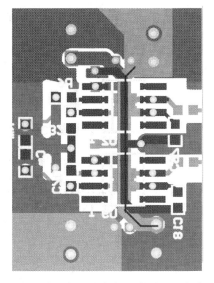

（a）顶视图（顶层，接地层，电源层，底层）　　　（b）顶视图（底层，电源层，接地层，顶层）

图 11-34　SOIC-8 封装的运算放大器的正负电源线布局

11.4　ADC 的 PCB 设计

11.4.1　ADC 接地对系统性能的影响

高精度 ADC 能否达到最佳性能与许多因素有关，其中电源去耦和良好的接地设计是保证 ADC 精度的必要条件。

一个接地设计不良的模数系统会存在过高的噪声、信号串扰等问题。对于 ADC 来说，差的微分线性误差（DLE 或 DNL）可能来自 ADC 内部（如建立时间）、ADC 的驱动电路（在 ADC 的工作频率处具有过高的输出阻抗），或者来自接地不良的设计技术及其他。如何降低 ADC 微分线性误差（DLE 或 DNL）是一个棘手的问题。

如图 11-35 所示为 ADC774 接地设计不良产生的 DLE 误差[169]。该图描述了 ADC 的特定数字输出与理想线性之间的偏差。图 11-35 所示电路的 DLE 误差大约为±0.4LSB，符合 ADC774 的特性，但这不是最优的。

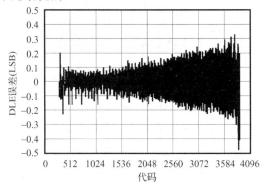

图 11-35　ADC774 接地设计不良产生的 DLE 误差

产生此 DLE 误差性能的原因是该器件采用的接地方式。这块板的"接地"方式采用的是在大部分 ADC 的数据手册上给出的推荐方式：ADC 分开模拟地和数字地，然后将模拟地和数字地通过 ADC 的内部电路连接在一起，在 PCB 上没有连接处。

问题如图 11-36 中所示：当数字和模拟的公共地在 ADC 内部连接时，其返回到 PCB 上的地线的距离却很长，这意味着在"地线"实际上产生（存在）了一些电阻和电感。

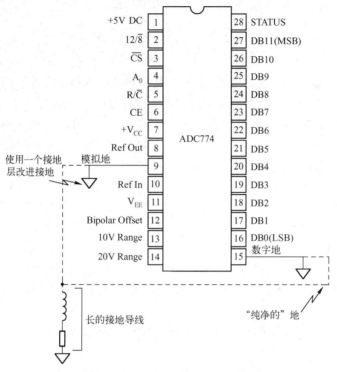

图 11-36　改进 ADC774 的接地设计

改进的设计将同一片 ADC 上的数字和模拟的公共地连接到 ADC 下面的接地层上（见图 11-36），可以有效地减少长地线产生的电阻和电感，从而使 ADC "具有"小的接地阻抗，这是一种性能较优的接地形式。改进的接地设计的效果[169]如图 11-37 所示，DLE 误差仅约为 ±0.1LSB，更接近于 ADC774 的典型工作状态。

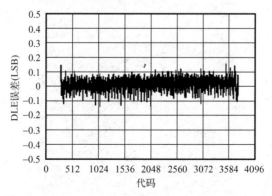

图 11-37　ADC774 改进的接地设计产生的 DLE 误差

采用单独的接地层作为高精度 ADC 系统的接地方式是一个最好的选择，因为这可以尽可能地降低 ADC 的公共地返回路径上的阻抗。如果在某些情况下不能够采用接地层，则应采用宽而短的地线来进行公共地的连接，尽可能地保持地线在低阻抗状态。注意：不良的接地设计可能直接影响系统性能，而这种影响有时又会使人们难以发现。

11.4.2 ADC 参考路径的 PCB 布局布线

在设计一个高性能数据采集系统时，仔细选择一款高精度 ADC，以及模拟前端调节电路所需的其他组件，实现最优 PCB 布局布线，对于使 ADC 达到预期的性能是十分重要的。当设计包含混合信号 IC 的电路时，应该始终从安排一个良好的接地入手，采用最佳组件放置位置，信号路由和走线分为模拟、数字和电源部分进行设计。

参考路径（基准电压部分）是 ADC 布局布线中最关键的，这是因为所有转换都是基准电压的一个函数。在传统逐次逼近寄存器（SAR）ADC 架构中，参考路径也是最敏感的，其原因是基准引脚上会有一个到基准源的动态负载。

由于基准电压在每次转换期间被数次采样，高电流瞬变出现在这个终端上，其中的 ADC 内部电容器阵列在这个位置位时被开启和充电。基准电压在每个转换时钟周期内必须保持稳定，并且稳定至所需的 N 位分辨率，否则会出现线性误差和丢码错误。

由于这些动态变化的电流，需要使用高质量旁路电容器（C_{REF}）对基准电压引脚端进行去耦合。此旁路（去耦合）电容器被用作电荷存储器，在这些高频瞬变电流期间提供瞬时充电。应该将基准电压旁路（去耦合）电容器放置在尽量靠近基准引脚的位置上，并使用低电感的较短导线连接将它们连接在一起。

一个具有两个独立电压基准的 14 位双 ADC（ADS7851）的 PCB 布局布线实例[170]如图 11-38 所示。

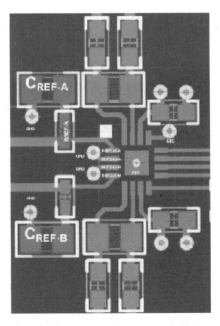

图 11-38　具有两个独立内部电压基准的双 ADC 布局布线实例

在这个四层电路板实例中，采用了一个位于器件正下方的坚固接地平面，并且将电路板划分为模拟和数字部分，以使敏感输入和基准信号远离噪声源。采用 10μF、X7R 级、尺寸 0805 的陶瓷电容器（C_{REF-x}）来旁路 REFOUT-A 和 REFOUT-B 基准输出，以实现最优性能，并且将它们连接到一个小型 0.1Ω 串联电阻上，以保持总体低阻抗和高频时的恒定阻抗。同时采用一个宽的导线来减少导线电感。

强烈建议把 C_{REF} 与 ADC 放置在同一层上。还应该避免在基准引脚和旁路电容器之间放置导孔。ADS7851 的每一个基准接地引脚都具有一个单独的接地连接，而每个旁路电容器都采用单独到接地平面的低电感连接。

如果使用一个需要外部基准源的 ADC，应该尽量减少参考信号（基准电压）路径中的电感。这个路径的起点为基准缓冲器输出到旁路电容器，直到 ADC 基准输入。

一个使用外部基准和缓冲器的一个 18 位、SAR、ADC ADS8881 的 PCB 布局布线实例[169]如图 11-39 所示。通过将电容器放置在引脚端的 0.1in 范围以内，并且将其与宽度为 20mil 的导线和多个尺寸为 15mil 的接地过孔相连。将基准电容器和 REF 引脚之间的电感保持在小于 2nH 的水平上。推荐使用一个额定电压至少为 10V 的单个、10μF、X7R 级、尺寸 0805 的陶瓷电容器。

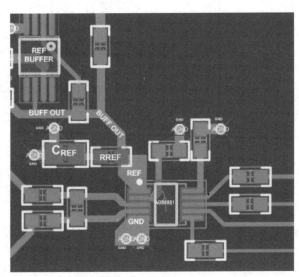

图 11-39　具有一个外部基准和缓冲的 ADC 布局布线实例

基准缓冲器电路到 REF 引脚的导线长度被保持尽可能的短，以确保快速稳定响应。REF 引脚端的正确去耦合对于实现最优性能是十分关键的。在参考路径中保持低电感的导线连接可以使得基准驱动电路在转换期间保持稳定。

更多的内容请查看 ADS7851 和 ADS8881 数据表中的布局布线指南。

▶ 11.4.3　16 位 SAR ADC 的 PCB 设计

6 位或更高位数的 ADC 需要精心设计电路板才能实现其理想的应用性能。除输入信号外，基准电压（参考电压）和电源电压也会严重破坏转换结果。采用正确的去耦、接地和信号调节有助于提高系统性能。由于 6 通道 ADS8556 具有复杂性的内部电路（如内部基准、高压输入等电路），因此将其作为一个较好的参考设计实例。下列步骤将介绍避免非必要线性误差所需的各种方法，同时还将说明错误布局引起失真的一些情形。

1. 优化基准电压（参考电压）路径[171]

在高性能 ADC 应用中，基准电压输入是最为关键的信号路径，其必须在 1/2 转换时钟周期内达到 16 位精度。另外，该引脚端的噪声、失真和偏移量都会直接影响转换结果的质量。

例如，一个简化的 ADS8556 内部结构如图 11-40 所示，ADS8556 具有一个内部基准电压（参考电压）源，可向三个路径中的每一个路径提供缓冲的基准电压（参考电压）。作为备选方案，在内部基准电压模块失效时，可通过外部施加基准电压。在这两种情况下都需要使用一个外部去耦电容 $C_{Ref Ext}$，以在后续转换步骤期间为内部电容阵列再充电提供电荷。因此，$C_{Ref Ext}$ 的大小由内部负载电容的大小决定。假设一个转换周期 t_{conv} 期间的压降必须小于 0.5LSB，则可使用 $C_{Ref Ext} \geqslant 2^{(n+1)} \cdot C_{tot}$ 计算外部去耦电容。C_{tot} 表示内部总电容；n 为位数。

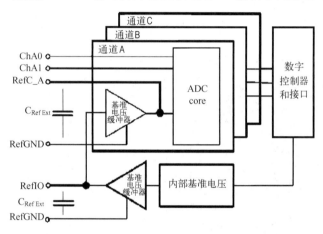

图 11-40　简化的 ADS8556 内部结构

要对压降进行补偿，基准电压缓冲器（内部或外部）需使用规定精度（如 LSB/4 或 LSB/8）为去耦电容再充电至 V_{REF} 提供电流。基于这些考虑因素，基准电压缓冲器必须满足下列带宽要求（假设 1τ 稳定）：

$$f_{-3dB} = \frac{\ln 2}{2\pi \cdot t_{conv}} \tag{11-5}$$

如果利用一个外部缓冲器来驱动基准电压，则不仅要考虑去耦电容，还应考虑到缓冲器输出到电容以及 ADC 基准电压输入端的电阻。

流经缓冲器和电容之间电阻的电流会形成一个与码相关的压降，会导致严重的 INL 误差（积分非线性误差）。因此，该电阻两端的最大压降也必须小于 0.5LSB。可以通过下列公式估算得出来自缓冲器的最大电流，从而得出可以容许的电阻。

$$I_{max} = \frac{C_{tot} \cdot V_{REF}}{t_{conv}} \Rightarrow R_{max} \leqslant \frac{0.5 \cdot LSB}{I_{max}} \tag{11-6}$$

就 ADS8556 而言，串联电阻应小于 1.2Ω，且 $t_{conv}=2\mu s$，$C_{tot}=40pF$，基准电压为 2.5V。

只要在 1/2 转换时钟周期内达到稳定的基准电压，则电容和基准电压输入端之间的电阻就不会显得那么关键。与上述基准电压任何波动相关的系统灵敏度都要求一种精心的印制电路板布局。

在内部，人们将基准电压地（参考接地）设计为"无电流"。这种方法可确保一个稳定和清洁的接地电位，该电位没有电流尖峰带来的噪声，也没有导致增益误差的直流偏置电流引起的偏移。ADS8556 的每个基准电压引脚都有其相关的参考接地引脚。为了获得最佳性能，必须将外部电容放在这些引脚之间。基准电压电容的错误接地会导致意外的电流尖峰带来的噪声，产生高 DNL 误差（微分非线性误差）。

除了这些接地问题以外，基准电压路径的所有稳定误差，会以电流尖峰噪声产生的线性误差的形式出现。在正负满量程范围，最高负载刚好达到基准，那么 DNL 误差表现为独特的喇叭状。就此而论，需考虑 PCB 导线的寄生电感。高质量的陶瓷电容拥有低电感和低 ESR。应将其尽可能地靠近引脚端放置，有助于保持更低的寄生效应。

PCB 设计应始终注意基准电压路径布局和相应外部组件的放置。最重要的是尽可能将去耦电容放置在靠近专用基准电压引脚对及其相关参考接地引脚端的地方。基准电压应视作这两个引脚之间的差分电压，因为这是 ADC 内部处理基准电压的方法。

基准电压去耦电容放置的布局实例如图 11-41 所示，去耦电容接地端通过通孔连接到接地层（接地平面）。

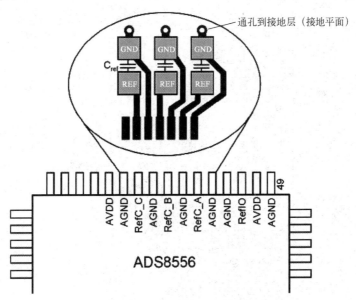

图 11-41　基准电压去耦电容放置的布局实例

在不考虑相应接地信号的情况下，就对基准电压进行稳定处理会降低 ADC 性能。在 PCB 布局中，接地信号应在连接到专用接地层之前，首先连接至电容（见图 11-41）。这样，可以避免影响基准电压输入端的干扰。

电源接地和参考接地应有一些将二者连接到接地层的单独过孔，它们虽然互相挨着但却并非直接靠在一起。另外，为了避免通道对之间的差异，连接基准电压的布线应相互匹配。

若 PCB 在两面都有元器件，并且基准电压电容必须放置在相反板面上，则应将它们放置在直接由过孔将其连接的一些引脚端下面。

2. 电源的正确去耦和接地[171]

为了降低有噪声的数字电路部分对敏感的模拟电路部分的影响，应将两者尽可能地隔离开。一种方法是在 PCB 上使用两个物理隔离的接地层。在多层 PCB 上，甚至可以考虑使用单独的接地层（接地平面）。

所有 ADC 专用元器件（去耦电容、输入信号驱动器电路、滤波器）都必须连接至模拟接地层（接地平面），而数字电路的所有逻辑（DSP、缓冲器、总线驱动器）都必须严格地连接至数字接地层（接地平面）。如图 11-42 所示，ADS8556 的外引脚允许将这两个接地层完全地隔离。

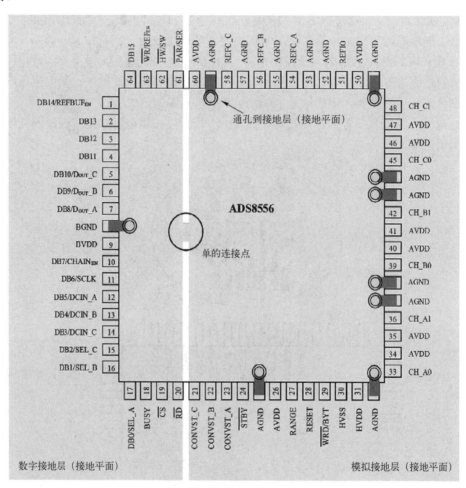

图 11-42　带隔离接地层的 PCB 设计

两个接地层必须连接在一起以避免出现任何压差（电压差），压差会产生引起严重信号失真的非必要电流。应设计使各层连接在一起采用唯一的接点，并确保电流只沿预定义路径流动，而不会抄近路流经敏感的模拟电路部分。

需要花费一些时间来正确地选择去耦电容。一般而言，可以使用一个小电容和大电容（如

100nF 和 10μF）的并联组合，但是这种"标准配置"可能不一定适合于实际的系统要求。较差的电源去耦会使噪声和电源突波干扰耦合至输入信号中，从而极大地降低交流性能［SNR（信噪比）和 THD（总谐波失真）］。

应该考虑到电容的特性与频率有关。在低频率时，电容的值相对恒定。但是，由于寄生电感的存在，该值在高频时会发生极大的变动。每个电容在某个频率（自谐振频率点）时都会有最低的阻抗，从而可以提供最佳的非必要频率信号的抑制。因此，无法使用单个电容来实现多频率的去耦。仅在低频率范围（<100MHz）使用陶瓷电容时，可使用一个等效单电容器代替许多电容器的组合。可以利用电容的诸多特性，找到一款合适的解决方案。

需要确保去耦电容具有低电感和低等效串联电阻（ESR）。所有电源去耦电容都应尽可能地靠近相应引脚端放置，但不能影响基准电压电容。

电源去耦电容放置在 ADS8556 周围的实例如图 11-43 所示。在这种情况下，将电容直接放置在相应引脚端的下面。首先将这些电容通过过孔连接至引脚端，然后通过一个单独的过孔连接至接地层。

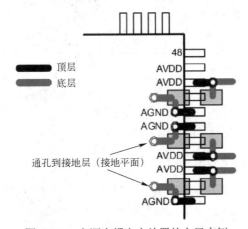

图 11-43　电源去耦电容放置的布局实例

TI 公司推荐的电源去耦电容布局[171]如图 11-44 所示。

3．提供清洁的输入信号[171]

ADC 的输入通常由一个运算放大器驱动，以确保采集时间内正确的稳定调节。如何选择一个适合的驱动运算放大器请参考其他资料。就驱动能力、噪声和偏移性能而言，TI 的 OPA211 可达到确保高输入信号质量所必需的诸多要求。

噪声是影响 ADC 转换结果的主要因素之一。除 ADC 本身固有的内部噪声源以外，转换器还可以拾取输入端出现的所有噪声。只将理想信号带宽传输到输入端也会降低有效噪声带宽。因此，在调节输入信号时，建议再使用一个一阶低通滤波器。

需要对 PCB 上 ADC 驱动输入信号的元器件进行布局。这些元器件的布线不应影响到基准电压的路径和电源去耦的位置。理想情况下，ADC 输入端 RC 滤波器的电容应被去耦至相关参考接地端。信号路径中元器件的选择，将会极大地影响施加于 ADC 的输入信号的质量。根据所选电容的质量，总谐波失真可出现高达 20dB 的变化。

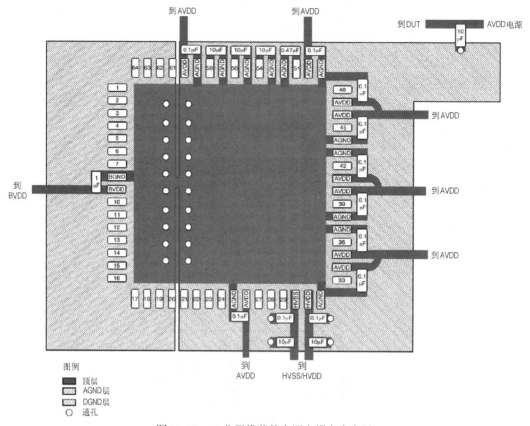

图 11-44　TI 公司推荐的电源去耦电容布局

4．一个 16 位 1Msps SAR ADC 顶层 PCB 布局实例

LTC2393-16 是一个 16 位 1Msps SAR ADC，顶层 PCB 布局图[172]如图 11-45 所示，完整的 LTC2393-16 应用电路和 PCB 布局图请登录相关网站查询。

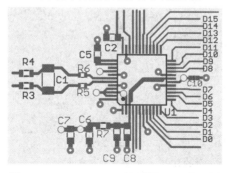

图 11-45　LTC2393-16 的顶层 PCB 布局图

11.4.4　24 位Δ-Σ ADC 的 PCB 设计

1．如何得到 23 位 RMS 有效分辨率

ADS1210 和 ADS 1211 是两种高精度、宽动态范围的 Δ-Σ ADC，具有 24 位无丢失码字，

并且具有高达 23 位有效分辨率。有效位数或有效分辨率这一术语是伴随着 16 位 ADC 的产生而出现的。这些高分辨率转换器可以输出比使用一次转换而数字化的数据更高的精度。实践表明，转换的不确定度一直主要来自器件噪声。多数转换器加上一定的数学处理，可以产生可靠性更高的有效分辨率，为之付出的代价则是转换速度。为了满足这种高分辨率的应用，转换器另外还需要一个 DSP 或 MCU 器件。Δ-Σ ADC 的拓扑结构通过将过采样和数字滤波融入 A/D 芯片内，从而减轻了 DSP 软件设计的强度。高分辨率的 Δ-Σ ADC，如 ADS 121x 系列，在峰-峰值 10V 满量程，100Hz 的数据速率下，可以具有高达 23 位有效分辨率，也就是说可以达到 0.975μV（RMS）有效分辨率。

要实现 23 位 RMS 有效分辨率，必须注意优化转换器的编程、合理布局电路、选择合适的时钟源，特别需要注意模拟输入引脚噪声。

为实现 23 位 RMS 的设计目标，ADS1210 和 ADS 1211Δ-Σ ADC 应配置成 16 Turbo 模式，数据速率为 10～60Hz；为了优化性能，模拟电路电源的接地层（接地平面）和数字电路电源的接地层（接地平面）需要慎重地分开；推荐使用晶振，当然也可以使用时钟振荡器，但使用时需要更加谨慎；推荐使用外部基准电路。与 ADC 输入连接的模拟输入导线必须尽可能短并且需要滤波[173-174]。

更多的内容请参考 *How to Get 23-Bits of Effective Resolution from Your 24-Bit Converter* 和 *DEM-ADS1210/11 Evaluation Fixture* 这两篇文章。

2．电源层和接地层的布局

电源的最好布局是 Δ-Σ ADC 的模拟电路部分采用一个电源供电，而数字电路部分采用另一个单独的+5V 电源供电。对于 Δ-Σ ADC 的模拟电源和数字电源都需要使用良好的去耦合措施。推荐使用一个 1～10μF 电解电容和一个 0.1μF 陶瓷电容，且两个并联使用。所有的去耦电容都需要尽可能地靠近 ADC，尤其是 0.1μF 陶瓷电容。对于任何电源而言，除了整数倍调制频率外，通常高频噪声会受到数字滤波的抑制。在实际电路中，要求模拟电源具有很低的噪声。

DEM-ADS 1210/11 PCB 设计实例[174]如图 11-46 所示，电源层的模拟电源供电和数字电源供电是分离的。接地层也是一样，采用分离的模拟地和数字地。ADC 的模拟引脚（如果是 ADS1211，则为引脚 1、2、3、4、5、6、7、19、20、21、22、23 和 24）全部在模拟接地层和电源层上，数字引脚（如果是 ADS 1211，则为引脚 8、9、10、11、12、13、14、15、16、17 和 18）全部在 DUT（被测器件）数字接地层和电源层上。ADC 的数字引脚接入 "DUT 控制器（8xC51，U4）"。该 MCU 和存储控制器口及数字存储芯片都具有自己的接地层和电源层，它们都是 DUT 数字接地层和电源层的一部分。利用这种布局，PCB 上数字电路部分的电流路径被直接引导进入电源连接器，而不再经过 ADC 的数字电路部分。PCB 上的模拟电源和数字电源分别通过模拟电源接头 P4 和数字电源接头 P5 供电。

从图 11-46 中的布局可以看出，设计者用了特别多的心血来优化这些高分辨率 Δ-Σ ADC 的布线。如果板子上仅有 ADC 和一些逻辑芯片，接地层和电源层的布局限制就大大减轻了。如果布局中只有很少量的接口逻辑芯片，ADC 只使用一个接地层和电源层便可以获得高达 23 位的分辨率。

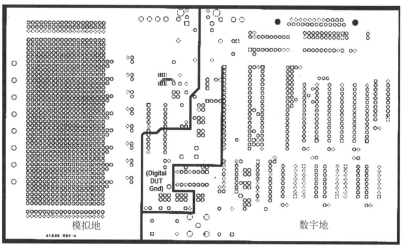

（a）顶层（接地层）

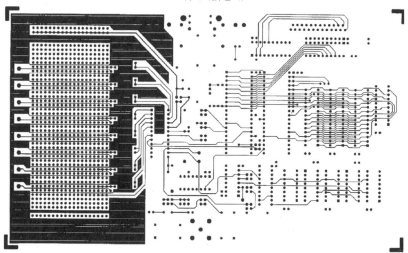

（b）第2层（布线层）

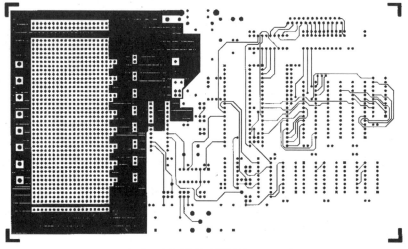

（c）第3层（布线层）

图 11-46   DEM-ADS 1210/11 PCB 设计实例

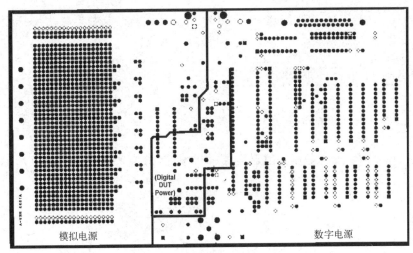

（d）底层（电源层）

图 11-46　DEM-ADS 1210/11 PCB 设计实例（续）

一个成功的 23 位系统设计，其关键之处是需要将数字回流与模拟电路前端分离开。特别需要注意时钟网络电流回路的高频耦合。另外，对于表贴封装的 ADS 1210 和 ADS 1211，还得额外注意：需要将芯片下面的电源层和接地层除去。

有关 DEM-ADS 1210/11 板的更多内容请参考文章 *DEM-ADS1210/11 Evaluation Fixture*。

3．选择一个合适的外部时钟源

ADS121x 使用的时钟类型对 ADC 的噪声性能有很大影响。噪声会随着时钟偏离理想正弦波越来越大而增加，一个方波含有众多谐波便可能产生许多问题。

一个含有众多谐波的方波很容易与临近线路或数字电路层耦合。需要仔细布局以降低这一噪声源的影响。一个从非标准的正弦波振荡器产生的噪声会与高阻抗输入节点相耦合。

4．推荐使用一个外部基准电压源

为了得到 23 位的有效分辨率，推荐使用一个外部的基准电压源。在这个电路中，推荐使用了一个 2.5V 的电压基准 REF 1004-2.5。值得注意的是，由于 ADS 1210 和 ADS 1211 的内部基准是一个 CMOS 基准，所以它比双极性基准的噪声大。ADC 的内部基准不管如何采取其他的优化措施，通常至多只能提供 20 位有效分辨率的精度。

5．缩短输入引脚的连线并滤波

ADS 1210 和 ADS 1211 具有不同的数量模拟输入引脚端，前者有一对模拟输入引脚端而后者有四对。缩短输入引脚的连线并滤波可以降低这些引脚对 ADC 的噪声影响。设计时，与信号源与输入端的连线越短越好，这样可以避免 EMI 效应，但可能会与 ADC 的其他输入引脚产生耦合。在每对差分输入对上连上一个 0.1μF 电容，可以减弱当前在 ADC 输入引脚端上的高频噪声。强烈推荐在每个模拟输入引脚前加入一个 RC 滤波器，利用这种方法可以消除进入 ADC 的带外高频噪声和数字输出信号的混叠噪声。

在采用噪声抑制技术时，一个特殊的 ADC 噪声需要特别关注，这种噪声类型在使用 Δ-Σ 技术的 ADC 中普遍存在，即一个低电压输入在 ADC 的输出产生的一个 RMS 噪声。这些输出看起来存在一个低频分量。产生这些低频噪声的原因是：当 Δ-Σ ADC 内部调制器输出为

10101010……、110110110……或 001001001001……等这样一类数据时，数字滤波器的错误判断为一个低频的小信号。

11.5 DAC 的 PCB 设计

11.5.1 一个 16 位 DAC 电路

一个采用运算放大器和数字电位器构成的 16 位 DAC 电路[175]如图 11-47 所示。

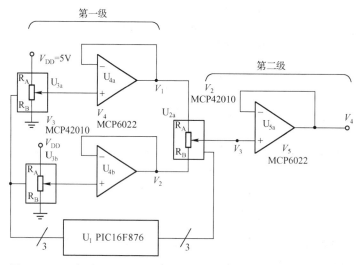

图 11-47 一个采用运算放大器和数字电位器构成的 16 位 DAC 电路

该电路采用了 3 个 8 位数字电位器和 3 个 CMOS 运算放大器组成一个 16 位 DAC。在 V_{DD} 和地之间跨接了两个数字电位器（U_{3a} 和 U_{3b}），其抽头输出连接到两个运算放大器（U_{4a} 和 U_{4b}）的同相输入端。数字电位器 U_{2a}、U_{3a} 和 U_{3b} 通过 SPI 接口与微控制器（U_1，PIC16F876）连接，由微控制器（U_1）编程控制。每个数字电位器配置为 8 位乘法型 DAC。如果 U_{DD}=5V，则这些 DAC 的 LSB 大小为 19.61mV。

在该电路中，两个电位器（U_{3a} 和 U_{3b}）的抽头输出连接到两个作为缓冲器的运算放大器的同相输入端。在此结构中，运算放大器的输入端是高阻抗状态，将数字电位器与其他电路隔离。这两个运算放大器的输出摆幅不能够超过第二级放大器的输入范围限制，即

$$V_1=V_2=\frac{V_{DD}(R_{X-B})}{(R_{X-A}+R_{X-B})} \tag{11-7}$$

为使此电路具有 16 位 DAC 的性能，可以采用第三个数字电位器（U_{2a}）跨接在两个运算放大器（U_{4a} 和 U_{4b}）的输出端之间。电位器 U_{3a} 和 U_{3b} 的编程设定确定施加到电位器 U_{2a} 的电压值。如果 V_{DD}=5V，则可以将 U_{3a} 和 U_{3b} 的输出编程为相差 19.61mV，此电压经过第三个 8 位数字电位器 U_{2a}，整个电路可以提供 536 级不同电压输出，精度或 LSB 为 76.3μV，即有

$$V_3=V_4=\frac{(V_1-V_2)(R_{3-B})}{(R_{3-A}+R_{3-B})} \tag{11-8}$$

图 11-47 所示电路要求所采用的 3 个数字电位器的位数为 8 位，标称电阻值为 $10k\Omega$，DNL 为±1LSB，电压噪声密度为 $9nV/\sqrt{Hz}$，可选择型号为 MCP42010 的双数字电位器。要求 3 个 CMOS 运算放大器的输入偏置电流为 1pA，输入失调电压为 500μV，电压噪声密度为 $8.7nV/\sqrt{Hz}$，可选择型号为 MCP6022 的双运算放大器。

11.5.2 有问题的 PCB 布线设计

如图 11-47 所示电路的一个有问题的 PCB 布线设计[175]如图 11-48 所示。图 11-48 中输入数字电位器的数据线紧靠运算放大器的高阻抗输入端信号线。模拟走线从 U_{3a} 的抽头连接到 U_{4a} 的高阻抗输入端。数字走线传送对数字电位器进行设置的编程数字信号。通过示波器测试，可以发现由数字信号产生的干扰信号耦合到了敏感的模拟走线上。

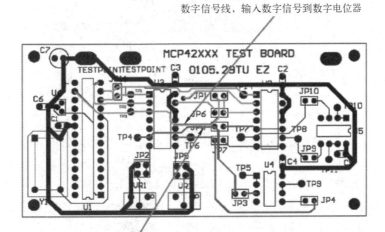

（a）不好的布线（高阻抗模拟信号线靠近数字信号线）

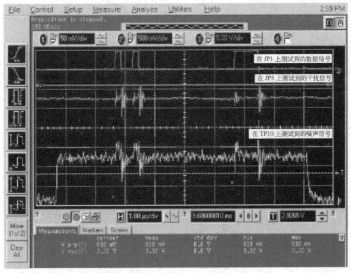

（b）测试波形（有数字信号耦合到了敏感的模拟走线上）

图 11-48 一个有问题的 PCB 布线设计

根据一些 PCB 设计的资料可知，设计电路板时，在两条彼此靠近的导线之间会产生寄生电容。如图 11-49 所示，有

$$C = \frac{w \cdot L \cdot \varepsilon_0 \cdot \varepsilon_r}{d}(\text{pF}) \tag{11-9}$$

式中，w 为 PCB 走线的厚度；L 为 PCB 走线的长度；d 为两条 PCB 走线间的距离；ε_0 为真空介电常数，等于 8.85×10^{-12}F/m；ε_r 为 PCB 材质的相对介电常数。

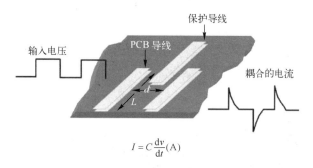

图 11-49   在两条彼此靠近的导线之间会产生寄生电容

在图 11-49 所示的布线形式中，一条导线上的电压随时间的变化（$\mathrm{d}v/\mathrm{d}t$）可能在另一条导线上产生电流。如果另一条导线是高阻抗的，则电场产生的电流将转化为电压。快速电压瞬变（$\mathrm{d}v/\mathrm{d}t$）通常发生在混合信号系统的数字端（侧）。如果发生快速电压瞬变的导线靠近高阻抗模拟导线，则这种干扰产生的误差将严重影响模拟电路的精度。在一个模数混合电路中，通常模拟电路的噪声容限比数字电路要低很多，而且高阻抗走线也比较常见。增加两条导线之间的距离或在两条导线之间布设一条地线可以减少这种现象。

根据两条导线之间的电容方程式，改变导线之间的距离，可以减小寄生电容。缩短导线的长度 L，两条导线之间的寄生电容也会减小。

在两条导线之间布设一条地线（因为地线是低阻抗的），可以有效削弱干扰的电场影响。

在模数混合电路中，如果敏感的高阻抗模拟信号导线与数字信号导线距离较近，则两条导线之间的寄生电容就会产生干扰问题。图 11-48 中的 PCB 布线就很可能存在这种问题。

▶ 11.5.3   改进的 PCB 布线设计

一个改进的 PCB 布线设计[175]如图 11-50 所示。将高阻抗模拟信号线远离数字信号线。将模拟和数字走线仔细分开后，电路就变得非常"干净"了。通过示波器测试，可以发现没有数字信号产生的干扰信号耦合到敏感的模拟走线上。

在一个模数混合电路中，谨慎的布线对成功获得一个 PCB 的设计而言是十分重要的。

数字信号线，输入数字信号到数字电位器

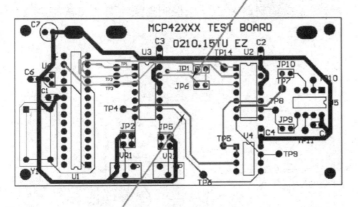

模拟信号线，运算放大器的高阻抗输入端

（a）改进的布线方案（高阻抗模拟信号线远离数字信号线）

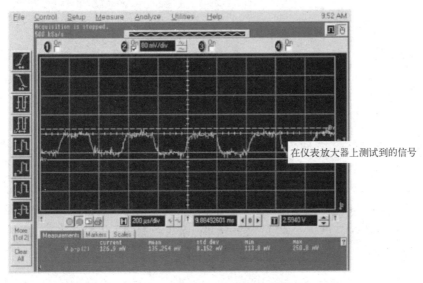

在仪表放大器上测试到的信号

（b）测试输出波形（没有数字信号耦合到了敏感的模拟走线上）

图 11-50　一个改进的 PCB 布线设计

11.6　12 位称重系统的 PCB 设计

11.6.1　12 位称重系统电路

一个采用称重传感器、运算放大器、ADC 和 MCU 构成的 12 位称重系统电路[176]如图 11-51 所示。图中，称重传感器采用了 LCL-816G，传感器的内部电路是由 4 个电阻组成的电阻桥，需要外部电压激励。将一个 5V 激励电压加在传感器高端，施加 0.816kgf 最大激励质量时，传感器满刻度输出电压摆幅为±10mV 的差分信号。称重传感器输出的差分信号由双运放 MCP6021 构成的仪表放大器放大。为满足系统精度要求，模数转换采用了一个 12 位 ADC

MCP3201 来完成。MCP3201 将仪表放大器放大的电压信号转换为数字信号，转换后的数字信号经 ADC 的 SPI 端口传送到微控制器 MCU，微控制器采用查表方式将该数字信号转换为质量，并将结果送到 LCD 中去显示。

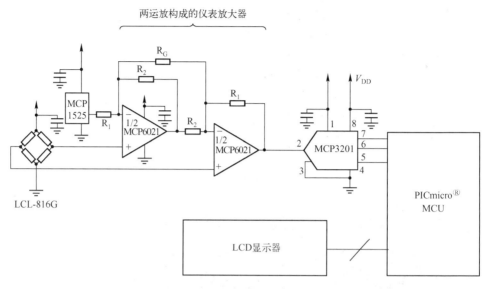

图 11-51　12 位称重系统电路

▶ 11.6.2　没有采用接地平面的 PCB 设计

一个没有采用接地平面的 PCB 设计实例[176]如图 11-52 所示。在图 11-52 所示的 PCB 布局中，没有接地平面和电源平面，但电源线比信号线要宽很多，其目的是减小电源导线电抗。

该 PCB 布局对 ADC 进行了 4096 次采样并记录了数据，可以发现电路的噪声占 15 个代码宽度。

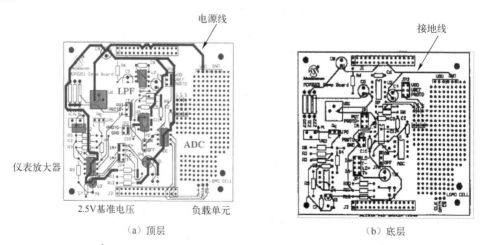

（a）顶层　　　　　　　　　　　　　　（b）底层

图 11-52　一个没有采用接地平面的 PCB 设计实例

第 11 章　模数混合电路的 PCB 设计

11.6.3　采用接地平面的 PCB 设计

一个采用接地平面的 PCB 设计实例[176]如图 11-53 所示。在图 11-53 所示的 PCB 布局中，采用了接地平面，没有采用电源平面，但电源线比信号线要宽很多，其目的是减小电源导线电抗。

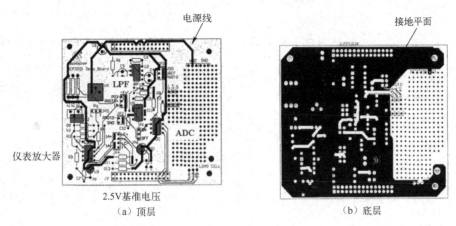

图 11-53　一个采用接地平面的 PCB 设计实例

该 PCB 布局对 ADC 进行了 4096 次采样并记录了数据，可以发现电路的噪声占 11 个代码宽度。

从上述数据中很容易看出，接地平面确实对电路噪声有抑制作用。当电路中没有接地平面时，噪声的宽度大约为 15 个代码；增加了接地平面后，性能提高了约 1.5 倍或 15/11 倍，但也很明显地表征了该电路存在噪声。

注意：在一个模数混合电路中，在进行 PCB 设计时不使用接地平面是很危险的。这是因为模拟信号是以地为基准的，由地产生的噪声问题比由电源产生的噪声问题更难对付。例如，在图 11-51 所示电路中，ADC MCP3201 的反相输入引脚是接地的。另外，接地平面对噪声还有屏蔽作用。对于由于没有采用接地平面而产生的一些问题，如果在 PCB 设计时没有设计接地平面，则要想克服它们几乎是不可能的。

11.6.4　增加抗混叠滤波器

仔细分析图 11-51 所示的电路，可以发现在该电路中没有抗混叠滤波器电路。正如测试数据所显示的那样，在该电路中存在一定的噪声。12 位 ADC 采样一个直流信号的输出代码，测试采样 1024 个代码，观察发现噪声代码宽度为 44 个代码，LSB 为 1.22mV，44 个代码的噪声为 53.68mV。

一个改进的设计[176]如图 11-54 所示，在仪表放大器的输出和 ADC 的输入之间接入一个二阶 10Hz 的抗混叠滤波器。12 位 ADC 采样一个直流信号的输出代码，测试采样 1024 个代码，观察发现噪声代码宽度为 1 个代码，LSB 为 1.22mV，有效地解决了电路的噪声问题。

在电源引脚端增加旁路电容和在电源走线上增加磁珠也可以减小电路噪声。

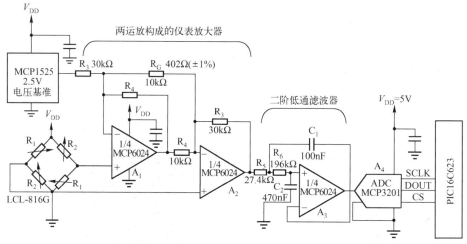

图 11-54　改进后的 12 位称重系统电路

11.7　传感器模拟前端（AFE）的 PCB 设计

传感器模拟前端（AFE）为传感器系统设计带来革命性突破。典型的传感器 AFE 应用包含测压器件、差压传感器、力敏传感器、霍尔效应传感器、液位传感器、MEMS 传感器、化学传感器、气体传感器、温度传感器等。

ADI、Maxim、TI 等公司可以提供传感器 AFE IC 和软硬件开发平台，提供完整的传感器设计和配置解决方案。

例如，德州仪器（TI）提供可配置传感器 AFE IC 和 WEBENCH Sensor AFE Designer，是集成型软硬件开发平台的重要组成部分，能帮助工程师灵活选择传感器，设计和配置解决方案，花几分钟快速下载配置，从而显著简化传感器系统设计。开发系统使工程师能够在线或在工作台上评估完整的信号路径解决方案（包括传感器）。下面以 Maxim 公司的 MAX14920/MAX14921 电池测量模拟前端器件为例，介绍模拟前端的 PCB 设计。

Maxim 公司的 MAX14920/MAX14921 电池测量模拟前端器件用于高精度采样电池电压，并提供电平转换，可支持多达 16 节/+65V（最大）的主/辅电池组。MAX14920 监测多达 12 节电池，MAX14921 监测多达 16 节电池。MAX14920/MAX14921 均同时采样所有电池电压，允许高精度确定充电状态和源阻抗，将所有电池电压以单位增益转换成以地为基准的电压信号，简化外部 ADC 的数据转换。MAX14920/MAX14921 具有低噪声、低失调放大器，可缓冲高达+5V 的差分电压，允许监测所有常见锂离子电池，电池电压误差为±0.5mV。MAX14920/MAX14921 的高精度特性使它们最适合用于监测放电特性曲线非常平坦的电池，如锂-金属磷酸盐电池，通过外部 FET 驱动器支持无源电池平衡。MAX14920/MAX14921 内部集成的诊断功能允许实现开路检测和欠压/过压报警，可通过菊链 SPI 接口控制。

MAX14920 采用 64 引脚（10mm×10mm）TQFP 封装，带裸焊盘；MAX14921 采用 80 引脚（12mm×12mm）TQFP 封装。MAX14920/MAX14921 工作温度范围为-40～+85℃，适合工业备用电池系统、电信备用电池系统、储能电池组、电子运输储能电池组应用。

MAX14920/MAX14921的典型应用电路形式[177-178]如图11-55所示。

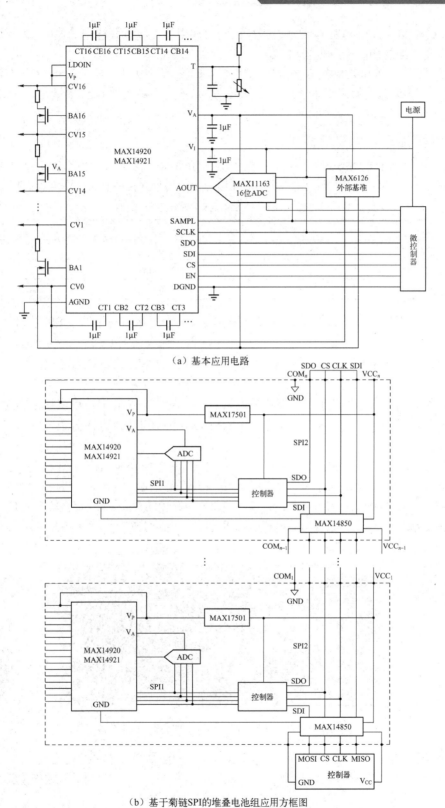

（a）基本应用电路

（b）基于菊链SPI的堆叠电池组应用方框图

图 11-55　MAX14920/MAX14921 的典型应用电路形式

MAX14920/MAX14921 电池测量模拟前端器件用于高精度采样电池电压，为了达到最高精度，需要仔细的印制电路板布局。

下面介绍 MAX14921 PCB 布局需要注意的事项[177-178]。所介绍的改善 PCB 布线的几个方法，旨在帮助工程师确保 MAX14921 解决方案满足系统要求，将测量误差限制在 1mV 以内。

1. 旁路电容

旁路电容用于电源噪声滤波和去耦。为了获得最佳特性，旁路电容应尽可能靠近 MAX14920/MAX14921 的电源引脚放置。表 11-1 列出了 MAX14921 的旁路电容要求。

表 11-1　MAX14921 旁路电容要求

引脚名称	引脚序号	电容值	返回端
V_L	5	0.1μF	DGND（6）
V_A	12	1.0μF	AGND（11）
V_P	14	0.1μF	AGND（11）

电容可以安装在 MAX14920/MAX14921 左侧，这个区域包含了数字 SPI 接口、T1/T2/T3 的模拟输入、模拟输出、电源引脚和一些采样电容。为了缓解局促的布板空间，可以利用 MAX14921 的背面区域。可以利用 MAX14921 下方 PCB 焊接层的过孔连接信号以及这个区域的电容。

保持电容与相应电源引脚之间的距离尽可能短。对于一些布局，可以把电容放在电路板背面，如果只有一个旁路电容，则将其放置在 MAX14920/MAX14921 旁边，如第 12 脚（V_A）的电容。

下面以一个 4 层板为例，列举了一些布局实例。在这些实例中，顶层走线是红色的，第 2 层是 DGND（绿色），第 3 层是 V5V（黄色），第 4 层是底层走线（蓝色）。首先了解 V_L 的旁路，假设 V_L=3.3V。图 11-56 中，通过过孔连接第 5 引脚到电路板的背面，在电路板的背面（MAX14921 下方）安装旁路电容 C_{22}。电容器的另一引脚通过通孔连接到 PCB 的第 2 层 DGND。

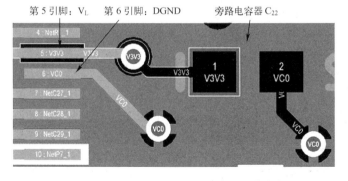

图 11-56　MAX14921 第 5 引脚旁路电容实例

扫码看彩图

如何连接 V_P 旁路如图 11-57 所示。类似第 5 引脚的情况，通过通孔连接 IC 的引脚和一个放置在背面的旁路电容。由于第 13 引脚的返回端是 AGND，C_{24} 的另一端连接第 11 引脚，而非 DGND 平面。

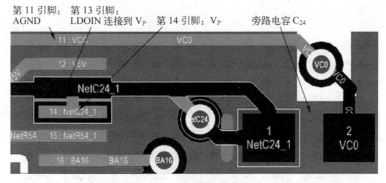

第 11 引脚：　第 13 引脚：
AGND　　LDOIN 连接到 V_P　第 14 引脚：V_P　　旁路电容 C_{24}

扫码看彩图

图 11-57　MAX14921 引脚 14 旁路电容布局

V_A 旁路电容的连接如图 11-58 所示。最好与 AOUT（第 10 引脚）信号线平行铺设 AGND（第 10 引脚）信号线。基于这一考虑，通常将第 12 引脚的旁路电容放置在 MAX14921 的 PCB 同一侧比较容易，充分利用该旁路电容。

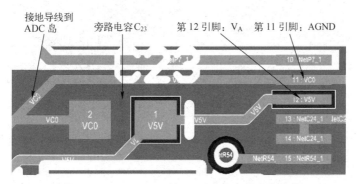

接地导线到
ADC 岛　　旁路电容 C_{23}　　第 12 引脚：V_A　第 11 引脚：AGND

扫码看彩图

图 11-58　MAX14921 第 12 引脚的旁路电容连接

2．ADC 布线隔离

噪声管理的另一项技术是在敏感的模拟器件下方提供独立的接地平面。图 11-59 给出了 ADC 的独立接地平面实例，将 U3 和第 11 引脚连接到这一接地平面。白色的丝印框突出显示了从左边旁路电容 C_{20} 的过孔连接 MAX14921 的 AGND 与 ADC 的独立接地平面，该旁路电容专用于这个独立的接地平面。DGND 与 AGND 平面的唯一连接点位于 ADC 独立接地平面右上方，通过白色丝印框显示。

3．AOUT 与 ADC 之间的连接

作为整体解决方案的一部分，MAX14921 AOUT 信号（第 10 引脚）连接到 ADC 输入。图 11-60 给出了较好的布线实例，AOUT 引线（高亮）有一个伴随的接地（第 2 层，DGND）连接到 R2 和 C25 组成的 RC 滤波器。此外，AGND 引线从第 11 引脚开始与 AOUT 信号线平行引出，提供了一个很好的 RC 滤波器布局。滤波器初始元件选择的合理参数是 220Ω 和 $220pF$。

4．T1、T2 和 T3 的滤波

对 T1、T2 和 T3 模拟输入进行滤波，也有助于改善性能。如果这些信号来自温度传感器，则采用 RC 滤波网络。比如，在电路前端放置一个 $1k\Omega$ 电阻和一个 $10nF$ 电容，构成 RC 网络；

或者，放置一个 220Ω 电阻和 2.2nF 电容构成 RC 网络。

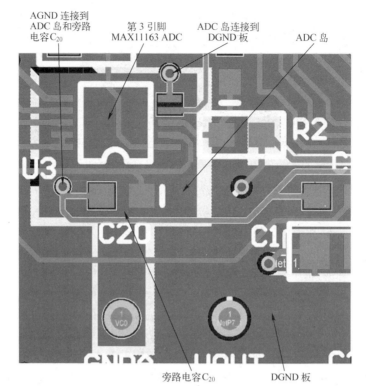

图 11-59　与 ADC（U3）的接地平面隔离

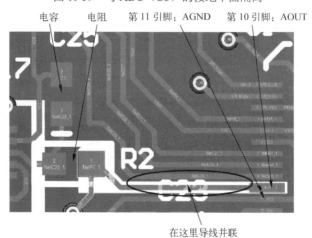

扫码看彩图

图 11-60　AOUT 引脚与 ADC 之间的连接

5．数字信号的隔离

MAX14921 只有几路数字信号，其中包括 SPI 接口（SCLK、SDI、SDO 和 $\overline{CS}$）、SAMPL 和 EN 控制（如果设计中需要使用这两个控制信号）。这些数字信号需要远离敏感的模拟输入和输出，特别是 AOUT 信号（引脚 10）。理想情况下，把这些数字信号与模拟信号布设在不同层，但是如果采取了特别严格的隔离措施，这个要求并不绝对。

6. 保持精度

需严格处理电路板的布局和布线，以确保电池电压精确送入 ADC 输入端。

7. 电源和信号分隔

MAX14921 的 V_p 引脚为电池组接口前端供电，它直接连接到电池组正极的顶端，即 CV16 引脚（对于 16 节电池组设计）。然而，这组引线需要彼此分隔开，起点尽量靠近电池端。每节电池引线的电流都会流过 V_p 和 CV16 共同连线，产生 IR 压降，从而导致 CV16 电压测量精度的下降。

VC0 和 AGND 存在同样的问题，流过 AGND 的电流会在它们的共同连线部分产生 IR 压降，从而降低了 CV0 信号的准确性。正是考虑了这个原因，在 MAX14921 的评估（EV）板上，V_p 和 CV16 分别采用了连接器的两个独立引脚；CV0 和 AGND 也作了同样处理。

8. 减小寄生电容

MAX14921 的操作分两个阶段进行，第一阶段对采样电容充电，从而把每节电池电压采集到各个电容上；第二阶段将这些电容采集到的电压提供给 ADC。在第二阶段中，任何 CT 引脚的寄生电容由于电荷注入会降低电压的测量精度。

实际应用中，这意味着 MAX14921 于所有采样电容之间的连线要尽可能短，同样，AOUT 引脚与 ADC 输入之间的连线也要尽可能短。由于采样电容为 0805 封装，保持所有引线尽可能短不是件容易的事情。

一个有效的途径是优先考虑采样电容的一端，使其尽可能靠近 CT 引脚。CB 走线势必会长些，为了对此加以补偿，在每个电容下方相应地留出独立的接地平面，连接到对应的 CB 引脚，从而最大限度地减少采样电容之间引线产生的寄生电容。

图 11-61 给出了一个 MAX14921 采样电容在底层 PCB 的连接（CT14、CB14、CT13、CB13、CT12、CB12、CT11、CB11）布线实例。从图中标注可以看出，第 29 引脚（CT13）与其采样电容之间用短线连接，而第 30 引脚（CB13）的引线要长些。需要注意的是，CB13 还要通过一个过孔直接连接到正下方的独立接地平面。

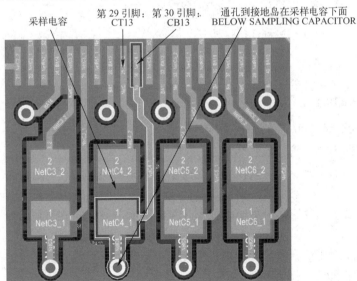

扫码看彩图

图 11-61　最大限度地减小采样电容之间的寄生电容

11.8 电容触摸传感器 PCB 设计

11.8.1 电容触摸传感器 PCB 触摸电极设计

1. PCB 导线电容

一个电容触摸传感器示意图[179]如图 11-62 所示，可以通过两种方式产生 PCB 导线电容。一是通过填充在接地平面（GND）之间的导线产生边缘电容，如图 11-63（a）所示。边缘电容效应导致总电容增加，从而降低触摸传感器的灵敏度。二是在导线到接地平面之间产生电容，如图 11-63（b）所示。手指触摸可以引起 PCB 导线电容变化。

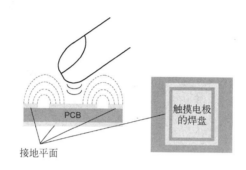

图 11-62　电容触摸传感器示意图

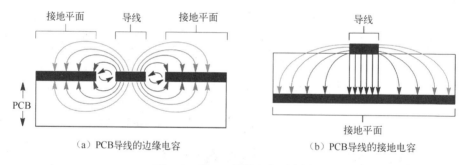

（a）PCB 导线的边缘电容　　　　　（b）PCB 导线的接地电容

图 11-63　PCB 导线电容示意图

2. 触摸电极的焊盘设计

电容触摸传感器触摸电极的焊盘最小尺寸是 3mm×3mm，最大尺寸是 15mm×15mm。其介质最小厚度是薄膜，介质最大厚度是 3mm。

电容触摸传感器电极设计，对于单线系统来说是相当简单的。但是在系统中的其他部分可能对噪声环境具有屏蔽要求时，这会使设计复杂化。如果在应用中需要屏蔽，最好使用共面接地，因为这将对电容的影响最小。如图 11-64 所示，最好的方法是用一个接地环包围一个电极焊盘。

注意，不要使用接地平面来屏蔽电极免受噪声影响。在某些情况下，这个接地平面实际上可以感应电源平面辐射的噪声。

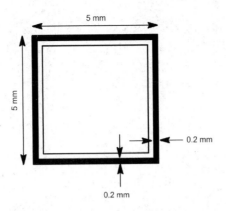

图 11-64　用一个接地环包围一个电极焊盘

　　触摸焊盘（按钮）可以是圆形、椭圆形、方形或不规则形状，如图 11-65 所示。按钮的宽度介于 5～15mm。每个按钮传感器均需一路输入连接至电容触摸控制器（如 AD7142 和 AD7143）。所有按钮都应具有两个焊盘，一个连接到 SRC 引脚，另一个连接到 CIN 输入引脚。两个焊盘都应位于 PCB 的顶层[180]。

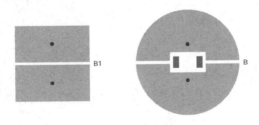

图 11-65　按钮布局

　　图 11-65 右侧的按钮传感器中间有一块挖空区域，并配有焊盘。这种布局适合 PCB 上带 LED 的应用。LED 发出的光可直接通过按钮挖空区域，可编程为在按钮被激活时点亮。按钮中挖空区域的最大尺寸取决于按钮尺寸，具体定义如表 11-2 所示。

表 11-2　按钮挖空区尺寸

按钮直径	最大挖剪尺寸
5mm	2mm×1.6mm
6mm	2.8mm×1.2mm
8mm	4mm×2mm
10mm	4mm×2mm

　　一种可以实现 8 路开关的传感器布局如图 11-66 所示，尺寸为 8mm 方形到 15mm 方形，并需要 4 路输入连接至 AD7142/AD7143[180]。

　　8 路开关提供 8 个位置输出：东、南、西、北以及东北、东南、西南、西北的对角线位置。用户在 8 路开关周围滑动手指，即可更改输出位置。

　　8 路开关由 4 个交织布线的按钮组成，黑色表示顶层源走线；灰色表示底层 CIN 走线。

顶层的焊盘连接到 SRC 引脚，第 2 层的焊盘连接到 CIN 输入引脚。顶部按钮和底部按钮在 AD7142/AD7143 电容数字转换器（CDC）中内部相连并用作 CDC 的差分对，左侧按钮和右侧按钮也是如此。8 路开关的连接方式如图 11-67 所示。8 路开关还要求进行激活测量；该测量先确定 8 路开关是否激活，再确定移动方向。

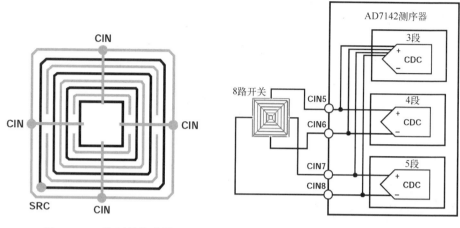

图 11-66 8 路开关传感器   图 11-67 8 路开关与 CDC 连接电路

分立式滚动条传感器设计如图 11-68 所示。滚动条可设计为不同宽度（5～12mm）和不同长度（10～60mm）。滚动条可以是直线型（垂直位置或水平位置），也可以弯曲成马蹄形或圆形。滚动条由数个分立传感器段构成，通常为 8 段。每段均连接到 AD7142/AD7143 上的一个 CIN 输入引脚。

滚轮传感器是一种特殊的分立式滚动条。滚动条中的各分立段排列成圆形，如图 11-69 所示。内环连接到 SRC 引脚。滚轮可以提供多达 128 个输出位置。

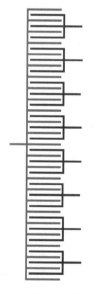

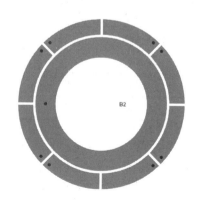

图 11-68 分立式滚动条传感器设计   图 11-69 滚轮传感器设计

有关 AD7142 或 AD7143 的更多信息，登录相关网站查询。

3．触摸电极的导线设计

从导线到触摸电极的总电容应该尽可能小。因此，要求导线的宽度和长度应尽可能小。推荐使用在电极上的导线宽度为 0.20 mm。对于大多数应用来说，导线长度为 1～200mm。

注意，如果在系统中使用接地平面，则由导线产生的电容将大大增加。因此，导线最大长度应该是 40mm。

正确的触摸电极导线的布局形式如图 11-70（a）所示，要求电极导线不能够置于其他电极之下。

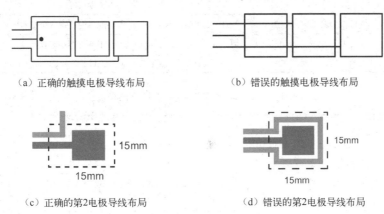

（a）正确的触摸电极导线布局　　　　　（b）错误的触摸电极导线布局

（c）正确的第2电极导线布局　　　　　（d）错误的第2电极导线布局

图 11-70　触摸电极的导线布局

▶ 11.8.2　电容传感器 PCB 设计实例

AD7147 和 AD7148 是一个 CapTouch™控制器。AD7147 为 13 路电容输入器件，AD7148 则为 8 路输入器件。AD7147 用于电容传感器，以实现按钮、滚动条、滚轮和触摸板等功能。AD7148 用于按钮、滚动条和滚轮。

1．适用于电容传感器的结构和材料[181]

任何标准 PCB 材料都适合电容传感器设计，因而电容传感器可以采用工业标准技术制造。传感器板和走线材料实例如表 11-3 所示。电容传感器 PCB2 层和 4 层堆叠结构形式如表 11-4 和表 11-5 所示。

表 11-3　适合制造电容传感器的材料

传感器板	传感器
FR-4 及类似材料	铜
柔性材料（FPC 或聚酰胺）	铜
PET（塑料）	氧化铟锡（ITO）/银/碳
玻璃	ITO

2．电容传感器 PCB 叠层形式[181]

电容传感器应位于 PCB 的顶层。各传感器通过 CIN 输入引脚连接到 AD7147 或 AD7148。在传感器和 PCB 所有层上的传感器走线周围放置一个 ACSHIELD 层。

推荐使用表 11-4 和表 11-5 中的叠层，以确保 PCB 上其他信号中的噪声不会交叉耦合到传感器。表 11-4 中的叠层只能在以下情况下使用：PCB 上有足够的空间可用，确保传感器或传感器走线下方不会出现交叉布线。

表 11-4　电容传感器 2 层 PCB 叠层形式

层	布局
顶层	安置传感器电极，用 2mm 的 ACSHIELD 层包围起来；在板边沿周围放置一个接地层以提供 ESD 保护
底层	安置 IC、布设 CIN 连接走线，用 2mm 的 ACSHIELD 层包围传感器走线。将串行接口、其他信号线和其他元器件置于此处，并用一个延伸到板边沿的接地层包围起来（镜像第 1 层的 ACSHIELD 和接地层）

表 11-5　电容传感器 4 层 PCB 叠层形式

层	布局
顶层	安置传感器电极，布设 CIN 连接走线，用 2mm 的 ACSHIELD 层包围起来。在板边沿周围放置一个接地层以提供 ESD 保护
第 2 层	在传感器和传感器走线下方放置一个 ACSHIELD 层（镜像顶层的 ACSHIELD 和接地层）；传感器或 ACSHIELD 下方不要进行数字信号布线
第 3 层	安置串行接口，布设其他信号线；镜像第 1 层中的 ACSHIELD 和接地层
底层	在此层安置 IC、串行接口并布设其他信号线；镜像顶层的 ACSHIELD 和接地

3．布局布线指南

下列原则适用于所有传感器布局布线[181]。

① 推荐走线宽度为 0.2mm。

② 走线之间的最小间隙为 0.15mm。

③ AD7147 或 AD7148 与传感器之间的最大推荐距离为 10cm。任何将传感器连接到 AD7147 或 AD7148 的 CIN 输入的走线都应当用 AC_{SHIELD} 屏蔽起来，如图 11-71 所示。

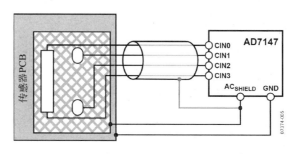

图 11-71　用于屏蔽 CIN 连接的 AC_{SHIELD}

④ 在传感器和 PCB 所有层上的传感器走线周围放置一个 AC_{SHIELD} 层。传感器和传感器走线周围的 AC_{SHIELD} 层至少应为 1mm（布局布线实例见图 11-72～图 11-75）。

⑤ 将接地层放置在串行接口和 PCB 的所有其他非传感器区域周围。ACSHIELD 层与接地层之间的距离可以是 0.2mm 或 0.4mm，具体取决于制造容差（见图 11-72 和图 11-73）。

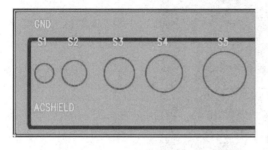 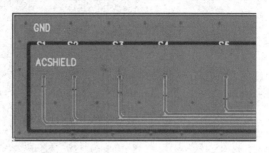

图 11-72 传感器布局实例（顶层）　　　图 11-73 传感器布局实例（底层）

⑥ 进行 AD7147 或 AD7148 布局时，AC_{SHIELD} 层应放置在 CIN 走线和引脚周围，接地层则应放置在串行接口和其他数字引脚周围（见图 11-74 和图 11-75）。

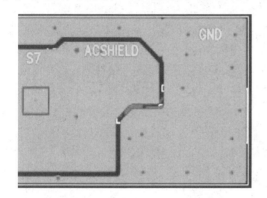 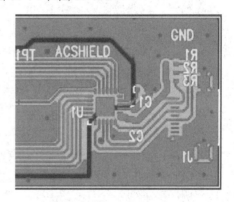

图 11-74 AD7147 或 AD7148 布局实例（顶层）　　图 11-75 AD7147 或 AD7148 布局实例（底层）

⑦ 后续 PCB 层应镜像 AC_{SHIELD} 和接地层。

⑧ 切勿将开关信号直接布设在传感器电极或进出传感器的走线下方。

⑨ 如果传感器 PCB 上没有空间可用来在传感器周围布线，可以将 AC_{SHIELD} 层直接放在传感器层下方。后续层的布线可以在传感器区域下方，只要其间有一个 AC_{SHIELD} 层即可。

⑩ 勿将悬空走线布设在传感器走线旁边。为确保这些悬空走线不会影响传感器，任何悬空走线上都应放置一个 100nF 接地电容。LDE 走线上应放置一个 100nF 接地电容。

⑪ 串行接口信号的布线应尽可能远离传感器。

⑫ 来自数字接口或其他开关信号的噪声可能会耦合到传感器。产生这种噪声的原因可能是布局布线不当。切勿将串行接口或其他数字开关信号布设在传感器或传感器走线下方，或者直接与之并行。一个错误的布局布线实例如图 11-76 所示。

4．EMI 和 ESD 敏感设计

对于需要关注 EMI 问题的设计，从传感器到 AD7147 或 AD7148 的走线长度应保持最短。如果走线短于 EMI 信号的波长，噪声就不会耦合到传感器。

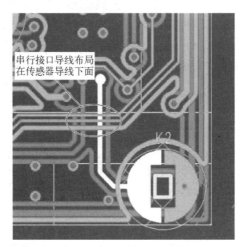

图 11-76 布局布线不当的实例

可以利用保护器件来防止 EMI/ESD 影响传感器。例如，可以使用 Semtech RClamp3304P 或类似器件来保护 AD7147 的 CIN 输入。之所以推荐使用这款器件，是因为它的结电容非常低（<1pF），不会影响传感器电容。ACSHIELD 引脚也应当使用这款器件来保护。

VCC 和 VDRIVE 电源引脚上应放置 On Semiconductor ESD9X3.3ST5G-D 二极管或类似器件，以保护这些引脚不受 ESD 脉冲期间的高瞬态尖峰影响。此二极管的结电容非常高，不适合用在 C_{IN} 引脚上，只能用在电源引脚上。

除了使用 ESD 保护器件以外，建议在传感器和传感器到 AD7147 或 AD7148 的走线周围放置一个 2mm 宽的 AC_{SHIELD} 层。此区域外部应放置一个接地层并延伸到板边沿，确保 ESD 脉冲沿着电阻最小的路径入地，而不是经过 AC_{SHIELD} 或 C_{IN} 走线。接地层和 AC_{SHIELD} 层的 PCB 的布局实例如图 11-72～图 11-75 所示。

5. 将 AD7147 或 AD7148 与传感器放在不同的 PCB 上

AD7147 或 AD7148 无须与传感器处在同一 PCB 上。例如，可以将 AD7147 或 AD7148 放在母板上，而将传感器放在用户终端产品的输入界面附近。

从 AD7147 或 AD7148 到传感器的走线必须有严密的屏蔽保护，防止噪声影响操作。AD7147 或 AD7148 的 AC_{SHIELD} 输出应布设在传感器走线周围。

6. 传感器集成

强烈建议传感器 PCB 与终端产品的封盖之间不要留有气隙。气隙会显著降低电场强度，进而降低电场将信号从传感器电极通过覆盖的电介质材料容性耦合到触摸表面的能力。这将导致传感器响应不良，可能影响传感器操作的可靠性和鲁棒性。

应将传感器 PCB 安装在终端产品覆盖材料的下方，建议使用 3M Adhesive Transfer Tape 467MP（双面胶带）。传感器可以在最大 5mm 厚的覆盖层下正常工作。推荐厚度为 1～2mm。如果被金属覆盖，则传感器无法工作。

对于具有金属机壳的终端产品，传感器区域周围的 0.2 mm 范围不得出现金属。传感器 PCB 周围 5cm 范围内的任何金属都必须接地。靠近传感器的悬空金属会影响传感器的操作。

AD7147 或 AD7148 所在 PCB 的后方也应存在一个禁区。该禁区应足够大，确保 AD7147

或 AD7148 上没有压力，并且 PCB 上的走线不会短接在一起。

11.9 PCB 电流传感器设计

11.9.1 PCB 平面型空心线圈电流互感器设计

电流互感器的测量线圈是测量的重要部件，线圈的性能直接影响电流互感器的性能优劣。根据互感系数计算公式知，影响空心线圈互感系数的主要因素为线圈的长度、匝间距和匝数。因此，要想提高互感系数，有以下四种方式：

① 增加线圈的匝数。在 PCB 尺寸确定的情况下，其表面积是一定的，其中线圈的中心位置基本固定的。当每个独立线圈平均分配面积固定时，可以通过增加线圈的匝数来提高互感系数，从而增大感应磁通量。但并不是匝数越多越好，匝数越多线圈的灵敏度会下降，这将影响传感器的整体性能。

② 减小匝间距。空心线圈需要一定程度上降低线宽，可使得在有效面积内布线空间增大，相应的增加绕线匝数从而增大互感系数，提高线圈的感应磁通量，获得更高的磁通量。但是匝数越多，线圈的灵敏度将降低，因此需要设计合适的匝数以获得最优的灵敏度和磁通。

③ 增加线圈的长度和宽度。通过增加线圈的宽度，可在一定程度上提高空心线圈的面积，从而扩大穿过空心线圈的磁通量，提高互感系数。但是随着线圈面积的增大，线圈杂散电容成为不可忽略的重要因素，因此要在改变线圈长宽的同时，适当做出权衡。

④ 将多个 PCB 空心线圈串联。将相同型号（尺寸大小性能相同）的线圈进行串联，构成多层空心线圈，这样线圈的互感系数就会随着串联线圈的个数成倍增大。此外其分布电容也会随着串联线圈数量的增加而减小。但是线圈之间会存在分布电容，导致线圈频率下降，并且随着串联数量越多，频率下降越快，使得频带变窄，性能下降。

基于磁场耦合原理的电流测量方式，一种用于配电网工频电流的测量、非接触式 PCB 空心线圈电流互感器 PCB 图[182]如图 11-77 所示。

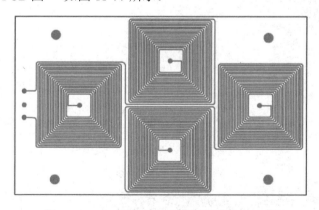

图 11-77　PCB 平面型空心线圈互感器 PCB 图

PCB 平面型空心线圈结构参数如下：PCB 长度为 10cm，宽度为 6.7cm，厚为 8mil。线圈匝数（n）为 4×20，宽度为 30cm，电极宽度为 10mil，电极间距为 10mil。

利用安捷伦（Agilent）4294A 阻抗分析仪对所制作的 PCB 传感器测量输出端之间的电阻、

电感进行测试。所制作的 PCB 的电阻为 21.75Ω，在 40Hz～4MHz 频率范围内，电感值为 139.76μH，其中电感的波动偏离值为 9μH，电容值为 35.2pF，线圈电容波动偏离范围为 8pF。

11.9.2 PCB Rogowski 线圈设计

Rogowski 线圈（罗氏线圈）电流传感器是一种电子式电流传感器。一种基于 PCB 板的 Rogowski 线圈示意图[183]如图 11-78 所示。3 个 PCB Rogowski 线圈的内外径大小相等，布线的导线密度相等，导线宽度 W 及厚度一致，线圈厚度相等。

A 线圈为铜箔直连型 PCB Rogowski 线圈，铜箔均匀地从内向外绕圈，内外各有一圈，依次排列，但不重合，利用过孔连接。B 线圈是双面对称布线 PCB Rogowski 线圈。C 线圈与 A 线圈相比，是在内外过孔的间隙处又做了一排过孔，在分布匝数一定的情况下，与 A 线圈相比，可增大布线密度，从而增大互感。A 线圈和 C 线圈的布线相似，即由铜箔依次从过孔内径向外径均匀密布，正面与反面的铜箔布线为相反方向，图中细黑实线为 PCB 的边界，小黑点即为过孔，实线代表正面布线铜箔，虚线代表反面铜箔布线。

一个双面对称的 PCB Rogowski 线圈如图 11-78（b）所示。布线如下：在 PCB 线圈板的正面依次 W 外径过孔为起始端，逆时针方向设置 N 个半径为 R、弧度为 N/π 的小圆弧。在 PCB 线圈板反面依次外径过孔为起始端，顺时针方向设置半径为 R、弧度为 N/π 的小圆弧。正反两面的小圆弧在终止端重合，方向相反，且所有圆弧恰好构成半径的整圆。在 PCB 线圈板的正反两面分别连接内过孔与对应的邻近圆弧终止端，从而得到双面铜箔线匝对称分布的 Rogowski 线圈。

在图 11-78 中，r 和 R 分别表示 PCB 的内外径。在 PCB 上设置 N 个均匀的、等间隔的过孔，内外过孔错位对称，即相连铜箔之间的夹角为 $2\pi/N$。这三种结构参数相同，布线不同，PCB 线圈的线圈尺寸参数和电感参数请参考文献[183]。

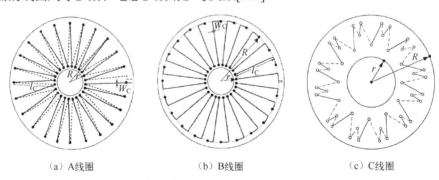

| (a) A线圈 | (b) B线圈 | (c) C线圈 |

图 11-78　PCB Rogowski 线圈示意图

11.10　模数混合系统的电源电路 PCB 设计

11.10.1　模数混合系统的电源电路结构

开关稳压器+低噪声LDO线性稳压器是模数混合系统最常用的电源电路结构形式。通常，系统设计人员可以采用正负 DC-DC 或者单个 DC-DC 转换器（开关稳压器）给低噪声的线性稳压器供电，再通过一个低线性稳压器来为数据转换器（ADC 或 DAC）供电，而不使用开关稳压器直接给 ADC 或 DAC 供电。这是因为，设计人员担心开关稳压器的噪声会进入数据转换器的输出频谱，从而极大地降低数据转换器的交流性能。

　　一个采用单个 DC-DC 转换器（开关稳压器），为模拟前端小信号检测和放大电路供电的线性稳压器电路结构形式[184-185]如图 11-79（a）所示。从图 11-79（b）可见，DC-DC 开关稳压器的输出具有较高的噪声电压，往往将远大于所检测的小信号电压，特别是对模拟前端小信号检测和放大电路而言，显然会对模拟电路造成干扰，这将是不可容忍的。利用线性稳压器电路将有效地降低电源的噪声电压。

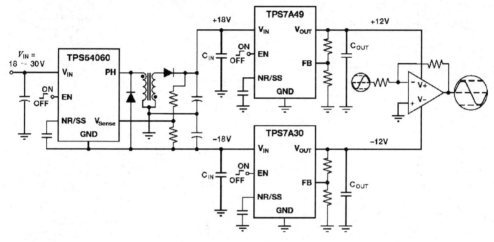

（a）模拟前端小信号检测和放大电路供电电路

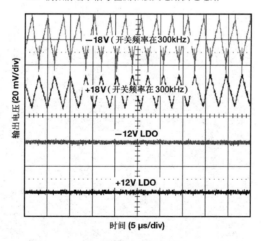

（b）电路输出波形

图 11-79　模数混合系统的电源电路结构

▶ 11.10.2　低噪声线性稳压器电路 PCB 设计实例

TI 公司推荐的 TPS7A30xx～TPS7A49xx 正负电压（+15V@150mA，−15V@200mA）输

出线性稳压器电路和 PCB 图[186]如图 11-80 所示。

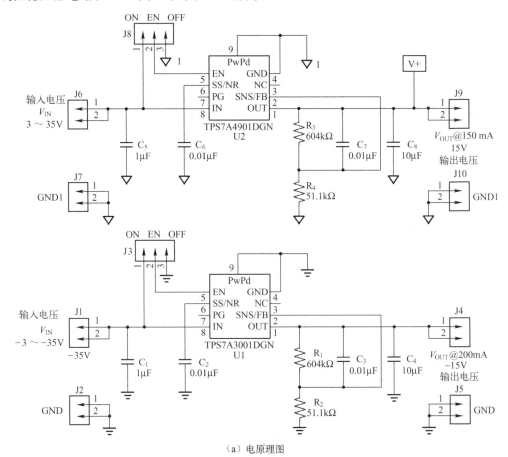

（a）电原理图

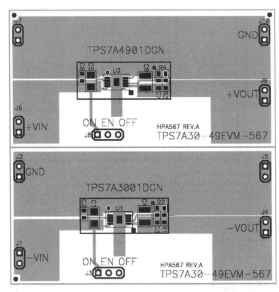

（b）元器件布局图

图 11-80　TPS7A30xx～TPS7A49xx 正负电压输出线性稳压器电路和 PCB 图

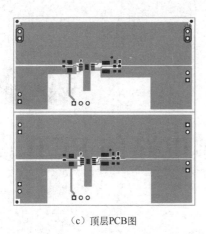
（c）顶层PCB图

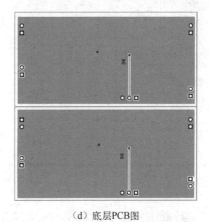
（d）底层PCB图

图 11-80　TPS7A30*xx*～TPS7A49*xx* 正负电压输出线性稳压器电路和 PCB 图（续）

TPS7A49*xx* 正电压输出线性稳压器的输入电压范围为+3～+36V；噪声 RMS 值为 12.7μV（20Hz～20kHz）、11.4μV（10Hz～100kHz）；PSRR 为–72dB（120Hz）；可调节的输出电压范围为+1.194～+33V；最大输出电流为 150mA；输入-输出压降 260mV@100mA，外接陶瓷电容器大于或等于 2.2μF；采用 MSOP-8 PowerPAD™封装；工作温度范围为–40～+125℃。

TPS7A30*xx* 负电压输出线性稳压器的输入电压范围为–3～–36V；噪声 RMS 值为 14μV（20Hz～20kHz）、11.1μV（10Hz～100kHz）；PSRR 为–72dB（120Hz）；可调节的输出电压范围为–1.18～–33V；最大输出电流为 200mA；输入-输出压降 216mV@100mA，外接陶瓷电容器大于或等于 2.2μF；采用 MSOP-8 PowerPAD™封装；工作温度范围为–40～+125℃。

第 12 章

射频电路的 PCB 设计

12.1 射频电路 PCB 设计的基础

12.1.1 射频电路和数字电路的区别

数字电路有低速数字电路和高速数字电路之分。数字电路的数据传输速率单位有 bps（比特/秒）、Mbps（兆比特/秒）和 Gbps（吉比特/秒）。

在一个数字电路系统中，当数据传输速率（Rate）远小于射频频率 f_{RF} 时，即 Rate$\ll f_{RF}$ 时，其电路可以定义为低速数字电路；当数据传输速率约大于或等于射频（RF）频率 f_{RF} 时，即 Rate$\geqslant f_{RF}$ 时，其电路可以定义为高速数字电路。

射频电路的频率范围目前还没有明确的界定，一般来说，这个频率范围在 MHz～GHz。一般认为射频电路的频率下限 f_{RFL} 为几兆赫兹。

频率的单位是 Hz、MHz 和 GHz。

现在的无线通信系统几乎都是由射频电路和数字电路两部分组成的，数据传输速率在 kbps～Gbps，而射频频率在 MHz～GHz。这两种电路在外观和设计方法上完全不同。射频电路和数字电路的区别如表 12-1 所示。

表 12-1　射频电路和数字电路的区别

参　数	射　频　电　路	低速数字电路	高速数字电路
输入/输出阻抗	低阻抗状态（典型值为 50Ω）	高阻抗状态	多为低阻抗状态
阻抗匹配要求	需要阻抗匹配，很重要	可以不考虑	需要阻抗匹配，很重要
信号电流	mA 级	μA 级	mA 级
信号传输状态	功率传输	电平传输（高/低电平）	电平传输（高/低电平）和功率传输
信号带宽	窄带和宽带	宽带	宽带
在通信设备电路中的位置	接收机：在解调器之前 发射机：在调制器之后	接收机：在调制器之后 发射机：在解调器之前	接收机：在调制器之后 发射机：在解调器之前

从表 12-1 可以看出射频电路和数字电路有以下区别。

（1）阻抗不同

在一般情况下，射频电路的输入阻抗和输出阻抗是相当低的，典型值是 50Ω。在数字电路中，低速数字电路和高速数字电路的输入阻抗和输出阻抗不同，低速数字电路的阻抗一般都高于 10kΩ，而高速数字电路的阻抗有高有低，且向低阻抗值方向发展。

（2）阻抗匹配要求不同

在射频电路设计中，不管是输入电路还是输出电路，阻抗匹配均是非常重要的。也就是说，输入阻抗必须与信号源的阻抗匹配，输出阻抗必须与负载的阻抗匹配。阻抗匹配是判断射频电路设计是否正确的一个重要标准。在数字电路中，低速数字电路和高速数字电路的阻抗匹配要求不同，高速数字电路的阻抗匹配要求与射频电路相同，而低速数字电路可以不考虑阻抗匹配问题。

（3）电流不同

射频电路模块的吸入电流一般是毫安级，数字电路模块的吸入电流是微安级。然而，在高速数字电路中，为了保证高速传输和工作，必须增大数字电路的工作电流。当电流增大到毫安级时，数字电路的数据传输速率可以接近甚至超过射频信号的频率。如果电流仍然保持在微安级，大部分数字电路模块的数据传输速率将远低于射频信号的频率。

（4）传输类型、信号频谱不同

射频电路传输的主要是功率，低阻抗和高吸入电流有利于功率的传输。数字电路传输的是信号的状态（0 和 1），而不是数字信号的功率，关心的是在状态传输时尽量减小数字信号的功率。

在高速数字电路中，数字电路仍然进行状态的传输和操作。因为在高速状态下，只有有效地传输和操作功率，才能有效地进行状态的传输和操作，所以在高速状态下，当数据传输速率达到甚至超过射频频率时，数字电路的阻抗匹配比射频电路还重要。由于数字信号是方波脉冲，射频信号一般是正弦波，所以前者的频谱很宽，后者的频谱相对较窄。

（5）位置不同，信号要求不同

在现在的无线通信系统中，以调制器和解调器为接口，射频电路和数字电路位于其两边。在发射通道，数字信号输入调制器，完成载波调制，达到有效调制状态。输入调制器的数字信号不管是功率还是电压都可以很低，只要能够有效地载波调制即可。数字信号在本地模块间传输和处理，不需要功率传输。在接收通道，接收的 μV 级的信号必须经过功率放大，输入解调器的已调制射频载波信号只有在功率大到能压倒噪声功率时才能被解调出来。一般来说，输入解调器的射频信号和噪声功率的比至少要大于 10dB。解调器从射频信号解调出来的是基带数字信号。

（6）PCB 设计要求不同

低速数字电路的 PCB 设计不是很重要，只要正确连接，整体感觉整齐美观即可。在高速数字电路中，射频电路和数字电路设计方法上的差别消失了。工程师必须有射频电路设计的经验或背景，必须非常关注阻抗匹配，因为未进行阻抗匹配的高速数字电路的数字电平会受到额外的衰减、抖动、串扰。工程师还必须认真对待 PCB 版图设计，因为相互平行的信号线也会产生额外的电感、电容，甚至产生串扰。另外，信号线也会受到正在工作的电路和元器件的干扰。

一个良好的射频 PCB 设计要求达到：接地平面与参考接地点（直流电源负载）电位相同，前向和反向电流耦合减少到足够低的水平，多层金属层 PCB 结构引起的附加电容、电感和电阻不明显，信号流过过孔时无显著衰减，系统的射频、数字和模拟电路之间的相互引起的附加干扰可以忽略[187]。

（7）电路设计方法不同

当数字电路工作在低速时，射频电路和数字电路的设计方法完全不同。射频设计工程师十分关心阻抗匹配，而数字电路工程师对此可以漠不关心。在电路仿真上，射频设计工程师更倾向于在频域上进行仿真，而数字电路工程师主要在时域上进行仿真。

（8）电路测试方法与仪器不同

在测试实验室里，射频设计工程师常使用频谱或网络分析仪，数字电路工程师常使用示波器和逻辑分析仪。射频设计工程师喜欢用 dBW 或 dBm 作为测量模块或系统输出的单位，而数字电路工程师常采用 dBV。

▶ 12.1.2　射频电路 PCB 基板材料选择

射频电路（也包括高速数字电路）对信号的传输质量和传输速率要求极高。PCB 设计存在共同关注的一些问题，如信号完整性、信号传输损耗、信号的延迟、电磁串扰、趋肤效应等。PCB 设计过程涉及材料（含层压基板和铜箔）的选用、加工工艺技术控制和检测测试技术等多个方面。

常用的射频 PCB 基板材料有环氧玻璃纤维（FR-4）、聚四氟乙烯（PTFE）、聚苯醚（PPO 或 PPE）、低温共烧陶瓷（LTCC）和液晶聚合物（LCP）等。在选用 PCB 基板材料通常需要注意介电常数、介质损耗、温度系数和尺寸稳定性等关键参数。铜箔应在满足抗剥离强度要求下，具有高表面平滑度和高刻蚀因子，刻蚀加工后的线路的线宽和线宽一致性等不会影响线路的特性阻抗。

（1）介电常数

在射频电路中，为了满足高速信号的传输要求，通常要求 PCB 基板材料的介电常数小而且稳定。通常，传输线在均匀介质中的传输时，传输线的介电常数仅与芯板、半固化片有关，可认为介电常数不发生变化。对于表层传输线这种半开放式的结构，信号在非均匀介质中的传输，传输线感受的介电常数与介质层、阻焊层、空气层有关，此时的介电常数称为等效介电常数，可以使用场求解器得到。

由 4.3 节中的特性阻抗公式可知，介电常数直接影响传输线的特性阻抗，特性阻抗随着介电常数的减小而增大。

在 GHz 频段，常用的射频 PCB 基板材料的相对介电常数 ε_r[188]：环氧玻璃纤维为 3.9～4.4，聚四氟乙烯为 2.17～3.21，聚苯醚为 0.04～3.38，低温共烧陶瓷为 5.7～9.1，液晶聚合物为 2.9～3.16。

（2）介质损耗

当射频信号流经 PCB 时，介质材料的材料特性将会引起信号的衰减，产生介质损耗。介质损耗与材料的损耗角正切 $\tan\delta$ 有关，也称损耗因子（或衰减因子），反映介质材料的信号衰减能力。较小的损耗因子可减小介质电导和极化带来的滞后效应，减少信号在传输过程中的损失。

在 GHz 频段，常用的射频 PCB 基板材料的介质损耗[188]：环氧玻璃纤维为 0.02～0.025，聚四氟乙烯为 0.0013～0.009，聚苯醚为 0.001～0.009，低温共烧陶瓷为 0.001～0.006，液晶聚合物为 0.002。

PCB 材料的损耗因子越高，衰减就越严重。另外，信号的频率越高，衰减也越大。在低频频段，PCB 材料带来的衰减可以忽略。随着信号频率的升高，PCB 材料带来的衰减也随之升高。当信号频率升高到某一值时，PCB 材料带来的衰减会使射频电路系统的性能严重恶化，这个频率值称为 PCB 的上限频率。通常要求 PCB 的上限频率应保证至少为最高工作频率的 1.5 倍[188]。

常用的射频 PCB 基板材料的工作频率范围[188]：环氧玻璃纤维（FR-4）<10GHz、聚四氟乙烯（PTFE）<40GHz、聚苯醚（PPO 或 PPE）<12GHz、低温共烧陶瓷（LTCC）<20GHz，液晶聚合物（LCP）<110GHz。

（3）其他参数

基材的热膨胀系数（CTE）与金属层（铜箔）的热膨胀系数应尽可能地一致而且比较低，否则由于两者的热膨胀系数不同会在其冷热温度的变化中，会直接造成金属层与基材的分离。

要求基材的吸水率要低。吸水率高会导致基材在受潮时吸收水分，由于水的介电常数很大，会直接影响基材的介电常数与介电损耗。在对于超过 1GHz 的电路系统，基板的吸水率会直接影响导致如天线、滤波器和数据传输线等电路的介电损耗增加。对于 10GHz 以上的电路系统来说，其对介电性能的影响是非常严重的，甚至可能会直接导致系统基板无法正常工作。

要求基材的导热性良好，能够降低系统的温度，提高芯片及线路的使用寿命。温度变化也会影响介电常数和介电损耗，从而影响信号的完整性和传输速率。

同时也要求基材的耐热机械性、抗压和化学性、剥离强度等必须良好。

12.2　射频电路 PCB 设计的一些技巧

12.2.1　利用电容的"零阻抗"特性实现射频接地

在射频电路板上，必须提供一个对输入和输出端口的任何射频信号都能作为"零"或参考点的共用射频接地点，即要求这些点必须是等电位的。在射频电路板上的直流电源供电端和直流偏置端，直流电压必须保持在直流电源供电的原始值上，但对可能叠加在直流电压上的射频信号，必须使它对地短路或将其抑制到所要求的程度。换句话说，在直流电源供电和直流偏置端，其阻抗对交流或射频的电流或电压信号必须接近于零，即达到射频接地的目的。

需要注意的是：在射频电路 PCB 的接地平面上，不同接地点的电位可能是不相等的。如果 PCB 的尺寸，即 PCB 的长度和宽度尺寸都远小于 50Ω 特性阻抗传输线的 1/4 波长，即 $L\ll\lambda/4$，则它们的接地点电位相等。如果 PCB 的尺寸大于或等于 $\lambda/4$，则它们的接地点电位一般不相等。因此需要进行特殊的处理，例如，利用"零阻抗"电容、半波长微带线或 1/4 波长微带线使长传输线上或者大尺寸接地平面上的电位相等[187]。

在一个射频电路板上的每一个射频模块中，不管是无源还是有源电路，射频接地都是不可缺少的部分。在进行电路测试时，不良的射频接地将导致对各种参数的测量误差。不良的射频接地也会降低电路性能，如产生附加噪声和寄生噪声，不期望的耦合和干扰，模块和元器件之间的隔离变差，附加功率损失或辐射，附加相移，在极端情况下还会出现意想不到的功能错误。

电容是常用的射频接地元件。理论上，一个理想电容的阻抗 Z_C 是

$$Z_C = \frac{1}{\mathrm{j}\omega C} \tag{12-1}$$

式中，C 为电容的容量；ω 为工作角频率。

从式（12-1）可以看到，对于直流电流或电压，$\omega=0$，电容的阻抗 Z_C 趋于无穷；对于射频信号，$\omega\neq0$，随着电容量增大，其阻抗变小。理想情况下，通过无限增大电容量 C，其射频阻抗能够接近零。

然而，期望通过在射频接地端与真实接地点之间连接一个容量无穷大的理想电容实现射频接地是不现实的。一般来说，只要电容容量足够大，能使射频信号能够接到一个足够低的电平就可以了。例如，一个直流电源供电端的射频接地，常用的设计方法[189]如图 12-1 所示，即在直流电源供电端的导线上连接多个不同容量（10pF～10μF）的电容到地，以实现射频接地。

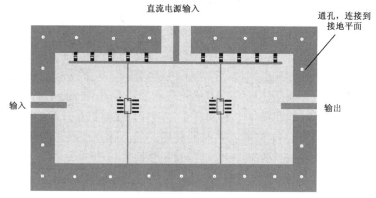

图 12-1　利用多个电容"可能实现的"的射频接地

但不幸的是，这种利用多个电容实现射频接地的方式往往达不到所希望的效果。正如6.2.2 节"电容（器）的射频特性"中所介绍的那样，电容的射频等效电路是一个包含 R、L、C 的网络，会对不同的工作频率呈现出不同的阻抗特性。对于一个特定频率的射频信号而言，不同容值的电容可能呈现一个高阻抗的状态，但并不能够起到射频接地的作用。

从串联 RLC 电路的阻抗特性知道，当一个串联 RLC 回路产生串联谐振时，感抗与容抗相等，回路的阻抗为最小（纯电阻 R）。对于一个质量良好的电容而言，其电阻很小，阻抗趋向为零。

如图 12-2 所示，在设计电路时，对于一个特定频率的射频信号，可以选择一个特定容值的电容，使它对这个特定频率的射频信号产生串联谐振，呈现一个低阻抗（零阻抗）的状态，从而实现射频接地[189]。注意，串联谐振的电容和电感包括 PCB 的分布电容和分布电感。

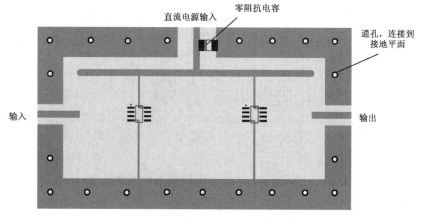

图 12-2　利用"零阻抗"电容实现 PCB 的射频接地

12.2.2　利用电感的"无穷大阻抗"特性辅助实现射频接地

在实现射频接地时，一个"无穷大阻抗"的电感对"零阻抗"的电容来说是一个很好的辅助元件。理论上，理想电感的阻抗 Z_L 是

$$Z_L = j\omega L \tag{12-2}$$

式中，L 为电感的感抗；ω 为工作角频率。

从式（12-2）可知，电感的阻抗 Z_L 对于 $\omega=0$ 的直流电流或电压来说为零。当 $\omega\neq0$ 时，随着 ω 的增大或电感值的增大，其阻抗也在增大。对于特定频率的射频信号来说，如果电感 L 足够大，Z_L 可以达到很大。

正如在 6.2.3 节"电感（器）的射频特性"中所介绍的那样，在射频条件下，理想电感是永远也得不到的，电感器的射频等效电路是一个包含 R、L、C 的网络，对不同的工作频率呈现出不同的阻抗特性。当一个电感的自感与其附加电容工作在并联谐振的频率上时，阻抗会变得非常大，趋向开路状态（无穷大）。

在设计电路时，对于一个特定频率的射频信号，可以选择一个特定容值的电感，使它对这个特定频率的射频信号产生并联谐振，呈现一个高阻抗（阻抗无穷大）的状态，从而实现射频信号的隔离。

利用"阻抗无穷大"电感辅助"零阻抗"电容实现射频接地的连接形式[189]如图 12-3 所示，在图中，在点 P_0 和 P_1 之间插入了一个"阻抗无穷大"电感，而 P_0 是插入"阻抗无穷大"电感之前的同一根传输线上与外部的连接点。该"阻抗无穷大"电感会阻止外部的射频信号从 P_0 点传输到 P_1 点。在 P_1 点，来自 P_0 点的射频信号电压或功率可以显著地降低到想要的值，而 P_1 点和 P_0 点则保持相同的直流电压。

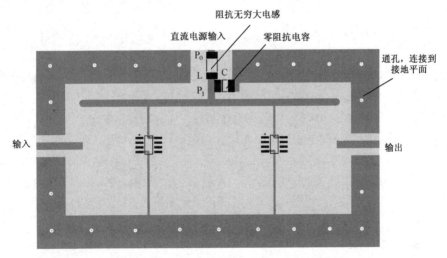

图 12-3　利用"阻抗无穷大"电感辅助"零阻抗"电容实现射频接地的连接形式

12.2.3　利用"零阻抗"电容实现复杂射频系统的射频接地

对于一个射频系统来说，射频电路的接地平面必须是一个等电位面，即在输入、输出和

直流电源及其他控制端必须有等于"零"电位的相应接地端。当 PCB 的尺寸比 50Ω 信号线的 1/4 波长小得多时，由铜等高电导率材料制成的金属表面所构成的接地平面可以看作一个等电位面。然而，如果 PCB 尺寸和 50Ω 信号线的 1/4 波长相等或大得多时，该接地平面就可能不是一个等电位面。也就是说，在工作频率范围内，当 PCB 的尺寸大于或等于工作频率的 1/4 波长时，该接地平面就可能不是一个等电位面。

在进行 PCB 的设计时，利用多个"零阻抗"电容可以实现复杂射频系统的射频接地，一个设计实例[189]如图 12-4 所示。

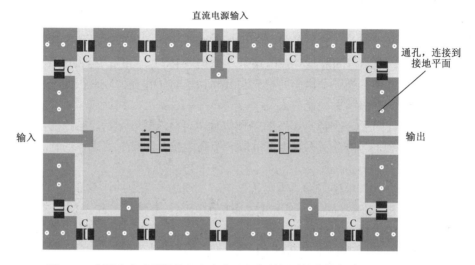

图 12-4　利用多个"零阻抗"电容实现复杂射频系统的射频接地的设计实例

12.2.4　利用半波长 PCB 连接线实现复杂射频系统的射频接地

传输线的负载情况可以分为匹配状态、短路状态、开路状态、纯电阻负载状态和阻抗负载状态等形式，在不同负载状态下，传输线的工作状态有显著的不同。

当传输线的负载阻抗 $Z_L=0$ 时，称为终端短路线，简称短路线。分析可知，短路线的输入阻抗为纯电抗，且随频率和线的长度 l 而变化。当频率一定时，阻抗随线的长度周期性地变化，其周期为 $\lambda/2$。短路端阻抗为 0，相当于串联谐振；当 $0<l<\lambda/4$ 时，为感抗，可等效为一个电感；当 $l=\lambda/4$ 时，输入阻抗为无穷大，相当于并联谐振；当 $\lambda/4<l<\lambda/2$ 时，为容抗，可等效为一个电容；当 $l=\lambda/2$ 时，输入阻抗为 0，相当于串联谐振。如果 l 继续增大，将重复上述的变化过程[190]。

利用短路线在短路点及离短路点为 $\lambda/2$ 整数倍的点处，电压总是为 0 这一特性。对于一个在工作频率范围内尺寸大于或等于 $\lambda/2$ 的 PCB 而言，利用半波长 PCB 连接线可以实现复杂射频系统的射频接地，一个设计实例[189]如图 12-5 所示。

12.2.5　利用 1/4 波长 PCB 连接线实现复杂射频系统的射频接地

当传输线的负载阻抗 $Z_L=\infty$ 时，称为终端开路的传输线，简称开路线。分析可知，离开路端为λ/4 奇数倍距离的点处的输入阻抗为 0, 相当于短路; 当 $l<λ/4$ 时, 输入阻抗呈容性, 等效为一个电容; 在开路端λ/2 处的输入阻抗为无穷大, 相当于并联谐振; 当λ/4$<l<$λ/2 时, 输入阻抗为感性, 等效为一个电感[190]。

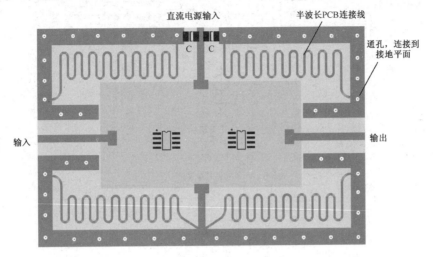

图 12-5 利用半波长 PCB 连接线实现复杂射频系统的射频接地的设计实例

利用开路线在离开路端为λ/4 奇数倍的点处的输入阻抗为 0, 相当于短路这一特性。对于一个在工作频率范围内尺寸大于或等于 1/4 波长的 PCB 而言, 利用 1/4 波长 PCB 连接线可以实现复杂射频系统的射频接地, 一个设计实例[189]如图 12-6 所示。

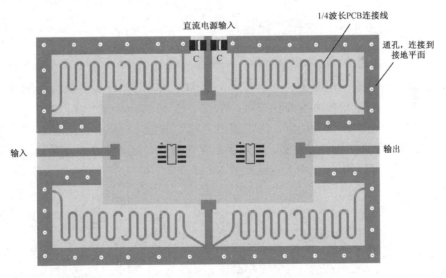

图 12-6 利用 1/4 波长 PCB 连接线实现复杂射频系统的射频接地的设计实例

12.2.6 利用 1/4 波长 PCB 微带线实现变频器的隔离

利用开路线在离开路端为 1/4 波长奇数倍的点处输入阻抗为 0 (相当于短路) 这一特性,

可以实现变频器的隔离，示意图如图 12-7 所示。

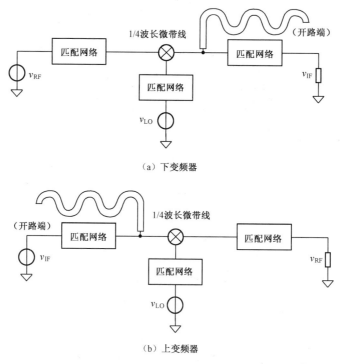

（a）下变频器

（b）上变频器

图 12-7　利用 1/4 波长 PCB 微带线实现变频器的隔离示意图

▶ 12.2.7　PCB 连线上的过孔数量与尺寸

如 2.1 节"过孔模型"所介绍的那样，在射频范围内，过孔等效为一个包含电感、电阻和电容的电路，电感值、电阻值、电容值与过孔直径和 PCB 材料等参数及配置有关。如图 12-8（a）所示，过孔产生 4 个寄生参数：R、L、C_1 和 C_2。当过孔直径减小时，R 和 L 的值将随之增大；如图 12-8（b）所示，为了减小 R 和 L 的值，可以在连接线 A 和连接线 B 的相交区内，并排放置许多过孔。显然，如果存在 N 个过孔，则 R 和 L 的等效值将下降为原来的 $1/N$。它的缺点是 C_1 和 C_2 也增大为原来的 N 倍。

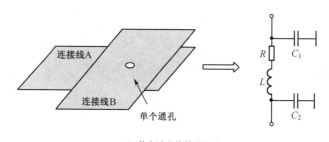

（a）单个过孔的等效电路

图 12-8　过孔的等效电路

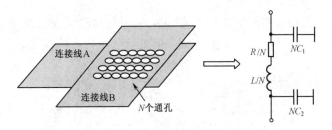

（b）多个过孔的等效电路

图 12-8　过孔的等效电路（续）

注意： 当 RF 信号通过这些连接点时，RF 信号会有额外的衰减。

为减小 R 和 L 的值，应尽可能地增大通孔直径。理想过孔的直径 D 应该为

$$D > 10\mathrm{mil}\ (1\mathrm{mil} = 2.54 \times 10^{-5}\,\mathrm{m}) \tag{12-3}$$

为更好地连接 PCB 顶层和底层的接地平面，希望在 PCB 的过孔数量多一些，过孔的间距 S 可以选取为

$$S = 4D \sim 10D \tag{12-4}$$

S 的选取与 PCB 的工作频率有关，工作频率越高所选择的 S 应该越小[187]。

12.2.8　端口的 PCB 连线设计

如图 12-9 所示，在输入、输出和直流电源端口，需要保证在输入或输出连线与相邻地的边缘的间隔（W_1）必须足够宽。根据经验要求 $W_1 > 3W_0$ [189]，使在输入或输出连线边界的电容可以忽略。对于一个射频电路，往往要求其输入、输出连接线的特性阻抗为 50Ω。

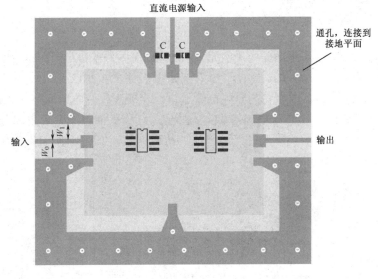

图 12-9　W_1 的尺寸示意图（$W_1 > 3W_0$）

如果输入和输出连接线设计为如图 12-10 所示的共面波导形式，可以不要求 $W_1 > 3W_0$。因此，在地表面可以添加更多的金属区域。在共面波导设计中，输入、输出连接线宽度 W_0

通常要比与之对应的 50Ω 特性阻抗微带线窄得多。同样，在连线和相邻地边缘之间的空隙也比 $3W_0$ 窄得多。因此，接地区域可扩展，其几何形状可更为简单。

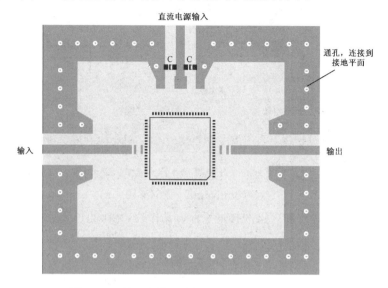

图 12-10　输入和输出连接线设计为共面波导形式

设计在 PCB 顶层的接地金属边框不仅可以提供良好的射频接地，同时也能够提供部分的屏蔽作用。如果金属边框与底层接地平面接地良好（接地金属边框与底层接地平面的电位相等），大多数由 PCB 内电路产生并辐射出的电力线和外部干扰源的电力线会终止于接地金属边框，能够起到一个很好的屏蔽作用。

12.2.9　谐振回路接地点的选择

众所周知，并联谐振回路内部的电流是其外部电流的 Q 倍（Q 为谐振回路的品质因数）。有时谐振回路内部的电流是非常大的，如果把谐振回路的电感 L 和电容 C 分别接地，如图 12-11 所示，在接地回路中将有高频大电流通过，会产生很强的地回路干扰。

如果将谐振回路的电感 L 和电容 C 取一点接地，使谐振回路本身形成一个闭合回路，如图 12-12 所示，高频大电流将不通过接地平面，从而有效地抑制了地回路干扰。因此，谐振回路必须单点接地。

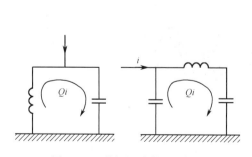

图 12-11　谐振回路的错误接地

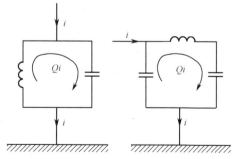

图 12-12　谐振回路的正确接地

12.2.10　PCB 保护环

PCB 保护环是一种可以将充满噪声的环境（如射频电流）隔离在环外的接地技术。一个 PLL 滤波器保护环设计实例如图 12-13 所示。

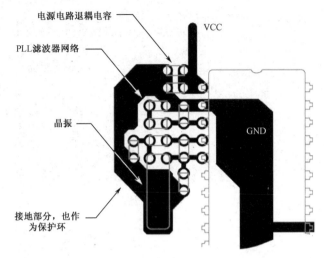

图 12-13　一个 PLL 滤波器保护环设计实例

12.2.11　利用接地平面开缝减小电流回流耦合

在讨论电路时，通常关注的是直流电源提供的前向电流，而经常忽略返回电流。返回电流是从电路接地点流向直流电源接地点而产生的。在实际的射频 PCB 上，由于回流在两个模块间的耦合，所以完全有可能会影响电路的性能。

两个射频模块的回流分割[189]如图 12-14 所示。在图 12-14（a）中，由两个模块组成的电路安装在 PCB 上，PCB 的底层覆满了铜，并通过许多连接过孔连接到顶层接地部分。对直流电源而言，底层和顶层的铜覆盖的部分为直流接地提供了一个良好的平面。在直流电源和接地点 A、B 之间连接"零阻抗"的电容到地，使直流电源和接地点 A、B 之间对射频信号短路，不形成射频电压。只要 PCB 的尺寸比 1/4 波长小得多，整个接地部分就不会形成射频电压。虽然在这些模块间存在耦合，但也可以保证电路性能优良。

但实际上，根据 PCB 上的元器件放置和区域的安排，在 PCB 上的电流模型是非常复杂的。从直流电源流出的所有电流必须返回它们相邻的接地点 A 和 B。如图 12-53（a）所示，从直流电源流出的电流用实线表示；从模块的接地点流向直流电源接地点 A 和 B 的回流用虚线表示。在每一个模块中的回流大致可分为两类，也就是图中的 i_{1a}、i_{1b} 和 i_{2a}、i_{2b}。电流 i_{1a} 和 i_{2a} 从模块 1 和 2 的接地点返回，流经底层覆铜的中央部分。电流 i_{1b} 和 i_{2b} 从模块 1 和 2 的接地点返回并分别流经底层覆铜的左侧和右侧。显而易见，只要在两组路径间的距离足够远，i_{1b} 和 i_{2b} 的返回电流就可以忽略。

由于 i_{1a} 和 i_{2a} 汇流在一起，故在 i_{1a} 和 i_{2a} 间的串扰是电磁耦合。当它们之间的耦合或串扰不可以忽略时，其相互作用就等同于从模块 2 到模块 1 之间存在某种程度的反馈，而这种反馈可能会使电路的性能变差。减小这种耦合的一种简单方法如图 12-14（b）所示，可以在 PCB 底层中间覆铜部分切开一条缝，目的是尽可能消除或大大减小在 i_{1a} 和 i_{2a} 间的回流。

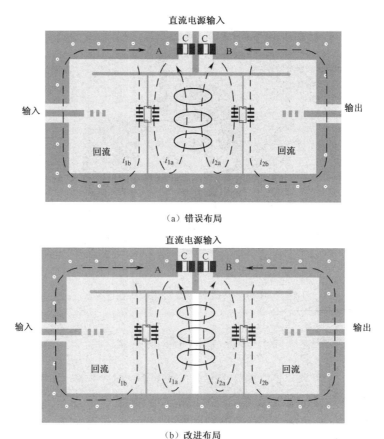

（a）错误布局

（b）改进布局

图 12-14　两个射频模块的回流分割

对于在 PCB 上安装有多个模块的电路，如图 12-15 所示，为消除或减少来自回流的耦合或串扰，需要在相邻的两个模块之间开一条缝（槽）。

由于采用共用的直流电源供电，所以进行 PCB 设计时也必须注意前向电流的耦合或串扰。如图 12-15（b）所示，可以为 PCB 上的每个独立模块提供直流电源，并加上许多"零阻抗"电容，以保证为每个模块提供的直流电源与其相应的相邻接地点 A、B、C 和 D 之间的电位差接近于零。在"零阻抗"电容之间必须有足够小的金属区域使得在"零阻抗"电容间的小金属块电位大致等于零电位[189]。

> **注意**：本节所介绍的"利用接地平面开缝减小电流回流耦合"与 5.7.2 节所介绍的"避免接地平面开槽"的论述是从不同角度考虑的，应用时请注意它们的不同点。

▶ 12.2.12　隔离

在一个复杂的射频系统中，存在三种类型的隔离，即 RF 模块间的隔离、数字模块间的隔离，以及 RF 模块和数字模块间的隔离。除 PA 模块必须特殊处理外，RF 模块间的隔离和数字模块间的隔离有类似的难点，也有相同的解决方案。RF 模块和数字模块间的隔离要稍微复杂一些。由于 RF 模块的功率通常要远远大于数字模块的功率，故一般 RF 模块的电流是 mA 级，而数字模块的电流是μA 级。从功率角度来看，RF 模块会对数字模块产生干扰。从频率观点来看，数字模块的脉冲信号是一个宽频带信号，包含多次谐波的高频成分，其中也可能包含 RF 信号的频率成分。数字模块会对 RF 模块产生干扰。因此，RF 模块和数字模块间的隔离要比其他情况都要更困难一些。

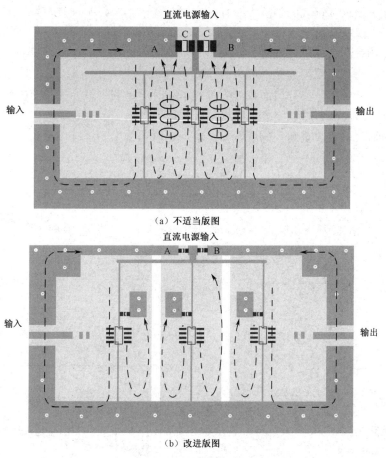

（a）不适当版图

（b）改进版图

图 12-15　多个射频模块射频的回流与分割

在无线通信系统中，理想的隔离度级别大约是 130dB，它比从天线到数据输出端的有效信号总增益还要高 10dB。

在复杂的射频系统中，屏蔽是有效的隔离手段，屏蔽能有效地抑制通过空间传播的各种电磁干扰。用电磁屏蔽的方法来解决电磁干扰问题的最大好处是不会影响电路的正常工作，因此不需要对电路做任何修改。

在射频系统中，对大功率、高频率的信号一定要进行屏蔽。屏蔽体的性能用屏蔽效能来衡量，即对给定外来源进行屏蔽时，在某一点上屏蔽体安放前后的电场强度或磁场强度的比值。

屏蔽体的屏蔽效能与很多因素有关，它不但与屏蔽体材料的电导率、磁导率及屏蔽体的结构、被屏蔽电磁场的频率有关，而且在近场范围内还与屏蔽体离场源的距离及场源的性质有密切关系。一般而言，屏蔽效果取决于反射和吸收的条件。但是当 PCB 采用金属盒屏蔽时，在 30MHz 以上频率范围内，反射要比吸收的影响更重要。

为获得有效的电屏蔽，在设计中必须考虑以下几个方面。

① 屏蔽体必须良好接地，最好是屏蔽体直接接地。

② 发挥屏蔽效果的关键是设计合理的屏蔽体形状，即如何设计屏蔽盒的开口和连接部分之间的间隙。必须增多屏蔽盒的连接部分，从而将开口和间隙的最长的边减至最小。屏蔽盒的连接部分必须具有较低的阻抗，而且必须相互紧密结合，不许有间隙。应确保屏蔽盒的金属表面没有绝缘材料涂层。

使用金属盒对测试板进行屏蔽，使用 1m 法对辐射噪声进行测量（信号频率为 25MHz）。假设屏蔽盒的开口总面积约为 2500mm^2。屏蔽盒开口的影响如图 12-16 和图 12-17[118]所示。从这些测量中可以看出，当开口面积被分割成小孔时可以获得较为优越的屏蔽效果。但是当屏蔽盒具有单个矩形开口时，将会显著地降低屏蔽效果。一般来说，盒形屏蔽比板状或线状屏蔽有更小的剩余电容，全封闭的屏蔽体比带有孔洞和缝隙的屏蔽体更为有效。

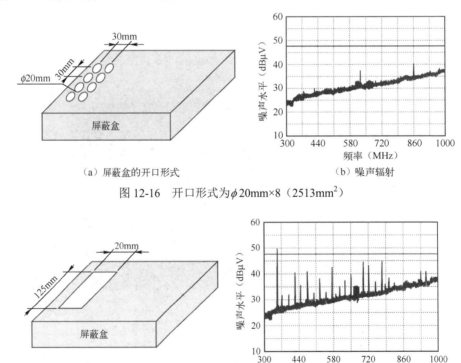

（a）屏蔽盒的开口形式　　　（b）噪声辐射

图 12-16　开口形式为 ϕ20mm×8（2513mm^2）

（a）屏蔽盒的开口形式　　　（b）噪声辐射

图 12-17　开口形式为 125mm×20mm（2500mm^2）

③ 设计中要注意屏蔽材料的选择：在时变场的作用下，屏蔽体上有电流流动，为了减小屏蔽体上的电位差，电屏蔽体应选用良导体，如铜和铝等。在射频 PCB 的设计中，铜屏蔽体表面应镀银，以提高屏蔽效能。

④ 对于电屏蔽来说，对电屏蔽体厚度没有特殊要求，只要屏蔽体结构的刚性和强度满

足设计要求即可。

在一个复杂的射频系统中，由于相互隔离的要求比较高，所以各射频单元大多使用模块单独屏蔽封装，工作地通过螺钉或直接和模块连接。如图 12-18 所示，为防止接地环路过大，接地点的间距应小于最高频率的波长的 1/100，至少小于最高频率的波长的 1/20。各模块通过螺钉直接和机壳连接，机壳通过地线和大地连接。PCB 布局应按信号处理的流程走直线，严禁输出迂回到输入端。因为射频链路一般都有很高的增益，故输出的信号要比输入的信号高数十 dB，尽管有屏蔽隔离，但设计不当仍会引起自激，会影响电路的正常工作。

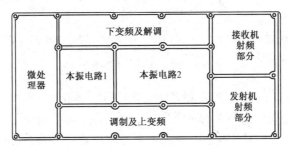

图 12-18　射频模块单元的分隔

12.2.13　射频电路 PCB 走线

在射频电路的设计中，电路通常是由元器件和微带线组成的。在射频电路 PCB 上的信号走线是微带线形式，它对电路性能的影响可能比电容、电感或电阻更大。认真处理走线是射频电路设计成功的保证。有关微带线的设计请参考 4.3 节和有关的资料。

1．走线要保持尽可能短

在 PCB 的设计中，1/4 波长是非常重要的参数。超过 1/4 波长的走线，对射频信号而言，可能会从短路状态变到开路状态，或者从零阻抗变成无限大阻抗。在进行 PCB 的设计时，走线长度 l 要保持尽可能短，即要求

$$l \ll \frac{1}{4}\lambda \qquad (12\text{-}5)$$

如果走线的长度与 1/4 波长相当或大于 1/4 波长，在进行电路仿真时必须将走线作为一个微带线来处理。

在设计射频电路 PCB 时，要求走线尽可能短，如图 12-19 所示。图 12-19（a）所示的走线人为拉长了，不是一个好的设计。

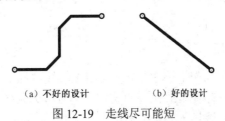

（a）不好的设计　　　（b）好的设计

图 12-19　走线尽可能短

2．走线的拐角尽可能平滑

在设计射频电路 PCB 时，要求走线的拐角尽可能平滑。在射频 PCB 中的拐角，特别是急拐弯的角度，会在电磁场中产生奇异点并产生相当大的辐射。在如图 12-20 所示的实例中，图 12-20（a）所示的拐角形式优于图 12-20（b）和图 12-20（c）所示的拐角形式，因为图 12-20（a）所示拐角形式是平滑的，走线最短。

（a）圆弧形式（最好的）　　（b）45°（一般的）　　（c）直角形式（最差的）

图 12-20　走线的拐角形式

在设计射频电路 PCB 时，要求将相邻的走线尽可能画成相互垂直形式，尽可能避免平行的走线。如果不能够避免两条相邻的走线平行，两条走线间的间距至少要 3 倍于走线宽度，使串扰可以被减小到能够允许的程度。如果两条相邻的走线传输的是直流电压或直流电流，则可以不用考虑这个问题。

3．走线宽度的变化应尽可能地平滑

在设计射频电路 PCB 时，不仅对走线的拐角要求是重要的，对整条走线的平滑要求也是很重要的。如图 12-21（a）所示，走线从 A 到 B 的宽度有一个突然的改变（P 点）。从微带线的计算公式可知，微带线的特性阻抗主要取决于它的宽度。P 点的特性阻抗会从 Z_1 跳变到 Z_2。因此，该走线实际上成为一个阻抗变换器。这个阻抗额外跃变，对电路性能来说可能导致灾难性的后果：射频功率可能在 P 点来回反射。另外，在 P 点，射频信号也会辐射出去，因此要求走线宽度渐渐改变，如图 12-21（b）所示，即要求走线的阻抗的变化是平缓的，以使在这条走线上附加的反射和辐射减小。

（a）走线宽度突然改变（不好的设计）　　　（b）走线宽度是渐变的（好的设计）

图 12-21　走线宽度的变化应是平滑的

对于阻抗为 50Ω 的微带线要求选择特定的走线宽度。线宽是微带线损耗的主要影响因素之一。通常，走线宽度宽一点，损耗会小很多。频率越高，损耗差异越大。

射频测试设备输入端和输出端的阻抗是 50Ω，要求在射频模块的输入端和输出端的走线阻抗必须保持在 50Ω。

4．共面波导传输线的应用[83]

在 PCB 上设计 50Ω 传输线时，通常都是使用微带线结构来实现。共面波导严格说来也是一种传输线，它与微带线有着非常相似的结构，而且因为共面波导传输线比微带线周围多了"地"的存在，从而使共面波导传输线抗干扰能力更好。共面波导的结构形式参考 4.3.10 节。

使用相同 PCB 参数（例如，板厚 $H = 1.2\text{mm}$，$\varepsilon_r = 4.6$，铜厚 $t = 0.018\text{mm}$，间距 $S = 10\text{mil}$）时，从仿真分析微带线和共面波导线宽与阻抗的关系中可以看出，在相同阻抗时，共面波导线在电路板上的宽度比微带线的宽度小很多。在 PCB 介质参数即板厚相同的条件下，相同线宽的共面波导的特性阻抗小于微带线特性阻抗。

在设计射频电路 PCB 时，当要传输的信号需要使用微带传输线时，如果使用多层板，此时布 50Ω 微带线的话，可以在顶层布射频线（传输线），然后把第二层定义成完整的接地平面，这样顶层和第二层之间的介质厚度可以人为控制，做到很薄，而顶层的线不用很宽就可以满足 50Ω 的特性阻抗（在其他参数相同的情况下，布线越宽，特性阻抗越小）。

但在双层板情况下，为了保证电路板的强度，要选取较厚的电路板材（至少不小于 0.8mm），这时，介质厚度 H 通常就会很大。此时，如果还使用微带线来实现 50Ω 的特性阻抗，那么顶层的走线必须很宽。例如，假设板子的厚度是 1.2mm，使用 FR-4 板材（$\varepsilon_r = 4.6$），铜厚 $t = 0.018\text{mm}$，使用 Polar Si8000 阻抗软件来计算线宽，得到线宽为 2.197mm。在射频微波频段，这个线宽是很难被接受的，因为使用的各种元器件的引脚都是很小的，如果电路板尺寸再有限制的话，2mm 的走线具体实现起来也不容易。因此，可以使用共面波导线来实现 50Ω 传输线。

在 Polar Si8000 中就有多种共面波导模型，可以选择满足实际应用条件的模型来进行计算。例如，在此选择 "Surface Coplar Waveguide With Ground 1B"，使用与前述相同的条件加上 $D_1 = 7\text{mil}$（0.178mm）来计算线宽。微带线与共面波导模型及参数设置、计算如图 12-22 所示。如图 12-22 所示，最后得到线宽 W 为 0.9mm。如果使用更薄一些的板材（如微波基片），那么线宽可以做得更细，能够满足对线宽的要求。

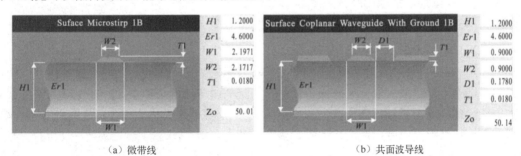

（a）微带线　　　　　　　　　　　　　（b）共面波导线

图 12-22　相同 PCB 参数下微带线与共面波导线宽的计算

在设计射频电路 PCB 时，共面波导效应对微带传输线有很大的影响，因此在设计中应当十分小心。应注意的是，电路板中的共面波导效应既有负面影响又存在有利的一面，需要根据具体的设计要求作出不同的选择。

12.2.14　寄生振荡的产生与消除

1. 寄生振荡的表现形式

在射频放大器或振荡器中，由于某种原因，会产生不需要的振荡信号，这种振荡称为寄生振荡。例如，小信号放大器的自激即属于寄生振荡。

产生寄生振荡的形式和原因是各种各样的，主要是由于电路中的寄生参数形成了正反馈，并满足了自激条件。振荡有单级和多级振荡，有工作频率附近的振荡或远离工作频率的低频或超高频振荡。寄生振荡是由于电路的寄生参数满足振荡条件而产生的，且寄生参数存在的形式多种多样，一般无法定量。寄生振荡可能在一切有源电路中产生，电路中产生了寄生振荡后就会影响电路的正常工作，严重时，会完全破坏电路的正常工作。

电路中产生了寄生振荡后，在一般情况下，可以利用示波器观察出来。由于寄生参数构成了反馈环，故很难刚好满足 $KF=1$，如果环路中又没有高 Q 值的寄生振荡选频网络，则观察到的往往是失真的正弦波，或是张弛振荡。

在电路调试中，还可能观察到这样的现象，即寄生振荡与有用信号的存在与否及其幅度有关。这是因为电子元器件具有非线性特性，寄生参数形成的正反馈环的环路增益将随有用信号大小而发生变化。利用示波器观察，可看到寄生振荡叠加在了有用信号上。寄生参数形成的正反馈环，只有在有用信号的幅度达到某一值时，其环路增益才满足自激条件。

然而，在有些情况下，寄生振荡的频率远高于示波器的上截止频率，此时寄生振荡将被示波器的放大器滤除而不能在荧光屏上显示出来。这时，可以通过测量元器件的工作状况，分析其异常工作状况来判知是否有寄生振荡。例如，既观察不到元器件有输出信号波形，又测量不到正向偏压，甚至测出有反向偏压，可是却有直流电流通过元器件，这一现象表明产生了强烈的高频振荡。因为频率高，故观察不到波形。由于振荡幅度大，故产生了很大的自生反向偏压，这时如果用人手触摸电路的某些部位，有可能观察到元器件直流工作状态的变化。这是因为人手的寄生参数使寄生振荡的强度发生变化，从而改变了元器件的直流工作状态。

2. 寄生振荡的产生原因及其防止或消除方法

寄生振荡的产生原因是各种各样的，下面以几种常见的情况为例进行介绍。

（1）公用电源内阻抗的寄生耦合

公用电源内阻抗产生多级寄生振荡的原因也有多种：由于采用公共电源对各级馈电而产生寄生反馈（当多级放大器公用一个电源时，后级的电流流过公用电源，在电源内阻抗上产生的电压反馈到前面各级，便构成寄生反馈）；由于每级内部反馈加上各级之间的互相影响，如两个虽有内部反馈而不自激的放大器，级联后便有可能会产生自激振荡；各级间的空间电磁耦合会引起多级寄生振荡。

放大器各级和公用电源内阻抗产生的相移叠加的结果，可能在某个频率形成正反馈。有以下两种可能情况。

① 在低频端形成正反馈。形成正反馈的原理：公用电源的滤波电容随着频率的降低，电抗增大，相移也增大，若各个放大级有耦合电容、变压器等低频产生相移的元件，总的相移就有可能满足正反馈条件。若各个放大级之间为直接耦合，仅有公用电源内阻抗产生的相移，是不会构成正反馈的。因此，对于放大器级间的耦合，应尽量避免采用电容或变压器耦合；当不得已而采用电容或变压器耦合时，应加大公用电源滤波电容的容量，或在各级供电电源之间加去耦滤波器，以减小反馈量，使之不满足自激条件。

② 在高频端形成正反馈。接于直流电源输出端的大容量滤波电容，具有相当可观的寄生电感。该寄生电感是和电容串联的。随着频率的升高，寄生电感的感抗不断增大，乃至超过电容的容抗，这时公用电源内阻抗便成为感性阻抗，当频率很高时，感抗便变得十分可观。

后级输出交流电源也将产生相当大的电压反馈到前级。寄生电感产生的相移和放大器各级的高频相移叠加起来，就有可能在高频端的某一频率下满足自激条件。

防止和消除这种高频寄生振荡的方法是在原有的大容量滤波电容两端并联一个小容量的无感电容，如 $10\sim 10^5$pF 的电容。这样，虽然在高频时大容量的电容呈现为相当大的感抗，但并联的小容量无感电容却呈现为很小的容抗。当频率很高时，电源接线的引线电感也可能形成相当可观的寄生反馈，因此在布线时应尽可能缩短电源引线。若结构上无法缩短电源引线，可在电源引线的尽头，即在低电平级的供电点接一个小容量的无感电容到地，使之和引线电感构成一个低通滤波器。

在高频功率放大器及高频振荡器中，由于通常都要用到扼流圈、旁路电容等元件，故在某些情况下会产生低频寄生振荡。要消除由于扼流圈等引起的低频寄生振荡，可以适当降低扼流圈电感数值和减小它的 Q 值。后者可用一个电阻和扼流圈串联实现。要消除由公共电源耦合产生的多级寄生振荡，可采用由 LC 或 RC 低通滤波器构成的去耦电路，使后级的高频电流不流入前级。

（2）元器件间分布电容、互感形成的寄生耦合

在高增益的射频放大器中，由于晶体管输入、输出电路通常有振荡回路，故通过输出、输入电路间的反馈（大多是通过晶体管内部的反馈电容），容易产生在工作频率附近的寄生振荡。任意两个元器件，都可能相互形成静电和互感耦合。距离越近，寄生耦合越强。当电平相差越大的级构成寄生反馈时，KF 的数值也就越大，其所产生的不良影响就越严重。因此，在布局上，应避免将最前面一级和最末一级安装在相互接近的位置。当两者被不可避免地安装在较接近的位置时，可以在两者之间加静电或磁屏蔽。静电屏蔽宜选用电导率高的材料，磁屏蔽则应选用磁导率高的材料。静电屏蔽必须接地，否则起不到应有的作用。为减小互感耦合，在安装时应使两个元器件产生的磁场相互垂直，这有利于减小互感。

（3）引线电感、器件极间电容和接线电容构成谐振回路的高频寄生振荡

在单级射频功率放大器中，还可能因大的非线性电容 C_{BE} 而产生参量寄生振荡，以及由于晶体管工作到雪崩击穿区而产生负阻寄生振荡。实践还发现，当放大器工作于过压状态时，也会出现某种负阻现象，由此产生的寄生振荡（高于工作频率）只有在放大器激励电压的正半周出现。

引线电感、器件极间电容和接线电容产生的高频寄生振荡的频率很高，往往在 100MHz 以上，一般不能在示波器上直接观察到，而只能通过间接的方法判知其存在。例如，测得器件的工作状态异常，出现与正常情况严重不相符的测量结果，但检查电路也未见焊接问题和元器件数值问题。以人体触摸和接近电路的某些部分，可能出现元器件工作状态的改变或输出波形的变化。有时即使是在单管电路中，也可能产生此类振荡。

缩短连接线是防止和消除这类寄生振荡的有效方法。缩短连接线，可使组成振荡回路的寄生电容和寄生电感因连接线缩短而减小，满足自激相位条件的频率会跟着升高，但器件的放大量却随频率升高而下降，从而使得自激的振幅条件难以满足，寄生振荡便不能产生。当缩短连接线有困难时，可以在器件的输入端串入一个防振电阻。接入防振电阻可以消除和防止寄生振荡。防振电阻连接在寄生振荡的谐振回路中，降低了环路的增益。防振电阻必须焊接在紧靠器件引脚处，否则它相当于接在谐振回路之外，也就是处于寄生反馈环以外，起不到应有的作用。防振电阻的接入，会损失输入有用信号，因此，应折中选用防振电阻的阻值。防振电阻的阻值，应远比器件输入电容在最高工作频率呈现的容抗小得多。

（4）负反馈环变为正反馈环

在电路中，为了实现提高电路性能往往会设计一些负反馈环路。但是当负反馈环所包含的电路级数较多时，由于各级电路相移的积累，就有可能在某些频率点变成正反馈。如果该频率满足全部起振条件，就会在电路中激起振荡。为消除和防止这种自激寄生振荡，必须在反馈环内加频率补偿元件，破坏起振条件，使相位条件和振幅条件不能同时在某一频率得到满足。防止反馈放大器自激的频率补偿有不同的方法。最简单的办法是拉开各级截止频率的频差，可选择在截止频率最低的一级接入电容，使截止频率变得更低。当然，在采取这种措施时，应兼顾有用信号的高频分量，不应使其过度地衰减。

需要强调指出的是，防止和消除寄生振荡既涉及正确的电路设计，同时又涉及电路的实际安装，如导线应尽可能短，应减少输出电路对输入电路的寄生耦合，接地点应尽量靠近等，因此既需要有关的理论知识，也需要从实际中积累经验。

消除寄生振荡一般采用的是试验的方法。在观察到寄生振荡后，需要判断出哪个频率范围的振荡，是单级振荡还是多级振荡。为此可能要断开级间连接，或者去掉某级的电源电压。在判断确定是某种寄生振荡后，可以根据有关振荡的原理分析产生寄生振荡的可能原因、参与寄生振荡的元件，并通过试验（更换元件，改变元件值）等方法来进行验证。例如，对于放大器在工作频率附近的寄生振荡，主要消除方法是降低放大器的增益，如减小回路阻抗或射极加小负反馈电阻等。要消除由于扼流圈等引起的低频寄生振荡，可以适当降低扼流圈电感值和减小它的 Q 值。要消除由公共电源耦合产生的多级寄生振荡，可采用由 LC 或 RC 低通滤波器构成的去耦电路等。

12.3　射频小信号放大器 PCB 设计

▶ 12.3.1　射频小信号放大器的电路特点与主要参数

在无线通信系统中，到达接收机的射频信号电平多在微伏数量级。因此，需要对微弱的射频信号进行放大。射频小信号放大器电路是无线通信接收机的重要组成部分。在多数情况下，信号不是单一频率的，而是占有一定频谱宽度的频带信号。另外，由于在同一信道中，可能同时存在许多偏离有用信号频率的各种干扰信号，所以射频小信号放大电路除有放大功能外，还必须具有选频功能。射频小信号放大器电路分为窄频带放大电路和宽频带放大电路两大类。由于窄频带放大电路需对中心频率在几百千赫兹到几百兆赫兹（甚至几吉赫兹）、频带宽度在几千赫兹到几十兆赫兹内的微弱信号进行不失真的放大，故不仅需要有一定的电压增益，而且需要有选频能力。窄频带放大电路用双极型晶体管、场效应管或射频集成电路等有源器件提供电压增益，用 LC 谐振回路、陶瓷滤波器、石英晶体滤波器或声表面波滤波器等器件实现选频功能。

由于宽频带放大电路需对几兆赫兹至几百兆赫兹（甚至几吉赫兹）较宽频带内的微弱信号进行不失真的放大，故要求放大电路具有很低的下限截止频率（有些要求到零频，即直流）和很高的上限截止频率。宽频带放大电路也是用晶体管、场效应管或集成电路提供电压增益的。为了展宽工作频带，不但要求有源器件具有好的高频特性，而且在电路结构上也会采取一些改进措施，如采用共射–共基组合电路和负反馈。

射频小信号选频放大器电路模型如图 12-23 所示，由有源放大器件和无源选频网络组成。

有源放大器件可以是晶体管、场效应管或射频集成电路，无源选频网络可以是 LC 谐振回路或声表面波滤波器、陶瓷滤波器、晶体滤波器。不同的组合方法，构成了各种各样的电路形式。按谐振回

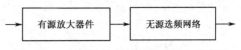

图 12-23　射频小信号选频放大器电路模型

路区分，有源放大器件分为单调谐放大器、双调谐放大器和参差调谐放大器；按晶体管连接方法区分，有源放大器件分为共基极、共集电极、共发射极单调谐放大器等。

射频小信号放大器电路包含增益、通频带、选择性、线性范围、噪声系数、隔离度和稳定性等主要技术指标。射频小信号放大器电路要求具有低的噪声系数、足够的线性范围、合适的增益、输入/输出阻抗的匹配、输入/输出之间的良好隔离。在移动通信设备中，还要求其具有低的工作电源电压和低的功率消耗。特别要强调的是，所有这些指标都是互相联系的，甚至是矛盾的，如增益和稳定性，通频带和选择性等，需根据实际情况决定主次，在设计中采用折中的原则及兼顾各项指标是很重要的。

射频小信号放大器的输出噪声来自输入端和放大电路本身。放大器本身产生的噪声电平对所传输的信号，特别是对微弱信号的影响是较大的。为减小放大器电路的内部噪声，在设计与制作放大器电路时，应采用低噪声放大器件，以及正确选择工作状态、适当的电路结构及良好的 PCB 布局。

12.3.2　低噪声放大器抗干扰的基本措施

1．形成干扰的因素

形成干扰的因素有 3 个：① 噪声源，即向外发送干扰的源；② 噪声的耦合和辐射，即传递干扰的途径；③ 受扰设备，即承受干扰（对噪声敏感）的客体。

一个放大器在工作环境中会受到不同的外部干扰，它们可能为来自电源的干扰、空间电磁场的干扰，以及地线的干扰等。这些干扰有时会达到相当严重的程度，在强度上远远超过器件内部的固有噪声，从而会严重妨碍对微弱信号的放大。因此，一个低噪声放大器不仅要尽量降低内部噪声，而且要很好地抑制外部干扰。

外部干扰按性质可分成工频干扰、脉冲干扰、电磁波干扰、地线干扰等形式。外部干扰与器件内部噪声不同，这种干扰大多来源明确，并且通常具有一定的规律及传送的途径。采取适当措施就可能消除各种外部干扰。

2．一些抑制噪声和干扰的基本措施

为保证电子系统或电路在特定的电磁环境中免受内外干扰，必须从设计阶段便采取以下 3 个方面的抑制措施。

① 抑制噪声源，直接消除干扰原因，这是应该首先采取的措施。

② 消除噪声源和受扰设备之间的噪声耦合和辐射，切断各类干扰的传递途径，或者提高传递途径对干扰的衰减作用。

③ 加强受扰设备抵抗干扰的能力，降低其对噪声的敏感度。

在众人和作者多年积累的经验中，有很多种有效抑制干扰的好方法。例如，对噪声源可以采用滤波、阻尼、屏蔽、去耦等手段；对噪声传递途径可以采用隔离、屏蔽、阻抗匹配、

对称和平行配线及电路去耦等多种措施；对受扰设备可以采用提高信噪比、增大开关时间、提高功率等级、采用精密电源和信号滤波等多种方式。

一些抑制噪声和干扰的基本措施如下。

（1）滤波

滤波器是由集总参数或分布参数的电阻、电感和电容构成的网络，用于把叠加在有用信号上的噪声分离出来。用无损耗的电抗元件构成的滤波器能阻止噪声通过，并把它反射回信号线；用有损耗元件构成的滤波器能将不期望的频率成分吸收掉。设计滤波器时，必须注意电容、电感等元器件的寄生特性，以避免滤波特性偏离预期值。滤波器对抑制感性负载瞬变噪声有很好的效果，电源输入端接入滤波器后能降低来自电网的电磁干扰。在滤波电路中，还可以采用专用的滤波元件，如穿心电容器、三端电容器、铁氧体磁环，它们能够改善电路的滤波特性。

（2）屏蔽

屏蔽是指通过各种屏蔽物体对外来电磁干扰的吸收或反射作用防止噪声侵入；或相反，将设备内部辐射的电磁能量限制在设备内部，以防止干扰其他设备。用良导体制成的屏蔽体适用于电屏蔽；用导磁材料制成的屏蔽体适用于磁屏蔽。屏蔽体类型很多，有金属隔板式、壳式、盒式等实心型屏蔽，也有金属网式的非实心型屏蔽，还有电缆等用的金属编织带式屏蔽。屏蔽材料的性能、材料的厚薄、辐射频率的高低、距辐射源的远近、屏蔽物体有无中断的缝隙、屏蔽层的端接状况等都会直接影响屏蔽效果。

就屏蔽、滤波和接地三者对抑制电磁干扰的作用来看，如果滤波和接地两项处理得很好，则有时可降低对屏蔽的要求，有时甚至没必要再进行屏蔽。对具体的电路和设备而言，是否需要采取屏蔽措施，要求达到何种程度的屏蔽效果，以及与滤波和接地怎样配合使用等，应该根据具体设备的空间条件，系统内外的环境条件，滤波元器件和屏蔽器材所花费用等多种因素进行综合考虑。

（3）合理布线

合理布线是抗干扰的又一重要措施。导线的种类、线径的粗细、走线的方式、线间的距离、导线的长短、捆扎或绞合、屏蔽方式，以及布线的对称性等都对导线的电感、电阻和噪声的耦合有直接影响。电子设备中元器件的布局、滤波器、屏蔽导线的接地点和地线等的走线方式也只有在走线合理的条件下才能发挥出预期的作用，并构成和电磁兼容性要求相符合的整机和系统。

（4）接地设计

很多射频电子设备和系统含有多种电路、部件、组件和装置，它们的性质复杂多样，有些装置的布局还很分散，因此需要把各级电路和结构件的地线划分成信号地、控制地、电源地和安全接地等，还应根据具体设备的设计目标决定采用一点接地、多点接地还是混合接地方式。为避免出现接地环路，必要时还要采用隔离技术。总之，妥善处理地线的连接和敷设是提高射频电子设备和系统抗干扰性能的有效手段。必须从设备的最初设计阶段开始直到它的安装施工的整个过程中对各个环节审慎从事，才能完成一个良好的接地系统的设计。

（5）隔离

在射频电子电路的设计中，采用平衡或对地对称电路，往往能免除多种干扰；采取电位隔离或空间隔离措施，对于电平相差悬殊的有关电路来说是预防外界干扰的有效方法。此外，电路去耦、阻抗匹配、电子逻辑器件的防静电等都是抗干扰技术的组成部分。

（6）消除

电路中的继电器、接触器、制动器等感性负载产生的反电动势可采用并联二极管或接入

RC 电路等办法加以抑制，如采用浪涌吸收器、切断噪声变压器、旁路电容器、隔离变换器、光电耦合器、施密特触发器、分流电路和积分电路等，这些电路对消除高频干扰非常有效。

12.3.3　1.9GHz LNA 电路 PCB 设计实例

NJG1107KB2 是设计用于 1500MHz、1900MHz 频带、数字蜂窝电话和日本 PHS 手机的 LNA（低噪声放大器）电路，芯片内部具有自偏置电路和输入隔直电容器，采用 FLP6-B2 封装。

NJG1107KB2 电路 PCB 设计实例[191]如图 12-24 所示，接地端将采用尽可能小的电感连接到接地平面（底层）。PCB 采用 FR-4 材料，厚度为 0.2mm。PCB 尺寸为 14.0mm×14.0mm，微带线宽度为 0.4mm（Z_0=50Ω）。在该应用电路中，电感 L_3 是射频扼流圈，DC 电源电压通过 L_3 加入内部的 LNA 中。C_1 是隔直电容器，C_2 是旁路电容器。

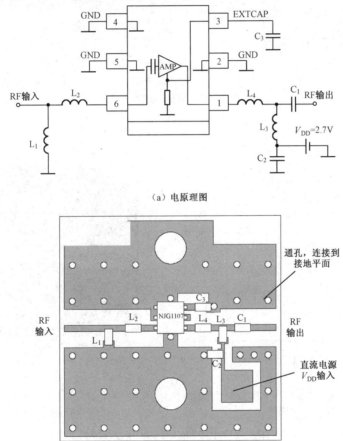

（a）电原理图

（b）元器件布局图（顶层）

图 12-24　NJG1107KB2 电路 PCB 设计实例

12.3.4　DC～6GHz LNA 电路 PCB 设计实例

RF2472 是工作频率范围为 DC～6GHz 的通用低噪声放大器。它作为 2.4GHz 低噪声放大器应用时性能达到最优化，也可作为 1.9GHz、K-PCS、900MHz ISM 频段、1.5GHz GPS 和

4.9～5.9GHz 宽带低噪声放大器应用。

RF2472 采用 SOT5-Lead 封装。

RF2472 电路 PCB 设计实例[192]如图 12-25 所示，底层 PCB 为接地平面。图中，PCB 材料为 FR-4，PCB 尺寸为 25.4mm×25.4mm（1in×1in），厚度为 0.787mm（0.031in）。在进行 PCB 的设计时，需要注意 PCB 的电源走线和输入和输出端的 50Ω微带线的设计。

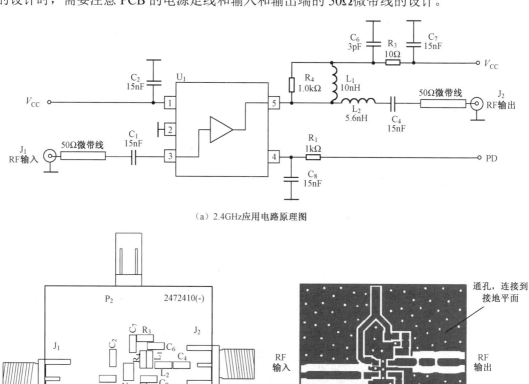

（a）2.4GHz应用电路原理图

（b）元器件布局图   （c）PCB顶层（元器件面）

图 12-25   RF2472 电路 PCB 设计实例

12.4   射频功率放大器 PCB 设计

12.4.1   射频功率放大器的电路特点与主要参数

射频功率放大器是各种无线发射机的主要组成部分。在发射机的前级电路中，调制振荡电路所产生的射频信号功率很小，需要经过一系列的放大（如通过缓冲级、中间放大级、末级功率放大级放大），以获得足够的射频功率后，才能馈送到天线上辐射出去。为了获得足够大的射频输出功率，必须采用射频功率放大器。设计射频功率放大器电路时需要对输出功率、激励电平、功耗、失真、效率、尺寸和质量等问题进行综合考虑。

射频功率放大器的工作频率很高（从几十兆赫兹一直到几百兆赫兹，甚至到几吉赫兹），按工作频带分类，可以分为窄带射频功率放大器和宽带射频功率放大器。窄带射频功率放大器的频带相对较窄，一般都采用选频网络作为负载回路，如 LC 谐振回路。宽带射频功率放大器不采用选频网络作为负载回路，而是以频率响应很宽的传输线作为负载，这样它可以在很宽的范围内变换工作频率，而不必重新调谐。

根据匹配网络的性质，可将功率放大器分为非谐振功率放大器和谐振功率放大器。非谐振功率放大器的匹配网络（如高频变压器、传输线变压器等非谐振系统）的负载性质呈现纯电阻性质。而谐振功率放大器的匹配网络是谐振系统，它的负载性质呈现电抗性质。

射频功率放大器按照电流导通角 θ 的不同分类，可分为甲（A）类、甲乙（AB）类、乙（B）类、丙（C）类。甲（A）类放大器电流的导通角 $\theta=180°$，适用于小信号低功率放大状态。乙（B）类放大器电流的导通角 $\theta=90°$。甲乙（AB）类介于甲类与乙类之间，$90°<\theta<180°$；丙（C）类放大器电流的导通角 $\theta<90°$。乙类和丙类都适用于大功率工作状态。丙类工作状态的输出功率和效率是这几种工作状态中最高的。射频功率放大器大多工作于丙类状态，但丙类放大器的电流波形失真太大，只能用于采用调谐回路作为负载的谐振功率放大的场合。由于调谐回路具有滤波能力，故回路电流与电压仍然接近于正弦波形，失真很小。

射频功率放大器还有使功率器件工作于开关状态的丁（D）类放大器和戊（E）类放大器。丁类放大器的效率高于丙类放大器，理论上可达 100%，但它的最高工作频率受到开关转换瞬间所产生的器件功耗（集电极耗散功率或阳极耗散功率）的限制。如果在电路上加以改进，使电子器件在通断转换瞬间的功耗尽量减小，则丁类放大器的工作频率可以提高，即构成所谓的戊类放大器。这两类放大器是晶体管射频功率放大器的新发展。还有另外几类高效率放大器，即 F 类、G 类和 H 类。在它们的集电极电路设置了包括负载在内的无源网络，能够产生一定形状的电压波形，使晶体管在导通和截止的转换期间的电压 v_{CE} 和 i_C 均具有较小的数值，从而减小过渡状态的集电极损耗。同时，还应设法降低晶体管导通期间的集电极损耗，以实现高效率的功率放大。

射频功率放大器按工作状态分类，可分为线性放大和非线性放大两种。线性放大器的效率最高也只能够达到 50%，而非线性放大器则具有较高的效率。射频功率放大器通常工作于非线性状态，属于非线性电路，因此不能用线性等效电路来分析。通常采用的分析方法是图解法和解析近似分析法。

阻抗匹配网络是射频功率放大器电路的重要组成部分，有集总参数的匹配网络和传输线变压器匹配网络两种形式。为得到合适的输出功率，功率放大器通常利用功率合成器和功率分配器对功率进行合成与分配。

在射频功率放大器中，采用的线性化技术有前馈线性化技术、反馈技术、包络消除及恢复技术、预失真线性化技术，以及采用非线性元件的线性放大（LINC）等结构形式。

射频功率放大器包含输出功率、效率、线性、杂散输出与噪声等主要技术指标。输出功率与效率是设计射频功率放大器的关键。而针对功率晶体管，主要应考虑击穿电压、最大集电极电流和最大管耗等参数。为了实现有效的能量传输，天线和放大器之间需要采用阻抗匹配网络。更多的内容可以参考黄智伟等编著的《射频与微波功率放大器工程设计》（电子工业出版社）。

▶ 12.4.2　40～3600MHz 晶体管射频功率放大器电路 PCB 设计实例

一个 40～3600MHz 晶体管射频功率放大器电路 PCB 设计实例[193]如图 12-26 所示，顶层为元器件布局层，底层 PCB 为接地平面。晶体管 MMG3001NT1/3002NT1 是一个 A 类、宽带、小信号、高线性的晶体管放大器芯片，输入/输出内部匹配为 50Ω，工作频率范围为 40～3600MHz，输出功率（P_{1dB}）为 18.5dBm/21dBm，小信号增益为 18～20dB/19.3～20dB，输出三阶截点为 32dBm/37.5dBm（@900MHz），噪声系数为 4.1dB/4.2dB，电源电压为 5.6V/5.2V，电流消耗为 40～75mA/95～125mA，采用 SOT-89（CASE 1514-01，STYLE 1）封装。

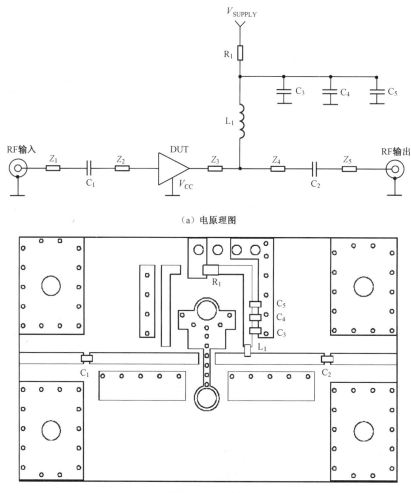

（a）电原理图

（b）顶层PCB（元器件布局层）

图 12-26　MMG3001NT1/ 3002NT1 电路 PCB 设计实例（输入/输出阻抗为 50Ω）

MMG3001NT1/3002NT1 应用电路的输入/输出为 50Ω，电路的 Z 元件参数如表 12-2 所示。推荐的晶体管 PCB 版图尺寸如图 12-27 所示，晶体管的引脚端 2 为接地脚，采用多个过孔连接到接地平面（底层）。

表 12-2 MMG3001NT1/3002NT 应用电路的 Z 元件参数

符 号	参 数
Z_1	0.347in× 0.058in 微带线
Z_2	0.575in× 0.058in 微带线
Z_3	0.172in× 0.058in 微带线
Z_4	0.403in×0.058in 微带线
Z_5	0.347in× 0.058in 微带线

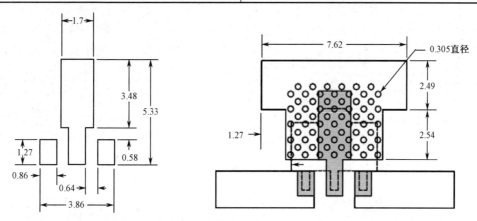

图 12-27 推荐的晶体管 PCB 版图尺寸（单位：mm）

12.4.3 60W、1.0GHz、28V 的 FET 射频功率放大器电路 PCB 设计实例

一个 60W、1.0GHz、28V 的 FET 射频功率放大器电路 PCB 设计实例[194]如图 12-28 所示。MRF184 是一个线性 N 沟道宽带射频功率 MOSFET，其电源电压为 28V，输出功率为 60W，功率增益为 11.5dB，效率为 53%，VSWR 为 5：1〔@ 28V（直流），945MHz，60W，CW〕。

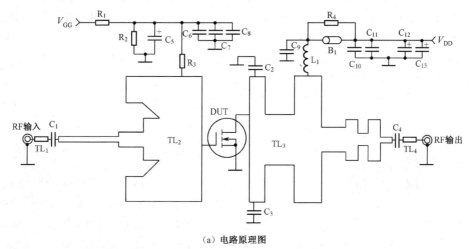

（a）电路原理图

图 12-28 60W、1.0GHz、28V 的 FET 射频功率放大器电路和 PCB 设计实例

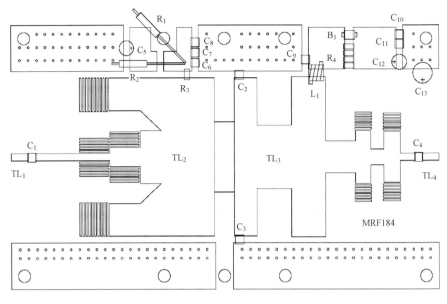

（b）顶层PCB（元器件布局层）

图 12-28　60W、`1.0GHz、28V 的 FET 射频功率放大器电路和 PCB 设计实例（续）

图 12-28 中，PCB 材料采用 1/32in 玻璃聚四氟乙烯（Glass Teflon），ε_r =2.55，型号为 ARLON-GX-0300-55-22，$TL_1 \sim TL_4$ 微带线（Microstrip Line），其尺寸和形状详见 PCB 版图。B_1 为射频磁珠。电感线圈 L_1 采用 20AWG IDIA 0.126in 导线绕 5 圈。PCB 顶层为元器件布局层，底层 PCB 为接地平面。

▶ 12.4.4　0.5～6GHz 中功率射频功率放大器电路 PCB 设计实例

MGA-83563 是中功率 GaAs RFIC 放大器，其工作频率范围为 500MHz～6GHz，当工作电压为+3V 时，它能提供+22dBm（158mW）的功率输出；功率增益为 18dB；功率增加效率为 37%（f=2.4GHz 时）；在 1dB 增益压缩点的输出功率（P_{1dB}）为 19.2dBm（f=2.4GHz 时）；放大器的输出端内部阻抗匹配到 50Ω。它采用超小型 SOT-363（SC-70）封装，适合以电池为电源的个人通信设备应用场合。

在设计 MGA-83563 的 PCB 时，PCB 版面设计需要综合考虑电气特性、散热和装配。

1．MGA-83563 的引脚焊盘 PCB 尺寸

对于 MGA-83563，推荐使用的微型 SOT-363（SC-70）封装的引脚焊盘 PCB 尺寸[195]如图 12-29 所示。该设计尺寸可提供大的容差，可以满足自动化装配设备的要求，并能够降低寄生效应，保证 MGA-83563 的高频性能。

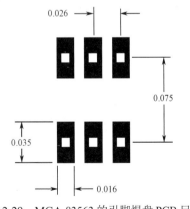

图 12-29　MGA-83563 的引脚焊盘 PCB 尺寸
（单位：in）

2．PCB 材料的选择

对于频率到 3GHz 的无线应用来说，应选择型号为 FR-4 或 G-10 的 PCB 材料，典型的单层板厚度是 0.508～0.787mm（0.020～0.031in），多层板一般使用厚度为 0.127～0.254mm（0.005～0.010in）的电介质层。若在更高的频率下应用，如 5.8GHz，建议使用 PTFE/玻璃的电介质材料的电路板。

3．RF PCB 设计需要考虑的问题

以图 12-29 的引脚焊盘为核心，一个基本的 PCB 版面设计图如图 12-30 所示。在这个 PCB 版面设计中采用了 50Ω输入和输出微带线（电路板的背面是接地平面），以及电感 L_2 和旁路电容。对于 MGA-83563 而言，这个版面设计基本上是一个好的设计。

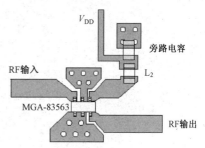

图 12-30　基本的 PCB 版面设计

适当的接地才能保证电路获得最好性能和维持器件工作的稳定性。MGA8-3563 的全部接地引脚端通过通孔连接到 PCB 背面的 RF 接地板上。每一个通孔将被设置紧挨着每个接地引脚，以保证好的 RF 接地。使用多个通孔可进一步减少接地路径上的电感。接地引脚端的 PCB 焊盘在封装下面没有连接在一起，以避免放大器接地引脚端的多级式连接，进而导致级间产生不需要的反馈。每个接地引脚端都应该有它独立的接地路径。

4．需要考虑 MGA-83563 的温度

MGA-83563 的 DC 功率消耗为 0.5W，已接近 SOT-363 的超小型封装的温度极限。因此，MGA-83563 必须非常充分地散热。如同在 PCB 设计部分中提到的那样，使用接近全部的接地引脚端的多重通孔是为了适当减小电感。另外，利用多重通孔进行散热的功能，也是多重通孔功能的重要组成部分。

为了达到散热的目的，推荐使用一个有较多通孔的、较薄的 PCB，并在通孔上镀上较厚、较多的金属，以提供更低热阻和更好的散热条件。不推荐使用比 0.031in 厚的电路板，因为它们会在散热和电气特性上存在问题。

5．MGA-83563 应用电路和 PCB 设计实例

一个覆盖 900MHz、1.9GHz 和 2.5GHz 的 MGA-83563 放大器电路和顶层（元器件布局层）PCB[195]如图 12-31 所示，其底层为接地平面。电路是在 0.031in 的 FR-4 PCB 上组装而成的。加在与 V_{DD} 连接线上的旁路电容器 C_5（1000pF），是为了消除级间反馈。在 MGA-83563 的输出端设计有一个电感（L_4）。在进行 PCB 的设计时，需要注意 PCB 的电源走线和输入和输出端的 50Ω微带线设计，对 IC 的电源引脚端和输出引脚端的供电采用的是分支结构形式。

12.4.5　400～2700MHz 1W 射频功率放大器电路 PCB 设计实例

BGA6130/BGA7130 MMIC 是一个 1W 高效率射频功率放大器，工作频率范围为 400～2700MHz，采用 3.6V 单电源供电时，可提供 29.5dBm 的输出功率（在 3dB 增益压缩点），效率高于 55%。允许 AB 类操作和逻辑电平关断控制，在低功耗模式电源电流可以减小到 4μA。
VSWR 为 50 : 1。采用 SOT908 封装。

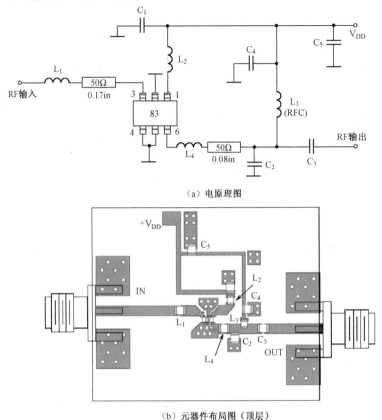

（a）电原理图

（b）元器件布局图（顶层）

图 12-31　MGA-83563 应用电路和 PCB 设计实例

　　BGA6130/BGA7130 的 2 层 PCB 叠层和 4 层 PCB 叠层设计示意图[196]如图 12-32 所示。
通过配置带状线和接地平面之间的宽度和间隙，以构成获得 50Ω 的传输线。一个 ISM-434 和
ISM-915 应用电路和顶层 PCB 布局图如图 12-33 所示。

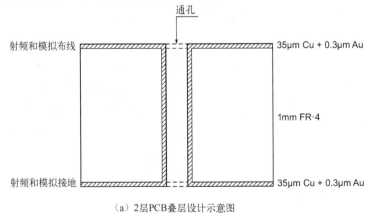

（a）2 层 PCB 叠层设计示意图

图 12-32　BGA6130/BGA7130 的 PCB 叠层设计示意图

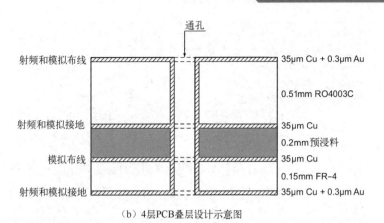

（b）4层PCB叠层设计示意图

图 12-32　BGA6130/BGA7130 的 PCB 叠层设计示意图（续）

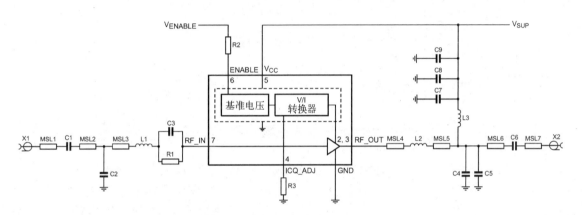

（a）ISM-434和ISM-915应用电路原理图

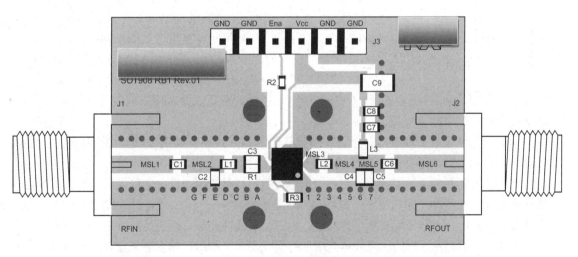

（b）ISM-434 PCB顶视图

图 12-33　ISM-434 和 ISM-915 应用电路和顶层 PCB 布局图

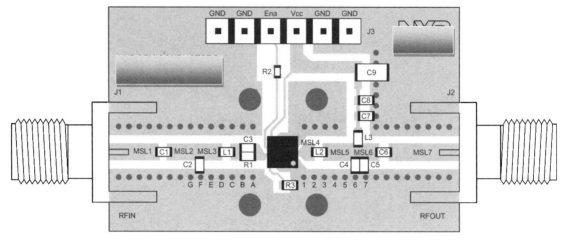

（c）ISM-915 PCB顶视图

图 12-33　ISM-434 和 ISM-915 应用电路和顶层 PCB 布局图（续）

12.5　混频器 PCB 设计

12.5.1　混频器的电路特点与主要参数

混频器用于完成频率的变换。混频也称变频。混频是指将载频为 $\omega_C(2\pi f_C)$ 的已调波信号 $v_S(t)$ 变换为载频为 $\omega_{IF}(2\pi f_{IF})$ 的已调波信号 $v_{IF}(t)$，即进行频谱的搬移。混频器要想完成频率的变换要求必须保持原载频已调波的调制方式不变，携带的信息也不变，而且不产生失真。

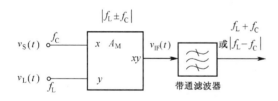

图 12-34　混频器电路模型

混频器电路模型如图 12-34 所示。混频器有三个端口：一是射频端口，输入的是已调波信号 $v_S(t)$；二是本振端口，输入的是本振信号 $v_L(t)$；三是中频端口，接滤波器，输出中频信号 $v_{IF}(t)$。带通滤波器用来取出其有用频率分量，滤除不需要的无用频率分量。

从频谱角度来看，混频实际上是保持已调波调制方式不变情况下的频谱搬移现象。实现频谱搬移的基本方法是将两个信号相乘。

实现信号相乘的方法有很多，如可以采用吉尔伯特乘法器电路，也可以采用工作在线性时变状态的非线性器件（如二极管、双极型三极管、场效应管）。二极管、双极型三极管、场效应管及它们的组合电路都能实现信号相乘，但都是非线性相乘。即便是在特定条件下能进行所谓线性相乘，那也是近似的。混频器在线性时变状态下工作时，要求射频输入是小信号，本振输入是大信号。混频器对射频信号而言应是线性系统，其电路参数随本振信号做周期性变化，这样才能保证在频谱搬移时，射频的频谱结构不变。与 FET、BJT 相比，二极管不需要偏置，功耗低，开关速度快，因此常被用于混频电路。FET 是平方律特性器件，用它构成混频器产生的无用频率成分要比用 BJT 构成的混频器少得多，具有更好的性能，因此其使用得更多。

混频器的电路结构形式可分为有源混频器电路和无源混频器电路两种。常见的有源混频器电路形式有单管跨导型混频电路、单平衡混频电路、吉尔伯特双平衡混频电路等。常见的无源混频器电路形式有二极管混频电路、无源场效应管混频电路等。

混频器电路的主要技术指标包含变频增益 G_c、1dB 压缩点、三阶互调阻断点（三阶截点）IP_3、噪声系数 N_F 和隔离度等。

设计和生产出线性好的混频器是减弱三阶互调的最有效的措施，集成的混频器通常用输入三阶互调阻断点 IP_3 来表示三阶互调这一指标，IP_3（dBm）越大，表明该混频器的混频线性越好。目前很多公司生产的集成混频器都标明了 IP_3 的值。设计电路时，应尽可能降低射频信号的输入幅度，使混频工作在线性工作状态，这也可以减少三阶互调分量。

值得注意的是 IP_3 还与本振功率电平有关。本振电平升高，混频器件中的二极管或三极管、场效应管的开关工作线性范围会加大，混频器线性性能会有所改善，三阶互调截点会上升，IP_3 值会加大。

混频器的噪声系数 N_F 可以用输入信号功率、输出信号功率和噪声功率的比值的对数来定义。接收机的噪声系数主要取决于它的前端电路，在没有前置 LNA（低噪声放大器）的情况下，噪声系数主要取决于混频电路。目前，所有出品的集成混频器都标明 N_F 这一指标。

端口隔离度是表征混频器内部电路平衡度的一个指标，即表示混频器各端口之间泄漏和窜通的大小。理论上混频器各端之间应该是严格隔离的。但实际上，由于混频器器件内部电路的不对称性，即平衡度稍有差别，所以会产生各端口间的窜通。

如果混频器的各端口之间的隔离度低，会直接产生以下几方面的影响。

一是本振（LO）信号端口向射频（RF）端口的泄漏，会影响 LNA 的工作，甚至会通过天线辐射出去。特别是二极管环形混频器，与本振信号通过本振端口窜入射频输入端口时，它将会通过天线将本振信号发射出去，去干扰邻近电台。

二是射频端口向本振端口的窜通，会影响本机振荡器的工作，如产生频率牵引等，影响本振输出频率。

另外，由于本振端口向中频端口的窜通，所以本振大信号会使以后的中频放大器各级过载。由于集成混频器（如集成模拟乘法器）的发展，所以混频器的隔离度一般都能够符合工程要求。

▶ 12.5.2　1.3～2.3GHz 高线性度上变频器电路 PCB 设计实例

一个 1.3～2.3GHz 高线性度上变频器电路 PCB 设计实例[197]如图 12-35 所示。LT5520 是一款高线性度的混频器，芯片内部包含一个双平衡混频器、一个高性能的 LO 缓冲器、一个偏置/使能电路和 RF 输出变压器。由于芯片内部集成有 RF 输出变压器，故不需要在 RF 输出端外接匹配元件。IF 端口能够在较宽的频率范围内进行阻抗匹配，因而可以满足许多不同的应用需要。

LT5520 采用 QFN-16（4mm×4mm）塑料封装。

如图 12-35 所示，PCB 采用 2 层板结构，顶层为 RF 元器件布局层，第 3 层为 DC 电源层，底层和第 2 层为接地平面。IF 输入端的电阻应该具有相当好的匹配，推荐电阻容许有 0.1%的误差。PCB 布局的对称性，对于达到最佳的 LO（本机振荡器）隔离度来说也是很重要的。

芯片的 17 引脚（GROUND）为裸露的焊盘，是整个芯片的 DC 和 RF 接地端。该引脚端必须焊接到 PCB 的低阻抗接地端，通过过孔连接到第 2 层的接地平面。该端的结点温度为

T_{JMAX}=125℃，θ_{JA}=37℃/W。

▶ 12.5.3 1.8～2.7GHz LNA 和下变频器 PCB 设计实例

一个 1.8～2.7GHz LNA 和下变频器 PCB 设计实例[198]如图 12-36 所示。LT5500 是一个接收器前端 IC，芯片内部包含一个低噪声放大器（LNA）、一个混频器和一个 LO 缓冲器，与 LTC 系列的 WLAN 产品兼容。LT5500 可应用于 IEEE 802.11 和 802.11b DSSS 及 FHSS，高速无线 LAN 和区域性环路。

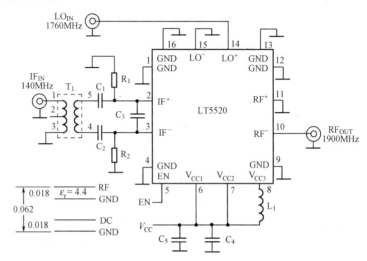

（a）LT5520构成的上变频器电原理图

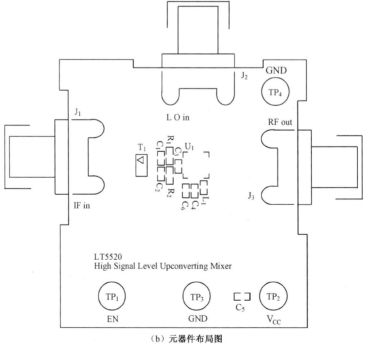

（b）元器件布局图

图 12-35 1.3～2.3GHz 高线性度上变频器电路 PCB 设计实例

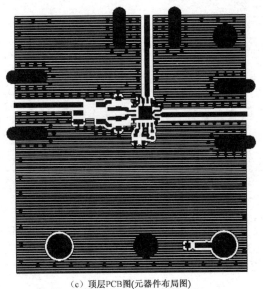

（c）顶层PCB图(元器件布局图)

图 12-35　1.3～2.3GHz 高线性度上变频器电路 PCB 设计实例（续）

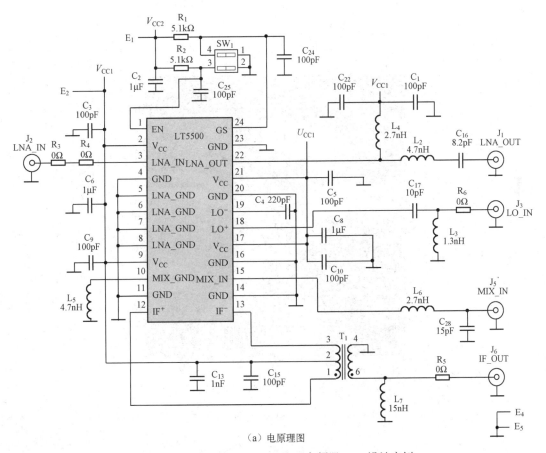

（a）电原理图

图 12-36　1.8～2.7GHz LNA 和下变频器 PCB 设计实例

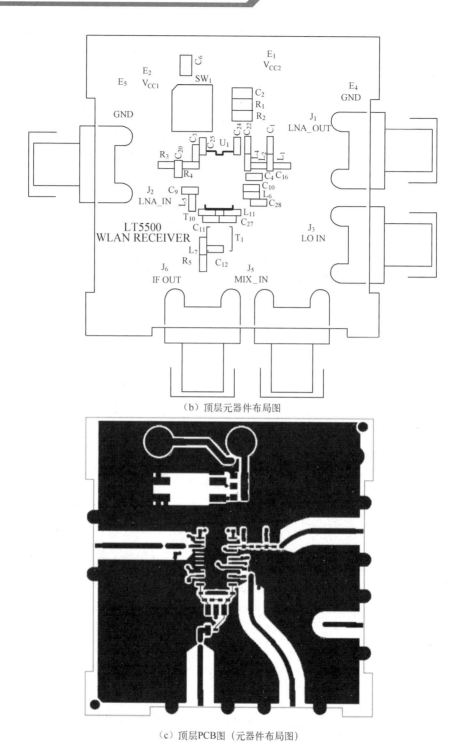

（b）顶层元器件布局图

（c）顶层PCB图（元器件布局图）

图 12-36　1.8～2.7GHz LNA 和下变频器 PCB 设计实例（续）

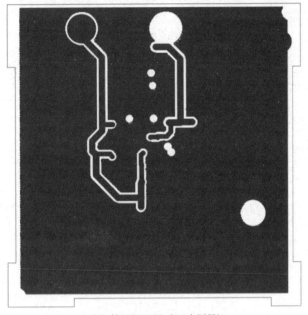

（d）第3层PCB图（DC电源层）

图 12-36　1.8～2.7GHz LNA 和下变频器 PCB 设计实例（续）

LT5500 采用 SSOP-24 封装形式。

设计电路时有以下注意事项。

① 使用 50Ω阻抗的传输线连接到匹配电路。

② 应保证匹配电路尽可能靠近芯片。

③ 推荐使用尺寸为 0402 或更小的表面贴装元器件，并推荐使用最小寄生电容和电感。

④ 使用小信号 LO 驱动可改善 LO 隔离度和最佳结构。

⑤ 在 LNA 输出和混频器输出中间允许直接接入匹配网络或级间滤波器。

⑥ 将旁路电容接地，并在靠近 LNA 和混频器输出的上拉式电感附近安装，这样可以改良结构并确保具有一个良好的接地。

12.6 平行耦合微带线定向耦合器 PCB 设计

定向耦合器是微波系统中应用广泛的一种微波器件，它可以将微波信号按一定的比例进行功率分配。定向耦合器由传输线构成，从耦合机理来看主要分为四种，即小孔耦合、平行耦合、分支耦合（见图 12-37）以及匹配双 T（见图 12-38）。

一个平行耦合微带线定向耦合器[190]如图 12-39 所示，相邻的两根平行线互相耦合，主线的一部分能量被耦合到辅线，耦合功率的大小取决于耦合线的物理尺寸、工作频率和主功率的传播方向。对这种定向耦合器一般采用奇偶模方法进行分析。

图 12-39 所示的平行耦合微带线定向耦合器的中心频率为3GHz，耦合度 C=15dB，引出线特性阻抗 Z_C=50Ω，介质基片 ε_r=9.6，h =1mm。

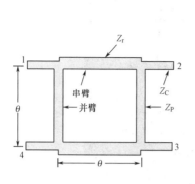

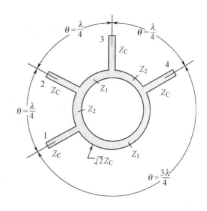

图 12-37　分支线定向耦合器　　　　　　图 12-38　匹配桥 T 定向耦合器

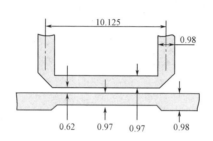

图 12-39　平行耦合微带线定向耦合器（单位：mm）

12.7　功率分配器 PCB 设计

12.7.1　基于双层微带结构的 Wilkinson 功分器

　　Wilkinson（威尔金森）功分器是最常用的一种分布参数功率分配器。单节 Wilkinson 功分器的结构如图 12-40 所示。输入/输出端口的特性阻抗均为 Z_0，端口之间的两路为实现阻抗匹配的阻抗变换线，特性阻抗为 $2Z_0$，长度为 $\lambda/4$。隔离电阻 R 的引入可以实现输出端口之间隔离。为实现输出端口的高驻波比，隔离电阻 R 的阻值为 $2Z_0$。该功分器与传输线的电长度直接相关，单节 Wilkinson 功分器的理论带宽较窄，要达到超宽带功分器要求的带宽，可以采用多节四分之一波长阻抗线来展宽带宽。

　　所设计的超宽带 Wilkinson 功分器原理图如图 12-41 所示，由一些 $\lambda/4$ 线段级联组成，在每节末尾有电阻性终端。所用节数越多，得到的带宽越宽，隔离度也越大。每节的特性阻抗可以从一个 2∶1 变换器的 $\lambda/4$ 变换段的归一化阻抗求得。求得每节阻抗后，每节端接的电阻值也可求得。

　　一个基于双层微带结构的低损耗 Wilkinson 功分器实例[199]如图 12-42 所示，根据切比雪夫匹配原理，采用双层微带结构，功分结构采用多级级联 $\lambda/4$ 传输线结构，主要由两组多级阻抗匹配线组成，以拓宽功分器的带宽；双层的微带结构形成了一个封闭的腔体，上层介质基板的上表面和下层介质基板的下表面为覆铜的金属接地平面，双层微带接触面的两侧为两条金属条带，两排金属化过孔位于金属条带上并且与上下层介质基板和金属接地平面连通，以充当电壁的作用来防止能量的泄漏，降低了结构的辐射损耗。上层介质板的中间为一排非金属化的通孔，是为隔离电阻预留的空间，隔离电阻的大小决定了功分器的隔离特性。

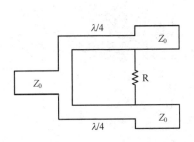

图 12-40　单节 Wilkinson 功分器结构图

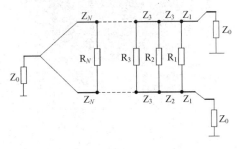

图 12-41　超宽带 Wilkinson 功分器原理图

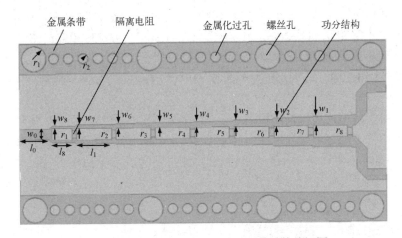

图 12-42　超宽带 Wilkinson 功分器的结构俯视图

该功分器总尺寸约为 38.82mm×18mm×1.52mm，各单元的物理尺寸为：w_0=1.08mm，w_1=0.96mm，w_2=0.86mm，w_3=0.69mm，w_4=0.55mm，w_5=0.5mm，w_6=0.47mm，w_7=0.39mm，w_8=0.25mm，l_0=3mm，l_1=4mm，l_8=2.52mm，r_1=1.25mm，r_2=0.5mm，本实例共设有 8 个阻值不同电阻，即 R_1=100Ω，R_2=160Ω，R_3=430Ω，R_4=430Ω，R_5=510Ω，R_6=560Ω，R_7=650Ω，R_8=910Ω。该功分器总尺寸为 38.82mm×18mm×1.52mm。介质基板的材料是 RT/Duroid 5880，厚度为 0.76mm，相对介电常数为 2.2。

该功分器能够覆盖 2～18GHz，分配和插入总损耗小于 3.9dB，输出端口间隔离度大于 20dB。

12.7.2　基于片状传输结构的 Gysel 功分器

一个基于片状传输结构的 Gysel 功分器[200]如图 12-43 所示，基本拓扑结构等同于传统 Gysel 功分器：正面为矩形片状金属结构，其外形尺寸为 λ/2×λ/4，如图 12-43（a）所示。输入、输出端口（port1、port2、port3）直接与矩形片状金属相连，并且有两个 100Ω 电阻通过通孔连接到地。介质板背面的地进行大面积挖空，如图 12-43（b）所示，挖空区域与顶层矩形片状边距分别为 W_1、W_2、W_3，其宽度决定着各边传输线的特性阻抗。

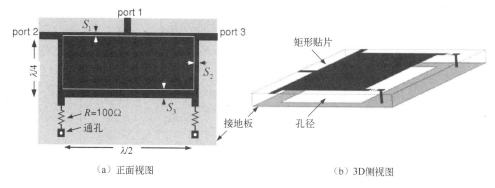

（a）正面视图　　　　　　　　　　　　　　　　（b）3D 侧视图

图 12-43　基于片状传输结构的 Gysel 功分器

采用这一结构所设计的 Gysel 功分器，介质基板的 ε_r= 2.65，厚度 h =1mm，仿真优化后的正面金属片尺寸为 $W×L$ = 36.2mm×73.9mm，W_1 =1.1mm，W_2=1.15mm，W_3=1.1mm。

然而，由于采用大面积片状金属，因而能量辐射严重，导致该片状结构功分器差损较大，实物测试差损约为 1.2dB。此外，该功分器具有和传统 Gysel 功分器一样的外形缺陷，即电路尺寸过大（$\lambda/2×\lambda/4$）。

一个改进后的基于片状传输结构的 Gysel 功分器[200]如图 12-44 所示，将耦合边缘进行曲折处理，缩小了整个电路尺寸，尺寸由原来的 $\lambda/2×\lambda/4$ 减小到 $\lambda/3×\lambda/6$，减小量超过 50%。从利用 Ansoft 公司电磁仿真软件 HFSS 仿真和实测得到的 S 参数曲线可见，降低了能量向空间的辐射，减小了插入损耗。

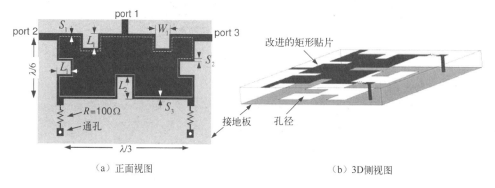

（a）正面视图　　　　　　　　　　　　　　　　（b）3D侧视图

图 12-44　改进后的片状传输结构的 Gysel 功分器

12.7.3　双面低阻槽线共面波导混合功分器

一个双面低阻槽线共面波导功率分配器[201]如图 12-45 所示，其输入端采用双面共面波导，输出端采用双面低阻槽线。不同于普通槽线，双面低阻槽线是由金属化通孔连接介质基板两侧的槽线，相对于普通槽线，在同样的特性阻抗情况下，双面低阻槽线的缝隙比普通槽线要大得多。双面共面波导也是通过金属化通孔把介质基板两侧的共面波导连接起来，这样，同样大小的特性阻抗，双面共面波导导带与接地平面之间的缝隙比普通共面波导要大得多。因此双面低阻槽线共面波导功率分配器具有较大的功率容量和工艺容差，两者都要大于普通槽线或者共面波导结构的功率分配器。仿真和测试结果表明，所设计的双面低阻槽线共面波导功率分配器工作在 0.48～1.58GHz，附加插入损耗是 0.3dB，功率不平衡度小于 0.1dB，相位不平衡度优于 0.35°，三个端口的驻波均低于-10dB，隔离度优于 10dB。

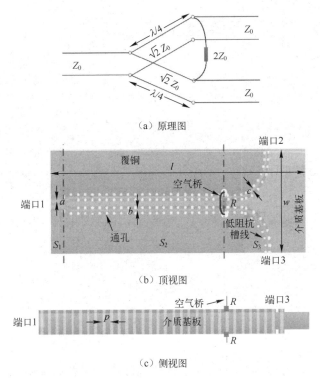

（a）原理图

（b）顶视图

（c）侧视图

图 12-45　双面低阻槽线共面波导功分器

制作功分器的基板采用厚度为 0.813mm 的 Rogers 4003C，并在基板上、下表面跨接两个阻值为 200Ω 的电阻。尺寸参数：l 和 w 分别为介质基板长度和宽度，l=70mm，w= 30mm。b 为功率分配段 S_2 中的槽线缝隙宽度，b =0.48mm。c 为输出段 S_3 中的槽线缝隙宽度，c=0.26mm。a 为输入段 S_1 中共面波导的缝隙宽度，a =0.57mm。p 为通孔间的距离，p= 0.8mm。

12.8　宽带 90° 巴伦 PCB 设计

在射频微波领域中，90° 巴伦是一种不可或缺的无源元件。宽带 90° 巴伦被广泛应用于宽带功率放大器和宽带圆极化天线等设计中。一个由宽带耦合威尔金森功分器、弱耦合线和扇形阶跃阻抗谐振器级联的宽带 90° 移相器组成的低成本宽带 90° 巴伦电路的 PCB 实例[204]如图 12-46 所示。

通过 HFSS 仿真优化得到的巴伦实际尺寸参数和隔离电阻值如表 12-3 所示。对应 1.65GHz 中心频率，该巴伦实测相对带宽大于 117.0%（0.65～2.58GHz），带内各端口回波损耗好于 12.6dB，输出端口隔离度大于 13.1dB，带内插入损耗小于 0.5dB，相位误差小于 90°±7.6°。与现有的结构和设计相比，该巴伦不仅具有更大的工作频带和单层电路布局，而且具有容易加工、成本低的优点。

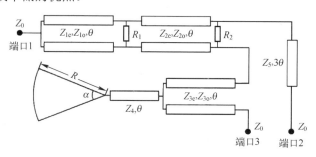

（a）宽带90°巴伦原理图

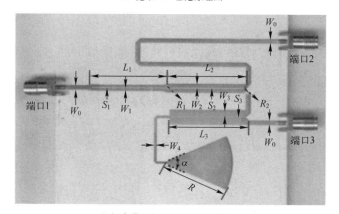

（b）宽带90°巴伦PCB实物照片

图 12-46　宽带 90°巴伦 PCB 设计实例

表 12-3　通过 HFSS 仿真优化得到的巴伦实际尺寸参数和隔离电阻值

参数	W_0	W_1	W_2	W_3	W_4
数值（mm）	1.63	1.04	1.48	2.69	0.89
参数	S_1	S_2	S_3	L_1	L_2
数值（mm）	0.26	0.35	0.17	26.9	26.4
参数	L_5	R	α	R_1	R_2
数值	26.3mm	25Ω	50°	67Ω	460Ω

12.9　滤波器 PCB 设计

12.9.1　基于 SISS 结构的 DGS 微带低通滤波器

1. DGS 结构模型

DGS（Defected Ground Structure，缺陷地结构）是在平面微波传输线接地金属板上刻蚀出周期或非周期的形状，通过改变电路衬底材料的介电常数，来改变微带传输线的等效电路。

DGS 结构模型可分为简单的独立矩形形状和哑铃形形状两大类，如图 12-47 所示。其中，哑铃型的结构根据哑铃结构的不同，又可分为矩形、半圆形、圆形和三角形[205]。

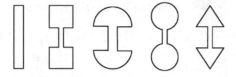

图 12-47　DGS 结构类型

2. 阶梯阻抗并联短截线

阶梯阻抗并联短截线的结构主要有矩形阶梯阻抗并联短截线（R-SISS）和半圆形阶梯阻抗并联短截线（S-SISS）两种类型。R-SISS 阶梯阻抗并联短截线结构[205]如图 12-48 所示，包括位于 50Ω 特性阻抗微带线两侧、对称分布的两个相同的结构单元。矩形结构的边长为 b_1 和 b_2，且两个矩形与 50Ω 微带线之间的缝隙宽度为 S_1，两个矩形结构与 50Ω 微带线的连接线的宽度为 S_2。

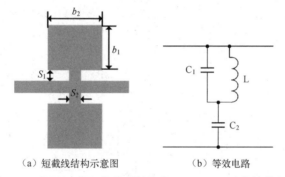

（a）短截线结构示意图　　　　　　（b）等效电路

图 12-48　矩形阶梯阻抗并联短截线（R-SISS）及其等效电路

3. R-SISS 和 R-DGS 微带低通滤波器电路结构

针对传统的 DGS 微带低通滤波器阻带较窄，且阻带抑制特性较差这一问题，一个采用矩形缺陷地结构（R-DGS），并引入矩形阶梯阻抗并联短截线（R-SISS）的微带低通滤波器电路[205]如图 12-49 所示。微带线的特性阻抗为 50Ω。

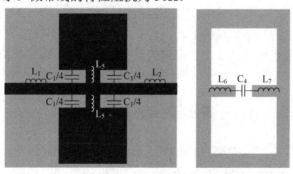

（a）R-SISS和R-DGS单元电路结构俯视图

图 12-49　组合电路单元结构图及其等效电路

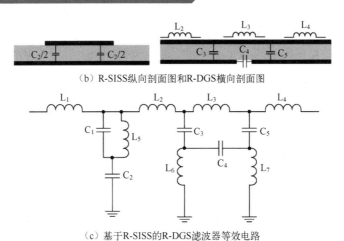

（b）R-SISS纵向剖面图和R-DGS横向剖面图

（c）基于R-SISS的R-DGS滤波器等效电路

图 12-49　组合电路单元结构图及其等效电路（续）

4．级联的 R-SISS 和 R-DGS 微带低通滤波器电路结构

一个采用了 3 个 R-SISS 单元和 2 个 R-DGS 单元级联的、截止频率为 2GHz 的微带低通滤波器电路结构[205]如图 12-50 所示。利用 HFSS 软件对电路参数进行扫描和迭代优化，获得电路的参数值：L_1=40mm，L_2=20mm，W_1=2.4mm，a_1=5mm，a_2=6.2mm，a_3=5.9mm，b_1=3.2mm，b_2=3.8mm，b_3=2.7mm，s_1=0.6mm，s_2=0.9mm，s_3=0.7mm。实验制作的电路尺寸为 40mm×20mm。

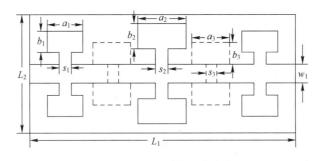

图 12-50　电路结构及其参数

仿真及测试结果表明，与传统的 DGS 低通滤波器相比，基于 R-SISS 结构的 DGS 低通滤波器的阻带抑制特性得到了明显的提高：通带内 S_{11} 特性也得到很明显的改善，达到-20dB 左右。阻带内 S_{21} 的起伏也明显减小，阻带的宽带显著变宽，阻带内抑制增强，阻带深度明显加深。

12.9.2　五阶发夹型带通滤波器

一个五阶发夹型带通滤波器结构示意图[206]如图 12-51 所示，其中，L_1=2.8mm，L_2=1.9mm，w_1=0.3mm，w_2=0.4mm，l_{12}=l_{45}=0.2mm，l_{23}=l_{34}=0.3mm，t_1=t_4=0.25mm，t_2=t_3=0.3mm。滤波器采用带状线结构，带通滤波器由五个阶跃阻抗谐振器耦合实现。滤波器的中心频率为 12.5GHz，通带相对带宽为 4%。滤波器选用的介质基板为 Rogers RO4350，其相对介电常数

为 3.48，介质基板的厚度为 0.508mm，损耗角正切为 0.004。

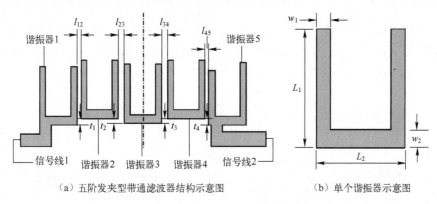

（a）五阶发夹型带通滤波器结构示意图　　　　　（b）单个谐振器示意图

图 12-51　五阶发夹型带通滤波器

12.9.3　加入旁路枝节与 DGS 的带通滤波器

一个加入了旁路枝节与 DGS（Defected Ground Structure，缺陷地结构）的带通滤波器结构图[207]如图 12-52 所示。在保证了电路结构紧凑的前提下，通过旁路枝节引入了源负载耦合，同时在输入、输出端采用了缺陷地结构，在通带边缘和阻带内均产生了传输零点，很好地改善了滤波器的带外抑制度和频率选择性，提高了滤波器的性能。该滤波器具有平面结构和紧凑的尺寸，仅为 $0.29\lambda_g \times 0.26\lambda_g$（$\lambda_g$ 为谐振频点所对应的导波波长）、仿真与实测结果表明，中心频率为 1.65GHz，相对带宽为 15.4%，通带内的插入损耗为 1.6dB（包含了接头的损耗），回波损耗优于 15dB。位于 1.35GHz 和 1.95GHz 处的传输零点靠近通带的边缘，从而使得边带更为陡峭，增强了滤波器的频率选择性。另外两个传输零点的位置在阻带内，分别位于 3.25GHz 和 3.92GHz 处。3.92GHz 处的传输零点是由 DGS 产生的。由于在阻带内的传输零点个数上升到了两个，使滤波器的带外抑制度得到了极大的改善，3～4GHz 范围的阻带抑制度已经优于 50dB。

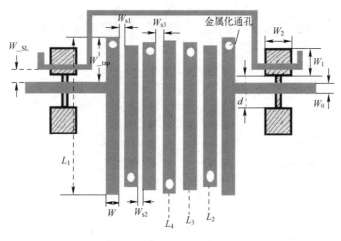

图 12-52　加入了旁路枝节与 DGS 的改进型带通滤波器结构图

▶ 12.9.4　基于枝节加载的三频带平面带通滤波器

一个由阶跃阻抗谐振器（SIR）与均匀阻抗谐振器（UIR）构成的三频带平面带通滤波器[207]如图 12-53 所示。在 SIR 对称面上加载了 T 型开路枝节，产生第一通带和第三通带，在 UIR 对称面上加载了短路枝节，产生第二通带。

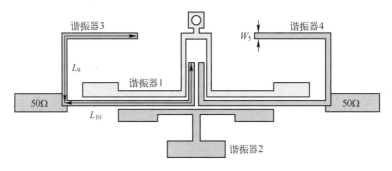

图 12-53　三频带带通滤波器结构图

这个三频带滤波器是在双频带滤波器的基础上实现的。双频带滤波器采用了横向并联结构，上下两路谐振器与馈线并联，分别产生通带，其具体结构如图 12-54 所示。谐振器 1 的中心加载了短路枝节，谐振器 2 的中心加载了 T 型开路枝节，由于两个谐振器都是对称结构，因此加载了枝节以后均具有双模特性，通过调节枝节的尺寸，每个谐振器的奇模第一谐振频率和自身的偶模第一谐振频率产生耦合，形成各自的通带。谐振器 1 尺寸较大，产生中心频率为 2.4GHz 的第一通带，谐振器 2 尺寸较小，产生中心频率位于 5.2GHz 的第三通带。输入/输出馈线置于这两个谐振器之间，不仅为谐振器馈电，而且馈线之间也产生了耦合，将源负载耦合引入了电路结构，通过调节尺寸参数 L_8 可以改变源负载耦合的强度。

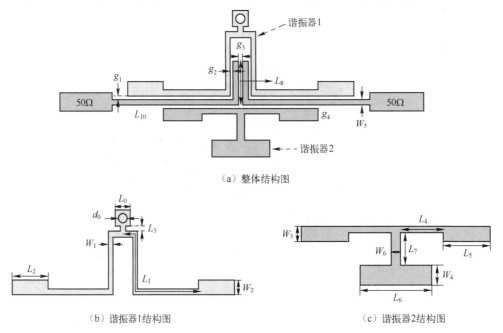

（a）整体结构图

（b）谐振器1结构图　　　　　　　　　　（c）谐振器2结构图

图 12-54　双频带滤波器结构图

双频带带通滤波器设计完毕以后，通过在输入/输出馈线端对称加载长度为 L_9 的开路枝节，形成了三频带带通滤波器，如图 12-53 所示。L_9 和 L_{10} 两段微带线构成了谐振于 3.5GHz 的半波长谐振器，即谐振器 3。谐振器 4 的尺寸和谐振器 3 完全一样而且位置对称，这两个半波长谐振器通过耦合即可产生中心频率位于 3.5GHz 处的第二通带。

经过了一系列仿真优化之后，双频带带通滤波器尺寸确定为 L_0=1.0mm、L_1=12.7mm、L_2=3.3mm、L_3=0.6mm、L_4=3.5mm、L_5=4mm、L_6=6.8mm、L_7=3.5mm、L_8=4mm、W_1=0.5mm、W_2=1.2mm、W_3=1mm、W_4=1.5mm、W_5=0.6mm、W_6=0.8mm、d_0=0.5mm、g_1=0.35mm、g_2=0.2mm、g_3=0.6mm、g_4=0.35mm。三频带带通滤波器尺寸确定为 L_0=1.0mm、L_1=12.3mm、L_2=3.3mm、L_3=0.4mm、L_4=3.6mm、L_5=4mm、L_6=7.7mm、L_7=2.5mm、L_8=4mm、L_9=12mm、L_{10}=15.75mm、W_1=0.5mm、W_2=1.2mm、W_3=1mm、W_4=1.5mm、W_5=0.55mm、W_6=0.8mm、d_0=0.5mm、g_1=g_2=0.25mm、g_3=0.3mm、g_4=0.1mm。

对加工制作的滤波器进行实测。加工采用 Taconic RF-35 的介质基板，基板的厚度为 0.762mm，相对介电常数为 3.5，损耗角正切为 0.0028。实测采用了 Rohde & Schwarz 公司的 ZVA40 矢量网络分析仪。仿真与实测表明，未加入谐振器 3 之前，通带 1 和通带 2 的设计是近乎独立的，中心频率和带宽均单独可控，展现了横向并联结构的优点。双频带带通滤波器的两个中心频率分别位于 2.4GHz 和 5.2GHz，通频带带宽分别为 690MHz 和 160MHz，带内的插入损耗分别为 0.76dB 和 2.8dB，回波损耗分别为 18dB 和 17dB。三频带带通滤波器的三个中心频率分别位于 2.4GHz、3.5GHz 和 5.27GHz，通频带带宽分别为 520MHz、170MHz 和 110MHz，带内的插入损耗分别为 1.1dB、1.7dB 和 3.2dB，回波损耗分别为 16dB、15dB 和 13dB。

12.9.5　非对称性阶跃阻抗环谐振器的三频带通滤波器

一个非对称性阶跃阻抗环谐振器（Asymmetric Stepped-Impedance RingResonator，ASIRR）的三频带通滤波器[152]如图 12-55 所示，利用一个阶跃阻抗圆环产生第一通带和第二通带的谐振，借助于两个非对称耦合结构形成第三通带。

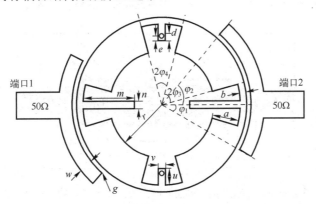

图 12-55　非对称性阶跃阻抗环谐振器的三频带通滤波器正面图

该非对称性阶跃阻抗环谐振器的三频带通滤波器，其基板介质采用 RogersRO4350，厚度为 0.508mm，相对介电常数为 3.66，损耗角正切为 0.004。印制在基板介质上的贴片结构厚度为 0.017mm，电导率为 5.8×10^7S/m。设计一个三频带通滤波器，其中心频率为 1.02GHz、

3.52GHz 和 5.58GHz。低阻抗 Z_1 估算值为 15.49Ω，其线宽 $a+b$=5.3mm，而高阻抗 $Z_2 \approx 44.79Ω$，其线宽 b=1.3mm。其他参数见表 12-4。此外，φ_1= 30°、φ_2= 49.5°、φ_3= 35.5°、φ_4= 9.5°。与传统滤波器的输入端和输出端（典型的是空间分离成 90°）比较，所设计滤波器输入端和输出端在同一条直线上，并通过 50Ω 微带线连接到非对称性阶跃阻抗环谐振器。

表 12-4　非对称性阶跃阻抗环谐振器的三频带通滤波器的其他参数及对应值（单位：mm）

d	e	u	v	m	n	g	w	r
0.2	0.5	1.8	1	9.5	1	0.21	2	12.5

从仿真和测试结果可知[152]，在中心频率 1.02GHz、3.52GHz 和 5.58GHz 处仿真的-3dB 相对带宽分别约 26.6%、8.5%和 3.9%，然而在中心频率 1.04GHz、3.52GHz 和 5.57GHz 处测试的相对带宽分别约 23.1%、7.4%和 4.1%。在由低到高的中心频率处，依次测试的插入损耗/回波损耗分别是 0.24dB/14.56dB、0.39dB/16.31dB 和 1.05dB/16.16dB。在-20dB 水平下测试第一通带到第二通带的抑制频带是 1.53～3.01GHz，而第二通带和第三通带之间的-18dB 水平抑制频带范围是 3.8～5.31GHz。高频阻带开始于 5.75GHz，其插入损耗大于 11.5dB。

12.9.6　加入 CSRR 和 IPCL 的改进型超宽带滤波器

一个加入了 CSRR 和 IPCL 的改进型超宽带滤波器[207]如图 12-56 所示，电路各部分尺寸见文献[207]。IPCL（Interdigitated Parallel Coupled-Lines，交指并联耦合线）是一种传统的带通结构，当其电长度为 π/2 时可产生传输极点，当其电长度为 0 和 π 时可产生传输零点。由于 DMSR（Defected Microstrip Structures Resonator，缺陷微带结构谐振器）和 IPCL 之间的耦合作用（DMSR+IPCL），在靠近通带左边带的位置产生了一个传输零点 f_{lz}，该传输零点的存在使得滤波器通带左侧十分陡峭，提高了该侧的频率选择特性。IPCL 的电长度为 π 时在滤波器的上阻带产生了一个传输零点 f_{uz1}，该零点的存在提高了 15～16GHz 范围内的阻带抑制度，但是当频率高于 16GHz 时，DMSR+IPCL 的阻带抑制性能依然不够理想。

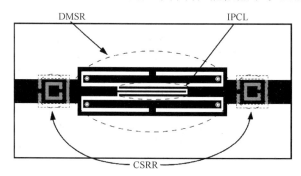

图 12-56　加入 CSRR 和 IPCL 的改进型超宽带滤波器结构图

实物制作采用 Rogers RT5880 介质基板，基板的厚度为 0.787mm，相对介电常数为 2.2。采用 Rohde & Schwarz 公司的 ZVA40 矢量网络分析仪对滤波器实物进行了测量。从实测与仿真结果可知，滤波器的中心频率为 6.85GHz，3dB 相对带宽为 129%，通带内的插入损耗小于 0.5dB，回波损耗大于 20dB。在通带左侧 1.43GHz 处有一个传输零点，该零点使得通带左边缘十分陡峭，增强了滤波器的选择性。在通带右侧 14.3GHz 和 15.8GHz 处有两个传输零点，这两个传输零点改善了阻带特性，将上阻带拓展到了 18GHz，且阻带内的抑制度优于 20dB。

12.10 PCB 天线设计实例

12.10.1　300～450MHz 发射器 PCB 环形天线设计实例

下面介绍的 PCB 环形天线与匹配网络设计实例适合 MAX1472、MAX1479 和 MAX7044 300～450MHz ASK 发射器[209]。

Maxim 的 MAX7044、MAX1472 和 MAX1479 都偏置在最大功率而不是最大线性度，这意味着功率放大器（PA）的谐波分量可能非常高。所有国家的标准制定机构都要求严格限制杂散发射功率，因此对 PA 的谐波功率进行抑制非常重要。

通常，MAX7044、MAX1472 和 MAX1479 都采用小尺寸 PCB 环形天线。这些环路与此频段的波长相比非常小，环路的 Q 值特别高，因此存在阻抗匹配问题。环形天线与 Maxim 发射器 IC 之间的阻抗匹配的完整模式必须包括偏置电感、PA 的输出电容、引线、封装、寄生参量等。

本节所设计的匹配网络用于匹配 MAX7044 发射器，用于 MAX1472 和 MAX1479 也能获得满意结果。MAX7044 在驱动 125Ω 负载时达到其最高效率，而 MAX1472 和 MAX1479 支持大约 250Ω 负载。这些网络用于 MAX1472 和 MAX1479 会增加 1dB 左右的失配，因此若希望补偿此损耗，可以稍加改变匹配网络，对本小节所示的匹配元件参数进行一些修改。

1．小型环形天线的阻抗

面积为 A 的 PCB 小型环形天线在波长为 λ 时，辐射阻抗为

$$R_{\text{rad}}=320\pi^4(A^2/\lambda^4) \tag{12-6}$$

环形天线的损耗电阻（忽略其介质损耗）与环形天线周长（P）、线宽（w）、磁导率（$\mu=400\pi$ nH/m）、电导率（σ，$5.8\times10^7\Omega$/m，铜的典型值）、频率（f）有关，可表示为

$$R_{\text{loss}}=\left(\frac{P}{2w}\right)(\pi f\mu/\sigma)^{1/2} \tag{12-7}$$

环形天线的电感与周长（P）、面积（A）、线宽（w）、磁导率（μ）有关，可表示为

$$L=\left(\frac{\mu P}{2\pi}\right)\ln\left(\frac{8A}{Pw}\right) \tag{12-8}$$

以上三个公式，可以从相关的天线理论教科书中查阅到。

2．PCB 上的小型环形天线

一个典型的 PCB 上的小型环形天线如图 12-57 所示，可近似看成 25mm×32mm 的长方形，线宽 0.9mm，该尺寸可用于推导小型环形天线的典型电阻和电抗。

基于该尺寸可以推导出环形天线的辐射阻抗 R_{rad}、环形天线的损耗电阻 R_{loss} 和环形天线的电感 L 三个参量值。

① 在 315MHz 时，$R_{\text{rad}}=0.025\Omega$、$R_{\text{loss}}=0.3\Omega$、$L=95$nH。

② 在 433.92MHz 时，R_{rad}=0.093Ω、R_{loss}=0.35Ω、L=95nH。

从所推导的参数可见，辐射电阻特别小。另外，由耗散损耗产生的电阻比辐射电阻大 10 倍以上。这意味着此环路最好的发射效率大约为 8%（在 315MHz）和 27%（在 433.92MHz）。通常，小型环形天线只能辐射来自发射器功率的百分之几，因此必须采用匹配网络使失配损耗和匹配元件引起的附加损耗最小。

3. 带偏置电感的分离电容匹配网络

最简单的匹配网络采用的是"分离电容"形式，如图 12-58 所示，连接电容到具有偏置电感的 PA（功率放大器）输出可以调节 C_2，使其与 L_1（与 PA 电容有关）和残余电抗（来自 C_1 和环形天线电感）组成并联谐振。电容器 C_1 的等效串联电阻（ESR）通常为 0.138Ω，因此带串联电容的小型环形天线总电阻为 0.46Ω（在 315MHz）。在频率为 315MHz 的谐振匹配网络中，微型环路通过环路串联电抗和 C_1 转换成一个阻抗为 125Ω（MAX7044 获得最高效率的最佳负载）的等效并联电路。并联电容 C_2 和偏置电感 L_1 可用来调谐等效并联电路的电抗。

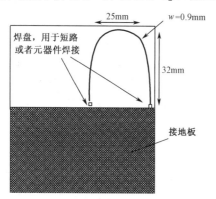

图 12-57　PCB 上的小型环形天线

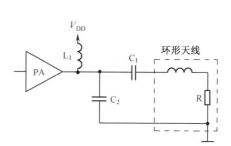

图 12-58　带偏置电感的分离电容匹配网络

> **注意**：在 MAX7044 数据资料中引用的效率针对的是 50Ω 负载。辐射效率对应的最佳电阻可能不同。PA 在较宽的阻抗范围和功率等级下具有很高的效率。

C_1 和环路电感在所要求的频率点表现为正电抗，因此可以考虑用两个电容和环路电感作为 "L" 匹配网络（并联 C，串联 L），此网络将小型环路电阻变换到 125Ω。从左往右看，它是一个低通、由高到低的匹配网络。偏置电感 L_1 对于匹配而言不是关键元件，但作为直流通路，为 PA 提供工作电流是必需的，并可用来抑制高次谐波。表 12-5 给出了用于分离电容匹配网络的理想元件值。

表 12-5　用于分离电容匹配网络的理想元件值

符　　号	频率与数值	
	315MHz	433.92MHz
C_1	2.82pF	1.47pF
C_2	63pF	43pF
L_1	36nH	27nH

表 12-5 中的 C_2 的电容值不包括大约 2pF 的 PA 输出端和 PCB 杂散电容的电容值。在本节中，此 2pF 电容在所有匹配计算中均被加入 C_2 的电容值中。

该匹配网络的 RF 功率传输特性曲线可以采用下面的公式进行计算，即

$$P_{OUT} / P_{IN} = 4R_S R_L / \left[(R_S + R_L)^2 + X_L^2 \right] \tag{12-9}$$

式中，R_S 为源电阻；（$R_L + X_L$）为负载阻抗（负载阻抗是由匹配网络变换的环形天线阻抗）。这个表达式乘以天线效率和匹配元件引起的功耗，即可得到发射功率与可用功率之比。

实际上，小型环形天线所具有的 Q 值比理论上预期的 Q 值低很多。根据实验室测量印制电路板环路（见图 12-57）的结果进行计算，得到总等效串联电阻为 2.2Ω（在 315MHz），而不是理论值 0.46Ω。采用此电阻值时，匹配环路的标准电容和电感值如表 12-6 所示。

表 12-6　分离电容匹配网络的实际元件值

符　　号	频率与数值	
	315MHz	433.92MHz
C_1	3.0pF	1.5pF
C_2	33pF	27pF
L_1	27nH	20nH

因为实际环路的损耗电阻比理论环路值大 4 倍左右，所以功率传输的最佳值大约为 -20dB，而不是 -14dB。尽管功率传输曲线在频带上比理论环路宽，但对由元件容差造成的峰值频率偏差和在指定频率降低的功率传输来讲，仍然足够宽。例如，当所有 3 个匹配元件的值高出 5% 时，传输功率会降到 -26dB。

为了扩展功率传输特性的频率，可以采用"去谐"匹配网络。"去谐"匹配网络可使得对元件容差的敏感度变小。用简单增加电阻到环形天线的"平滑"方法或把阻抗变换到与发射器不完全匹配的参数，皆可达到这一目的。

用任何一种方法扩展匹配带宽，都是以增加电阻的功耗或在失谐匹配网络造成较高的失配损耗为代价的。牺牲一定的功率损耗来获得所希望的功率传输可能是更好的解决方案，这是因为在窄带匹配中，频偏的影响非常大。

将环路阻抗变化到 500Ω 时所用的 L 和 C 值如表 12-7 所示。

表 12-7　将环路阻抗变化到 500Ω 时所用的 L 和 C 值

符　　号	频率与数值	
	315MHz	433.92MHz
C_1	3.3pF	1.65pF（采用 2pF 与 3.3pF 串联）
C_2	22pF	22pF
L_1	27nH	20nH

在 315MHz 时，此电路的传输功率会减小到 -22dB，但在 5% 元件容差内，损耗变化会降

到 3dB。

> **注意：** 调谐网络的带宽越窄，"去谐"网络损耗越大。但带宽加宽，谐波抑制特性会变差，可能不能够满足 FCC 对 315MHz 发射器的谐波抑制要求。FCC 要求所允许的发射场强为 6000μV/m，对应于–19.6dBm 的发射功率，2 次谐波不能超过 200μV/m（–49dBm），因此对于满足最大平均发射功率的发射器来说，需要 30dB 谐波抑制。

4. 具有高载波谐波抑制的匹配网络

在匹配网络中增加一个低通滤波器，把一个π型网络插入分离电容匹配网络和发射器输出之间，即可实现良好的谐波抑制。因为π型网络也具有阻抗变换，所以阻抗变换有很多可能的组合。

在如图 12-59 所示的网络中，低通滤波器中的并联电容与分离电容匹配网络的并联电容组合，另一个并联电容用于调节容值，去谐偏置电感和 IC 中的杂散电容（作为匹配网络的一部分）。如图 12-59 所示的环形天线的近似匹配元件值如表 12-8 所示。

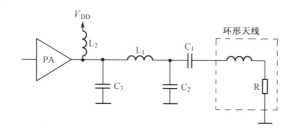

图 12-59　与低通滤波器相组合的分离电容匹配网络

表 12-8　改善谐波抑制的分离电容匹配网络的元件值

符　号	频率与数值	
	315MHz	433.92MHz
C_1	3.0pF	1.5pF
C_2	33pF	30pF
C_3	12pF	8.2pF
L_1	51nH	33nH
L_2	47nH	33nH

在图 12-59 中，分离电容器将低环路电阻变换到大约 150Ω（非常接近 PA 最高效率对应的 125Ω），而π型网络是为 125Ω 输入和输出阻抗设计的低通滤波器，其失配损耗仅为–0.1dB，并且带宽较窄，对元件容差非常敏感。

利用分离电容匹配网络的失谐（但保持 125Ω π型低通滤波器），可以增加匹配网络的带宽（减小对元件容差的敏感度）。

表 12-9 中的 C_1 和 C_2 会使环形天线的并联电阻变换到 500Ω 左右，而不是最佳匹配所要求的 150Ω。天线和 125Ω 低通滤波器之间的有效失配会增加大约 2dB 的失配损耗，但扩展了匹配带宽。这意味着分离电容器匹配网络的输出是有意地设计成与π型网络不匹配。改变分

离电容器，使变换后的环路电阻大于 500Ω，而保持同一 π 型匹配网络，可进一步扩展匹配带宽，但这会增大失配损耗。近似理想的匹配网络具有 49dB 的 2 次谐波抑制比，失配网络具有 44dB 的 2 次谐波抑制比。

表 12-9 改善谐波抑制、具有较宽频带的分离电容匹配网络的元件值

符 号	频率与数值	
	315MHz	433.92MHz
C_1	3.3pF	1.65pF
C_2	22pF	18pF
C_3	12pF	8.2pF
L_1	51nH	33nH
L_2	47nH	33nH

12.10.2 433.92MHz TPMS 用 PCB 螺旋天线设计实例

TPMS（Tire Pressure Monitoring System，汽车轮胎压力监视系统）发射天线工作频率为 433.92MHz，信号收发距离小于 10m，安装在轮胎内部的胎压检测模块上。目前比较常用的 TPMS 天线类型有倒 F 型螺旋天线和小型环形天线。倒 F 型螺旋天线性能较好，但占用空间大。小型环形天线体积虽小，但发射效率低。一个 TPMS 用 PCB 螺旋天线[210]如图 12-60 所示，仿真优化后的天线参数：L 为金属导线长度，L=14.8mm；S 为相邻导通孔的中心距离，S=1.8mm；W 为金属导线宽度，W=0.5mm；R_1 为小导通孔直径，R_1=0.5mm；R_2 为大导通孔直径，R_2=1.4mm；D 为焊盘宽度。D=0.3mm。实物尺寸为 20mm×16.7mm×10mm。仿真得到的天线方向图具有良好的全向性由于天线阻值较小，约为 3.58Ω，因此需要外接匹配电路与 50Ω 输入阻抗相匹配，如采用 T 型匹配电路。

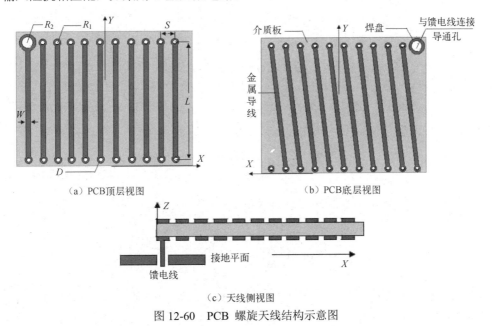

(a) PCB顶层视图   (b) PCB底层视图

(c) 天线侧视图

图 12-60 PCB 螺旋天线结构示意图

设计制作的天线具有良好的全向性，加入匹配网络后，在工作频率 433.92MHz 处的回波损耗值约为-40dB，能够满足 TPMS 发射天线的性能要求。

12.10.3　915MHz PCB 环形天线设计实例

1. 环形天线结构与等效电路

如图 12-61 所示的环形天线具有差分馈入端。如图 12-62 所示，也可以将接地平面作为

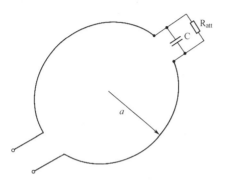

图 12-61　差分馈入的环形天线

此环路的一部分，构成一个单端馈入的环形天线[211]。图 12-62 中的小箭头指示了电流流经环路的方向。在接地平面上，电流主要集中于地表面。因此，如图 12-62 所示的天线结构的电性能与如图 12-61 所示的差分馈入环路类似。

若环路中的电流恒定，则可以将环路看作感应系数（Inductance）为 L 的辐射电感，此时，L 是绕线或 PCB 导线的电感值。此电感 L 与电容 C 一并构成了谐振电路。一般情况下，附加的电阻可降低天线的品质因数，并使得天线对元件的容差有更好的容忍度，但添加的电阻也将消耗一定的能量并降低天线的效率。

小型环形天线的等效电路如图 12-63 所示。

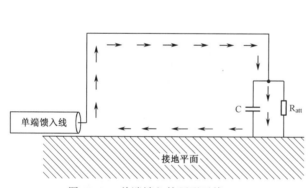

图 12-62　单端馈入的环形天线

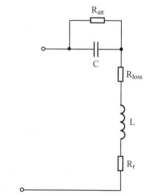

图 12-63　小型环形天线的等效电路

图 12-63 中的参数值可由下面几式计算：

$$R_{loss} = \frac{V}{2w} \times \sqrt{\frac{\pi f v_0}{\sigma}} + R_{ESR} \tag{12-10}$$

$$L = \mu_0 a \left(\ln\left(\frac{a}{b}\right) + 0.079 \right) \quad （环形天线） \tag{12-11}$$

$$L = \frac{2 \times \mu_0}{\pi} a \left(\ln\left(\frac{a}{b}\right) - 0.774 \right) \quad （矩形天线） \tag{12-12}$$

$$R_r = \frac{A^2}{\lambda^4} 31.17 \,(k\Omega) \tag{12-13}$$

在上面的计算公式中，所采用的圆形环路的半径为 a。若采用矩形环路，假设矩形环路的边长为 a_1 及 a_2，则 $a = \sqrt{a_1 a_2}$ 的环形天线大约等效于边长为 a_1 及 a_2 的矩形天线。

用于构建环路的绕线长度（周长）称为 U。对于圆形环路来说，$U=2\pi a$；对于正方形环路来说，$U=4a$。

在计算感应系数时，绕线半径 b 是必需的，此处的 b 是用于构建天线的实际绕线直径的 1/2。而在很多时候，环形天线是通过 PCB 上的导线实现的，此时可采用 $b=0.35 \times d + 0.24 \times w$ 进行计算，式中的 d 是 PCB 铜线层的厚度，w 是 PCB 导线的宽度。

环形天线的辐射阻抗较小，其典型值小于 1Ω。损耗电阻 R_{loss} 包含了环路导体的电阻损耗及电容的损耗（等效串联电阻以 ESR 表示）。通常情况下，电容的等效串联电阻是不能被忽视的。铜箔片的厚度无须纳入损失电阻的计算中，因为由于趋肤效应（Skin Effect），电流将局限于导体的表面。

环路的电感 L（绕线的电感）与电容 C 构成了串联谐振电路。该谐振电路的 LC 比率较大，且具有较高的品质因数（Q），从而使得天线对元件的容差较为敏感。这也是时常附加衰减电阻 R_{att} 以降低 Q 值的原因。

为了描述 R_{att} 对环形天线的影响，可对电路进行并串转换，并采用等效串联电阻 R_{att_trans} 表示。R_{att_trans} 取决于电容及环路几何尺寸的可接受容差。

最大可用品质因数可通过电容容差 $\Delta C/C$ 计算得出，即

$$Q = \frac{1}{\sqrt{1 + \dfrac{\Delta C}{C}} - 1} \tag{12-14}$$

转化得到的串联衰减电阻为

$$R_{att\_trans} = \frac{2\pi f L}{Q} - R_r - R_{loss} \tag{12-15}$$

环形天线效率为

$$\eta = \frac{R_r}{R_r + R_{loss} + R_{att\_trans}} \tag{12-16}$$

在大多数的情况下，辐射电阻远小于损失电阻及转换衰减电阻，使得效率极为低下。在此类情况下，效率约为

$$\eta = \frac{Q R_r}{2\pi f L} \tag{12-17}$$

式中，R_r 取决于环路面积（对于圆形环路来说，面积为 πa^2；对于正方形回路来说面积为 a^2，而对于长方形回路来说，面积为 $a_1 a_2$）。

在此假设容差为 5%。导线宽度为 1mm，铜箔片的厚度为 50μm，分析小型环形天线的效率相对于其直径的变化可见，上述两参数对效率的影响极其微弱，效率主要取决于衰减电阻 R_{att}。与所预想的情况一致，效率将随直径增大而提高。

2. 915MHz 环形天线设计实例

一个适合 TRF4903/TRF6903 的 915MHz 环形天线设计实例[211]如图 12-64 所示，其回路

宽度为 25mm，高度为 11.5mm，导线宽度为 1.5mm，铜厚度为 50μm。根据前面介绍的公式，可以得到 L=40.9nH，R_r=0.22Ω，而且在 915MHz 谐振时需要的电容是 0.74pF。有关 TRF4903/TRF6903 的更多内容请登录相关网站查询。

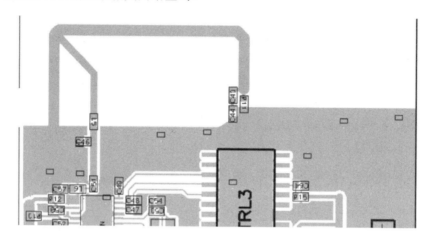

图 12-64　915MHz 环形天线设计实例

12.10.4　紧凑型 868MHz/915MHz 天线设计实例

一个适合 TI 公司 CC11*xx* 和 CC430 系列收发器和发射器使用的紧凑型 868MHz/915MHz 天线如图 12-65 所示。其尺寸为 8.5mm×7.8mm[212]。紧凑型 868MHz/915MHz 天线各部分详细尺寸见文献[212]。

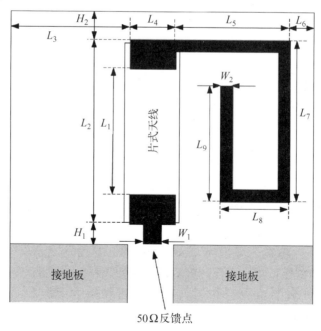

图 12-65　紧凑型 868MHz/915MHz 天线

12.10.5　2.4GHz F 型 PCB 天线设计实例

一个适合 MC13191/92/93 收发器芯片[214]的 2.4GHz F 型 PCB 天线设计实例如图 12-66 所示，在图 12-66 中的 PCB 基材 FR-4 被除去一部分。有关 MC13191/92/93 芯片的更多内容请登录相关网站查询。

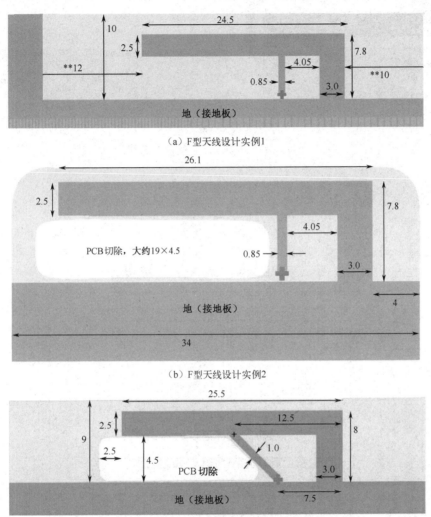

（a）F 型天线设计实例1

（b）F 型天线设计实例2

（c）F 型天线设计实例3

图 12-66　F 型天线结构示意图（单位：mm）

12.10.6　2.4GHz 倒 F 型 PCB 天线设计实例

一个适合 TI 公司 CC24xx 和 25xx 系列收发器和发射器使用的 2.4GHz 倒 F 型 PCB 天线如图 12-67 所示。其典型效率为 80%（EB）、94%（SA），带宽为 280MHz @ VSWR 2:0，尺寸为 26mm×8mm[215]。2.4GHz 倒 F 型 PCB 天线各部分详细尺寸见文献[215]。

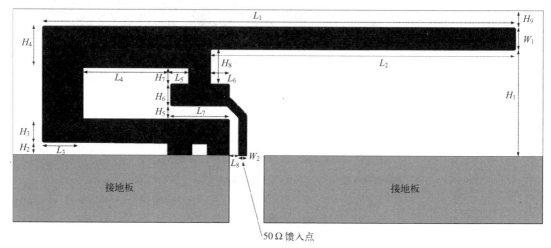

图 12-67　2.4GHz 倒 F 型 PCB 天线

12.10.7　2.4GHz 蜿蜒式 PCB 天线设计实例

一个适合 STM32W108 系列 2.4GHz PCB 天线设计实例[217]如图 12-68 所示，采用蜿蜒式微带天线设计形式。PCB 天线的设计对布局、PCB 材料的电气参数是十分敏感的，应尽可能接近所推荐使用布局形式。推荐采用的基板参数如表 12-10 所示。

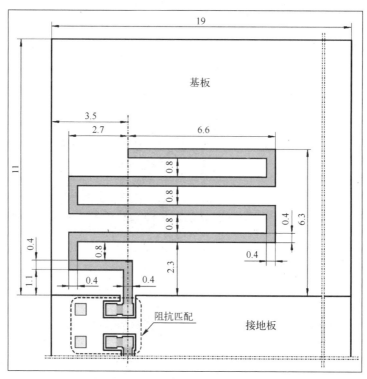

（a）蜿蜒式（Meander）PCB天线（单位：mm）

图 12-68　2.4GHz 蜿蜒式 PCB 天线设计实例

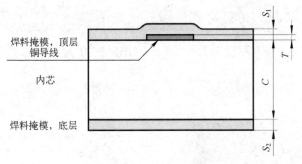

（b）在天线区域的PCB截面图

图 12-68　2.4GHz 蜿蜒式 PCB 天线设计实例（续）

表 12-10　推荐采用的基板规格

层	尺寸			相对介质常数ε_r
	标签	数值		
焊料掩模，顶层	S_1	0.7mil	17.78μm	4.4
铜导线	T	1.6mil	40.64μm	…
内芯	C	28mil	711.2μm	4.4
焊料掩模，底层	S_2	0.7mil	17.78μm	4.4

12.10.8　2.4GHz 全波 PCB 环形天线设计实例

一个适合 MC13191/92/93 收发器芯片[214]的 2.4GHz 全波 PCB 环形天线设计实例如图 12-69 所示，环的边长为 14mm，导线宽带为 3mm，加感线圈电感为 3.9nH，阻抗为 200Ω。

12.10.9　2.4GHz PCB 槽（Slot）天线设计实例

一个适合 MC13191/92/93 收发器芯片[214]的 2.4GHz 槽（Slot）天线设计实例如图 12-70 所示。PCB 基材可以使用酚醛塑料（Pertinax）和 FR-4。所设计的槽（Slot）天线的长度为 26mm，宽度为 5mm，槽长度为 23mm，槽宽度为 0.6mm，馈电点为 2.7mm（离短边），阻抗大约为 200Ω。

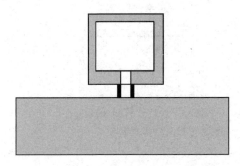

图 12-69　全波环形天线设计实例

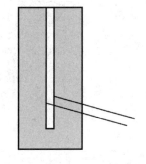

图 12-70　一个槽（Slot）天线设计实例

12.10.10　2.4GHz PCB 片式天线设计实例

适合 MC13191/92/93 收发器芯片[214]的 2.4GHz PCB 片式天线设计实例如图 12-71 和图 12-72 所示。

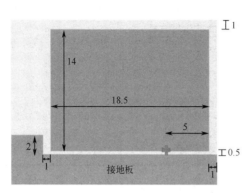

图 12-71　片式天线设计实例 1（单位：mm）

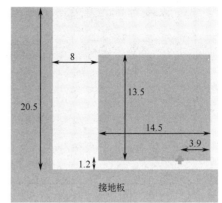

图 12-72　片式天线设计实例 2（单位：mm）

12.10.11　2.4GHz 平面印制定向圆极化天线设计实例

一个 WLAN 2.4GHz 频段应用的平面印制定向圆极化天线结构[220]如图 12-73 所示，具体参数见文献[220]。天线主要包含两个部分，一个部分为印制于上层介质基片的辐射结构和馈线结构；另一部分为下层印制反射板，上、下两部分通过四根塑料柱作为支撑。主辐射体为下层具有双环形缝结构的表面印制金属，介质基片的上层表面为印制微带馈线，在中心馈点处通过外接特性阻抗为 50Ω 的同轴线对天线进行馈电。上层辐射源与下层反射板之间的间距为 h，在中心频点处，应取其值为 1/4 空间波长，以此来获得最大增益。上层辐射结构印制于厚度为 h_1 的 FR-4 介质板上，其相对介电常数为 4.4，损耗角正切值为 0.02。下层反射板为双面金属印制的 TP-2 介质基片，相对介电常数为 6.0，损耗角正切为 0.001。通过在对角线上加载细缝和引入切角等微扰手段，使天线激励起两个等幅正交且相差为 90° 的谐振模式，从而得到了希望的圆极化带宽。

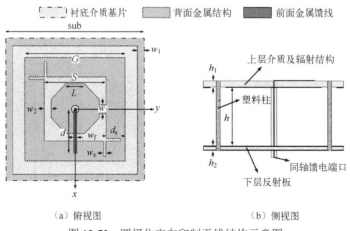

（a）俯视图　　　　　　　（b）侧视图

图 12-73　圆极化定向印制天线结构示意图

实测结果表明，天线回波损耗小于-10dB 的带宽为 1.795～2.515GHz，百分比带宽为 36.6%，3dB 轴比带宽为 5.92%（2.358～2.502GHz），增益大于 2dBi。

12.10.12　2.4GHz 和 5.8GHz 定向双频宽带印制天线设计实例

一个 2.4GHz 和 5.8GHz 定向双频宽带印制天线结构[220]如图 12-74 所示，天线馈电端口采 50Ω 的共面波导（CPW）传输线。Ant-A 为初始原型，包含一个环形地结构和一个中心馈电带线结构。Ant-A 只在 2.4GHz 附近获得了较宽的谐振特性，且反射系数还需要进一步优化。在高频波段，特别是在所关心的 5.8GHz 频带内，不具有谐振模式。为了获得高频谐振特性，Ant-B 在 Ant-A 的基础上通过增加了一个 C 形带线，不仅调节了低频阻抗匹配状态，而且进一步地还获得了高频谐振模式，其在高频波段的-10dB 阻抗带宽为 9.9%（5.47～6.04GHz），然而，对于宽带天线来说，这个阻抗工作带宽是不够的，还需要进一步展宽。因此，Ant-C 在 Ant-B 的基础上，在背面进一步地增加了另一个 C 形带线，对天线的高频带宽进行必要地展宽。最终，天线可以获得的-10dB 双频阻抗带宽分别为 17.5%（2.14～2.53GHz）和 21.6%（5.32～6.5GHz），工作频率完全覆盖 WLAN 的 2.4GHz 和 5.8GHz 频带。进一步的设计是采用蘑菇型的周期性 EBG 结构作为天线反射器，使其在两个宽频范围内实现了定向辐射。结果表明，天线回波损耗小于-10dB 的带宽分别为 34%（1.83～2.58GHz）和 12.2%（5.62～6.35GHz），低频增益大于 5dBi，高频增益大于 9dBi。

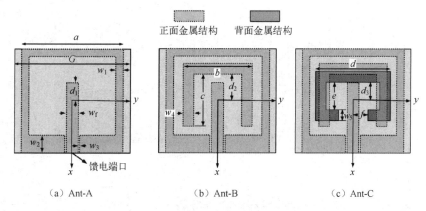

（a）Ant-A　　　　　　　　（b）Ant-B　　　　　　　　（c）Ant-C

图 12-74　2.4GHz 和 5.8GHz 定向双频宽带印制天线结构示意图

各天线参数的优化值为 G=50mm、h_1=1.6mm、h_2=4.4、h=10mm、a=42mm、b=28.5mm、c=20.5mm、d=30mm、e=13.5mm、f=6.5mm、d_1=8mm、d_2=10.5mm、w_1=4mm、w_2=7.5mm、w_3=1mm、w_4=3.5mm、w_5=3.5mm、w_f=4mm。

12.10.13　准自补型小型化超宽带天线设计实例

一个具有花瓣形边界的准自补型天线[222]如图 12-75 所示。此款天线采用高频仿真软件（HFSS 15.0）进行仿真设计，采用介质损耗较 FR-4 低的 Rogers 4350 介质基板制作。优化设计得到天线物理尺寸为 9mm×17mm×1mm，各部分具体尺寸参数见文献[222]。天线的工作频段为 3.21～11GHz。

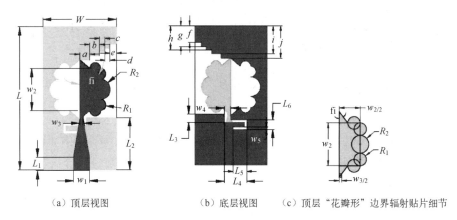

（a）顶层视图　　　（b）底层视图　　　（c）顶层"花瓣形"边界辐射贴片细节

图 12-75　具有花瓣形边界的准自补型天线结构图

12.10.14　六陷波超宽带天线设计实例

一个新型的六陷波超宽带天线和谐振结构[223]如图 12-76 所示，通过在辐射贴片上添加一个 T 形谐振枝节、一个弯枝节，开一个 U 形槽，馈线附近引入 C 形枝节、反 C 形枝节和在地板上开一对对称的 L 形槽，实现了六陷波特性，有效地抑制了窄带系统和超宽带系统之间的相互干扰。

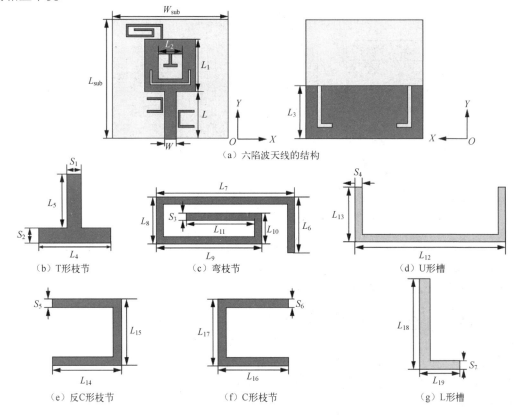

（a）六陷波天线的结构

（b）T形枝节　　　（c）弯枝节　　　（d）U形槽

（e）反C形枝节　　　（f）C形枝节　　　（g）L形槽

图 12-76　六陷波超宽带天线和谐振结构

通过研究六个陷波结构的尺寸对天线陷波特性的影响，可以设计出所需频段陷波的超宽带天线。整个设计过程中陷波结构的调节顺序，按照先调影响天线陷波的个数多的结构，再调影响天线陷波个数少的结构的原则。优化后天线的各部分具体参数参考文献[223]。制作天线的材料为聚四氟乙烯，相对介电常数为 3.5，厚度为 1.5mm。该天线是一款能够对 2.3～2.7GHz、3.3～3.7GHz、4.5～5GHz、5.5～5.9GHz、7.2～7.7GHz 和 8～8.5GHz 这 6 个频段陷波的超宽带天线，有效地抑制了微波互联网 WIMAX（2.3～2.4GHz、2.5～2.69GHz、3.3～3.8GHz）、无线局域网 WLAN（2.4～2.484GHz、5.15～5.825GHz）、国际卫星波段（4.5～4.8GHz）、卫星 X 波段（7.25～7.75GHz）和国际电信联盟（ITU）波段（8.01～8.5GHz）与超宽带系统之间的相互干扰。

12.11　加载 EBG 结构的微带天线设计

12.11.1　利用叉型 EBG 结构改善天线方向图

一种采用叉型 EBG 结构的 7.5GHz 基于叉型电磁带隙结构的微带天线[224]如图 12-77 所示，它由四部分构成，最下层是金属接地板，中间依次是介质层和金属连接柱，最上层是小金属贴片。叉型单元之间的缝隙可以提供额外的电容，而且在不改变贴片大小的情况下，通过改变单元金属片伸入相邻单元缝隙的长度来调节禁带频率。伸入缝中的金属片越长，可使禁带越向低频移动，这大大方便了产生不同频段禁带的要求[225]。

在图 12-77 中的结构中，设计参数为 $D = 0.5\text{mm}$、$W = 5\text{mm}$、$S = 1\text{mm}$、$S_1 = 1\text{mm}$、$G = 0.5\text{mm}$、$L_p = 4\text{mm}$，这些结构参数通常不需要细致地调节变化。其中，L_s 的取值对禁带位置有很大影响[149]，是天线设计的重要参数之一，需要通过仿真来进行优化调整，在此取为 3mm。

辐射贴片和叉型 EBG 结构在介质层上表面，金属柱用来连接 EBG 金属片和反射接地板。通过这种结构形成的电磁禁带来抑制向辐射贴片四周传播的表面波，以此来提高辐射贴片法向的辐射能量。在图 12-77（d）中，a 是 EBG 结构与贴片间的距离，b 是叉型 EBG 的宽度，c 是 EBG 单元间距，以使整个天线更加紧凑。经过不同参数的仿真和比较，确定 a、b、c 各参数分别取 1.8mm、3mm、1.5mm 等较小数值。

同轴馈电方式的微带天线结构由最上层的辐射贴片、中间的介质和最下层的反射接地板组成，馈点离中心的距离为 L_1，辐射贴片的长度为 L_2，介质及反射基板的长度 $L_3 = 56\text{mm}$，介质层的相对介电常数为 2.55，为使结构简洁且方便优化，取贴片为正方形，介质和反射板也为正方形，贴片在介质层中心，馈点在水平轴 x 方向上。

L_1 的长度可以由复杂的公式计算出，但计算的结果不精确，需要进行优化，可以采用仿真的方法来获取最优值。天线中心频率设计为 7.5GHz，由 $L_2 = \lambda_g / 2 = \lambda 2\sqrt{\varepsilon}$，经过计算，得到贴片的长度初始值 $L_2 = 12\text{mm}$，其中 λ_g 是介质中的波长。考虑加工厚度不是连续值，为实现低剖面和易于加工，取介质层的高度 $h = 2\text{mm}$。

仿真和实验证明：与普通微带天线相比，EBG 结构能够提高天线的增益，改善天线的方向图，而且采用叉型 EBG 结构比正方形结构所设计的天线体积更小。

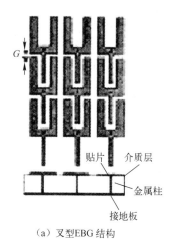

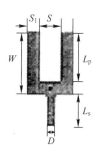

（a）叉型EBG结构

（b）单元结构

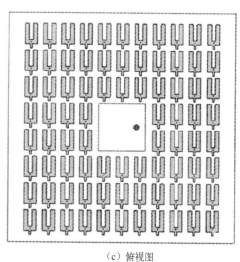

（c）俯视图

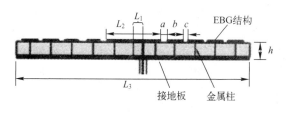

（d）侧视图

图 12-77　基于叉型 EBG 结构的微带天线

12.11.2　利用电磁带隙结构实现锥形方向图

利用一种简单的金属刻蚀型电磁带隙结构置于天线顶部来实现天线的锥形辐射方向图[226]。天线由两部分组成：一是普通的矩形贴片天线，另一部分是 EBG 覆盖结构，如图 12-78 所示。

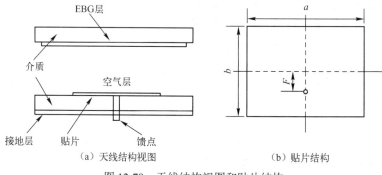

（a）天线结构视图　　　　　　（b）贴片结构

图 12-78　天线结构视图和贴片结构

基于矩形贴片天线的设计计算公式，通过计算机计算并经仿真软件优化得到：在厚度 $h=$ 0.8mm、相对介电常数 ε_r=2.78 的介质基片上，5GHz 矩形微带天线贴片及馈点的参数分别为 $a = 21.8$mm、$b= 17.6$mm、$F = 3.07$mm。设计的天线工作频率在 5GHz，实际测得的天线谐振点在 5.07GHz。

图 12-79 是 EBG 晶格分布及单个晶格的结构。在单个晶格中，缝隙呈容性，细线呈感性，每一个晶格形成一个由电容和电感组成的并联谐振回路，因此它会对处在谐振频率上的电磁波呈现最大的阻抗特性，形成阻带，阻碍电磁波的传播。将这种结构置于天线的上层，将对天线辐射电磁波的分布产生影响。我们用这样的结构来实现天线辐射的锥形方向图。

 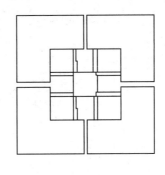

（a）EBG晶格分布　　　　　　　　（b）EBG晶格结构

图 12-79　EBG 晶格分布及单个晶格的结构

这种天线的方向图和反射损耗还与EBG结构的悬置高度有关。

在悬置高度为 20mm 时，测试结果表明，对比覆盖前后的方向图可以看出，覆盖后天线的方向图呈锥形，天线的波束大大展宽。但是，天线的背瓣变大，这是这种锥形方向图天线的缺点。悬置高度对天线的 E 面方向图影响不大，但对 H 面的影响很大。悬置高度越大，H 面越能呈现锥形结构，同时相对电平逐渐减小。通过调整悬置高度，可以实现不同的锥形方向图结构。

实验结果表明，这种简单的金属刻蚀型电磁带隙覆盖微带天线能实现特殊的锥形方向图，同时天线的带宽和反射损耗都有所改善，天线的增益基本不变。

12.11.3　利用级联电磁带隙结构减少双频微带天线的互耦

一种均匀面片尺寸的图钉形电磁带隙结构只能实现一个表面波带隙，而将不同参数的图钉形电磁带隙结构级联可以实现多个或宽带的表面波带隙。利用不同金属面片尺寸的图钉形电磁带隙结构级联的方法实现双带的表面波带隙。设计两种均匀的电磁带隙结构，使其带隙范围分别覆盖天线的两个工作频带，然后将这两种结构级联起来，加载于两个缝隙天线单元之间。仿真分析和实验结果表明，级联型的电磁带隙结构可以有效抑制表面波，在两个频率带内同时减小互耦[227]。

利用两个靠近且平行于辐射边的细长缝隙加载的平面天线实现双频工作[228]，如图 12-80

所示。缝隙加载微带天线通过天线长边和缝隙辐射的 TM10 模式和 TM30 模式实现双频工作。

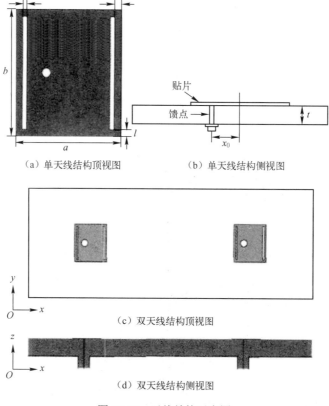

（a）单天线结构顶视图　　　　　（b）单天线结构侧视图

（c）双天线结构顶视图

（d）双天线结构侧视图

图 12-80　天线结构示意图

在图 12-80（a）中，天线的结构参数为 a= 8mm、b= 10mm、d = 0.4mm、w = 0.4mm、l= 0.3mm、t= 2mm、x_0 = 1.5mm、ε_r = 10.2。如图 12-80（c）所示，将两天线沿 E 面排列，单元间距为 45.8mm，介质基板总体尺寸为 91.6mm×49.0mm。

测试表明该天线有两个谐振频率，分别为 4.55GHz 和 7.50GHz。在两个谐振频率附近，天线之间的互耦强度都很大，分别为-17.91dB 和-18.83dB。可见在高介电常数介质板的情况下，表面波的作用将使 E 面耦合微带天线产生强烈的互耦。因此，需要双频带的 EBG 结构来减小天线之间的互耦。

Liang Le 等人曾利用不同过孔半径级联的方法实现宽带的电磁带隙结构[229]。因此，可以利用级联思想实现双带的表面波带隙并将其应用于双频微带天线上以减小天线间的互耦。

为了实现双带的表面波电磁带隙结构，抑制双频微带天线的互耦，利用不同的单元贴片边长，设计两个频带不同的表面波带隙，使其分别覆盖天线的两个工作频率，结构参数如下。

EBG 结构 1：w_1 = 5.2mm，g = 0.5mm，t = 2mm，r = 0.3mm，ε_r= 10.2。

EBG 结构 2：w_2 = 2.2mm，g = 0.5mm，t= 2mm，r = 0.3mm，ε_r= 10.2。

为了准确分析 EBG 结构的表面波带隙，分析采用无限周期的单元模型，利用基于有限元算法的电磁仿真软件 Ansoft HFSS。不同的面片尺寸 EBG 结构 1 和 EBG 结构 2 的表面波带隙范围分别为 3.97～5.05GHz 和 7.138～8.943GHz。

　　一种均匀的 Mushroom like EBG 结构只能在双频天线的一个工作频段内起表面波抑制作用，而无法同时覆盖天线的两个工作频带。因此，可以考虑将两种 EBG 结构级联起来，使两种 EBG 结构分别抑制其各自带隙范围内的表面波，从而同时减小双频天线在两个工作频带的互耦。将两种 EBG 结构级联加载于两天线之间，天线之间间距为 60mm，其他参数保持不变，如图 12-81 所示。

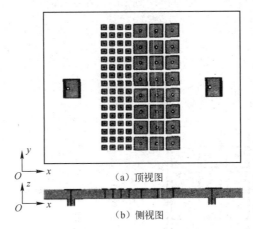

（a）顶视图

（b）侧视图

图 12-81　将两种 EBG 结构级联加载于两天线之间

　　分析表明两天线阵列加载级联型 EBG 结构后，天线在 4.39GHz 处出现明显的带隙特性，EBG 结构 1 的谐振频率发生偏移是由于级联后两种 EBG 结构间的相互耦合造成的。因此，调整后的两种 EBG 结构的尺寸如下。

　　EBG 结构 3：w_3 = 5.0mm，g= 0.5mm，t= 2mm，r= 0.3mm，ε_r= 10.2。

　　EBG 结构 4：w_4 = 2.4mm，g= 0.5mm，t= 2mm，r= 0.3mm，ε_r= 10.2。

　　对在两天线中加载调整尺寸的级联型 EBG 结构重新计算，结果表明从天线的反射系数曲线来看，天线的两个谐振频率在加载级联型 EBG 前后基本都没有变化。而天线在两个工作频带的互耦特性都得到了明显的改善：在 4.55GHz 处，天线的互耦由-21.92dB 减小为-35.54dB，减小了约 14.00dB；在 7.50GHz 处，天线的互耦也由-20.49dB 减小为-31.24dB，减小了近 11.00dB。而天线在两个工作频带范围内（-10dB 带宽），互耦都基本小于-30dB。在两双频天线间加载级联型的 EBG 结构，可以同时降低天线在两个工作频带的互耦，有效地改善了天线的性能。

12.11.4　利用电磁带隙结构改善微带天线阵性能

　　本设计采用了一种新的 EBG 加载方式，将 EBG 结构放置在微带天线阵底部[230]，用 EBG 结构代替微带天线的金属底面。利用 EBG 结构正方形贴片产生寄生电容，能改善天线的谐振特性，展宽天线工作频带。由于 EBG 结构的表面波带隙特性，天线阵辐射能量向前集中，使天线阵获得高的增益。同时天线阵单元间的互耦系数也能得到有效降低，有利于改善微带天线阵列的扫描特性，可以大大提高天线阵的性能。

1．EBG 结构设计

本设计采用的 EBG 结构为 Sievenpiper 提出的 Mushroom 结构，它是由一组金属贴片在介质基板上排列得到的，金属贴片通过每个贴片中心的垂直导电孔与介质基板下面的金属板地面相连，其结构如图 12-82 所示。这种结构可由并联 LC 等效电路模型等效，在谐振频率附近并联 LC 电路的阻抗为无穷大，形成表面波的频率带隙。表面波带隙的中心频率即并联 LC 电路的谐振频率。由估算的等效电容和电感可得到 EBG 结构的谐振频率，单元等效参数为[231]

$$C = \frac{p(\varepsilon_1 + 1)\varepsilon_0'}{\pi} ar\cos\left(\frac{w}{g}\right) \tag{12-18}$$

$$L = \mu t \ 谐振频率 \ \omega_0 = 1/\sqrt{LC}$$

式中，p 为贴片单元周期长度；w 为正方形贴片单元边长；g 为贴片单元间隔；t 为介质板厚度，ε_1 为介质板相对介电常数；ε_0' 为等效介电常数。

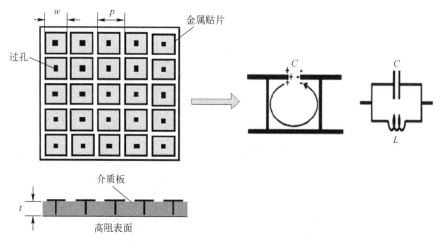

图 12-82　EBG 结构示意图及等效电路

所设计的微带天线阵工作频带为 5.92～6.15GHz，设计出 EBG 结构表面波带隙应覆盖这个频带。根据以上等效公式计算并通过优化，得到所设计 EBG 结构参数为：采用基板相对介电常数 ε_r=2.65，厚度 $t = 1.5$mm，贴片单元周期 $p = 8$mm，贴片单元长度 $w = 7$mm，过孔直径为 0.6mm。从采用 HFSS 8 软件对 EBG 结构进行仿真得到的能带图中，可以看出所设计 EBG 结构在 5.35～6.98GHz 存在表面波带隙。

EBG 结构表面波传输特性的测量系统利用矢量网络分析仪作为核心仪器，采用同轴探针作为表面波的激励和接收装置。测量时将两个同轴探针放置在高阻表面两端，通过测量其传输参数就可以清楚地显示高阻电磁表面的表面波传输状况。对制作的 EBG 结构样品进行测量，测量结果与仿真结果基本一致，在 5.29～6.91GHz 存在明显的表面波带隙。这样设计出的 EBG 结构能够满足设计要求。

2．加载 EBG 结构的微带天线阵

设计的普通天线阵结构采用介质板厚度 $t = 1.5$mm，相对介电常数为 2.65，矩形贴片长度 $l = 14.4$mm，宽度 $w = 9.2$mm，两个单元间的间距为 33mm，天线阵列采用同轴馈电方式。采

用 HFSS 8 仿真优化，馈电点选择在距离边缘 5mm，微带天线阵整体尺寸为 120mm×65mm。在阵列天线中，天线的辐射特性特别是旁瓣电平将受到阵元间互耦影响。

加载 EBG 结构的微带天线阵如图 12-83 所示，其结构包含两个部分，上层天线介质基片仅有矩形金属贴片，没有金属底板，贴片尺寸与普通天线阵一样，下部分为 EBG 结构，置于微带阵之下替代原阵列的金属底板，天线阵整体厚度为 3mm，两块介质基板整体尺寸均为 120mm×65mm。两个贴片之间放置了 3 个 EBG 贴片单元。天线阵由一分二功率分配器对天线单元实现馈电，馈电方式为底部同轴馈电。EBG 结构的应用使天线单元的谐振位置发生了改变，通过计算和测试，对两个天线单元的馈电点进行调整。

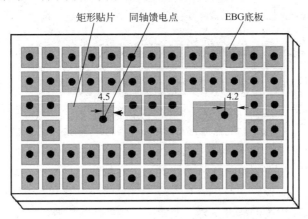

图 12-83　以 EBG 结构为衬底的微带天线阵

测试结果表明，天线单元带宽从 3.81%提高到 8.86%，在工作频带内天线阵增益都在 10dB 以上，同时天线单元间的耦合系数也得到有效降低。

12.11.5　DL-EBG 结构 WLAN 频段微带天线

一个构成 WLAN 微带天线的 DL-EBG（Double L EBG，双 L 型 EBG）结构和微带天线贴片[232]如图 12-84 所示。在图 12-84 中，DL-EBG 的参数如下为 w=3mm、r=0.1mm、g=0.3mm、ε_r=4.4(FR-4)、t=2mm、l_1= w_1=1.8mm、w_2=0.3mm。微带天线的辐射贴片如图 12-84（b）所示，其尺寸为 $L×W$，贴片上开槽尺寸分别为 $L_1×W_1$、$L_2×W_2$、$L_3×W_3$。微带贴片设计参数如表 12-11 所示。

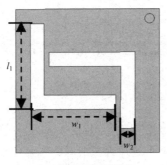

（a）DL-EBG结构

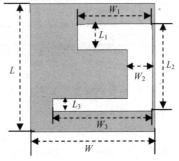

（b）辐射贴片尺寸参数

图 12-84　DL-EBG 结构和微带天线辐射贴片

表 12-11　天线贴片设计参数

L	W	L_1	W_1	L_2	W_2	L_3	W_3
10	10	2	6	6	2	1	8

将 DL-EBG 结构加载于微带贴片周围构成 EBG 微带天线，系统的整体尺寸为 29.4mm×29.4mm，介质基板厚度 H=2mm。

运用 HFSS 进行建模仿真，结果表明 DL-EBG 结构的微带天线有 5.10GHz、5.30GHz、5.60GHz 和 5.70GHz 4 个谐振点，工作频段为 5.02～5.98GHz，带宽为 960 MHz，比未加载 EBG 结构的微带天线增加了 380MHz，完全覆盖了 WLAN 系统的 5G 频段。

12.11.6　60GHz EBG 结构的低剖面宽频天线

一种 60GHz 频段的基于 EBG 结构的低剖面宽频天线[233]如图 12-85 和图 12-86 所示。图 12-85 采用双层 PCB 结构，微带缝隙耦合馈电，天线由 16 块缝隙容性加载的正方形结构构成，为了增加天线带宽，最外侧的正方形结构优化为牙齿形状。为了进一步降低天线剖面，图 12-86 采用单层 PCB 结构，CPW 馈电，天线基本同方案一结构，但每块正方形结构中心位置增加金属化通孔，形成类似蘑菇形天线结构。两种方案天线工作在 60GHz，实现了 20% 的工作带宽，带内最高的天线增益 10dBi，天线剖面分别只有 0.2mm（0.03λ_0）和 0.15mm。该天线非常适合毫米波频段的 AiP 天线，适合于低成本的大规模生产，可广泛 60GHz WiGi 系统和未来的 5G 毫米波通信系统中。

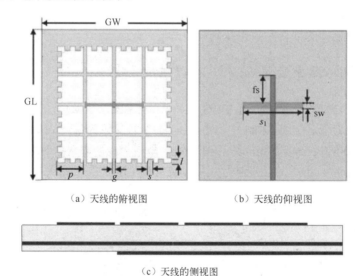

（a）天线的俯视图　　　　　　（b）天线的仰视图

（c）天线的侧视图

图 12-85　双层基板结构

天线制作采用相对介电常数为 3.55 的基板，天线层厚度为 0.15mm。天线馈线层相对介电常数为 2.2，厚度为 0.05mm。天线单元采用 4×4 的缝隙容性加载的正方形结构，正方形块边长为 p，单元间间距为 g。最外侧的单元采用牙齿形周期渐变结构，宽度为 s，长度为 l。各参数如表 12-12 和表 12-13 所示。

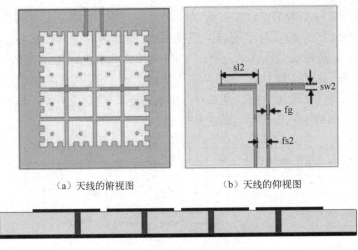

（a）天线的俯视图　　　　　　　（b）天线的仰视图

（c）天线的侧视图

图 12-86　单层基板结构

表 12-12　双层基板结构各参数值

参数	GW	GL	p	g	s
数值（mm）	5.4	5.4	3.9	0.1	1.8
参数	fs	sl	sw	l	
数值（mm）	1	2	0.2	0.1	

表 12-13　单层基板结构各参数值

参数	GW	GL	p	g	s
数值（mm）	5.4	5.4	3.9	0.1	1.8
参数	fs2	sl2	sw2	fg	ϕ
数值（mm）	0.4	1.1	0.2	0.1	0.15

12.12　射频系统的电源电路 PCB 设计

12.12.1　射频系统的电源管理

智能手机是一个典型的射频系统。在智能手机中的 PDN（Power Distribution Network，电源分配网络）负责管理电池和为手机内各功能单元提供供电，如图 12-87 所示，可能包含有一个升压型开关调节器（转换器），用来将电池电压提升到适合 RF 功率放大器（RFPA）要求的电压值。新型的低电压 ASIC（MCU）可能需要一个降压型开关调节器（转换器）供电，其余的射频和模拟电路可采用线性 LDO（低压差）稳压器供电。各种调节器可由系统微处理器控制启动，根据系统要求有选择地工作[234-235]。

在智能手机中，所有的电路都采用一个电池供电。高速数字处理器、射频收发电路、音频等电路的工作方式不同，供电要求也不同，这给电源管理设计提出了极为苛刻的要求。目前，在大多数智能手机中都有一个电源管理 IC（PMIC），或者称为电源管理单元（PMU）。PMU 承担着大部分供电任务和一些其他单元功能，如接口或音频。一些占市场主导地位的模拟半导体厂商提供 PMU 的定制、半定制和/或标准器件。一个电源管理 IC 的结构方框图如图 12-88 所示。

在智能手机等手持设备中，给射频功率放大器（RFPA）供电一直是一个比较难的设计，因为一方面需要提高 RFPA 的工作效率用来延长电池的工作时间，另一方面又不能在提高工作效率的同时降低 RFPA 的工作性能，所以必须为其提供一个满足要求的高效直流电源。常规的方式是将 RFPA 的电源端与电池直接连接供电，但是这种工作模式会使得 RFPA 的工作效率很低，不能满足高效低功耗要求。例如，TI 公司推出的 SuPA（Supply for Power Amplifier，功率放大器的电源）系列的 DC-DC 产品从工作机理上做了创新，采用平均功率跟踪（Average Power Track）技术和包络跟踪技术（Envelop Tracking），优化 RFPA 工作时的功耗，从而提高功率放大器的工作效率，延长电池的工作时间。

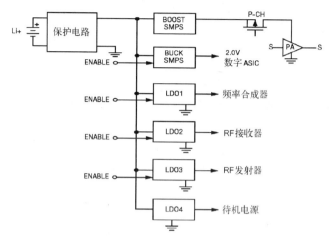

图 12-87　智能手机中的 PDN

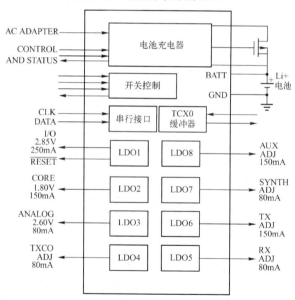

图 12-88　一个电源管理 IC 的结构方框图

12.12.2　用于 RFPA 的可调节降压 DC-DC 转换器 PCB 设计

1. LM3242 的主要特性

LM3242 是一个 DC-DC 转换器[236]，针对使用单节锂离子电池为 RFPA 供电的应用进行了优化，使用一个 VCON 模拟输入设定输出电压以控制 RFPA 的功率水平和效率。

LM3242 由 2.7～2.5V 单节锂离子电池供电运行，可调节输出电压为 0.4～3.6V，具有 750mA 最大负载能力（旁路模式可高达 1A），具有 95%的高效率（在 500mA 输出时，3.9V 输入，3.3V 输出），具有自动 ECO/PWM/BP 模式变化、电流过载保护、热过载保护和软启动功能，可以提供 5 个与所需电流相关的运行模式。

LM3242 采用 9 焊锡凸点无引线芯片级球栅阵列（DSBGA）封装。6MHz 的开关频率允许只使用 3 个外部微型表面贴装元件[一个 0805（2012）电感器和两个陶瓷电容器]。

LM3242 适合电池供电类 3G/4G RFPA、手持无线电、RF PC 卡、电池供电类 RF 器件使用。

2．LM3242 的应用电路

LM3242 的典型应用电路[236]如图 12-89 所示。

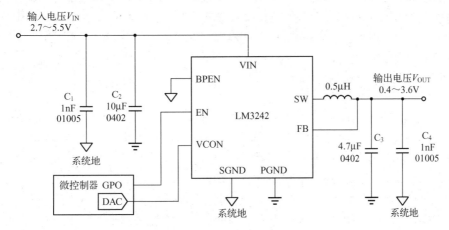

图 12-89　LM3242 的典型应用电路

（1）设定输出电压

LM3242 特有一个由可调输出电压的控制引脚，用来免除对外部反馈电阻器的需要。通过设定 VCON 引脚上的电压 V_{CON}，可以对一个 0.4～3.6V 的输出电压 V_{OUT} 进行设定。计算公式如下：

$$V_{OUT} = 2.5V_{CON} \tag{12-19}$$

式中，当 V_{CON} 电压在 0.16～1.44V 时，输出电压 V_{OUT} 将随之按比例地变为 V_{CON} 的 2.5 倍。

> 注意：如果 $V_{CON}<0.16$V（$V_{OUT}=0.4$V），输出电压有可能无法被正确调节。

（2）FB

在通常情况下，FB 引脚端被接至 V_{OUT}，用来调节最大值为 3.6V 的输出电压。

3．DSBGA 封装的组装和使用

LM3242 采用 9 焊锡凸点无引线芯片级球栅阵列（DSBGA）封装。如 TI 操作说明书 1112 中所述，DSBGA 封装的使用要求专门的电路板布局、精确的安装和仔细的回流焊技术。要获得最佳的组装效果，应该使用 PCB 上的对齐序号来简化器件的放置。与 DSBGA 封装一起使用的焊盘类

型必须为 NSMD（非阻焊层限定）类型。这意味着阻焊开口大于焊盘尺寸。否则，如果阻焊层与焊盘重叠的话，会形成唇缘。防止唇缘的形成可使器件紧贴电路板表面并避免妨碍贴装。

LM3242 所使用的 9 焊锡凸点封装具有 250μm 焊球并要求 0.225mm 焊盘用于电路板上的贴装。走线进入焊盘的角度应该为 90°以防止在角落深处中积累残渣。最初时，进入每个焊盘的走线应该为 7mil 宽，进入长度大约为 7mil 长，来用作散热。然后每条走线应该调整至其最佳宽度。重要的标准是对称。这样可确保 LM3242 上的焊锡凸点回流焊均匀并可保证此器件的焊接与电路板水平。应特别注意用于焊锡凸点 A3 和 C3 的焊盘。由于 VIN 和 GND 通常被连接到较大覆铜区上，不充分的散热会导致这些焊锡凸点滞后或者不充分的回流。

DSBGA 封装针对具有红色或红外不透明外壳应用的最小可能尺寸进行了优化。由于 DSBGA 封装缺少较大器件的塑料密封特点，它对于光照很敏感。背面金属镀层和/或环氧树脂涂层，以及正面印制电路板遮光减少了此敏感性。然而，此封装将裸片边缘暴露在外。特别是 DSBGA 器件对于照射在封装外露裸片边缘的光照（在红色和红外范围内）十分敏感。

建议在 VCON 和针对非标准 ESD 事件或环境和制造工艺的接地之间添加一个 10nF 电容器，以防止意外的输出电压漂移。

4．PCB 布局布线的注意事项

PCB 布局布线对于成功将一个 DC-DC 转换器设计成一个产品十分关键。如果严格遵守建议的布局布线做法，可将接收（RX）噪声基底改进大约 20dB。适当地规划电路板布局布线将优化 DC-DC 转换器的性能并大大降低对于周围电路的影响，而同时又解决了会对电路板质量和最终产品产量产生负面影响的制造问题。

糟糕的 PCB 布局布线会由于造成了走线内的电磁干扰（EMI）、接地反弹和阻性电压损耗而破坏 DC-DC 转换器和周围电路的性能。错误的信号会被发送给 DC-DC 转换器集成电路，从而导致不良稳压或不稳定。糟糕的布局布线也会导致造成 DSBGA 封装和电路板焊盘间不良焊接接点的回流问题。不佳的焊接接点会导致转换器不稳定或性能下降。

在可能的情况下，在功率组件之间使用宽走线并且将多层上的走线对折来大大减少阻性损耗。

（1）降低电磁干扰（EMI）的一些措施

由于自然属性，任何开关转换器都会生成电气噪声，而电路板设计人员所面临的挑战就是尽可能降低、抑制或者减弱这些由转换开关生成的噪声。诸如 LM3242 的高频开关转换器，在几纳秒的时间内切换安培级电流，相关组件间互连的走线可作为辐射天线。以下提供的指南有助于将 EMI 保持在可耐受的水平内。

① 为了降低辐射噪声需要采取的措施。

● 将 LM3242 转换开关及其输入电容器和输出滤波电感器和电容器尽可能靠近放置，并使得互连走线尽可能短。

● 排列组件，使得切换电流环路以同一方向旋转。在每个周期的前半部分，电流经由 LM3242 的内部 PFET 和电感器，从输入滤波电容器流至输出滤波电容器，然后通过接地返回，从而形成一个电流环路。在每个周期的后半部分，电流通过 LM3242 的内部同步 NFET，被电感器从接地上拉至输出滤波电容器，然后通过接地返回，从而形成第二个电流环路。所以同一方向的电流旋转防止了两个半周期间的磁场反向并降低了辐射噪声。

- 使电流环路区域尽可能小。

② 为了降低接地焊盘噪声需要采取的措施。

- 降低循环流经接地焊盘的开关电流：使用大量组件侧铜填充作为一个伪接地焊盘来将 LM3242 的接地焊锡凸点和其输入滤波电容器连接在一起；然后，通过多个过孔（通孔）将这个铜填充连接到系统接地焊盘（如果使用了一个的话）。这些多个过孔（通孔）通过为其提供一个低阻抗接地连接来大大降低 LM3242 上的接地反弹。
- 将诸如电压反馈路径的噪声敏感走线尽可能直接从转换开关 FB 焊盘引至输出电容器的 VOUT 焊盘，但是使其远离功率组件之间的嘈杂走线。

③ 为了去耦合普通电源线路，串联阻抗可被用来策略性地隔离电路。

- 经由电源走线，利用电路走线所固有的电感来降低功能块间的耦合。
- 将星型连接用于 VBATT（电池输出）至 PVIN（芯片电源输入）和 VBATT（电池输出）至 VBATT_PA（功率放大器电源输入）的单独走线。
- 按照电源走线的走向插入一个单铁氧体磁珠可通过允许使用更少的导通电容器来在电路板面积方面提供一个适当的平衡。

（2）制造的注意事项

LM3242 封装采用一个 250μm 焊球的 9 焊锡凸点（3×3）阵列，焊盘间距为 0.4mm。遵守下面几条简单的设计规则，将对确保良好的布局布线大有帮助。

- 焊盘尺寸应该为 0.225mm±0.02mm。阻焊开口应该为 0.325mm±0.02mm。
- 作为一个散热途径，用 7mil 宽和 7mil 长的走线连接到每个焊盘并逐渐增加每条走线到其最佳宽度。为了确保焊锡凸点回流均匀，对称很重要（请参考 TI 操作说明书 AN-1112 "DSBGA 晶圆级芯片尺寸封装"）。

（3）元器件的布局

元器件的布局图[236]如图 12-90 所示。

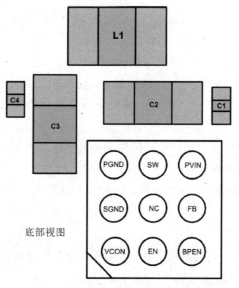

图 12-90　LM3242 应用电路元器件的布局图

① 大容量输入电容器 C2 应该被放置在比 C1 更加靠近 LM3242 的位置上。

② 为了实现高频滤波，可在 LM3242 的输入上添加一个 1nF（C1）电容器。

③ 大容量输出电容器 C3 应该被放置在比 C4 更加靠近 LM3242 的位置上。

④ 要实现高频滤波，可在 LM3242 的输出上添加一个 1nF（C4）电容器。

⑤ 将 C1 和 C4 的 GND 端子直接接至电话电路板的系统 GND 层。

⑥ 将焊锡凸点 SGND（A2）、NC（B2）、BPEN（C1）直接接至系统 GND。

⑦ 由于 0402 电容器的高频滤波特性优于 0603 电容器，将 0402 电容器用于 C2 和 C3。

⑧ 当把小型旁路电容器（C1 和 C4）接至系统 GND 而非与 PGND 一样的接地时，实验证明这样做可提升高频滤波性能。这些电容器应该为 01005 封装尺寸，以实现最小封装和最佳高频特性。

5．PCB 叠层设计

LM3242 PCB 叠层设计示意图[236]如图 12-91 所示。PCB 叠层设计应注意：

（1）顶层

用于连接流过大电流的连线，如输入、输出电容、电感的电源线。

① 在 LM3242 SGND（A2）、BPEN（C1）焊盘上安置一个过孔（通孔）来将其向下直接接至系统 GND 层 4。

② 在 LM3242 SW 焊锡凸点上安置两个过孔（通孔）来将 VSW 走线向下引至第 3 层。

③ 使用一个星型连接来将 C2 和 C3 电容器 GND 焊盘接至 LM3242 上的 PGND 焊锡凸点。在 C2 和 C3 GND 焊盘上安置过孔（通孔）使其直接接至系统 GND（层 4）。

④ 为了改进高频滤波性能，添加一个 01005/0201 电容器封装（C1、C4）到 LM3242 的输入/输出上。将 C1 和 C4 焊盘直接接至系统 GND（层 4）。

⑤ 在 L1 电感器上安置 3 个过孔（通孔）来将 VSW 走线从第 3 层引至顶层。

（2）第 2 层

连接信号用的连线可以放置在此层，注意的是 FB 引脚是被复用的（作为 ACB 使用），会承载比较大的电流，因此需要使用 10mil 以上的线宽连接。

① 设计 FB 走线，至少 10mil（0.254mm）宽。

② 将 FB 走线与嘈杂节点隔离并直接接至 C3 输出电容器。在 LM3242 SGND（A2）、BPEN（C1）焊盘内安置一个过孔（通孔）来向下直接接至系统 GND（层 4）。

（3）第 3 层

连接 SW 的连线可以放置此层，SW 是用来承载大于 1A 以上的峰值电流的，因此线宽需要大于 15mil，在某些应用时甚至需要分配两层同时放置 SW 铜线（两层叠加），用于减小寄生电感，尽可能降低在此铜线上的 dv/dt，即 SW 上的开关噪声振铃幅值。设计 VSW 走线至少宽 15mil（0.381mm）。

（4）第 4 层（系统 GND）

系统 GND 需要一层完整的铜箔作为接地层，可以作为芯片 SGND/PGND 的公共连接地层。

① 将 C2 和 C3 PGND 过孔（通孔）接至本层。

② 将 C1 和 C4 GND 过孔（通孔）接至本层。

③ 将 LM3242 SGND（A2）、BPEN（C1）、NC（B2）焊盘过孔（通孔）接至本层。

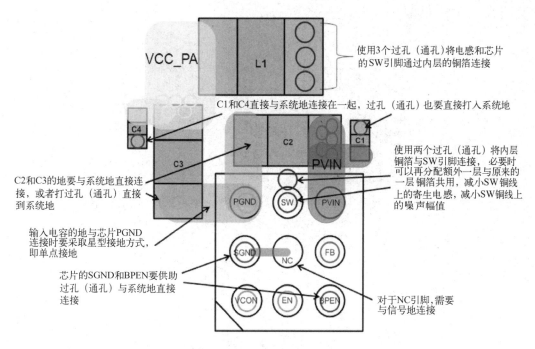

使用3个过孔（通孔）将电感和芯片的SW引脚通过内层的铜箔连接

C1和C4直接与系统地连接在一起，过孔（通孔）也要直接打入系统地

C2和C3的地要与系统地直接连接，或者打过孔（通孔）直接到系统地

使用两个过孔（通孔）将内层铜箔与SW引脚连接，必要时可以再分配额外一层与原来的一层铜箔共用，减小SW铜线上的寄生电感，减小SW铜线上的噪声幅值

输入电容的地与芯片PGND连接时要采取星型接地方式，即单点接地

芯片的SGND和BPEN要供助过孔（通孔）与系统地直接连接

对于NC引脚，需要与信号地连接

（a）顶层连线布局图

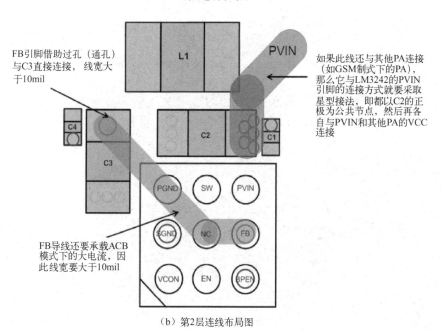

FB引脚借助过孔（通孔）与C3直接连接，线宽大于10mil

如果此线还与其他PA连接（如GSM制式下的PA），那么它与LM3242的PVIN引脚的连接方式就要采取星型接法，即都以C2的正极为公共节点，然后再各自与PVIN和其他PA的VCC连接

FB导线还要承载ACB模式下的大电流，因此线宽要大于10mil

（b）第2层连线布局图

图 12-91　LM3242 PCB 叠层设计示意图

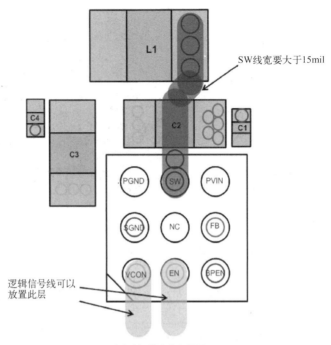

（c）第3层连线布局图

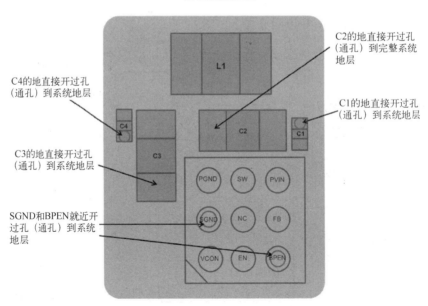

（d）底层连线布局图

图 12-91　LM3242 PCB 叠层设计示意图（续）

12.12.3 具有 MIPI® RFFE 接口的 RFPA 降压 DC-DC 转换器 PCB 设计

1. LM3263 的主要特性

LM3263 是一款 DC-DC 转换器[237]，针对多模式多频带 RF 功率放大器（RFPA）的单节锂离子电池供电而进行了优化。LM3263 可将 2.7～2.5V 的输入电压转换为 0.4～3.6V 动态可调的输出电压，输出电压通过 RFFE 数字控制接口外部编程控制，并被设定以确保在 RFPA 的所有功率水平都能高效运行。

LM3263 开关频率典型值为 2.7MHz，运行在调频 PWM 模式下，最大负载电流为 2.5A。LM3263 具有一个独特的有源电流辅助与模拟旁路（ACB）特性，可以大大减小电感器尺寸。模拟旁路特性也可实现最小压降运行。LM3263 具有内部补偿、电流过载和热过载保护功能。

LM3263 采用 2mm×2mm 芯片级 16 焊锡凸点 DSBGA 封装，适合智能电话、RF PC 卡、平板电脑、eBook 阅读器、手持无线电设备、电池供电类 RF 器件使用。

LM3263 具有多种运行模式，目的在于使此转换器能够为具有单节锂离子电池的手机、便携式通信器件或电池供电类 RF 器件内的 RF 功率放大器供电。

2. LM3263 应用电路

LM3263 应用电路[237]如图 12-92 所示。

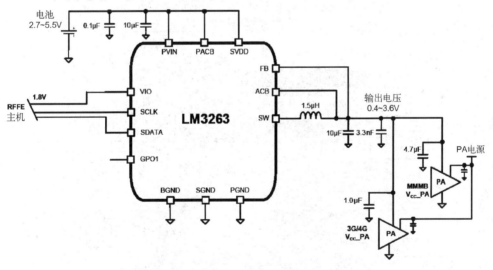

图 12-92　LM3263 应用电路

3. PCB 布局布线的注意事项

PCB 布局布线对于成功设计一个 DC-DC 转换器电路是十分关键的。适当地规划电路板布局布线将优化 DC-DC 转换器的性能并大大减少对于周围电路的影响，而同时又解决了会对电路板质量和最终产品产量产生负面影响的制造问题。

PCB 布局布线的一些基本要求与注意事项请参考"12.12.2 用于 RFPA 的可调节降压

DC-DC 转换器 PCB 设计"。

LM3263 应用电路的 PCB 和元器件布局图[237]如图 12-93 所示。

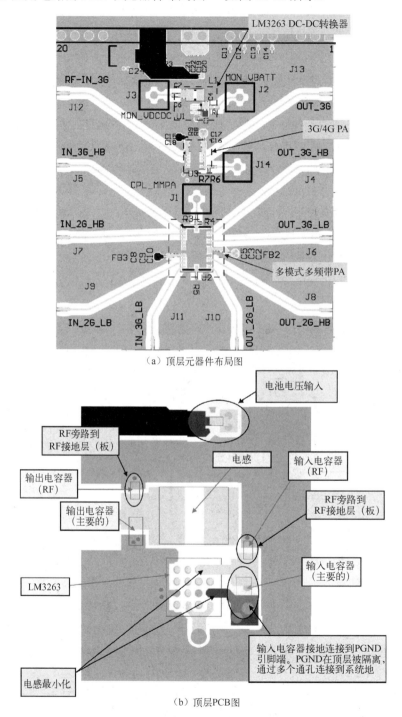

（a）顶层元器件布局图

（b）顶层PCB图

图 12-93　LM3263 的 PCB 和元器件布局图

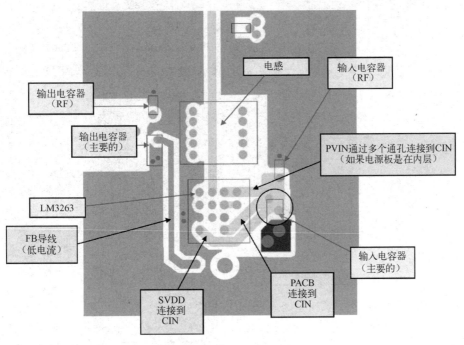

（c）第2层PCB图

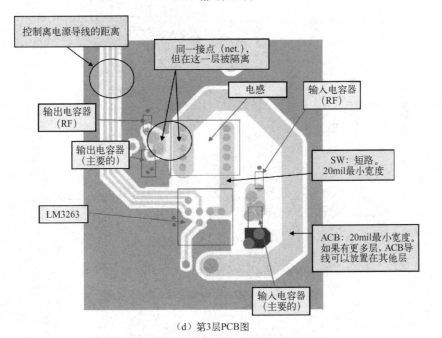

（d）第3层PCB图

图 12-93　LM3263 的 PCB 和元器件布局图（续）

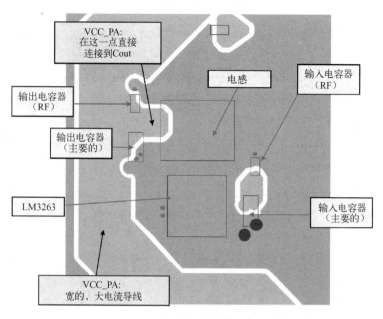

（e）第4层PCB图

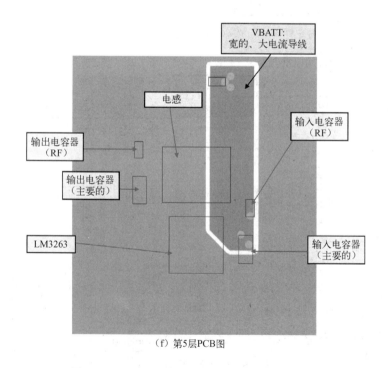

（f）第5层PCB图

图 12-93　LM3263 的 PCB 和元器件布局图（续）

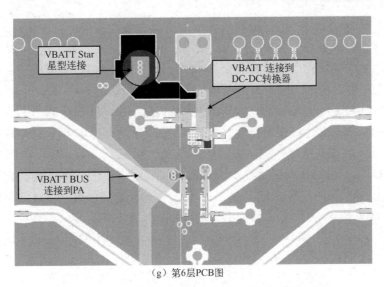

（g）第6层PCB图

图 12-93　LM3263 的 PCB 和元器件布局图（续）

4．VBATT 星型连接

由于采用"菊花链"电源连接有可能会增加 PA 输出的噪声，所以在 VBATT 电源至 LM3263 PVIN 以及 VBATT 至 PA 模块之间使用星型连接十分重要，如图 12-94 所示。

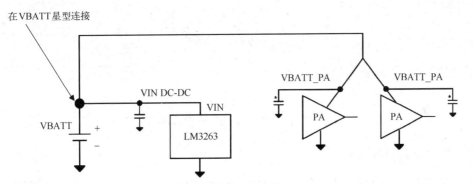

图 12-94　PVIN 和 VBATT_PA 上的 VBATT 星型连接

12.13　毫米波雷达 RF PCB 设计

汽车用毫米波雷达的工作频率主要有 24GHz 频段和 77GHz 频段。24GHz 频段主要用于短距雷达，探测距离约 50m。77GHz 雷达有 76～77GHz 和 77～81GHz 两个频段，带宽分别是 1GHz 和 4GHz，其带宽优势显著提高了分辨率和精度。77GHz 雷达由于频率高，波长短，使设计的雷达收发器或天线等组件较小，从而减小了雷达的外形尺寸，易于在车身中安装和隐藏，其需求和应用逐渐呈上升趋势。

1．毫米波雷达的 PCB 结构形式

77GHz 毫米波雷达系统模块基于 FMCW 雷达的设计方案，大多采用如 TI、Infineon 或 NXP 等的完整的单芯片解决方案，芯片内集成了射频前端、信号处理单元和控制单元，提供

多个信号发射和接收通道。雷达模块的 PCB 设计依据客户在天线设计的不同而有所不同，主要有图 12-95 所示的几种方式[238]。

图 12-95（a）采用超低损耗的 PCB 材料作为最上层天线设计的载板，天线设计通常采用微带贴片天线，叠层的第二层作为天线和其馈线的接地层。叠层的其他 PCB 材料均采用 FR-4 的材料。这种设计相对简单，加工容易，成本低。但由于超低损耗 PCB 材料的厚度较薄（通常 0.127mm），需要关注铜箔粗糙度对损耗和一致性的影响。同时，微带贴片天线较窄的馈线需要关注加工的线宽精度控制。

图 12-95（b）采用介质集成波导（SIW）电路进行雷达的天线设计，雷达天线不再是微带贴片天线。除天线外，其他 PCB 叠层仍和第一种方式一样采用 FR-4 的材料作为雷达控制和电源层。这种 SIW 的天线设计选用超低损耗的 PCB 材料，以降低损耗增大天线辐射。材料的厚度通常选择较厚 PCB，可以增大带宽，也可以减小铜箔粗糙度带来的影响，而且不存较窄线宽在加工时的其他问题，但需要考虑加工 SIW 的过孔和位置精度问题。

图 12-95（c）采用超低损耗材料设计多层板的叠层结构。依据不同的需求，可能其中几层使用超低损耗材料，也有可能全部叠层均使用超低损耗材料。这种设计方式大大增加了电路设计的灵活性，可以增大集成度，进一步减小雷达模块的尺寸。但缺点是相对成本较高，加工过程相对复杂。

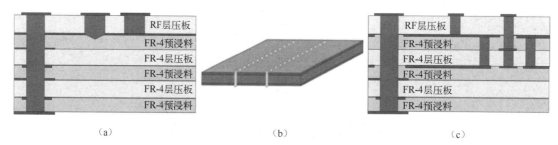

（a） （b） （c）

图 12-95 采用不同设计的毫米波雷达 PCB 结构形式

2. PCB 材料选择[238]

根据毫米波雷达的 PCB 结构形式可以选择不同的 PCB 材料。例如，罗杰斯公司的不含玻璃布的 RO3003 材料，其性能能够满足在 77GHz 毫米波雷达的需求。RO3003 具有非常稳定的介电常数，超低的损耗特性（常规测试 10GHz 下的损耗因子 0.001）；同时不含有玻璃布的结构，进一步减小了在毫米波频段下带来局部的介电常数的变化，消除信号的玻璃纤维效应，进一步增加了毫米波雷达的相位稳定性。RO3003 也具有超低吸水率特性（0.04% @D48/50）、极低介电常数随温度变化（TCDk）稳定性（-3×10^{-6}/℃），这些特性也确保了基于 RO3003 的毫米波雷达产品随时间、温度和环境变化仍能保持出色的性能。罗杰斯公司可以提供的多种铜箔类型和铜厚的选择，也有助于提高加工精度和合格率。

79GHz 频段（77～81GHz）毫米波雷达具有更宽的信号带宽，可进一步提高雷达传感器的分辨率，增大扫描角度，甚至实现 4D 成像。罗杰斯公司在基于 RO3003 材料的基础上，推出了 RO3003G2 材料，以匹配雷达传感器对 PCB 材料性能的更高要求。相比于 RO3003 材料，RO3003G2 在材料系统中优化了特殊的填料系统，减小填料颗粒，提高材料系统均一性，进一步减小整板及批次性之间的介电常数容差；更小和均一的填料系统也使得在 PCB 加工过程中可以实现更小的过孔设计；RO3003G2 材料选择更为光滑的铜箔，降低了电路中的插入损耗，其性能非常接近 RO3003 的压延铜插入损耗性能。

此外，罗杰斯公司的 CLTE-MW 是基于 PTFE 树脂体系的材料，具有非常小的损耗因子特性（D_f 为 0.0015@10GHz），采用了特殊的低损耗开纤玻璃布增强，与均匀的填料一起，提供了出色尺寸稳定性，使玻纤效应影响降到最低。有 3～10mil 的多种厚度选择，使 CLTE-MW 材料非常适合用于 77GHz 毫米波射频多层板应用。

RO4830 是基于罗杰斯 RO4000 系列材料体系专门开发，介电常数与 77GHz 毫米波雷达最常用的低介电常数相匹配。同时，RO4830 具有极低的插入损耗特性和与 RO4000 系列产品相同的易加工性等特点，选用特殊的低损耗开纤玻璃布也提高了材料在毫米波频段的性能一致性，使天线可以获得更一致的相位特性和更高的天线增益。RO4830 的成本低、高性价比是 77GHz/79GHz 毫米波雷达设计中的高性价比材料的首要选择。

3. 设计实例

TI 公司的 AWR2243 是一个单芯片、76～81GHz FMCW（频率调制连续波）收发器。AWR2243 EVM 板的 PCB[239] 采用图 12-95（a）所示的混合叠层结构，叠层结构如图 12-96 所示。罗杰斯（Roqers）RO4835 LoPro 型芯材用于金属层 1 和 2 之间。剩余层 2～层 6 刻蚀在 FR-4 芯和预浸料基板上。AWR2243 EVM 板天线部分的 PCB 截图如图 12-97 所示。有关 AWR2243 EVM 板的电原理图和 PCB 布局图的更多信息，请登录相关网站查询。

层	叠层结构	描述	类型	基底厚度	加工后的厚度	ε_{r}	铜覆盖率
1		Rogers 4835 4mil 芯材	Rogers 4835	0.689 4.000	2.067 4.000	3.480	100.000
2				1.260	1.260		73.000
		Iteq IT180A 预浸料 1080	介质	4.195	2.830	3.700	
		Iteq IT180A 预浸料 1080	介质	4.195	2.830	3.700	
3				1.260	1.260		69.000
		Iteq IT180A 28mil 芯材 1/1	FR-4	28.000	28.000	4.280	
4				1.260	1.260		48.000
		Iteq IT180A 预浸料 1080	介质	4.195	2.691	3.700	
		Iteq IT180A 预浸料 1080	介质	4.195	2.691	3.700	
5				1.260	1.260		72.000
		Iteq IT180A 4mil 芯材 1/H	FR-4	4.000	4.000	3.790	
6				0.689	2.067		100.000

图 12-96　AWR2243 EVM 板的 PCB 叠层结构示意图

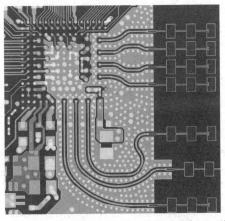

图 12-97　AWR2243 EVM 板天线部分的 PCB 截图

第13章

PCB 热设计

13.1 PCB 热设计的基础

13.1.1 热传递的三种方式

在电子产品中只要有温度差别存在就有热传递，通过热传递可以达到对印制板组装件的散热和冷却。热传递有三种方式：传导、辐射和对流[240-241]。

1. 传导

材料的热传导能力与热导率（K）、导热方向的截面积和温差成正比，与导热的长度和材料厚度成反比。IPC 标准提供的不同材料的热导率[4]如表 13-1 所示。传导散热需要有较高热导率的材料或介质，常用铝合金或铜作为散热器材料，对于大功率元器件可以外加材料厚度较厚的散热器。

表 13-1 IPC 标准提供的不同材料的热导率

材　　　料	热导率 K [W/（m·K）]	热导率 K [cal/（K·s）]
静止的空气	0.0267	0.000066
环氧树脂	0.200	0.00047
导热环氧树脂	0.787	0.0019
铝合金 1100	222	0.530
铝合金 3003	192	0.459
铝合金 5052	139	0.331
铝合金 6061	172	0.410
铝合金 6063	192	0.459
铜	194	0.464
低碳钢	46.9	0.112

2. 辐射

热辐射是指通过红外射线（IR）的电磁辐射传热。辐射能量的大小与材料的热辐射系数、物体散热的有效表面积及热能的大小有关。在材料有相同热辐射系数的条件下，无光泽或暗表面比光亮或有光泽的表面热辐射更强。在选择散热器或散热面时，选无光泽的暗表面散热效果会更好一些。相互靠近的元器件或发热装置（如大功率元器件等）彼此都会吸收对方的热辐射能量，加大两者之间的距离，可以降低相邻元器件的热辐射影响。

3. 对流

对流是在流体和气体中的热能传递方式，是最复杂的一种传热方式。热传输的速度与物体的表面积、温差、流体的速度和流体的特性有如下函数关系：

$$Q_e = h_c A_s (T_s - T_a) \tag{13-1}$$

式中，Q_e 为对流的热传输速率；h_c 为热传输系数；A_s 为物体的表面积；T_s 为固体的表面温度；T_a 为环境温度。

热传输系数受固体的形状、物理特性，流体的种类、黏性、流速和温度、对流方式（强制对流或自然对流）等因素的影响。

对于空气介质，不同对流方式的热传输系数如表 13-2 所示。

表 13-2　空气中不同对流方式的热传输系数

对 流 方 式	热传输系数 h_c
自然对流	$0.0015 \sim 0.015 \mathrm{W}/(\mathrm{in}^2 \cdot \mathrm{K})$
强制对流	$0.015 \sim 0.15 \mathrm{W}/(\mathrm{in}^2 \cdot \mathrm{K})$

从表中可以看出强制对流可以大大提高热传输系数，提高散热效果。

13.1.2　温度（高温）对元器件及电子产品的影响

一般而言，温度升高会使电阻阻值降低，使电容器的使用寿命降低，使变压器、扼流圈的绝缘材料的性能下降。温度过高还会造成焊点变脆、焊点脱落，焊点机械强度降低；结温升高会使晶体管的电流放大倍数迅速增加，导致集电极电流增加，最终导致元器件失效。

造成电子设备故障的原因虽然很多，但高温是其中最重要的因素〔其他因素的重要性排序依次是振动（Vibration）、潮湿（Humidity）、灰尘（Dust）〕。例如，温度对电子设备的影响高达 60%。

温度和故障率（失效率）的关系是成正比的，可以用下式来表示：

$$F = A \mathrm{e}^{-E_A(KT)} \tag{13-2}$$

式中：F 为故障率（失效率）；A 为常数；E_A 为活化能（eV）；K 为波尔兹曼常数，$8.63 \times 10^{-5} \mathrm{eV/K}$；$T$ 为结点温度。

有统计资料表明，电子元器件温度每升高 2℃，可靠性下降 10%，温升 50℃时的寿命只有温升为 25℃时的 1/6。有数据显示表明，45% 的电子产品损坏是由于温度过高引起的，由此可见热设计的重要性。

13.1.3　PCB 的热性能分析

PCB 在加工、焊接和试验的过程中，要经受多次高温、高湿或低温等恶劣环境条件的考验。例如，焊接时需要经受在 260℃下持续 10s 的考验，无铅焊接需要经受在 288℃下持续 2min 的考验，且试验时可能要经受 125～65℃温度的循环考验。如果 PCB 基材的耐热性差，在这样的条件下，它的尺寸稳定性、层间结合力和板面的平整度都会下降，在热状态下导线的抗剥力也会降低。试验和加工中的温度影响，也是 PCB 设计时必须考虑的热效应。

大气环境温度的变化，以及电子产品工作时，元器件和印制导线的发热都会导致产品产生温度变化。产生 PCB 温升的直接原因是存在电子元器件功耗。电子元器件的发热强度随功耗的大小变化。PCB 中温升的两种现象为局部温升或大面积温升和短时温升或长时间温升。

许多对 PCB 热设计考虑不周的印制板组装件，在加工中会遇到诸如金属化孔失效、焊点开裂等问题。即使组装中没有发现问题，在整机或系统中开始时还能稳定工作，但是经过长时间连续工作后器件发热，热量散发不好，导致元器件的温度系数变化工作不正常，这时整机或系统就会出现许多问题。当热量过大时，甚至会使元器件失效、焊点开裂、金属化孔失效或 PCB 基板变形等。因此，在设计 PCB 时必须认真进行热分析，针对各种温度变化的原因采取相应措施，降低产品温升或减小温度变化，将热应力对 PCB 组装件焊接和工作时的影响程度保持在组装件能进行正常焊接、产品能正常工作的范围内。

在进行 PCB 的热性能分析时，一般可从以下几个方面来分析。

① 电气功耗：单位面积上的功耗，PCB 上功耗的分布。

② PCB 的结构：PCB 的尺寸，PCB 的材料。

③ PCB 的安装方式：垂直安装或水平安装方式，密封情况和离机壳的距离。

④ 热辐射：PCB 表面的辐射系数，PCB 与相邻表面之间的温差和它们的绝对温度。

⑤ 热传导：安装散热器，其他安装结构件的传导。

⑥ 热对流：自然对流，强迫冷却对流。

上述各因素的分析是解决 PCB 温升问题的有效途径，往往在一个产品和系统中这些因素是互相关联和依赖的。大多数因素应根据实际情况来分析，只有针对某一具体实际情况才能比较正确地计算或估算出温升和功耗等参数。

13.2 PCB 热设计的基本原则

13.2.1 PCB 基材的选择

1. 选材[242-244]

高耐热性、高频性、高散热性（高导热性）是当前提高 PCB 基板材料性能的三大研究主题。高导热基板材料是制造具有散热功效的 PCB 的重要基材。

目前主要有陶瓷基板、金属基板和有机树脂基板三大类 PCB 散热基板。三大类 PCB 散热基板在耐热性、热传导性、耐电压性、机械强度、可加工性、热膨胀率、成本等方面存在差异（优势与劣势）。

陶瓷基板是较早出现的一类散热基板，主要有氧化铝（Al_2O_3）陶瓷基板、氮化铝（AlN）陶瓷基板、氮化硅（Si_3N_4）陶瓷基板。前两种陶瓷基板占整个陶瓷基板市场的90%以上。而在这两种陶瓷基板中，以氮化铝基板更多些。陶瓷基板导热性很高，热导系数一般可达到35～170W/(m·K)，这是其他类型的散热基板目前所望尘莫及的。陶瓷基板主要应用于有高耐电压性、高耐热性要求的领域，例如电解电源的晶闸管变换器、选通关断晶闸管整流器、汽车及摩托车等的换流器。近年来，陶瓷基板在太阳能电池用功率换流器（倒相器）基板、风力发电用电动机控制基板、车载及移动电话基站用 DC-DC 调节器、电气化列车及电动汽车用散热基板等领域中大量运用。

金属基板包括以金属板材（铝、铜、铁等）为底基的金属基覆铜板，还包括金属基复合基板，如目前具有代表性的有铜-石墨（Cu-Graphite）和铝-碳化硅（Al-SiC）复合基板。铝基的金属基板是占这类基板总市场规模 90%以上的最典型的金属基板品种。金属基散热基板占有 LED-LCD 背光源模块基板主要市场。汽车电子领域也为金属基板提供了很大的应用市场。同时，金属基板也迅速地渗透、扩张进入部分陶瓷电源基板、陶瓷大功率基板等的应用领域。

有机树脂散热基板材料具有薄型化（0.025~0.05mm）、低热阻（0.6℃/W 以下）、高耐电压、高柔韧性等特点。有机树脂基板的基板材料包括许多品种，如高导热复合基 CCL（CEM-3）、高导热环氧-玻璃纤维布基 CCL（高导热白色 FR-4）及其半固化片、高导热挠性覆铜板、高导热树脂胶片（或绝缘树脂膜）和厚铜箔基板材料等。由于它们在性能上的差异，在应用上各有侧重。

工作时电子元器件内部所产生的热主要通过基板、外壳、散热器等散发，这是一个热传递的过程。

目前一种"高辐射率基板材料"正在研发中。散热的思路是在散热基板的构成上赋予其辐射传热功能，以解决"内部发热"的电子产品的高效散热问题，这可能成为以辐射传热为鲜明特点的"第四类散热基板"。

PCB 基材应根据焊接要求和耐热性要求，选择耐热性好、CTE（Coefficients of Thermal Expansion，热膨胀系数）较小或与元器件 CTE 相适应的基材，以尽量减小元器件与基材之间的 CTE 相对差。

基材的玻璃化转变温度（T_g）是衡量基材耐热性的重要参数之一，一般基材的 T_g 低，热膨胀系数就大，特别是在 Z 方向（板的厚度方向）的膨胀更为明显，容易使镀覆孔损坏；基材的 T_g 高，膨胀系数就小，耐热性相对较好。T_g 过高，基材会变脆，机械加工性下降。因此，选材时要兼顾基材的综合性能。

PCB 的导线由于通过电流后会产生温升，故加上规定环境温度值后温度应不超过 125℃。125℃是常用的典型值，根据选用的板材不同，该值可能不同。由于元器件安装在 PCB 上时也发出一部分热量，影响工作温度，故选择材料和设计 PCB 时应考虑到这些因素，即热点温度应不超过 125℃，而且应尽可能选择更厚一点的覆铜箔。

随着开关电源等电子功率产品的小型化，表面贴装元器件广泛运用到这些产品中，这时散热片难于安装到一些功率器件上。在这种情况下可选择铝基、陶瓷基等热阻小的板材。可以选择铝基覆铜板、铁基覆铜板等金属 PCB 作为功率器件的载体，因为金属 PCB 的散热性远好于传统的 PCB，而且可以贴装 SMT 元器件。也可以采用一种铜芯 PCB，该基板的中间层是铜板，绝缘层采用的是高导热的环氧玻纤布黏结片或高导热的环氧树脂，可以双面贴装 SMT 元器件。大功率 SMT 元器件可以将自身的散热片直接焊接在金属 PCB 上，利用金属 PCB 中的金属板来散热。

还有一种铝基板，在铝基板与铜箔层间的绝缘层采用的是高导热性的导热胶，其导热性要大大优于环氧玻纤布黏结片或高导热的环氧树脂，且导热胶厚度可根据需要来设置。

2．CTE（热膨胀系数）的匹配

在进行 PCB 的设计时，尤其是进行表面安装用 PCB 的设计时，首先应考虑材料的 CTE

匹配问题。IC 封装的基板有刚性有机封装基板、挠性有机封装基板、陶瓷封装基板 3 类。采用模塑技术、模压陶瓷技术、层压陶瓷技术和层压塑料 4 种方式进行封装的 IC，PCB 基板用的材料主要有高温环氧树脂、BT 树脂、聚酰亚胺、陶瓷和难熔玻璃等。由于 IC 封装基板用的这些材料耐温较高，X、Y 方向的热膨胀系数较低，故在选择 PCB 材料时应了解元器件的封装形式和基板的材料，并考虑元器件焊接时工艺过程温度的变化范围，选择热膨胀系数与之相匹配的基材，以降低由材料的热膨胀系数差异引起的热应力。

采用陶瓷基板封装的元器件的 CTE 典型值为 $5 \times 10^{-6} \sim 7 \times 10^{-6}/℃$，无引线陶瓷芯片载体 LCCC 的 CTE 为 $3.5 \times 10^{-6} \sim 7.8 \times 10^{-6}/℃$，有的器件的基板材料采用了与某些 PCB 基材相同的材料，如 PI、BT 和耐热环氧树脂等。不同材料的 CTE 值如表 13-3 所示[24]。在选择 PCB 的基材时应尽量考虑使基材的热膨胀系数接近于器件基板材料的热膨胀系数。

表 13-3　不同材料的 CTE 值

材　　料	CTE 范围（$\times 10^{-6}/℃$）
散热片用铝板	20～24
铜	17～18.3
环氧 E 玻璃布	13～15
BT 树脂-E 玻璃布	12～14
聚酰亚胺-E 玻璃布	12～14
氰酸酯-E 玻璃布	11～13
氰酸酯-S 玻璃布	8～10
聚酰亚胺 E 玻璃布及铜-因瓦-铜	7～11
非纺织芳酰胺/聚酰亚胺	7～8
非纺织芳酰胺/环氧	7～8
聚酰亚胺石英	6～10
氰酸酯石英	6～9
环氧芳酰胺布	5.7～6.3
BT-芳酰胺布	5.0～6.0
聚酰亚胺芳酰胺布	5.0～6.0
铜-因瓦-铜 13.5/75/13.5	3.8～5.5

注：该表中的数据从 IPC-2221 标准图表查出。

3．铜箔厚度的选择

PCB 的铜箔厚度有多种规格。通常将厚度大于 105μm（单位面积质量 915g/m² 或 3oz/ft²）及以上的铜箔（经表面处理的电解铜箔或压延铜箔）统称为厚铜箔，将厚度 300μm 及以上的铜箔称为超厚铜箔。

厚铜箔及超厚铜箔的主要产品规格[245]见表 13-4。目前在实际生产及应用中的厚铜箔及超厚铜箔厚度规格主要有 105μm、140μm、175μm、210μm、240μm、300μm、400μm、500μm 等。

表 13-4　厚铜箔及超厚铜箔的主要产品规格

名称	标称厚度	单位面积质量		标称厚度	
	μm	g/m²	oz/ft²	μm	mil
厚铜箔	105	915.0	3	102.9	4.05
	140	1220.0	4	137.2	5.40
	175	1525.0	5	171.5	6.75
	210	1830.0	6	205.7	8.10
	240	2135.0	7	240.1	9.45
超厚铜箔	300		8.5	291.6	11.48
	350		10	342.9	13.50
	400		12	411.6	16.20
	500		14.5	497.4	19.58

注：参考了 IPC-4562、IPC-4101C、联合铜箔（惠州）有限公司、卢森堡电路铜箔有限公司、Gould 电子有限公司、古河电工公司、大阳工业公司等的铜箔标准、产品说明书的部分内容编制。

如表 13-5 所示，PCB 导线的载流能力取决于导线宽度、线厚（铜箔厚度）、容许温升因素。

表 13-5　PCB 导线的载流能力与温升

项目	温升 10℃			温升 20℃			温升 30℃		
铜箔厚度（oz）	1/2	1	2	1/2	1	2	1/2	1	2
导线宽度（in）	最大电流（A）								
0.010	0.5	1.0	1.4	0.6	1.2	1.6	0.7	1.5	2.2
0.015	0.7	1.2	1.6	0.8	1.3	2.4	1.0	1.6	3.0
0.020	0.7	1.3	2.1	1.0	1.7	3.0	1.2	2.4	3.6
0.025	0.9	1.7	2.5	1.2	2.2	3.3	1.5	2.8	4.0
0.030	1.1	1.9	3.0	1.4	2.5	4.0	1.7	3.2	4.0
0.050	1.5	2.6	4.0	2.0	3.6	6.0	2.6	4.4	7.3
0.075	2.0	3.5	5.7	2.8	4.5	7.8	3.5	6.0	10.0
0.100	2.6	4.2	6.9	3.5	6.0	9.9	4.3	7.5	12.5
0.200	4.2	7.0	11.5	6.0	10.0	11.0	7.5	13.0	20.5
0.250	5.0	8.3	12.3	7.2	12.3	20.0	9.0	15.0	24.5

数据来源：MIL-STD-275 Printed Wiring for Electronic Equipment。

目前提高 PCB 散热能力是依靠宽导线、厚铜箔、多层结构、大面积铺铜或芯层内置厚铜箔层、添加金属底板（如金属基 PCB 的采用）、增加导热孔等设计方案去实现。考虑到电子产品向着薄、轻、小型化发展，以及高密度布线发展的趋势，PCB 制造技术的发展更加注重采用厚铜箔解决大功率 PCB 散热问题。

在大电流基板制造中采用厚铜箔，可具有以下优点：

① 可起到向基板以外散发元器件产生的热量的功效，进而实现大功率器件的高密度互连；

② 在汽车、电源、电力电子等应用领域中，替代了原来的电缆配线、金属板排条等输电形式，既提高了生产效率，又降低了布线的工时成本、电缆与配件成本、维护管理成本等；

③ 可有效地降低 PCB 的热负荷，实现品质均一化，使得使用大电流 PCB 的终端整机产品的可靠性进一步提高；

④ 代替原有的电缆配线形式，可提高配线的设计自由度，从而实现终端整机产品的小型化。

承载大功率元器件的 PCB 一般都伴随着大电流（百毫安级以上）从导电线路上通过，因此在大电流 PCB 设计时，首先要考虑导电层通过大电流的能力，其次要考虑 PCB 安全承受大电流所产生热量的能力。从理论上讲，铜导体承受电流的大小与其导电线路横截面积大小成正比，即从增大铜箔厚度或加大线宽值两个方面设计可以来满足电流荷载要求。鉴于 PCB 散热性、安全性、耐久性等需求，PCB 对其最大负载下的温升做了安全规定，一般在大电流 PCB 设计时其实际的导体截面积的选择，要高于理论的载电流所需截面积，见表 13-6。

表 13-6　PCB 电路图形的安全导电能力评价[245]

PCB 类型	常规 PCB		电源电路 PCB						
导线类型	常规铜箔		PB-M	厚铜箔（FB-F、PB-L）		短铜排条（PB-S），母汇线铜排条（PB-B）			
导线厚度（电源电路）	35μm	70μm	245μm	210μm	500μm	1mm	1.5mm	2mm	3mm
连续短路电流额定值（A）	10	14	25	25	38	54	66	76	93

评价条件：PCB 表面温升值=10℃；导线图形宽度=10mm。

▶ 13.2.2　元器件的布局

考虑 PCB 的散热时，元器件的布局要求如下。

① 对 PCB 进行软件热分析时，应对内部最高温升进行设计控制，以使传热通路尽可能短，传热横截面尽可能大。

② 可以考虑把发热高、辐射大的元器件专门设计安装在一个 PCB 上。发热元器件应尽可能置于产品的上方，条件允许时应处于气流通道上。注意使强迫通风与自然通风方向一致，使附加子板、元器件风道与通风方向一致，且尽可能使进气与排气有足够的距离。

③ 板面热容量应均匀分布。注意不要把大功率元器件集中布放，如无法避免，则要把矮的元器件放在气流的上游，并保证足够的冷却风量流经热耗集中区。

④ 进行元器件的布局时应考虑到对周围零件热辐射的影响。在水平方向上，大功率元器件尽量靠近 PCB 边沿布置，以便缩短传热路径；在垂直方向上，大功率元器件尽量靠近 PCB 上方布置，以便降低这些元器件工作时对其他元器件温度的影响。对温度比较敏感的部件、元器件（含半导体器件）应远离热源或将其隔离，最好安置在温度最低的区域（如设备的底部），如前置小信号放大器等要求温漂小的元器件、液态介质的电容器（如电解电容器）等时，最好使其远离热源，千万不要将它放在发热元器件的正上方。多个元器件最好在水平

面上交错布局。

从有利于散热的角度出发，PCB 最好是直立安装，板与板之间的距离一般不应小于 2cm，而且元器件在 PCB 上的排列方式应遵循一定的规则。

对于自身温升超过 30℃的热源，一般要求：在风冷条件下，电解电容等温度敏感元器件离热源的距离要求不小于 25mm；在自然冷条件下，电解电容等温度敏感元器件离热源的距离要求不小于 4.0mm。

集成电路的排列方式对其温升的影响实例如图 13-1 所示，图中显示了一个大规模集成电路（LSI）和小规模集成电路（SSI）混合安装的两种布局方式。LSI 的功耗为 1.5W，SSI 的功耗为 0.3W。工程实例实测[247]结果表明，采用如图 13-1（a）所示布局方式会使 LSI 的温升达 50℃，而采用如图 13-1（b）所示布局方式导致的 LSI 的温升为 40℃，显然采纳后面一种方式对降低 LSI 的失效率更为有利。

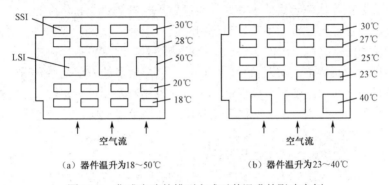

（a）器件温升为18～50℃　　　　（b）器件温升为23～40℃

图 13-1　集成电路的排列方式对其温升的影响实例

⑤ 进行元器件布局时，在板上应留出通风散热的通道（如图 13-2 所示），通风入口处不能设置过高的元器件，以免影响散热。采用自然对流冷却时，应将元器件按长度方向纵向排列；采用强制风冷时，应将元器件横向排列。发热量大的元器件应设置在气流的末端，对热敏感或发热量小的元器件应设置在冷却气流的前端（如风口处），以避免空气提前预热，降低冷却效果。强制风冷的功率应根据 PCB 组装件安装的空间大小、散热风机叶片的尺寸和元器件正常工作的温升范围，经过流体热力学计算来确定。一般选用直径为 2～6in 的直流风扇。

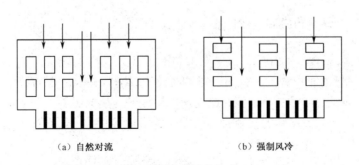

（a）自然对流　　　　　　　　　（b）强制风冷

图 13-2　空气冷却方式

⑥ 为了增强板的散热能力，并减小由分布不平衡引起的 PCB 的翘曲，在同一层上布设

的导体面积不应小于板面积的 50%。

⑦ 热量较大或电流较大的元器件不要放置在 PCB 的角落和四周边缘，只要有可能应安装于散热器上，远离其他元器件，并保证散热通道通畅。

⑧ 电子设备内 PCB 的散热主要依靠空气流动实现，因此散热器的位置应考虑利于对流。在设计时要研究空气流动路径，合理地配置元器件或 PCB。由于空气流动时总是趋向阻力小的地方流动，故在 PCB 上配置元器件时，要避免在某个区域留有较大的空域。在整机中，对于多块 PCB 的配置也应注意同样的问题。

发热量过大的元器件不应贴板安装，并外加散热器或散热板。散热器的材料应选择热导率高的铝或铜。为了减小元器件体与散热器之间的热阻，必要时可以涂覆导热绝缘脂。对于体积小的电源模块这类发热量大的产品，可以将元器件的接地外壳通过导热脂与模块的金属外壳接触散热。

开关管、二极管等功率元器件应该尽可能可靠接触到散热器。常用的方法是将元器件的金属壳贴在散热器上，这样方便生产，但是相应的热阻会比较大；现在也有用锡膏直接将元器件焊在金属板上面来提高接触的可靠性、降低热阻的，但这要求焊接的工艺非常好。

元器件焊接在散热器上的情况很少看到，现在用得最多的方法是将元器件通过散热膏直接固定在散热器上。通过散热膏可以保证元器件与散热器表面可靠接触，同时还可以减小热阻。热阻没有想象的那么大，从实际温升的测试结果也可以说明这个问题。

⑨ 尽可能利用金属机箱或底盘散热。

⑩ 采用多层板结构有助于 PCB 热设计。

⑪ 使用导热材料。为了减小热传导过程的热阻，应在高功耗元器件与基材的接触面上使用导热材料，提高热传导效率。

⑫ 选择阻燃或耐热型的板材。对于功率很大的 PCB，应选择与元器件载体材料热膨胀系数相匹配的基材，或采用金属芯 PCB。

⑬ 对于特大功率的元器件，可利用热管技术（类似于电冰箱的散热管）通过传导冷却的方式给元器件体散热。对于在高真空条件下工作的 PCB，因为没有空气，不存在热的对流传递，故采用热管技术是一种有效的散热方式。

⑭ 对于在低温下长期工作的 PCB，应根据温度低的程度和元器件的工作温度要求，采取适当的升温措施。

13.2.3 PCB 的布线

考虑 PCB 的散热时，PCB 的布线的要求如下。

① 应将大的导电面积和多层板的内层地线设计成网状并靠近板的边缘，这样可以减少因为导电面积发热而造成的铜箔起泡、起翘或多层板的内层分层的情况。但是高速、高频电路信号线的镜像层和微波电路的接地层不能设计成网状，因为这样会破坏信号回路的连续性，改变特性阻抗，引起电磁兼容问题。

应加大 PCB 上与大功率元器件接地散热面的铜箔面积。如果采用宽的印制导线作为发热元器件的散热面，则应选择铜箔较厚的基材，其热容量大，利于散热。应根据元器件功耗、环境温度及允许最大结温来计算合适的表面散热铜箔面积，保证原则为 $t_j \leqslant (0.5 \sim 0.8)t_{jmax}$，但是为防止铜箔过热起泡、板翘曲，在不影响电性能的情况下，元器件下面的大面积铜最好设计成网状，一个推荐的设计实例如图 13-3 所示。

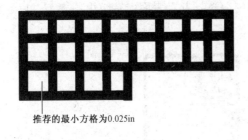

推荐的最小方格为0.025in

（a）推荐的网状设计实例

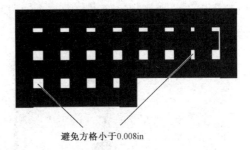
避免方格小于0.008in

（b）应避免的网状设计实例

图 13-3　网状设计实例

② 对于 PCB 表面宽度大于或等于 3mm 的导线或导电面积，在波峰焊接或再流焊过程中会增加导体层起泡、板子翘曲的可能性，也能对焊接起到热屏蔽的作用，增加预热和焊接的时间。在设计时，应考虑在不影响电磁兼容性的情况下，同时为了避免和降低这些热效应的作用，将直径大于 25mm 的导体面积采用开窗的方法设计成网状结构，导电面积上的焊接点用隔热环隔离，这样可以防止因为受热而使 PCB 基材铜箔鼓胀、变形（见图 13-4）。

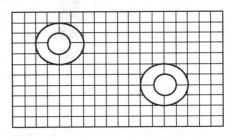

图 13-4　有焊盘的散热面的网状设计

③ 对于面积较大的连接盘（焊盘）和大面积铜箔（大于 ϕ25mm）上的焊点，应设计焊盘隔热环，在保持焊盘与大的导电面积电气连接的同时，将焊盘周围部分的导体刻蚀掉形成隔热区。焊盘与大的导电面积的电连接通道的导线宽度也不能太窄：如果导线宽度过窄，会影响载流量；如果导线宽度过宽，又会失去热隔离的效果。根据实践经验，连接导线的总宽度应约为连接盘（焊盘）直径的 60%，每条连接导线（辐条或散热条）的宽度为连接导线的总宽度除以通道数。这样做的目的是使热量集中在焊盘上以保证焊点的质量，而且在焊接时可以缩短加热焊盘的时间，不至于使其余大面积的铜箔因热传导过快、受热时间过长而产生起泡、鼓胀等现象。

例如，与焊盘连接有 2 条电连接通道导线，则导线宽度为焊盘直径的 60%除以 2，多条导线以此类推。假设连接盘直径为 0.8mm（设计值加制造公差），则连接通道的总宽度为 0.8mm×60%=0.48mm。

按 2 条通道算，则每条宽度为 0.48mm÷2=0.24mm。

按 3 条通道算，则每条宽度为 0.48mm÷3=0.16mm。

按 4 条通道算，则每条宽度为 0.48mm÷4=0.12mm。

如果计算出的每条连接通道的宽度小于制造工艺极限值，应减少通道数量使连接通道宽度达到可制造性要求。例如，计算出 4 条通道的宽度为 0.12mm 时，有的生产商达不到要求，此对就可以改为 3 条通道，则宽度为 0.16mm，一般生产商都可以制造出达到该要求的产品。

④ PCB 的焊接面不宜设计大的导电面积，如图 13-5 所示。如果需要有大的导电面积，则应按上述第②条要求将其设计成网状，以防止焊接时因为大的导电面积热容量大，吸热过多，延长焊接的加热时间而引起铜箔起泡或与基材分离，并且表面应有阻焊层覆盖，以避免焊料润湿导电面积。

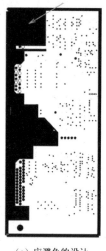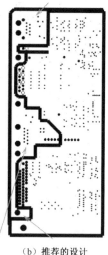

（a）应避免的设计　　　　　（b）推荐的设计

图 13-5　应避免大面积覆铜的设计实例

⑤ 应根据元器件电流密度规划最小通道宽度，特别注意要在接合点处通道布线。大电流线条应尽量表面化。在不能满足要求的条件下，可考虑采用汇流排。

⑥ 对 PCB 上的接地安装孔应采用较大焊盘，以充分利用安装螺栓和 PCB 表面的铜箔进行散热。应尽可能多安放金属化过孔，而且孔径、盘面应尽量大，以依靠过孔帮助散热。设计一些散热通孔和盲孔，可以有效增大散热面积和减小热阻，提高 PCB 的功率密度。如果在

LCCC 器件的焊盘上设立导通孔，在电路生产过程中用焊锡将其填充，可使导热能力提高，且电路工作时产生的热量能通过盲孔迅速传至金属散热层或背面设置的铜箔从而散发掉。在一些特定情况下，还专门设计和采用了有散热层的 PCB，散热材料一般为铜、铝等材料，如一些模块电源上采用的 PCB。

对于某些高功率应用，PCB 的焊盘可以修改为"狗骨式"（Dog Bone）的形式，以提高散热性能。一个与双列直插式结构[248]配套的"狗骨式"（Dog Bone）焊盘形式如图 13-6 所示。

图 13-6　"狗骨式"焊盘形式

▶ 13.2.4　PCB 的叠层结构

PCB 的一些不同叠层结构实例 [249]如图 13-7 所示。PCB-Ⅰ型为 FR-4 层、PP 层与铜层叠层构成的常规多层板结构。PCB-Ⅱ型是常规多层板中埋置铜块的结构，铜块可与芯片直接接触。PCB-Ⅲ型是常规多层板底部压合导热铜板结构。PCB-Ⅳ型是常规多层板内部压合铝层结构。在这四种 PCB 结构中，功率芯片均焊接 PCB 的外层。

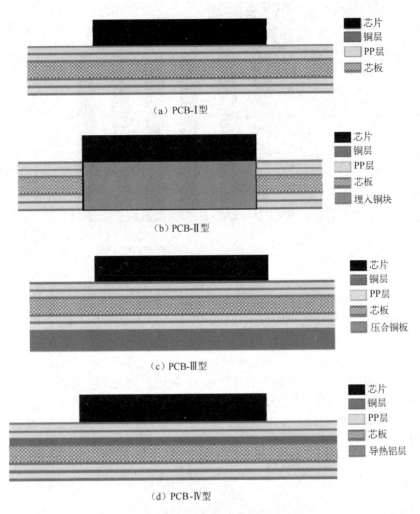

（a）PCB-I型

（b）PCB-II型

（c）PCB-III型

（d）PCB-IV型

图 13-7　PCB 不同叠层结构示意图

　　多层 PCB 的散热效果好于 2 层 PCB。为了提高散热和导电性能，应在标准 1oz 铜层上使用 2oz 厚度的铜。多个 PGND 层（电源接地平面）利用过孔（通孔）连在一起也会对散热有帮助。一个 4 层 PCB 设计实例[111,250]如图 13-8 所示，顶层、第 3 层和第 4 层上均分布有 PGND 层。这种多接地层方法能够隔离对噪声敏感的信号。这种多接地层方法能够隔离对噪声敏感的信号，改善散热情况。

　　例如，在一个开关电源电路中，通常补偿元器件、软启动电容、偏置输入旁路电容和输出反馈分压器电阻的负端全都连接到 AGND 层。请勿直接将任何高电流或高 $\Delta i/\Delta t$ 路径连接到隔离 AGND 层。AGND 层是一个安静的接地层，其中没有大电流流过。所有电源电路的元器件（如低端开关、旁路电容、输入和输出电容等）的负端连接到 PGND 层，该层承载高电流。GND 层内的压降可能相当大，以至于影响输出精度。利用一条宽走线将 AGND 层连接到输出电容的负端，可以显著改善输出精度和负载调节。AGND 层一路扩展到输出电容，AGND 层和 PGND 层在输出电容的负端连接到过孔。

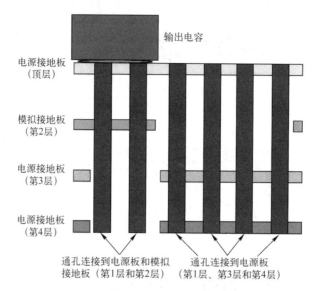

图 13-8　4 层 PCB 设计实例（利用通孔连接 PGND 层以改善散热）

一个支持双路 20A 输出的电源模块评估板的 4 层 PCB 叠层设计实例[135]如图 13-9 所示。为给电源模块散热，电源模块直接安装在具有高效导热的电路板上。该多层电路板有一个顶层走线层（电源模板安装于其上）和利用通孔连接至顶层的两个内层埋铜平面层。该结构有非常高的热导率（具有 8.5℃/W 的极低热阻θ_{JA}），使电源模块的散热变得容易。设计的评估板的尺寸是 3in×4in。电路板上的顶层和底层有 2oz 铜，还有两个内层各包含 2oz 铜。为使这些铜层发挥作用，电路板利用 917 个 12mil 直径的通孔，将热从电源模块扩散到下面的铜层。

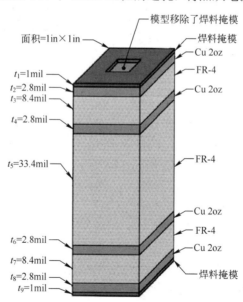

图 13-9　电源模块评估板的 4 层 PCB 叠层设计实例

在应用中一些常用的金属基 PCB 的叠层结构[252-253]如图 13-10 所示。金属基 PCB 是由导热性黏结介质基材与两层金属层像"三明治"那样叠合层压而成的。一层金属为 1oz 到 10oz

的铜箔，作为导电的线路层，而另外一层金属作为散热层。

散热层通常为铝、铜或其合金，例如，铝质基材有 1050、5052、6061 等，铜质基材有 C1100 等。但在市场上也常见到用铁合金甚至用碳（纤维）作为散热层的产品。

选择散热基材应当考虑到金属芯印制电路板的具体应用。例如，铝质基材比较轻，适合于散热和缓的用途；相对而言，铜的散热性能好，但是较重。

一般说来最常用的金属基 PCB 为图 13-10(a)所示的单层结构，即所谓的两层的 MCPCB，因为结构简单，只要在导热性的覆铜箔层压板上进行印制、刻蚀就可以得出。图 13-11（b）和图 13-10（c）所示的双层和多层金属基 PCB 则需要将带有线路的板材与导热用的金属基板复压在一起，图 13-10（d）所示的混合结构金属基 PCB 与多层结构及混合结构的 MCPCB 颇为相似。图 13-10（e）所示的是一种导热的金属芯埋置（嵌入）在线路中间的结构，加工程序稍微复杂一些，在金属基板钻孔完毕之后，需要增加一道颇似"塞孔"的工序，以确保该金属层与导电的线路互相分开。

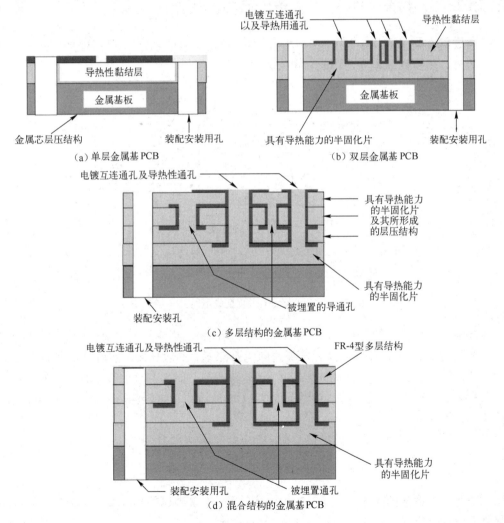

图 13-10　一些常用金属基 PCB 的结构示意图

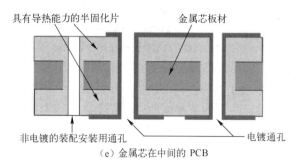

（e）金属芯在中间的 PCB

图 13-10　一些常用金属基 PCB 的结构示意图（续）

13.3　PCB 热设计实例

13.3.1　均匀分布热源的稳态传导 PCB 热设计

一个安装有扁平封装集成电路的多层 PCB[247]如图 13-11 所示，当每个元器件的耗散功率近似相等时，热负荷基本上是均匀分布的。

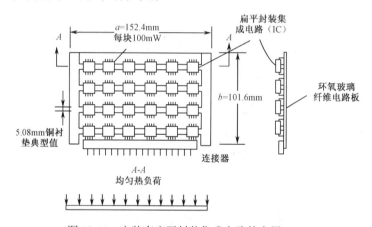

图 13-11　安装有扁平封装集成电路的多层 PCB

当考虑任一窄条上的元器件时（如截面 A-A 所示），热输入可按均匀分布的热负荷来估算。在典型的 PCB 上，热量是从元器件流向元器件下面的散热条，然后再流到 PCB 的边缘而散去的。散热条通常是用铝或铜制造而成的，具有高热导率。对于热源均匀分布的 PCB 而言，其最高温度在 PCB 的中心，最低温度在 PCB 的边缘，这样就形成了抛物线式的分布，如图 13-12 所示。

经推导可得，在具有均匀分布热负荷的窄条上的最大温升是

$$\Delta t_{\max} = \frac{\Phi L}{2\lambda A} \qquad (13\text{-}3)$$

式中，Φ 为 1/2 铜的输入热流量；L 为铜条的长度；λ 为铜的热导率，$\lambda=287\text{W/(m·K)}$；$A$ 为横截面面积。

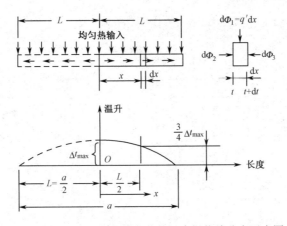

图 13-12　PCB 上均匀热负荷的温度抛物线分布示意图

当求一侧长为 L 的散热条中间点的温升时，经推导可得，窄条中间点的温升公式为

$$\Delta t = \frac{3\Phi L}{8\lambda A} \qquad (13\text{-}4)$$

当只考虑长为 L 的窄条时，窄条中间点温升与最大温升之比表示为

$$\frac{\text{中间点}\Delta t}{\text{最大}\Delta t_{\max}} = \frac{3\Phi L / 8\lambda A}{\Phi L / 2\lambda A} = \frac{3}{4} \qquad (13\text{-}5)$$

例如，对于如图 13-12 所示安装有扁平封装集成电路的多层 PCB 而言，假设每块扁平封装的耗散功率为 100mW；元器件的热量要通过 PCB 上的铜衬垫传导至 PCB 的边缘，然后进入散热器；散热器表面温度为 26℃，壳体允许温度约为 100℃，铜衬垫质量为 56.7g（厚 0.0711mm）。下面计算从 PCB 边缘到中心的温升：已知 $\Phi = 3\times 0.1 = 0.3$W（1/2 铜条的输入热流量），L=76.2mm（长度），λ=287W/(m·K)（铜的热导率），A=5.08×0.0711×10^{-6}=3.613×10^{-7}m^2（横截面面积），将以上数据代入式（13-3）得到该铜条的温升为

$$\Delta t = \frac{\Phi L}{2\lambda A} = \frac{0.30 \times 76.2 \times 10^{-3}}{2 \times 287 \times 3.613 \times 10^{-7}} = 110 (\text{℃})$$

元器件壳体温度由散热器表面温度加上铜条温升确定，即

$$t_c = (26 + 110)\text{℃} = 136\text{℃}$$

对于如图 13-6 所示的 PCB，其对流和辐射的散热量很小，主要依靠传导散热。在这种情况下，显然 PCB 温升偏高。因为规定的元器件壳体允许最高温度约为 100℃，所以这项设计不能采纳。

如果铜条的厚度加倍，质量达到 113.4g，即厚度为 0.1422mm，温升将是 55℃。这个温升对于任何表面高于 46℃ 左右的散热器来说，还是太高了。考虑到高温应用，良好的设计是将铜衬垫的厚度增加到 0.2844mm 左右。

13.3.2　铝质散热芯 PCB 热设计

一个采用铝质散热芯的 PCB[247]如图 13-13 所示，它将扁平封装集成电路用搭接焊安装在薄层电路板上，再将薄层电路板胶接到了铝板的两侧。

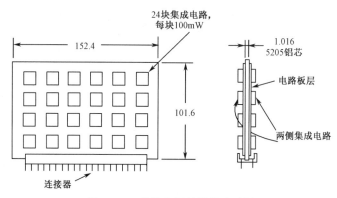

图 13-13 传热良好的铝芯电路板

在这种铝质散热芯的 PCB 上，可以安装两倍之多的集成电路，总的耗散功率是仅在一侧有集成电路的 PCB 的两倍。如果所有集成电路具有大致相同的耗散功率，则铝质散热芯的 PCB 将产生均匀的热负荷，如图 13-14 所示，其温升分布也是抛物线式的。

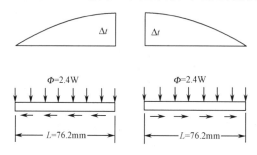

图 13-14 铝芯电路板上均匀分布的热负荷

如果采用合理的热设计，则 PCB 上的铝散热芯和铜散热芯能够传导大量热量。由于温升小，所以这种设计形式尤其适用于高温场合。

对于如图 13-13 所示的传导冷却 PCB（铝芯电路板），从散热板中心到边缘的热流路径如图 13-14 所示。

板的两侧安装集成电路，每侧集成电路产生的耗散功率为 2.4W，则 PCB 的总耗散功率为 4.8W。用式（13-3）可求散热板的温升。已知Φ=2.4W，L=76.2mm（散热板长度），λ=144W/(m·K)（5052 铝芯的热导率），A=1.016×101.6×10^{-6}=1.032×10^{-4}m^2（横截面面积），将以上数据代入式（13-3），得

$$\Delta t = \frac{\Phi L}{2\lambda A} = \frac{2.4 \times 76.2 \times 10^{-3}}{2 \times 144 \times 1.032 \times 10^{-4}} = 6.2(℃)$$

注意： 此计算结果不包括薄层电路板的温升，只适用于铝芯电路板。

▶ 13.3.3 PCB 之间的合理间距设计

电子设备机箱的自然冷却包括传导、自然对流和辐射换热。自然冷却 PCB 机箱内电

子元器件的温升,既取决于 PCB 上电子元器件的耗散功率和设备的环境条件,又受到 PCB 叠装情况,特别是 PCB 间距的影响。

　　PCB 在机箱中往往是竖直放置的,而多块 PCB 是平行排列的。因此,在自然冷却条件下,在由 PCB 组成的电子设备中,合理布置 PCB 之间的间距是很重要的。

　　由于 PCB 上的电子元器件形状各异,各类元器件的热耗形式和系统工作模式不同,给最佳布置间距的研究带来了一定困难,所以在进行研究时应对 PCB 进行模化处理。竖直通道的流动模型[247]如图 13-15 所示。

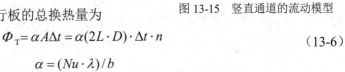

图 13-15　竖直通道的流动模型

　　按照牛顿冷却公式,竖直平行板的总换热量为

$$\Phi_{\mathrm{T}} = \alpha A \Delta t = \alpha (2L \cdot D) \cdot \Delta t \cdot n \tag{13-6}$$

$$\alpha = (Nu \cdot \lambda) / b$$

$$n = W / (b + \delta)$$

式中,α 为对流换热表面热导率 [W/(m^2·K)];L 为板高度(m);D 为板宽度(m);Δt 为板壁与气体的温差(℃);λ 为气体的热导率 [W/(m^2·K)];n 为板片数 W 为 PCB 的叠装总宽度(m);b 为板的间距(m);δ 为板的厚度(m)。

　　Elembas 通过试验研究得出,对称的等温竖直平行板在最大传热量时,平行板通道的瑞利数:

$$Ra = GrPr = 54.3, \quad Nu = 1.31$$

式中,Pr 为普朗特数;Gr 为格拉晓夫数;Nu 为努塞尔数。

　　将有关参数代入,经数学处理后,得到最佳间距为

$$b_{\mathrm{opt}} = 2.714 / P^{1/4} \tag{13-7}$$

$$P = (c_{\mathrm{p}} \bar{\rho}^2 g \alpha_{\mathrm{V}} \Delta t) / (\mu \lambda L)$$

式中,c_{p} 为比定压热容 [kJ/(kg·K)];$\bar{\rho}$ 为空气平均密度(kg/m^3);g 为重力加速度(m/s^2);α_{V} 为气体的体膨胀系数(K^{-1});Δt 为板与空气的温差(℃);μ 为气体的动力黏度(Pa·s);λ 为气体的热导率 [W/(m·K)]。

　　用同样方法可得出非对称等温板、对称恒热流板及非对称恒热流板的最佳间距。表 13-7 汇总列出了这四种情况的最佳间距和最大间距值[247]。

表 13-7　印制电路板模化通道的最佳间距和最大间距值

模 块 类 型	最佳间距 b_{opt}	$Ra = Gr \cdot Pr$	$Nu = ab/\lambda$	最大间距 $b_{\max}$
对称等温板	$b_{\mathrm{opt}} = 2.714/P^{1/4}$	54.3	1.31	$b_{\max} = 4.949/P^{1/4}$ $Ra = 600$
非对称等温板	$b_{\mathrm{opt}} = 2.154/P^{1/4}$	21.6	1.04	$b_{\max} = 3.663/P^{1/4}$ $Ra = 180$
对称恒热流板	$b_{\mathrm{opt}} = 1.472R^{-0.2}$	6.916	0.62	$b_{\max} = 4.782R^{-0.2}$ $Ra = 2500$

模 块 类 型	最佳间距 b_{opt}	$Ra=Gr \cdot Pr$	$Nu=ab/\lambda$	最大间距 b_{max}
非对称恒热流板	$b_{opt}=1.169R^{-0.2}$	2.183	0.492	$b_{max}=3.81R^{-0.2}$ $Ra=800$

注：1. $P=(c_p\bar{\rho}^2 g\alpha_V\Delta t)/(\mu\lambda L)\mathrm{m}^{-4}$。

2. $R=(c_p\bar{\rho}^2 g\alpha_V q)/(\mu\lambda^2 L)\mathrm{m}^{-5}$ （q 为热流密度，单位为 $\mathrm{W/m^2}$）。

对于依靠自然通风散热的 PCB，为提高其散热效果，应考虑气流流向的合理性。对于一般规格的 PCB，其竖直放置时的表面温升较水平放置时小。计算表明，竖直安装的 PCB，其最小间距应为 19mm，以防止自然流动的收缩和阻塞。在这种间距条件下的 71℃的环境中，对于小型的 PCB，如组件的耗散功率密度为 $0.0155\mathrm{W/cm^2}$，则组件表面温度约为 100℃（即温升约为 30℃）。因此，$0.0155\mathrm{W/cm^2}$ 的功率密度值是自然对流冷却 PCB 耗散功率的许用值。

▶ 13.3.4 散热器的接地设计

1. 带散热器的 VLSI 处理器芯片的分布参数模型

在许多电子系统中，都采用了高功率、高速的 VLSI 处理器，需要针对 VLSI 处理器采取元件级的 EMI 抑制和特殊的热设计。由于 VLSI 处理器可以是一个很高效的 RF 能量辐射源，故采用金属散热器散热时不能仅仅只关心热力学要求，还必须考虑电散热器尺寸可能引起的 RF 能量辐射。

散热器通常采用金属制成并包括有翅片结构。散热器尺寸可能引起的 RF 能量辐射，取决于处理器的频谱。一般来说，当散热器的尺寸增大时，辐射效率也增大。最大的辐射量可以发生在各种频率下，这又取决于散热器的尺寸和装置的自谐振频率。由于 VLSI 处理器与其他电路和局部结构靠得很近，故 RF 噪声辐射会通过各种耦合路径将 RF 噪声传导到外部电路中去。

一个带散热器的 VLSI 处理器芯片的分布参数模型[29]如图 13-16 所示，图中的 L 为芯片封装的引线电感，C_1 为芯片衬底到接地平面的分布电容，C_2 为散热片到芯片衬底的分布电容，C_3 为散热片到接地平面或机架的分布电容。一个带有散热器的典型的 VLSI 处理器芯片的自谐振频率为 200～800MHz。

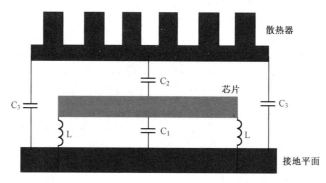

图 13-16　一个带散热器的 VLSI 处理器芯片的分布参数模型

研究表明：VLSI 处理器芯片衬底工作在 100MHz 或以上的时钟速率时，会在芯片封装内产生大量的共模电流。封装内部的芯片（或衬底）放置在更靠近封装壳，而不是封装底座的位置。将散热器置于封装的顶部时，封装内部的晶片到散热器金属平板的距离应比到接地平面的距离更近。芯片内部的共模辐射电流无法耦合到接地平面上去。RF 能量只能由装置辐射到自由空间中去。发生在散热器上的共模耦合使得这个根据热力学要求设计的散热器结构变成了偶极子天线，能够很有效地向自由空间辐射。

差模退耦电容器是连接在电源和接地平面之间的电容器，用于除去逻辑状态转换时注入这些平面的开关噪声。采用退耦电容消除的只是电源和地之间的差模 RF 电流，而不是器件内部产生的共模噪声。一些陶瓷封装的器件的顶部（底部）具有接地焊盘，可以实现进一步的差模退耦。

2．散热器的接地设计实例

一个散热器的接地设计实例[32]如图 13-17 所示。

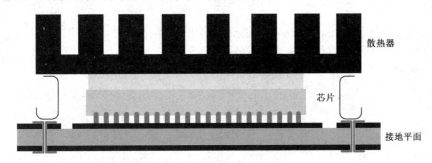

图 13-17　一个散热器的接地设计实例

一般的设计要求散热器一定要接地，也就是要使散热器处在地电位，然而有源的 VLSI 处理器芯片是处在 RF 电压电位的。在散热器和接地平面之间的导热复合物是两个大金属平板之间的绝缘层，这就完全符合构成一个电容器的条件。这样一来，接地散热器就起到一个大共模退耦电容器（元件和地）的作用。这个共模退耦电容器可以为芯片衬底到零伏参考系统之间提供一个内部产生的共模噪声的交流短路通道。这个共模电容器可使 RF 能量耦合或短路出去。

散热器接地可以有效地导热，可用来除去封装内部产生的热量；由接地的散热片所构成的法拉第屏蔽，可以防止 VLSI 处理器内部的高速时钟频率电路产生的 RF 能量辐射到自由空间去，或者耦合到邻近的元器件中去；所构成的共模退耦电容器结构，可以通过交流能量耦合方式，经芯片衬底直接到地，可除去封装内芯片衬底上的共模 RF 电流。

如果散热器采用了接地设计，则栅栏的接地桩（或指采用的其他 PCB 安装方法）必须在距处理器中心小于 1/4in（6.4mm）处连接到 PCB 的接地平面，也可以在栅栏的每个接地桩脚处并联连接由 0.1μF 并联 0.001μF 或 0.01μF 并联 100pF 组成的两个电容器。对于可能产生超过 1GHz 的 RF 辐射的 VLSI 处理器或类似的器件，需要围绕器件封装四周设置更多的多点接地。可以采用一些退耦电容，用来弥补由散热器所带来的$\lambda/4$ 机械尺寸问题，以有效地抑制 EMI 频谱能量。

13.4 器件的热特性与 PCB 热设计

13.4.1 与器件封装热特性有关的一些参数

不同类型的器件有多种封装形式，一个器件型号也可以有几种封装形式。通常，在器件的数据手册（数据表）中都会给出相关型号和尺寸等参数。各器件生产商网站也可以提供有关 IC 封装的相关信息。

与器件封装热特性有关的一些参数[254-255]如下。

1. 结到周围环境的热阻 θ_{JA}

热阻一般用符号 θ 来表示，单位为℃/W。除非另有说明，热阻指热量在从热 IC 结点传导至环境空气时遇到的阻力。

结到周围环境的热阻 θ_{JA} 被定义为从芯片的 pn 结到周围空气的温差与芯片所耗散的功率之比。

θ_{JA} 这个参数取决于管壳与周围环境之间的热阻和 θ_{JC} 参数。

当电路的封装不能很好地向部件内其他元器件散热的时候，θ_{JA} 是较好的热阻指示参数。

在器件数据手册中，通常会给出各种不同封装的 θ_{JA}。在评估哪一种封装不会过热，以及在环境温度和功耗已知的情况下确定芯片结温的时候，这是一个非常有用的参数。

热阻 θ_{JA} 与周围空气温度 T_A、半导体结温 T_J、（℃）为、半导体的功耗 P_D 的关系如下：

$$T_J = T_A + P_D \theta_{JA} \qquad (13\text{-}8)$$

式中，T_J 为半导体结温（℃）；T_A 为周围空气温度（℃）；P_D 为半导体的功耗（W）；θ_{JA} 为热阻（结到周围环境）（℃/W），$\theta_{JA} = \theta_{JC} + \theta_{CH} + \theta_{HA}$；$\theta_{JC}$ 为热阻（结到外壳）（℃/W）；θ_{CH} 为热阻（外壳到散热器）（℃/W）；θ_{HA} 为热阻（散热器到周围空气）（℃/W）。

2. 结到外壳的热阻 θ_{JC}

结到外壳的热阻 θ_{JC} 被定义为从芯片的 pn 结到外壳的温差与芯片所耗散的功率之比。

θ_{JC} 这一参数与管壳到周围环境的热阻无关，而 θ_{JA} 参数是与此热阻有关的。当电路的封装被安排成可以向部件中其他元器件散热的时候，θ_{JC} 是较好的热阻指示参数。

在 IC 数据手册中，通常会给出各种不同封装的 θ_{JC}。在评估哪一种封装最不会过热，以及在外壳温度和功耗已知的情况下确定芯片结温时，这是一个非常有用的参数。

3. 自由空气工作温度 T_A

自由空气工作温度条件 T_A 被定义为器件工作时所处的自由空气的温度，在一些资料中也称为环境温度。其他一些参数可以随温度而变，导致器件在极值温度下工作性能下降。T_A 的单位是℃。

在器件数据手册（数据表）中，T_A 的范围被列入绝对最大值的表内，因为如果超过了表中的这些应力值，则可以引起器件的永久性损坏；同时也不表示在这一极值温度下器件仍可正常工作，也许会影响到产品的可靠性。T_A 的另一个温度范围在数据手册（数据表）中被列为推荐工作条件。T_A 还可以在数据手册（数据表）中用作参数测试条件，以及用于典型曲线图中。此外，这个参数还可以用作曲线图中的一个坐标变量。

4．最高结温 T_J

最高结温 T_J 被定义为芯片可以工作的最高温度。器件的一些参数会随温度而变，导致在极值温度下，性能变差。T_J 的单位是℃。

T_J 这一参数被列在绝对最大值的表内，因为超过这些数据的应力值可以引起器件的永久性损坏。同时也不表示在这一极值温度下，器件可以正确工作，也许会影响到产品的可靠性。

5．存储温度参数 T_S 或 T_{stg}

存储温度参数 T_S 或 T_{stg} 被定义为器件可以长期储存（不加电）而不损坏的温度。T_S 或 T_{stg} 的单位是℃。

6．60s 壳温

60s 壳温被定义为管壳可以安全地暴露 60s 的温度。这个参数通常被规定为绝对最大值，并用作自动焊接工艺的指导数据。60s 壳温的单位是℃。

7．10s 或 60s 引脚温度

10s 或 60s 引脚温度被定义为引脚可以安全地暴露 10s 或 60s 的温度。这个参数通常被归入绝对最大值，并用作自动焊接工艺的指导数据。10s 或 60s 引脚温度的单位是℃。

8．功耗 P_D

功耗 P_D 被定义为提供给器件的功率减去由器件传递给负载的功率。可以看出，在空载时，$P_D = V_{CC} I_{CC}$ 或者 $P_D = V_{DD+} I_{DD}$。功耗 P_D 的单位是 W（瓦）。

9．连续总功耗

连续总功耗被定义为一个器件封装所能耗散的功率，其中包括负载。这个参数一般被规定为绝对最大值。在数据手册表中，它可以分为周围温度和封装形式两部分。连续总功耗以 W（瓦）为单位。

▶ 13.4.2　器件封装的基本热关系

器件封装的基本热关系[256] 如图 13-18 所示。

需要注意的是，图 13-18 中的串行热阻模拟的是一个器件的总的热阻路径。因此，在计算时，总热阻 θ（℃ / W）为两个热阻之和，即 $\theta_{JA} = \theta_{JC} + \theta_{CA}$，$\theta_{JA}$ 为结到环境的热阻，θ_{JC} 为结到外壳热阻，θ_{CA} 为外壳到环境的热阻。注：θ、θ_{JA}、θ_{JC} 和 θ_{CA} 在一些资料中也采用 R_θ、$R_{\theta JA}$、$R_{\theta JC}$ 和 $R_{\theta CA}$ 形式表示。

给定环境温度 T_A、P_D（器件总功耗）和热阻 θ，利用公式（13-8）即可算出结温 T_J。

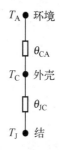

图 13-18　器件封装的基本热关系

> **注意：**$T_{J\,(MAX)}$ 通常为 150℃（有时为 175℃）。

根据图 13-18 中所示关系和式（13-8）可知，要维持一个低的结温 T_J，必须使热阻 θ 或

功耗 P_D（或者二者同时）较低。

在器件中，温度参考点通常选择芯片内部最热的那一点，即在给定封装中芯片内部的最热点。其他相关参考点为 T_C（器件的外壳温度）或 T_A（环境空气的温度）。由此可以得到上面提及的各个热电阻 θ_{JC} 和 θ_{CA}。

结到外壳热阻 θ_{JC} 通常在器件数据表（手册）中都会给出。不同的器件封装不同，结到外壳热阻 θ_{JC}（$R_{\theta JC}$）也不同，如图 13-19 和图 13-20 所示。MRF184R1（1.0GHz,60W,28V,RF POWER MOSFET）采用与 MRF9030LR1（945MHz,30W,26V,RF POWER MOSFET）相同的封装，由于器件功率不同，结到外壳热阻 θ_{JC}（$R_{\theta JC}$）也不同。

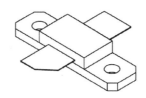

(a) CASE 360B-05,STYLE 1,NI-360 封装（数据表截图）

Characteristic	Symbol	Value	Unit
Thermal Resistance, Junction to Case	$R_{\theta JC}$	1.9	°C/W

(b) 结到外壳热阻 $R_{\theta JC}$（数据表截图）

图 13-19　MRF9030LR1（945MHz,30W,26V,RF POWER MOSFET）

Characteristic	Symbol	Max	Unit
Thermal Resistance, Junction to Case	$R_{\theta JC}$	1.1	°C/W

图 13-20　MRF184R1（1.0GHz,60W,28V,RF POWER MOSFET）（数据表截图）

应注意的是，器件数据表提供的热特性数据与测试电路板有关。在器件数据表中，θ_{JA} 测试数据是在 SEMI 或 JEDEC 标准板上获得的。

SEMI 板是垂直安装的，符合 SEMI 标准 G42-88，采用 SEMI 标准 G38-87 的测试方法。

JEDEC 板是水平安装的。标准板采用厚度为 1.57mm 的 FR-4，在 PCB 裸露的表面有 2oz/ft 铜导线。这是一种影响较低的热导率（热阻）测试板。采用 JEDEC 标准 4 层电路板是为了获得接近最好情况下的热性能值。JEDEC 标准 4 层电路板采用厚度为 1.60mm 的 FR-4，包括 4 个铜层。两个内部层为实心铜层（1oz/ft 或 35μm 厚）。两个表面层为 2oz/ft 铜。

需要明确的是，这些热阻在很大程度上取决于封装，因为不同的材料拥有不同水平的导热性。一般而言，导体的热阻类似于电阻，铜最好（铜的热电阻最小），其次是铝、钢等。因此，铜管脚封装具有最佳的散热性能，即最小的热阻 θ。

通常，一个热阻 $\theta=100$℃/W 的器件，表示 1W 功耗将产生 100℃的温差，如功耗减小 1W 时，温度可以降低 100℃。请注意，这是一种线性关系，如 500mW 的功耗将产生 50℃的温度差。

低的温度差 ΔT 是延长半导体寿命的关键，因为，低的温度差 ΔT 可以降低最高结温。对于任意功耗 P_D（单位为 W），都可以用以下等式来计算有效温差（ΔT）（单位为℃）：

$$\Delta T = P_D \theta \tag{13-9}$$

式中，θ 为总热阻。

例如，AD8017AR，热阻 $\theta \approx 95$℃/W，因此，1.3W 的功耗将使结到环境温度差达到

124℃。利用这一公式就可以预测芯片内部的温度，以便判断热设计的可靠性。当环境温度为 25℃ 时，允许约 150℃ 的内部结温。实际上，多数环境温度都在 25℃ 以上，因此允许的功耗更小。

13.4.3　最大功耗与器件封装和温度的关系

不同型号的器件采用相同的或者不同的封装形式，由于器件的功能不同，器件的最大功耗与器件封装和温度的关系也会不同。

由于可靠性原因，对功耗和温度限制是很重要的，电路设计也越来越需要考虑热管理的要求。这些要求决定了器件的工作条件，如器件功耗、印刷电路板的封装安装细则等[254-257]。所有半导体器件都针对结温（T_J）规定了安全上限，通常为 150℃（有时为 175℃）。与最高电源电压一样，最高结温是一种最差情况限制，不得超过此值。在保守的（可靠的）设计中，一般都应留有充分的安全裕量。请注意，由于器件的寿命与工作结温成反比，留有充分的安全裕量这一点至关重要。简言之，器件芯片的温度越低，越有可能达到最长寿命。

例 1：ADA4891 的最大功耗与器件封装和温度的关系

ADA4891 采用 5 引脚 SOT-23、8 引脚 SOIC_N 和 MSOP、14 引脚 SOIC_N 和 TSSOP 多种封装形式。

器件的功耗（P_D）为器件的静态功耗与器件所有输出的负载驱动功耗之和，其计算公式如下：

$$P_D=(V_T I_S)+(V_S-V_{OUT})(V_{OUT}/R_L) \tag{13-10}$$

式中，V_T 是总供电电压（轨到轨）；I_S 为静态电流；V_S 为电压正电压；V_{OUT} 为放大器输出电压；R_L 为放大器的输出端负载。

为了保证器件正常的工作，必须遵守图 13-21 所示的最大功耗与器件封装和温度的关系[258]（也称为最大功耗减额特性曲线）。图 13-21 中数据是将式（13-10）中的 T_J 设置为 150℃，在 JEDEC 标准 4 层板上所测得的。

ADA4891 各种封装的热阻 θ_{JA} 如表 13-8 所示。

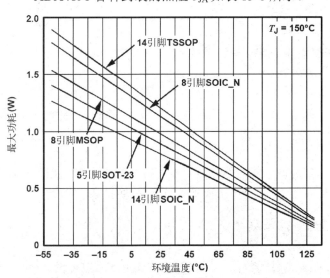

表 13-8　ADA4891 各种封装的热阻 θ_{JA}

封装类型	θ_{JA}(℃/W)
5 引脚 SOT-23	146
8 引脚 SOIC_N	115
8 引脚 MSOP	133
14 引脚 SOIC_N	162
14 引脚 TSSOP	108

图 13-21　ADA4891 的最大功耗与器件封装和温度的关系

例 2：THS3110/THS3111 的最大功耗与器件封装和温度的关系

THS3110 和 THS3111 采用热增强型（PowerPAD）的 MSOP-8 封装，其热阻、功耗和温度的关系[259]如图 13-22 所示。PowerPAD MSOP-8 封装的 PCB 设计图如图 13-23 所示。

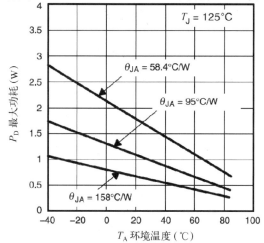

图 13-22　THS3110 和 THS3111 热阻、功耗和温度的关系

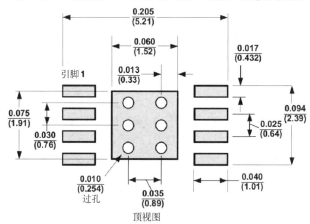

图 13-23　PowerPAD MSOP-8 封装的 PCB 设计图［单位 mil（mm）］

图 13-22 所示数据是在没有空气流动和 PCB 尺寸为 3in×3in（76.2mm×76.2mm）条件下测试获得的。

器件的最大功耗为

$$P_{D\max} = \frac{T_{\max} - T_A}{\theta_{JA}} \tag{13-11}$$

式中，$P_{D\max}$ 是器件的最大功耗（W）；$T_{\max}$ 是最大绝对值接点温度（℃）；T_A 是环境温度（℃）；$\theta_{JA} = \theta_{JC} + \theta_{CA}$，$\theta_{JC}$ 为结到外壳的热阻（℃/W），θ_{CA} 为外壳到环境空气的热阻（℃/W）。

13.4.4　裸露焊盘的热通道和 PCB 热通道

器件的裸露焊盘（EPAD）对充分保证器件的性能，以及充分散热是非常重要的。

一些采用裸露焊盘的器件如图 13-24 所示。是大多数器件封装下方的焊盘，裸露焊盘在通常称之为引脚 0（ADI 公司）。裸露焊盘是一个重要的连接，芯片的所有内部接地都是通过它连接到器件下方的中心点。目前许多器件（包括转换器和放大器）缺少接地引脚，其原因就在于采用了裸露焊盘。

(a) QFN/SON　　(b) QFP　　(c) xSOP/SOIC　　(d) TO

图 13-24　一些采用裸露焊盘的器件实例

裸露焊盘的热通道和 PCB 热通道示意图[260]如图 13-25 所示。

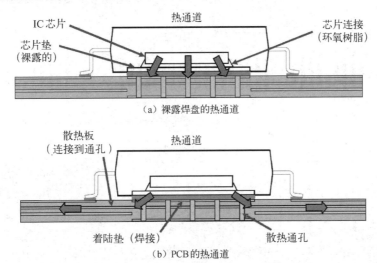

(a) 裸露焊盘的热通道

(b) PCB 的热通道

图 13-25　裸露焊盘的热通道和 PCB 热通道示意图

TI 公司采用裸露焊盘的 PowerPAD 热增强型封装 PCB 安装形式和热传递（散热）示意图[261]如图 13-26 所示。

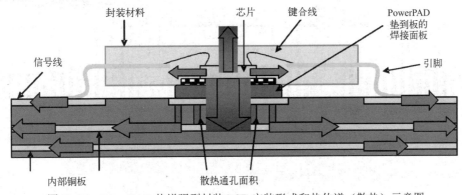

图 13-26　PowerPAD 热增强型封装 PCB 安装形式和热传递（散热）示意图

裸露焊盘的热性能测量需要专门设计的 PCB 模板[261]。采用嵌入式热传递平面的 HTQFP 封装热性能测量的 PCB 模板如图 13-27 所示。采用顶层式热传递平面的 HTSSOP 封装热性能测量的 PCB 模板如图 13-28 所示。

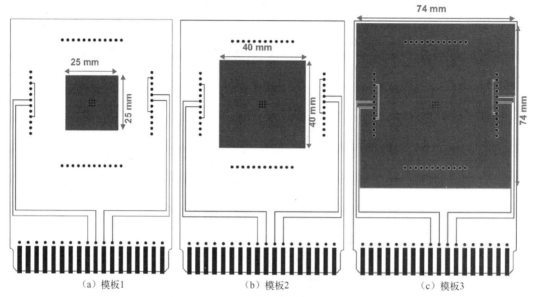

图 13-27　采用嵌入式热传递（散热）平面的 HTQFP 封装热性能测量的 PCB 模板

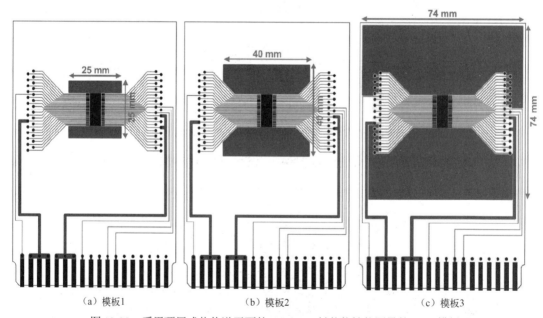

图 13-28　采用顶层式热传递平面的 HTSSOP 封装热性能测量的 PCB 模板

13.4.5　裸露焊盘连接的基本要求

裸露焊盘使用的关键是将裸露焊盘妥善地焊接（固定）到 PCB 上，实现牢靠的电气和热连接。如果此连接不牢固，就会发生混乱，换言之，可能引起设计无效。

实现裸露焊盘最佳电气和热连接的基本要求[37]如下。

① 在可能的情况下，应在各 PCB 层上复制裸露焊盘，目的是与所有接地和接地层形成密集的热连接，从而快速散热。此步骤与高功耗器件及具有高通道数的应用相关。在电气方面，这将为所有接地层提供良好的等电位连接。

如图 13-29 所示，甚至可以在底层复制裸露焊盘，它可以用作去耦散热接地点和安装底侧散热器的地方。

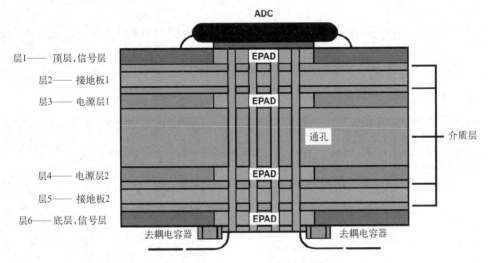

图 13-29　裸露焊盘布局实例

② 将裸露焊盘分割成多个相同的部分，如同棋盘。在打开的裸露焊盘上使用丝网交叉格栅，或使用阻焊层。此步骤可以确保器件与 PCB 之间的稳固连接。在回流焊组装过程中，无法决定焊膏如何流动并最终连接器件与 PCB。

如图 13-30 所示，裸露焊盘布局不当时，连接可能存在，但分布不均；可能只得到一个连接，并且连接很小，或者更糟糕，连接位于拐角处。

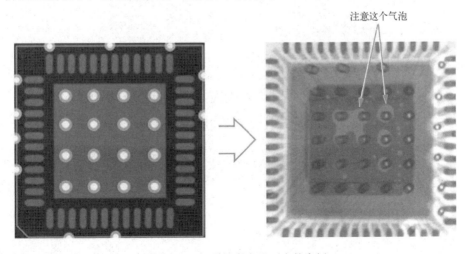

图 13-30　裸露焊盘布局不当的实例

③ 器件的底部金属板或散热器应直接安装在与 PCB 匹配的散热焊盘上。在器件封装底部金属或散热器下方的电路板散热区域的 *X-Y* 尺寸，应具有与底部金属或散热器标称尺寸相同大小，或者大 0.2mm。安装应使用焊料，以及导电或非导电环氧树脂等材料完成。如果底座采用焊接安装，则应避免过大的散热焊盘和焊接掩模开口，因为这可能不利于焊料回流期间封装的"自对准"。为了充分利用底部的散热路径，电路板设计时应利用"散热通孔"从"热地"连接到一个或多个嵌入式的（PCB 内层）接地板或底层的接地板。散热通孔放置在埋地铜平面下方，采用 1.0～1.2mm 间距排列，通孔的直径应为 0.3～0.33mm，其中，镀层约为 1.0oz 铜。

有插入式通孔的散热焊盘设计实例（ISL75052SE 评估板的散热焊盘）如图 13-32（a）所示。无插入式通孔的散热焊盘设计实例（ISL70003SEH 评估板散热焊盘）如图 13-32（b）所示。如图 13-32（c）所示，可以将裸露焊盘分割为较小的部分可以确保各个区域都有一个连接点，实现裸露焊盘更牢靠、更均匀的连接。

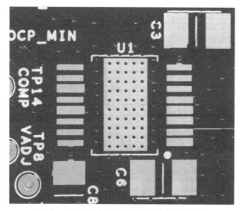
（a）有插入式通孔的散热焊盘设计实例

（b）无插入式通孔散热焊盘设计实例

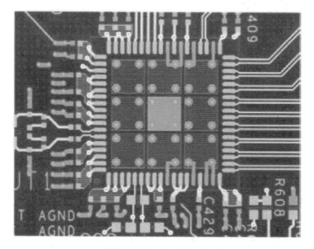
（c）将裸露焊盘分割连接设计实例

图 13-31　较佳的裸露焊盘布局实例

④ 应当确保各部分都有过孔（通孔）连接到地。要求各区域都足够大，足以放置多个

过孔（通孔）。组装之前，务必用焊膏或环氧树脂填充每个过孔（通孔），这一步非常重要，可以确保裸露焊盘焊膏不会回流到这些过孔（通孔）空洞中，影响正确连接。

13.4.6　裸露焊盘散热通孔的设计

1. 散热通孔的数量与面积对热阻的影响

散热通孔（Thermal Via）的数量与面积对热阻的影响[261]如图 13-32 和图 13-33 所示。采用 JEDEC 标准 2 层电路板，通孔数量与模板面积对热阻的影响如图 13-32 所示。采用 JEDEC 标准 4 层电路板，通孔数量与模板面积对热阻的影响如图 13-33 所示。散热通孔的尺寸为 0.33mm（0.013in）。

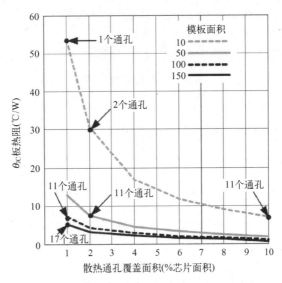

图 13-32　散热通孔的数量与面积对热阻的影响 1

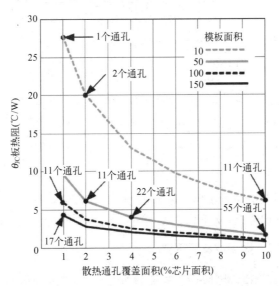

图 13-33　散热通孔的数量与面积对热阻的影响 2

改善 FR-4 PCB 热传递的廉价方法是在导电层之间增加散热通孔。如图 13-34 和图 13-35 所示，通常采用镀通孔（PTH）形式，镀通孔（PTH）是通过钻孔和镀铜工艺创建的[262-263]。

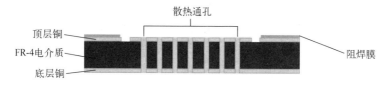

图 13-34　具有散热通孔的 FR-4 PCB 横截面图

以适当的方式添加散热通孔可以改善 FR-4 PCB 的热阻。单个通孔的热阻可以利用公式 $\theta=l/(k\times A)$ 计算，式中，l 为层厚度；k 为热导率；A 为与热源接触的面积。使用表 13-9 中的热导率，可以计算出尺寸为 0.6mm 的散热通孔的热阻为 96.8℃/W。注意，这种计算没有考虑热源的尺寸、扩散、对流热阻或边界条件的影响。

对于多个通孔的热阻，可以采用式（13-12）计算：

$$\theta_{\text{vias}} = l / (N_{\text{vias}} \times k \times A) \tag{13-12}$$

注意，式（13-12）仅当热源直接作用于热通道时才适用。否则，由于热扩散效应，热阻将增大。要计算 IC 器件散热焊盘下方区域的总热阻，必须确定 PCB 电介质层和通孔的等效热阻。为了简单起见，将两个热阻视为并联状态。包含散热通孔和 FR-4 PCB 的总热阻由式（13-13）计算[262-263]：

$$\theta_{\text{vias}\|\text{FR-4}} = [(l / \theta_{\text{vias}}) + (l / \theta_{\text{FR-4}})]^{-1} \tag{13-13}$$

表 13-9　包括散热通孔的 FR-4 PCB 层的典型热导率

层/材料	厚度（μm）	热导率[W/(m·K)]
Sn-Ag-Cu 焊锡	75	58
顶层铜	70	398
PCB 电介质	1588	0.2
填充式散热通孔（Sn-Ag-Cu）	1588	58
底层铜	70	398
阻焊膜（可选择）	5	4.2

使用表 13-8 中的热导率值，可以通过添加多层的热阻，来计算多层 FR-4 PCB 的总热阻：

$$\theta_{\text{PCB}} = \theta_{\text{layer1}} + \theta_{\text{layer2}} + \theta_{\text{layer3}} + \cdots + \theta_{\text{layer}N} \tag{13-14}$$

对于给定层，热阻由下式给出：

$$\theta = l / (k \times A) \tag{13-15}$$

式中，l 为层厚度；k 为热导率；A 为与热源接触的面积。

注意，这种计算没有考虑热源的尺寸、扩散、对流热阻或边界条件的影响。

2. 散热通孔的面积、数量与布局形式

不同封装 IC 器件散热通孔的面积、数量与布局形式[261]如图 13-35 所示。

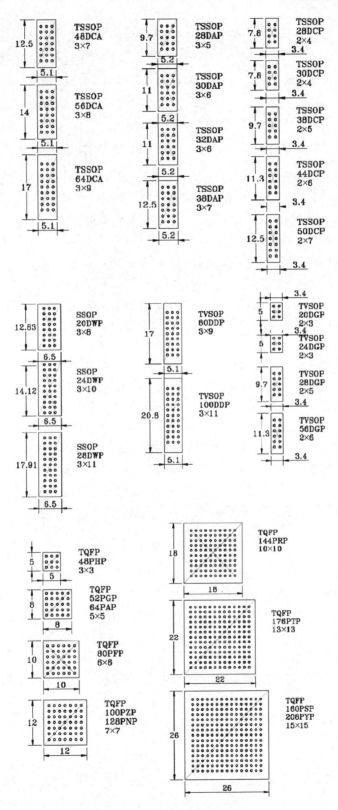

图 13-35　不同封装 IC 器件的散热通孔的面积、数量与布局形式

> **注意**：裸露焊盘尺寸和散热通道建议与特定器件的数据表核对，应使用在数据表中列出的最大焊盘尺寸。推荐使用具有阻焊定义（限制）的焊盘，以防止裸露焊盘封装引脚之间的短路。

13.4.7 裸露焊盘的 PCB 设计实例

1. 16 引脚或 24 引脚 LFCSP 无铅封装裸露焊盘的 PCB 设计实例[264]

LFCSP 封装与芯片级封装（CSP）类似，是用铜引脚架构基板的无铅塑封线焊封装。外围输入/输出焊盘位于封装的外沿，与印制电路板的电气连接是通过将外围焊盘和封装底面上的裸露焊盘焊接到 PCB 上实现的。将裸露焊盘焊接到 PCB 上，从而有效传导封装热量。

例如，ADA4930-1/ADA4930-2 是超低噪声（$1.2\mathrm{nV}/\sqrt{\mathrm{Hz}}$）、低失真、高速差分放大器，非常适合驱动分辨率最高 14 位、0～70MHz 的 1.8V 高性能 ADC。ADA4930-1 采用 3mm×3mm 16 引脚无铅 LFCSP 封装，ADA4930-2 采用 4mm×4mm 24 引脚无铅 LFCSP 封装。

ADA4930-1/ADA4930-2 是高速器件，要实现其优异的性能，必须注意高速 PCB 设计的细节。

首先要求是采用具有优质性能的接地层和电源层的多层 PCB，尽可能覆盖所有的电路板面积。在尽可能靠近器件处将供电电源引脚端直接旁路到附近的接地平面。每个电源引脚端推荐使用两个并联旁路电容（1000pF 和 0.1μF），应该使用高频陶瓷电容，并且采用 10μF 钽电容在每个电源引脚端到地之间提供低频旁路。

杂散传输线路电容与封装寄生可能会在高频时构成谐振电路，导致过大的增益峰化或振荡。信号路径应该短而直，避免寄生效应。在存在互补信号的地方，用对称布局来提高平衡性能。当差分信号经过较长路径时，要保持 PCB 走线相互靠近，将差分线缆缠绕在一起，尽量缩小环路面积。这样做可以降低辐射的能量，使电路不容易产生干扰。使用射频传输线将驱动器和接收器连接到放大器。

如图 13-36 所示，清除输入/输出引脚附近的接地和低阻抗层，反馈电阻（R_F）、增益电阻（R_G）和输入求和点附近的区域都不能有地和电源层，使杂散电容降到最低，可以降低高频时放大器响应的峰值。

对于非传输线路配置，要求信号走线宽度应保持最小，清除信号线路下方和附近的接地层和低阻抗层。

裸露散热焊盘与放大器的接地引脚内部相连。将该焊盘焊接至 PCB 的低阻抗接地层可确保达到额定的电气性能，并可提供散热功能。为进一步减小热阻，建议利用过孔将焊盘下方所有层上的接地层连在一起。

推荐的 PCB 裸露焊盘尺寸如图 13-37 所示。散热通孔连接到底层的接地层，如图 13-38 所示。

> **注意**：ADA4932-x 也可以采用类似设计。

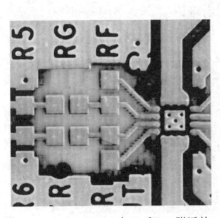

图 13-36　ADA4930-1 中 R_F 和 R_G 附近的
接地层和电源层的露空

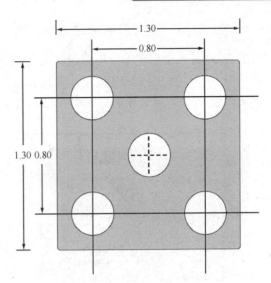

图 13-37　推荐的 PCB 裸露焊盘尺寸
（单位：mm）

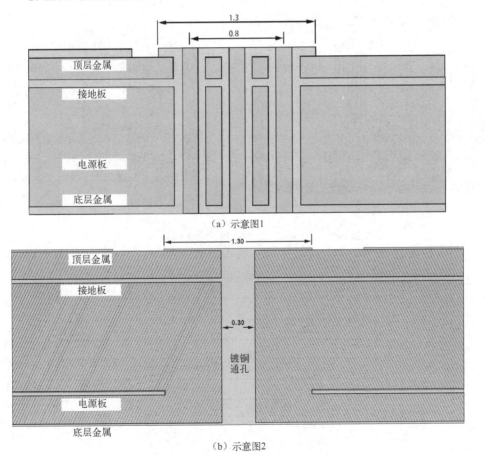

（a）示意图1

（b）示意图2

图 13-38　4 层 PCB 横截面：散热通孔连接到底层的接地层（单位：mm）

2．MLF 封装裸露焊盘的 PCB 设计实例

ZL2106 是一个数字 DC 电源控制器，采用 MLF（Micro Lead Frame）封装，一个 4 层 PCB 设计实例[265]如图 13-39 所示。有关 ZL2106 应用电路和 MLF 封装的详细信息请登录相关网站查询。MLF 封装裸露焊盘中的散热通孔数量与热阻关系如图 13-41 所示。

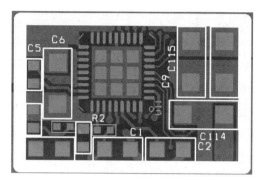
（a）顶层PCB

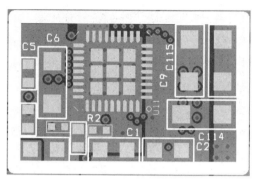
（b）内部第1层

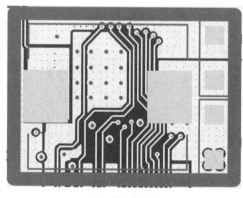
（c）内部第2层

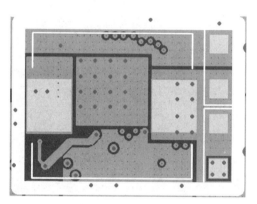
（d）底层PCB

图 13-39　MLF 封装 ZL2106 的一个 4 层 PCB 设计实例

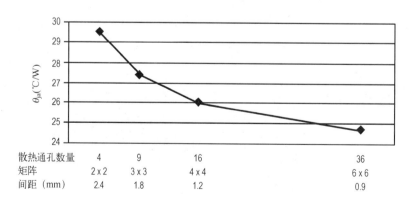

图 13-40　MLF 封装裸露焊盘中的散热通孔数量与热阻关系

3．TO-封装裸露焊盘的 PCB 设计实例

采用 TO 封装的器件，结到环境之间的有效热阻（θ_{JA}）在很大程度上取决于 PCB 设计。例如，TO-263 封装有 TO-263 标准封装与 TO-263 THIN（薄）封装两种形式。一个 TO-263 THIN 封装的 PCB 热设计截面示意图[266]如图 13-41 所示，利用 PCB 增强散热性能。PCB 布局是根据 JEDEC JESD51-7 和 JESD51-5 的散热电路板要求设计的。热特性测试板为 16in²（4.0in×4.0in），4 层铜配置为 2oz、1oz、1oz、2oz。在散热电路板将顶层上的 DAP 焊盘通过散热通孔连接到接地层的底层。

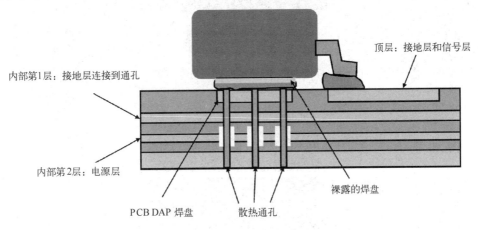

图 13-41　TO-263 THIN 封装的 PCB 热设计截面示意图

4．PQFN/QFN 裸露焊盘的 PCB 设计实例

PQFN 封装的射频功率器件安装在 PCB 上的典型横截面图[267]如图 13-42（a）所示。PQFN-24 和 PQFN-16 封装的 PCB 焊盘布局图例如图 13-42（b）和图 13-42（c）所示。

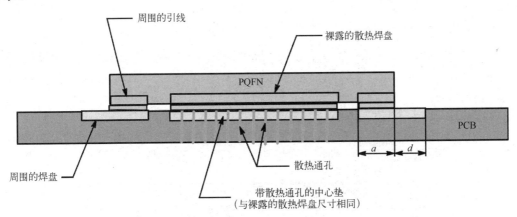

（a）PQFN封装安装在PCB上的典型横截面图

图 13-42　PQFN 裸露焊盘的 PCB 设计实例

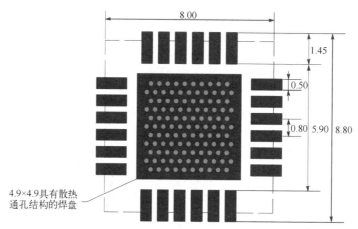

（b）PQFN-24封装的PCB焊盘布局图例（单位：mm）

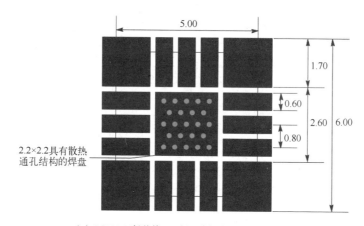

（c）PQFN-16封装的PCB焊盘布局图例（单位：mm）

图 13-42　PQFN 裸露焊盘的 PCB 设计实例（续）

5. 空腔封装（Air Cavity Packages）的 PCB 设计实例

一个 PCB 绑定到导热载体上，射频功率器件通过空腔连接到导热载体的安装实例[268]如图 13-43 所示。

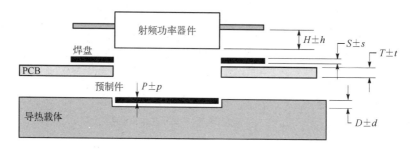

（a）射频功率器件通过空腔连接到导热载体的安装实例

图 13-43　空腔封装（Air Cavity Packages）的 PCB 设计实例

（b）PCB 绑定到导热载体上

图 13-43　空腔封装（Air Cavity Packages）的 PCB 设计实例（续）

6. 有引线引脚端的 OMP 的 PCB 设计实例

有引线引脚端的 OMP（Overmolded Package，二次成型封装）射频功率器件与 PCB 和散热器的连接示意图[269]如图 13-44 所示。二次成型封装是一种基于引线框架的塑料封装，具有从封装侧面突出的引线和用于大功率散热的底部金属法兰。

（a）PCB 通过底座连接到散热器，适用于鸥翼型大功率封装

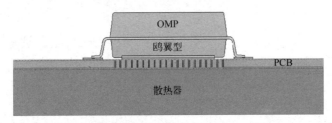

（b）带有通孔连接到散热器的 PCB，适用于鸥翼型小功率封装

（c）通过 PCB 空腔连接到散热器，适用于直引线封装

图 13-44　有引线引脚端的 OMP 射频器件与 PCB 和散热器的连接示意图

7. 无引线引脚封装的 LGA 的 PCB 设计实例

无引线引脚封装的 LGA（Land Grid Array，触点栅格阵列）射频功率器件通过 PCB 与散

热通道的连接示意图[269]如图 13-45 所示。LGA 封装是一种 SMT 器件，通过器件底部的触点与 PCB 进行电气连接。

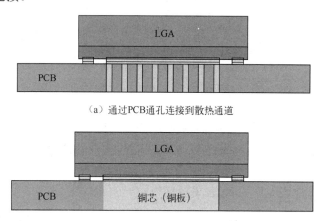

（a）通过PCB通孔连接到散热通道

（b）嵌入铜芯的PCB连接到散热通道

图 13-45　无引线引脚封装的 LGA 射频器件与 PCB 的连接示意图

PCB 的可制造性与可测试性设计

14.1 PCB 可制造性设计

14.1.1 PCB 可制造性设计的基本概念

产品的可制造性设计（Design For Manufacturing，DFM）研究的是产品本身的物理（机械的、电气的）设计与制造加工系统之间的相互关系，并将其结合在产品设计中，以便将其与整个制造系统的要求融合在一起，使设计的产品便于生产制造，减少制造过程中的质量缺陷，达到缩短产品研制或生产周期、降低成本、提高产品质量和生产效率的目的。从广义上讲，产品的可制造性应包括产品的制造、测试、返工和维修等产品形成全过程的可行性；从狭义上讲，产品的可制造性设计是指产品本身制造的可行性。

作为电子产品的基础，所设计的 PCB 图形既要用于 PCB 的制造，又要用于 PCB 的安装。PCB 的制造和 PCB 组装件（组件）的安装分属于两个不同的制造专业，两者在制造工艺方法和设备上有很大的差别，制造要求也大不相同。因此所设计的 PCB 需要同时满足两个方面的可制造性要求：本身的可制造性要求和印制板组装件的可制造性要求。

PCB 的设计、制造和组装分属于三个不同的专业技术领域。作为一个优秀的 PCB 设计者，既要精通电路设计，又要了解和熟悉 PCB 的制造和元器件安装工艺要求，还应了解所选用的元器件的特性和基本的尺寸，以及安装和焊接时所用的焊料、焊剂的特性等要求，要把这些要求有机地融合在一起。在一个设计中实现总体优化，不是一个很容易的事情，这需要有丰富的设计实践经验。

PCB 本身的可制造性需要考虑印制板的生产工艺规范要求。印制板组装件的可制造性需要考虑装联工艺规范要求。

1. PCB 本身的可制造性设计

PCB 本身（又称裸板）是指没有安装电子元器件的光板。对 PCB 本身的可制造性设计而言，主要考虑的是印制板制造工艺对 PCB 设计的要求。PCB 有许多种类（如多层刚性板与单层或双层板），不同种类有不同的加工方法，其可制造性设计要求是不同的。在进行 PCB 设计时，需要根据所设计的 PCB 结构特点，了解相关的 PCB 生产工艺特点，进行可制造性设计考虑。

PCB 的可制造性所要求的技术指标与 PCB 的制造工艺技术水平发展现状和印制板制造厂商有关。例如，对于导线宽度为 0.1mm，最小通孔直径为 0.3mm 的 PCB，多数生产厂商就不能加工，只有一些设备和工艺条件较好的生产厂商可以加工。有的设计人员不注意这些问题，认为产品能设计出来就能制造出来，或者认为印制板的布局、布线设计正确与否是自己的事，能否制造出来是生产和工艺的事，这个概念是错误的。在考虑 PCB 的可制造性技术指标时，要考虑当前的印制板加工工艺水平和预计要选定的印制板生产厂商的工艺要求。

满足 PCB 本身的可制造性要求需要考虑的一些设计因素如下。

① PCB 的外形尺寸和精度。受设备加工尺寸和精度要求限制，设计时应考虑最大和最小加工尺寸，尺寸精度和工艺边的尺寸。

② PCB 基材的类型和规格的选用。应考虑印制板的加工方法，而且所选择的 PCB 基材的种类和尺寸规格应尽量符合标准。

③ 确定 PCB 的结构和厚度。PCB 的结构和厚度首先必须满足印制板的电气和机械性要求，但也必须考虑制造的可能性。例如，多层印制板的最高层数、中间介质层和板的总厚度等，都受生产加工能力的制约，在确定这些参数时应与 PCB 的生产厂商协商。

④ 确定 PCB 的厚度与孔径比。PCB 的总厚度与导通孔直径的比值是制约可制造性的重要指标。受金属化孔工艺的制约，孔径越小，基板越厚，其孔金属化的难度就越大，因此应选择适当的板厚与孔径比，以利于孔的金属化处理和电镀。

⑤ 确定最小孔径、孔的最小间距。最小孔径、孔的最小间距受生产设备和孔金属化能力的制约，设计时应考虑与生产能力和水平相适应。

⑥ 注意焊盘图形的形式。由于最小连接盘宽度会受 PCB 的安装、焊接要求和印制板制作精度限制，故设计时应综合考虑这两个方面的可制造性要求。

⑦ 注意印制导线的宽度、导线间距及其精度。受印制板制作中的图形转移和刻蚀工艺水平制约，生产过程会影响印制板导线间的耐电压、绝缘电阻和印制板的特性阻抗等性能，因此应综合考虑设计。

⑧ 布局、布线等设计要素直接影响电子元器件的安装、印制板制造精度、耐电压及绝缘电阻等工艺性能和印制板的电磁兼容性。布线的均匀程度还会影响印制板的翘曲度等机械性能，进而影响表面安装元器件焊接的可靠性，因此设计时应按工艺要求和电气要求综合考虑。

⑨ 当 PCB 的尺寸太小无法满足 SMT 贴装流水线加工要求时，需要把多个 PCB 拼成一个整块。PCB 拼板时应注意：

a. 单板尺寸小于 100mm×70mm 的 PCB 应进行拼板。PCB 拼板尺寸范围：长度 L 为 100～400mm，宽度 W 为 70～400mm。例如，SIEMENS 线 PCB 拼板宽度小于或等于 260mm，FUJI 线 PCB 拼板宽度小于或等于 300mm。如果需要自动点胶，PCB 拼板的宽度小于或等于 125mm，长度小于或等于 180mm。

b. PCB 拼板外形尽量接近正方形，推荐采用 2×2、3×3、……拼板，但不要拼成阴阳板。小板之间的中心距控制在 145mm。

c. PCB 拼板的外框（夹持边）应采用闭环设计，确保 PCB 拼板固定在夹具上以后不会变形。为了辅助生产插件走板、过波峰焊，在 PCB 两边或者四边增加工艺边。工艺边设计为圆形倒角，一般圆角直径为 5mm，小板可适当调整。工艺边主要用于辅助生产，PCB 生产完成后需除去。

d. PCB 布局时，拼板外框与内部小板、小板与小板之间的连接点附近不能有大的元器件或伸出的元器件，且元器件与 PCB 的边缘应留有大于 0.5mm 的空间，以保证切割刀具正常运行。

e．在拼板外框的四角开出四个定位孔，孔径为 4mm±0.01mm。孔的强度要适中，保证在上下板过程中不会断裂。孔径及位置精度要高，孔壁光滑无毛刺。PCB 拼板内的每块小板至少要有三个定位孔，3mm≤孔径≤6mm，边缘定位孔 1mm 内不允许布线或者贴片。

f．拼板 PCB 子板的定位基准符号应成对使用，布置于定位要素的对角处。大的元器件要留有定位柱或者定位孔，如 I/O 接口、麦克风、电池接口、微动开关、耳机接口、电机等。

g．设置基准定位点时要求：基准点的优选形状为实心圆，基准点的直径为 1.0mm+0.05mm，基准点焊盘、阻焊区应设置正确。基准点放置在有效 PCB 范围内，中心距板边大于 6mm。为了保证印刷和贴片的识别效果，基准标志边缘附近 2mm 范围内应无其他丝印标志、焊盘、V 型槽、邮票孔、PCB 缺口及走线。

h．考虑到材料颜色与环境的反差，留出比光学定位基准符号大 1～1.5mm 的无阻焊区，也不允许有任何字符，在无阻焊区外不要求设计金属保护圈。

⑩　对不同类型的 PCB 还有一些特殊的可制造性考虑，如挠性板、高密度互连板等。

在考虑 PCB 本身的可制造性设计指标时，应不超过 PCB 当前的制造工艺极限或预选生产商的生产能力极限，必要时应与预选的 PCB 生产厂商进行工艺协商，或考核生产厂商的生产能力，以确认合格的 PCB 生产厂商。

2．印制板组装件的可制造性设计

当 PCB 图形设计完成后，元器件的安装、焊接形式，以及产品测试、维修的难易程度就已经基本确定了，因此印制板组装件的可制造性设计在印制板图形设计时就必须考虑好。因为在 PCB 图形的设计中，布局、布线时元器件的安装位置和密度及连接的走线关系，对元器件安装合理与否，能否便于检测和维修有决定性作用，所以设计时就应考虑产品的安装、焊接、维修和测试的可制造性。

印制板组装件的可制造性设计随元器件的安装方法不同而有很大区别。印制板的安装方式根据元器件的封装形式，可以分为通孔安装、表面安装、微组装或芯片直接封装。不同的安装方式对印制板的基材和复杂程度要求是不同的，因此对印制板的设计可制造性要求也不相同。

印制板组装件的可制造性设计还与元器件焊接的方式有关，常用的焊接方式有手工焊、波峰焊、再流焊（回流焊）及压焊（Bonding）。对于手工焊，既可以采用阻焊膜，也可以不采用阻焊膜；在波峰焊和再流焊中，为防焊接时产生桥连和短路，必须采用阻焊膜；在再流焊的印制板设计中，还需要设计网印焊膏用的模板；采用压焊连接时，应考虑焊盘表面涂（镀）层的匹配问题。不同的焊接方法，对镀层的种类和厚度要求不同，匹配不当将会引起焊接失效或产生缺陷。

无论采用哪一种安装方式或哪一种焊接方法，印制板组装件的可制造性设计的通用要求如下。

① 布局时，元器件的安装间距和与板边缘距离应符合安装、维修和测试的要求。

② 元器件（含插针）的安装孔应有足够的插装和焊接的间隙。

③ 焊盘和最小环宽尺寸应能满足焊接后形成可靠连接的要求。

④ 焊盘尺寸和位置应满足安装和焊接质量的要求。

⑤ 对于需要加固或需要外加散热器的元器件周围，应留出加固和安装散热器的空间。

⑥ 根据元器件的发热情况，按热设计要求确定元器件是贴板或离板安装，还是外加散热器。元器件的布局和排列方向应有利于散热。

⑦ 元器件的安装位置和极性标志应清楚准确，应与电原理图要求相符，网印的标识应满足网印工艺要求。

⑧ 元器件下面的过孔和其他不需焊接的孔应有阻膜焊覆盖，以防焊接时焊料流到元器件体上损坏元器件或使金属壳的元器件体短路。

⑨ 在超大规模元器件或发热元器件周围的规定范围内，不允许布设其他元器件或过孔。

⑩ 印制板上的测试点尽量设置在板的边缘或不易被其他元器件遮挡的地方，以便测试。

⑪ 在元器件的布局中，应充分考虑电磁兼容问题。

14.1.2 PCB 可制造性设计的管理

PCB 研发各阶段的可制造性设计是一个十分重要的质量控制环节，涉及产品设计开发各阶段的工作要求、印制电路板设计工艺规范、新品材料的选择办法、工艺管理规定等一系列相关标准和工艺过程，以及企业的各个部门。

在 PCB 研发各阶段可制造性设计的控制过程中，企业中不同的部门和人负不同的管理职责，如下所示。

① 装联副总工艺师在总工艺师的领导下负责 PCB 可制造性设计的技术管理工作。

② 各事业部的 PCB 设计人员（EDA 或开发人员）负责 PCB 的设计、料单拟制、各个过程质量反馈的改进、版本升级。

③ 各事业部工艺部（或技术部）必须设立专门的 PCB 工艺工程师，负责 PCB 设计各阶段可制造性设计质量的控制，首件实验样板的可制造性评审，以及跟踪反馈的设计工艺问题的改进。

④ 工艺部为企业工艺管理和技术支持平台，负责 PCB 工艺设计标准的制定、宣传、贯彻和更新；协助事业部解决设计中遇到的疑难工艺问题；定期到事业部对设计中的 PCB 进行可制造性评审检查；参加首件正式样板的可制造性评审；负责工艺总结报告的审查、分解、上网，确保评审结论客观、准确；负责设计工艺问题的处理。

⑤ 标准化和检测部负责 PCB 可测试性设计标准的制定、宣传、贯彻和更新；参加正式样板的可测试性评审工作；负责测试仪器的设计制作，满足事业部要求。

⑥ 生产部负责组织首件正式样板的可制造性评审；跟踪试生产过程，处理生产中遇到的问题，并把试生产中发现的问题写成工艺总结报告，交工艺部。

⑦ 事业部的标准化人员负责 PCB 设计文档的审查，并负责跟踪不符合标准要求的设计文档的修改。

14.1.3　不同阶段 PCB 可制造性设计控制

PCB 的质量控制贯穿在系统设计阶段、工程研制阶段、试生产阶段、生产阶段的全过程。

1．系统设计阶段

在单板设计规范中至少应提供以下工艺设计信息。

① 产品的使用条件、功能要求和品质要求。

② 关键元器件的封装特征（封装类别、引脚数量/间距、封装体尺寸）及数量。

③ PCB 的基材性能要求、尺寸、最大允许厚度、数量。

④ 每种 PCB 的元器件数量的大致范围（如 500、1000、1500、2000 等）。

⑤ 测试点及测试要求。

电路系统设计是结构设计及 PCB 设计的依据。在系统设计阶段，事业部的 PCB 工艺工程师应该介入，应参与系统电路的划分工作，从工艺角度做好服务，力求使每块 PCB 的元器件布放密度均衡，工艺性能优化。

2．工程研制阶段

（1）PCB 设计前

① 事业部的 PCB 工艺工程师应协助电路设计人员做好关键元器件的选型工作，这是做好工艺设计的前提条件。应尽可能采用已有材料代码的元器件，采用新元器件时要按照企业新品材料选择标准的有关要求进行。对于以前没有使用过的新型封装的元器件，应该与工艺部沟通。

② 协助设计人员确定单板组装方式，力求工艺流程最少，手工作业最少。

③ 与 EDA 人员、硬件开发人员共同确定 PCB 的基材材质、厚度。

④ 审查 PCB 的外形图。

（2）元器件布局阶段

按照企业标准要求，对元器件布局、元器件间距、新型元器件和影响焊接质量的关键元器件（0402、0603、0.4mm/0.5mm QFP、CSP、表贴连接器、压接连接器）的焊盘进行审查（在采用企业标准要求统一的焊盘库后，此项检查不再进行），确认没有问题后，允许设计进入布线阶段。

（3）布线阶段

按照企业标准要求进行布线设计，满足工艺性要求。

（4）PCB 设计完成后

① PCB 设计人员向事业部的 PCB 工艺工程师提供评审必需的有关文件，如 A、B 板面 PCB 图、阻焊层图，以及钻孔图，供 PCB 工程师初审使用。

② PCB 工程师要严格按照企业标准的系列文件要求进行工艺审核。如果按标准设计时会影响 PCB 的电路功能，应该以功能为第一考虑。

③ 设计人员必须对工艺审核人员提出的问题进行修改，否则 PCB 工程师有权拒绝在设计图纸上签字，不允许进行实验样板的制作。

（5）样板制作阶段

实验样板首次装焊后，事业部的 PCB 工艺工程师应组织事业部的相关人员对其进行评审，并把评审的结果及处理情况反馈给工艺部。

实验样板第二次（含第二次）以上的制作，被视为正式样板，即可以按照企业相关标准规定进行全面评审。

> **注意：** 实验样板是指用于电路功能验证的实验板。正式样板是指已实现电路功能，用于样机的实验板。

3．试生产阶段

对已完成功能验证，准备进行试生产的首件正式样板，必须进行全面的可制造性评审。评审应按照企业相关标准细则进行检查，如"PCB 可制造性评审细则""PCB 可制造性评审检查单"。其中要注意以下几点。

① 生产部跟踪试生产过程，写出全面的"工艺总结报告"发工艺部。

② 工艺部经审查，按问题的责任部门分类上网发事业部，如果事业部对工艺总结报告有异议，限 48 小时内反馈意见。

③ PCB 工艺工程师负责问题的跟踪处理，并把修改结果反馈给工艺部。

4．生产阶段

在生产阶段，生产部需要根据"钢网设计规范""工装设计规范"等与生产工艺有关的要求与标准对 PCB 进行审查。

PCB 设计各阶段的输出或控制内容、依据工具、责任部门一览表如表 14-1 所示。

表 14-1　PCB 设计各阶段的输出或控制内容、依据工具、责任部门一览表

序号	产品研制阶段	输出或控制内容	依据工具	责 任 部 门
1	项目论证	—		—
2	系统设计	基板材料、尺寸/厚度、数目	基板选择指南	硬件开发工程师
		关键、核心元器件	元器件库	硬件开发工程师
		每一单板模块上元器件数目经验值		硬件开发工程师
3	工程研制	单板设计前		
		PCB 组装形式（工艺路线）确定	设计规范工艺性要求	事业部的 PCB 工艺工程师
		新型元器件封装工艺性确认		事业部的 PCB 工艺工程师
		制定测试策略	测试策略设计指南	事业部负责测试的工程师
		元器件布局阶段		
		元器件布局	设计规范工艺性要求	事业部的 EDA 工程师
		元器件布局审查	设计规范工艺性要求	事业部的 PCB 工艺工程师
		元器件间距审查	设计规范工艺性要求	事业部的 PCB 工艺工程师
		新型元器件焊盘审查	设计规范工艺性要求	事业部的 PCB 工艺工程师
		布线阶段		

序号	产品研制阶段	输出或控制内容	依据工具	责 任 部 门
3	工程研制	测试点设计	设计规范可测试性设计要求	硬件开发工程师/EDA 工程师
		PCB 设计完成后		
		按照本标准中的检查表进行详细审查，确认无问题签字	可制造性设计评审检查单	事业部的 PCB 工艺工程师
		实验样板制作阶段		
		实验样板首次生产后	可制造性设计评审检查单	事业部、工艺部（或技术部）/开发部（控制点评审）
4	试生产	首件正式样板评审	设计规范/BOM	生产部组织（控制点评审）
		试生产		生产部
		工艺总结		生产部/工艺部
		可制造性问题处理		事业部、工艺部（或技术部）
5	生产	钢网设计/制造	钢网设计制造规范	生产部
		工装设计/制造	工装设计规范	生产部

5．PCB 的质量量化评分方法

为了不断提高 PCB 的可制造性设计质量和单板的评审质量，工艺部可以对各事业部的 PCB 可制造性设计质量进行量化评分，对实验样板的第二版及其以后的所有修改版的 PCB 进行评审通过率和料单合格率的审查。

（1）评审通过率（按下式计算）

$$M_d = \frac{\sum N_d}{\sum A} \tag{14-1}$$

式中，M_d 为评审通过率；$\sum N_d$ 为评审印制板通过的板数（可生产板数）；$\sum A$ 为评审印制板的总数（指品种总数）。

（2）料单合格率（公式如下）

$$M_m = \frac{\sum N_m}{\sum A} \tag{14-2}$$

式中，M_m 为料单合格率；$\sum N_m$ 为合格料单数；$\sum A$ 为评审料单总数。

14.1.4　PCB 可制造性设计检查

1．可制造性检查的分级

PCB 的可制造性的水平受印制板制造商的工艺能力水平制约。对于不同的制造商，其可制造性的指标是不同的。在 IPC 的印制板设计标准中，根据印制板设计的特性、公差、检测、组装、成品的测试和制造工艺的验证等方面的水平，将 PCB 的可制造性分为了 A、B、C 3 个水平等级，用于区别印制板在制造中对定位精度要求、材料选择和工艺要求等方面的不同。

① A 级水平：可制造性水平为一般，可作为设计的首选。

② B 级水平：可制造性水平为中等，2、3 级产品经常选用。

③ C 级水平：可制造性水平为高难度，较少选用。

不同级别的可制造性水平对等级要求、性能指标、导电图形布线密度、设备精度、安装和测试的要求不同。确定可制造性等级时应以满足最低需要为原则，这样当所选择的合格 PCB 生产商的制造水平较高时，容易降低成本，提高产品的可靠性。要求的可制造性水平等级越高，其可制造性要求的复杂程度也越高，同时生产成本也会随之提高。

2．PCB 本身的可制造性设计检查

PCB 本身的可制造性检查不针对 PCB 制造的全部工艺过程，而主要是检查受 PCB 制造工艺制约的那一部分项目[24]。主要的检查项目有以下几个。

（1）安装密度检查

不同等级的印制板安装密度的可制造性水平如表 14-2 所示。在检查时，应考虑安装在板上的元器件安装部分（元器件的最大尺寸及其相应的焊盘所占的空间）占板上可使用区域（布线区）的比例。占板的空间比例越大，设计和制造的难度越大，过高的要求会引起质量问题或造成不可能制造。

表 14-2　印制板安装密度的可制造性水平

可制造性水平等级	A 级	B 级	C 级
占板上可使用区域的比例	70%	80%	90%

（2）基材选择检查

所选择的基材应在标准的品种和规格的系列中。不能够选择非标准材料，否则将会增加生产成本或拖延生产时间，甚至无法生产。

（3）尺寸检查

印制板（或在制板）的最大尺寸与设备能力如表 14-3 所示。PCB 的尺寸不能够超过印制板加工设备的最大尺寸，同时为防止成品板的翘曲，PCB 的尺寸也不能够过大。

（4）外形尺寸和公差检查

印制板机械加工的外形和各类槽口的公差如表 14-4 所示。应检查 PCB 的外形尺寸公差是否适于加工。印制板设计图纸上标明的配合尺寸及公差应符合所安装的元器件的尺寸和公差要求。

表 14-3　印制板（或在制板）的最大尺寸与设备能力

设 备 名 称	设备典型最大工作尺寸（mm×mm）
钻　孔	460×610
网　印	510×760
裸 板 测 试	460×460
层 压 机	510×610

表 14-4　印制板机械加工的外形和各类槽口的公差

表面外形的公差	A 水平	B 水平	C 水平
外形要素	0.25mm	0.2mm	0.15mm
最大基本定位尺寸≤300mm	0.30mm	0.25mm	0.20mm
最大基本定位尺寸>300mm	0.35mm	0.30mm	0.25mm

注：1．外形要素是指板上的各类切口、开槽、其他异形孔槽图形要素的尺寸公差。

注：2．为提高可制造性，非配合尺寸一般不要选择较高精度的公差。

（5）印制导线的宽度和间距检查

印制导线的宽度与间距水平如表 14-5 所示。应检查印制导线的宽度、间距、导线与连接盘的间距，以及焊盘的最小环宽是否超过加工工艺极限。一般而言，印制导线宽度与间距尺寸越大，加工越容易。

表 14-5　印制导线的宽度与间距水平

项　目	A 水平	B 水平	C 水平
导线宽度	≥0.3mm	0.3～0.1mm	≤0.1mm
导线间距	≥0.3mm	≥0.15mm	≤0.15mm

（6）孔径检查

镀覆孔厚径比的复杂程度如表 14-6 所示。最小钻孔的孔径和孔径与板厚度的比值是制约印制板制造工艺水平的重要参数，也是影响产品质量的关键设计指标，设计时不应超过印制板制造商的工艺水平极限。对于盲孔，因为电镀液难以渗透到盲孔的底部，所以应采用较低的厚径比。

表 14-6　镀覆孔厚径比的复杂程度

项　目	A 水平	B 水平	C 水平
厚　径　比	≤5∶1	6∶1～8∶1	≤9∶1
推荐使用的孔	元器件安装孔或通孔、盲孔和埋孔	多层板中通孔（过孔）、埋孔	多层板、刚－挠结合多层板、HDI 板中的通孔

（7）导电图形分布均匀性检查

设计时应均匀分布各层导电图形的导电面积，避免导电图形分布严重失衡，导致印制板翘曲。

（8）导电层顺序和标志检查

多层板各层导电图形的布置顺序及其在图形外的标志应清楚，以便制造。

3．印制板安装的可制造性检查

印制板的安装技术有通孔安装（THT）、表面安装（SMT）和微组装（MCM）三种形式，THT 和 SMT 技术是目前采用较多的两种形式。不同的电子装配工艺方法对印制板安装的可制造性要求有很大差别。

（1）THT 形式的印制板的可制造性检查

THT 形式的印制板既可以采用手工焊，也可以采用波峰焊，其设计可制造性检查的主要内容有以下几个。

① 布局检查。元器件布局的密度应符合表 14-2 中可制造性水平的相应等级要求；手工安装适用于组装密度较低的印制板，一般推荐采用 A 级。元器件布局的间距应满足安装和维修的要求。

② 元器件安装孔的检查。元器件安装孔应有足够的插装引线和焊接的间隙。一般孔径应大于引线直径 0.2～0.3mm。

③ 焊盘尺寸的检查。焊盘大小应满足焊接要求。

④ 散热器的安装空间检查。检查需要加固或外加散热器的元器件是否留有安装加固件和散热器的安装空间。

⑤ 元器件的散热检查。检查元器件的散热方式和散热通道是否合适。

⑥ 检查元器件与板边的距离。检查元器件距离板边缘的最小距离是否符合要求。

⑦ 元器件体下面的过孔检查。金属外壳元器件体下面的过孔不应露出焊盘，应有阻焊膜覆盖。

（2）SMT 形式的印制板的可制造性检查

由于 SMT 形式的印制板一般采用机械自动安装，故除了应进行上述 THT 形式的各项检查，还需要检查以下几项。

① 焊盘尺寸的检查。根据元器件的封装形式，检查焊盘的尺寸能否满足焊接的要求。

② 网印图形窗口的检查。所提供的焊盘漏印焊膏的丝印图形应与焊盘对应一致，而且漏印窗口尺寸应与焊盘尺寸匹配。

③ 定位标志的检查。元器件安装的定位标志和安装的极性标志应清晰可辨。

④ 检查大功率器件周围的间隙。为了便于安装、维修和降低热效应影响，超大规模集成电路周围 2mm 之内不应设置其他元器件和过孔。

4．印制板可制造性的一些具体参数

目前典型标准工艺所能达到的，并能保证产品质量的标准技术要求和可靠性要求的一些印制板可制造性的具体参数如下。

① 印制导线最小宽度和间距对 1、2 级产品板为 0.1～0.3mm；对 3 级产品板为大于或等于 0.13mm；对 HDI 板可以小于 0.1mm。

② 最小孔径一般为 0.1～0.3mm（积层式多层板的孔径可小于或等于 0.1mm）。

③ 最小连接盘宽度大于或等于 0.05mm，最小焊盘环宽应大于或等于 0.1mm。

④ 最小孔径应能保证镀覆孔内有足够的铜导电层厚度，保证元器件插装或层间互连的可靠性。

⑤ 板厚度与镀覆孔直径比值简称厚径比。应根据产品不同、复杂性水平和印制板制造商的极限工艺要求，选择适合的厚径比。

⑥ 板的外形尺寸公差应符合相应可制造性水平等级，其最小值应大于或等于 0.13mm。

⑦ 元器件体距离板的边缘的最小距离，即保证安装和绝缘的最小距离应大于或等于 4mm。

⑧ 表面安装元器件相互之间设置的最小距离应大于或等于 0.5mm；大功率元器件周围 2mm 内不应设置元器件。

⑨ 机械安装孔边缘与板边缘的距离至少要大于板的厚度。

14.1.5　PCB 本身设计检查清单实例

一个 PCB 本身设计检查清单实例[270]如表 14-7 所示。分阶段、分职责严格按照检查清单对 PCB 进行检查，可以提高单板设计的一次成功率，降低开发成本，缩短产品的面市时间。

表 14-7　PCB 本身设计检查清单实例

单板名称				PCB 编码				
签字	硬件设计			PCB 设计			PCB 复审	
	日　期			日　期			日　期	

注：① 硬件设计者侧重检查确认带*条目，其余为 PCB 设计者侧重检查确认范围。
② 复审由 PCB 设计者之外的 PCB 人员承担，在布线完成后介入，侧重检查确认带**条目。
③ 项目不需确认，填"–"；满足要求，填"Y"；不满足要求，填"N"，但需在备注栏记录详细内容和原因，由硬件设计者进行设计说明。
④ 对于没有把握的工艺问题、EMC 设计问题，应该在 PCB 设计启动之前，向有关部门的有关专家咨询。

阶段	项目	序号	检 查 内 容	硬件设计	PCB 自查	PCB 复审	备 注
前期		1*	确保 PCB 网表与原理图描述的网表一致	—	—		
布局大体完成后	外形尺寸	2*	确认外形图是最新的				工艺会签过的外形图应已考虑了工艺问题
		3	确认外形图已考虑了禁止布线区、传送边、挡条边、拼板等问题				
		4	确认 PCB 模版是最新的				建议采用外形图的 DXF、IDF 文件
		5	比较外形图，确认 PCB 所标注尺寸及公差无误，金属化孔和非金属化孔定义准确				
		6	确认外形图上的禁止布线区已在 PCB 上体现				
	布局	7*	数字电路和模拟电路是否已分开，信号流是否合理				
		8*	时钟器件布局是否合理				
		9*	高速信号器件布局是否合理				建议利用 SI 分析，约束布局布线
		10*	端接元器件是否已合理放置（串阻应放在信号的驱动端，其他端接方式的应放在信号的接收端）				
		11*	IC 器件的去耦电容数量及位置是否合理				
		12*	保护器件（如 TVS、PTC）的布局及相对位置是否合理				
		13*	是否按照设计指南或参考成功经验放置可能影响 EMC 实验的元器件。例如，面板的复位电路要稍靠近复位按钮				
		14*	较重的元器件，应该布放在靠近 PCB 支撑点或支撑边的地方，以减少 PCB 的翘曲				
		15*	对热敏元器件（含液态介质电容、晶振），应尽量远离大功率的元器件、散热器等热源				
		16*	元器件高度是否符合外形图对元器件高度的要求				

续表

阶段	项目	序号	检 查 内 容	硬件设计	PCB自查	PCB复审	备 注
布局大体完成后	布局	17*	压接插座周围 5mm 范围内，正面不允许有高度超过压接插座高度的元器件，背面不允许有元器件或焊点				
		18*	在 PCB 上轴向插装较高的元器件，应该考虑卧式安装，留出卧放空间，并且考虑固定方式，如晶振的固定焊盘				
		19*	金属壳体的元器件，特别注意不要与其他元器件或印制导线相碰，要留有足够的空间位置				
		20*	母板与子板、单板与背板，确认信号对应、位置对应，连接器方向及丝印标识正确		**		非常重要
		21	打开顶层和底层的 place-bound，查看由重叠引起的 DRC 是否允许				封装库中应准确定义 place-bound。要求见相关企业标准
		22*	波峰焊面，允许布设的 SMT 元器件种类为 0603 以上（含 0603）贴片 R、C，以及 SOT、SOP（引脚中心距≥1mm）				
		23*	波峰焊面，SMD 放置方向应垂直于波峰焊时 PCB 传送方向				
		24	波峰焊面，阴影效应区域为 0.8mm（垂直于 PCB 传送方向）和 1.2mm（平行于 PCB 传送方向），钽电容在前为 2.5mm。用焊盘间距判别				要求见相关企业标准
		25	元器件是否 100% 放置				
		26	是否已更新封装库（用 viewlog 检查运行结果）				封装库同步
	元器件封装	27*	打印 1：1 布局图，检查布局和封装，由硬件设计人员确认				
		28*	元器件的引脚排列顺序，第 1 脚标志，元器件的极性标志，连接器的方向标识				
		29	元器件封装的丝印大小是否合适，元器件文字符号是否符合标准要求				器件文字符号要求见相关企业标准
		30*	通孔插装元器件的通孔焊盘孔径是否合适，安装孔金属化定义是否准确				
		31*	表面贴装元器件的焊盘宽度和长度是否合适（焊盘外端余量约 0.4mm，内端余量约 0.4mm，宽度不应小于引脚的最大宽度）				要求见相关企业标准
		32*	回流焊面和波峰焊面的电阻和电容等封装是否区分				
布线	EMC与可靠性	33	布通率是否为 100%				
		34*	时钟线、差分对、高速信号线是否已满足（SI 约束）要求				包括阻抗、网络拓扑结构、延迟等，检查叠板设计。没有把握时，应咨询部门的 SI 工程师
		35*	高速信号线的阻抗各层是否保持一致				
		36*	各类总线是否已满足（SI 约束）要求				
		37*	E1、以太网、串口等接口信号是否已满足要求				EMC 设计准则、ESD 设计经验
		38*	时钟线、高速信号线、敏感的信号线不能跨越参考平面而形成大的信号回路				关注电源平面、接地平面出现的分割与开槽
		39*	电源线、地线是否能承载足够的电流（估算方法：外层铜厚 1oz 时 1A/mm 线宽，内层 0.5A/mm 线宽，短路电流加倍）				最小化电源线、地线的电感
		40*	芯片上的电源线、地引出线从焊盘引出后就近接电源平面、接地平面，线宽大于或等于 0.2mm（8mil），尽量做到大于或等于 0.25mm（10mil）				

续表

阶段	项目	序号	检 查 内 容	硬件设计	PCB自查	PCB复审	备　注
布线	EMC与可靠性	41*	电源层、接地层应无孤岛、通道狭窄现象				没有把握时，应咨询部门可靠性、接地设计方面的专家
		42*	PCB 上的工作地（数字地和模拟地）、保护地、静电防护与屏蔽地的设计是否合理			**	
		43*	单点接地的位置和连接方式是否合理			**	
		44*	需要接地的金属外壳元器件是否正确接地			**	
		45*	信号线上不应该有锐角和不合理的直角			**	
	间距	46	间距规则设置要满足最小间距要求				要求见相关企业标准
		47*	不同的总线之间、干扰信号与敏感信号之间是否尽量执行了 3W 原则				注意高 di/dt 信号
		48*	差分对之间是否尽量执行了 3W 原则				
		49	差分对的线间距要根据差分阻抗计算，并用规则控制				
		50	非金属化孔的内层距离线路及铜箔的间距应大于 0.5mm（20mil），外层距离线路及铜箔的间距应大于 0.3mm（12mil）。单板起拔扳手轴孔的内层离线路及铜箔的间距应大于 2mm（80mil）				要求见相关企业标准
		51	铜皮和线到板边的间距推荐为大于 2mm，最小为 0.5mm				
		52	内层接地层铜皮到板边的间距为 1～2mm，最小为 0.5mm				
		53	内层电源边缘与内层地边缘的间距是否尽量满足了 20H 原则				
	焊盘的出线	54	对采用回流焊的片式元器件、片式类的阻容元件应尽量做到对称出线，而且与焊盘连接的导线必须具有一样的宽度。对元器件封装大于 0805 且线宽小于 0.3mm（12mil）的可以不加考虑				射频电路无法满足此条时，应通过工艺认可
		55	对封装尺寸小于或等于 0805 片式 SMT 元器件，若与较宽的导线相连，则中间需要窄的导线过渡，以防止"立片"缺陷				同上
		56	线路应尽量从 SOIC、PLCC、QFP、SOT 等器件焊盘的两端引出				
	过孔	57	钻孔的过孔孔径不应小于板厚的 1/8			**	
		58	过孔的排列不宜太密，避免引起电源平面、接地平面大范围断裂			**	
		59	在回流焊面，过孔不能设计在焊盘上 [正常开窗的过孔与焊盘的间距应大于 0.5mm（20mil），绿油覆盖的过孔与焊盘的间距应大于 0.15mm（6mil）]			**	
	禁布区	60*	在金属壳体元器件和散热器下，不应有可能引起短路的走线、铜皮和过孔			**	
		61*	安装螺钉或垫圈的周围不应有可能引起短路的走线、铜皮和过孔			**	
	大面积铜箔	62	在顶底、广上的大面积铜箔，如无特殊的需要，应用网格铜 [单板用斜网，背板用正交网，线宽为 0.3mm（12mil），间距为 0.5mm（20mil）]				尽量统一 PCB 设计风格
		63	大面积铜箔区的元器件焊盘，应设计成花焊盘，以免虚焊；有电流要求时，则先考虑加宽花焊盘的筋，再考虑全连接				
		64	大面积布铜时，应该尽量避免出现没有网络连接的死铜				
		65	大面积铜箔还需注意是否有非法连线、未报告的 DRC				注意软件 Bug

阶段	项目	序号	检 查 内 容	硬件设计	PCB自查	PCB复审	备　注
布线	测试点	66*	各种电源、地的测试点是否足够（每2A电流至少有1个测试点）	1			
		67	测试点是否已达最大限度				
		68	测试过孔、测试引脚端的间距设置是否足够				要求见相关企业标准
		69	测试过孔、测试引脚端是否已固定				
	DRC	70	更新DRC，查看DRC中是否有不允许的错误				
		71	测试过孔和测试引脚端的间距应先设置成推荐的距离，检查DRC，若仍有DRC存在，再用最小距离设置检查DRC				要求见相关企业标准
	光学定位点	72*	原理图的标志点是否足够			**	来自原理图
		73	3个光学定位点背景需相同，其中心离边大于或等于5mm			**	
		74	引脚中心距小于或等于0.5mm的IC，以及中心距小于或等于0.8mm（31mil）的BGA器件，应在元器件对角线附近位置设置光学定位点			**	
		75	周围10mm无布线的孤立光学定位符号应设计为一个内径为3mm、环宽为1mm的保护圈			**	
	阻焊检查	76	是否所有类型的焊盘都正确开窗			**	
		77	BGA下的过孔是否处理成盖油塞孔			**	加工技术要求注释说明
		78	除测试过孔外的过孔是否已开小窗或盖油塞孔			**	
		79	光学定位点的开窗是否避免了露铜和露线			**	
		80	电源芯片、晶振等需铜皮散热或接地屏蔽的器件，是否有铜皮并正确开窗。由焊锡固定的器件应有绿油，用来阻断焊锡的大面积扩散				
	丝印	81*	PCB编码（铜字）是否清晰、准确，位置是否符合要求			**	要求见相关企业标准
		82*	条码框下面应避免有连线和过孔；是否放置了PCB名和版本位置丝印，其下是否有未塞的过孔			**	无法避免时条码框下面可以有连线和直径小于0.5mm的过孔
		83*	元器件位号是否遗漏，位置是否能正确标识元器件			**	
		84*	元器件位号是否符合企业标准要求				要求见相关企业标准
		85*	丝印是否压住板面铜字			**	
		86*	打开阻焊膜，检查字符、元器件的1脚标志、极性标志、方向标识是否清晰可辨（同一层字符的方向是否只有两个：向上、向左）			**	
		87*	背板是否正确标识了槽位名、槽位号、端口名称、护套方向			**	
		88*	母板与子板的插板方向标识是否对应			**	
		89*	工艺反馈的问题是否已仔细查对			**	
		90	注释的PCB厚、层数、丝印的颜色、翘曲度，以及其他技术说明是否正确			**	注释指加工技术要求
		91	叠板图的层名、叠板顺序、介质厚度、铜箔厚度是否正确；是否要求做阻抗控制，描述是否准确。叠板图的层名与其光绘文件名是否一致			**	加工技术要求

续表

阶段	项目	序号	检 查 内 容	硬件设计	PCB自查	PCB复审	备　注
出加工文件	孔图	92	将设置表中的 Repeat Code 关掉				Repeat code 有数控钻不支持等问题
		93	孔表和钻孔文件是否最新（改动孔时，必须重新生成）				Repeat code 有数控钻不支持等问题
		94	孔表中是否有异常的孔径，压接件的孔径是否正确			**	
		95	要塞孔的过孔是否单独列出，并注"filled vias"				
	光绘	96	art_aper.txt 是否已为最新（仅限 Geber 600/400）				
		97	输出光绘文件的 log 文件中是否有异常报告			**	
		98	负片层的边缘及孤岛的确认			**	
		99	使用 CAM350 检查光绘文件是否与 PCB 相符				
		100	出坐标文件时，确认选择 Body Center（只有在确认所有 SMT 元器件库的原点是元器件中心时，才可选 Symbol Origin）				
文件齐套		101*	PCB 文件：产品型号规格-单板名称-版本号				投板前提交 EDA 负责人备份
		102*	PCB 加工文件：PCB 编码（含各层的光绘文件、光圈表、钻孔文件及 nctape.log）				
		103*	SMT 坐标文件：产品型号规格-单板名称-版本号				
		104*	测试文件：testprep.log 和 untest.lst				
		105*	[101-104]总包文件名：产品型号规格-单板名称-版本号-PCB				

14.1.6　PCB 可制造性评审检查清单实例

PCB 可制造性评审可以由企业的生产部组织。评审小组由工艺部、生产部、中试部及其他有关人员组成。评审时，各事业部必须事先提供有关文件、实物，如表 14-8 所示[270]。

表 14-8　评审前需要提供的文件、实物清单

序号	类型	项目内容	来　源	要　求
1	书面	非批量单板可加工性确认表	事业部的中试或开发人员提供	按项逐条填写清楚,注意要填写联系人名、电话
2		前次"单板加工工艺总结"	事业部的中试或开发人员提供	如已生产过,需附上前次"单板加工工艺总结"
3		纸面料单	事业部提供或资料下发	有签名，清晰，与生产版本一致，且与网上一致
4		书面字符图	事业部提供	清晰，与生产版本一致
5		装联、安装说明	事业部提供	清晰，与生产版本一致
6		逻辑文件并确认测试环境	事业部提供（若要测试的话）	清晰，与生产版本一致
7		硬件设计说明	事业部提供（若要维修的话）	清晰，与生产版本一致
8		线路原理图	事业部提供（若要维修的话）	清晰，与生产版本一致
9	电子文档	PCB 文件	事业部发送给产品工程师	与生产版本一致
10		坐标文件	事业部发送给产品工程师	与生产版本一致
11		光绘文件	事业部发送给产品工程师	与生产版本一致
12		网上料单		与生产版本完全一致

续表

序号	类型	项目内容	来　源	要　求
13	实物	PCB 实板（已装配好）	事业部开发（中试）提供	原则要求是同一种版本，若无最新版本，在差别不大情况下可用旧版本，但需说明新旧版本的区别所在
14		PCB 光板	事业部开发（中试）提供	与要生产的单板一致

评审依据和评审项目可以按照企业的相关标准进行。一个企业的 PCB 可制造性评审项目清单实例[270]如表 14-9 所示。

表 14-9　PCB 可制造性评审检查清单实例

PCB 代号			设计者		提交审查时间	
版　本			审查者		完成审查时间	
序号	审查项目		存在问题			扣分
PCB 可组装性						
1	传送边（如果是拼板，按拼板考虑）		★无			
			□方向不对			
			★尺寸小于 3.5mm			
			□其他			
2	定位孔（如果是拼板，按拼板考虑）		★无			
			□位置不对			
			□尺寸不符合标准			
			□金属化			
3	光学定位符号		★元器件面无			
			★焊接面无（需 SMT 工艺时）			
			□细间距器件无			
			★尺寸、位置、数量不符合要求			
			□其他			
4	挡条边（要波峰焊的板）		☆尺寸大于 200mm 宽的板没有留挡条边			
5	拼板		□板尺寸小，没有拼板			
			□拼板结构欠合理，建议拼板方式（画出拼板方式示意图）			
6	A 面（元器件面）布局		□影响到可制造性的、可靠性的分布不均（密度、质量）			
			☆采用了引脚中心距为 0.4mm 的 QFP，如＿＿＿＿＿＿位号元器件			
			★采用了引脚中心距尺寸小于 0.4mm 的 QFP，如＿＿＿＿＿＿位号元器件，超出目前的设备能力			
			★采用了引脚中心距尺寸小于 0.65mm 的 BGA，如＿＿＿＿＿＿位号元器件，超出目前的设备能力			
			☆元器件离拼板分离边小于 1mm，如＿＿＿＿＿＿			
			□元器件间距不符合标准，如＿＿与＿＿，＿＿与＿＿，＿＿与＿＿，＿＿与＿＿			
			□同样型号通孔插装元器件跨距不统一			
			□其他			

续表

序号	审查项目	存在问题		扣分
7	B 面布局 I（波峰焊） 特别说明：用于 B 面上插件焊点数超过 30 个、元器件数超过 3 个的情况。在这种情况下，此面一般采用波峰焊	★所布元器件种类不符合工艺要求，如＿＿＿＿＿＿＿＿，应该放在 A 面		
		□元器件位向不合理，如＿＿＿＿＿＿＿＿，应该旋转 90°		
		□片状元器件底部不平，无法点胶（如绕线电感），如＿＿＿＿＿应放在 A 面或换封装		
		□元器件间距不符合标准，如＿＿＿与＿＿＿，＿＿＿与＿＿＿，＿＿与＿＿＿，＿＿＿与＿＿＿		
		□其他		
8	B 面布局 II（再流焊） 特别说明：用于 B 面上插件焊点数小于 30 个的情况。在这种情况下，此面一般采用再流焊	★所布元器件尺寸大、引脚少，不适合双面再流焊工艺，如＿＿＿＿＿，应该放在 A 面		
		□分布不均		
		☆采用了引脚中心距为 0.4mm 的 QFP，如＿＿＿＿＿位号元器件		
		★采用了引脚中心距尺寸小于 0.4mm 的 QFP，如＿＿＿＿＿位号元器件，超出目前的设备能力		
		★采用了引脚中心距尺寸小于 0.65mm 的 BGA，如＿＿＿＿＿位号元器件，超出目前的设备能力		
		☆元器件离拼板分离边小于 1mm，如＿＿＿＿＿＿＿＿＿		
		□元器件间距不符合标准，如＿＿＿与＿＿＿，＿＿＿与＿＿＿，＿＿＿与＿＿＿，＿＿与＿＿＿		
9	重点元器件焊盘尺寸	0.5mm QFP	□焊盘尺寸不符合要求	
			★与封装不匹配	
		0.8mm BGA	☆焊盘尺寸不符合要求	
			（直径超出 0.35～0.40mm 的范围）	
		★中心距不对		
		排阻：□焊盘不符合要求		
		钽电容：□＿＿＿＿＿型号（或位号）焊盘尺寸不符合要求		
		96 芯插座：□焊盘外径大于 1.6mm，不符合工艺要求		
		短路块：□焊盘外径大于 1.6mm，不符合工艺要求		
		其他新型封装元器件		
10	绿油	□焊盘间距大于或等于 0.2mm，没有涂绿油，如＿＿＿＿＿＿		
		★BGA 下导通孔没有塞绿油		
		□其他		
11	导通孔	☆再流焊面导通孔开在焊盘上，如＿＿＿＿＿元器件焊盘上		
		□导通孔设计在点胶位置上，如 B 面元器件处		
		☆导通孔离焊盘小于 0.5mm（SMT 面，没有涂绿油情况下），如＿＿＿＿＿元器件焊盘处		
		导通孔离导通孔小于 0.2mm（波峰焊面，没有涂绿油情况下），如＿＿＿＿＿处		
12	标准化 （对手机等无法留出板名、版本、条码激光打印标示区的产品，根据实际情况考虑）	PCB 编码	★无	
			☆单板的编码位置不正确（应该在 A 面左上方）	
			☆背板的编码位置不正确（应该在 B 面右上方）	
		板名、版本激光打印区	□位置无	
			□尺寸不符合生产要求	
		条码激光打印白色丝印标示区	☆位置无	
			☆尺寸不符合生产要求	
		其他		

序号	审查项目	存在问题	扣分
13	丝印字符	□_____位号影响辨认	
		□_____缺极性、1 号引脚标示或标错	
		□_____位号上焊盘	
		□丝印错误，如_____	
		□连接器简化外形没有包括锁片拔动、牛角拔动的活动范围	
		□其他	
14	背板	□通孔插装元器件引脚伸出 PCB 焊接面长度小于 1mm（也不能大于 2mm）	
		☆背板的 A 面（Top 面）没有插座位号和丝印外形	
		☆背板的 B 面（Bottom 面）没有槽位名称（单板名称）、引脚号丝印标示	
		☆背板的电源插座插入方向没有标示出位号、外形、引脚信号标示	
		□PCB 连接器的引脚号顺序不统一（应自上而下）	
		□线缆连接器的插装方向不统一（同一背板应该统一）	
		□背板的 B 面（Bottom 面）没有线缆连接位置端口标示	
15	装配	☆通孔插装元器件空间位置不够，无法插入/碰到相邻元器件	
		★元器件安装孔小，无法插入	
		□压接元器件周围 5mm 范围内有高度超过其高度的元器件	
		☆比周围元器件高许多的单个通孔插装元器件没有留下卧放位置	
		□需要用胶加固的元器件没有留出注胶位置	
		□每一种单板上使用的铆钉种类超过一种/选用了非推荐铆钉	
		□螺钉或垫柱安装孔尺寸范围内表层是否有信号线	
		□元器件高度方向相邻的 PCB 或结构件（特别是板）是否干涉	
		□高尺寸元器件（如连接器）能否手工焊接和检查	
		□焊接、清洗和装配有无特殊要求	
		□连接器插拔活动范围不够	
		□有子母关系的 PCB，子板无防误插措施	
		□非接地螺钉螺母紧固件周围布线	
		□其他	
16	料单	□料单上的封装与焊盘不匹配	
		□料单上的位号与 PCB 对不上（料单上的位号在 PCB 上找不到）	
		□位号重复	
		□料单元器件数与 PCB 位号数不一致	
		□其他	
17	测试点	□尺寸、位置不符合要求，如_____	
		□其他	
18	建议优化的项目 说明：此栏评审内容不计分。所提建议，要求在版本升级时进行修改	□建议_____位号处元器件换成表面贴装型 □建议将 B 面上_____元器件布放到 A 面，以利工艺优化 □建议设计成单层 PCB	

续表

序号	审查项目	存在问题			扣分
		PCB 可加工性（事业部必须进行评审）			
19	外形形状、厚度	□外形不合理，拼板困难 □方孔无圆角 □厚度不合理，无法加工所要的层数 □其他			
20	外形公差	☆尺寸公差要求不合理，无法加工 □尺寸公差要求不合理，可降低要求 □其他			
21	PCB 线宽线距	★线宽线距太小，无法加工 □密度低，但线宽线距要求较高，不合理 □其他			
22	过孔大小	★ 过孔太小（应大于或等于 8mil），需采用特殊加工工艺 ★ 过孔环宽太小（应大于或等于 5mil）无法加工 □过孔大小和环宽相对布线密度不合理 □其他			
23	基材圈大小	★基材圈太小，易造成内层短路（一般情况下应比孔大 28mil） ★基材圈太大，造成内层某区域隔绝 □其他			
24	铜离板边距离	★铜线离板边距离太小，易伤线（一般应大于或等于 1mm，最小可到 0.5mm） ★V-Cut 离铜太近（要求大于或等于 1mm） □其他			
25	光学定位符号	□孤立光学定位符号，没有铜环保护 □光学定位符号压线 □其他			
26	铺铜线宽和间距	☆铺铜线宽和间距不合理（建议应大于或等于 8mil），无法加工 □其他			
27	铜分布	□外层铜分布不合理，应加辅助电镀块 □内层铜分布不合理，应加树脂通道（Resin Channel）			
28	丝印尺寸	□丝印字符大小不符合公司规范 □其他			
29	阻焊窗	☆阻焊窗太小（应比焊盘大于或等于 6mil），易造成绿油上焊盘 □阻焊窗太大，造成某些元器件间距无阻焊 □绿油桥太细（应大于或等于 4mil） ★阻焊离非金属化孔太近（应大于或等于 10mil），不能提供封孔圈 □其他			
30	金手指部分	★阻焊未开满窗，不好加工 □金手指无倒角 □金手指要求未注明 □其他			
31	加工制造要求	加工制造要求填写不正确，如_____			
32	其他说明				
可制造性设计评审结论		□可生产	□不可生产	□有条件可生产	总 分
（工艺部）工程师					
（研究所）工程师					
（事业部）PCB 工程师					

对于工艺设计不良的问题，按其对生产、质量影响的严重程度可分为以下三个等级。

① 严重设计缺陷，检查单中的每一个设计缺陷记 10 分。

② 较严重设计缺陷，检查单中的每一个设计缺陷记 5 分。

③ 一般设计问题，检查单中的每一个设计问题记 1 分。

对于可制造性评审结论的评判标准也可分为以下三个等级。

① 不可生产。所评审单板具有严重的工艺问题或一般设计问题很多（设计不良总分大于或等于 20），评审结论为"不可生产"。要求事业部首先对不良设计进行修改后再进行生产。

② 有条件可生产。设计不良总分小于 20，评审结论为"有条件可生产"。要求事业部在下次改版时必须修改（最长期限不能超过两个月）。

③ 可生产。设计不良总分小于 10，评审结论为"可生产"，所提问题在改板时修改即可。

14.2 PCB 可测试性设计

14.2.1 PCB 可测试性设计的基本概念

产品的可测试性设计（Design For Testability，DFT）是产品可制造性的主要内容之一，也是电子产品设计必须考虑的重要内容之一。产品的可测试性设计是指在设计产品时，应考虑如何用最简单的方法对产品的性能和加工质量进行检测，或者尽量按规定的方法对产品的性能和质量进行检测。对电子产品而言，进行大批量生产时，需要进行在线测试和功能测试，因此设计 PCB 时就应考虑在线测试及研制生产测试设备的可行性与方便性。一个好的产品的可测试性设计，可以简化生产过程中检验和产品最终检测的准备工作，提高测试效率、减少测试费用，并且容易发现产品的缺陷和故障，进而保证产品的质量稳定性和可靠性。一个不好的产品的可测试性设计，不仅会增加测试的时间和费用，甚至会由于难于测试而无法保证产品的质量和可靠性。

与 PCB 的可制造性设计一样，PCB 的可测试性设计也属于印制板的工艺性设计，同样包含了印制板制造及成品印制板（光板）的可测试性、印制板组装件的可测试性两部分，这两部分的测试方法和要求完全不同。对于 PCB 的设计者来说，既需要了解印制板上需要测试的性能和测试方法，也需要了解印制板组装件的安装测试要求和测试方法。

对于成品印制板（光板）的测试方法和性能要求有统一的标准规定，只要查阅相关印制板的标准就可以找到。对于印制板组装件的测试，需要根据电路和结构的特性和要求进行通盘考虑，在进行布局、布线时，应采取适当措施，合理设置测试点，或者将测试分解在安装工序中进行。随着电子产品的小型化，元器件的节距越来越小，安装密度越来越大，可供测试的电路节点越来越少，因而对印制板组装件的在线测试难度也越来越大。因此，设计时应充分考虑印制板可测试性的电气条件和物理、机械条件，以及采用适当的机械电子设备。

1．PCB 的光板测试

PCB 的光板测试是保证待安装元器件印制板质量的重要手段，也是保证印制板组装件质量和减少返修、返工及废品损失的重要环节。国内外的电子行业都非常重视对印制板各项性能的测试，制定了许多检测标准和方法。主要的检测项目有外观检测、机械性能测试、电气性能测试、物理化学性能测试和可靠性（环境适应性）测试等。印制板光板的测试项目很多，但对设计的限制较少。

外观检测对可测试性设计要求不多。外观检测一般是指在成品印制板上通过目检或适当的光学仪器进行检测，主要是检查制造的外观质量。电气性能测试受 PCB 设计布局布线影响最大，包括耐电压、绝缘电阻、特性阻抗、电路通断等测试项目，并且要求测试点设计应符合测试要求。电路通断测试与可测试性设计关系最大，该项测试是保证印制板质量的关键测试，要求对每块印制板进行 100%的逻辑通断测试。在进行印制板的设计时，应考虑测试时可能采用测试设备的测试探头与测试电路物理尺寸的匹配问题，避免由于印制板上被测点的位置和尺寸误差，造成测试的差错或测试的可重复性差的问题。对于有破坏性的机械、物理、化学性能测试，一般采取从同批产品中抽样或设计专用的试验板或附连试验板，按标准进行试验和评定，设计时应当熟悉测试板和附连试验板的设计，以及测试要求和方法。

2. 印制板组装件的测试

印制板组装件的测试是指对安装了元器件后的印制板进行的电气和物理测试，其检测的方法要比印制板的光板检测复杂得多。印制板组装件的可测试性在设计开始之前，需要由印制板的制造、安装和测试等技术人员进行评审，评审的内容涉及电路图形的可视程度、安装密度、测试操作方法、测试区域的划分、特殊的测试要求及测试的规范等。组装件的可测试性设计包括系统的可测试性问题，且应对系统的可测试性功能要求进行评审。

印制板组装件的测试包括以下几个。

（1）功能性测试

功能性测试是指通过功能测试仪模拟被测试单板实际运行的环境来确认单板所有的功能的一种测试方法。

具体来说，功能性测试就是指对有独立电气功能的组装件进行测试，在组装件的输入端施加预定的激励信号，通过监测输出端的结果来确认设计和安装是否正确。

（2）光学检测

光学检测主要用来检查安装和焊接的质量，对设计没有明确的制约。

（3）在线测试

在线测试也称内电路测试，也就是通过在线测试仪，在被测试单板上的测试点上施加测试探针来测试印制板组装件电气特性的一种测试方法。在线测试应注意的主要问题是在印制板上的测试点应能与测试针床很好地匹配，并且能在焊接面测试。采用飞针测试时，要保证测试点位于测试坐标网格上，要在布局时留出足够的空间以保证探头（飞针）能接触到被测试点。飞针测试可在板的两面进行，主要检测组装焊接质量和加工中的元器件有无损坏。

常用的测试方法有人工测试和自动化测试。人工测试采用万用表、数字电压表、绝缘电阻测试仪等仪器进行，数据记录和处理复杂，效率低，并且受印制板组装密度的限制。对于小型化的高密度组装的印制板，采用人工检测的方法完成测试是十分困难的。

常用的自动化测试技术有自动光学检测（AOI）、自动 X 射线检测（AXI）、在线测试（ICT）和功能测试等。当设计印制板时，应考虑印制板组装件的测试兼容性，还需要了解采用的测试方法和必要的测试机械规则，并对测试点的位置、大小，以及测试点的节距与测试探头或针床的匹配问题进行设计。在线测试时，电气条件的设置、防止测试对元器件的损坏等都是印制板组装件的测试性要考虑和解决的问题。

14.2.2 PCB 可测试性检查

印制板光板和印制板组装件是两种不同工艺阶段的印制板，测试的项目和方法不同，分为印制板光板的可测试性检查和印制板组装件的可测试性检查[24]。

1．印制板光板的可测试性检查

印制板光板的可测试性检查主要包含如下几项。

① 采用通断测试时，所有的测试焊盘应位于坐标网格上，被测试的焊盘节距应大于所用测试仪器探头所能达到的最小间距（一般为 0.6mm）。

② 一般不采用与内层导线互连的导通孔作为探针测试孔，以防探针测试孔的应力损伤孔壁影响互连，除非使用测试压力很小的探头。

③ 印制板的最大尺寸应小于通断测试设备的可测试面积。

④ 对有测量绝缘电阻、耐电压或阻抗要求的印制板，应制作专用的附连测试板。

2．印制板组装件的可测试性检查

印制板组装件的可测试性检查主要包含如下几项。

① 检查测试盘直径。用于探针测试的连接盘直径一般不小于 0.9mm，在板的面积较小时可以采用 0.6mm 的测量盘。

② 检查测试空间。测试点周围 0.6mm 处不应设置元器件。

③ 板测试面上元器件的安装高度不得超过 5.7mm，测试盘 5mm 范围内不能设置较高的元器件。

④ 组装密度较高的印制板测试点应设置在板边缘 3mm 之内。

⑤ 所有的探针测试区必须为焊料涂层或其他防氧化的涂镀层，不允许有阻焊层或标志印料，防止产生绝缘，影响测量结果。

⑥ 两个或多个元器件之间的电气连接点处应设计测试盘，并注明节点的信号名称和相对于印制板基点的坐标值，以便制作对采用 SMT 和混装技术的组装件进行测试的夹具。

⑦ 测试焊盘和导通孔的设置位置，应能保证测试探头的可靠接触。不允许以无引线表面安装器件的端子和有引线器件的引线作为测量点，因为探头的接触压力可能会造成焊点开裂或使虚焊点被误判合格。

⑧ 印制插头的镀金接触片不能作为测试点，以防探针划伤接触片。

14.2.3 功能性测试的可测试性设计的基本要求

功能性测试的可测试性设计的基本要求如下。

① 对于具有 CPU 系统的单板，应在连接器的插针上引出通信接口。

② 各单板的硬、软件接口应统一和标准，如使用统一的通信接口等。

③ 连接器上的输出插针应具有足够的驱动能力（扇出降额），以便驱动测试板。

④ 对于频率较高的连接器插针，应提供阻抗匹配数据，以便自制设备人员设计 PCB 时考虑阻抗匹配问题。

⑤ 单板设计应尽量满足带电插拔要求。

⑥ 产品结构应使单板插拔方便。

⑦ 单板版本升级时尽量不改变硬件接口。

⑧ 单板设计时应尽量提高单板的自测试能力，如将输入/输出信号设计在板内可进行自环或在单板接口处手工自环。

⑨ 单板软件应对所有能进行自检的芯片进行自检测试。

⑩ 单板的自测试结果应能按一定的通信协议通过通信接口向板外输出。

⑪ 单板应可以由外部设备通过通信口按一定的通信协议实现该单板的所有功能配置。

⑫ 为提高测试设备的开发效率，当被测试对象采用了新的技术和芯片时，产品开发部门应提供这方面的技术支持。

⑬ 产品开发部应及时向测试部门提供开发测试设备所需的资料。单板若有改版，产品开发部也应及时通知测试部门，以便测试部门能及时提供满足生产测试要求的测试设备。

14.2.4　在线测试对 PCB 设计的要求

1．基本要求

在线测试的基本要求如下。

① 总体方案确定的子系统、模块或单板应有通信接口。

② 为子模块和单板所确定的软件和硬件接口应尽量统一和标准。

③ 应尽量采用具有自检和自环等自测试功能的元器件。

④ 在总体方案中为子模块和单板的自测试功能分配或预留一定的命令编码。

⑤ 为使在线测试可行和方便，应给单板上的元器件（特别是 SMT 元器件）设计测试点，或者采用具有边界扫描测试（BST）功能的 IC。

2．测试点的设置准则

目前多数企业主要采用针床式在线测试仪进行单板的在线测试工作，对测试点尺寸和密度的要求如下。

① 如果一个节点网络中有一个节点连接到贯穿的器件上，则不必设置测试点。

② 如果一个节点网络中连接的所有元器件都是边界扫描器件（都是数字器件），则此网络不必设计测试点。

③ 除上述两种情况以外，每个布线网络都应当设置一个测试点。在单板电源和地走线上，每 2A 电流至少应有一个测试点。测试点应尽量集中在焊接面，且要求均匀分布在单板上。

④ 测试点的密度不超过 30 个/in^2。

3．测试点的尺寸要求

（1）测试点的自身尺寸要求

① 尽量使元器件装在顶层，底层元器件的高度应尽量避免超过 150mil。

② 采用金属化通孔，通孔大小为ϕ（外）$\geqslant$0.9mm（36mil），ϕ（内）$\leqslant$0.5mm（20mil）。

③ 或采用单面测试焊盘，焊盘大小 $\phi \geqslant 0.9$mm（36mil）。

④ 相邻测试点的中心间距，优先选用 $d \geqslant 1.8$mm（70mil），也可以选用 $d \geqslant 1.25$mm（50mil）。

⑤ 测试点是必须可以过锡的（打开防焊层）。

（2）测试点与通孔的间距 d（见图 14-1）

① 推荐为 0.5mm（20mil）。

② 最小为 0.38mm（15mil）。

（3）测试点与元器件焊盘的间距 d（见图 14-2）

① 推荐为 0.5mm（20mil）。

② 最小为 0.38mm（15mil）。

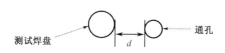

图 14-1　测试点与通孔的间距

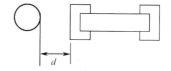

图 14-2　测试点与元器件焊盘的间距

（4）测试点与元器件本体的间距 d（见图 14-3）

① 推荐为 1.27mm（50mil）。

② 最小为 0.76mm（30mil）。

（5）测试点与铜箔走线的间距 d（见图 14-4）

① 推荐为 0.5mm（20mil）。

② 最小为 0.38mm（15mil）。

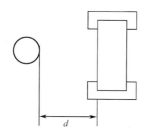

图 14-3　测试点与元器件本体的间距

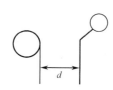

图 14-4　测试点与铜箔走线的间距

（6）测试点与板边缘的间距 d（见图 14-5）

最小为 3.18mm（125mil）。

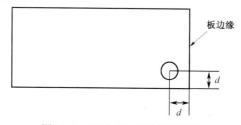

图 14-5　测试点与板边缘的间距

（7）测试点与定位孔的间距 d（见图 14-6）

最小为 5mm（200mil）。

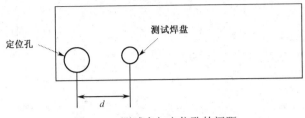

图 14-6　测试点与定位孔的间距

4. 定位孔要求

定位孔要求如下。

① 必须在单板对角线处至少设置二个定位孔。

② 定位孔标准孔径为 3.2mm±0.05mm。

③ 针对企业不同产品的单板也可采用以下优选孔径：2.8mm±0.05mm、3.0mm± 0.05mm、3.5mm±0.05mm 和 4.5mm±0.05mm。对于同一产品的不同单板（如 ZXJ10 的 DT 板和 PP 板等），若 PCB 外形尺寸相同，则定位孔的位置也必须统一。

④ 定位孔为光孔，即非金属化的通孔（射频板除外）。

⑤ 如果已有安装孔（扣手安装孔除外）满足上述要求，不必另设定位孔。

5. 器件特殊引脚的处理

在线测试时必须对器件的一些特殊引脚进行以下处理。

① 为了加强数字测试的隔离效果，减少反驱动对数字器件的损坏，Enable、Set、Reset、Clear 和三态控制脚等引脚不能直接连接至电源或地，必须接一个上拉或下拉电阻（不小于 470Ω），其典型值为 1kΩ。

② 对于时序电路中的器件的复位、预置端，即使在电路中不用，也要留下测试点，这样可以提高时序电路的初始状态的预置能力，简化测试过程。如果需要接地或接电源，则应按照上述的规定进行设计。

③ 所有的 Flash Memory、FPGA、CPLD 等需要在线编程的器件必须在所有的引脚上留出测试点。测试点的大小间距按照上面的规定进行设计。

有共用电路的不同器件应分别控制，如图 14-7 所示。

④ 尽量选择具有边界扫描测试（Boundary Scan Test，BST）的 IC，并在使用中满足以下要求。

- 如果单板上有两个或两个以上的边界扫描芯片，则必须形成一个单一的边界扫描链。如图 14-8 所示，所有芯片的 TCK、TMS、TRST（若有的话）应连在一起。
- 第一块芯片的 TDO 连第二块的 TDI，以此类推，直至最后一片。
- 如图 14-8 所示，CTDI、CTCK、CTMS、CTRST 网络上均应接有上拉或下拉电阻，避免引脚悬空。其典型电阻值取 1kΩ。
- 在图 14-8 中有图标 ⬇ 处，均需设置测试点。

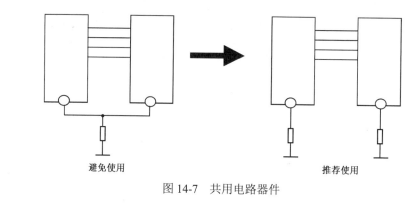

图 14-7　共用电路器件

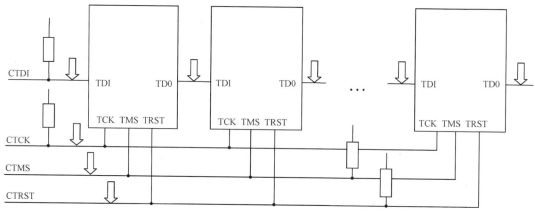

图 14-8　边界扫描芯片测试点

- 在两个有边界扫描功能的芯片之间存在一些非边界扫描芯片，如果这些非边界扫描芯片的逻辑不复杂（如 74 系列的中小规模逻辑芯片），则这些与边界扫描芯片相连的非边界扫描芯片的引脚可以不加测试点。
- 按如图 14-8 所示的连接方式进行布线，如果对电路功能有影响，可以将每一个带有边界扫描的 IC 的 TDI、TDO、TCK、TMS 和 TRST（若有的话）分别连出并设测试点，测试时可以对每一个带有边界扫描的 IC 单独进行测试，或通过夹具连成图 14-8 所示的形式进行测试。

第15章

PCB 的 ESD 防护设计

15.1 PCB 的 ESD 防护设计基础

▶ 15.1.1 ESD（静电放电）概述

静电是指由两种不同物质的物体互相摩擦，通过正负电荷积蓄在相互摩擦的两个物体而形成高电压。如表 15-1 所示，人体的日常活动会产生不同幅值的静电电压[271]。人体的日常活动所产生的静电电压尽管很高，但能量很小，不会对人体产生伤害。但是对于电子元器件来说，静电能量是不能忽视的。在干燥气候环境下，人体的 ESD 电压很容易超过 6～35kV，当用手触摸电子设备、PCB 或 PCB 上的元器件时，常常会因为瞬间的静电放电而使元器件或设备受到干扰，甚至损坏设备或元器件。

表 15-1　人体日常活动所产生的静电电压

活 动 方 式	静电电压（kV）	
	10%～20%的相对湿度	65%～90%的相对湿度
在地毯上行走	35	1.5
在乙烯树脂地板上行走	12	0.25
在工作台上工作	6	0.10
打开乙烯树脂封装材料	7	0.60
拾取普通的聚乙烯包	20	1.20
坐在聚氨酯泡沫椅子上	18	1.50

ESD 是困扰许多电子产品的一个严重的问题，ESD 的能量传播有传导和辐射两种方式。

在 ESD 传导方式下，静电放电电流（t_r=1ns）通过导体传播，直接进入电路中。ESD 产生的高电压会进入器件，轻者会造成电路的误动作，重者会造成器件的永久损坏，并且很容易破坏器件。现代半导体器件的内部绝缘常常会在几十伏电压下击穿并且永久短路。在日常生活中，ESD 以传导方式进入电子元器件或电子电路的现象普遍存在，如我们用手去触摸 PCB 上的导线、金手指、元器件的引脚、设备的 I/O 引脚等，手上的静电都可能会进入电子元器件或电子电路。

在 ESD 辐射方式下，静电放电电流（t_r=1ns）通过导体传播，激发路径的"天线"，或激励一定频谱宽度（约 300MHz，上限可超过 1GHz）的电磁波在空间传播。它所产生的电磁波可以直接穿透机箱，或通过孔洞、缝隙、通风孔、I/O 电缆等耦合到敏感电路上，能够在电路的各个信号环路中感应出噪声电压。在信号环路中产生的噪声电压可能会超过逻辑器件的阈值电平，从而造成电路的误动作。

ESD 会导致电子产品性能下降、故障、失效，甚至发生危险，会给电子产品带来致命的危害。ESD 对电子产品造成的损害有硬损坏、软损坏和数据错误三种。硬损坏会造成电子产品硬件明显的永久性损坏。软损坏在当时看不出来，但是硬件的内在品质已经受到伤害，在之后的使用过程中，会由于过压、高温等因素使产品失效。数据错误通常仅造成临时性的影响。对电子设备进行静电放电防护可使其不会受到硬损坏和软损坏。

在电磁兼容性测试中，静电试验也是许多电子产品比较难以通过的试验项目之一。PCB是电子产品的基础，因此在 PCB 设计之初就必须考虑 ESD 的防护问题。

15.1.2　ESD 抗扰度试验

ESD 的特点是高电位、低电荷、大电流和短时间。ESD 试验的目的是模拟带有较高电压静电的人体触摸受试设备时发生的现象，以及模拟人体触摸受试设备附近的其他金属物体时发生的静电放电对受试设备的影响。

ESD 是一种非常复杂的物理现象。ESD 抗扰度试验波形如图 15-1 所示，这是模拟人体放电的波形。进行电磁兼容测试用的静电枪也是按照人体的带电模型进行设计的。电磁兼容标准中规定的静电枪参数是一个 150pF 的模拟人体电容的电容、一个 330Ω 的模拟人体电阻的电阻。

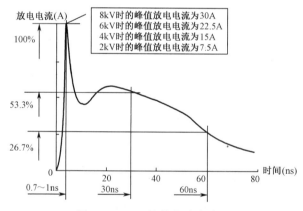

图 15-1　ESD 抗扰度试验波形

ESD 试验的基本装置如图 15-2 所示。

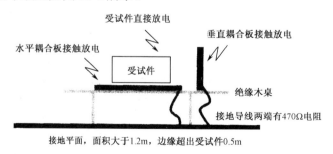

图 15-2　ESD 试验的基本装置

　　根据受试件的放电形式划分，ESD 试验分为直接放电试验和间接放电试验。对受试件的直接放电，按照放电方式的不同又可分为接触式放电和非接触式放电两种。在接触式放电方式下，首先将放电枪的尖端与试验点接触，然后接通放电枪内的开关。在非接触式放电方式下，是在接通放电枪内的放电开关后，将放电枪的放电端逐渐接近受试件的。当两者之间的距离很近时，空气被击穿从而会产生放电。试验时，应优先采用接触式放电，这可以避免由于静电枪接近受试设备的方式不同而导致的试验结果的差异。如果受试件的表面是绝缘的，则需要采用非接触式放电。

　　间接放电的方法是对耦合板进行接触式放电，观察受试件是否出现故障。受试件的四个面要分别面对垂直耦合板进行试验。

　　应注意的是：由于 ESD 试验产生的干扰频率很高，所以受试件及其连线的摆放位置对试验结果的影响很大。

　　静电测试系统的测试电压范围，接触放电为 0.1～30kV；空气放电为 0.1～30kV。测试标准中将试验分为 4 级：对于接触放电，分别设为 2kV、4kV、6kV 和 8kV；对于气隙放电，分别设为 2kV、4kV、8kV 和 15kV。试验等级的选择与环境因素有关（环境越干燥，试验电压等级越高）。

15.2　常见的 ESD 问题与改进措施

15.2.1　常见影响电子电路的 ESD 问题

1．静电放电电流直接流进电路

　　电流总是选择阻抗最小的路径流通。当电路的某个部分与静电放电路径相连时，就为静电放电电流提供了一条潜在的路径。

　　在如图 15-3（a）所示电路中，机壳上的静电放电电流通过信号线上的共模滤波电容进入电路。在如图 15-3（b）所示电路中，机壳上的静电放电电流通过信号地与机壳地的连接线进入电路。当机壳上有缝隙或较大的孔洞时，由于机壳的阻抗较大，就会发生这种情况。

　　在图 15-3（a）中，共模滤波电容是为了抑制辐射干扰所采取的措施。当去掉这个电容时，可以消除静电放电的问题，但是电缆的辐射发射可能会成为问题。因此可见在这一点上，抑制辐射干扰与控制静电放电影响的措施相互矛盾。

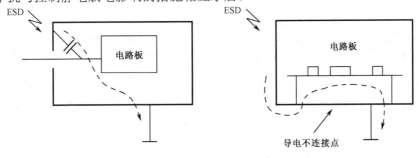

（a）放电电流通过共模滤波电容进入电路　　　　（b）放电电流通过地线进入电路

图 15-3　静电放电电流直接流进电路

2．静电放电电流通过杂散电容耦合进电路

如图 15-4 所示，在屏蔽机箱内部的 PCB 电路，所有元器件和走线都暴露在机箱地电压突升而产生的内部场中，不同 PCB 走线和元器件具有大小不同的与机箱耦合的杂散电容。

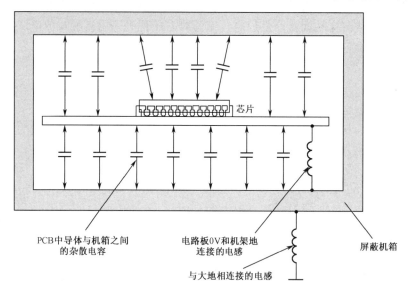

图 15-4　PCB 与机箱之间的杂散电容

静电放电电流通过杂散电容耦合进电路，如图 15-5 所示。由于 ESD 瞬态放电的上升时间非常短，具有非常高的频率成分，可达 1GHz 以上，所以空间的杂散电容会成为良好的导通路径，即使很小的杂散电容也会产生很大的突发电流。当机箱上有由孔洞、缝隙等形成的较高阻抗时，静电放电电流的实际路径是很难预测的。

3．静电放电电流产生的电磁辐射干扰

静电放电电流在传输过程中，由于其频率很高，故趋肤效应十分明显。当机箱完整时，电流主要在机箱的外表面流动。如图 15-6 所示，在机箱上有缝隙及孔洞的情况下，静电放电电流流过缝隙、孔洞时会产生电磁辐射，而电磁辐射会通过与邻近的电路之间的电容和电感耦合进电路。

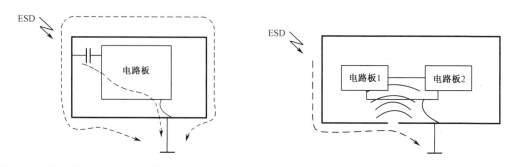

图 15-5　静电放电电流通过杂散电容耦合进电路　　图 15-6　通过缝隙和孔洞产生的电磁辐射耦合进电路

4．静电放电电流产生的共模电压干扰

如果机箱两部分之间的搭接阻抗较高，则当静电放电电流流过搭接点时，会产生电压降。这个电压降以共模电压的方式耦合进电路。如图 15-7 所示，静电放电电流在机箱上产生电位差，对电路的地线形成干扰。这种情况在实际中很常见，因为许多机箱/机柜的搭接仅靠螺钉完成，射频搭接阻抗较大。

5．静电放电电流产生的二次放电干扰

当机箱上发生静电放电时，由于机箱接地线的射频阻抗较大，所以机箱上的电位会瞬间升高，其具体电压值与接地阻抗值和机箱的大小有关。如果机箱内的线路板没有其他的接地导体，则电路板的电压随着机箱电压升高的同时升高，不会发生二次放电问题。但是如图 15-8 所示，如果电路板的一端通过其他途径接地，则会在电路板与机箱之间产生一个高达数千伏的电压，从而导致二次放电。二次放电由于电阻的限流，所以瞬间电流更大，造成的危害也更大。

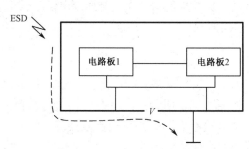

图 15-7　静电放电电流在机箱上形成的共模电压　　　图 15-8　二次放电形成的干扰

6．静电放电电流在互连设备之间产生的干扰

静电放电电流在互连设备之间产生的干扰如图 15-9 所示。图中，电路板与机箱是连接在一起的，当发生静电放电时，电路板的电压升为机箱的电压，这个电压就以共模电压的形式传给了电缆另一端的设备，导致另一端的设备出现故障。如果电缆另一端的设备上出现了静电放电，也会产生同样的干扰。

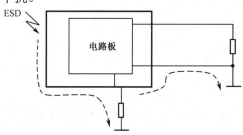

图 15-9　静电放电电流在互连设备之间产生的干扰

15.2.2　常见 ESD 问题的改进措施

常见 ESD 问题的改进措施的基本思路如下。

① 防止静电荷的积累，从而彻底消除静电放电现象。该措施仅适合生产现场或静电敏感物品的运输等场合。

② 使物体表面绝缘，防止静电放电发生，这是一个有效的措施。按照静电放电试验的标准，当受试设备表面没有可以触及的金属物件时，就不需要进行试验。但这种措施有一定的局限性，因为很难使一个产品的表面没有任何金属物件。

③ 控制静电放电的路径，避免对电路的干扰。这是 ESD 防护设计的重点。除个别情况下会出现矛盾以外，大部分针对电磁干扰发射和抗扰度的技术措施对防止静电放电都有一定的作用。

一些常见的改进 ESD 问题的具体技术措施如下。

1．屏蔽机箱

完整的屏蔽机箱能够消除静电放电的影响，这是因为完整的屏蔽机箱能够满足电连续性，使放电电流局限在机箱的外表面，不会流进电路或耦合进电路。铰链处也应理想地高频连接，不良连接会使放电电流沿分布电容随机流动，无法控制静电放电电流的走向。采用的屏蔽机箱应能够满足 GJB 151A—1997 中各项试验的要求。

2．内部增加屏蔽挡板或屏蔽层

当机箱上的缝隙或孔洞不可避免时，可以在电路（包括电路板和电缆）与缝隙/孔洞之间加一道屏蔽挡板，将屏蔽挡板与机箱连接起来，如图 15-10 所示；或者在电路板与机箱之间增加一层屏蔽层，如图 15-11 所示，屏蔽层应完全覆盖不连续处并与机箱连接。在结构和电气设计中，要使敏感电路、电缆尽量远离这些缝隙、孔洞。

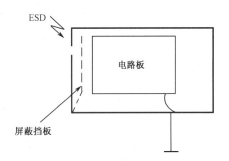

图 15-10　用屏蔽挡板减小缝隙与电路之间的干扰

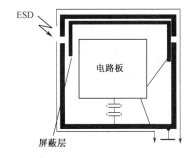

图 15-11　增加屏蔽层防护 ESD

3．信号地与机箱单点连接

可将电路板上的信号地与机箱在一点连接起来（单点接地），防止静电放电电流在机箱上产生的电压耦合进电路。应注意接地点的选择。如图 15-12（a）所示，接地点应选择在电缆入口处，这样电缆另一端传过来的共模电压可以直接连接到地。如果接地点选择不好，如图 15-12（b）所示，则放电电流会流过电路板而导致静电干扰。将信号地与机箱连接起来也可以防止电路板与机箱之间产生过大的电压，造成二次放电或其他干扰。

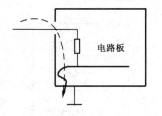
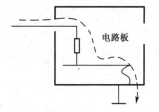

（a）共模电流不会流进电路板地线　　　（b）共模电流会流进电路板地线

图 15-12　电路板上的信号地线与金属机箱在一点连接

4．防止静电放电电流通过共模滤波电容进入电路

当电缆上有与机箱连接在一起的共模滤波电容时，可在靠近电路一侧安装一个铁氧体磁珠，以防止机箱上的电流流进电路，如图 15-13 所示。

5．在电缆入口处安装共模抑制元器件

在电缆的入口处也可以采用限制过电压的元器件，如采用电缆旁路滤波器等来抑制静电放电。可在电缆的输入导线与内地之间加旁路电容（约 500pF），在电缆的输入导线与内地之间加限压二极管等元器件，并将防护元器件的地与 PCB 的地分开，直接接 I/O 地或机壳，如图 15-14 所示。

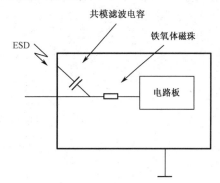

图 15-13　增加阻抗，防止电流通过
共模滤波电容进入电路

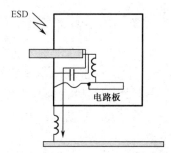
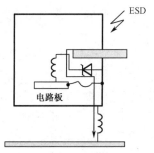

（a）在电缆的输入导线与内地之间加旁路电容　（b）在电缆的输入导线与内地之间加限压二极管

图 15-14　在电缆入口处安装共模抑制元器件

6．设备之间的互连电缆使用屏蔽电缆连接

如图 15-15 所示，在两设备之间的互连电缆使用屏蔽电缆连接，而电缆的屏蔽层与设备的金属机箱之间保持低阻抗搭接，从而使两个机箱的电压相等，这样可以防止一台设备上发生静电放电时，较高的共模电压传输到另一台设备上。

7．采用共模扼流圈抑制静电放电

如图 15-16 所示，可以在互连电缆上安装一个共模扼流圈，这样可以使由静电放电造成的共模电压降在扼流圈上，而不传输到另一端的电路上。由于静电放电电流的上升时间很短，所以扼流圈的寄生电容必须最小化。

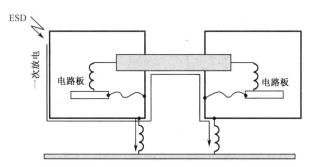

图 15-15　设备之间的互连电缆使用屏蔽电缆连接

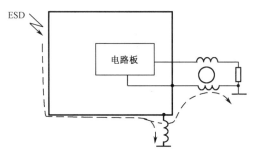

图 15-16　用共模扼流圈抑制静电放电

15.3　PCB 的 ESD 防护设计方法

15.3.1　电源平面、接地平面和信号线的布局

电源平面、接地平面和信号线的布局是 PCB ESD 防护设计的重要措施之一。前面已经讲述了多种有助于降低 ESD 对电路的破坏和影响的有效方法，但是 PCB 本身的布局也有助于提高系统的 ESD 保护作用。下面简单列出一些有助于提高 ESD 保护的 PCB 布局的措施。

① 在 PCB 上设置大面积的接地平面、电源平面。信号线一定要紧靠电源平面或接地平面，以保证信号回流的通路最短、最优，信号的环路最小。

如图 15-17 所示，充填区建议采用最大化接地平面设计[272]。IC 下面的充填区采用通孔连接到接地平面，如图 15-18 所示。

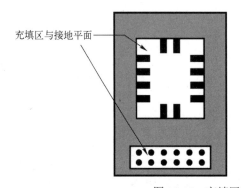
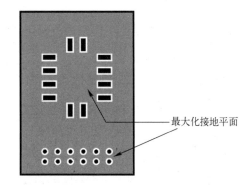

图 15-17　充填区采用最大化接地平面设计

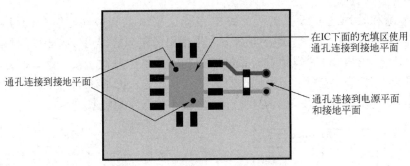

图 15-18 采用通孔连接到接地平面

② 如图 15-19 所示，如果没有使用电源平面（单层板或双层板），则使所有电源和接地路径靠近。还可以增加一些额外的连接线，以便在较多的面积上将电源及接地路径连接起来，从而减小环路面积[272]。

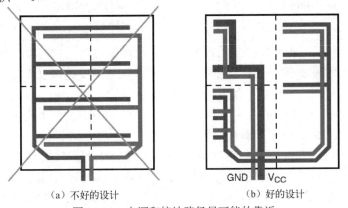

（a）不好的设计　　　　　　　（b）好的设计

图 15-19 电源和接地路径尽可能的靠近

③ 信号路径应尽量靠近接地线或接地平面，如图 15-20 所示。图 15-20（a）所示的效果最差，图 15-20（b）所示的效果较好，图 15-20（c）所示的效果最好。

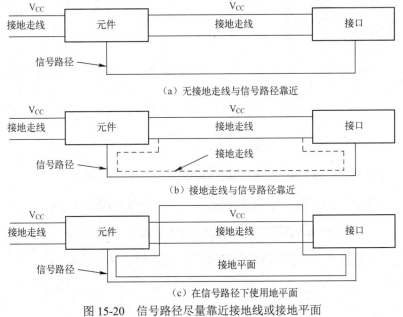

（a）无接地走线与信号路径靠近

（b）接地走线与信号路径靠近

（c）在信号路径下使用地平面

图 15-20 信号路径尽量靠近接地线或接地平面

④ 在电源和接地之间设置高频旁路电容器，要求这些旁路电容器的等效串联电感（ESL）和等效串联电阻（ESR）越小越好。大量使用旁路电容器可以减小电源和接地平面的环路面积，对低频的 ESD 突发值具有很好的抑制效果，但是对于高频的抑制效果不好。

⑤ 使走线长度尽可能短。因为越长的走线越难承受 ESD 能量，故元器件的布局应尽可能紧凑，以减短走线长度。如图 15-21 所示，应最小化数字总线长度[272]。

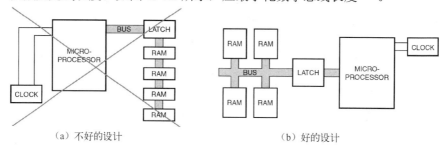

（a）不好的设计　　　　　　　　　　（b）好的设计

图 15-21　最小化数字总线长度

⑥ 在顶层和底层没有元器件和电路的地方，应该使用敷铜并与接地平面相连接，接地的敷铜区域应该以密集的间隔连接到接地平面。这些区域的接地可以作为从机箱接地或系统接地的一个低阻抗路径，可以将高能量的 ESD 电流传输到地而不进入信号线或元器件中，从而降低 ESD 的影响。应注意的是，这种方法会将 ESD 的瞬态放电电流进入系统的接地平面（地参考点），也有可能会导致元器件损坏或误动作。

⑦ 要小心控制接地和电源子系统的耦合。可以将电源和接地路径紧密靠近（或电源和地参考平面相邻），在电源和接地路径之间添加高频旁路电容器，以减小进入电路系统的 ESD 大电流。

⑧ 所有的接地必须采用低阻抗连接。一个低阻抗的接地可以将 ESD 引离敏感区，而且避免走线产生电弧放电。

⑨ 使用多层板。多层板可大大改善系统抵抗 ESD 放电的能力。将第一层接地平面尽可能靠近信号走线层，可使得 ESD 瞬态放电到达走线时能很快抵消。

15.3.2　隔离

静电放电需要满足三个条件，即具有一定量的电荷、在一定的距离内并且存在可放电的物体。一般认为，对于机架类产品，每千伏的静电电压的击穿距离在 1mm 左右。对于 PCB 设计来说，在容易发生静电放电的边缘设置一定的隔离距离就显得非常重要[272]，如图 15-22 所示（边缘部分接地）。

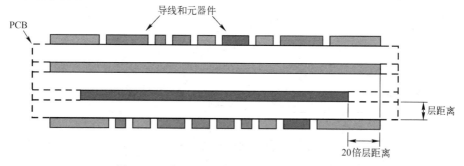

图 15-22　在 PCB 的边缘设置一定的隔离距离

例如，如图 15-23 所示，对于 PCB 上的元器件、走线，应在容易放电的边缘设置一个 8～10mm 隔离区，这样就可以抵抗 8～10kV 的静电电压了（包括多层板的接地层和电源层）。

图 15-23　在 PCB 的静电放电边缘设置隔离区

对于 PCB 上对静电敏感元器件，在布局时需要考虑将其布置在远离静电干扰的地方，而且离静电放电源越远越好。

电气隔离也是抑制静电放电冲击的一种有效方法。在 PCB 上安装光耦合器或变压器，以及结合介质隔离和屏蔽可以很好地抑制静电放电冲击。

对于操作面板上容易被人体接触的部件，如小面板、按钮、键盘、旋钮等，应尽可能采用能够起隔离作用的绝缘物而不采用金属件。

▶ 15.3.3　注意"孤岛"形式的电源平面、接地平面

在进行数模混合电路的 PCB 设计时，为避免相互干扰，通常会采用在 PCB 内设置"孤岛"形式的电源平面、接地平面的方法。但对于静电放电测试而言，在 PCB 内设置的电源平面、接地平面的"孤岛"，可能会带来 ESD 问题。消除"孤岛"的设计如图 15-24 所示[272]，利用过孔连接到接地平面或者电源平面。

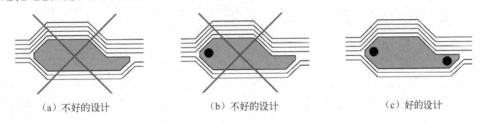

　（a）不好的设计　　　　　　　（b）不好的设计　　　　　　　（c）好的设计

图 15-24　消除"孤岛"的设计

有一个案例[273]可以用来说明这个问题：某通信产品，做静电测试时，发现接触放电到 4kV 以上时，某一块板就死机，并且该现象会重复再现。

1. 分析

此产品新开发的单板总共有 8 种，只有上述这一种单板不能静电放电到 8kV，其余都没有问题，而且这块板并不是最复杂的。

用频谱仪分析机架静电放电过程，测试发现 CPU 未有什么变化，只是系统的接口物理层芯片"死亡"。但在进行 PCB 布局时，设计人员将此物理层芯片放在了最里面，离静电放电的距离最远，根据该芯片的资料介绍，此芯片的抗 ESD 的能力为 6kV。

对 PCB 进行分析，发现 PCB 采用的是 8 层板，信号层和接地层、电源层的分布也很合

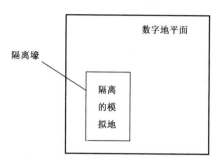

数字地平面

隔离壕

隔离
的模
拟地

图 15-25 "孤岛"形式的"模拟"地

理，再细看接地层，发现此物理层芯片下面的接地层与其他地方不一致，有一块单独的"飞地"（如图 15-25 所示）。

为什么这样设计呢？设计人员的考虑是：此芯片是数模结合的芯片，其引脚除定义了"数字地"外，还定义了"模拟地"，因此在原理图中也应相应增加模拟地，并且通过电感与数字地相连。这样在进行 PCB 设计时，设计人员就在 PCB 的顶层下面设置了接地层，并在此接地层上割出了一小块作为模拟地，在顶层通过电感和数字地进行连接。

此板静电试验不能通过的原因就在于这块接地平面的设置上。虽然此电感可以将数字地上的干扰滤去一些，但此平面紧靠顶层，在接地平面受到静电辐射场的干扰情况下，模拟地也同样受到干扰，由于电感的存在，模拟地上的干扰不能立即消除，从而导致芯片电位抬高，输出死锁。

2．解决办法

在现场将连接数字地和"模拟地"的电感去掉，改用多股粗导线将两地进行短接，则可以顺利通过静电放电试验。当进行 PCB 改版时，不再分割模拟地，而是将此芯片的模拟地脚直接连接到数字地上，则静电测试通过。

对于 PCB 上特殊元器件的接地处理，要具体分析其在 PCB 上的实际情况。由于元器件供应厂商推荐的电路可能存在局限性，故不可生搬硬套。

15.3.4　工艺结构方面的 PCB 抗 ESD 设计

1．不可简单地照抄照搬标准规范

近年来，在移动通信、数据通信、软交换等这些高密度信息流数据处理设备中，用 Compact PCI 标准规范进行结构设计的产品越来越普遍，大大提高了产品的可靠性、互换性和模块化，并且成本大幅降低。

PCB 是元器件安装的基础，通常还需要在 PCB 上安装相应的面板、扳手、接插件等附属装置后才可以装配到一个系统中。在 Compact PCI 标准规范中，PCB 单板高度是按 U 系列设计的（不包括手机等个人终端产品），其尺寸有规格，一般为 4U、6U、7U、8U 和 9U 等。板上外接面板的孔均有尺寸规定，板边还设有规定的导电覆铜（考虑了接地等因素）。插头、插座、连接器的位置也有明确规定。

单板 PCB 工艺结构的设计十分重要，Compact PCI 标准对 PCB 的工艺结构也有相应规定。单板部件由 PCB、铝面板、上下扳手三大部分组成，这充分考虑了系统对静电放电的泄放路径问题，以确保产品工作稳定、可靠。单板部件中的面板采用的是铝合金材料，这样选择一是考虑了强度，二是考虑了 EMC 设计的静电泄放和屏蔽问题。

有些设计人员对 CPCI 规范有误解，认为 CPCI 规范的 PCB 四周采用金属边框，静电放

电的泄放就一定好，其实 CPCI 对 PCB 单板、机框、机架均有相应要求，如果将符合 CPCI 规范的 PCB 插到普通机架上，静电放电效果并不一定会很好，有可能还会很坏。

有一个案例[273]可以用来说明这个问题：某产品在做电磁兼容测试时，将单板安装上金属面板后插到机架上，并且单板之间采用了屏蔽簧片填充。用静电枪对单板金属面板、扳手、指示灯等处进行静电放电时，发现该产品的抗静电效果很差，其中有的单板复位，有的单板误码特别高，导致系统通信中断，并且几乎每块板都一样差。

（1）分析

板与板之间本来是应该存在差异的，这主要是因为设计人员的差异、元器件的差异等，但一个系统中的十几块单板，为什么结果都一样差呢？通过分析发现 PCB 在四周设置了铜箔，并且在 PCB 的表层用绝缘油处理了。根据设计人员的介绍，在 PCB 四周设置铜箔的设计是按照 CPCI 规范进行的，目的是防静电，以保证在机架上静电不能进入 PCB。通过认真分析，此铜箔是造成抗静电效果很差的主要原因。由于装 PCB 的机框与机架没有按 CPCI 规范设计，PCB 安装面板与机框的搭接也不是很好，静电泄放不通畅，所以导致系统不稳定。由于此铜箔是环形的，形成了一个很好的天线，所以静电还通过辐射方式干扰这些铜箔和单板里的信号线，导致单板地电位发生变化，从而使系统产生了不稳定或复位的现象。

（2）解决措施

针对上述问题，在试验现场对单板 PCB 进行了临时处理，将这些金属铜箔割断，将环形的铜箔分成许多小块，再进行静电放电测试，则效果好了许多。改版时，将 PCB 四周的铜箔全部去掉，问题即得到解决。

虽然产品硬件、工艺结构设计方面是可以克隆的，但应注意的是虽然要认真遵守标准规范，却决不可简单地照抄照搬，否则结果可能适得其反。

2．注意散热器带来的 ESD 干扰

有一个案例[274]可以用来说明这个问题：某产品采用金属外壳，对其进行 ESD 测试时，发现一螺钉位置对 ESD 极其敏感。对螺钉进行接触放电 3kV，就会发现该产品中的某一 PCB 电路板出现复位现象。经过观察分析，发现靠近敏感螺钉位置有一芯片，芯片上有约 2cm 高的散热器，该散热器没有采取任何接地措施。在测试中，将散热器临时去掉后，该螺钉位置的抗静电干扰能力达到了 ±6kV。

（1）分析

静电放电时，在很短的时间内会产生几十安的电流，而放电电流脉冲的上升在小于 1ns 之内完成，根据脉冲波最高谐波频率计算公式 $f=1/(\pi t_r)$（t_r 为脉冲上升时间）可知，静电放电的过程是一个高频能量的释放与传输过程，在传输的路径中一切敏感的电子线路或元器件都将受到干扰，造成设备的误动作。

在此案例中，由于静电放电信号的高频谱特性，使得一些因结构特性形成的寄生电容不能忽略不计。散热器的静电干扰传输路径如图 15-26 所示。

在图 15-26 中，C_0 表示测试点与散热器之间的寄生电容，C_2 表示散热器与芯片之间的寄生电容。静电干扰将从测试点通过 C_0，再经过 C_2 进入芯片内部电路，从而在产品中表现出干扰现象。散热器的存在将大大增加测试点与芯片之间的容性耦合度，这是因为一方面散热器有着比芯片更大的表面积；另一方面散热器的存在缩短了与测试点表面的距离。去掉散热

器后，产品的抗 ESD 能力增强。

（2）解决措施

只要将散热器接至接地平面就可以改变 ESD 干扰的传输路径，从而使芯片受到保护。散热器接地后的 ESD 干扰传输路径如图 15-27 所示。

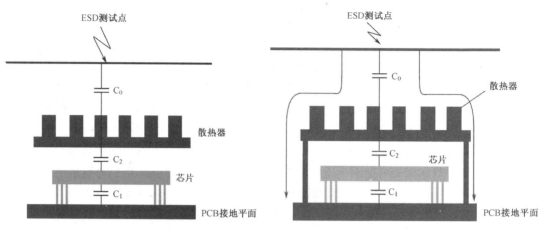

图 15-26　静电干扰传输路径　　　　　图 15-27　改进后的 ESD 干扰传输路径

注意： 对于 PCB 上的金属体，一定要直接或间接地接到接地平面上，不要悬空。另外，对于较敏感的电路或芯片，在 PCB 布局时应使其尽量远离 ESD 放电点。

3. 控制面板上的金属部件的放电路径

机箱面板上装的金属部件要与金属机箱之间紧密搭接，使静电放电电流顺利通过机箱泄放，防止静电放电电流流进电路。如果金属部件安装在绝缘面板上，就需要为放电电流提供一条阻抗很低的泄放通路，并且这个通路要远离敏感电路，如图 15-28 所示。必要时，可以在金属部件与电路连接的导线上安装一个 Γ 形滤波器。

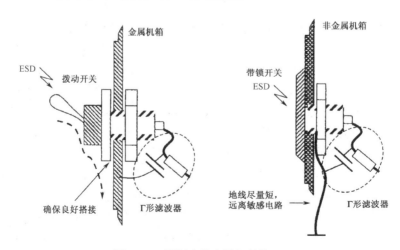

图 15-28　面板上的金属部件的处理

4. 键盘与控制面板的静电防护

在键盘与控制面板的静电防护中，必须将接地键盘电路设计为静电放电电流不经过主要电路而流入地。如图 15-29 所示，可以在对地绝缘的键盘与主机之间放置一个金属的火花放电间隙防护器，并将其直接接机架地。空气击穿电压为 30kV/cm，壳接地时安全距离为 0.05cm，壳不接地时安全距离为 0.84cm，火花间隙应小于这个安全距离。控制面板的接地处要保证好的金属搭接。

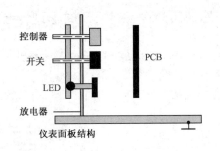

图 15-29　键盘与控制面板的静电防护

15.3.5　对 PCB 上具有金属外壳元器件的处理

对于 PCB 上具有金属外壳的元器件，其金属外壳是否需要接地，接什么地？有一个 PCB 上复位键外壳接地的案例[275]可以用来说明这个问题：某机架式通信产品，PCB 是通过装金属面板后插到机框里的，对该产品做 ESD 试验时，发现静电枪测到 5kV 以上后，几乎每块单板都有复位现象。

1. 分析

用示波器观看复位芯片的输出脚，发现在对 PCB 前面的安装板测静电时，复位芯片的输出发生状态变化，给 CPU 输出了一个复位信号，导致了系统复位。

通过对 PCB 复位部分进行的分析，可知复位电路的元器件采用的是著名公司已经量产的元器件，此元器件已经被大量使用，没有发现此类问题，因此肯定不是元器件本身的问题。而在 PCB 布线时，注意到将复位线埋在了内层，复位信号的给出并不是由于复位线拾取辐射场产生的。复位键（开关）也采用的是已经量产的元器件，此元器件的外壳是金属的，并且有金属安装脚安装到 PCB 上，而且金属外壳通过粗导线连到了 PCB 的最外边地上。

分析得出：由于在单板面板上的静电泄放不畅，将单板面板处的金属边电位抬高，并通过抬高的电压影响到复位开关的复位线，又由于复位键的安装脚（与外壳电气相连）离复位信号太近（3mm 左右），所以对单板面板进行静电放电时，复位开关的复位信号给复位元器件发出了复位命令，使系统复位了。

2. 解决措施

在试验现场，将连接到复位开关外壳上的导线割断，做静电接触放电试验，发现直到 8kV 都没有 CPU 复位现象。

PCB 上元器件的金属外壳应该是接地的，但要具体分析系统的状况，以确定外壳究竟接到了哪个地上。接到保护地本来是可以的，但该单板靠近小面板侧的保护地与大地的通路不好，阻抗很大，因此不能接到这个保护地上。改版时，将复位开关外壳接到了 PCB 的工作地上。通过静电放电试验证明接到 PCB 的工作地上是可行的。

应注意的是，对于 PCB 内有金属外壳元器件的接地，一定要认真分析对待。这是因为接地是很讲究的，并不是随便接一下就能解决问题的，接得不好还会带来坏处。

15.3.6　在 PCB 周围设计接地防护环

如果 PCB 面积允许，并且整机系统的搭接、静电泄放通道都很好，则可以在 PCB 周围设计接地防护环（如图 15-30 所示）。防护环与接地平面应采用多通孔连接，同时要保证与机框、机架良好搭接，并且不能形成连续的环路，具体设计可以参考 Compact PCI 规范。

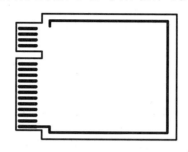

图 15-30　在 PCB 周围设计接地防护环

15.3.7　ESD 保护电路的 PCB 设计

如图 15-31 所示，可以在 PCB 上的 I/O 端口连接 ESD 保护电路。但外加元器件仍会增加电路板面积，防护元器件的电容效应会增加信号线的等效电容。

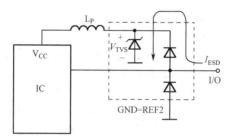

图 15-31　一般 I/O 口的 ESD 保护电路

TVS（Transient Voltage Suppressor，瞬态二极管）是 ESD 过压防护最常用的器件，在器件正确选型后，PCB 的布局布线至关重要。采用 TVS 提供有效 ESD 保护需要遵循以下规则[276]：

- 最小化 TVS 周围的阻抗，以控制 ESD 电流路径。
- 使用过孔将 ESD 电流从输入端尽可能地引导到接地层。
- 设计具有极低阻抗的接地连接，以耗散 ESD 能量。
- 限制 EMI 对敏感电路的影响。

1. 尽量减少寄生电感的影响

从连接器引脚端输入到保护器件 TVS 和 IC 焊盘的寄生电感如图 15-32 所示。电感 L_{IN} 和 L_{IC} 路径通常连接受控阻抗线（如 50Ω 或 100Ω 差分传输线）。为了迫使浪涌电流流过保护电路，必须确保电感 L_{GND} 和电感 $L_{TVSPATH}$ 的值尽可能小。此外，为了尽量减少 PCB 上的辐射，最好的方法是将保护电路 TVS 尽可能靠近连接器引脚。

在 A 点上，ESD 浪涌电流 I_{PP} 产生的峰值过电压等于：

$$V_{A} = V_{CL} + \frac{dI_{PP}}{dt} \times (L_{\text{TVS PATH}} + L_{\text{GND}}) \tag{15-1}$$

$$V_{CL} = V_{BR} + R_{D} \times I_{PP}$$

式中，V_{BR} 是 TVS 的击穿电压；R_{D} 是 TVS 的动态电阻，其钳位特性是在 TLP 试验条件下测量的。

直接地将输入导线连接至 TVS 焊盘可实现电感 $L_{\text{TVS PATH}}$ 值最小化，并通过使用过孔使电感 L_{GND} 值最小化。

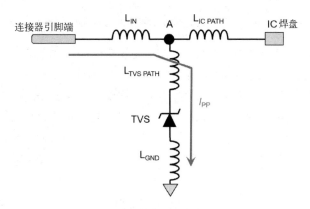

图 15-32　连接器引脚端、TVS 和 IC 焊盘周围的电感

2. TVS 接地连接

利用过孔将 TVS 连接到接地层，以减少电感 L_{GND} 的示例[273]如图 15-33 所示。图 15-33（a）利用过孔将 ESD 浪涌电流引导至接地层，在图 15-33（b）TVS 的接地也连接在第一层接地层上。

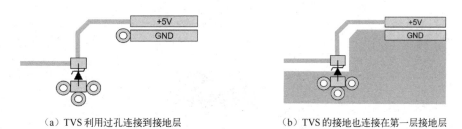

（a）TVS 利用过孔连接到接地层　　　　　（b）TVS 的接地也连接在第一层接地层

图 15-33　TVS 接地连接示意图

3. 线路连接

当 TVS 与要保护的线路位于同一 PCB 侧时，线路和 TVS 之间必须尽可能地靠近连接，以最小化电感 $L_{\text{TVS PATH}}$ 的值。

连接 TVS 到线路的两种保护方式[276]图 15-34 所示。图 15-34（a）的布局方式存在电感

$L_{TVS\,PATH}$，因此不建议使用。推荐采用图 15-34（b）的布局方式，可以消除电感 $L_{TVS\,PATH}$。换句话说，连接导线必须从 I/O 连接器到 TVS，然后从 TVS 到 IC 焊盘，进行 ESD 保护。

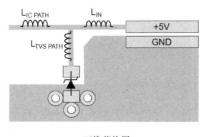 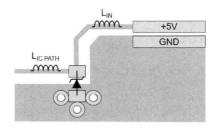

（a）不推荐使用　　　　　　　　　　　（b）推荐使用

图 15-34　连接 TVS 到线路的两种保护方式

当要保护的线路与 TVS 不在同一 PCB 侧（或内层）时，必须小心使用过孔。使用过孔连接 TVS 的布线方式[276]如图 15-35 所示。因为过孔本身具有的电感，过孔的作用类似于电感，过孔产生图 15-32 中所示的电感 $L_{TVS\,PATH}$，不推荐使用图 15-35（a）所示过孔方式。如果要保护的路径位于 ESD 源所在的同一层上，较好的方式是采用图 15-35（b）所示方式进行布线，能够将寄生电感 $L_{TVS\,PATH}$ 的值到最小。使用过孔的最佳布线方式如图 15-35（c）所示，直接将 ESD 源路由旁路到 TVS，然后通过如图 15-35（c）所示的过孔形式改变连接层。

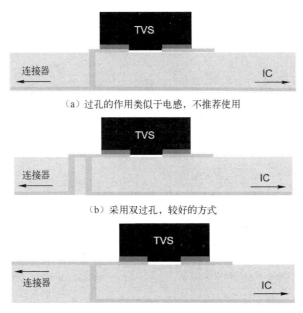

（a）过孔的作用类似于电感，不推荐使用

（b）采用双过孔，较好的方式

（c）使用过孔的最佳布线方式

图 15-35　使用过孔连接 TVS 的布线方式

4．降低接地阻抗

在图 15-32 中，可以看到接地电感是产生峰值 ESD 过电压的主要因素。减少接地电感的最佳方法是最大限度地增加 TVS 接地周围的过孔数量，并将其连接到较近的接地层，以最小化接地路径的电阻。如果可能，也建议将该接地层连接至设备的金属外壳（见图 15-36）。

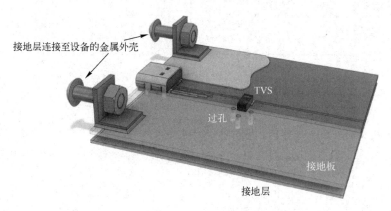

图 15-36　接地过孔和接地层示意图

5. TVS 器件 PCB 设计实例

一个 TVS 器件 PCB 设计实例如图 15-37 所示。TVS 器件尽量接近 I/O 连接器，确保浪涌电压可以在脉冲耦合到邻近 PCB 导线之前被钳位。用相对短和宽的接地导线减小接地阻抗，改善单个接地 PCB 上 TVS 二极管的钳位性能。TVS 布线要避免自感。减小寄生自感的基本原则是尽可能缩短分流回路，必须考虑到包括接地回路、TVS 和被保护线路之间的回路以及由接口到 TVS 的通路等所有因素。

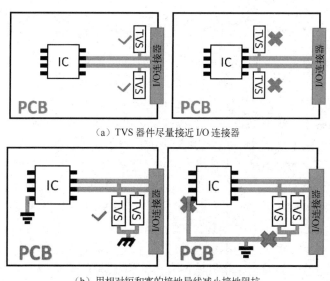

（a）TVS 器件尽量接近 I/O 连接器

（b）用相对短和宽的接地导线减小接地阻抗

图 15-37　TVS 器件 PCB 设计实例

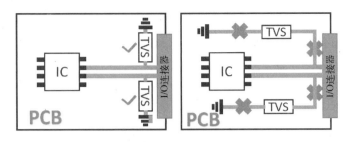

（c）减少布线自感

图 15-37　TVS 器件 PCB 设计实例（续）

一个双向的 TVS 器件 SM712（内部集成有 2 个 12V 和 2 个 7V TVS）并联连接到 RS-485 收发器 ISL3152E 的 I/O 端，构成的 I/O 口 ESD 保护电路和 PCB 设计实例[277]如图 15-38 所示。

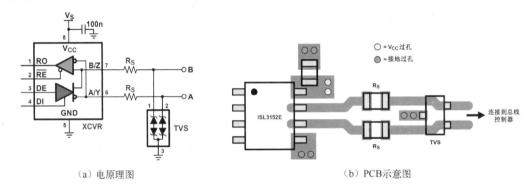

（a）电原理图　　　　　　　　　　　　　　（b）PCB示意图

图 15-38　一个 ESD 保护电路和 PCB 设计实例

15.3.8　PCB 静电防护设计的一些其他措施

PCB 静电防护设计的一些其他措施如下。

① 不同的电子元器件的抗静电敏感度是不一样的。对于电子元器件的抗静电能力，一般规定静电损伤电压超过 16kV 的为静电不敏感元器件，低于 16kV 的为静电敏感元器件。电子元器件的静电敏感度一般分为 3 级。1 级静电放电敏感元器件的电压小于或等于 2kV，2 级静电放电敏感器件的电压为 2～4kV，3 级静电放电敏感元器件的电压为 4～16kV。

静电敏感元器件有微波器件（肖特基二极管、点接触二极管和 $f \geqslant 1$GHz 的检波二极管）、MOS 场效应晶体管（MOSFET）、结型场效应晶体管（JFET）、声表面波器件（SAW）、电荷耦合器件（CCD）、精密稳压二极管、运算放大器（OP AMP）、集成电路（IC）、混合电路、特高速集成电路（VHSIC）、薄膜电阻器、精密电阻网络（RZ 型）、可控硅整流器、光电器件（光电二极管、光电晶体管、光电耦合器）、片状电阻器、混合电路、压电晶体等。

在电路设计中选择元器件时，需要考虑元器件的抗静电能力，特别是接口元器件。如果选择不到更高抗静电能力的元器件时，需要对抗静电能力差的元器件采取保护措施。

② 印制板（多层板）应装在靠近接插件、钥匙锁的部位；模拟接地平面、数字接地平面、功率接地平面、继电器接地平面、低电平电路接地平面等接地平面要多点相连；与后背板相连的插座同样要用多排插针接地；内部电路（包括地）同样应离开接插件金属壳体至少 6～8mm。

③ 对干扰源、高频电路和静电敏感电路，应实现局部屏蔽或单板整体屏蔽，或者采用护沟和隔离区的设计方法。

④ 试验证明，由静电放电引起的干扰脉冲是一个按指数规律衰减的受调制的正弦波，含有丰富的高频分量，因此，应对电源进线和信号进线用滤波器滤波，在电源和地之间用高频电容器去耦；电源输入端可用 LC 网络滤波；对射频组件的向外引线应用穿心电容器滤波或采用带滤波器的接插件进行滤波。

⑤ 在元器件的电源、接地脚附近添加不同频率的滤波电容（不同容值的电容组合使用）。集成电路的电源和地之间应添加去耦电容，去耦电容要并接在同一芯片的电源端和接地端，并且紧靠被保护的芯片安装。对于电源和地有多个引脚的大规模集成电路，可设置多个去耦电容。对于动态 RAM 器件，去耦电容的容量应较大。

对于大规模集成电路，尤其是专用 CPU、EEPROM、Flash Memory、EPLD、FPGA 等类型芯片，每个去耦电容应并接一个充放电电容。对于小规模集成电路，每 10 片也要加接一个充放电电容。该电容以 10pF 的钽电容或聚碳酸酯电容为宜。

⑥ 时钟线和敏感信号线（复位线、无线接收信号）一定要采用电源平面、接地平面进行屏蔽处理。

⑦ PCB 上所有的回路面积都应尽可能小，因为它们对瞬态静电电流产生的磁场非常敏感。回路不仅包括电源与地之间的回路，也包括信号与地之间的回路。

⑧ 在信号线上可以有选择地添加一些容值合适的电容，或者串联阻值合适的电阻，这可以提高信号线对抗静电放电的能力。但要注意，在信号线上添加电容或其他保护元器件时，需要慎重，特别是在速率很高的信号传输情况下，阻容元件会引起信号失真，并且影响到信号线的传输质量和特性阻抗，影响信号的传输质量，因此要小心使用阻容元件。

⑨ PCB 上有很多接口电路，如电源（一次和二次）接口、信号接口、射频接口等，可以根据设计要求采用光耦合器、隔离变压器、光纤、无线和红外线等隔离方式。

设计时可以采用一些专业厂商生产的多路信号接口的保护元器件，完成多种信号接口的静电保护。例如如图 15-31 所示，可以在 PCB 上的 I/O 口连接 ESD 保护电路。

当数字电路时钟前沿时间小于 3ns 时，要在 I/O 连接器端口对地间设计火花放电间隙防护电路。

⑩ 在射频收发器的天线端，利用 1/4 波长微带线，可以实现 ESD 防护。例如，车载 GPS 接收机按照车载设备的要求和标准，必须有防静电保护措施，但是防静电二极管往往具有容性电抗，对 GPS 接收机天线信号输入阻抗产生影响。为了减小静电防护措施对阻抗匹配的影响，根据微带线 1/4 波长理论，在车载 GPS 接收机的输入信号线上并入 1575.42MHz 的 1/4 波长微带线。1/4 波长微带线一端与天线连接器相连接，另一端与 TVS 器件串联，TVS 器件上并联一个电容器。TVS 器件和电容器另一端接地[278]。

为减小 PCB 面积，微带线设计为蛇形线形式。在 TVS 器件上并联的电容器提供射频信号一个"零阻抗"的接地。电容器的选值，要求选择它的自谐振频率与 GPS 信号频率 1575.42MHz 一致，以实现"零阻抗"接地。注意：不同厂家不同规格不同材料的电容器，可能有不同的自谐振频率，可以根据厂家提供的工具进行选取。同时应注意与电容器并联的 TVS 器件的等效电容的影响。

参 考 文 献

[1] IPC. IPC-SM-782A, Includes: amendment 1 and 2 surface mount design and land pattern standard[S]. 2009.

[2] 姜雪松，程绪建，王鹰，等. 印制电路板设计[M]. 北京：机械工业出版社，2008.

[3] Xilinx, Inc. Power distribution system (PDS) design: using bypass/decoupling capacitors[Z]. 2009.

[4] 张文典. 实用表面组装技术[M]. 4 版. 北京：电子工业出版社，2015.

[5] 曾胜之. 设计 SMT 焊盘应注意的若干问题[J]. 电子工艺技术，2003, 24(3):106-108.

[6] HINCH S W. 表面安装技术手册[M]. 北京：科学出版社，1993.

[7] 廖汇芳. 实用表面安装技术与元器件[M]. 北京:电子工业出版杜, 1993.

[8] 宣大荣，韦文兰，王德贵. 表面组装技术[M].北京:电子工业出版社, 1994.

[9] 王永彬. 影响 BGA 封装焊接技术的因素研究[J]. 电子工艺技术，2011,32(3):5.

[10] Xilinx, Inc. Device package user guide[Z]. 2009.

[11] Texas Instruments, Inc. Design summary for 56GQL (48- and 56-pin functions) MicroStar Junior[TM] BGA[Z]. 2016.

[12] Texas Instruments, Inc. Design summary for 96GKE/114GKF MicroStar BGATM packages[Z]. 2016.

[13] Maxim Integrated Products, Inc. Application note 1891 Understanding the basics of the Wafer-Level Chip-Scale Package (WL-CSP)[Z]. 2009.

[14] 邢志强. 一种新型柱形 POP 堆叠封装的信号完整性研究[J]. 电子测试，2017,13:38-40.

[15] Texas Instruments, Inc. PCb design guidelines for 0.4mm Package-on-Package (PoP) packages, part Ⅰ [Z]. 2017.

[16] 国际整流器公司.AN-1035 DirectFET 封装技术电路板安装指南[Z]. 2009.

[17] JOHNSON H，GRAHAM M. 高速数字设计[M]. 沈立，朱来文，陈宏伟，译. 北京：电子工业出版社，2010.

[18] Analog Devices, Inc. 良好接地指导原则[Z]. 2016.

[19] Analog Devices, Inc. AN-772 A design and manufacturing guide for the Lead Frame Chip Scale Package (LFCSP)[Z]. 2016.

[20] 莫剑冬，谢永超，王建甫. 过孔特性阻抗分析及其对信号质量的影响[J]. 机电元件，2015,35(2):32-36.

[21] 麻勤勤，石和荣，孟宏峰. 基于 SI wave 和 Designer 的差分过孔仿真分析电子测量技术[J]. 2016,39(1):40-44.

[22] Huawei Technologies Co. Ltd. 单板背钻 PCB 设计方法[Z]. 2016.

[23] 马步霞. T/CPCA 6045—2017《高密度互连印制电路板技术规范》标准介绍[J]. 印制电路信息，2017,25(11):49-53.

[24] 姜培安. 印制电路板的可制造性设计[M]. 北京：中国电力出版社，2007.

[25] 陈丽飞.HDI 线路板设计的注意事项[J]. 电子设计工程，2014,22(14):25-27.

[26] 吴军球. 高密度互联（HDI）PCB 耐热性能研究[D]. 上海：上海交通大学，2013.5.

[27] BROOKS D. 信号完整性问题和印制电路板设计[M]. 刘雷波，等译. 北京：机械工业出版社，2006.

[28] MONTROSE M I. 电磁兼容和印制电路板：理论、设计和布线[M]. 刘元安，李书芳，高攸，译. 北京：人民邮电出版社，2002.

[29] MONTROSE M I. 电磁兼容的印制电路板设计[M]. 吕英华，等译. 北京：机械工业出版社，2008.

[30] Applied Innovation, Inc. 通过 PCB 分层堆叠设计控制 EMI 辐射[Z]. 2008.

[31] Analog Devices, Inc. iCoupler 器件的辐射控制建议[Z]. 2016.

[32] 王守三. PCB 的电磁兼容设计技术、技巧与工艺[M]. 北京：机械工业出版社，2008.

[33] 张木水. 高速电路电源分配网络设计与电源完整性分析[D]. 西安：西安电子科技大学，2009.

[34] 黄智伟. 高速数字电路设计入门[M]. 北京：电子工业出版社，2012.

[35] OTT H W. 电子系统中噪声的抑制与衰减技术[M]. 王培清，李迪，译. 2 版. 北京：电子工业出版社，2003.

[36] Maxim Integrated Products, Inc. 设计指南 3630WiFi 收发器的电源和接地设计[Z]. 2016.

[37] Analog Devices, Inc. 高速 ADC PCB 布局布线技巧[Z]. 2016.

[38] 张木水，李玉山. 信号完整性分析与设计[M]. 北京：电子工业出版社，2010.

[39] 丁同浩. 高速数字电路电源分配网络设计与噪声抑制分析[D]. 西安：西安电子科技大学，2012.

[40] 梁乐. 紧致型电磁带隙结构和双负媒质结构研究[D]. 西安：西安科技大学，2008.

[41] 袁斯龙. 开关噪声抑制方法研究[D]. 西安：西安电子科技大学，2014.

[42] WU T L, LIN Y Y, WANG C C, et al. Electromagnetic bandgap power/ground planes for wideband suppression of ground bounce noise and radiated emission in high-speed circuits[J]. IEEE Transactions on MicrowaveTheory Tech., 2005,53(9):2935-2942.

[43] SIEVENPIPER D, SCHAFFNER J. Beam steering microwave reflector based on electrically tunable impedance surface[J]. Electronics Letters, 2002, 38(21):1237-1238.

[44] KAMGAING T, RAMAHI O M. Design and modeling of high-impedance electromagnetic surfaces for switching noise suppression in power planes. IEEE Transactions on Electromagnetic Compatibility, 2005,47(3):479-489.

[45] 黄小龙. 抑制电磁干扰的电磁带隙结构研究[D]. 西安：西安科技大学，2010.

[46] SIEVENPIPER D, ZHANG L, BROAS RFJ, et al. High-impedance electromagnetic surfaces with a forbidden frequency band [J]. IEEE Transactions on Microwave Theory and Techniques, 1999,47(11): 2059-2074.

[47] 陈琦，李林翠，杨春. 高阻抗表面光子带隙结构过孔研究[J]. 信息与电子工程，2009,7(5):413-415.

[48] 王伟，曹祥玉，王帅，等. 支撑介质对平面型电磁带隙结构带隙特性的影响[J]. 物理学报，2009,58(7):4708-4715.

[49] YANG F, MA K, QIAN Y ,et al. A uniplanar compact photonic-bandgap (UC-PBG) structure and its application for microwave circuit[J]. IEEE Transactions on Microwave Theory Tech. , 1999,47(8):1509-1514.

[50] 刘涛,曹祥玉,马嘉俊. 一种新型紧凑宽带平面电磁带隙结构[J] .电子与信息学报，2009,31(4):1007-1009.

[51] 张科. 高速电路 PCB 中同步开关噪声的分析和研究[D]. 西安：西安电子科技大学，2012.

[52] WU TL, WANG CC, LIN YH, et al. A novel power plane with super-wideband elimination of ground bounce noise on high speed circuits[J].IEEE Microwave and Wireless Components Letters. 2005,15(3):174-176.

[53] WU TL，LIN YH，CHEN ST. A novel power planes with low radiation and broadband suppression of ground bounce noise using photonic bandgap structures [J]. IEEE Microwave and Wireless components letters, 2004,14(7):337-339.

[54] 曾秋云. 高速电子系统电源分配网络噪声抑制与隔离[D]. 西安：西安电子科技大学，2014.

[55] 王海鹏. EBG 结构在高速 PCB 电源分布网终中的应用研究[D]. 西安：西安电子科技大学，2012.

[56] 肖骏飞. 抑制同步开关噪声的新型电磁带隙结构设计[D]. 西安：西安电子科技大学，2015.

[57] 蔡成山. EBG 结构在高速 PCB 同步开关噪声抑制中的研究[D]. 西安：西安电子科技大学，2013.

[58] 郭雁林. 基于电磁带隙结构的同步开关噪声抑制技术研究[D]. 西安：西安电子科技大学，2012.

[59] 路宏敏，郭雁林，卫晶，等. 抑制同步开关噪声的新型超宽带电磁带隙结构[J]. 北京邮电大学学报，2012.8（Vol.35 No.4）:16-18.

[60] 张佶. 电源地平面对的噪声抑制技术研究[D]. 上海：上海交通大学，2015.

[61] 郑悠. 多通道 Ka 波段 TR 组件 EMC 问题分析与改进[D]. 成都：电子科技大学，2014.

[62] 刘峰，杨曙辉，陈迎潮. 一种抑制同步开关噪声的新型 S 桥电磁带隙结构[J]. 科学技术与工程，2016,16(16):70-72.

[63] 申才立，陈瑞明，王栋. 基于电磁带隙结构的高速混合信号电路板噪声抑制[J]. 航天返回与遥感，2016,36(3):66-74.

[64] 李翱. 高速电路系统中平面型 EBG 与 DGS 的电源噪声抑制技术研究[D]. 哈尔滨：哈尔滨工业大学，2017.

[65] 王志俊. 基于电磁带隙结构的高速 PCB 电路中电源噪声抑制的研究[D]. 哈尔滨：哈尔滨工业大学，2016.

[66] 原浩鹏. 电源分配网络中的噪声建模与抑制分析[D]. 北京：北京理工大学，2015.

[67] 周大力. 高速数字系统中电源噪声的抑制方法[D]. 西安：西安电子科技大学，2014.

[68] 张颖. 高速 PCB 电路中同步开关噪声抑制方法研究[D]. 西安：西安电子科技大学，2012.

[69] 姜宏丰. 高速 PCB 电路中噪声抑制的分析与研究[D]. 西安：西安电子科技大学，2014.

[70] 史凌峰，蔡成山，孟辰，等. 一种抑制同步开关噪声的超宽带电磁带隙结构[J].电波科学学报，2013,28(2):5.

[71] 魏征.高速数模混合电路中噪声抑制方法的研究[D]. 西安：西安电子科技大学，2014.

[72] 路林. 高速 PCB 中电磁兼容问题研究[D]. 天津：天津大学，2011.

[73] 杨海峰. 基于螺旋谐振环结构的 UWB 同步开关噪声抑制电源平面 [J]. 电讯技术，2016,56(8):939-943.

[74] 杨继深. 电磁兼容技术之产品研发与认证[M]. 北京：电子工业出版社，2004.

[75] 久保寺忠. 高速数字电路设计与安装技巧[M]. 冯杰，盖强，樊东，译. 北京：科学出版社，2006.

[76] 安静，武俊峰，吴一辉. 防护带结构参数对耦合微带线间串扰的影响[J]. 武汉理工大学学报，2010,32(23):81-84.

[77] 申振宁，庄奕琪，曾志斌. 开槽结构中串扰的网络分析方法与低成本噪声抑制[J]. 西安电子科技大学学报（自然科学版），2013,40(1): 36-42.

[78] IPC. IPC-D-317A, Design guidelines for electronic packaging utilizing high-speed techniques[S]. 2003.

[79] IPC. IPC-2141, Controlled impedance circuit boards and high speed logic design[Z]. 1996.

[80] 乐禄安，杜明星，莫崇明. 印制电路板阻抗探讨[J]. 印制电路信息，2017,8:10-15.

[81] 余文志，李晓磊，吴柏昆，等. 微带线阻抗不连续性的补偿研究[J]. 仪表技术与传感器，2015,8:88-91.

[82] SAYRE C W. 无线通信电路设分析与仿真 [M]. 郭洁，李正权，燕锋，译. 2 版. 北京：电子工业出版社，2010.

[83] 梁智能. 共面波导效应对射频电路板的影响及其应用[J]. 空间电子技术，2011,3:66-69.

[84] National Semiconductor, Inc. LVDS owner's manual[Z]. 2012.

[85] National Semiconductor, Inc. Channel Link Design Guide[Z]. 2012.

[86] Texas Instruments, Inc. Low-voltage differential signaling (LVDS)design notes SLLA014A[Z]. 2012.

[87] Maxim Integrated Products, Inc. Circuit card layout considerations for 10Gbps current mode logic inputs on the MAX3950 EV kit[Z]. 2012.

[88] 赵志超. 高速差分传输线模型的分析与设计[D]. 西安：西安电子科技大学，2012.

[89] 路宏敏，吴保义，姚志成，等. 微带线直角弯曲最佳斜切率研究[J]. 西安电子科技大学学报（自然科学版），2009,36(5):885-889.

[90] Texas Instruments, Inc. Minimizing PCB crosstalk for QFN package device[Z]. 2017.

[91] Texas Instruments, Inc. Texas instruments analog engineer's pocket reference[Z]. 2012.

[92] 周志敏，纪爱华. 电磁兼容技术：屏蔽・滤波・接地・浪涌・工程应用[M]. 北京：电子工业出版社，2007.

[93] 马永健. EMC 设计工程实务[M]. 北京：国防出版社，2008.

[94] BONGATIN E 信号完整性分析[M]. 李玉山，李丽平，等译. 北京：电子工业出版社，2008.

[95] Texas Instruments, Inc. Analog designs demand good pcb layouts[Z]. 2014.

[96] MARDINGUIAN M. 辐射发射控制设计技术[M]. 陈爱新，译. 北京：科学出版社，2008.

[97] 杨克俊. 电磁兼容原理与设计技术[M]. 北京：人民邮电出版社，2004.

[98] Murata, Inc. 数字 IC 电源静噪和去耦应用手册[Z]. 2014.

[99] TDK Corporation. 低 ESL，3 端贯通积层贴片陶瓷片式电容器[Z]. 2014.

[100] Murata, Inc. SMD/BLOCK type EMI suppression filters[Z]. 2014.

[101] TDK Corporation. EMC 对策用铁氧体磁芯[Z]. 2012.

[102] 余声明. 抗电磁干扰片式铁氧体磁珠的原理及其应用[J]. 国际电子变压器，2008,07:105-109.

[103] Altera Corporation. AN 583 利用铁氧体磁珠为 Altera FPGA 设计电源隔离滤波器[Z]. 2016.

[104] Oak-Mitsui Technologies. Embedded capacitors[Z]. 2012.

[105] Sanmina-sci. PCB fabrication buried capacitance technology[Z]. 2012.

[106] Murata, Inc. 可内藏于基板的厚度仅为 220μm 的 1005 尺寸电容器[Z]. 2012.

[107] Maxim Integrated Products, Inc. Application note 2997 Basic switching-regulator-layout techniques[Z]. 2012.

[108] Maxim Integrated Products, Dallas Semiconductor, Inc. MAX1953, MAX1954, MAX1957 低成本、高频、电流模式 PWM Buck 控制器[Z]. 2012.

[109] ZHANG HJ. AN136-13 PCB layout considerations for non-isolated switching power supplies[Z]. 2016.

[110] Analog Devices, Inc. 减小 DC-DC 变换器中的接地反弹：一些接地要点[Z]. 2016.

[111] Analog Devices, Inc. 降压调节器的印刷电路板布局布线指南，针对采用双通道开关控制器的低噪声设计而优化[Z]. 2016.

[112] Power Integrations, Inc. DPA423-426 DPA-Switch family highly integrated DC-DC converter ICs for distributed power architectures[Z]. 2012.

[113] Power Integrations, Inc. TOP200-4/14 TOPSwitch family three-terminal off-line PWM switch[Z]. 2012.

[114] Power Integrations, Inc. TOP242-250 TOPSwitch-GX 产品系列[Z]. 2012.

[115] Analog Devices, Inc. 在密集 PCB 布局中最大限度降低多个 isoPower 器件的辐射[Z]. 2021.

[116] 谢金明. 高速数字电路设计与噪声控制技术[M]. 北京：电子工业出版社，2003.

[117] 徐亮. 仿真分析在时钟电路电磁兼容设计中的应用[J]. 信息与电子工程，2009,7(3):202-205.

[118] Murata, Inc. Noise suppression by EMIFIL® digital equipment application manual[Z]. 2014.

[119] Texas Instruments, Inc. AM571x Sitara™处理器器件版本 2.0[Z]. 2018.

[120] Analog Devices, Inc. 高速 PCB 布线实践指南[Z]. 2014.

[121] Intersil Americas Inc. MMIC silicon bipolar differential amplifier[Z]. 2014.

[122] Maxim Integrated Products, Inc. 应用笔记 4079 巧妙的线路板布线改善蜂窝电话的音质[Z]. 2014.

[123] Maxim Integrated Products, Inc. MAX9775/MAX97762 x 1. 5W, stereo class D audio subsystem with direct drive headphone amplifier[Z]. 2014.

[124] STMicroelectronics, Inc. TDA7482 25W mono class-D amplifi[Z]. 2012.

[125] Microchip Technology, Inc. 300 μA 自动调零运放 MCP6V01/2/3[Z]. 2016.

[126] Microchip Technology, Inc. Op Amp precision design: PCB layout techniques[Z]. 2016.

[127] Altera Corporation. AN472 Stratix II GX SSN design guidelines[Z]. 2012.

[128] YOUNG B. 数字信号完整性：互连、封装的建模与仿真[M]. 李玉山，蒋冬初，译. 北京：机械工业出版社，2009.

[129] Altera, Inc. AN-114-5.0 Altera 器件高密度 BGA 封装设计[Z].，2012.

[130] Xilinx, Inc. Xilinx PCB 设计检查项目[Z]. 2012.

[131] Xilinx, Inc. Virtex-5 PCB designer's guide[Z]. 2012.

[132] ST Microelectronics, Inc. EMC Design guide for ST microcontrollers[Z]. 2015.

[133] ST Microelectronics, Inc. AN2586 STM32F10xxx 硬件开发使用入门[Z]. 2015.

[134] ST Microelectronics, Inc. AN2867 Application note oscillator design guide for ST microcontrollers[Z]. 2015.

[135] 黄智伟，王兵，朱卫华. STM32F 32 位微控制器应用设计与实践[M]. 2 版. 北京：北京航空航天大学出版社，2014.

[136] Infineon Technologies. XMC4000 microcontroller series for industrial applications[Z]. 2018.

[137] Texas Instruments, Inc. High-speed interface layout guidelines[Z]. 2015.

[138] 李晓非. 基于 VPX 架构基础平台背板信号完整性设计[J]. 电声技术，2021, 45(4):26-30.

[139] 尹治宇. Mini SAS 连接器的信号完整性分析[D]. 成都：电子科技大学，2016.

[140] 江俊峰. 刚挠结合板中的挠性区的关键制造技术研究及应用[D]. 成都：电子科技大学，2012.

[141] 胡友作. 挠性 PCB 制作工艺参数优化研究与应用[D]. 成都：电子科技大学，2013.

[142] 董颖韬. 嵌入挠性线路印制电路板工艺技术研究及应用[D]. 成都：电子科技大学，2014.

[143] 杨立杰，刘丰满，周鸣昊，等. 光模块中刚柔线路板电连接宽带阻抗匹配研究[J]. 半导体光电，2017,38(5):699-704.

[144] CHEN Y, YANG S, SUN L, et al. Frequency and time domain crosstalk signal analysis for integrated high-density circuits[C]. Xiamen: The WRI Global Congress on Intelligent Systems, 2009:334-337.

[145] MIURA N, KASUGA K, SAITO M, et al. An 8Tb/s 1pJ/b 0.8mm^2/Tb/s QDR inductive-coupling interface between 65nm CMOS and 0.1μm DRAM[C]. IEEE International Solid-State Circuits Conference, 2010:436-437.

[146] NIITSU K, KOHAMA Y, SUGIMORI Y, et al. Modeling and experimental verification of misalignment tolerance in inductive-coupling inter-chip link for low-power 3D system integration[J]. IEEE Transactions on Very Large Scale Integration (VLSI) Systems, 2010,18(8):1238-1243.

[147] MIURA N, KOHAMA Y, SUGIMORI Y, et al. A high-speed inductive-coupling link with burst transmission[J]. IEEE Journal of Solid-State Circuits, 2009,44(3):947–955.

[148] KAM D G, RITTER M B, BEUKEMA T J, et al. Is 25Gb/s on-board signaling viable?[J]. IEEE Transactions on Advanced Packaging, 2009,32(2):328-344.

[149] MICK S, WILSON J, FRANZON P. 4 Gbps high-density AC coupled interconnection[C]. Proceedings of the

Custom Integrated Circuits Conference, 2002:133-140.

[150] 蒋冬初. 高速数字电路的信号传输及其噪声抑制[D]. 西安：西安电子科技大学，2014.

[151] CHANG M F, ROYCHOWDHURY V P. ZHANG L Y, et al. RF/wireless interconnect for inter and intra-chip communications[J]. Proceeding of the IEEE, 2001,89(4):456-466.

[152] 王文松. 基于 PCB 的芯片间无线互连及关键器件设计研究[D]. 南京：南京航空航天大学，2016.

[153] LANDY N I, SAJUYIGBE S, MOCK J J, et al. Perfect metamaterial absorber[J]. Physical Review Letters, 2008,100(20):207402.

[154] YANG H H, CAO X Y, CAO J, et al. Broadband low-RCS metamaterial absorber based on electromagnetic resonance separation[J]. Acta Physica Sinica, 2013,62:214101.

[155] HAN X, HONG J S, LUO C M, et al. An ultrathin and broadband metamaterial absorber using multi-layer structures[J]. Journal of Applied Physics, 2013,114:064109.

[156] YOO M, LIM S. Polarization-independent and ultrawideband metamaterial absorber using a hexagonal artificial impedance surface and a resistor-capacitor layer[J]. IEEE Transactions on Antennas and Propagation, 2014,62:2652-2659.

[157] LI W, WU T, WANG W, et al. Broadband patterned magnetic microwave absorber[J]. Journal of Applied Physics, 2014,116:044110.

[158] XIONG X, ZOU C L, REN X F, et al. Broadband plasmonic absorber for photonic integrated circuit[J]. IEEE Photonics Technology Letters, 2014,26:1726-1730.

[159] YANG G H, LIU X X, LV Y L, et al. Broadband polarization-insensitive absorber based on gradient structure metamaterial[J]. Journal of Applied Physics, 2014,115:17E523.

[160] CHANG Y, CHE W, HAN Y, et al. Broadband dual-polarization microwave absorber based on broadside-folded dipole array with triangle-lattice cells[J]. IEEE Antennas and Wireless Propagation Letters, 2014, 13:1084-1088.

[161] LANDY N I, BINGHAM C M, TYLER T, et al. Design, theory, and measurement of a polarization insensitive absorber for terahertz imaging[J]. Physical Review B, 2009,79(12):125104.

[162] AVITZOUR Y, URZHUMOV Y A, SHVETS G, et al. Wide angle infrared absorber based on negative-index plasmonic metamaterial[J]. Physical Review B, 2009,79(04):045131.

[163] WANG W S, CHEN Y, YANG S H, et al. Design of a broadband electromagnetic wave absorber using a metamaterial technology[J]. Journal of Electromagnetic Waves and Applications, 2015,29(15):2080-2091.

[164] Analog Devices, Inc. 实现数据转换器的接地并解开 "AGND" 和 "DGND" 的谜团[Z]. 2016.

[165] Microchip Technology, Inc. Mixed signal PICtail™ demo board user's guide[Z]. 2012.

[166] Analog Devices, Inc. High speed differential ADC driver design considerations[Z]. 2012.

[167] Analog Devices, Inc. Low power, selectable gain differential ADC driver, G = 1, 2, 3 ADA4950-1/ ADA4950-2[Z]. 2012.

[168] Texas Instruments, Inc. SBAA113PCB Layout for Low Distortion High-Speed ADC Drivers[Z]. 2012.

[169] Texas Instruments, Inc. SAR ADC PCB 布局布线：参考路径[Z]. 2016.

[170] Texas Instruments, Inc. 通过正确的 PCB 布局优化 SAR ADC 性能[Z]. 2014.

[171] Texas Instruments, Inc. SBAS404B 16-, 14-, 12-bit, six-channel, simultaneous sampling analog-to-digital converters ADS8556, ADS8557, ADS8558[Z]. 2014.

[172] Linear Technology Corporation. Driving lessons for a low noise, low distortion, 16-bit, 1Msps SAR ADC [Z]. 2018.

[173] Texas Instruments, Inc. SBAA017 How to get 23 bits of effective resolution from your 24-bit converter[Z]. 2012.

[174] Texas Instruments, Inc. DEM-ADS1210/11 evaluation fixture[Z]. 2012.

[175] Microchip Technology Inc. Analog and interface guide - volume 1 a compilation of technical articles and design notes[Z]. 2012.

[176] Microchip Technology Inc. Techniques that Reduce system noise in ADC circuits[Z]. 2012.

[177] Maxim Integrated Products, Inc. MAX14920/MAX14921 high-accuracy 12-/16-cell measurement AFEs[Z]. 2015.

[178] Maxim Integrated Products, Inc.应用笔记 5495 MAX14921 12/16 节电池高精度测量模拟前端的 PCB 布局指南[Z]. 2015.

[179] NXP Laboratories UK Ltd. Capacitive-touch remote control application note[Z]. 2017.

[180] Analog Devices, Inc. 电容数字转换器 AD7142 和 AD7143 的传感器 PCB 设计指南[Z]. 2017.

[181] Analog Devices, Inc. Captouch 控制器 AD7147/AD7148 布局布线指南[Z]. 2017.

[182] 班寿朋. PCB 平面型空心线圈电流互感器理论建模与设计[D]. 重庆：重庆大学，2016.

[183] 孙龙. PCB 罗氏线圈若干问题研究[D]. 合肥：合肥工业大学，2015.

[184] Texas Instruments, Inc. Power management for precision analog[Z]. 2015.

[185] Texas Instruments, Inc. 面向工业设计的负载点（POL）电源解决方案[Z]. 2015.

[186] Texas Instruments, Inc. SLVU405 User's Guide TPS7A30-49EVM-567[Z]. 2015.

[187] 李缉熙. 射频电路工程设计[M]. 鲍景富，唐宗熙，张彪，译. 北京：电子工业出版社，2014.

[188] 陈涛. 面向 5G 高频通讯多层 LCP 线路信号完整性研究[D]. 广州：广东工业大学，2020.

[189] 李缉熙. 射频电路与芯片设计要点[M]. 王志功，译. 北京：高等教育出版社，2007.

[190] 李绪益. 微波技术与微波电路[M]. 广州：华南理工大学出版社，2007.

[191] New Japan Radio Co., Ltd. NJG1107KB2 1.5/1.9GHz band low noise amplifier GaAs MMIC[Z]. 2012.

[192] RF Micro Devices, Inc. RF2472 2.4GHz low noise amplifier with enable[Z]. 2012.

[193] Freescale Semiconductor , Inc. Broadband High Linearity Amplifier MMG3002NT1[Z]. 2012.

[194] Freescale Semiconductor, Inc. N-Channel enhancement-mode lateral MOSFETs MRF184/D[Z]. 2012.

[195] Avago Technologies, Inc. MGA-83563 +22 dBm PSAT 3V power amplifier for 0. 5-6GHz applications [Z]. 2012.

[196] NXP Semiconductors. BGA7130 400MHz to 2700MHz 1W high linearity silicon amplifier[Z]. 2018.

[197] Linear Technology, Inc. LT5520-1.3GHz to 2.3GHz high linearity upconverting mixer[Z]. 2012.

[198] Linear Technology, Inc. LT5500-1.8GHz to 2.7GHz receiver front end[Z]. 2012.

[199] 黄启满，樊炽，吴边. 基于双层微带结构的超宽带低损耗功分器[C]. 杭州：2017 年全国微波毫米波会议，2017.

[200] 张海伟. 射频电路抗高功率微波关键技术研究[D]. 西安：西安电子科技大学，2012.

[201] 李玉福，殷晓星. 双面低阻槽线共面波导混合功率分配器[J]. 微波学报，2017,33(2):41-44.

[202] POZAR D M. Microwave engineering[M]. 北京：电子工业出版社，2005.

[203] 栾秀珍，房少军，金红，等. 微波技术[M]. 北京：北京邮电大学出版社，2009.

[204] 李勇，刘强，陈宇. 低成本宽带 90°巴伦的研究与设计[J]. 微波学报，2017,33(6):31-34.

[205] 倪春，张量，吴先良，等. 基于 SISS 结构的 DGS 微带低通滤波器研究[J]. 中国科学技术大学学报，2016,46(1):1-5.

[206] 李坤，屈德新，钟兴建. 高带外抑制带状线带通滤波器设计[J]. 军事通信技术，2016,37(2):64-66.

[207] 李伟平. 无线通信中的平面滤波电路与器件关键[D]. 成都：电子科技大学，2017.

[208] 宗珊. 基于 LCP 基片的微波滤波器设计[D]. 南京：南京航空航天大学，2012.

[209] Maxim Integrated Products, Inc. MAX7044 300MHz to 450MHz high-efficiency, crystal-based +13dBm ASK transmitter[Z]. 2012.

[210] 廖敏娜，张向文，许勇，等. 应用于 TPMS 的 PCB 螺旋天线的设计与实现[J]. 微型机与应用，2011,30(11):110-112.

[211] Texas Instruments, Inc. ISM-B and and short range device antennas[Z]. 2012.

[212] Texas Instruments, Inc. SWRA160B DN016 Compact 868/915MHz antenna design[Z]. 2016.

[213] Texas Instruments, Inc. SWRA416 DN038 Miniature helical PCB antenna for 868MHz or 915/920MHz[Z]. 2016.

[214] Freescale Semiconductor, Inc. Compact integrated antennas designs and applications for the MC13191/92/93[Z]. 2016.

[215] Texas Instruments, Inc. DN00072.4GHz inverted F antenna[Z]. 2016.

[216] Texas Instruments, Inc. AN043 Small size 2.4GHz PCB antenna[Z]. 2016.

[217] STMicroelectronics, Inc. AN3359 Low cost PCB antenna for 2.4GHz radio:meander design[Z]. 2016.

[218] Texas Instruments, Inc. SWRA350 DN0342.4GHz YAGI PCB Antenna[Z]. 2016.

[219] Texas Instruments, Inc. Compact Reach Xtend[TM] Bluetooth[®], 802.11b/g WLAN chip antenna[Z]. 2016.

[220] 史玉霞. 用于无线局域网的宽带平面印刷天线设计[D]. 成都：电子科技大学，2017.

[221] 孙烨，刘硕，赵文美，等. 缺陷地结构抑制微带阵列天线间互耦[J]. 信息化研究，2017,4(3):39-41.

[222] 徐莉. 小型化超宽带封装天线的研究与设计[D]. 成都：电子科技大学，2017.

[223] 刘汉，尹成友，范启蒙. 新型六陷波超宽带天线的设计[J]. 通信学报，2016,37(12):115-123.

[224] 张玉发，吕跃广，孙晓泉，等. 一种基于叉型电磁带隙结构微带天线设计[J]. 安徽大学学报（自然科学版），2009,33 (2):44-47.

[225] YANG L, FAN M Y, CHEN F L, et al. A novel compact electromagnetic bandgap(EBG) structure and its applications for microwave circuits[J]. IEEE Transactions on Microwave Theory and Techniques, 2005,53(1):183-190.

[226] 陈俊昌，钟顺时. 利用电磁带隙结构实现锥形方向图[J]. 上海大学学报（自然科学版），2005,11(2):116-118.

[227] 陈曦，梁昌洪，刘松华，等. 级联电磁带隙结构对双频微带天线互耦的影响[J]. 强激光与粒子束，2010,22(10):2383-2387.

[228] MACI S, GENTILI G B, PIAZZESI P, et al. Dual bandslot loaded patch antenna [J]. IEE Proceedings Microw AP , 1995,142(3):225−232.

[229] LIANG L, LIANG C H CHEN L, et al. A novel broadband EBG using cascaded mushroom like structure [J]. Microwave and Optical Technology Letter, 2008,50(8):2167−2170.

[230] 李有权，张光甫，付云起，等. 新型电磁带隙结构加载的微带天线阵[J]. 国防科技大学学报，

2010,32(4):68-70.

[231] SIEVNPIPER DAN, ZHANG L J, ROMULO F J B, et al. High impedance electromagnetic surfaces with a forbidden frequency band[J]. IEEE Transactions on Microwave Theory Techniques, 1999,47(11):2059-2074.

[232] 孔令荣，王昊. WLAN 频段新型 EBG 微带天线的设计与分析[J]. 电子元件与材料，2014,33(12):57-60.

[233] 俞斌，李琴芳，杨康，等.一种 60GHz 频段的基于 EBG 结构的低剖面宽频天线[C]. 2018. 杭州：2017 年全国微波毫米波会议，2017.

[234] Texas Instruments, Inc. TI 智能手机解决方案[Z]. 2016.

[235] Texas Instruments, Inc. TPS81256 3W 高效升压转换器，采用 MicroSiP™封装[Z]. 2016.

[236] Texas Instruments, Inc. LM3242 6MHz, 750mA miniature, adjustable, step-down DC-DC[Z]. 2016.

[237] Texas Instruments, Inc. LM3263 高电流降压 DC-DC 转换器，此转换器具有用于射频（RF）功率放大器的 MIPI® RF 前端控制接口[Z]. 2016.

[238] 袁署光. 汽车毫米波雷达设计趋势及其设计中的 PCB 材料解决方案[EB/OL].（2021-04-30）[2023-10-01]. https://www.eet-china.com/news/202104301455.html，2021.

[239] Texas Instruments, Inc. TI mmWave Radar sensor RF PCB design, manufacturing and validation guide [Z]. 2021.

[240] 杨世铭，陶文铨. 传热学[M]. 北京：高等教育出版社，1980.

[241] 沈维道，蒋智敏，童钧耕. 工程热力学[M]. 3 版. 北京：高等教育出版社，2001.

[242] 林金堵. PCB 高温升和高导热化的要求和发展：PCB 制造技术发展趋势和特点（3）[J]. 印制电路信息，2017(7):5-9.

[243] 祝大同. 高导热性 PCB 基板材料的新发展（一）[J]. 覆铜板资讯，2012(3):19-25.

[244] 祝大同. 高导热性 PCB 基板材料的新发展（二）[J]. 覆铜板资讯，2012(4):18-22.

[245] 蒋卫东. 覆铜板用厚铜箔产品的性能及其应用[J]. 印制电路信息，2013(2):13-17.

[246] 吉仁福. PCB 散热的 10 种方法[EB/OL].（2021-06-04）[2023-10-01]. https://www.eet-china.com/mp/a55014.html，2021.

[247] 余建祖，谢永奇，高红霞. 电子设备热设计及分析技术[M]. 北京：北京航空航天大学出版社，2008.

[248] Texas Instruments, Inc. AN-1187 Leadless leadframe package (LLP) [Z]. 2017

[249] 于岩，朱彦俊，王守绪，等. 不同叠层结构印制电路板散热性能研究[J]. 电子元件与材料，2014,33(1):43-47.

[250] Avago Technologies, Inc. PCB 设计秘籍[Z]. 2021.

[251] JeromeJohnston. 解决电源模块散热问题的 PCB 设计[J]. 今日电子，2015(7):32-34.

[252] YUNG K C. Using metal core printed circuit board(MCPCB) as a solution for thermal management[EB/OL]. [2023-10-01]. https://www.bestpcbs.com/public/pdf/Metal-Core-PCB-design-guide.pdf. 2021.

[253] 张洪文. 金属芯 PCB 及其散热控温作用[J]. 覆铜板资讯，2010(4):35-39.

[254] JUNG Walt. 运算放大器应用技术手册[M]. 张乐锋，张鼎，译. 北京：人民邮电出版社，2009.

[255] CARTER B. 运算放大器权威指南[M]. 4 版. 孙宗晓 译. 北京：人民邮电出版社，2009.

[256] Analog Devices, Inc. MT-093 指南 散热设计基础[Z]. 2016.

[257] Analog Devices, Inc. Thermal characteristics of IC assembly[Z]. 2016.

[258] Analog Devices, Inc. Low cost CMOS, high speed, rail-to-rail amplifiers data sheet ADA4891-1/ADA4891-2/ADA4891-3/ADA4891-4[Z]. 2016.

[259] Texas Instruments, Inc. Low-noise, high-voltage, current-feedback operational amplifiers THS3110 THS3111[Z]. 2016.

[260] Texas Instruments, Inc. Using thermal calculation tools for analog components[[Z]. 2016.

[261] Texas Instruments, Inc. PowerPAD™ thermally enhanced package[Z]. 2016.

[262] Cree, Inc. Optimizing PCB thermal performance for Cree® XLamp® LEDs[Z]. 2021.

[263] Cree, Inc. Optimizing PCB thermal performance for Cree® XLamp® XQ & XH family LEDs[Z]. 2021.

[264] Analog Devices, Inc. 超低噪声驱动器，适用于低压 ADCADA4930-1/ADA4930-2[Z]. 2016.

[265] Intersil Corporation .Thermal and layout guidelines for Digital-DC™ products Z]. 2018.

[266] Texas Instruments, Inc. AN1797 TO-263 THIN Package[Z]. 2017.

[267] NXP. AN3778 PCB layout guidelines for PQFN/QFN style packages requiring thermal vias for heat dissipation[Z]. 2010.

[268] NXP. AN1908 Solder reflow attach method for high power rf devices in air cavity package[Z]. 2011.

[269] Ampleon. AN11183 Mounting and soldering of RF transistors in overmolded plastic packages [Z]. 2023.

[270] 深圳市中兴通讯股份有限公司. 印制电路板可制造性设计控制办法[Z]. 2012.

[271] 江思敏. PCB 和电磁兼容设计[M]. 北京：机械工业出版社，2006.

[272] NXP Semiconductors Inc. AN10897 A guide to designing for ESD and EMC[Z]. 2016.

[273] 区键昌. 电子设备的电磁兼容性设计[M]. 北京：电子工业出版社，2003.

[274] 郑军奇. EMC（电磁兼容）设计与测试案例分析[M]. 北京：电子工业出版社. 2006.

[275] 顾海洲，马双武. PCB 电磁兼容技术：设计实践[M]. 北京：清华大学出版社，2004.

[276] ST Microelectronics, Inc. PCB layout tips to maximize ESD protection efficiency[Z]. 2021.

[277] Intersil Corporation. Transient protection for the standard RS-485 transceiver: ISL3152E [Z]. 2017.

[278] 陈向阳. 车载 GPS 接收机抗 ESD 设计 1/4 波长应用的研究[J]. 惠州学院学报（自然科学版），2014,34(3):51-58.

反侵权盗版声明

电子工业出版社依法对本作品享有专有出版权。任何未经权利人书面许可，复制、销售或通过信息网络传播本作品的行为；歪曲、篡改、剽窃本作品的行为，均违反《中华人民共和国著作权法》，其行为人应承担相应的民事责任和行政责任，构成犯罪的，将被依法追究刑事责任。

为了维护市场秩序，保护权利人的合法权益，本社将依法查处和打击侵权盗版的单位和个人。欢迎社会各界人士积极举报侵权盗版行为，本社将奖励举报有功人员，并保证举报人的信息不被泄露。

举报电话：（010）88254396；（010）88258888

传　　真：（010）88254397

E-mail：dbqq@phei.com.cn

通信地址：北京市海淀区万寿路 173 信箱

　　　　　电子工业出版社总编办公室

邮　　编：100036